高等学校教材

弧焊过程传感、控制及实践

黄健康　张志坚　编著

HUHAN
GUOCHENG
CHUANGAN
KONGZHI
JI SHIJIAN

化学工业出版社
·北京·

内容简介

《弧焊过程传感、控制及实践》以弧焊过程中所涉及的传感与控制为切入点，并结合控制与信号基本理论系统阐述弧焊过程中的传感与控制及具体应用和实践。

全书分控制理论基础、信号传感及处理基础、弧焊过程应用3大部分，共10章。第1～5章介绍控制基础理论以及所涉及的弧焊过程建模与控制，包括经典控制理论和现代控制理论；第6、7章主要介绍信号处理基本理论以及弧焊过程中信号传感基础；第8章主要介绍工业过程控制，特别是以分布式控制为基础的工业过程控制的组成及应用；第9、10章主要介绍弧焊过程中控制建模分析及实现。

《弧焊过程传感、控制及实践》作为高等学校焊接技术与工程专业、材料成型及控制工程专业等相关专业的教学用书，也可作为相关专业学生控制方面的入门学习参考书，还可作为焊接领域的研究人员、工程技术人员的学习参考用书。

图书在版编目（CIP）数据

弧焊过程传感、控制及实践/黄健康，张志坚编著. —北京：化学工业出版社，2022.9

ISBN 978-7-122-41409-0

Ⅰ.①弧…　Ⅱ.①黄…②张…　Ⅲ.①电弧焊-研究　Ⅳ.①TG444

中国版本图书馆CIP数据核字（2022）第080481号

责任编辑：陶艳玲　　文字编辑：蔡晓雅

责任校对：王　静　　装帧设计：史利平

出版发行：化学工业出版社（北京市东城区青年湖南街13号　邮政编码100011）

印　　装：河北鑫兆源印刷有限公司

787mm×1092mm　1/16　印张22　字数618千字　2022年9月北京第1版第1次印刷

购书咨询：010-64518888　　售后服务：010-64518899

网　　址：http://www.cip.com.cn

凡购买本书，如有缺损质量问题，本社销售中心负责调换。

定　　价：79.00元

前言

随着社会经济以及工业技术的发展，焊接技术也快速向自动化发展，越来越多的成套焊接设备运用于焊接生产当中，支撑了高铁、鸟巢等国家重要工程的建设，同时也带动如汽车、船舶等产业的技术更新换代，这使得焊接技术成为国民经济中不可或缺的技术手段之一。

焊接自动化技术的核心是对焊接过程实时传感与控制。当前焊接正经历焊接自动化向智能化的过渡时期，因此焊接过程控制是一个处于学科交叉的领域，涉及控制理论、传感技术、信号处理理论、人工智能技术等众多学科，同时因弧焊过程中的控制对象往往具有高度非线性、多变量耦合、强干扰等特点，这使得弧焊控制一直受到诸多学科最新发展的直接引导，具有时代发展的特征。

“弧焊过程传感与控制”是焊接技术与工程专业本科生的一门必修课。作者编写本书的目的是为焊接相关专业本科生建立起控制基本理论与实践体系，通过本书的内容使读者掌握弧焊过程的控制方法和信号处理方法，实现数据采集与过程控制，从而熟悉焊接过程传感、建模和控制，并了解弧焊过程传感与控制系统的组成、工作原理、设计方法及实施，为进一步学习、研究焊接技术与工程相关知识打下基础。

本书从控制基本理论出发，结合仿真技术，试图使读者了解系统建模、经典控制理论、现代控制理论三者的关系及其发展历程，并把信号处理理论融入控制理论中，这是本书的理论主线；同时本书对于所涉及的理论，尽可能给出仿真与分析代码（见书中二维码内容），这既有助于更好地理解理论，也方便更好地运用理论；另外，本书尽可能使读者对弧焊过程所涉及的控制、传感等方向的知识建立对应的认识，并把所学的理论知识在实践中应用起来，做到学以致用、融会贯通。本书不拘泥于控制理论，更多的是明确控制理论框架及入门，并力求做到知行合一。

本书完全按照焊接技术与工程专业教学要求组织内容，针对性强，力图做到循序渐进，在夯实学科基础知识的前提下，突出了理论知识的运用，提供大量的代码与案例，并系统地介绍弧焊过程建模、传感与控制的知识，做到既有理论，又有实例分析，并引导读者去应用与实践。

本书主要分控制理论基础、信号传感及处理基础、弧焊过程应用 3 大部分共 10 章。第 1 章主要介绍控制理论发展历程和与焊接结合的情况；第 2 章讲述系统建模，介绍从微分方程到经典控制理论中传递函数的过程；第 3 章介绍对传递函数的分析与应用；第 4 章介绍现代控制理论的发展及基础知识；第 5 章介绍增量式 PID 控制以及模糊控制等控制方法；第 6 章主要对信号传感及信号处理理论作介绍；第 7 章主要针对弧焊过程的传感检测作介绍；第 8 章介绍工业工程自动化；第 9 章介绍弧焊过程建模、分析与控制；第 10 章介绍焊接过程传感与控制最基本的应用与实践。

本书成稿后，得到了兰州理工大学各部门的支持与帮助，在此表示感谢；本书还得到了焊接界前辈的关心和爱护和同事、朋友及亲人的关心、帮助与支持；同时，感谢编者所指导的众多研究生们长期的资料收集与整理所做出的辛勤工作。 正是大家的关心与帮助，才使得本书得以成形出版。

由于编者水平有限，疏漏之处欢迎专家和读者指正。

书中各章配有教学 PPT 可扫描观看，可帮助教学与自学。

书中的部分 MATLAB 程序代码，请扫描以下二维码下载。

编者

2022 年 4 月于兰州

目录

第 5 章 128

弧焊过程自动控制

第6章 信号处理与传感 164

第7章 焊接过程信息传感与应用 198

第1章 控制系统导论

控制系统是为了达到预期目标而设计制造的，由相互关联的元件组成的系统。我们因循历史的脉络，从发展进程中回顾和检视了一些控制系统实例，这些早期的控制系统已经体现了许多有关反馈的概念和理念。目前，这些概念和理念已经广泛应用于现代生产过程、可替代能源、混合动力汽车、复杂机器人等领域。控制工程以反馈理论和线性系统理论为基础，并综合应用了传感理论和信号处理理论的有关概念和知识。因此，控制工程并不局限于任何单个工程学科，而是在航空工程、化工工程、机械工程、环境工程、土木工程、电气工程等工程学科中都有同样广泛的应用。例如，一个控制系统通常会包括电子、机械和化工元件。另外，随着对商业、社会和政治系统运动规律的进一步认识，人类对它们的控制能力也将逐步增强。

1.1 控制的发展历程与内涵

什么是控制？控制即通过某一操作或变量而达到或维持特定目标。动态系统的反馈控制是一个很早就提出来的概念，具有很多特性。其核心思想是，对一个系统的输出进行检测，然后反馈给某种类型的控制器，并用以影响控制。这表明，信号反馈可以用来控制许多的动态系统，从简单的温度调节器、水位浮球调节器，发展至如飞机、汽车、航空飞船、卫星等复杂的系统，当然也包括焊接系统。

1.1.1 控制的历史

对系统实施反馈控制，有着悠久的历史。最早的反馈控制实例可能是约公元前300年，在古希腊出现的浮球调节装置。克特西比乌斯（Ktesibios）的水钟就使用了浮球调节装置。大约在公元前250年，皮隆（Philon）发明了一种油灯，该灯使用浮球调节器来保持燃油的油面高度。生活在公元1世纪前后的亚历山大人希罗（Heron）曾经出版过一本名为*Pneumatica*（气动力学）的书，专门介绍了几种利用浮球调节器控制水位的方法。图1.1所示为水位浮球调节器。

近代，最早出现的反馈系统是荷兰人科内利斯·德雷贝尔（Cornelis Drebbel）（1572—1633年）发明的温度调节器，丹尼斯·帕潘（Dennis Papin）（1647—1712年）则在1681年发明了第一个锅炉压力调节器，该调节器是一种安全调节装置，与目前压力锅的减压安全阀类似。

人们公认的最早应用于工业过程的自动反馈控制器，是瓦特（James Watt）于1769年发明的飞球调节器，它被用来控制蒸汽机的转速，如图1.2所示，这种机械装置可以测量驱动杆的转速并利用飞球的运动来控制阀门，进而控制进入蒸汽机的蒸汽流量，调节器轴杆通过斜面齿轮和连接机构，与蒸汽机的输出驱动杆连接在一起。当输出转速增大时，飞球离开轴线，重心上移，于是通过连杆关紧阀门，蒸汽机也就会因此减速。

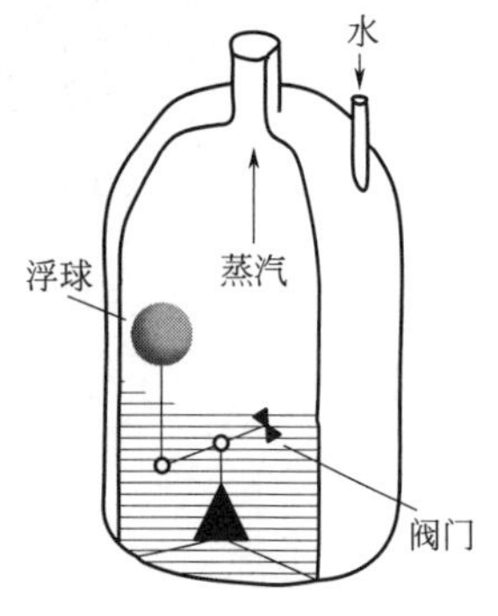

图 1.1　水位浮球调节器

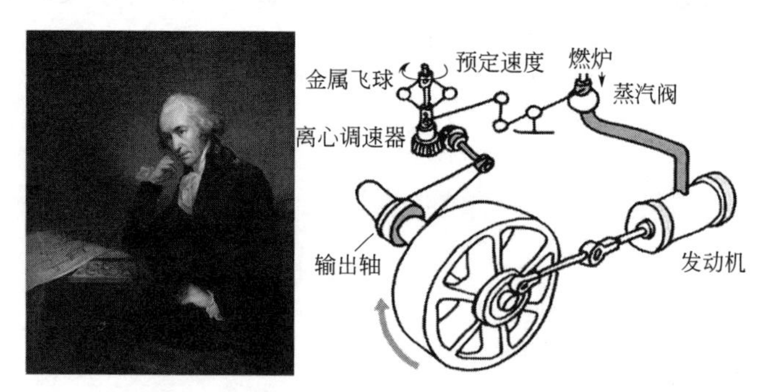

图 1.2　瓦特（James Watt）与飞球调节器

自动控制系统在十九世纪取得了长足的发展。为提高控制系统精度，人们需要解决瞬态振荡的减振问题，甚至是系统的稳定性问题，这使得发展自动控制理论成为当务之急。1868年，麦克斯韦（J. C. Maxwell）（图 1.3）用微分方程建立了一类调节器的模型，发展了与控制理论相关的数学理论，其工作重点在于研究系统参数对系统性能的影响。

第二次世界大战之前，控制理论及应用在美国和西欧采取了与它在苏联和东欧不同的发展途径。伯德（H. W. Bode）（图 1.4）、奈奎斯特（H. Nyquist）（图 1.5）等人在贝尔电话实验室对电话系统和电子反馈放大器所做的研究工作，促进了反馈系统在美国得以应用。他们采用带宽等频域术语和频域变量的频域方法，主要用来描述反馈放大器的工作情况，伯德图与奈奎斯特曲线也成为了频域分析中对频率特性的两种重要表达方法，前者表述对数频率特性，后者主要表述幅相频率特性。与此不同，在苏联，一些著名的数学家和应用力学家发展和主导的控制理论，倾向于使用时域方法，并利用微分方程来描述系统。

图 1.3　麦克斯韦（J. C. Maxwell）（1831—1879）

图 1.4　伯德（H. W. Bode）（1905—1982）

图 1.5　奈奎斯特（H. Nyquist）（1889—1976）

同时，在工业过程（加工、制造等）开始实施自动控制，又称为工业自动化，在化工、造纸、电力、汽车、钢铁等工业行业中，自动化已经非常普遍。第二次世界大战期间，自动控制理论及应用出现了一个发展高潮，战争需要用反馈控制的方法设计和建造飞机自动驾驶仪、火炮定位系统、雷达天线控制系统及其他军用系统。贝尔实验室的帕金森（David B. Parkinson）发明的火炮射击指挥仪是控制工程发展的重要标志。1940 年春，帕金森致力于改进自动电压记录仪。这种仪器用于在标有条形刻度的记录纸上绘制电压，其中的关键元件是一个小的电位计，它通过执行机构来控制记录笔的运动。1941 年，帕金森提供工程样机供美国陆军进行试验，其控制器由雷达提供输入，高炮利用目标飞机的当前位置数据和计算出来的目标预期位置，确定应该瞄准的方向。这些军用系统的复杂性和对高性能的追求，不得不拓展已有的控制技术。这使得人们更加关注控制系统，同时也产生了许多新的见解和方法。因此，1940 年以前，在绝大部分场合，控制系统设计基本上还是一门艺术或手艺，采用的是“试凑法”。而到了 20 世纪 40 年代，无论在数量还是在实用性方面，基于数学和分析的设计方法都有了很大发展，控制工程也因此发展成为一门工程科学。

在第二次世界大战之后，拉普拉斯（Laplace）（图 1.6）变换和频域复平面广泛应用，频域方法在控制领域占据着主导地位。20 世纪 50 年代，控制工程理论的重点是发展和应用 s 平面方法，特别是根轨迹法。到了 20 世纪 80 年代，将数字计算机用作控制元件已属平常之举，这些新元件为控制工程师提供了前所未有的运算速度和精度。

随着人造卫星和空间时代的到来，控制工程又有了新的推动力。为导弹和空间探测器设计复杂的、高精度的控制系统成了现实需求。由于既要减轻卫星等飞行器的重量，又要对它们实施精密控制，最优控制因而变得十分重要。正是基于上述需求，最近几十年来，由李雅普诺夫（Liapunov）（图 1.7）和闵诺斯基（Minorsky）（图 1.8）等人提出的时域方法受到了极大的关注。由苏联的庞特里亚金（L. S. Pontryagin）（图 1.9）和美国的贝尔曼（R. Bellman）（图 1.10）研究提出的最优控制理论，以及近期人们对鲁棒系统的研究，都为时域方法增色不少。现在已经众所周知的共识是，控制工程在进行控制系统分析与设计时，应该同时使用时域和频域两种方法。

图 1.6　拉普拉斯（Laplace）（1749—1827）

图 1.7　李雅普诺夫（Liapunov）（1857—1918）

图 1.8　闵诺斯基（Minorsky）（1885—1970）

图 1.9　庞特里亚金（L. S. Pontryagin）（1908—1988）

图 1.10　贝尔曼（R. Bellman）（1920—1984）

表 1.1 给出了控制系统发展历程的主要节点。

表 1.1　控制系统发展历程

时间	发展历程
1769	瓦特发明了蒸汽机和飞球调节器。蒸汽机常常被认为是英国工业革命开始的标志。工业革命时期，机械化水平有了巨大的提高，这是自动化高速发展的前奏
1800	惠特尼(Eli Whitney)的“可互换件生产”概念在滑膛枪生产中得到验证。惠特尼的成就常常被认为是大规模工业化生产开始的标志
1868	麦克斯韦为蒸汽机的调节器建立了数学模型
1913	福特(Henry Ford)在汽车生产中引入了机械化装配线
1927	布莱克发明了负反馈放大器，伯德分析了反馈放大器
1932	奈奎斯特发展了系统稳定性分析方法
1941	第一门具有主动控制功能的防空高炮诞生
1952	为了实施机床轴向控制，MIT 开发出了数控(NC)方法
1954	GeorgeDevol 开发出了“程控物体转运器”，这被视为最早的工业机器人
1957	发射人造地球卫星，开启了太空时代，促进了计算机小型化和自动控制理论的发展
1960	在 Devol 设计的基础上，研制成功了第一台 Unimate 机器人，并于 1961 年安装使用，用于向压铸机给料
1970	发展了状态变量模型和最优控制
1980	鲁棒控制系统设计得到了广泛研究
1983	个人计算机问世(控制系统设计软件也随之问世)，从而将设计工具搬上了工程师的书桌
1990	出口外向型产业公司强调自动化
1994	汽车上广泛采用了反馈控制系统，工业生产中迫切需要可靠性高、鲁棒性强的系统
1995	全球定位系统(GPS)投入运营，面向全球提供定位、授时和导航服务
1997	第一台自主控制的“旅居者号”漫游车实现了火星探测
1998～2003	微机电和纳米技术得到发展，研制成功了第一台智能微型机器，开发出了功能纳米材料
2007	“轨道快车”计划首次实现了空间交会对接

1.1.2　控制的内涵

控制的实质即通过输出控制信号，来保证稳定＋性能。反馈的引入使我们能够更好地控制受控系统，以便得到预期的输出，并改善控制的精度，但它同时也要求我们对系统响应的稳定性给予足够的重视。图 1.11 所示为通过施加外力竖起一个扫帚的例子。

手所施加的外力称为控制输入，控制工程师的主要工作是考虑适合的控制输入，通过眼睛观察当前的结果来决定下一步的控制输入就是反馈控制的一个过程。在竖起一个扫帚的时候，眼睛观察扫帚的倾斜程度，把手移动向扫帚将要倾倒的方向，通过观察当前的状况来决定下一步的行动就是反馈控制。

通过对实物抽象的整理，我们可以得到控制系统框图。扫帚就是被控对象，决定手的移动方式的部分就是控制器。手的移动对应控制输入，扫帚的倾斜角度对应输出，表示垂直状态的角度对应目标值。

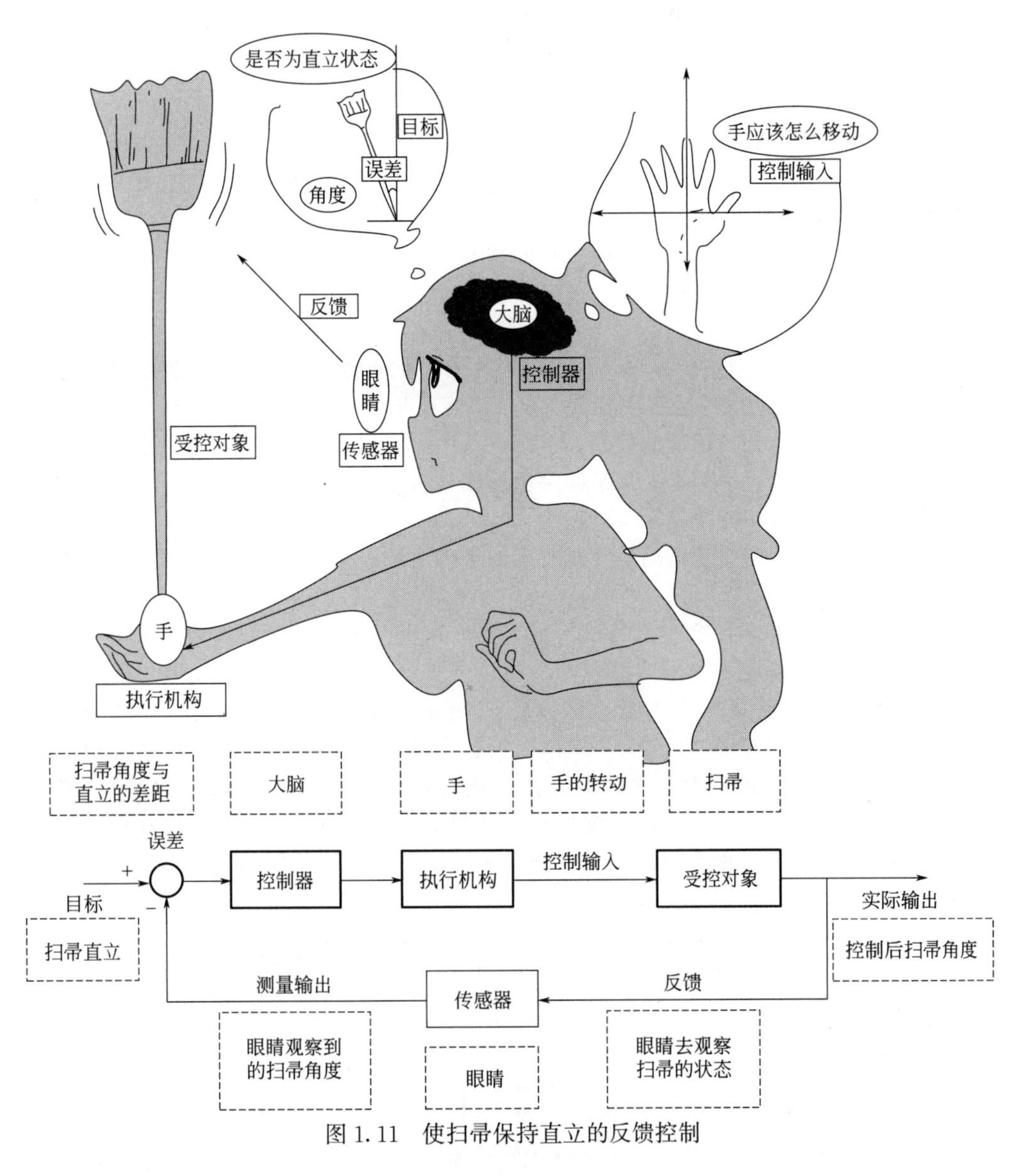

图 1.11 使扫帚保持直立的反馈控制

被控对象的输出与目标值的差称为误差。虽然误差是由目标值和输出决定的，但是在控制工程中，一般写成：

$$误差=目标值-输出=目标值+(-输出)$$

将输出值取反后作为信息反馈回去，叫作负反馈。在控制工程中，我们一般说的反馈都是负反馈。

进一步用数学公式来说明。在某一时刻 k，假设扫帚的倾斜角度为 x_k，u_k 是 k 时刻扫帚上的力，即控制输入，相关关系有：$x_{k+1}=2.1x_k+u_r$，首先设目标值为 0，为了让扫帚角度 x_k 为 0，此时扫帚的运动方程可以用如下递推关系式来表示：

$$u_k=1.9\times(0-x_k)$$

由于 x_k 是取反之后加到目标值 0 上的，因此这是一个负反馈。此时，整个反馈系统可以表示为：

$$x_{k+1}=2.1x_k+1.9\times(0-x_k)=0.2x_k$$

假设扫帚的初始角度为 $x_0=1$，则有：

$$\begin{cases} x_1 = 0.2\times 1 = 0.2 \\ x_2 = 0.2x_1 = 0.2\times 0.2 = 0.04 \\ x_3 = 0.2x_2 = 0.2\times 0.04 = 0.008 \end{cases}$$

随着 k 的不断增大，最终 $x_\infty = 0$。

可以看到，随着时间的流逝，扫帚的实际角度会不断趋近于目标值 0。与之相对，让我们考虑不将 x_k 取反而直接加到目标值上的正反馈。

$$u_k = 1.9\times(0 + x_k)$$

此时，整个反馈系统可以写成：

$$x_{k+1} = 2.1x_k + 1.9\times(0 + x_k) = 4x_k$$

假设 $x_0 = 1$，则有 $x_1 = 4$，$x_2 = 16$，$x_3 = 64$，随着 k 的不断增大，扫帚的倾斜角度也不断偏离目标值 0。这意味着没能成功地实现控制，扫帚最终还是倒下了。

综上所述，在考虑达到目标值的控制系统时，其中一个要点是需要不断减小目标值和输出之间的差。因此，在控制工程中基本上都是使用负反馈来搭建系统的。

在上面的例子中，我们将控制输入设定为 $u_k = 1.9\times(0 - x_k)$，控制工程正是考虑如何确定控制输入的一门学问，即需要考虑的是针对特定的被控对象，应该采用怎样的控制方法以及如何确定设计参数。

反馈控制是现代工业和社会生活的一个基本要素。当汽车能够对司机的操纵做出快速准确的响应时，驾驶汽车无疑是一件令人惬意的事情。许多汽车都装有驾驶和制动用的功率放大装置，它们通过液压放大器将操纵力放大，以便控制驱动轮或者刹车。汽车驾驶控制系统如图 1.12(a) 所示。图 1.12(b) 则说明了将预期的行车路线与实际测量的行车路线相比较的过程，于是就得到了行驶方向偏差。这时的测量是通过视觉和触觉（身体运动）的反馈来实现的，还有一种反馈是通过手（传感器）感知方向盘的变化来实现的。与汽车驾驶控制系统相似的反馈系统还有远洋轮或大型飞机的驾驶控制系统。图 1.12(c) 给出的是一条典型的行驶方向响应曲线。

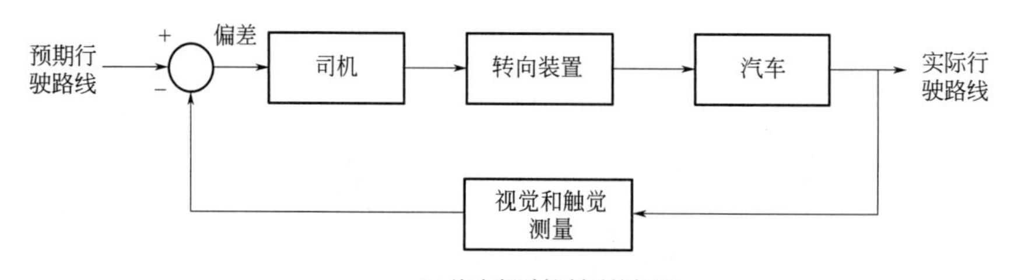

(a) 汽车驾驶控制系统框图

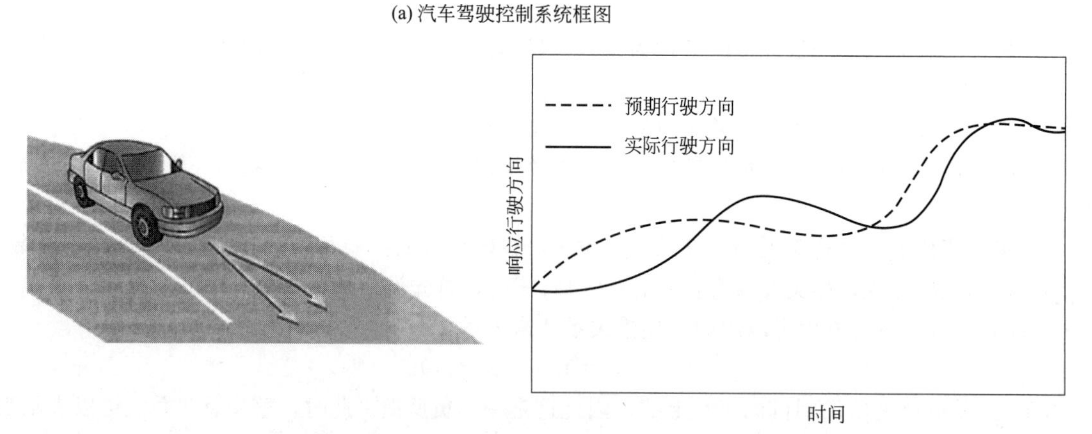

(b) 司机利用实际行驶方向与预期方向之间的差异，调整方向盘　　(c) 典型的行驶方向响应曲线

图 1.12　汽车驾驶反馈控制

控制系统是由相互关联的元件按一定的结构构成的，它能够提供预期的系统响应。系统分析的基础是线性系统理论，它认定系统各部分之间存在因果关系。受控元件、受控对象或者受控过程可以用图 1.13 所示的方框来表示，其中的输入输出关系就表示了该过程的因果关系，也就是说，表示了对输入信号进行处理进而获取输出信号的过程，该过程通常都包含功率放大环节。开环控制系统在没有反馈的情况下，利用执行机构直接控制受控对象。图 1.14 所示的是一个开环控制系统利用控制器和控制执行机构来获得预期的响应。设定起止时间的微波炉就是一个常见的开环控制系统的例子。

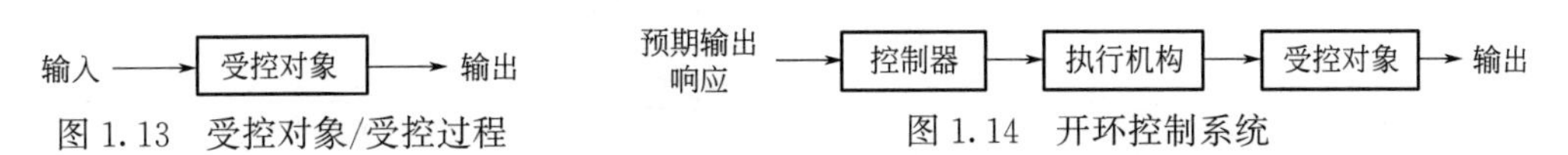

图 1.13　受控对象/受控过程　　图 1.14　开环控制系统

与开环控制系统不同，闭环控制系统则增加了对实际输出的测量，并将实际输出与预期输出进行比较。对输出的测量值称为反馈信号。一个简单的闭环控制系统如图 1.15 所示。

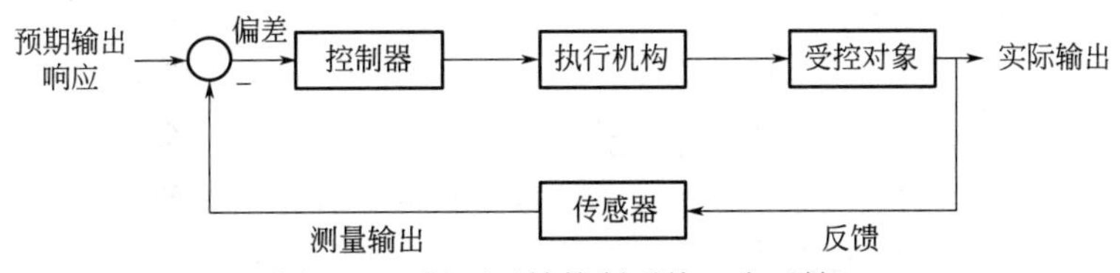

图 1.15　闭环反馈控制系统（有反馈）

开环控制系统通常是没有反馈的系统，而闭环控制系统是有反馈的。根据前面的介绍，我们可以了解到反馈控制系统实施控制时，常常用一个函数来描述参考输入和实际输出之间的预定关系。通常的做法是，将受控过程的实际输出与参考输入之间的偏差放大，并用于控制受控过程，以使偏差不断减小。通常，实际输出与参考输入之间的偏差就等于系统误差，控制器的主要作用就是调控这个误差信号。而控制器的输出驱使执行机构调节受控对象，以便达到减少误差的目的。可以用下面的例子来说明这种工作过程。当一艘轮船的航向向右偏离时，舵机的工作将会驱使轮船航向向左运动，逐步纠正航向误差。

闭环控制系统对输出进行测量，将此测量信号反馈，并与预期的输入（参考或指令输入）进行比较。与开环控制系统相比较，闭环控制系统有许多优点。例如，有更强的抗外部干扰的能力和衰减测量噪声的能力。在图 1.16 所示的框图中，作为外部输入，加入了外部干扰和测量噪声模块。在现实世界中，外部干扰和测量噪声是不可避免的，因此，在设计实际控制系统时，必须采取措施加以解决。

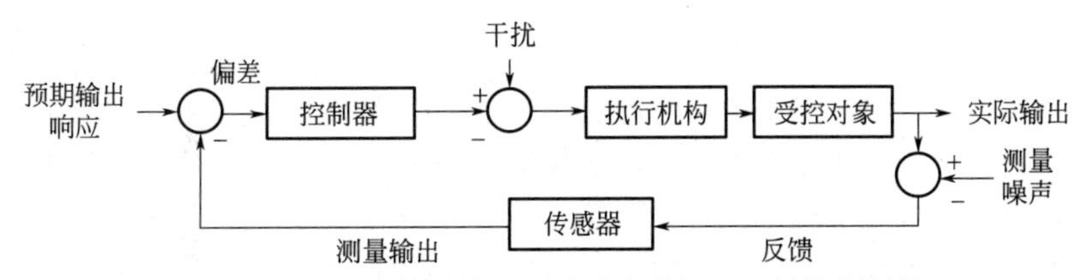

图 1.16　带有外部干扰和测量噪声的闭环反馈控制系统

图 1.15 和图 1.16 所示的系统是单回（环）路反馈控制系统。而在控制系统中，许多系统具有多个回路。图 1.17 所示的就是一个具有内环和外环的多回路反馈控制系统的一般性例子。在这种情况下，内部回路配备控制器和传感器，外部回路也配备控制器和传感器。由于多回路反馈控制更能代表现实世界中的实际情况，所以本书通篇都会讨论多回路反馈控制系统的有关特性。

但是，我们主要利用单回路反馈控制系统来学习反馈控制系统的特性和优点，所得到的结论可以方便地推广到多回路反馈控制系统。

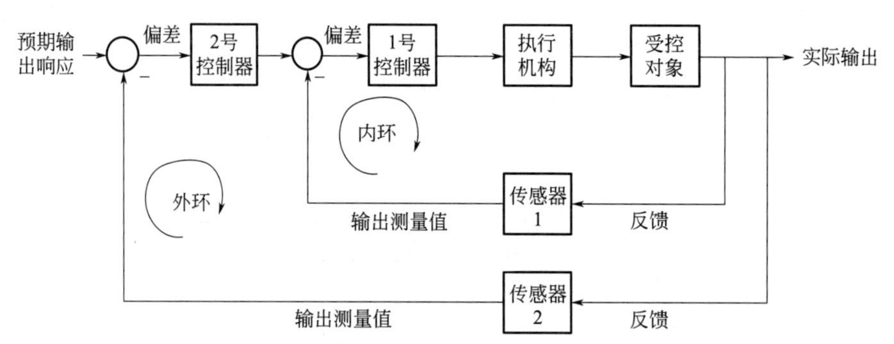

图 1.17　具有内环和外环的一般多回路反馈控制系统

为了实现精确控制，应满足四个基本的要求：

① 系统必须处于稳定状态；

② 系统输出必须跟踪控制输入信号；

③ 系统输出必须尽量避免来自扰动输入的响应；

④ 虽然在设计中使用的模型不是完全精确，或是物理系统的动态特性随时间变化或者因环境变化而变化，但是这些目标也必须满足。

由于受控系统日益复杂，以及人们对获得最优性能的兴趣与日俱增，近几十年来，控制系统工程变得越来越重要，并且要求在设计控制方案时，必须考虑多个受控变量间的相互关系，即描述多变量控制系统，如图 1.18 所示。

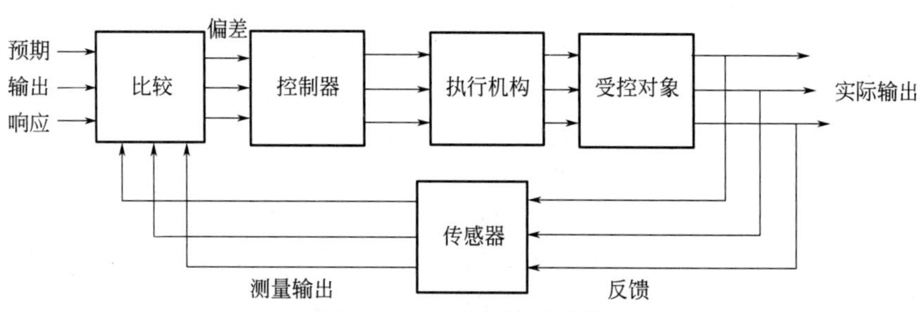

图 1.18　多变量控制系统

控制工程中理论与实际应用之间存在的差距是一个重要的问题。在控制工程的许多方面，理论发展超前于实际应用是顺理成章的。然而有趣的是，在美国规模最大的工业——电力工业中，理论和应用的差距却并不显著。电力工业的基本问题是能量的存储、控制和传输，电力工业越来越多地采用计算机控制，提高了能源利用效率，而且发电厂也越来越重视实施废物排放控制。发电量达到几百兆瓦的大型现代化发电厂，需要控制系统妥善处理生产过程中各个变量之间的关系，以便提高发电量，这通常需要协同控制多达 90 余个操作变量。图 1.19 所示的大型蒸汽发电机简化模型，给出了几个重要的控制变量。这个例子也表明了对多个变量，如压力和氧气等，同时进行测量的重要性，这些测量值为计算机实施协同控制提供了依据。

控制理论在生物医学试验、病理诊断、康复医学和生物控制系统中也有众多应用。正在研究的控制系统涵盖从细胞到中枢神经系统等各个层面，涉及体温调节、神经系统、呼吸系统及心血管系统控制等。大多数生物控制系统都是闭环系统，并且不会只有单个控制器，而是在控制回路中又包含着另外的控制回路，从而形成了一种多层次、多回路的系统结构。

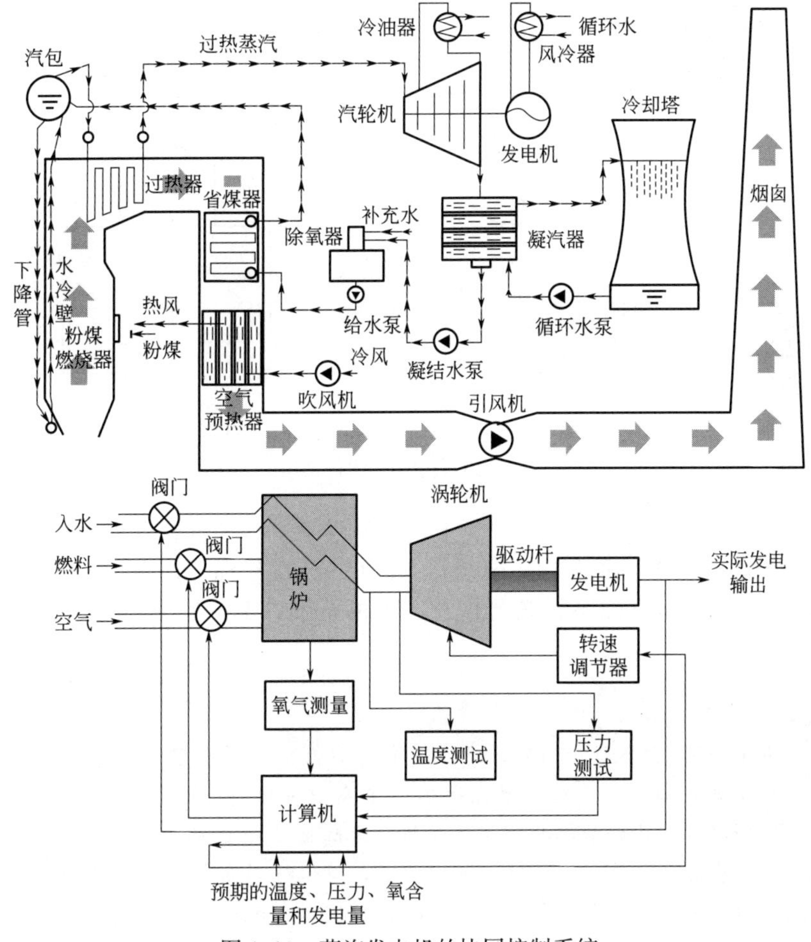

图 1.19　蒸汽发电机的协同控制系统

1.1.3　控制的发展

对于当代控制，特别是工业控制，其核心是以机电一体化所建立起来的各种各样的控制设备、系统、工厂。机电一体化是用机械（mechanical）、电气（electrical）、计算机（computer）组合成的一个新的术语。机电一体化系统领域产生了丰硕的智能产品。反馈控制系统是现代机电一体化系统不可或缺的组成部分。只要考察一下机电一体化系统的组成，就可以体会到，机电一体化系统已经渗透到了不同的学科。机电一体化系统的基本要素包括物理系统建模、传感器与执行机构、信号与系统、计算机与逻辑系统、软件与数据获取。如图 1.20 所示，这些基本要素都离不开反馈控制，其中与控制系统联系更加紧密的是信号与系统环节。

计算机软件和硬件技术的进步，为控制工程的发展提供了更快更复杂的控制器，性价比更高的微处理器和微控制器，用微机电系统（MEMS）开发的新型传感器和执行机构，新的控制策略和可编程方法，网络与无线技术，以及用于系统建模、虚拟原型和测试的日益成熟的计算机辅助设计技术（CAE）。这些技术的持续进步必将会加速智能化、能够实施主动控制的产品的不断涌现。

在当今社会发展中，控制系统将会在其中发挥巨大的作用。混合动力汽车和风力发电就是受益于机电一体化技术的两个例子。事实上，现代汽车的发展历程清晰地说明了机电一体化技

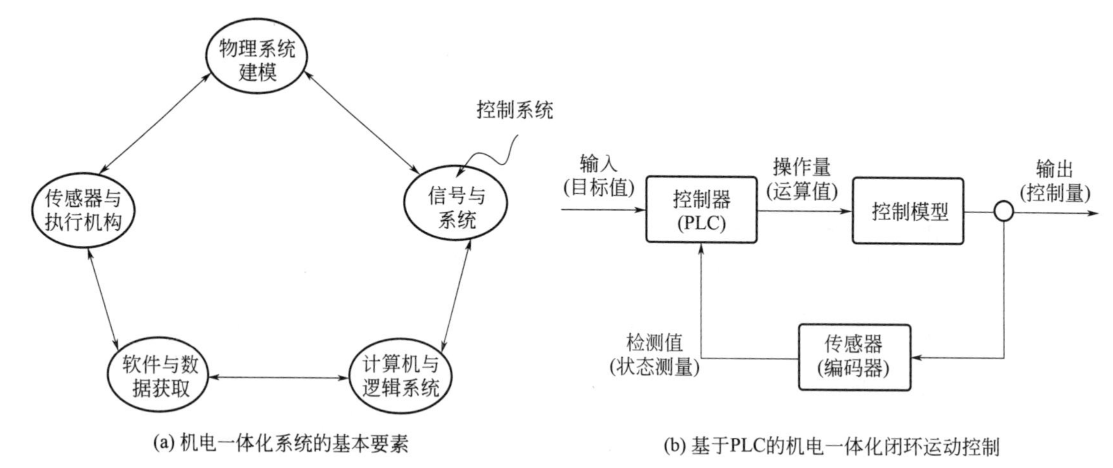

(a) 机电一体化系统的基本要素

(b) 基于PLC的机电一体化闭环运动控制

图 1.20　机电一体化系统

术的发展脉络。20 世纪 60 年代以前，汽车上仅有的电子产品是收音机。如今，许多汽车上都安装有 30～60 个微控制器，多达 100 个电机，大约 90kg 的线缆，众多的传感器，以及数以千行的软件代码。现代汽车已经不再是严格意义上的机械产品，它是一个复杂的机电一体化系统。

【例 1.1】　混合动力汽车。

混合动力汽车如图 1.21 所示。混合动力汽车的动力系统由通用的内燃机、蓄电池（或者其他储能装置）及电机构成，能够提供比普通汽车高出一倍的能效。尽管还不能实现零排放(因为使用了内燃机)，但已经能够将有害尾气排放量降低三分之一，甚至一半。随着技术的改进，有害尾气排放量还有望进一步降低。如前所述，现代汽车需要大量先进的控制系统，它们改进了整个汽车的性能，包括燃料空气混合室、阀门定时、尾气排放、车轮牵引控制、刹车防锁死、电控减振及许多其他功能。而在混合动力汽车上，又对控制系统提出了新的功能要求，特别是内燃机与电机之间的动力控制，这决定着需要存储多少能量，以及何时对电池充电，从而决定着汽车实现低尾气排放的启动。归根到底，混合动力的新概念汽车能否被市场接受，关键就看所采用的控制策略能否将各种电力和机械元件合理地集成为一个可靠的系统。

图 1.21　混合动力汽车可以视为机电一体化系统

【例 1.2】 风力发电。

很多国家如今都面临着能源供应不稳定的难题，这导致了燃油价格上涨和能源短缺。同时，化石能源的负面效应还影响了空气质量。许多国家的能源消费都大于供给。为了解决能源供需失调的问题，工程师们正在开发其他的能源利用系统，例如风能系统。在美国等一些发达国家，风力发电都是发展最为快速的新能源。如图 1.22 所示是位于美国得克萨斯州西部的风力发电厂。

图 1.22 美国得克萨斯州西部的风力发电厂

据美国风能协会报道，美国的风力发电量可以供 250 万个家庭使用。35 年来，研发工作主要关注于强风地区的发电技术。如今，美国大部分交通比较便利的强风地区都开发了风力发电技术。因此，需要改进发电技术，以更高的费效比开发利用风速较低地区的风能，改进的重点是材料和空气动力特性，利用更长的涡扇叶片在低风速下高效工作。随之而来的主要问题是，支撑塔需要做到既能节省开支又能达到足够的高度，风力发电机组要想实现高效运行，离不开先进的控制系统的支持。

【例 1.3】 嵌入式计算机。

现有的控制系统大多是嵌入式控制系统。嵌入式控制系统在反馈回路中集成了专用的数字计算机。图 1.23 所示是漫游车，其核心的嵌入式计算机是美国国家仪器公司生产的 Compact RIO 计算机。这个漫游车的传感器包括测量发动机转速的光学编码器，感知转向运动的速率陀螺和加速度计，以及测量漫游车位置和速度的 GPS 单元。执行机构是两个线性执行器，分别用来转动前轮、加速和刹车。通信设备则用来保证漫游车与地面站保持联系。

图 1.23 反馈回路中集成了嵌入式计算机的漫游车

控制系统不懈努力的目标，是使系统具有更高的柔性和自主性。柔性和自主性这两个系统概念或系统特性，从不同的途径驱使控制系统趋向同一目标，可谓是殊途同归。图 1.24 说明白了这一点。控制系统将朝着增强自主运行能力的方向发展，成为人工控制的延伸。监督控制、人机交互、数据库管理等方面的研究目的，就是要减轻操作手的负担，提高操作手的工作效率。此外，还有许多研究工作，如通信方法的改进和高级编程语言的开发等，对机器人和控制系统的发展起着同样的推动作用，其目的在于降低工程实现的费用和扩展控制工程的应用领域。

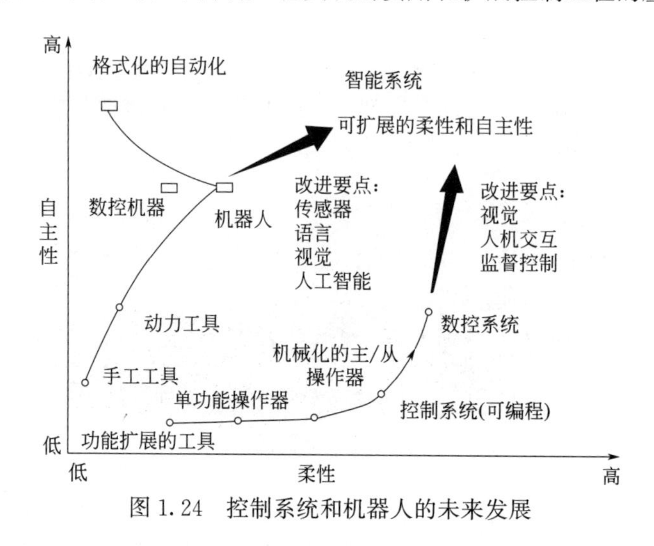

图 1.24　控制系统和机器人的未来发展

通过技术进步减轻人类劳动强度的历程可以追溯到史前时代，现在则进入了一个新的时期。始于工业革命的不断加快的技术革新，主要是将人类从体力劳动中解放出来。如今，计算机技术引发的新技术革命则正在带来同样巨大的社会变革，计算机收集和处理信息能力的提高，将会使人类的脑力同样得到拓展和延伸。

控制系统不仅可以提高生产率，而且可以改善装置或系统的性能。自动化则通过自动操作或对生产过程、装置或系统的控制等途径，提高生产率和产品质量。通过对生产和机器设备的自动控制，可以生产可靠和高精度的产品。随着消费类产品对柔性和适应性的需要越来越高，对柔性自动化系统和柔性机器人的需求也在日益增长。

1.2 焊接生产中的自动控制

众所周知，焊接生产存在烟尘、飞溅、有害气体、噪声、高温、弧光辐射、电磁辐射等多种污染，将人从有害的、繁重的体力劳动中解放出来一直是焊接工作者追求的目标，焊接自动控制就应运而生。为了向全自主焊接方向发展，提高焊接自动化系统的鲁棒性和适应性，提高焊接过程的传感与控制性能尤为关键，也就是要给焊接系统加上“眼睛”与“大脑”。

1.2.1 焊接过程控制系统

工业生产弧焊控制研究主要围绕钨极氩弧焊（TIG）与熔化极气体保护焊（MIG）以及等离子弧焊（PWG）三种焊接方式进行。无论哪种方式，焊接过程的控制依旧建立在电弧、熔滴、焊丝熔化等的物理模型或数学模型的基础上，无论是建立焊接过程的物理模型，还是数学模型，都是为了将焊接的各种现象上升到本质上去认识，寻找出表征各种焊接行为的规律和特征，使其从技术升华为科学。随着过程控制理论从经典控制向现代控制，进而向智能控制方向的发展，针对不同的焊接方法，按条件和控制对象发展出了不同的控制系统，国内外的学者对焊接过程建模工作进行了大量研究。在以往的建模工作中无论是根据经验数据导出的模型，或是根据实验数据统计导出的模型，已被证实只有有限的应用范围，并且在多变量控制系统中无法实时解耦。这些模型均是建立在线性系统理论基础上的，为了符合这一理论框架都是对焊接过程做了一些假设，电弧焊接是多种因素交互作用的复杂过程，焊接质量（焊缝成形、接头组织及性能）与多方面参数有关，而这些参数的作用又是相互关联的，既有动态过程的耦合，又有静态效果的重叠。由于约束条件和未知因素很多，对于这样的多输入多输出又包含非线性和时变性的系统，在线性系统理论框架下建立起来的模型，由于其假设条件与实际焊接过程存在差距，使其难以达到满意的结果，这是所采用的建模和控制方法本身所决定的。

焊接作为从单一的加工工艺发展而来的新兴的综合性的先进工艺技术，其过程的自动化可广义地理解为包括从备料、切割、装配、焊接、检验等工序组成的一个焊接产品生产全过程的自动化。只有实现了这一全过程的机械化和自动化才能得到稳定的焊接产品质量和均衡的生产节奏，同时获得较高的劳动生产率。与通常的自动控制系统相类似，焊接过程自动控制系统一般均为闭环反馈系统，它可分为被控对象、检测环节、比较器及控制器、执行机构四部分，如图 1.25 所示。

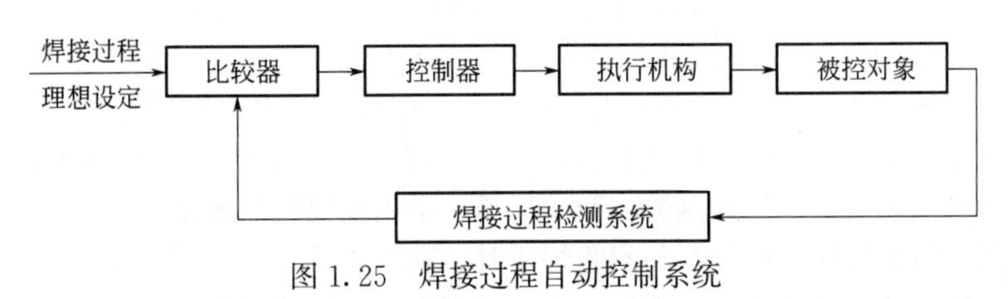

图 1.25　焊接过程自动控制系统

根据焊接方法及控制目的的不同，在焊接过程中被控对象可能是电弧的电参数或其运动轨迹、点焊焊接条件或熔核大小、高能束的电参数或其位置等。检测系统包括测量被控对象状态的传感器及其信号转换装置。传感器种类很多，往往为焊接控制系统中最有活力的环节，一种新的传感器的出现，常可使控制系统发生变革，例如在弧焊自动跟踪系统中，电弧与坡口的相对几何位置可以用机械、电磁、激光、红外及 CCD 等各种传感方法测量，不同的传感方法可以得到不同的效果，而相应自动化系统的控制策略也不同。比较器的作用是将检测系统所输入的电信号与理想设定值进行比较，以求出被控对象实际状态与理想状态的偏差。控制器的任务只是对此偏差进行运算以求出恰当的信号输送给执行机构。执行机构根据控制器的信号驱动被控对象纠正其状态上的偏差，根据被控对象的不同，执行机构可能是机械、电气或液压等各种不同的装置。以上所述过程连续不断进行，从而形成焊接自动化闭环控制系统。图 1.26 所示为焊接生产自动化工具。

根据控制器运算偏差时所采用的不同的数学规则，焊接自动化控制系统可分为线性系统和非线性系统。在典型的线性系统中，根据被控对象的系统特征，控制器将偏差值按比例调节（P 调节）、比例-微分调节（PD 调节）或比例-微分-积分调节（PID 调节）的方法进行运算，实现对焊接过程的反馈控制。例如埋弧自动焊过程中，基于电弧弧长与电弧电压成正比的物理关系，利用上述的调节方法即可通过检测弧压来实现对弧长的控制。在有些焊接控制系统中，由于被控对象的复杂性或因控制要求的需要，可采用非线性控制器，例如延时滞后控制、变结构控制、自适应控制等。近年来由于数学理论和计算机的发展，模糊控制、神经网络控制、遗传算法控制等新的非线性控制方法受到人们越来越多的重视，目前已有研究人员将模糊控制与神经网络控制相结合，在 TIG 焊过程中通过检测工件正面熔池的动态行为实现了对背面成型的控

(a) 焊接小车

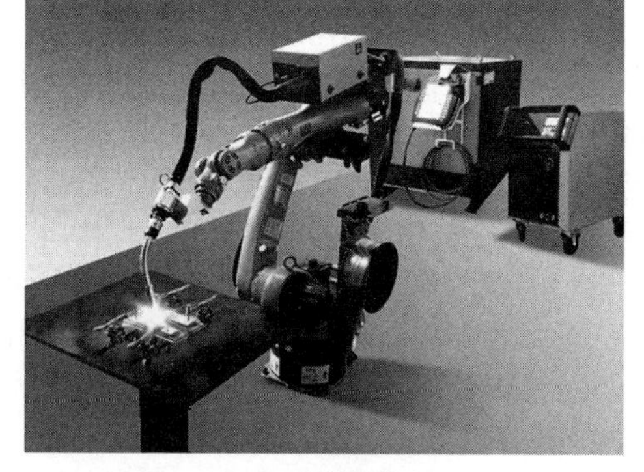

(b) 焊接机器人

图 1.26　焊接生产自动化设备

制。在焊接自动化系统中，非线性控制方法将有着重要的应用前景。

根据工作状态不同，焊接自动化系统又可分为连续系统和离散系统。在连续系统中，系统的所有环节之间均是以连续方式传递信息。在离散系统中，则有一个或数个环节的信息是以脉冲方式传递。离散系统的发展与计算机在控制过程中的应用有密切的关系，利用计算机的可编程性和其数字脉冲工作方式的优点，我们可根据不同的需要灵活地实现检测系统中对焊接传感器传感信号的离散采样，或在控制器中采用计算机为部件实现对焊接过程的离散控制。

根据被控对象复杂程度不同，焊接自动化系统还可分为单输入-单输出系统，以及多输入-多输出系统。前者以拉氏变换和传递函数为数学工具，采用经典控制理论对焊接自动化系统进行分析、设计和研究。例如用计算机控制晶闸管焊机时，利用传递函数对焊机系统的动态响应特性进行分析，从而为控制算法提供所需的系统参数，实现以电流偏差值为系统输入，焊机工作电流值为系统输出的自动控制。对于多输入多输出系统，为了描述各输入输出量之间的对应关系，则以状态变量及状态方程为数学工具，以现代控制理论为指导实现对焊接系统的闭环控制，例如填丝脉冲 TIG 焊过程中以焊接电流的占宽比、送丝速度等为输入量，以熔池宽度和长度为输出量的焊缝质量闭环控制。

焊接过程控制具有干扰因素多的特点：一是作用于控制元件使操作量发生变化，如电源波动引起电弧电压、焊接电流、电弧形状、焊接速度、送丝速度变化等；二是焊接工艺和材料自身存在的干扰因素，如工件厚度，形状、组成改变，焊丝成分变化，坡口形状变化等。焊接过程中干扰因素多，被控制量的检测比较困难，迄今为止，电弧焊工艺所采用的自动控制方式属于完全的反馈系统的例子较少，而多数是属于干扰控制或前馈控制。一般说来，它多用在反馈系统中，这时的框图如图 1.27 所示。

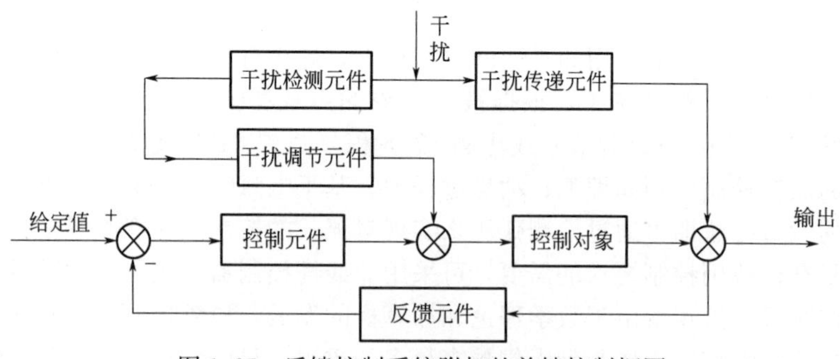

图 1.27　反馈控制系统附加的前馈控制框图

干扰检测出后容易直接控制的系统如图 1.28(a) 所示。可以利用干扰检测元件和干扰调节元件，在干扰作用到达控制对象以前，将干扰消除。这种控制方式适合于弧焊中焊缝变动时使用。对于容易预见的干扰，检测元件也就不必要了，可用图 1.28(b) 的方式使干扰调节元件按照事先编制程序去工作，就能对干扰进行补偿。图 1.28 中的两种方式都属于干扰控制。

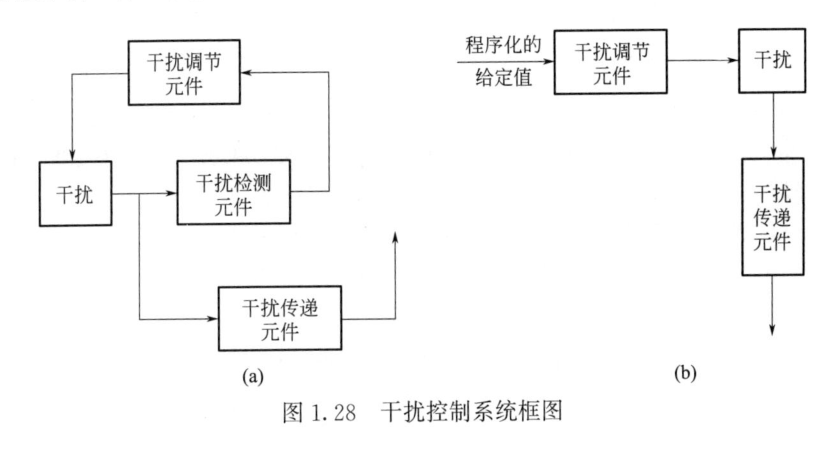

图 1.28　干扰控制系统框图

1.2.2 焊接过程传感

焊接过程的控制必须以研究和发展自动化、智能化焊接过程控制系统为基础，而焊接传感器作为焊接过程控制系统的重要组成部分，其作用主要有焊接过程的自动跟踪和焊接质量的实时控制两个方面。前者是实现焊接自动化的前提，是提高焊接质量、改善劳动条件、提高生产率的关键。后者可以实时监测焊接过程坡口形状，及时调整焊接参数，保证良好的焊接质量。因此传感器的确定显得尤为重要，传感器是一个完整的测量装置，它能将被测的物理量（非电显）转换为与之有确定对应关系的有用的电参量（电阻、电容、电感、电压）输出，以满足信息的传输、处理、记录、显示和控制等要求。传感器是整个系统中的关键部分，在检测过程中，环境恶劣，受到各种干扰，如弧光、高温、烟雾、飞溅等，对传感器的可靠性、精度等提出很高的要求。

焊接过程是一个光、声、电、热、力、电磁等因素综合作用下的物理化学过程，其运动状态和变化过程反映为焊接过程信息。焊接过程信息主要是指以下内容。

① 焊接工艺信息。指与焊接工艺参数相关的信息，包括接头位置、坡口尺寸、送丝速度、燃弧和收弧的电流和电压、焊接速度等。

② 焊接物理信息。指与引弧、燃弧、收弧整个焊接过程相关的信息，包括电弧形态、熔滴形态、熔池的三维形貌、熔池尺寸、焊缝对中、焊缝温度分布等。

③ 焊接质量信息。包括熔宽、熔深、熔透、余高，热影响区尺寸与组织，气孔、裂纹等缺陷位置及尺寸等。

焊接过程信息与焊接质量直接相关，可以由焊接过程的物理量描述，一般通过传感器检测物理量来获得。焊接过程的典型物理量包括接头空间位置、坡口的几何尺寸、电弧电流和电压、电磁场强度、声波反射、温度等。通过传感器转换得到焊接过程信息，把信息反馈到焊接过程中实现闭环控制，控制焊接过程的熔滴过渡、焊缝跟踪和焊缝成形。

焊接过程的物理量和焊接过程信息之间的关系如图 1.29 所示。

焊接传感器的工作原理就是把检测的物理量转换成焊接过程的信息量，控制焊接过程。焊接传感器的种类比较繁多，可以分为如下几类。

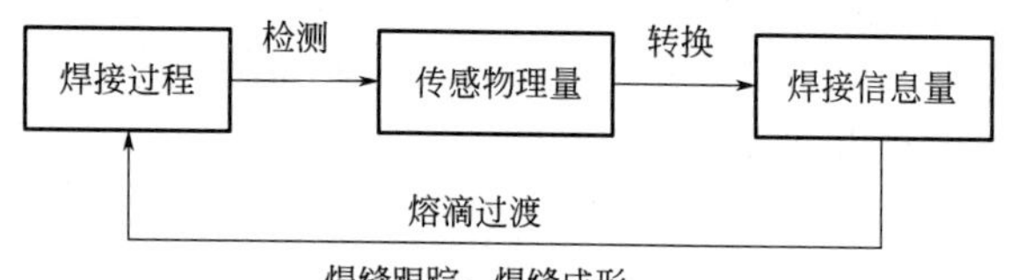

图 1.29 焊接过程的信息量和物理量之间的关系

① 根据焊接过程控制的目的不同，分为焊缝跟踪传感器和焊缝成形传感器。

② 根据传感器的转换原理不同，分为电弧传感器、光学传感器、超声传感器、红外传感器以及机械传感器。

实际应用中，焊接传感器除了通常的性能指标之外，还需要有很强的抗电弧干扰的能力，如电弧产生的电磁场、电弧光等。目前，焊接中常用的传感方式包括接触式传感（机械式）、图像传感等。焊接中的传感物理量、信息量、采用的传感方式及用途如表 1.2 所示。

表 1.2 焊接过程中常用的传感器

类别	传感物理量	反映信息量	主要应用范围
机械	空间位置	接头位置	焊缝跟踪
图像	空间位置、尺寸	接头位置、熔池尺寸	焊缝跟踪、焊缝成形传感
电场	电弧电流、电压	接头位置、电弧状态	焊缝跟踪、电弧参数控制、焊缝成形
磁场	涡流、磁场强度	接头位置、电弧形态	焊缝跟踪、焊缝成形控制
光学	光波反射、投射	熔滴形态、熔池状态	熔滴、焊缝成形控制
热像	温度辐射、梯度	熔池形状、温度分布	焊缝成形、热循环测量
声音	声波发射、反射	接头位置、内在缺陷	焊缝跟踪、无损探伤等

从表 1.2 可知，焊接过程传感的物理量包括位移、温度、基本电参量量以及光学信息。根据传感器不同的转换原理，电弧传感、光学传感、超声传感、红外传感等都可以归结到这些物理量的检测上。由于焊接传感系统中采用了大量的不同类型的传感器，因此，有时也将多传感器数据融合称为多传感器融合。各种传感器的互补特性为获得更多的信息提供技术支撑。但是，随着多传感器的利用，又出现了如何对多传感器信息进行联合处理的问题。消除噪声与干扰，实现对观测目标或实体的连续跟踪和测量，并对其属性进行分类与识别，作出判断等一系列多层次的处理，就是多传感器数据融合技术，有时也称作多传感器信息融合（information fusion）技术或多传感器融合（sensor fusion）技术，它是对多传感器信息进行处理的最关键技术。

将信息融合技术应用于焊接领域，已有部分学者进行了研究，且取得了一定的成果，但由于信息融合技术是一个新发展起来的领域，尚未形成统一的融合模型和融合算法，因此，目前所用的信息融合模型都是针对特定领域中的特定问题。在焊接过程中的所有信息融合模型，也都是针对具体的焊接工艺和焊接条件，存在一定的局限性。

1.2.3 焊接自动化生产装备

未来的自动化焊接工艺，一方面要发展新的焊接方法、焊接设备和焊接材料，以进一步提高焊接机械化和自动化水平，研制从准备工序、焊接实施，到质量监控全部过程自动化的专用焊机，通过机械设备、电子控制系统，利用微控制器等实现程序控制、数字控制；另一方面，在自动焊接生产线上，推广、扩大数控的焊接机械手和焊接机器人，以提高焊接生产水平，改善焊接环境条件。同时随着工业自动化、智能化、数字化等技术的日益发展和广泛应用，焊接自动化正在由单机焊接自动化装备向焊接自动化生产线和数字化焊接车间发展。提高焊接电源的可行性、质量稳定性和可控性及优良的动感型，也是未来的发展方向。焊接自动化装备制造企业已可按客户的不同需求，设计、制造、集成各种类型的专用焊接自动化装备，并大量采用计算机控制技术。部分焊接自动化装备还配备了焊缝自动跟踪系统和图像监控系统，确保了焊接过程中的焊接质量。我国焊接自动化装备制造业技术发展呈现出如下趋势。

（1）精密、高效化

焊接自动化装备正朝着高精度、高质量、高效率、高可靠性方向发展。要求系统各运动部件和驱动控制具有高速响应性，要求电气、机械装置具有精确控制性，可保持长期的稳定性、可靠性。图 1.30 所示为焊接高精度工艺机器人。

（2）模块化

焊接自动化装备的集成化技术包括硬件系统的结构集成、功能集成和控制技术的集成。结构集成可根据不同客户对系统功能的不同要求，进行模块设计组合。而且控制功能模块也可快速提供不同的控制功能组合。控制系统集成化，则可大大降低信息量并满足实时控制要求，发挥人在控制和临时处理的相应判断能力。图 1.31 所示为自动选择型钎焊机。

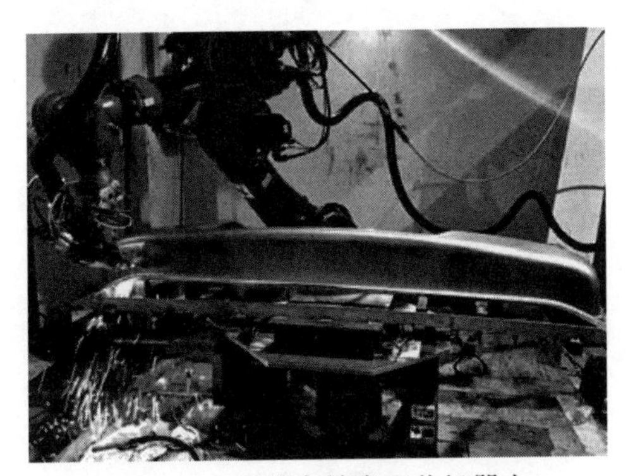

图 1.30　焊接高精度工艺机器人

图 1.31　自动选择型钎焊机

（3）智能化

将激光、视觉、传感、检测、图像处理、计算机等智能控制技术应用于焊接自动化装备中，使其能在各种环境复杂、变化的焊接工况下根据焊接的实际情况，自动调整、优化焊接轨迹和工艺参数，实现高质量、高效率的焊接智能控制。智能化的焊接自动化装备，不仅可以根据指令完成自动化焊接过程，而且可以根据焊接的实际情况，自动优化焊接工艺和焊接参数。如图 1.32 所示为激光焊缝跟踪。

（4）柔性化

柔性化生产要求一台设备能满足多种工件焊接自动化加工，在未来的研究中，我们将各种光、机、电技术与焊接技术有机结合，以实现焊接的精确性和柔性化，将数控技术配以各类焊接机械设备，以提高其柔性化水平。另外，焊接机器人与专家系统的结合，实现自动路径规划、自动校正轨迹、自动控制熔深等功能。

（5）网络化

智能接口、远程通信等现代网络技术的发展，促进了焊接设备管控技术的发展。利用计算机技术、远程通信等技术，将焊接加工过程和质量信息、生产管理等信息通过网络实现数字一体化管理，实现脱机编程，远程监控、诊断和检修。

（6）人性化

焊接自动化装备广泛采用数字化、图形化的人机操作界面，设备拥有专家数据库、控制参数实时显示、人机交互等功能，使设备操作更加容易、更加方便。研究可以提供焊接规范参数的高性能焊机，并应积极开发焊接过程的计算机模拟技术。使焊接技术由“技艺”向“科学”演变，是实现焊接自动化的重要手段。图 1.33 所示为焊接工艺自动化生产线。

图 1.32 激光焊缝跟踪

图 1.33 焊接工艺自动化生产线

第2章 控制系统数学模型

如果要获得系统的数学模型，就需要理解和分析系统。因此，必须仔细分析系统变量之间的相互关系，并建立系统的数学模型。我们所关心的系统本质上都是动态的。因此，描述系统行为的方程通常是微分方程（组）。如果这些方程（组）能够线性化，就能够运用拉普拉斯变换方法来简化求解过程。然而实际上，由于系统的复杂性，同时我们不可能了解并考虑到所有的相关因素，因此必须对系统运动情况做出一些合理假设。在研究实际物理系统时，合理的假设和线性化处理是非常有用的。这样，就能够根据线性等效系统遵循的物理规律，得到物理系统的线性微分方程（组）模型。最后，利用拉普拉斯变换等数学工具求解微分方程（组），就能够得到描述系统行为的解。归纳而言，分析研究动态系统的步骤为：

① 构建和定义系统及其元件；

② 基于基本的物理模型，确定必要的假设条件并推导数学模型；

③ 列写描述该模型的微分方程（组）；

④ 求解方程（组），得到所求输出变量的解；

⑤ 检查假设条件和所得到的解；

⑥ 如果必要，重新分析和设计系统。

2.1 系统建模

为了控制被控对象，需要了解被控对象的特征，所以需要搭建能够反映其特征的数学模型，然后再研究施加某种输入的时候模型所表现出来的行为。在控制工程里，通常需要把运动方程（微分方程）转换成“传递函数”或“状态方程”的形式，通过运用拉普拉斯变换和传递函数会比用微分方程来表示要容易理解得多。用传递函数就不会涉及微分和积分，用状态方程只涉及（一阶）微分方程，只会出现一个时域微分，被控对象越复杂就越能感受到传递函数和状态方程所带来的好处。

2.1.1 物理系统建模

如图 2.1 可以清晰地了解本节所涉及的内容。很多被控对象都可以写成微分方程的形式。这种方法可以运用于机械系统、电气系统、流体系统以及热力学系统等中。

根据受控过程自身所遵循的物理规律，可以建立描述物理系统动态特性的微分方程。对

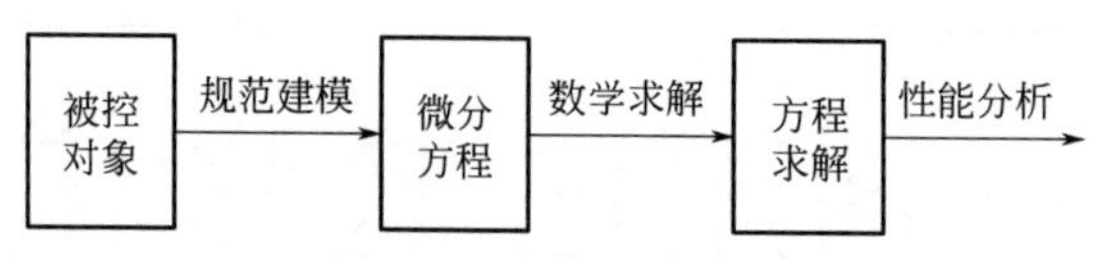

图 2.1　工作流程模块

于机械系统，服从于牛顿第二定律，而电气系统则服从于基尔霍夫定律。接下来将以 RLC 电路、质量块-弹簧-阻尼器系统和单摆系统为例对其物理模型的建立进行讲述，并介绍建模的方法。

(1) 质量块-弹簧-阻尼器系统的模型

图 2.2 为质量块-弹簧-阻尼器系统，假设不考虑摩擦、弹簧的伸长在弹性限度内以及弹簧和阻尼器质量，服从牛顿第二定律，图 2.2(b) 给出了质量块 M 的运动分析图。其中，我们假定壁摩擦为黏性阻尼，即摩擦力与质量块的运动速度成正比。

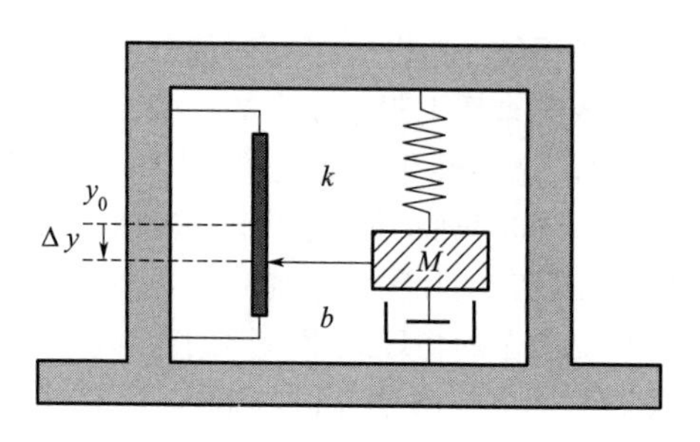

(a) 质量块-弹簧-阻尼器系统

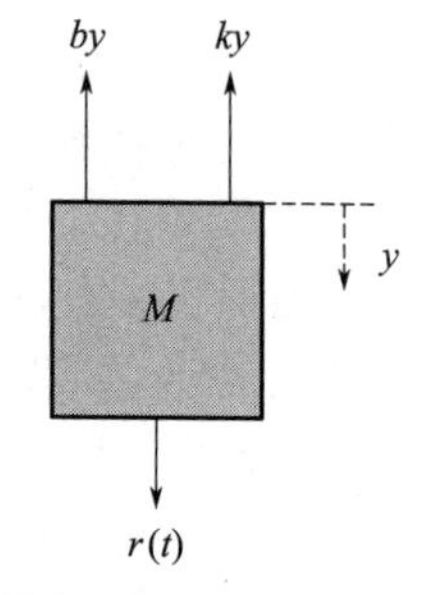

(b) 质量块M的受力及运动分析图

图 2.2　质量块-弹簧-阻尼器系统

首先确定输入输出量，系统输入为外力（加速度），系统输出为质量块 M 的位移偏移量 $\Delta y = y(t) - y_0$，y_0 为平衡位置。运动遵循物理规律，$y(t)$ 表示质量块 M 的位置/位移，由牛顿第二定律有

$$M\frac{\mathrm{d}^2 y(t)}{\mathrm{d}t^2} = F_\Sigma \tag{2.1}$$

其中，M 为质量块质量，t 为时间。由胡克定律有，弹簧拉力为

$$F_k = k\Delta y(t) \tag{2.2}$$

其中，k 为弹簧弹性系数。黏性阻尼的阻尼力与质量块速度成正比，方向相反

$$F_b = b\frac{\mathrm{d}\Delta y(t)}{\mathrm{d}t} \tag{2.3}$$

其中，b 为阻尼系数。

质量块 M 所受合力为重力、弹簧拉力和阻尼力的叠加

$$F_\Sigma = F_k + F_b - Mg = Ma \tag{2.4}$$

因此，质量块的运动方程为

$$M\frac{\mathrm{d}^2 y(t)}{\mathrm{d}t^2} = k\Delta y + b\frac{\mathrm{d}y(t)}{\mathrm{d}t} - Mg \tag{2.5}$$

整理后，有

$$M\frac{\mathrm{d}^2 y(t)}{\mathrm{d}t^2} + b\frac{\mathrm{d}y(t)}{\mathrm{d}t} + k\Delta y = M(a+g) \tag{2.6}$$

取 $r(t) = M(a+g)$，则上式整理为

$$M\frac{\mathrm{d}^2 y(t)}{\mathrm{d}t^2} + b\frac{\mathrm{d}y(t)}{\mathrm{d}t} + k\Delta y = r(t) \tag{2.7}$$

$$M\ddot{y}+b\dot{y}+ky=r(t) \tag{2.8}$$

假定质量块的初始位移为 $y(0)=y_0$，然后松开约束，该系统的动态响应可以表示为

$$y(t)=k_1 e^{-\alpha_1 t}\sin(\beta_1 t+\theta_1) \tag{2.9}$$

其中，k_1、α_1、β_1、θ_1 为常数。

(2) RLC 电路的物理模型

同样的，利用基尔霍夫定律，我们可以描述并求解如图 2.3 所示的 RLC 电路。RLC 电路是由电阻（R）、线圈（L）和电容（C）所构成的。我们针对该系统，研究了在外加电压 $u(t)$ 作用下，电容上电压 $u_c(t)$ 的变化。

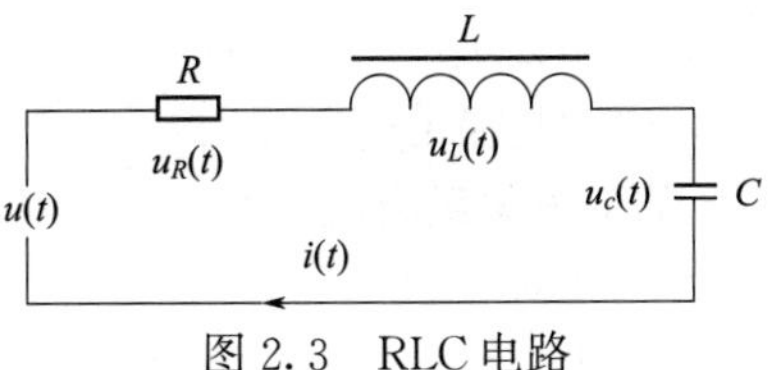

图 2.3　RLC 电路

首先确定输入输出量，输入为外加电压 $u(t)$，输出为电容上电压 $u_c(t)$。

根据基尔霍夫定律

$$u(t)=u_R(t)+u_L(t)+u_c(t) \tag{2.10}$$

$$u(t)=Ri(t)+L\frac{di(t)}{dt}+\frac{1}{C}\int i(t)\,dt \tag{2.11}$$

其中，R 为电阻值，L 为电感值，C 为电容值，$i(t)$ 为电流。

消除中间变量

$$i(t)=C\frac{du_c(t)}{dt} \tag{2.12}$$

整理成标准化形式，得到 RLC 电路的微分方程模型

$$LC\frac{d^2u_c(t)}{dt^2}+RC\frac{du_c(t)}{dt}+u_c(t)=u(t) \tag{2.13}$$

当 RLC 电路的电流恒定，即 $i(t)=I$ 时，RLC 电路的输出，即电容电压在形式上与式(2.9)类似，即

$$u_c(t)=k_2 e^{-\alpha_2 t}\cos(\beta_2 t+\theta_2) \tag{2.14}$$

其中，k_2、α_2、β_2、θ_2 为常数。

可以看出，方程（2.7）和方程（2.13）是一致的，上述 RLC 电路和质量块-弹簧-阻尼器两个系统为相似系统。在系统建模中，相似系统这一概念的作用巨大。速度-电压相似，也可以说是力-电流相似，是一种合乎自然的相似关系，它将电气系统和机械系统中相似的跨越型变量或通过型变量联系在一起。另一种常用的相似关系，是速度与电流两种不同变量间的相似关系，通常也称为力-电压相似。

电气、机械、热力和流体等系统中，都存在相似系统，它们具有相似的时间响应解。由于存在相似系统及相似的解，可以将一个系统的分析结果，推广到具有相同微分方程模型的其他系统。因此，关于电气系统的知识，可以很快推广到机械、热力和流体等系统。

(3) 单摆系统（简单非线性）的模型

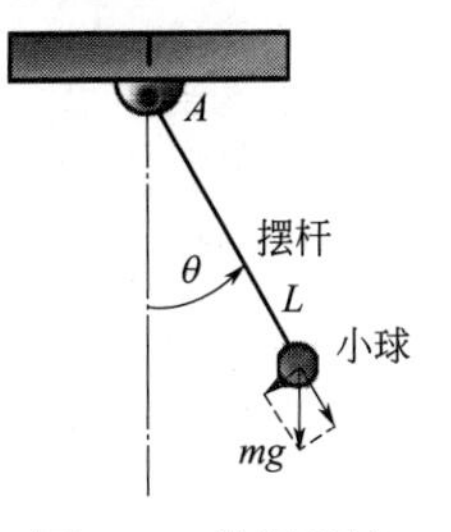

图 2.4　单摆系统

图 2.4 为单摆系统，在不考虑空气阻力、不考虑摆杆在 A 点的摩擦，单摆系统进行小角度摆动时，其摆杆角度变化的方程为

$$\ddot{\theta}+\frac{g}{L}\sin\theta=0 \tag{2.15}$$

式(2.15) 具有非线性特性，方程求解比较困难。实际上物理系统都存在非线性，准确的模型应该是非线性方程。非线性特性增加了模型的复

杂性，因此，线性化近似是建模的一个重要问题。

2.1.2 物理系统的线性近似

在参数变化的一定范围内，绝大多数物理系统呈现出线性特性。不过，总体而言，当不限制参数的变化范围时，所有的物理系统终究都是非线性系统。因此，应该仔细研究每个系统的线性特性和相应的线性工作范围。

我们用系统的激励和响应之间的关系来定义线性系统。在 RLC 电路中，激励是输入电压 $u(t)$，响应是输出电压 $u_c(t)$。一般来说，线性系统的必要条件之一，需要用激励 $x(t)$ 和响应 $y(t)$ 的下述关系确定：如果系统对激励 $x_1(t)$ 的响应为 $y_1(t)$，对激励 $x_2(t)$ 的响应为 $y_2(t)$，则线性系统对激励 $x_1(t)+x_2(t)$ 的响应一定是 $y_1(t)+y_2(t)$。这一性质通常称为叠加性。

进一步，线性系统的激励和响应还必须保持相同的缩放系数。也就是说，如果系统对输入激励 $x(t)$ 的输出响应为 $y(t)$，则线性系统对放大了 β 倍的输入激励 $\beta x(t)$ 的响应一定是 $\beta y(t)$，这一性质称为线性齐次性。

如关系式 $y=x^2$ 描述的系统是非线性的，因为它不满足叠加性，关系式 $y=mx+b$ 描述的系统也不是线性的，因为它不满足齐次性。但是，当变量在工作点（x_0，y_0）附近做小范围变化时，对小信号变量 Δx 和 Δy 而言，系统 $y=mx+b$ 是线性的。

事实上，当 $x=x_0+\Delta x$ 和 $y=y_0+\Delta y$ 时，有

$$y_0=mx_0+b \tag{2.16}$$

$$y_0+\Delta y=mx_0+m\Delta x+b \tag{2.17}$$

可以看出，$\Delta y=m\Delta x$，满足线性系统的两个条件。

许多机械元件和电气元件的线性范围是相当宽的，但对热力元件和流体元件而言，情况就大不相同了，它们更容易呈现非线性特性。考虑一个具有激励（通过型）变量 $x(t)$ 和响应（跨越型）变量 $y(t)$ 的通用元件，这两个变量之间的关系可以写为下面的一般形式

$$y(t)=g(x(t)) \tag{2.18}$$

其中，$g(x(t))$表示 $y(t)$ 是 $x(t)$ 的函数。设系统的正常工作点为 x_0，由于函数曲线在工作点附近的区间内常常是连续可微的，因此，在工作点附近可以进行泰勒级数展开，于是有

$$y=g(x)=g(x_0)+\frac{\mathrm{d}g}{\mathrm{d}x}\bigg|_{x=x_0}\frac{(x-x_0)}{1!}+\frac{\mathrm{d}^2g}{\mathrm{d}x^2}\bigg|_{x=x_0}\frac{(x-x_0)^2}{2!}+\cdots \tag{2.19}$$

当（$x-x_0$）在小范围内波动时，以函数在工作点处的导数$\frac{\mathrm{d}g}{\mathrm{d}x}|_{x=x_0}$为斜率的直线，能够很好地拟合函数的实际响应曲线。因此，式(2.19) 可以近似为

$$y=g(x_0)+\frac{\mathrm{d}g}{\mathrm{d}x}|_{x=x_0}(x-x_0)=y_0+m(x-x_0) \tag{2.20}$$

其中，m 表示工作点处的斜率。最后，方程（2.20）可以改写为如下的线性方程

$$(y-y_0)=m(x-x_0)\text{或 }\Delta y=m\Delta x \tag{2.21}$$

如图 2.5(a) 所示，质量块 M 位于非线性弹簧之上，该系统的正常工作点是系统平衡点，即弹簧弹力与重力 Mg 达到平衡的点，其中 g 为地球引力常数，因此有 $f_0=Mg$。如果非线性弹簧的弹性为 $f=y^2$，系统工作在平衡点时，其位移为 $y_0=(Mg)^{1/2}$。该系统的位移增量的小信号线性模型为

$$\Delta f=m\Delta y \tag{2.22}$$

其中，$m=\frac{\mathrm{d}f}{\mathrm{d}y}|_{y=y_0}$。

整个线性化过程如图 2.5(b) 所示，线性近似处理具有相当高的精度。

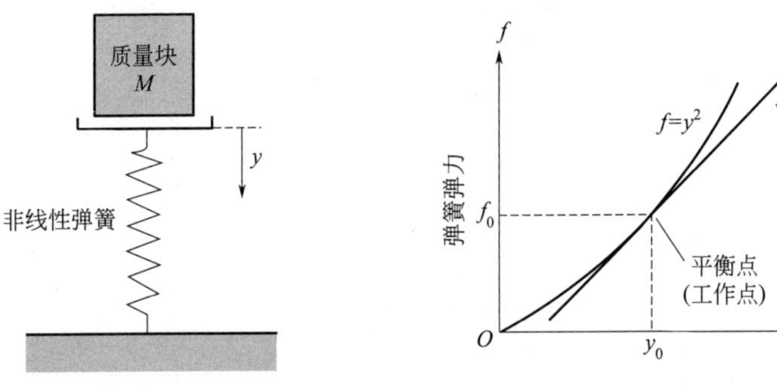

(a) 质量块位于非线性弹簧之上　　(b) 弹簧弹力与位移y的关系

图 2.5　弹簧系统

如果响应变量依赖于多个激励变量 x_1，x_2，…，x_n，则函数关系可以写为

$$y=g(x_1,x_2,\cdots,x_n) \tag{2.23}$$

而在工作点 x_{1_0}，x_{2_0}，…，x_{n_0} 处，利用多元泰勒级数展开对非线性系统进行线性化近似，也是十分有用的。当高阶项可以忽略不计时，线性近似式可以写为

$$y=g(x_{1_0},x_{2_0},\cdots,x_{n_0})+\frac{\partial g}{\partial x_1}\bigg|_{x=x_0}(x_1-x_{1_0})+\frac{\partial g}{\partial x_2}\bigg|_{x=x_0}(x_2-x_{2_0})+\cdots+\frac{\partial g}{\partial x_n}\bigg|_{x=x_0}(x_n-x_{n_0}) \tag{2.24}$$

其中，x_0 为系统工作点。

针对图 2.4 的单摆振荡器模型，在±30°以内时，我们可以对其进行线性近似

$$\ddot{\theta}+\frac{g}{L}\theta=0 \tag{2.25}$$

$$\sin\theta=\theta-\frac{\theta^3}{3!}+\frac{\theta^5}{5!}\cdots\Rightarrow\sin\theta\approx\theta \tag{2.26}$$

此模型偏差在 2%以内。

2.1.3　控制工程中使用的模型描述

通过求解微分方程，可以获知被控对象的行为。然而，越是复杂的被控对象，就越有可能表现为高阶多元的微分方程，常常很难对其进行求解。即使找到了方程的解，也可能很难分析其行为。例如，考虑式(2.27) 的两个系统

$$\begin{cases} P_1: & \dfrac{d^n}{dt^n}y(t)+a_{n-1}\dfrac{d^{n-1}}{dt^{n-1}}+\cdots+a_1\dfrac{d}{dt}y(t)+a_0y(t) \\ & =b_m\dfrac{d^m}{dt^m}u(t)+b_{m-1}\dfrac{d^{m-1}}{dt^{m-1}}u(t)+\cdots+b_1\dfrac{d}{dt}u(t)+b_0u(t) \\ P_2: & \dfrac{d^n}{dt^n}z(t)+c_{n-1}\dfrac{d^{n-1}}{dt^{n-1}}+\cdots+c_1\dfrac{d}{dt}z(t)+c_0z(t) \\ & =d_m\dfrac{d^m}{dt^m}y(t)+d_{m-1}\dfrac{d^{m-1}}{dt^{m-1}}y(t)+\cdots+d_1\dfrac{d}{dt}y(t)+d_0y(t) \end{cases} \tag{2.27}$$

如果将两个系统并联，此时，若是输入 $u(t)$ 产生了微小的变化，那么 $z(t)$ 的值将会如何变化呢？这是很不容易分析的。

因此，在控制工程中，我们不会直接使用微分方程，而是将其转换成“传递函数模型”或

"状态空间模型"（如图 2.6 所示）。传递函数模型是使用复变函数来表现的系统模型，通过使用一个或多个复变函数可以表现多个方程，从而使分析变得更容易。

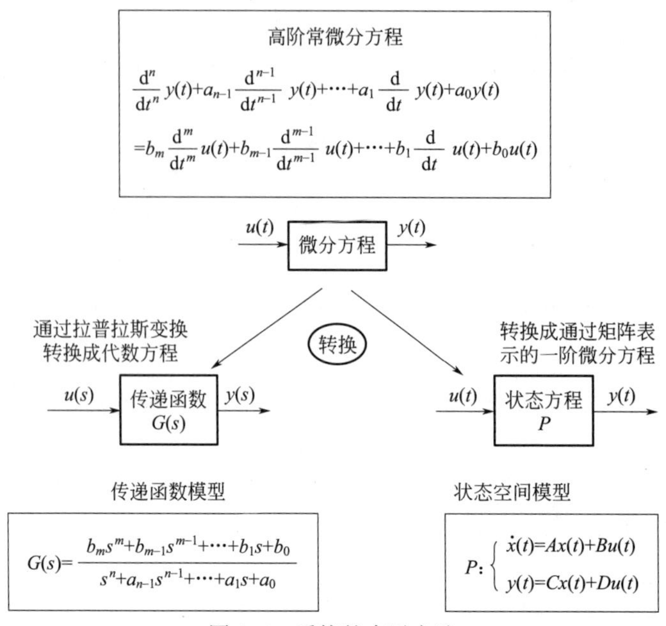

图 2.6　系统的表示方法

状态空间模型则使用向量值的一阶微分方程作为状态方程，虽然是向量值，但仍然属于一阶微分方程，所以求解并不困难，分析起来也相对容易，而且可以明确地处理初始值的影响，也很容易在多输入多输出系统中应用。

2.2 传递函数模型

拉普拉斯变换能够用相对简单的代数方程来取代复杂的微分方程，从而简化微分方程的求解过程。利用拉普拉斯变换求解动态系统时域响应的主要步骤为：

① 建立微分方程（组）；

② 求微分方程（组）的拉普拉斯变换；

③ 对变量求解代数方程，得到它的拉普拉斯变换；

④ 运用拉普拉斯逆变换求取变量的运动解。

2.2.1 拉普拉斯变换

如果线性微分方程中的各项都对变换积分收敛，则存在拉普拉斯变换。也就是说，如果对某个正实数 σ_1 有

$$\int_{0^-}^{\infty}|f(t)|e^{-\sigma_1 t}dt<\infty \tag{2.28}$$

成立，则可以保证 $f(t)$ 是可变换的。其中，积分下限 0^- 表示积分范围应该包括所有的非连续点，例如 δ 函数在 $t=0$ 处的非连续点。如果对所有 $t>0$，都有 $|f(t)|<Me^{\alpha t}$，则对 $\sigma_1>\alpha$，上述变换积分都收敛，因而其收敛范围为 $\alpha<\sigma_1<+\infty$，σ_1 称为绝对收敛的横坐标。物理可实现的

信号通常是可变换的。对一般的时间函数 $f(t)$，其拉普拉斯变换定义为

$$F(s)=\int_{0^-}^{\infty} f(t)e^{-st}dt=L\{f(t)\} \tag{2.29}$$

而拉普拉斯逆变换则相应地定义为

$$f(t)=\frac{1}{2\pi j}\int_{\sigma-j\infty}^{\sigma+j\infty} F(s)e^{+st}ds \tag{2.30}$$

拉普拉斯变换是线性变换，连续时间函数与它的变换函数一一对应，直接用变换积分可以求得许多重要的基本拉普拉斯变换对，如表 2.1 所示。许多问题都会用到这些拉普拉斯变换对。

另外，可以将这些拉普拉斯变量 s 看成微分算子，即

$$s\equiv\frac{d}{dt} \tag{2.31}$$

积分算子则为

$$\frac{1}{s}\equiv\int_{0^-}^{t} dt \tag{2.32}$$

表 2.1　重要的基本拉普拉斯变换对

$f(t)$	$F(s)$
单位阶跃函数 $u(t)$	$\frac{1}{s}$
e^{-at}	$\frac{1}{s+a}$
$\sin\omega t$	$\frac{\omega}{s^2+\omega^2}$
$\cos\omega t$	$\frac{s}{s^2+\omega^2}$
t^n	$\frac{n!}{s^{n+1}}$
$f^{(k)}(t)=\frac{d^k f(t)}{dt^k}$	$s^kF(s)-s^{k-1}f(0^-)-s^{k-2}f'(0^-)-\cdots-f^{(k-1)}(0^-)$
$\int_{-\infty}^{t} f(t)dt$	$\frac{F(s)}{s}+\frac{1}{s}\int_{-\infty}^{0} f(t)dt$
脉冲函数 $\delta(t)$	1
$e^{-at}\sin\omega t$	$\frac{\omega}{(s+a)^2+\omega^2}$
$e^{-at}\cos\omega t$	$\frac{s+a}{(s+a)^2+\omega^2}$
$\frac{1}{\omega}[(\alpha-a)^2+\omega^2]^{1/2}e^{-at}\sin(\omega t+\phi)$ $\phi=\arctan\frac{\omega}{\alpha-a}$	$\frac{s+\alpha}{(s+a)^2+\omega^2}$
$\frac{\omega_n}{\sqrt{1-\zeta^2}}e^{-\zeta\omega_n t}\sin\omega_n\sqrt{1-\zeta^2}\,t,\zeta<1$	$\frac{\omega_n^2}{s^2+2\zeta\omega_n s+\omega_n^2}$
$\frac{1}{a^2+\omega^2}+\frac{1}{\omega\sqrt{a^2+\omega^2}}e^{-at}\sin(\omega t-\phi)$ $\phi=\arctan\frac{\omega}{-a}$	$\frac{1}{s[(s+a)^2+\omega^2]}$

续表

$f(t)$	$F(s)$
$1-\frac{1}{\sqrt{1-\zeta^2}}e^{-\zeta\omega_n t}\sin(\omega_n\sqrt{1-\zeta^2}t+\phi)$ $\phi=\arccos\zeta,\zeta<1$	$\frac{\omega_n^2}{s(s^2+2\zeta\omega_n s+\omega_n^2)}$
$\frac{\alpha}{a^2+\omega^2}+\frac{1}{\omega}\left[\frac{(\alpha-a)^2+\omega^2}{a^2+\omega^2}\right]^{1/2}e^{-at}\sin(\omega t+\phi)$ $\phi=\arctan\frac{\omega}{\alpha-a}-\arctan\frac{\omega}{-a}$	$\frac{s+\alpha}{s[(s+a)^2+\omega^2]}$

通常，求解拉普拉斯逆变换时，需要对拉普拉斯变换式进行部分分式分解。在系统的分析和设计过程中，这种计算特别有用，经过部分分式分解之后，系统的特征根及其影响就能一目了然了。

【例 2.1】 假设给定一个时域函数 $f(t)=1-(1+at)e^{-at}$，下面通过 MATLAB 直接求取这个函数的拉普拉斯变换。

解：MATLAB 程序见 m2_1.m，结果如下：

拉普拉斯变换：
$$F=\frac{1}{s}-\frac{1}{s+a}-\frac{a}{(s+a)^2}$$

拉普拉斯反变换：
$$S=1-e^{-at}-ate^{-at}$$

【例 2.2】 求 $e^{-at}\sin(bt)$、t^2e^{-t}、$1-e^{-2t}+e^{-t}$ 的拉普拉斯变换。

解：MATLAB 程序见 m2_2.m，结果如下：

$$L[e^{-at}\sin(bt)]=\frac{b}{[(a+s)^2+b^2]}$$

$$L[t^2e^{-t}]=\frac{2}{(s+1)^3}$$

$$L[1-e^{-2t}+e^{-t}]=\frac{1}{(s+1)}-\frac{1}{(s+2)}+\frac{1}{s}$$

为了说明拉普拉斯变换的作用，以及运用拉普拉斯变换进行系统分析的步骤，我们再来考察之前描述的质量块-弹簧-阻尼器系统，即

$$M\frac{d^2y}{dt^2}+b\frac{dy}{dt}+ky=r(t) \tag{2.33}$$

并求解系统的时间响应 $y(t)$。

由表 2.1 中所给出的拉普拉斯变换对可以得到

$$\frac{d^2y}{dt^2}\to s^2Y(s)-sy(0^-)-\frac{dy}{dt}\bigg|_{t=0^-} \tag{2.34}$$

$$\frac{dy}{dt}\to sY(s)-y(0^-) \tag{2.35}$$

$$y\to Y(s) \tag{2.36}$$

$$r(t)\to R(s) \tag{2.37}$$

因此，微分方程式(2.33) 的拉普拉斯变换为

$$M\left(s^2Y(s)-sy(0^-)-\frac{dy}{dt}\bigg|_{t=0^-}\right)+b(sY(s)-y(0^-))+kY(s)=R(s) \tag{2.38}$$

如果初始条件为 $$r(t)=0,y(0^-)=y_0,\frac{\mathrm{d}y}{\mathrm{d}t}\Big|_{t=0^-}=0$$

就可以得到 $$Ms^2Y(s)-Msy_0+bsY(s)-by_0+kY(s)=0 \tag{2.39}$$

求解式(2.39)，可以得到

$$Y(s)=\frac{(Ms+b)y_0}{Ms^2+bs+k}=\frac{p(s)}{q(s)} \tag{2.40}$$

2.2.2 零极点模型与图解法

(1) 零极点模型

当分母多项式 $q(s)$ 为零时，所得到的方程称为系统的特征方程，这是由于该方程的根决定了系统时间响应的主要特征。特征方程的根又称为系统的极点。使分子多项式 $p(s)$ 为零的根，称为系统的零点。零极点模型实际上是传递函数模型的另一种表现形式，其原理是分别对原系统传递函数的分子、分母进行分解因式处理，以获得系统零点和极点的表示形式。

系统的极点决定了系统稳定性，零点和极点可能为复数量，可将它们的位置标识在复平面中。我们将这样的复平面称为 s 平面。零极点分布是反馈控制系统设计的关键，对控制系统设计具有重要的意义。

对于式(2.40)，$s=-b/M$ 就是一个零点。零点和极点都是特殊的频率点，在极点处 $Y(s)$ 为无穷大，在零点处 $Y(s)$ 为零。可以用图示法来表示零点和极点在复频域 s 平面上的分布，零-极点分布图刻画了系统时间响应的瞬态特性。

考虑一种特殊情况。当 $k/M=2$ 且 $b/M=3$ 时，式(2.40) 变为

$$Y(s)=\frac{(s+3)y_0}{(s+1)(s+2)} \tag{2.41}$$

$Y(s)$ 的零点和极点在 s 平面上的位置分布如图 2.7 所示。

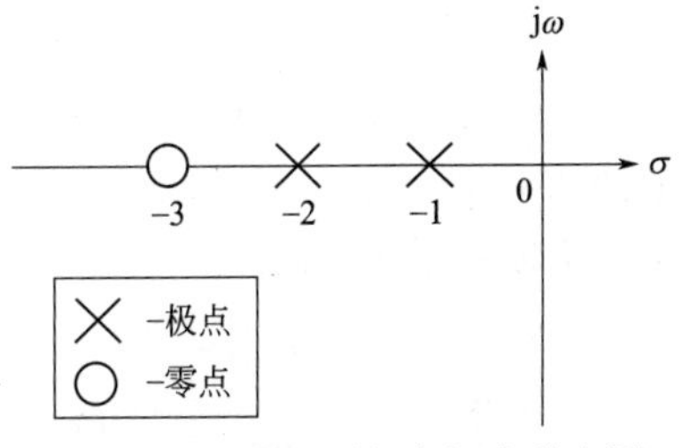

图 2.7　s 平面上的零-极点分布图

将式(2.41) 进行部分分式分解，可得

$$Y(s)=\frac{k_1}{s+1}+\frac{k_2}{s+2} \tag{2.42}$$

其中，k_1 和 k_2 为展开式的待定系数，系数 k_i 又称为留数，可以用下面的方法求得：将式(2.41) 乘以含有 k_i 的部分分式的分母，然后将 s 取为相应的极点，所得新分式的值即为 k_i。当 $y_0=1$ 时，按上述方法可以求得

$$k_1=\frac{(s-s_1)p(s)}{q(s)}\Big|_{s=s_1}=\frac{(s+1)(s+3)}{(s+1)(s+2)}\Big|_{s_1=-1}=2 \tag{2.43}$$

同时可得 $k_2=-1$，还可以在 s 平面图上，用图解法求得 Y (s) 在各个极点处的留数。以留数 k_1 为例，式(2.43) 可以写成

$$k_1=\frac{s+3}{s+2}\Big|_{s=s_1=-1}=\frac{s_1+3}{s_1+2}\Big|_{s_1=-1}=2 \tag{2.44}$$

求解过程如图 2.8 所示。在特征方程阶数较大，存在多组复共轭极点时，图解法更为有效。

式(2.42) 的拉普拉斯逆变换为

$$y(t)=L^{-1}\left\{\frac{2}{s+1}\right\}+L^{-1}\left\{\frac{-1}{s+2}\right\} \tag{2.45}$$

根据表 2.1 给出的拉普拉斯变换对，可以得到

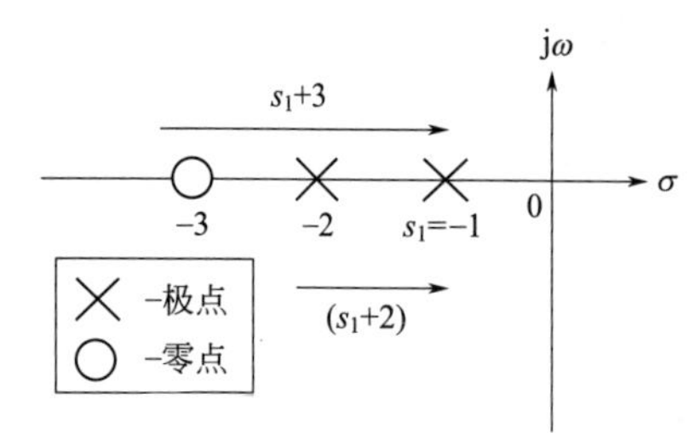

图 2.8　留数的图解法

$$y(t)=2e^{-t}-1e^{-2t} \tag{2.46}$$

实际应用中，我们总是希望能够得到响应 $y(t)$ 的稳态值或终值。例如，在质量块-弹簧-阻尼器系统中，希望能够算出质量块的最终或稳态静止位置。这可以用如下所示的终值定理来完成

$$\lim_{t\to\infty} y(t)=\lim_{s\to 0} sY(s) \tag{2.47}$$

终值定理式(2.47) 成立的条件是：$Y(s)$ 不能在坐标轴上和右半平面上存在极点，也不能在原点处存在多重极点。因此，就本例而言，有

$$\lim_{t\to\infty} y(t)=\lim_{s\to 0} sY(s)=0 \tag{2.48}$$

由此可见，在该系统中，质量块的最终位置是它的正常平衡位置，即 $y=0$。

（2）系统行为与阻尼

为了进一步说明拉普拉斯变换方法的要点，我们再来研究质量块-弹簧-阻尼器系统的一般情况。$Y(s)$ 的表达式可以改写为

$$Y(s)=\frac{(s+b/M)y_0}{s^2+(b/M)s+k/M}=\frac{(s+2\zeta\omega_n)y_0}{s^2+2\zeta\omega_n s+\omega_n^2} \tag{2.49}$$

其中，ζ 为无量纲的阻尼系数；ω_n 为系统的固有（自然）频率。特征方程的根为

$$s_1, s_2=-\zeta\omega_n \pm \omega_n\sqrt{\zeta^2-1} \tag{2.50}$$

其中，$\omega_n=\sqrt{k/M}$；$\zeta=b/(2\sqrt{kM})$。由式(2.50) 可知，当 $\zeta>1$ 时，特征方程有两个不同的实根，系统称为过阻尼系统；当 $\zeta<1$ 时，有一对共轭复根，系统称为欠阻尼系统；当 $\zeta=1$ 时，则有两个相等的负实根，此时的系统称为临界阻尼系统。

当 $\zeta<1$ 时，系统响应是欠阻尼的，特征方程的根为

$$s_{1,2}=-\zeta\omega_n \pm j\omega_n\sqrt{1-\zeta^2} \tag{2.51}$$

s 平面上的零-极点分布如图 2.9 所示，其中，$\theta=\arccos\zeta$。当 ω_n 保持恒定而 ζ 变动时，共轭复根将沿着图 2.10 所示的半圆形根轨迹变动。当 ζ 接近于零时，极点将靠近虚轴，而系统瞬态时间响应的振荡也会越来越强。

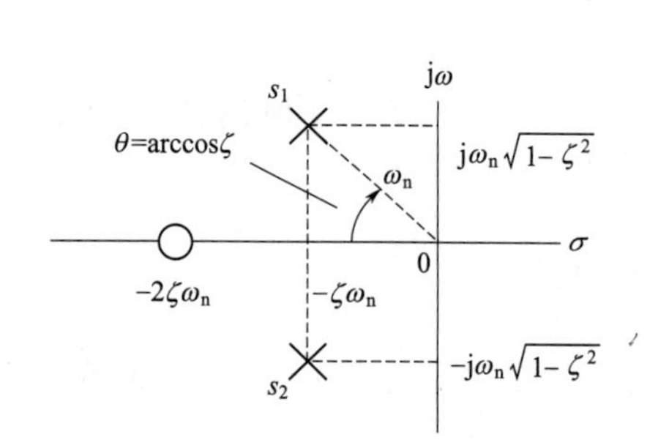

图 2.9　$Y(s)$ 在平面上的零-极点分布图

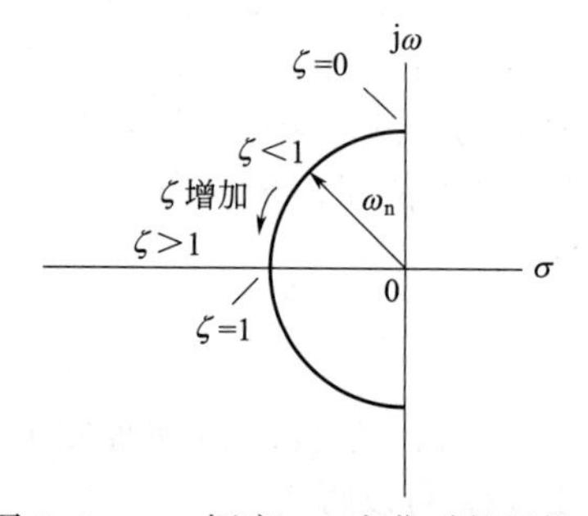

图 2.10　ω_n 恒定，ζ 变化时的根轨迹

利用图解法得到留数之后，还可以进一步求得拉普拉斯逆变换，即时间响应。式(2.49) 的部分分式分解为

$$Y(s)=\frac{k_1}{s-s_1}+\frac{k_2}{s-s_2} \tag{2.52}$$

由于 s_2 与 s_1 为共轭复根，k_1 与 k_2 也是共轭复数，于是式(2.52) 可以改写为

$$Y(s)=\frac{k_1}{s-s_1}+\frac{k_1^*}{s-s_1^*} \tag{2.53}$$

其中，“*”号表示共轭关系。利用图 2.11 可以求出留数 k_1

$$k_1=\frac{y_0(s_1+2\zeta\omega_n)}{s_1-s_1^*}=\frac{y_0M_1\mathrm{e}^{\mathrm{j}\theta}}{M_2\mathrm{e}^{\mathrm{j}\theta/2}} \tag{2.54}$$

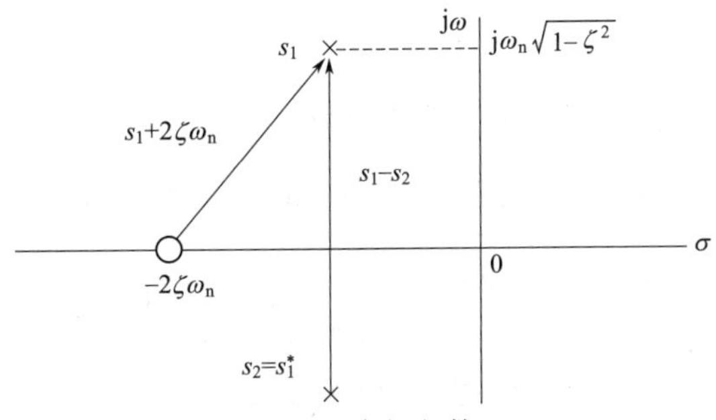

图 2.11　求解留数 k_1

其中，M_1 是 $s_1+2\zeta\omega_n$ 的幅值；M_2 是 $s_1-s_1^*$ 的幅值。于是有

$$k_1=\frac{y_0(\omega_n\mathrm{e}^{\mathrm{j}\theta})}{2\omega_n\sqrt{1-\zeta^2}\,\mathrm{e}^{\mathrm{j}\pi/2}}=\frac{y_0}{2\sqrt{1-\zeta^2}\,\mathrm{e}^{\mathrm{j}(\pi/2-\theta)}} \tag{2.55}$$

其中，$\theta=\arccos\zeta$。由于 k_2 是 k_1 的共轭复数，所以有

$$k_2=\frac{y_0}{2\sqrt{1-\zeta^2}}\mathrm{e}^{\mathrm{j}(\pi/2-\theta)} \tag{2.56}$$

最后，令 $\beta=\sqrt{1-\zeta^2}$，就得到了系统响应为

$$\begin{aligned}y(t)&=k_1\mathrm{e}^{s_1t}+k_2\mathrm{e}^{s_2t}\\&=\frac{y_0}{2\sqrt{1-\zeta^2}}(\mathrm{e}^{\mathrm{j}(\theta-\pi/2)}\mathrm{e}^{-\zeta\omega_nt}\mathrm{e}^{\mathrm{j}\omega_n\beta t}+\mathrm{e}^{\mathrm{j}(\pi/2-\theta)}\mathrm{e}^{-\zeta\omega_nt}\mathrm{e}^{-\mathrm{j}\omega_n\beta t})\\&=\frac{y_0}{\sqrt{1-\zeta^2}}\mathrm{e}^{-\zeta\omega_nt}\sin(\omega_n\sqrt{1-\zeta^2}\,t+\theta)\end{aligned} \tag{2.57}$$

利用表 2.1 中的第 11 个拉普拉斯变换对求得时间响应解，也可以同样得到式(2.57)。过阻尼（$\zeta>1$）和欠阻尼（$\zeta<1$）系统的瞬态响应如图 2.12 所示。当 $\zeta<1$ 时，欠阻尼系统的瞬态响应表现为振幅随时间衰减的振荡，又称为阻尼振荡。

s 平面上的零-极点分布图，能够清楚地表明 s 平面上零点和极点的位置分布与系统瞬态响应之间的关系。例如式(2.57) 所示，调整 $\zeta\omega_n$ 的大小将直接改变包络线 $\mathrm{e}^{-\zeta\omega_nt}$ 的形状，进而影响图 2.12 所示的系统响应 $y(t)$。$\zeta\omega_n$ 的值越大，系统响应 $y(t)$ 的衰减越快。由图 2.9 可知，复极点 s_1 的值为 $s_1=-\zeta\omega_n+\mathrm{j}\omega_n\sqrt{1-\zeta^2}$，因此，$\zeta\omega_n$ 越大，极点 s_1 的位置也就越向 s 平面的左侧移动。这样，极点 s_1 在 s 平面中的位置与系统阶跃响应之间的关系就一目了然，在 s 平面的左半平面中，极点 s_1 离虚轴越远，系统瞬态阶跃响应的衰减速度越快。大部分系统都有多对共轭复极点，其瞬态响应的特性理应由所有极点共同确

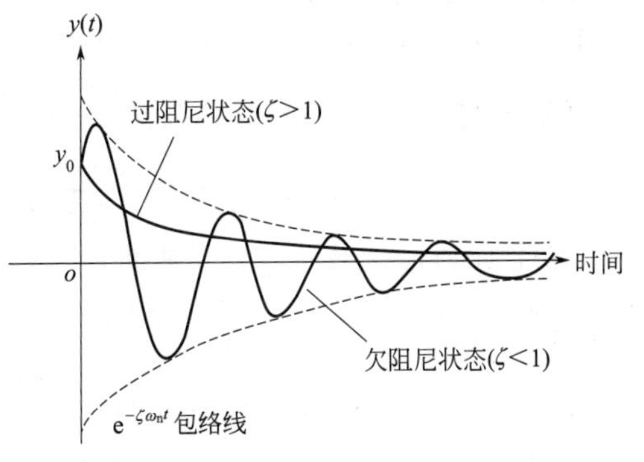

图 2.12　质量块-弹簧-阻尼器系统的时间响应

定，而各个极点响应模态的幅度（强度）则由留数表示。在 s 平面上，用图解法可以直观地得到留数。对于系统的瞬态和稳态响应分析而言，拉普拉斯变换以及对应的平面图解法是非常有用的分析工具。而在实际工作中，控制系统分析的主要着眼点正好是系统的瞬态和稳态响应，因此我们将充分体会到拉普拉斯变换方法的作用。

对于图 2.2 给出的质量块-弹簧-阻尼器系统，质量块运动的位移响应 $y(t)$ 由下面的微分方程描述

$$M\ddot{y}(t)+b\dot{y}(t)+ky(t)=r(t) \tag{2.58}$$

质量块-弹簧-阻尼器系统的零输入动态响应则为

$$y(t)=\frac{y(0)}{\sqrt{1-\zeta^2}}e^{-\zeta\omega_n t}\sin(\omega_n\sqrt{1-\zeta^2}\,t+\theta) \tag{2.59}$$

其中，$\omega_n=\sqrt{k/M}$；$\zeta=b/(2\sqrt{kM})$；$\theta=\arccos\zeta$。系统初始位移为 $y(0)$。当 $\zeta<1$ 时，系统的瞬态时间响应是欠阻尼的；当 $\zeta>1$ 时，系统为过阻尼的；而当 $\zeta=1$ 时，系统则为临界阻尼的。我们可以用可视化的形式直观地观察质量块位移的零输入响应，其中初始位移设定为 $y(0)$。考虑如下的欠阻尼情形

$$y(0)=0.15\text{m},\omega_n=\sqrt{2}\,\text{rad/s},\zeta=\frac{1}{2\sqrt{2}}\left(\frac{k}{M}=2,\frac{b}{M}=1\right) \tag{2.60}$$

质量块-弹簧-阻尼器系统分析的 MATLAB 程序见 m2_3.m，程序输出结果如图 2.13。

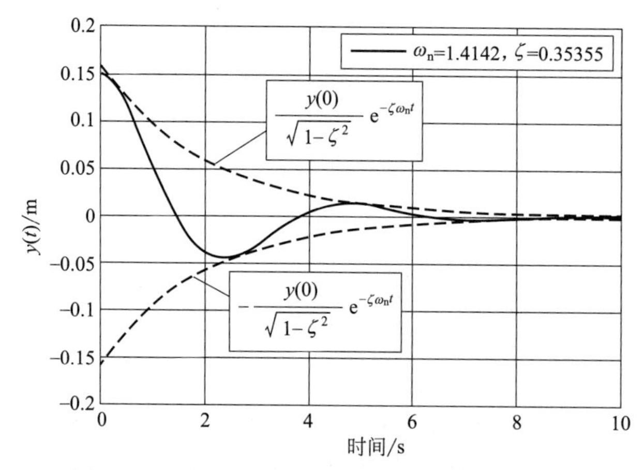

图 2.13　质量块-弹簧-阻尼器系统的零输入响应

当 $\omega_n=1.4142$，$\zeta=0.35355$ 时，图 2.13 给出了系统的时间响应曲线，图中还自动标注了阻尼系数和固有频率的取值。这样一来就可以避免执行多次仿真时不同批次仿真结果出现混淆的问题。

对质量块-弹簧-阻尼器系统而言，其微分方程的零输入响应比较简单，可以得到解析解。

【例 2.3】 考虑如下传递函数：

$$G(s)=\frac{6s^2+1}{s^3+3s^2+3s+1},H(s)=\frac{(s+1)(s+2)}{(s+2i)(s-2i)(s+3)}$$

通过 MATLAB 程序，可以计算 $G(s)$ 的零点和极点、$H(s)$ 的特征方程以及 $G(s)$ 与 $H(s)$ 之比 $G(s)/H(s)$，还可以得到 $G(s)/H(s)$ 在复平面上的零-极点分布图。

解： 传递函数 $G(s)$ 和 $H(s)$ 的一些运算示例，MATLAB 程序见 m2_4.m，结果如下：

$G(s)$ 的零点：$z=0.0000+0.4082i$

$0.0000-0.4082i$

$H(s)$ 的零点：$p=-1.0000+0.0000i$

$-1.0000-0.0000i$

$-1.0000+0.0000i$

```
             s^2+3s+2
sys h=-----------------------------
       s^3+3s^2+4s+12
                 6s^5+18s^4+25s^3+75s^2+4s+12
G(s)/H(s)=sys=-----------------------------------------------------
                 s^5+6 s^4+14 s^3+16 s^2+9 s+2
```

程序输出的传递函数 $G(s)/H(s)$ 在复平面上的零-极点分布图如图 2.14 所示。在图 2.14 中，可以清楚地看到 5 个零点的分布位置，但只能看到 2 个极点。这显然不符合实际情况，因为在实际物理系统中，极点的个数必须大于或等于零点的个数。利用函数 roots 求解之后，我们发现，在 $s=-1$ 处实际上存在 1 个 4 重极点。这说明，在零-极点分布图上无法辨别同一位置上的多重极点或多重零点。

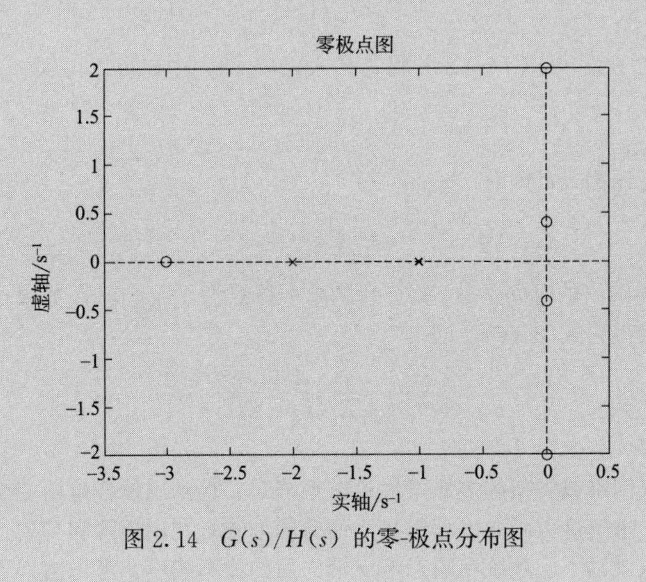

图 2.14 $G(s)/H(s)$ 的零-极点分布图

2.2.3 线性系统的传递函数

线性系统的传递函数定义为当两个变量的初值都假定为零时，输出变量的拉普拉斯变换与输入变量的拉普拉斯变换之比。传递函数的定义只适合于线性定常（系数为常数）系统。非定常系统，即时变系统中，至少有一个系统参数随时间变化，因而可能无法运用拉普拉斯变换。此外，传递函数只是系统的输入-输出描述，它并不提供系统内部的结构和行为信息。

由系统的描述方程式(2.38)，可以得到质量块-弹簧-阻尼器系统的传递函数。在零初始条件下，式(2.38) 为

$$Ms^2Y(s)+bsY(s)+kY(s)=R(s) \tag{2.61}$$

按照定义，其传递函数为

$$\frac{输出}{输入}=G(s)=\frac{Y(s)}{R(s)}=\frac{1}{Ms^2+bs+k} \tag{2.62}$$

下面求解图 2.15 所示的 RC 网络的传递函数。根据基尔霍夫电压定律，可以求得输入电压

的拉普拉斯变换表达式

$$V_1(s)=\left(R+\frac{1}{Cs}\right)I(s) \tag{2.63}$$

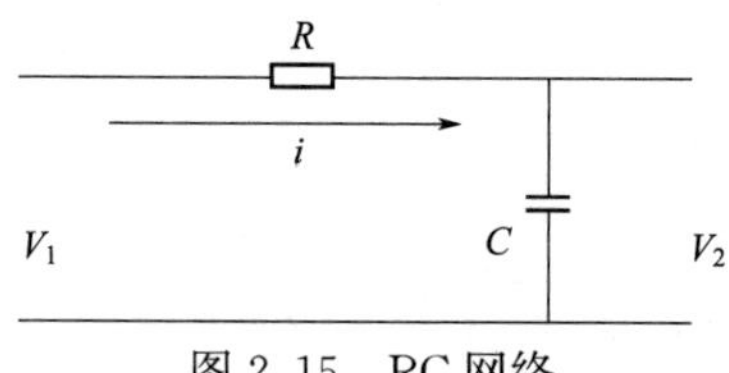

图 2.15 RC 网络

在后面的叙述中，我们会频繁地交替使用变量及其拉普拉斯变换这两个术语，带有参数“（s）”的项表示了该变量的拉普拉斯变换。

输出电压的拉普拉斯变换表达式则为

$$V_2(s)=I(s)\left(\frac{1}{Cs}\right) \tag{2.64}$$

于是，求解式(2.63) 得出 $I(s)$，并将其代入式(2.64) 中，可以得到

$$V_2(s)=\frac{[1/(Cs)]V_1(s)}{R+1/(Cs)} \tag{2.65}$$

而传递函数就是比例式，即有

$$G(s)=\frac{V_2(s)}{V_1(s)}=\frac{1}{RCs+1}=\frac{1}{\tau s+1}=\frac{1/\tau}{s+1/\tau} \tag{2.66}$$

其中，$\tau=RC$ 为网络的时间常数。$G(s)$ 的单个极点为 $s=-1/\tau$。如果注意到该网络是一个分压器，也可以直接得到式(2.66)，即

$$\frac{V_2(s)}{V_1(s)}=\frac{Z_2(s)}{Z_1(s)+Z_2(s)} \tag{2.67}$$

其中，$Z_1(s)=R, Z_2(s)=1/(Cs)$。

考察多回路电气网络或类似的多质量块机械系统时，得到用拉普拉斯变换式表示的类似的方程组。通常情况下，求解这类函数方程组最为便捷的方式是利用矩阵和行列式进行求解。

下面研究在输入激励下，系统在瞬态响应消失后的稳态响应。考虑由如下微分方程所描述的动态系统

$$\frac{d^n y(t)}{dt^n}+q_{n-1}\frac{d^{n-1}y(t)}{dt^{n-1}}+\cdots+q_0 y(t)=p_{n-1}\frac{d^{n-1}r(t)}{dt^{n-1}}+p_{n-2}\frac{d^{n-2}r(t)}{dt^{n-2}}+\cdots+p_0 r(t) \tag{2.68}$$

其中，$y(t)$ 是系统响应；$r(t)$ 是输入激励函数。在零初始条件下，系统的传递函数即为式(2.69) 中 $R(s)$ 的放大系数

$$Y(s)=G(s)R(s)=\frac{p(s)}{q(s)}R(s)=\frac{p_{n-1}s^{n-1}+p_{n-2}s^{n-2}+\cdots+p_0}{s^n+q_{n-1}s^{n-1}+\cdots+q_0}R(s) \tag{2.69}$$

完整的输出响应包括零输入响应 $m(s)$（由初始状态决定）和由输入作用激发的零状态响应 $p(s)$。因此，完整的响应应该为

$$Y(s)=\frac{m(s)}{q(s)}+\frac{p(s)}{q(s)}R(s) \tag{2.70}$$

其中，$q(s)=0$ 为系统的特征方程。如果输入是有理分式，即

$$R(s)=\frac{n(s)}{d(s)} \tag{2.71}$$

则有

$$Y(s)=\frac{m(s)}{q(s)}+\frac{p(s)}{q(s)}\frac{n(s)}{d(s)}=Y_1(s)+Y_2(s)+Y_3(s) \tag{2.72}$$

其中，$Y_1(s)$ 是零输入响应的部分分式展开式 $Y_1(s)=m(s)/q(s)$；$Y_2(s)$ 是与 $q(s)$ 的因式有关的部分分式展开式；$Y_3(s)$ 是与 $d(s)$ 的因式有关的部分分式展开式。

对式(2.72) 进行拉普拉斯逆变换，可以得到

$$y(t)=y_1(t)+y_2(t)+y_3(t) \tag{2.73}$$

则系统的瞬态响应为 $y_1(s)+y_2(s)$，稳态响应为 $y_3(s)$。

【例 2.4】 考虑传递函数模型 $G(s)=\frac{12s^3+24s^2+12s+20}{2s^4+4s^3+6s^2+2s+2}$，用下面的语句就可以轻易地将该数学模型输入 MATLAB。

MATLAB 程序命令如下：

```
num=[12 24 12 20];den=[2 4 6 2 2];% 分子多项式和分母多项式
G=tf(num,den)% 获得系统的数学模型 G
```

```
        12s^3+24s^2+12s+20
G=------------------------------
        2s^4+4s^3+6s^2+2s+2
```

【例 2.5】 传递函数 $G(s)=\frac{3(s^2+3)}{(s+2)^3(s^2+2s+1)(s^2+5)}$ 可以由下面语句直接输入。

MATLAB 程序命令如下：

```
s=tf('s');
G=3* (s^2+ 3)/(s+ 2)^3/(s^2+ 2* s+ 1)/(s^2+ 5)
```

结果如下：

```
                    3s^2+9
G=  ------------------------------------------------
    s^7+8s^6+30s^5+78s^4+153s^3+198s^2+140s+40
```

2.3 控制系统模型的建立

2.3.1 框图模型

通常用微分方程组来描述包含自动控制环节的动态物理系统。引入拉普拉斯变换之后，求解微分方程组简化为求解代数方程组。由于控制系统着眼于对特定变量的控制，因此必须将控制变量和受控变量联系起来，并弄清楚它们之间的关系。传递函数表示的正是输入变量和输出变量之间的这种关系，由此可见，传递函数是控制工程的一个重要分析工具。

传递函数表示的这种因果关系的重要性还体现在它为表示系统之间相互关系的其他各种图示化模型提供了便利。框图模型就是这样一种广泛应用于控制工程的图示化模型。框图由单向的功能方框组成，而这些方框代表了变量的传递函数。图 2.16 给出的磁场控制式直流电机及负载的框图模型，就清晰地表明了位移 $\theta(s)$

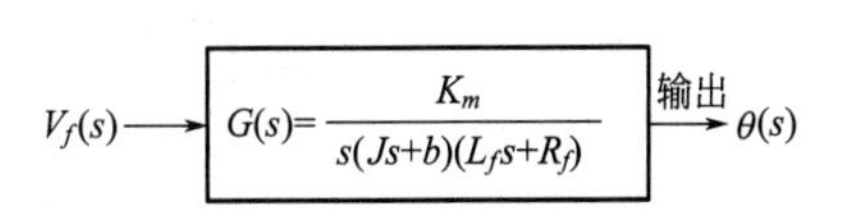

图 2.16　直流电机的框图

与输入电压 $V_f(s)$ 之间的相互关系。

为了表示多变量受控系统，必须使方框彼此之间相互关联。例如，图 2.17 所示的系统有两个输入变量和两个输出变量。利用传递函数，可以得到输出变量的方程如下

$$\begin{aligned} Y_1(s)&=G_{11}(s)R_1(s)+G_{12}(s)R_2(s) \\ Y_2(s)&=G_{21}(s)R_1(s)+G_{22}(s)R_2(s) \end{aligned} \tag{2.74}$$

其中，$G_{IJ}(s)$ 是第 I 个输出变量和第 J 个输入变量之间的传递函数。这个系统的详细框图模型如图 2.18 所示。一般地，对有 J 个输入和 I 个输出的系统，它们的关系式可以写成矩阵形式

$$\begin{bmatrix} Y_1(s) \\ Y_2(s) \\ \cdot \\ \cdot \\ \cdot \\ Y_I(s) \end{bmatrix} = \begin{bmatrix} G_{11}(s)\cdots G_{1J}(s) \\ G_{21}(s)\cdots G_{2J}(s) \\ \cdot \\ \cdot \\ \cdot \\ G_{I1}(s)\cdots G_{IJ}(s) \end{bmatrix} \begin{bmatrix} R_1(s) \\ R_2(s) \\ \cdot \\ \cdot \\ \cdot \\ R_J(s) \end{bmatrix} \tag{2.75}$$

或简记为

$$\boldsymbol{Y}=\boldsymbol{G}\boldsymbol{R}$$

其中，$\boldsymbol{Y}$ 和 $\boldsymbol{R}$ 分别为由 I 个输出变量和 J 个输入变量构成的列向量，$\boldsymbol{G}$ 为 $I\times J$ 维传递函数矩阵，矩阵形式特别适合于研究复杂的多变量系统。

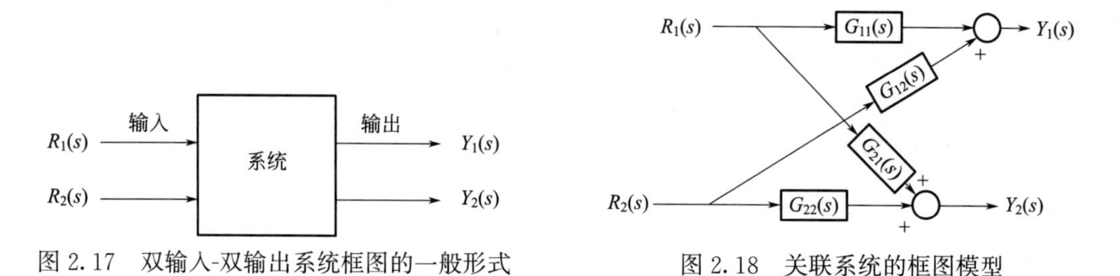

图 2.17　双输入-双输出系统框图的一般形式

图 2.18　关联系统的框图模型

可以根据框图化简规则对一个给定系统的框图模型加以化简，得到由比较少的方框构成的框图。由于传递函数是线性系统的数学描述，它满足结合律。以表 2.2 第 1 行提供的框图为例，有

$$X_3(s)=G_2(s)X_2(s)=G_1(s)G_2(s)X_1(s) \tag{2.76}$$

于是，当两个方框串联连接时，可以得到

$$X_3(s)=G_2(s)G_1(s)X_1(s) \tag{2.77}$$

表 2.2　框图的基本等效变换规则

变换	初始框图	等效框图
① 合并串联方框	X_1 → $G_1(s)$ → X_2 → $G_2(s)$ → X_3	X_1 → G_1G_2 → X_3 或 X_1 → G_2G_1 → X_3
② 相加点后移	X_1 → ○ → G → X_3；± X_2	X_1 → G → + ○ → X_3；± G ← X_2

续表

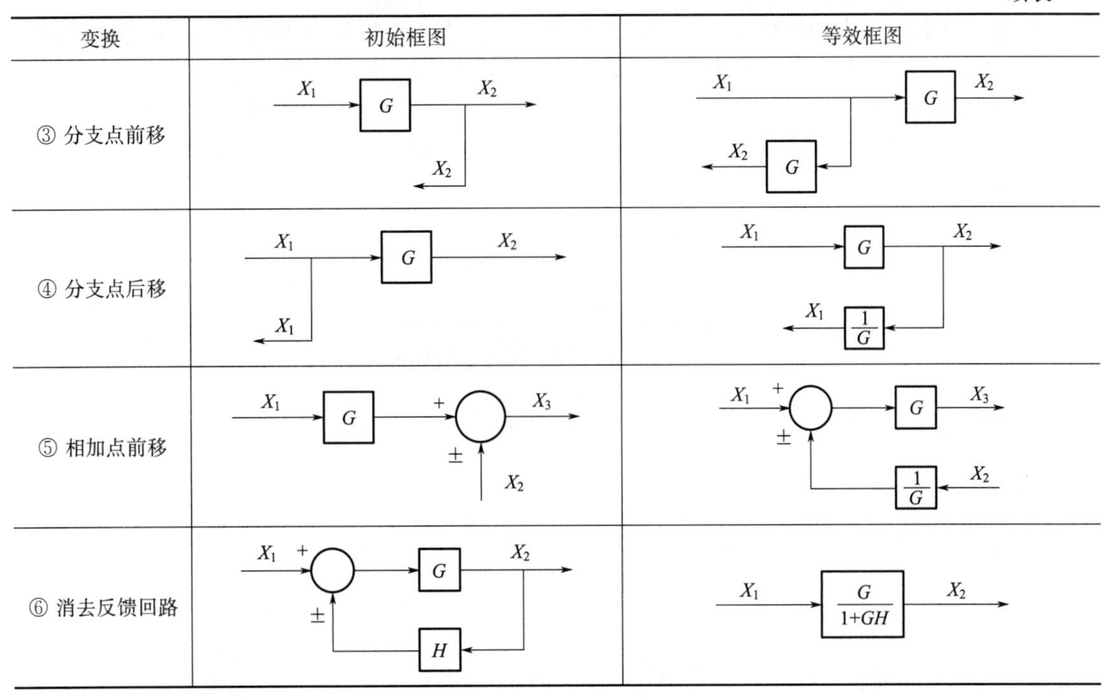

变换	初始框图	等效框图
③ 分支点前移		
④ 分支点后移		
⑤ 相加点前移		
⑥ 消去反馈回路		

这种化简的前提是：第一个方框与第二个方框直接相连，而且对第一个方框的负载效应可以忽略不计。相互关联的系统元件可能会彼此作用，产生负载效应。如果确实产生了负载效应，工程设计人员必须考虑这种效应对原有传递函数的影响，并在后续设计工作中使用正确的传递函数。

框图的等效变换和化简规则来源于变量所遵循的代数方程。例如，考虑图 2.19 所示的框图模型，该负反馈系统的偏差激励信号遵循下面的方程

$$E_a(s)=R(s)-B(s)=R(s)-H(s)Y(s) \tag{2.78}$$

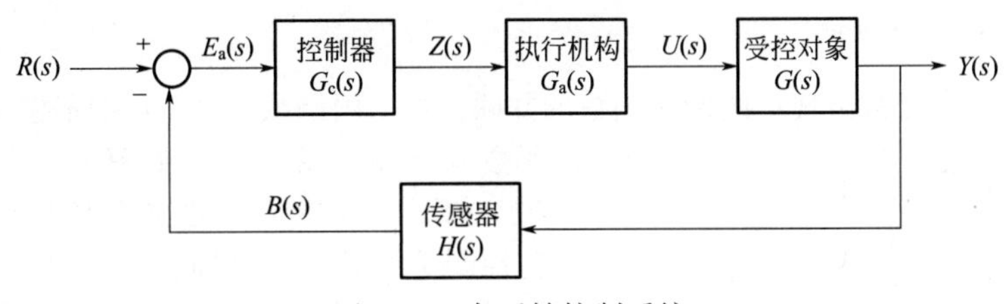

图 2.19　负反馈控制系统

传递函数 $G(s)$ 应该将输出信号与激励信号联系在一起，因此有

$$Y(s)=G(s)U(s)=G(s)G_a(s)Z(s)=G(s)G_a(s)G_c(s)E_a(s) \tag{2.79}$$

于是有

$$Y(s)=G(s)G_a(s)G_c(s)\left[R(s)-H(s)Y(s)\right] \tag{2.80}$$

对 $Y(s)$ 合并同类项，可以得到

$$Y(s)\left[1+G(s)G_a(s)G_c(s)H(s)\right]=G(s)G_a(s)G_c(s)R(s) \tag{2.81}$$

因此，输出 $Y(s)$ 与输入 $R(s)$ 之间的传递函数为

$$\frac{Y(s)}{R(s)}=\frac{G(s)G_a(s)G_c(s)}{1+G(s)G_a(s)G_c(s)H(s)} \tag{2.82}$$

这个闭环传递函数非常重要，它可以用于描述许多实际控制系统。

利用式(2.82)，可以将图 2.19 的框图模型化简为只有 1 个方框的框图模型，这是个框图等效化简的例子。框图等效变换规则都是由方程式的代数推导得到的。这种对框图模型进行化简的方法比直接求解微分方程更为直观，便于研究人员更好地理解各元件在系统中的作用。

图 2.20 是一个由控制器和受控对象串联而成的简单开环控制系统的框图，可以按照例 2.6 给出的方法来计算从 $R(s)$ 到 $Y(s)$ 的传递函数。

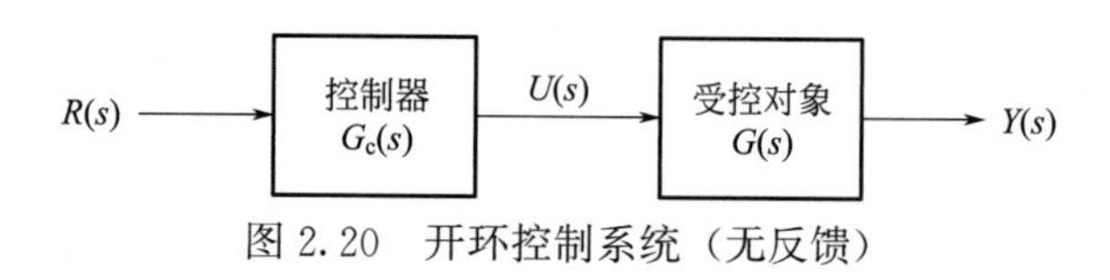

图 2.20 开环控制系统（无反馈）

【例 2.6】 串联连接的框图。

令受控对象的传递函数 $G(s)$ 为 $\qquad G(s)=\dfrac{1}{500s^2}$

控制器的传递函数 $G_c(s)$ 为 $\qquad G_c(s)=\dfrac{s+1}{s+2}$

用函数 series 计算 $G_c(s)G(s)$ 的系统框图如图 2.21 所示，运行结果为

$$G_c(s)G(s)=\frac{s+1}{500s^3+1000s^2}=\text{sys}$$

其中，sys 为 MATLAB 程序中传递函数的名称。

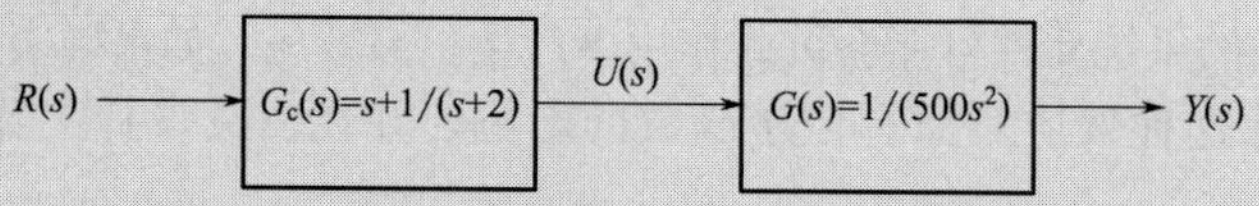

图 2.21 函数 series 的应用框图

函数 series 的应用，MATLAB 程序见 m2_5.m，结果如下：

```
          s+1
sys=---------------------
     500s^3+1000s^2
```

框图模型中还会经常出现不同传递函数的并联。可采用函数 parallel 来描述和计算并联结构。函数 parallel 的系统框图如图 2.22 所示。

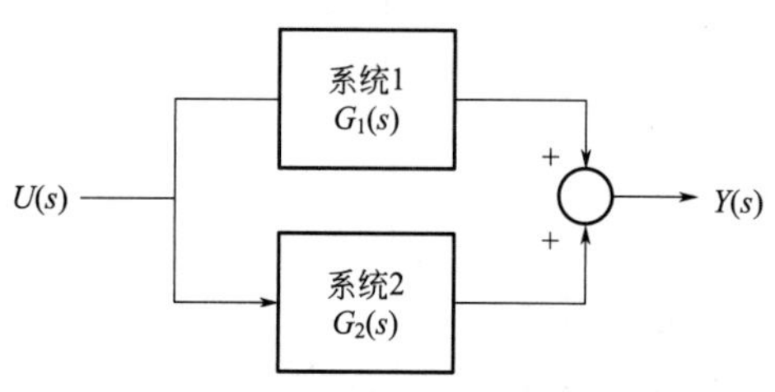

图 2.22 函数 parallel 的系统框图

如图 2.23 所示，形成单位反馈回路之后，就为控制系统引入了反馈信号，其中 $E_a(s)$ 为偏差信号，$R(s)$ 为参考输入。在该控制系统中，控制器位于前向通路中，系统的闭环传递函数为

$$T(s)=\frac{G_c(s)G(s)}{1\mp G_c(s)G(s)}$$

使用函数 feedback 可以帮助完成框图化简过程，并计算单回路或多回路控制系统的闭环传递函数。

很多时候，闭环控制系统包含的是单位反馈回路，如图 2.23 所示。在这种情况下，使用函数 feedback 计算闭环传递函数时，可以设定反馈回路的传递函数为 $H(s)=1$，系统框图如图 2.24 所示，函数 feedback 的使用说明如例 2.7。

图 2.25 给出了闭环反馈控制系统的一般结构，反馈回路中含有 $H(s)$，函数 feedback 的使用说明如例 2.8。如果忽略参数 sign，则默认反馈回路为负反馈。

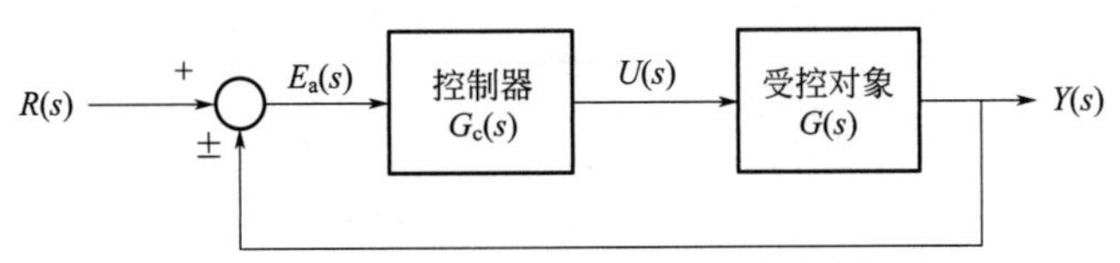

图 2.23 包含单位反馈回路的基本控制系统

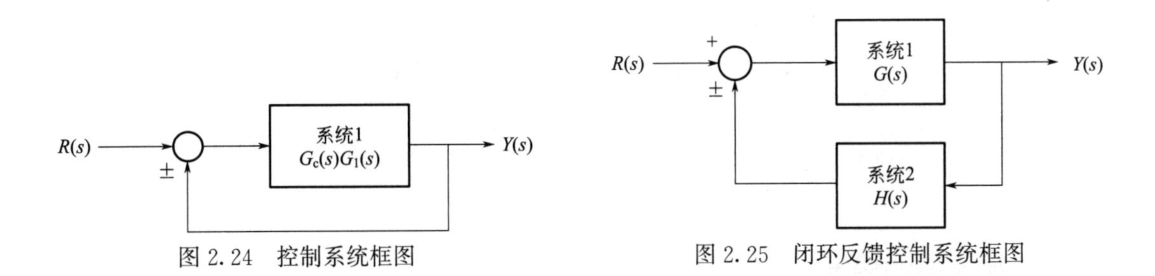

图 2.24 控制系统框图

图 2.25 闭环反馈控制系统框图

【例 2.7】 函数 feedback 在单位反馈控制系统中的应用。

考虑图 2.26 所示的含有单位反馈回路的控制系统，其中受控对象的传递函数为 $G(s)$，控制器的传递函数为 $G_c(s)$。计算得到的闭环传递函数为

$$T(s)=\frac{G_c(s)G(s)}{1+G_c(s)G(s)}=\frac{s+1}{500s^3+1000s^2+s+1}=\text{sys}$$

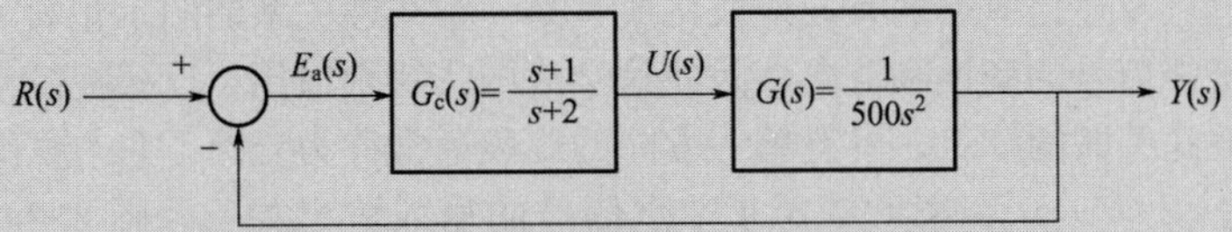

图 2.26 含有单位反馈回路的控制系统框图

函数 feedback 的应用，MATLAB 程序见 m2_6.m，结果如下：

```
            s+1
sys=-----------------------------
     500s^3+1000s^2+s+1
```

反馈控制系统的另一种基本配置见图 2.27。在这类系统中，控制器位于反馈支路，传递函数为 $H(s)$。该系统的闭环传递函数为

$$T(s)=\frac{G(s)}{1\mp G(s)H(s)}$$

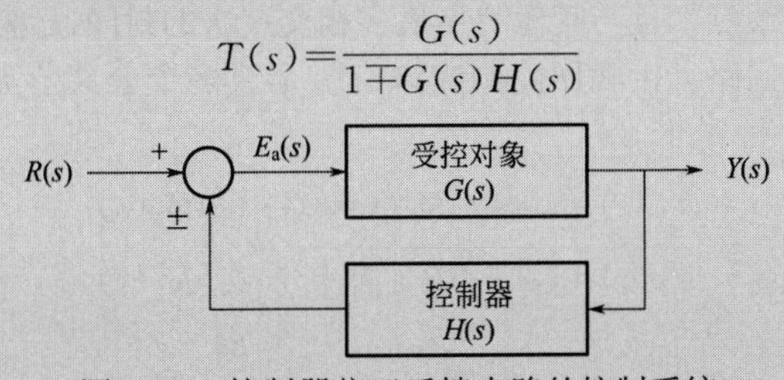

图 2.27 控制器位于反馈支路的控制系统

【例 2.8】 考虑图 2.28 所示的控制系统．其控制器 $H(s)$ 和受控对象 $G(s)$ 的传递函数都已给定。我们可以利用函数 feedback 来计算该系统的闭环传递函数，计算结果为

$$T(s)=\frac{s+2}{500s^3+1000s^2+s+1}=\text{sys}$$

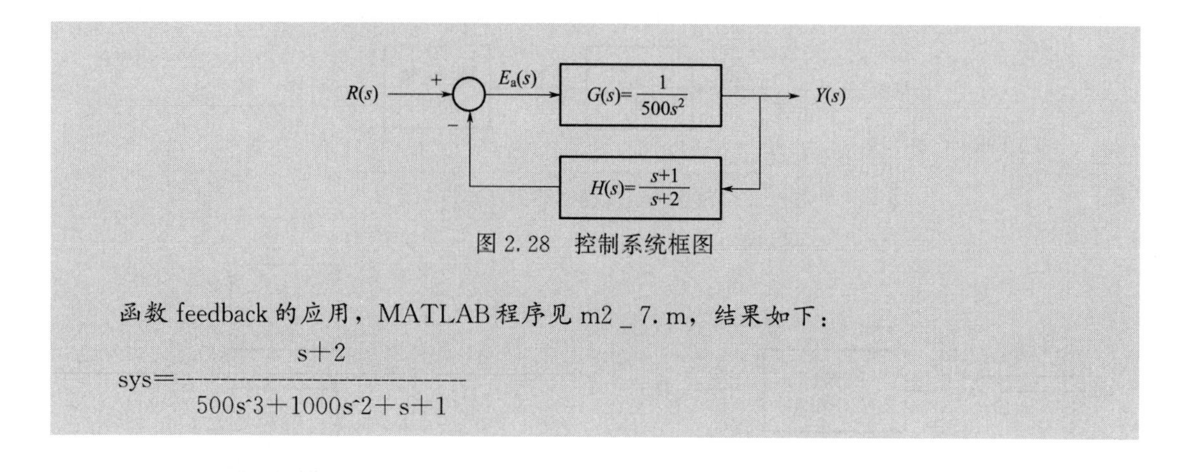

图 2.28 控制系统框图

函数 feedback 的应用，MATLAB 程序见 m2 _ 7. m，结果如下：

```
              s+2
sys=---------------------------
      500s^3+1000s^2+s+1
```

2.3.2 信号流图模型

框图模型可以直观并且完整地表示受控变量与输入变量之间的关系。但是，对于具有复杂关联关系的系统而言，框图的化简是一项琐碎甚至难以完成的任务。描述系统变量之间关联关系的另一种方法是由梅森（Mason）提出来的，它以节点间的线段为基本的描述手段。这种基于线段的方法即所谓的信号流图法，它的最大优点是无需对流图进行化简和变换，就可以利用流图增益公式，方便地给出系统变量间的信号传递关系。

信号流图由节点及连接节点的有向线段构成，是一组线性关系的图示化表示。由于反馈理论关注的要点是系统中信号的变换和流向，因此信号流图法特别适用于反馈控制系统。信号流图的基本要素是连接彼此关联的节点，具有单一方向的线段通常称为支路，它与框图模型中的方框等效，表示了节点信号的输入输出关系。图 2.29 给出的连接直流电机输出 $\theta(s)$ 与磁场电压 $V_f(s)$ 的单支路流图，与图 2.16 给出的单方框框图等效。表示输入、输出信号的点称为节点。类似地，图 2.30 给出的信号流图，与表示变量之间关系的式(2.74)等效，也就是与图 2.18 所示的系统等效。在信号流图中，变量之间的传输关系或增益倍数标记在定向箭头的近旁，离开某个节点的所有支路都会将该节点的信号，变换传输（单向地）到各个支路对应的输出节点，进入某个节点的所有支路所传输的信号之和等于该节点信号。通路是指从一个信号（节点）到另一个信号（节点），由一条或多条相连的支路构成的路径，回路则是指起始节点和终止节点为同一节点，且与其他节点最多相交一次的封闭通路。如果两个回路没有公共节点，则称它们为不接触回路。接触回路则应该有一个或多个公共节点。考察图 2.30，我们再次得到了

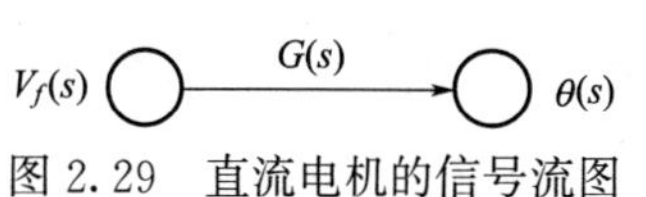

图 2.29 直流电机的信号流图

$$
\begin{aligned}
Y_1(s) &= G_{11}(s)R_1(s)+G_{12}(s)R_2(s) \\
Y_2(s) &= G_{21}(s)R_1(s)+G_{22}(s)R_2(s)
\end{aligned}
\tag{2.83}
$$

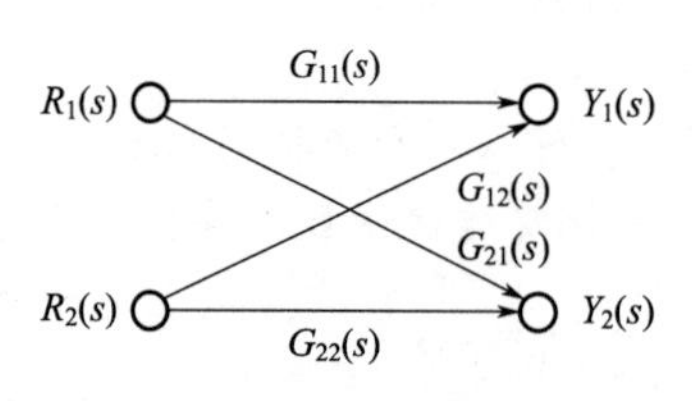

图 2.30 关联系统的信号流图

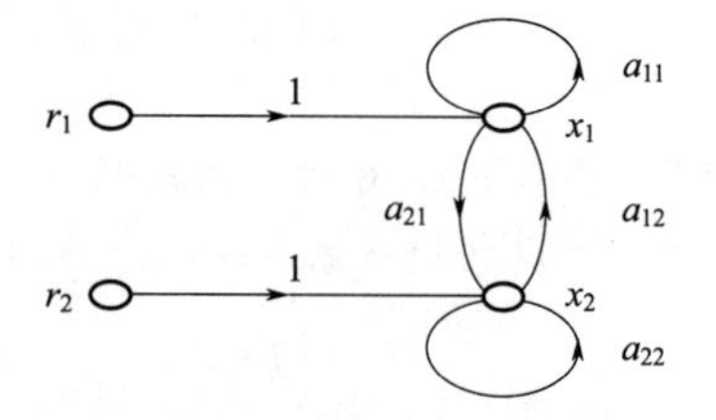

图 2.31 二次方程的信号流图

由此可见，信号流图的确只是系统频域代数方程的另一种图示化表示，表示了系统变量之间的关联关系。接下来考察下面的代数方程组，并分析建立其信号流图

$$\begin{aligned} a_{11}x_1+a_{12}x_2+r_1&=x_1 \\ a_{21}x_1+a_{22}x_2+r_2&=x_2 \end{aligned} \tag{2.84}$$

其中，r_1 和 r_2 为两个输入变量；x_1 和 x_2 为两个输出变量。它们的信号流图如图 2.31 所示。式(2.84) 可以改写为

$$\begin{aligned} x_1(1-a_{11})+x_2(-a_{12})&=r_1 \\ x_1(-a_{21})+x_2(1-a_{22})&=r_2 \end{aligned} \tag{2.85}$$

运用克拉默法则，可以求得方程组的解为

$$x_1=\frac{(1-a_{22})r_1+a_{12}r_2}{(1-a_{11})(1-a_{22})-a_{12}a_{21}}=\frac{1-a_{22}}{\Delta}r_1+\frac{a_{12}}{\Delta}r_2 \tag{2.86}$$

其中，Δ 为方程组系数矩阵的行列式，并可以改写成

$$\Delta=(1-a_{11})(1-a_{22})-a_{12}a_{21}=1-a_{11}-a_{22}+a_{11}a_{22}-a_{12}a_{21} \tag{2.87}$$

在这种情况下，分母等于 1 减去回路 a_{11}、a_{22} 和 $a_{12}a_{21}$ 的增益之和，再加上两个不接触回路 a_{11} 和 a_{22} 的增益的乘积。需要注意的是，回路 a_{11} 与 $a_{12}a_{21}$ 是接触的，a_{22} 与 $a_{12}a_{21}$ 也是接触的。

在与 x_1 对应的式(2.86) 中，与输入变量 r_1 对应的分子为 1 乘以（$1-a_{22}$），其中，1 是 r_1 到 x_1 的通路增益，（$1-a_{22}$）是分母 Δ 中删除若干后剩下的余因式，其计算原则是：在分母 Δ 的各项中，如果包含了与从 r_1 到 x_1 的通路相互接触的某个回路的增益，就删去该项，剩下的即为对应的余因式。又由于 r_2 到 x_1 的通路与所有回路相接触，因此在分母 Δ 中将不再保留任何包含回路增益的项，对应的余因式正好为 1。正因为如此，与 r_2 对应的第二项的分子就直接等于 r_2 到 x_1 的通路增益 a_{12}。类似地，我们可以看出，与 x_2 对应的式子在形式上与式(2.86) 彼此对称。

一般地，由独立变量 x_i（通常称为输入变量）到因变量 x_j 的线性依存关系，或传递函数 T_{ij}，可以由下面的信号流图梅森增益公式给出

$$T_{ij}=\frac{\sum_k P_{ijk}\Delta_{ijk}}{\Delta} \tag{2.88}$$

其中，P_{ijk} 表示由 x_i 到 x_j 的第 k 条前向通路的增益；Δ 为流图的特征式；Δ_{ijk} 为通路 P_{ijk} 在 Δ 中的余因式，并且求和运算要对从 x_i 到 x_j 的所有可能的 k 个通路求和。P_{ijk} 为通路的增益或传递系数，而通路指的是沿箭头方向的一系列彼此连接之路，而且与任一节点都至多相交 1 次。Δ_{ijk} 是特征式 Δ 中，删除了所有与第 k 条通路相接触的回路增益项之后剩下来的余因式。特征式 Δ 则定义为

$$\Delta=1-\sum_{n=1}^{N}L_n+\sum_{\substack{n,m \\ \text{不接触回路}}}L_nL_m-\sum_{\substack{n,m,p \\ \text{不接触回路}}}L_nL_mL_p+\cdots \tag{2.89}$$

其中，L_p 为第 q 条回路的增益。于是，利用回路增益 L_1，L_2，L_3，…，L_N，求 Δ 值的规则为

$\Delta=1-$所有不同回路的增益之和

$+$所有两两不接触回路增益的乘积之和

$-$所有 3 个互不接触回路增益的乘积之和

$+\cdots$

梅森公式常用来表示输出 $Y(s)$ 与输入 $R(s)$ 之间的关系，并且简记为

$$T(s)=\frac{\sum_k P_k\Delta_k}{\Delta} \tag{2.90}$$

其中，$T(s)=Y(s)/R(s)$。

【例 2.9】 考虑图 2.32 给出的多回路反馈控制系统，现在来计算该系统的闭环传递函数

$$T(s)=\frac{Y(s)}{R(s)}$$

其中，各元件的传递函数分别为

$$G_1(s)=\frac{1}{s+10},G_2(s)=\frac{1}{s+1},G_3(s)=\frac{s^2+1}{s^2+4s+4},G_4(s)=\frac{s+1}{s+6}$$

$$H_1(s)=\frac{s+1}{s+2},H_2(s)=2,H_3(s)=1$$

计算过程分为以下 5 步：

第 1 步：输入各元件的传递函数；

第 2 步：将 H_2 移至 G_4 之后；

第 3 步：消去回路 $G_3G_4H_1$；

第 4 步：消去含有 H_2 的回路；

第 5 步：消去剩下的回路并计算 $T(s)$。

各步骤对应的 MATLAB 程序见 m2 _ 8. m。

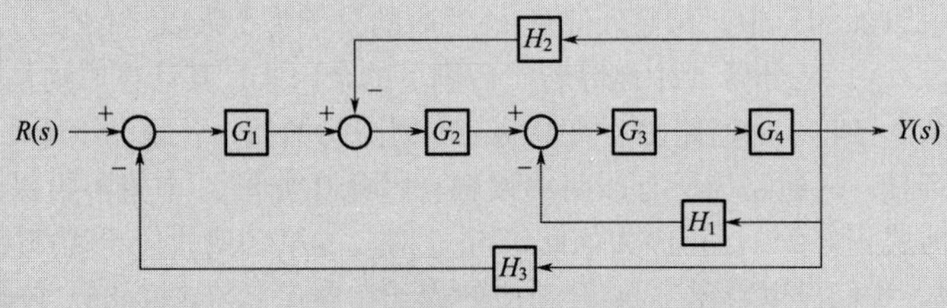

图 2.32 多回路反馈控制系统框图

结果如下：

```
                 s^5+4s^4+6s^3+6s^2+5s+2
sys=----------------------------------------------------------
      12s^6+205s^5+1066s^4+2517s^3+3128s^2+2196s+712
```

需要指出的是，直接将这个结果称为闭环传递函数并不合适。严格意义上讲，传递函数是经过零-极点对消之后的输入-输出关系描述。分别求解 $T(s)$ 的零点和极点后可以发现，零点和极点中都包括了−1，也就是说，$T(s)$ 的分子和分母有公因式$(s+1)$。因此，必须在消除 $T(s)$ 的公因式之后，才能够称之为真正意义上的传递函数。函数 minreal 可以完成零-极点对消。函数 minreal 的应用，结果如下：

```
       0.08333s^5+0.3333s^4+0.5s^3+0.5s^2+0.4167s+0.1667
sys=----------------------------------------------------------
      s^6+17.08s^5+88.83s^4+209.8s^3+260.7s^2+183s+59.33
```

【例 2.10】 电力牵引电机控制。

大部分现代列车都采用电力牵引电机。牵引电机牵引轨道车辆的框图模型如图 2.33(a) 所示，其中包含了必要的车辆速度控制环节。本例的设计目的是得到系统的模型，计算系统的传递函数 $\omega(s)/\omega_d(s)$，选择合适的电阻 R_1、R_2、R_3 和 R_4，并预测系统的响应。

首先给出每个方框的传递函数。如图 2.33(b) 所示，我们采用转速计来产生一个与输出转速成比例的电压 v_t，并将它作为差分放大器的一个输入。功率放大器是非线性的，并可以近似地用指数函数 $v_2=2\mathrm{e}^{3v_1}=g(v_1)$表示，其正常工作点为 $v_{10}=1.5\mathrm{V}$。线性模型为

$$\Delta v_2=\frac{\mathrm{d}g(v_1)}{\mathrm{d}v_1}\Big|_{v_{10}}\Delta v_1=2[3\mathrm{e}^{3v_{10}}]\Delta v_1=2(270)\Delta v_1=540\Delta v_1$$

以增量小信号为新的变量，略去Δ符号，经过拉普拉斯变换后得到

$$V_2(s)=540V_1(s)$$

对于差分放大器，有

$$v_1=\frac{1+R_2/R_1}{1+R_3/R_4}v_{\text{in}}-\frac{R_2}{R_1}v_t$$

我们希望输入控制电压在数值上与预期速度相等，即 $\omega_d(t)=v_{\text{in}}$，其中 v_{in} 的单位为 V，$\omega_d(t)$ 的单位为 rad/s。例如，当 $v_{\text{in}}=10\text{V}$ 时，车辆的稳态速度应为 $\omega=10\text{rad/s}$。注意，车辆进入稳态值后将有 $v_t=K_t\omega_d$，于是可以预期，在车辆平稳运行时，将有

$$v_1=\frac{1+R_2/R_1}{1+R_3/R_4}v_{\text{in}}-\frac{R_2}{R_1}K_t v_{\text{in}}$$

又由于 $v_1=0$，于是当 $K_t=0.1$，$R_2/R_1=10$ 且 $R_3/R_4=10$ 时，可以得到

$$\frac{1+R_2/R_1}{1+R_3/R_4}=\frac{R_2}{R_1}K_t=1$$

牵引电机和负载的其他参数为 $K_m=10$，$R_a=1$，$L_a=1$，$J=2$，$b=0.5$，$K_b=0.1$，系统结构如图 2.33(b) 所示。对图 2.33(c) 进行框图化简，或者在图 2.33(d) 给出的信号流图基础上利用梅森公式，则可得传递函数为

$$\frac{\omega(s)}{\omega_d(s)}=\frac{540G_1(s)G_2(s)}{1+0.1G_1G_2+540G_1G_2}=\frac{540G_1G_2}{1+540.1G_1G_2}=\frac{5400}{(s+1)(2s+0.5)+5401}$$

$$=\frac{5400}{2s^2+2.5s+5401.5}=\frac{2700}{s^2+1.25s+2700.75}$$

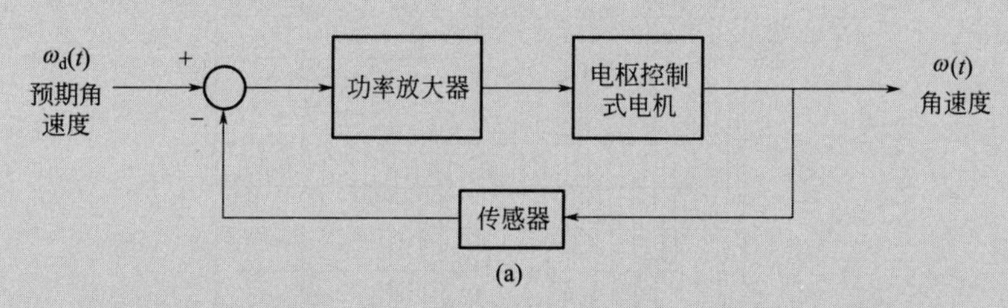

(a)

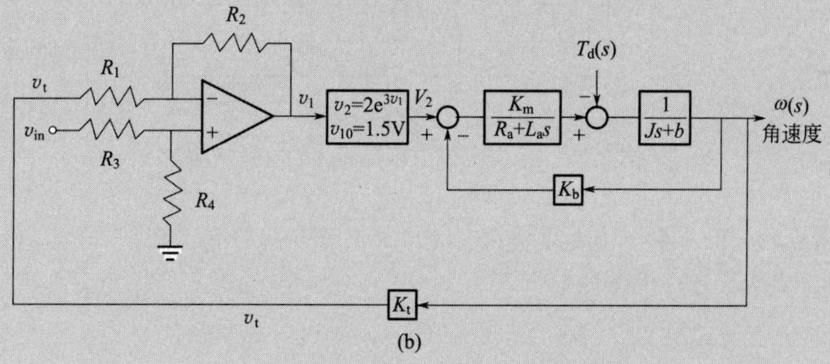

(b)

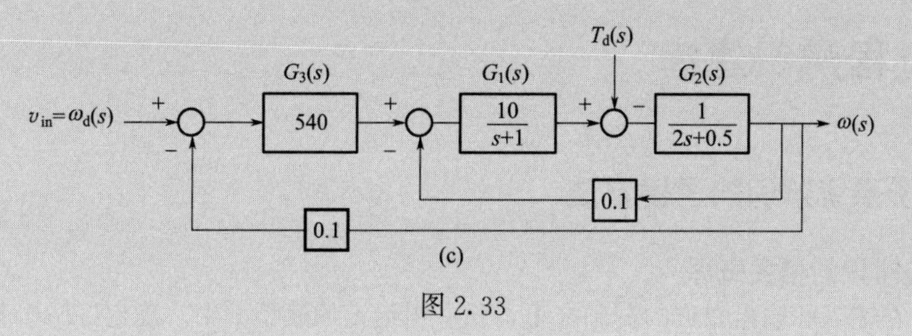

(c)

图 2.33

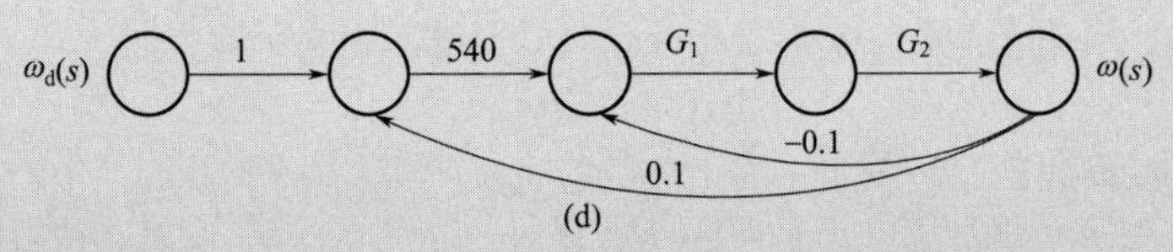

图 2.33　电力牵引电机系统框图模型

很明显，系统的特征方程是二阶的，且固有频率为 $\omega_n(s)=52$，阻尼系数为 $\zeta=0.012$。由于阻尼过小，因此系统响应将有强烈的振荡。其次，当输入 $\omega_d(t)$ 为单位阶跃信号时，可以利用函数 step 来分析系统输出响应 $\omega(t)$。

MATLAB 程序见 m2 _ 9. m，结果如下：

```
                5400
sys= -----------------------
        2s^2+2.5s+5401.5
```

在调用函数 step 时，如果等号左侧的变量说明空缺，默认结果是直接绘制出输出响应 $y(t)$。反之，如果包含了等号左侧的变量说明，那么必须调用函数 plot 来绘制 $y(t)$ 的曲线。在这种方式下，定义了仿真时刻 t 的采样时间点行向量之后，除了能够得到 $y(t)$ 的曲线之外，还能够得到 $y(t)$ 在这些时间点上的取值。如果选择了将时间设定为 $t=t_{final}$ 的选项，那么函数 step 将自动确定计算步长，产生从 0 到 t_{final} 的阶跃响应。程序输出的电力牵引电机的阶跃响应如图 2.34 所示。

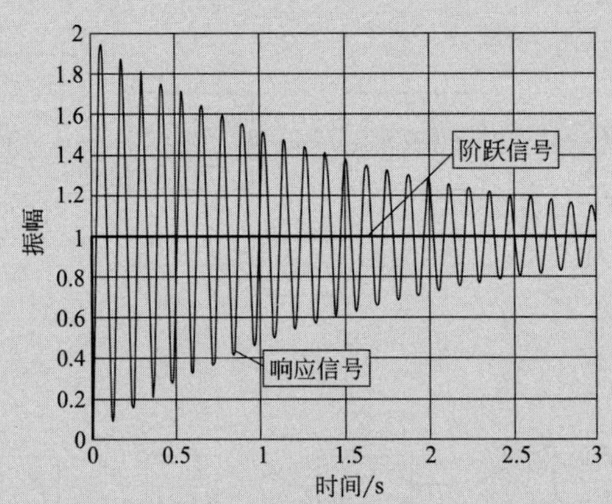

图 2.34　牵引电机中车轮转速的阶跃响应

与我们预想的一致，车轮转速的响应 $y(t)$ 呈现强烈的振荡。还应注意，输出响应 $y(t)$ 与 $\omega(t)$ 之间满足关系 $y(t)\equiv\omega(t)$。

2.4 过程辨识建模

2.4.1 基于系统辨识的建模方法

(1) 系统辨识的相关概念

辨识就是在输入和输出数据的基础之上，从一组给定的模型类中，确定好一个与所测系统等价的模型。辨识有三个要素：数据、模型类和准则。辨识就是按照一个准则在一模型类中选择一个与数据拟合得很好的模型。而辨识的目的是根据所提供的观测数据，估计出模型的一组位置参数 $\boldsymbol{\theta}=(\theta_1,\theta_2,\cdots,\theta_m)^{\mathrm{T}}$，使准则 J 的值最小。估计方式有：

① 直接方式(开环方式)。例如图 2.35 对准则函数 J，利用数学关系推出 $\dfrac{\partial J}{\partial \theta_j}(j=1,2,\cdots,m)$，令其等于零，即

$$\frac{\partial J}{\partial \theta_j}=0 \quad (j=1,2,\cdots,m)$$

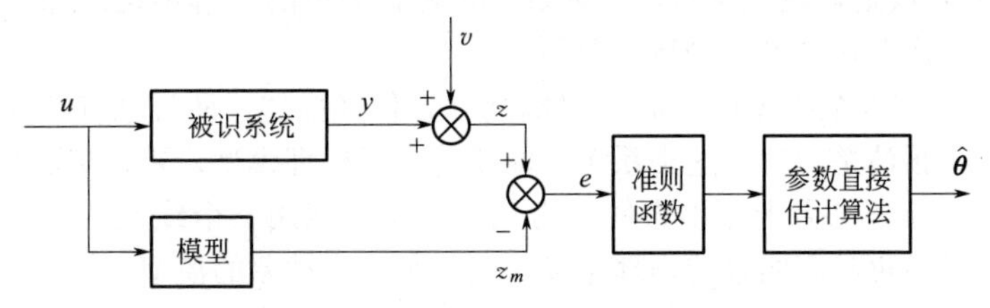

图 2.35 辨识的直接估计法原理图

② 迭代方式(闭环方式)。例如图 2.36，如果可以通过适当的方式测出 $\partial J/\partial \theta_j$ 之值，同时，如果可以利用这些导数值对数学模型中的参数 $\boldsymbol{\theta}$ 进行调整，调整的方向是逐步使 $\dfrac{\partial J}{\partial \theta_j}$ 趋近于零 $(j=1,2,\cdots,m)$，也就是根据所测得的 $\partial J/\partial \theta_j$ 值，在参数空间中逐次地调整或修改模型的参数值，这样，参数向量 $\boldsymbol{\theta}$ 逐次地变为 $\boldsymbol{\theta}^{(1)}$，$\boldsymbol{\theta}^{(2)}$ …，相应地，准则函数 J 的值变为 $J^{(1)}$，$J^{(2)}$ …，其改变的方向逐次使各个 $\dfrac{\partial J}{\partial \theta_j}(j=1,2,\cdots,m)$ 均趋向于零，从而最后确定使 J 值为最小的参数。这种辨识算法就是迭代估计法。

(2) 系统辨识的基本过程

系统辨识的一般步骤如图 2.37 所示，可大致分为以下步骤：

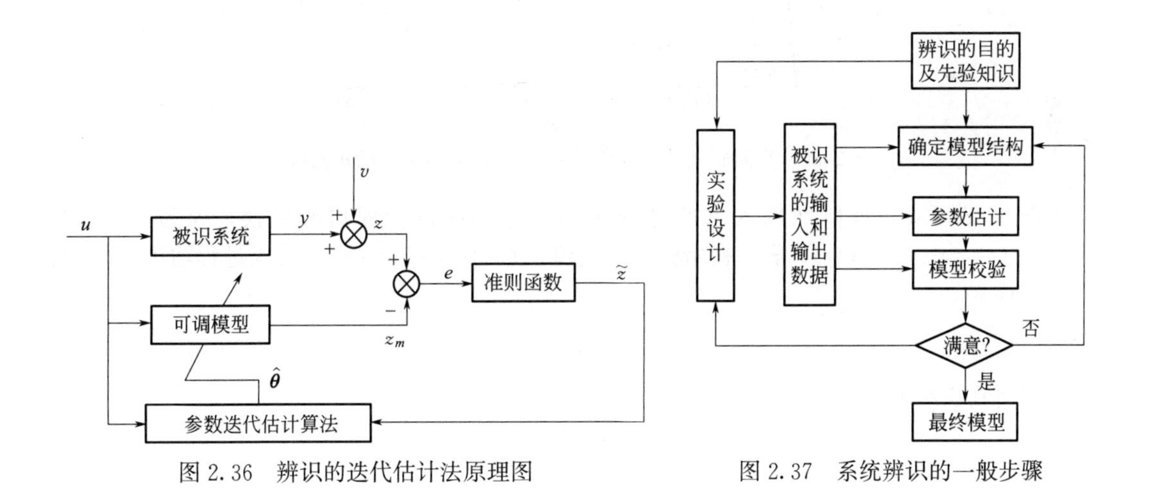

图 2.36 辨识的迭代估计法原理图

图 2.37 系统辨识的一般步骤

① 明确建模目的和验前知识：目的不同，对模型的精度和形式要求不同；

② 实验设计：变量的选择，输入信号的形式、大小，正常运行信号还是附加试验信号，数据采样速率，辨识允许的时间及确定量测仪器等；

③ 确定模型结构：选择一种适当的模型结构；

④ 参数估计：在模型结构已知的情况下，用实验方法确定对系统特性有影响的参数数值；

⑤ 模型校验：验证模型的有效性。

(3) 模型的阶次与阶次辨识

建立一个系统的数学模型时，可能会遇到以下三种情况：

① 系统的运动规律是完全了解的，而且系统本身是线性的，可用常微分方程来描述的。这样的系统可以用一个相当精确的线性差分方程来描述。模型的阶次是已知的，建模工作只是估计模型中的参数，无需辨识其阶次。

② 实际系统的阶数是客观存在的，但对系统的先验知识的了解不足以知道其确切值。于是在建模时既要进行阶次辨识，又要进行参数估计。

③ 实际系统是分布参数类型的，需要用偏微分方程来描述，而且系统往往是非线性的，甚至其运动规律都还不很清楚。对于这类系统，即使建立了机理模型，要想辨识其参数也是极其困难的，并且实际应用起来也会十分不方便。为此，总希望能用一个线性的差分方程来近似地描述。这时，数学模型不再具有明显的物理意义，而只是一个抽象的模型，是人为拼凑出来的。模型的阶次与原来系统就没有什么直接关系了，只是“拼凑”出来的。

很多阶次辨识方法都是用参数估计方法作为工具。一般假定系统阶次是 $n^*=1, 2, \cdots, p$，然后在各个假定的阶次下进行参数估计，同时确定一个准则或是一个标准，把不同阶次下得到的结果进行仿真比较，从中找出最合适的阶次以及相应的参数估计量。

2.4.2 阶跃实验与频率响应估计

对于一个单输入单输出（SISO）的开环稳定过程，在过程输入端加入一个阶跃激励信号，过程输出响应如图 2.38 所示。

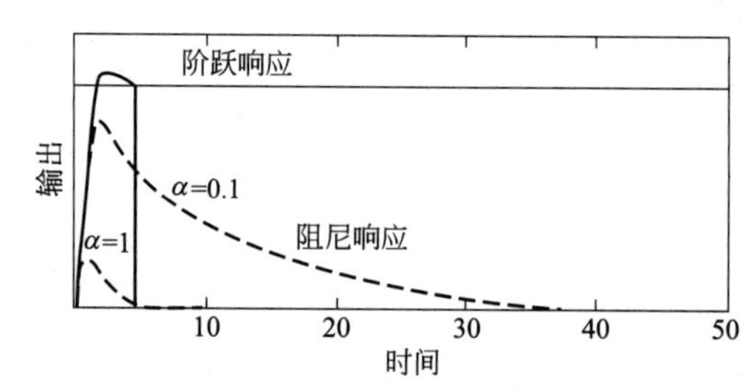

图 2.38 在阶跃响应实验结果中选择衰减因子 α 的示意图

由图 2.38 可见，在阶跃输入下的过程输出响应不能进行傅里叶变换，因为 $t\to\infty$ 时，$\Delta y(t)=y(t)-y(t_0)$，$y(t_0)$ 表示初始稳态输出值。然而，将 $s=\alpha+\mathrm{j}\omega$ 代入过程输出响应的拉普拉斯变换

$$\Delta Y(s)=\int_0^\infty \Delta y(t)\mathrm{e}^{-st}\mathrm{d}t \tag{2.91}$$

可以将其表示为

$$\Delta Y(\alpha+\mathrm{j}\omega)=\int_0^\infty [\Delta y(t)\mathrm{e}^{-\alpha t}]\mathrm{e}^{-\mathrm{j}\omega t}\mathrm{d}t \tag{2.92}$$

注意，如果 $\alpha>0$，则存在 $t>t_\mathrm{N}$ 时有 $y(t)\mathrm{e}^{-\alpha t}=0$，其中 t_N 可以由 $\Delta y(t_\mathrm{N})\mathrm{e}^{-\alpha t_\mathrm{N}}\to 0$ 基于数值计算精度确定，因为 $\Delta y(t)$ 在阶跃输入变化下的暂态响应之后达到稳定值。

所以，将 α 作为阶跃响应的衰减因子，可进行拉普拉斯变换，从测量 t_N 时间长度以内的阶跃响应数据点中计算出

$$\Delta Y(\alpha+\mathrm{j}\omega)=\int_0^{t_N}[\Delta y(t)\mathrm{e}^{-\alpha t}]\mathrm{e}^{-\mathrm{j}\omega t}\mathrm{d}t \tag{2.93}$$

对于在初始过程稳态下的阶跃实验，即 $t\leqslant t_0$ 时，$y(t)=c$，如图 2.38 所示，通过对 t_0 进行时移（即令 $t_0=0$），可以定义过程输入的阶跃变化为

$$\Delta u(t)=\begin{cases}0, & t\leqslant 0\\ h, & t>0\end{cases} \tag{2.94}$$

其中，h 是阶跃变化的幅值。可以解析推导出它的拉普拉斯变换为

$$\Delta U(\alpha+\mathrm{j}\omega)=\int_0^{\infty}h\mathrm{e}^{-(\alpha+\mathrm{j}\omega)t}\mathrm{d}t=\frac{h}{\alpha+\mathrm{j}\omega} \tag{2.95}$$

利用式(2.93) 和式(2.95)，可以得出过程的频率响应估计为

$$G(\alpha+\mathrm{j}\omega)=\frac{\alpha+\mathrm{j}\omega}{h}\Delta Y(\alpha+\mathrm{j}\omega) \tag{2.96}$$

注意，当 $\alpha\to\infty$ 时，$G(\alpha+\mathrm{j}\omega)\to 0$。相反，$\alpha\to 0$ 时，要求 t_N 很大来准确计算式(2.96)。因此，需要适当选择 α。考虑到一个阶跃实验中的全部暂态响应数据都应该用于估计过程的频率响应特性，建议采用如下条件选择 α

$$|\Delta y(t_{set})|T_s\mathrm{e}^{-\alpha t_{set}}>\delta \tag{2.97}$$

其中，$\Delta y(t_{set})=y(t_{set})-y(0)$ 表示对应于过程过渡时间（t_{set}）的暂态输出响应，其中 $y(0)$ 表示阶跃实验前的初始稳态输出值；T_s 为计算式(2.93) 中数值积分的采样周期；δ 为计算精度水平，实际可取小于 $|\Delta y(t_{set})|T_s\times 10^{-6}$。

由式(2.97) 可知

$$\alpha<\frac{1}{t_{set}}\ln\frac{|\Delta y(t_{set})|T_s}{\delta} \tag{2.98}$$

说明：为了克服测量噪声的不利影响，可以参照 δ 取 α 的下界，选取 α 尽可能小，以保证计算式(2.93) 的准确性。

根据上述准则选定 α 后，就可以根据对计算式(2.93) 的数值精度要求来确定时间长度 t_N，即

$$|\Delta y(t_N)|T_s\mathrm{e}^{-\alpha t_N}<\delta \tag{2.99}$$

由此可确定

$$t_N>\frac{1}{\alpha}\ln\frac{|\Delta y(t_N)|T_s}{\delta} \tag{2.100}$$

从式(2.93) 和式(2.96) 可以看出，频率响应估计的数值积分取决于 α 的选择，而不是阶跃响应的时间长度。在实际应用中，阶跃激励实验数据的测量长度满足过程输出响应进入稳态即可。如果上述数值积分需要更长的输出响应数据，可以利用输出响应稳定值进行补充。

对于实际中具有非常慢动态特性的过程，如果选取符合条件式(2.98) 的 α 同时满足 $\alpha<\delta$，会影响计算式(2.96) 的准确性。在这种情况下，建议采用一个时间尺度因子来对输出响应进行拉普拉斯变换，即 $L[\Delta y(t/\lambda)]=\lambda\Delta Y[\lambda(\alpha+\mathrm{j}\omega)]$，其中 λ 是时间缩放因子，从而可以有效地计算频率响应 $G[\Delta y(t/\lambda)]$，然后用于模型拟合和参数估计。

为了提高在测量噪声下辨识模型参数的准确性，根据如下适用于初始过程稳态的拉普拉斯变换

$$L\left[\int_0^t\Delta y(\tau)\mathrm{d}\tau\right]=\frac{\Delta Y(s)}{s} \tag{2.101}$$

可采取下式计算过程频率响应

$$G(\alpha+\mathrm{j}\omega)=\frac{\dfrac{\Delta Y(\alpha+\mathrm{j}\omega)}{\alpha+\mathrm{j}\omega}}{\dfrac{\Delta U(\alpha+\mathrm{j}\omega)}{\alpha+\mathrm{j}\omega}}=\frac{(\alpha+\mathrm{j}\omega)^2}{h}\int_0^{t_{\mathrm{N}}}\left[\int_0^t \Delta y(\tau)\mathrm{d}\tau\right]\mathrm{e}^{-\alpha t}\mathrm{e}^{-\mathrm{j}\omega t}\mathrm{d}t \tag{2.102}$$

可以看出，在上式的频率响应估计中，使用测得的输出响应数据的时间积分 $\int_0^t \Delta y(\tau)\mathrm{d}\tau$ 来计算外层积分，而不是使用单个输出响应数据 $[\Delta y(t)=y(t)-y(t_0)]$，由统计平均原理可知，这有助于减少随机测量噪声的不利影响。

2.4.3 常用模型结构的参数辨识方法

(1) 带时滞参数的一阶模型和重复极点高阶模型

一个开环稳定过程的辨识一阶加时滞（FOPDT）传递函数模型一般表示为

$$\hat{G}(s)=\frac{k_{\mathrm{p}}}{\tau_{\mathrm{p}}s+1}\mathrm{e}^{-\theta s} \tag{2.103}$$

其中，k_{p} 表示过程静态增益；θ 表示过程时滞；τ_{p} 表示过程时间常数。

基于上一节中介绍的过程频率响应估计方法，本节提出一种模型参数估计算法，可以用于更一般的情况，即具有重复极点的高阶模型

$$\hat{G}(s)=\frac{k_{\mathrm{p}}}{(\tau_{\mathrm{p}}s+1)^m}\mathrm{e}^{-\theta s} \tag{2.104}$$

其中，m 表示重复极点数，亦称为模型阶次。显然，$m=1$ 对应的就是 FOPDT 模型。

为了避免混淆，本节中将复变函数 $F(s)$ 关于拉普拉斯算子 s 的 n 阶导数表示为

$$F^{(n)}(s)=\frac{\mathrm{d}^n}{\mathrm{d}s^n}F(s), n\geqslant 1 \tag{2.105}$$

由式(2.92) 和式(2.96) 可知

$$G^{(1)}(s)=\frac{1}{h}\int_0^{\infty}(1-st)\Delta y(t)\mathrm{e}^{-st}\mathrm{d}t \tag{2.106}$$

$$G^{(2)}(s)=\frac{1}{h}\int_0^{\infty}t(st-2)\Delta y(t)\mathrm{e}^{-st}\mathrm{d}t \tag{2.107}$$

因此，通过令 $s=\alpha$，选择 α 以及计算式(2.93) 的准则，可以计算出式(2.106) 和式(2.107) 中的数值积分。然后利用数值计算精度条件，可以确定合适的时间常度 t_{N}，即

$$|(1-\alpha t_{\mathrm{N}})\Delta y(t_{\mathrm{N}})|T_{\mathrm{s}}\mathrm{e}^{-\alpha t_{\mathrm{N}}}<\delta \tag{2.108}$$

$$|t_{\mathrm{N}}(\alpha t_{\mathrm{N}}-2)\Delta y(t_{\mathrm{N}})|T_{\mathrm{s}}\mathrm{e}^{-\alpha t_{\mathrm{N}}}<\delta \tag{2.109}$$

对于 $s\in\mathbf{R}_+$，在式(2.104) 两侧取自然对数，可以得到

$$\ln[\hat{G}(s)]=\ln(k_{\mathrm{p}})-m\ln(\tau_{\mathrm{p}}s+1)-\theta s \tag{2.110}$$

然后，对式(2.110) 两侧取关于 s 的一阶和二阶导数，可得

$$\frac{\hat{G}^{(1)}(s)}{\hat{G}(s)}=-\frac{m\tau_{\mathrm{p}}}{\tau_{\mathrm{p}}s+1}-\theta \tag{2.111}$$

$$\frac{\hat{G}^{(2)}(s)\hat{G}(s)-[\hat{G}^{(1)}(s)]^2}{\hat{G}^2(s)}=\frac{m\tau_{\mathrm{p}}}{(\tau_{\mathrm{p}}s+1)^2} \tag{2.112}$$

为简单起见，式(2.111) 的左侧用 $Q_1(s)$ 表示，式(2.112) 的左侧用 $Q_2(s)$ 表示。

将 $s=\alpha$、$\hat{G}(\alpha)=G(\alpha)$、$\hat{G}^{(1)}(\alpha)=G^{(1)}(\alpha)$ 和 $\hat{G}^{(2)}(\alpha)=G^{(2)}(\alpha)$ 代入式(2.112)，可得

$$\tau_{\mathrm{p}}=\begin{cases}\dfrac{-\alpha Q_2(\alpha)+\sqrt{mQ_2(\alpha)}}{\alpha^2Q_2(\alpha)-m} & \alpha^2Q_2(\alpha)-m>0\\[2ex] \dfrac{\alpha Q_2(\alpha)+\sqrt{mQ_2(\alpha)}}{m-\alpha^2Q_2(\alpha)} & \alpha^2Q_2(\alpha)-m<0\end{cases} \tag{2.113}$$

因此，其余的两个模型参数可以推导为

$$\theta=-Q_1(\alpha)-\frac{m\tau_{\mathrm{p}}}{\tau_{\mathrm{p}}\alpha+1} \tag{2.114}$$

$$k_{\mathrm{p}}=(\tau_{\mathrm{p}}\alpha+1)^m G(\alpha)\mathrm{e}^{\alpha\theta} \tag{2.115}$$

上述用于辨识带时滞参数的单极点或重复极点过程模型的算法命名为 Algorithm-SS-Ⅰ，归纳如下：

① 根据式(2.98)、式(2.100)、式(2.108) 和式(2.109) 选择 α 和 t_{N}，从式(2.96) [或式(2.102)]、式(2.106) 和式(2.107) 中计算 $G(\alpha)$、$G^{(1)}(\alpha)$ 和 $G^{(2)}(\alpha)$；

② 根据式(2.111) 和式(2.112) 的左侧计算 $Q_1(\alpha)$ 和 $Q_2(\alpha)$；

③ 根据式(2.113) 计算过程时间常数 τ_{p}；

④ 根据式(2.114) 计算过程时滞 θ；

⑤ 根据式(2.115) 计算过程静态增益 k_{p}。

令 $m=1$，由上述算法可以辨识一个 FOPDT 模型的全部参数。根据临界相位条件，可用该 FOPDT 模型估计出待辨识过程的截止角频率，记为 ω_{rc}，即

$$-\theta\omega_{\mathrm{rc}}-\arctan(\tau_{\mathrm{p}}\omega_{\mathrm{rc}})=-\pi \tag{2.116}$$

说明：对于采用低阶模型拟合高阶过程动态响应特性的情况，ω_{rc} 可以用来指定模型拟合的频率范围，以确保模型对过程动态基本特性的可靠拟合。

需要指出，在应用上述 Algorithm-SS-Ⅰ 辨识算法时，选择 α 时要注意 $Q_2(\alpha)>0$ 是否成立，因为 FOPDT 或具有重复极点的高阶模型只适用于描述无超调或振荡响应特性的稳定过程。

(2) 带时滞参数和不同极点的二阶模型

对于一个开环稳定过程，具有两个不同极点的 SOPDT 模型一般表示为

$$\hat{G}(s)=\frac{k_{\mathrm{p}}}{a_2s^2+a_1s+1}\mathrm{e}^{-\theta s} \tag{2.117}$$

其中，k_{p} 表示过程静态增益；θ 表示过程时滞；a_1 和 a_2 为反映过程基本动态响应特性的正系数。

对式(2.117) 两侧取关于 s 的一阶和二阶导数，得到

$$Q_1(s)=-\frac{2a_2s+a_1}{a_2s^2+a_1s+1}-\theta \tag{2.118}$$

$$Q_2(s)=-\frac{2a_2^2s^2+2a_1a_2s+a_1^2-2a_2}{(a_2s^2+a_1s+1)^2} \tag{2.119}$$

其中，$Q_1(s)$ 和 $Q_2(s)$ 分别与式(2.111) 和式(2.112) 的左侧相同，可以根据式(2.96) [或式(2.102)]、式(2.106) 和式(2.107) 中的频率响应估计公式进行计算。

然后，将 $s=\alpha$ 代入式(2.119) 并重新组织得到的表达式，可得

$$Q_2(\alpha)=-(\alpha^4a_2^2+\alpha^2a_1^2+2\alpha^3a_1a_2+2\alpha^2a_2+2\alpha a_1)Q_2(\alpha)+2\alpha^2a_2^2+2\alpha a_1a_2+a_1^2-2a_2 \tag{2.120}$$

为了求解式(2.120) 中的 a_1 和 a_2，可以将式(2.120) 改写为

$$\psi(\alpha)=\boldsymbol{\phi}(\alpha)^{\mathrm{T}}\boldsymbol{\gamma} \tag{2.121}$$

其中

$$\begin{cases}\psi(\alpha)=Q_2(\alpha)\\ \boldsymbol{\phi}(\alpha)=[-4,-2\alpha Q_2(\alpha),2\alpha^2-\alpha^4Q_2(\alpha),2\alpha-2\alpha^3Q_2(\alpha),1-\alpha^2Q_2(\alpha)]^{\mathrm{T}}\\ \boldsymbol{\gamma}=[a_2,a_1,a_2^2,a_1a_2,a_1^2+2a_2]^{\mathrm{T}}\end{cases}\tag{2.122}$$

因此，根据式(2.98)中给出的准则选择5个不同的α值，并定义$\boldsymbol{\psi}(\alpha)=[\psi(\alpha_1),\psi(\alpha_2),\cdots,\psi(\alpha_5)]^{\mathrm{T}}$和$\boldsymbol{\Phi}=[\boldsymbol{\phi}(\alpha_1),\boldsymbol{\phi}(\alpha_2),\cdots,\boldsymbol{\phi}(\alpha_5)]$，可以得到如下的最小二乘解

$$\boldsymbol{\gamma}=(\boldsymbol{\Phi}^{\mathrm{T}}\boldsymbol{\Phi})^{-1}\boldsymbol{\Phi}^{\mathrm{T}}\boldsymbol{\psi}\tag{2.123}$$

显然，$\boldsymbol{\Phi}$的所有列都是相互线性独立的，所以在计算式(2.123)时保证$\boldsymbol{\Phi}$是非奇异的，对应$\boldsymbol{\gamma}$具有唯一解。

然后，可以从式(2.123)中直接得出模型参数

$$\begin{cases}a_2=\gamma(1)\\ a_1=\gamma(2)\end{cases}\tag{2.124}$$

注意，在γ的参数估计中存在三个冗余拟合条件，如果模型结构与过程特性相匹配，肯定可以满足这些条件。在模型不匹配的情况下，可能会导致参数估计不一致。为了提高模型拟合精度，特别是在辨识高阶过程时，可以通过取a_1和a_2的自然对数，将$\gamma(1)$、$\gamma(2)$、$\gamma(3)$、$\gamma(4)$一起使用来建立基于最小二乘的拟合解，即

$$\begin{bmatrix}1&0\\0&1\\2&0\\1&1\end{bmatrix}\begin{bmatrix}\ln a_2\\ \ln a_1\end{bmatrix}=\begin{bmatrix}\ln\gamma(1)\\ \ln\gamma(2)\\ \ln\gamma(3)\\ \ln\gamma(4)\end{bmatrix}\tag{2.125}$$

相应地，可以分别从式(2.118)和式(2.117)中求解出其余模型参数

$$\theta=-Q_1(\alpha)-\frac{2a_2\alpha+a_1}{a_2\alpha^2+a_1\alpha+1}\tag{2.126}$$

$$k_{\mathrm{p}}=(a_2\alpha^2+a_1\alpha+1)^2G(\alpha)\mathrm{e}^{\alpha\theta}\tag{2.127}$$

上述用于辨识带时滞参数且有两个不同极点的SOPDT过程模型的算法命名为Algorithm-SS-Ⅱ，归纳如下：

① 根据式(2.98)、式(2.100)、式(2.108)和式(2.109)选择α和t_{N}，从式(2.96)[或式(2.102)]、式(2.106)和式(2.107)中计算$G(\alpha)$、$G^{(1)}(\alpha)$和$G^{(2)}(\alpha)$；

② 根据式(2.111)和式(2.112)的左侧计算$Q_1(\alpha)$和$Q_2(\alpha)$；

③ 根据式(2.123)和式(2.124)[或式(2.125)]计算a_2和a_1；

④ 根据式(2.126)计算过程时滞θ；

⑤ 根据式(2.127)计算过程静态增益k_{p}。

2.4.4 基于闭环系统阶跃响应实验辨识模型参数

很多化工生产过程由于经济性和安全性方面的原因，不便于做开环辨识测试，尤其是对于一些已有的闭环控制系统，期望通过闭环系统辨识来提高对过程动态特性建模的准确性，以改善控制系统设计和在线整定控制器。为便于实施闭环系统辨识实验，一般采用比较简单的低阶控制器(例如PID)保持闭环系统的稳定性，如图2.39所示。其中，G表示待辨识过程(亦称被控对象)；C为闭环控制器；r表示设定点；u为过程输入；y为过程输出。基于闭环控制器，可以确保在闭环系统进入稳态后将一个阶跃激励信号加入闭环系统设定点，以便观测针对系统设定点指令的暂态响应和辨识相应的过程。

(1) 对象频率响应估计

一个典型的闭环系统的阶跃响应如图2.40所示。

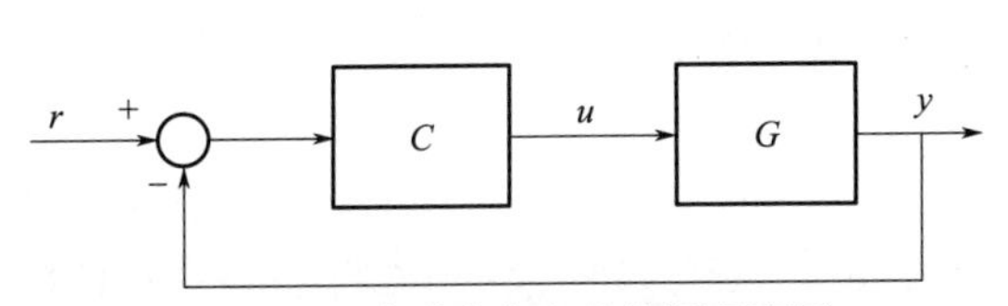

图 2.39　阶跃响应实验的闭环配置

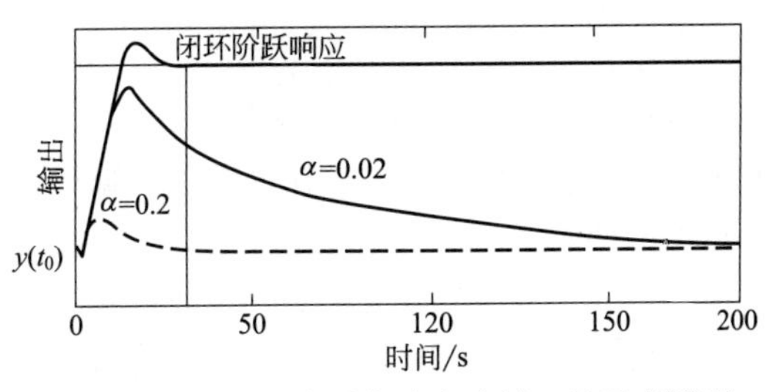

图 2.40　在闭环阶跃实验中选择 α 的示意说明

不难看出，闭环系统的阶跃响应不能进行傅里叶变换，因为 $t\to\infty$ 时 $\Delta y(t)\neq 0$，其中 $\Delta y(t)=y(t)-y(t_0)$，$y(t_0)$表示对应于设定点初值的初始稳定输出值。然而，如果令 $s=\alpha+\mathrm{j}\omega$ 对该阶跃响应进行拉普拉斯变换

$$\Delta Y(s)=\int_0^{\infty}\Delta y(t)\mathrm{e}^{-st}\mathrm{d}t \tag{2.128}$$

可得

$$\Delta Y(\alpha+\mathrm{j}\omega)=\int_0^{\infty}[\Delta y(t)\mathrm{e}^{-\alpha t}]\mathrm{e}^{-\mathrm{j}\omega t}\mathrm{d}t \tag{2.129}$$

因此，与前面介绍的在开环阶跃实验下的频率响应估计类似，通过将 α 视为对闭环阶跃响应做拉普拉斯变换的衰减因子，从而可以利用有限时间长度的阶跃响应数据计算系统输出的频率响应

$$\Delta Y(\alpha+\mathrm{j}\omega)=\int_0^{t_{\mathrm{N}}}[\Delta y(t)\mathrm{e}^{-\alpha t}]\mathrm{e}^{-\mathrm{j}\omega t}\mathrm{d}t \tag{2.130}$$

对于在初始系统稳态下的闭环阶跃实验，即 $t\leqslant t_0$ 时，$y(t)=r(t)=c$，其中 c 为常数，t_0 为阶跃响应实验的起始时刻，通过对 t_0 进行时移（即令 $t_0=0$），可以定义系统设定点的阶跃变化为

$$\Delta r(t)=\begin{cases}0, & t\leqslant 0\\ h, & t>0\end{cases} \tag{2.131}$$

其中，h 是阶跃变化的幅值，它关于 $s=\alpha+\mathrm{j}\omega$ 的拉普拉斯变换可解析地推导为

$$\Delta R(\alpha+\mathrm{j}\omega)=\int_0^{\infty}h\,\mathrm{e}^{-(\alpha+\mathrm{j}\omega)t}\mathrm{d}t=\frac{h}{\alpha+\mathrm{j}\omega} \tag{2.132}$$

利用式(2.130) 和式(2.132)，可以得出闭环系统的频率响应为

$$T(\alpha+\mathrm{j}\omega)=\frac{\alpha+\mathrm{j}\omega}{h}\Delta Y(\alpha+\mathrm{j}\omega),\alpha>0 \tag{2.133}$$

注意，选择 α 和 t_{N} 的准则与式(2.98) 和式(2.100) 中提到的准则相同。

如果存在较高的测量噪声水平，则可通过下式计算闭环系统的频率响应以提高准确性

$$T(\alpha+\mathrm{j}\omega)=\frac{\dfrac{\Delta Y(\alpha+\mathrm{j}\omega)}{\alpha+\mathrm{j}\omega}}{\dfrac{\Delta R(\alpha+\mathrm{j}\omega)}{\alpha+\mathrm{j}\omega}}=\frac{(\alpha+\mathrm{j}\omega)^2}{h}\int_0^{t_{\mathrm{N}}}\left[\int_0^{t}\Delta y(\tau)\mathrm{d}\tau\right]\mathrm{e}^{-\alpha t}\mathrm{e}^{-\mathrm{j}\omega t}\mathrm{d}t \tag{2.134}$$

将复变函数 $F(s)$ 关于拉普拉斯算子 s 的 n 阶导数表示为

$$F^{(n)}(s)=\frac{\mathrm{d}^n}{\mathrm{d}s^n}F(s),n\geqslant 1 \tag{2.135}$$

根据式(2.135)，由式(2.128) 和式(2.133) 可得

$$T^{(1)}(s)=\frac{1}{h}\int_0^{\infty}(1-st)\Delta y(t)\mathrm{e}^{-st}\mathrm{d}t \tag{2.136}$$

$$T^{(2)}(s)=\frac{1}{h}\int_0^{\infty} t(st-2)\Delta y(t)\mathrm{e}^{-st}\mathrm{d}t \tag{2.137}$$

因此，通过令 $s=\alpha$ 并根据计算式(2.130）的准则选择 α，式(2.136）和式(2.137）中的时间积分可以用有限时间长度的阶跃响应数据进行数值计算。利用如下数值计算的精度条件可以确定相应的时间长度 t_{N}

$$|(1-\alpha t_{\mathrm{N}})\Delta y(t_{\mathrm{N}})|T_{\mathrm{s}}\mathrm{e}^{-\alpha t_{\mathrm{N}}}<\delta \tag{2.138}$$

$$|t_{\mathrm{N}}(\alpha t_{\mathrm{N}}-2)\Delta y(t_{\mathrm{N}})|T_{\mathrm{s}}\mathrm{e}^{-\alpha t_{\mathrm{N}}}<\delta \tag{2.139}$$

从图 2.39 可以推导出闭环系统的传递函数为

$$T(s)=\frac{G(s)C(s)}{1+G(s)C(s)} \tag{2.140}$$

利用已知的控制器形式 $C(s)$，可以从式(2.140）中反推过程频率响应为

$$G(s)=\frac{T(s)}{C(s)[1-T(s)]} \tag{2.141}$$

相应地，可以从式(2.141）中推导出 $G(s)$ 的一阶导数和二阶导数分别为

$$G^{(1)}=\frac{T^{(1)}C+C^{(1)}T(T-1)}{C^2(1-T)^2} \tag{2.142}$$

$$G^{(2)}=\frac{CT^{(2)}+2C^{(1)}T^{(1)}T+C^{(2)}T(T-1)}{C^2(1-T)^2}-\frac{2[CT^{(1)}+C^{(1)}T(T-1)][C^{(1)}(1-T)-CT^{(1)}]}{C^3(1-T)^3} \tag{2.143}$$

如果在如图 2.39 所示的闭环系统中采用经典 PID 控制器进行阶跃辨识实验，其形式一般为

$$C(s)=k_{\mathrm{C}}+\frac{1}{\tau_{\mathrm{I}}s}+\frac{\tau_{\mathrm{D}}s}{\tau_{\mathrm{F}}s+1} \tag{2.144}$$

其中，k_{C} 表示控制器增益；τ_{I} 表示积分时间常数；τ_{D} 表示微分时间常数；τ_{F} 表示低通滤波器的时间常数，通常取 $\tau_{\mathrm{F}}=(0.01\sim0.1)\tau_{\mathrm{D}}$。容易推导出

$$C^{(1)}(s)=-\frac{1}{\tau_{\mathrm{I}}s^2}+\frac{\tau_{\mathrm{D}}}{(\tau_{\mathrm{F}}s+1)^2} \tag{2.145}$$

$$C^{(2)}(s)=\frac{2}{\tau_{\mathrm{I}}s^3}-\frac{2\tau_{\mathrm{D}}\tau_{\mathrm{F}}}{(\tau_{\mathrm{F}}s+1)^3} \tag{2.146}$$

因此，通过将 $s=\alpha+\mathrm{j}\omega_k(k=1,2,\cdots,M)$ 代入式(2.141)，其中 M 为实际指定的频率范围内用于辨识拟合的频率响应点的数量，可以估计出过程频率响应 $G(\alpha+\mathrm{j}\omega_k)$ 以进行模型拟合。

(2）模型参数辨识

为了针对一个高阶过程辨识低阶模型如 FOPDT 或 SOPDT，以便设计控制系统和整定控制器，下面介绍一种可以提高低频范围拟合精度的辨识算法。

将由式(2.141）采用 $s=\alpha+\mathrm{j}\omega_k(k=1,2,\cdots,M)$ 估计的过程频率响应和式(2.103）中的 FOPDT 模型或式(2.117）中的 SOPDT 模型代入模型拟合的目标函数式(2.147)

$$J_{\mathrm{opt}}=\sum_{k=0}^{M}\rho_k\,|G(\alpha+\mathrm{j}\omega_k)-\widehat{G}(\alpha+\mathrm{j}\omega_k)|^2<\mathrm{err}^2 \tag{2.147}$$

其中，$G(\alpha+\mathrm{j}\omega_k)$ 和 $\widehat{G}(\alpha+\mathrm{j}\omega_k)$ 分别表示过程和模型 $s=\alpha+\mathrm{j}\omega_k$ 处的频率响应；err 是实际指定的拟合精度水平；$\rho_k(k=1,2,\cdots,M)$ 是在指定频率范围内对各频率响应点拟合的加权系数。

代入式(2.147）中拟合目标的左侧，并令其等于零，可以推导出用于参数估计的加权最小二乘解为

$$\boldsymbol{\gamma}=(\overline{\boldsymbol{\Phi}}^{\mathrm{T}}\boldsymbol{W}\overline{\boldsymbol{\Phi}})^{-1}\overline{\boldsymbol{\Phi}}^{\mathrm{T}}\boldsymbol{W}\overline{\boldsymbol{\Psi}} \tag{2.148}$$

其中加权矩阵为 $\boldsymbol{W}=\mathrm{diag}\{\rho_1,\cdots,\rho_M,\rho_1,\cdots,\rho_M\}$

$$\overline{\boldsymbol{\Psi}}=\begin{bmatrix}\mathrm{Re}[\boldsymbol{\Psi}]\\ \mathrm{Im}[\boldsymbol{\Psi}]\end{bmatrix},\overline{\boldsymbol{\Phi}}=\begin{bmatrix}\mathrm{Re}[\boldsymbol{\Phi}]\\ \mathrm{Im}[\boldsymbol{\Phi}]\end{bmatrix} \tag{2.149}$$

$$\boldsymbol{\Psi}=[\boldsymbol{\psi}(\alpha+\mathrm{j}\omega_1),\boldsymbol{\psi}(\alpha+\mathrm{j}\omega_2),\cdots,\boldsymbol{\psi}(\alpha+\mathrm{j}\omega_M)]^{\mathrm{T}}$$

$$\boldsymbol{\Phi}=[\boldsymbol{\phi}(\alpha+\mathrm{j}\omega_1),\boldsymbol{\phi}(\alpha+\mathrm{j}\omega_2),\cdots,\boldsymbol{\phi}(\alpha+\mathrm{j}\omega_M)]^{\mathrm{T}}$$

为了辨识如式(2.103)所示的FOPDT模型，相应的$\boldsymbol{\psi}(\alpha+\mathrm{j}\omega_k)$、$\boldsymbol{\phi}(\alpha+\mathrm{j}\omega_k)$和$\boldsymbol{\gamma}$形式为

$$\begin{cases}\psi(\alpha+\mathrm{j}\omega_k)=G_1(\alpha+\mathrm{j}\omega_k)\\ \boldsymbol{\phi}(\alpha+\mathrm{j}\omega_k)=[-(\alpha+\mathrm{j}\omega_k)G_1(\alpha+\mathrm{j}\omega_k),\mathrm{e}^{-(\alpha+\mathrm{j}\omega_k)\theta}]^{\mathrm{T}}\\ \boldsymbol{\gamma}=[\tau_{\mathrm{p}},k_{\mathrm{p}}]^{\mathrm{T}}\end{cases} \tag{2.150}$$

为了辨识如式(2.117)所示的SOPDT模型，相应的$\psi(\alpha+\mathrm{j}\omega_k)$、$\boldsymbol{\phi}(\alpha+\mathrm{j}\omega_k)$和$\boldsymbol{\gamma}$形式为

$$\begin{cases}\psi(\alpha+\mathrm{j}\omega_k)=G_2(\alpha+\mathrm{j}\omega_k)\\ \boldsymbol{\phi}(\alpha+\mathrm{j}\omega_k)=[-(\alpha+\mathrm{j}\omega_k)G_2(\alpha+\mathrm{j}\omega_k),-(\alpha+\mathrm{j}\omega_k)^2G_2(\alpha+\mathrm{j}\omega_k),\mathrm{e}^{-(\alpha+\mathrm{j}\omega_k)\theta}]^{\mathrm{T}}\\ \boldsymbol{\gamma}=[a_1,a_2,k_{\mathrm{p}}]^{\mathrm{T}}\end{cases} \tag{2.151}$$

容易验证，式(2.148)中$\overline{\boldsymbol{\Phi}}$的所有列都是彼此线性无关的，保证$(\overline{\boldsymbol{\Phi}}^{\mathrm{T}}\boldsymbol{W}\overline{\boldsymbol{\Phi}})^{-1}$是非奇异的。所以，式(2.148)给出的参数估计只有唯一解。为便于实际应用，建议取$M\in[10,50]$以权衡拟合精度和计算代价。

因此，FOPDT模型参数可以从式(2.150)中求解为

$$\begin{cases}\tau_{\mathrm{p}}=\gamma(1)\\ k_{\mathrm{p}}=\gamma(2)\end{cases} \tag{2.152}$$

类似地，SOPDT模型参数可以从式(2.151)中求解为

$$\begin{cases}a_1=\gamma(1)\\ a_2=\gamma(2)\\ k_{\mathrm{p}}=\gamma(3)\end{cases} \tag{2.153}$$

注意，上述辨识算法需要预知过程时滞参数（θ）以从式(2.148)中推导出其余的模型参数。在实际应用中，可以从阶跃响应实验或用辨识算法Algorithm-SS-Ⅰ或Algorithm-SS-Ⅱ得出一个时滞参数估计值，然后用它作为初值在一个可能的范围内进行一维搜索，以拟合闭环阶跃响应的指标作为收敛条件，即

$$\mathrm{err}=\frac{1}{N_{\mathrm{s}}}\sum_{k=1}^{N_{\mathrm{s}}}[\Delta y(kT_{\mathrm{s}})-\Delta\hat{y}(kT_{\mathrm{s}})]^2<\varepsilon \tag{2.154}$$

其中，$\Delta y(kT_{\mathrm{s}})$和$\Delta\hat{y}(kT_{\mathrm{s}})$分别表示在闭环阶跃实验的过程和模型输出；$N_{\mathrm{s}}$、$T_{\mathrm{s}}$为闭环系统暂态响应时间。通过指定拟合误差阈值$\varepsilon$，可以获得达到err最小值的模型参数估计。一维搜索步长可取为采样周期的倍数以便计算。

显然，如果采用的模型结构与过程相匹配，则最小化式(2.154)中的时域响应拟合误差可以保证式(2.147)中的频域目标函数最小化。当存在模型不匹配时，结合式(2.147)和式(2.154)来确定模型参数，可以权衡时域响应拟合和频率响应拟合之间的折中，但不能保证式(2.147)或式(2.154)的全局最小化。

【例2.11】 水池液位控制模型建立。

根据实际生产工艺需要要求设计的铜钴回收控制系统对水池（搅拌槽）液位、管道流量、pH值、温度等进行自动调节，使各项参数指标控制在设计要求范围内，以保证具有合格的浸出率、萃取率。根据控制精度要求，综合考虑各种因素，设计经典PID控制器实现液位、流量、pH值和温度的自动控制。以水池液位控制为例，设计液位的PID控制器实现液位的自动调节，同时将这种控制器运用于流量、pH值、温度的控制，在控制要求不是很高的情况下，通过调整PID控制器参数，可以方便、快捷地满足对控制的需求。

① 新水池液位控制模型。

新水池结构可以简化为如图 2.41 所示模型，该液位控制系统是典型的单水箱控制系统结构。

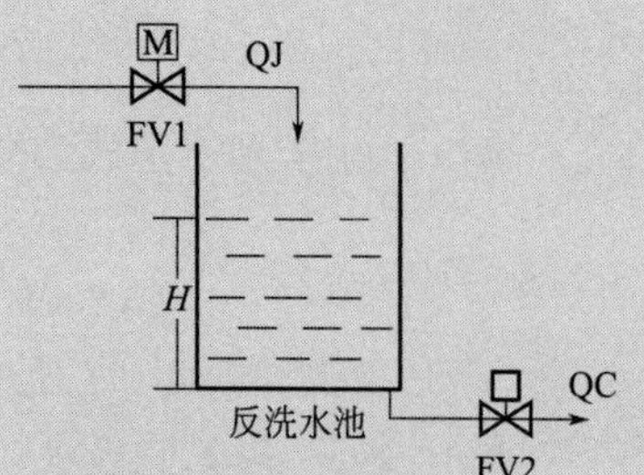

图 2.41　水池结构简化图

如图 2.41 所示，新水池不断有水流入和流出，液位 H 受流入和流出的影响。进水管流量 QJ 受电动阀门 FV1 开度 u_1 的控制，出水管流量 QC 受泄水阀门 FV2 的影响。

$$\mathrm{QJ}=K_1u_1$$

其中，K_1 为电动调节阀的阀门特性参数，也可以理解为电动阀门的输入量与实际流量之间的线性比值。

$$\mathrm{QC}=\sqrt{H}\times K_2$$

$$K_2=K_3A\sqrt{2g}$$

其中，K_3 是新水池泄水阀门的流量系数；g 是重力加速度；A 是与新水池连通管道的横截面积。初始状态下，进水阀门和泄水阀门的开度 u_1 和 u_2 都为 0 的情况下，根据流量平衡原理，有

$$\mathrm{QJ}_0-\mathrm{QC}_0=0$$

QJ_0 表示初始状态下的进水管流量，QC_0 表示初始状态下的出水管流量，H_0 表示为初始状态下新水池的液位。

根据新水池工作原理，假设新水池横截面积为 S，可列出平衡方程

$$\mathrm{QJ}-\mathrm{QC}=S\frac{\mathrm{d}H}{\mathrm{d}t}$$

整理可得

$$K_1u_1-\sqrt{H}K_2=S\frac{\mathrm{d}H}{\mathrm{d}t}$$

由于上式为非线性系统，很难建立控制对象的数学模型，因此需要进行线性化处理，当水池液位的稳态值在很小的范围内波动时，新水池液位就可以通过增量方程的形式进行线性化。

$$S\frac{\mathrm{d}\Delta H}{\mathrm{d}t}=\Delta\mathrm{QJ}-\Delta\mathrm{QC}$$

其中，$\mathrm{QJ}-\mathrm{QJ}_0=\Delta\mathrm{QJ}=K_1\Delta u_1$；$\mathrm{QC}-\mathrm{QC}_0=\Delta\mathrm{QC}=\dfrac{K_2}{2\sqrt{H_0}}\Delta H$；$\Delta H=H-H_0$。

$$S\frac{\mathrm{d}\Delta H}{\mathrm{d}t}=K_1\Delta u_1-\frac{K_2}{2\sqrt{H_0}}\Delta H$$

$$S\frac{\mathrm{d}H}{\mathrm{d}t}=K_1u_1-\frac{K_2}{2\sqrt{H_0}}H$$

整理可得

$$\frac{2\sqrt{H_0}}{K_2}S\frac{\mathrm{d}H}{\mathrm{d}t}+H=K_1u_1\frac{2\sqrt{H_0}}{K_2}$$

对上式进行拉普拉斯变换可得传递函数

$$H(s)=\frac{K}{1+Ts}$$

其中，$K=K_1\times\dfrac{2\sqrt{H_0}}{K_2}$；$T=S\times\dfrac{2\sqrt{H_0}}{K_2}$。由传递函数可知，新水池液位控制模型为一阶惯性环节。

② 液位系统的时滞辨识。

液位控制采用阶跃响应法来进行系统辨识，具体方法是，手动调节 QJ，使 QJ 在一定的开度下，观察液位的上升过程，等液位不再上升并且稳定在某一值时，此时液位到达了平衡位置，在 QC 保持不变的前提下，增大或减小 QJ 的开度，幅度在百分之二十以上，使 QJ 输出一个正或负的阶跃信号，通过液位采集的实时曲线计算被控对象的 K、T 和 τ 的值。

根据实际设备参数，计算得 $K=0.323$，$T=172.09$，$\tau=18\text{s}$ 即液位控制对象的传递函数为

$$H(s)=\frac{0.323}{1+172.09s}$$

第3章 控制系统性能分析

对过程控制系统进行分析，首要的工作是了解控制系统各环节的动态特性和静态特性，即建立控制系统各个环节的控制模型，建立控制系统的控制模型之后，就可以采用不同的方法来分析系统的性能。在经典控制理论中，常采用时域分析法、根轨迹分析法和频域分析法分析控制系统的动态性能和稳态性能，并在此基础上对系统进行综合设计和校正。

3.1 时域分析法

时域分析法是以拉普拉斯变换作为工具，从传递函数出发，直接在时间域上研究自动控制系统性能的一种方法。对于一阶、二阶系统，求解并不困难，但对于三阶及以上的控制系统，基于手工求解通常不是一件容易的事情，特别是在研究系统中某个参数的变化对系统动态性能的影响时，需要进行很复杂的计算。虽然时域分析法对于低阶系统是一种比较准确的分析方法，但是对于高阶系统，若要求取其在特定输入信号下的解，存在很大的难度，不过由于许多高阶系统的时间响应常常可以近似为一阶或二阶系统的时间响应，因此时域分析法对研究高阶系统的性能也具有重要的意义。

3.1.1 典型输入信号

在实际控制系统中，输入作用有时是不确定的。在许多情况下，实际输入可以随时间作随机变化。不同的输入形式其响应是不同的，为了便于分析和设计，同时也为了对各种控制系统的性能进行评价和比较，通常使用一些规定的输入形式作为系统输入来考查系统的性能，这些输入就称为典型输入。自动控制系统中常使用的典型输入信号有阶跃、脉冲、斜坡、加速度和正弦输入。利用这些典型输入信号易于对系统进行试验和数学分析。

以下是几种常用的典型输入信号。

(1) 脉冲输入信号

图 3.1(a) 为单位脉冲输入，数学描述为

$$\delta(t)=\begin{cases}\infty & t=0\\ 0 & t\neq 0\end{cases},\int_{-\infty}^{+\infty}\delta(t)\mathrm{d}t=1 \tag{3.1}$$

单位脉冲函数的拉氏变换为

$$L[\delta(t)]=1 \tag{3.2}$$

单位脉冲信号 $\delta(t)$ 的拉氏变换就是系统的传递函数。如果在系统输入端加一单位脉冲函数，由输出响应即可求得系统的传递函数。

(2) 阶跃输入信号

图 3.1(b) 为单位阶跃函数 $1(t)$，其数学描述为

$$1(t)=\begin{cases}0 & t<0\\ 1 & t\geqslant 0\end{cases} \tag{3.3}$$

单位阶跃函数的拉氏变换为

$$L[1(t)]=\frac{1}{s} \tag{3.4}$$

对于恒值系统，相当于给定值突然发生变化；对于随动系统，相当于加一个突变的给定位置信号。指令的突然转换，电源的突然通断，负荷的突变，常值干扰的突然出现等，均可视为阶跃输入信号作用。

(3) 斜坡输入信号

图 3.1(c) 为斜坡输入信号，通常取单位斜坡函数，记做 $r(t)$，其数学描述为

$$r(t)=\begin{cases}0 & t<0\\ t & t\geqslant 0\end{cases} \tag{3.5}$$

单位斜坡函数的拉氏变换为

$$L[r(t)]=\frac{1}{s^2} \tag{3.6}$$

(4) 加速度输入信号

图 3.1(d) 为单位加速度函数 $r_a(t)$，其数学描述为

$$r_a(t)=\begin{cases}0 & t<0\\ \dfrac{1}{2}t^2\cdot 1(t) & t\geqslant 0\end{cases} \tag{3.7}$$

单位加速度函数的拉氏变换为

$$L\left[\frac{1}{2}t^2\cdot 1(t)\right]=\frac{1}{s^3} \tag{3.8}$$

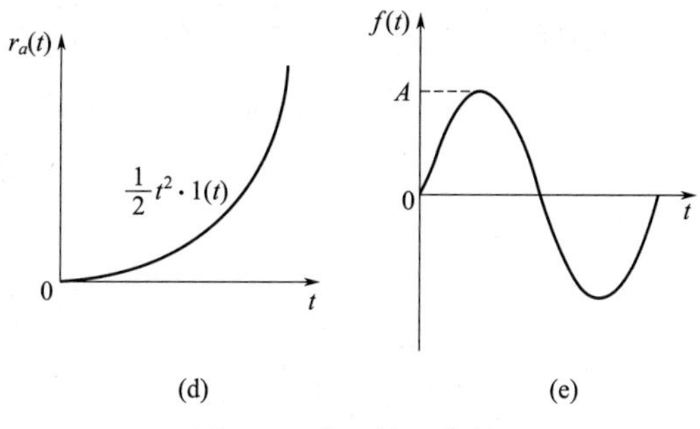

图 3.1　典型输入信号

(5) 正弦输入信号

图 3.1(e) 为单位正弦输入信号，其数学描述为

$$f(t)=\begin{cases}0 & t<0\\ \sin t & t\geqslant 0\end{cases} \tag{3.9}$$

正弦函数的拉氏变换为

$$L[f(t)]=\frac{1}{s^2+1} \tag{3.10}$$

3.1.2 一阶和二阶系统的时域响应

(1) 一阶系统的数学模型及单位阶跃响应

能够由一阶微分方程描述的系统称为一阶系统。常见的 RC 网络、液面控制系统等都是一阶系统。一阶系统的微分方程为

$$T\frac{\mathrm{d}c(t)}{\mathrm{d}t}+c(t)=Kr(t) \tag{3.11}$$

其传递函数为

$$G(\mathrm{s})=\frac{K}{Ts+1} \tag{3.12}$$

式中，T 为时间常数，$G(s)$ 写成 $G(s)=\frac{C(s)}{R(s)}$。当 $r(t)=1(t)$，即 $R(s)=\frac{1}{s}$时，一阶系统的输出 $c(t)$ 称为单位阶跃响应，其拉氏变换式为

$$C(s)=G(s)R(s)=\frac{K}{s(Ts+1)}=K\left(\frac{1}{s}-\frac{1}{s+\frac{1}{T}}\right) \tag{3.13}$$

对式(3.13) 进行拉氏反变换，得

$$c(t)=K(1-\mathrm{e}^{-\frac{1}{T}t}) \tag{3.14}$$

典型的一阶系统的单位阶跃响应曲线如图 3.2 所示。

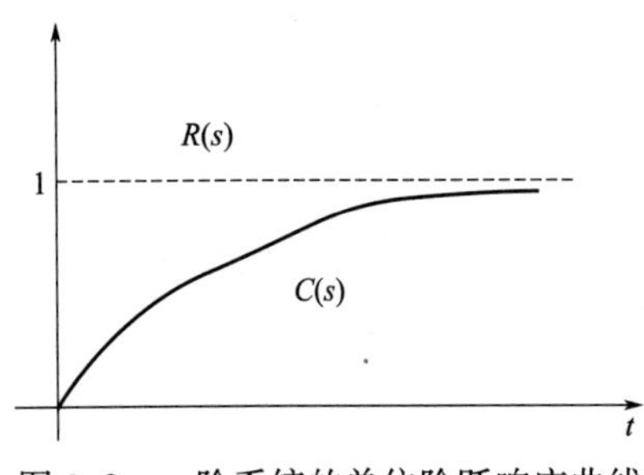

图 3.2 一阶系统的单位阶跃响应曲线

(2) 二阶系统的数学模型及单位阶跃响应

① 二阶系统的数学模型。用二阶微分方程描述的系统称为二阶系统。从物理上讲，二阶系统包含两个贮能源，能量在两个元件间交换，引起系统往复振荡的变化。当阻尼不够充分大时，系统呈现出振荡的特性，此时二阶系统也称为二阶振荡环节。典型二阶系统的微分方程为

$$\frac{\mathrm{d}^2c(t)}{\mathrm{d}t^2}+2\zeta\omega_{\mathrm{n}}\frac{\mathrm{d}c(t)}{\mathrm{d}t}+\omega_{\mathrm{n}}^2c(t)=\omega_{\mathrm{n}}^2r(t) \tag{3.15}$$

典型二阶系统的结构如图 3.3 所示，其闭环传递函数 $G(s)$ 为

$$G(s)=\frac{\omega_{\mathrm{n}}^2}{s^2+2\zeta\omega_{\mathrm{n}}s+\omega_{\mathrm{n}}^2} \tag{3.16}$$

或

$$\frac{C(s)}{R(s)}=\frac{1}{T^2s^2+2\zeta Ts+1} \tag{3.17}$$

式中，ω_n 为无阻尼自由振荡角频率，简称固有频率；ζ 为阻尼系数；$T=\frac{1}{\omega_n}$ 为系统振荡周期。

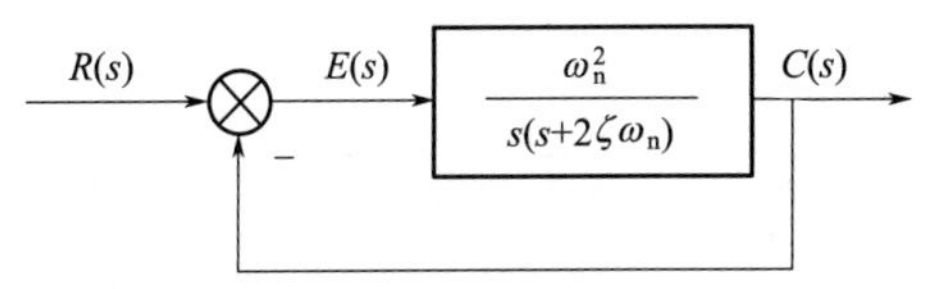

图 3.3　典型二阶系统的结构图

系统的特征方程为

$$D(s)=s^2+2\zeta\omega_n s+\omega_n^2=0 \tag{3.18}$$

特征根为

$$s_{1,2}=-\zeta\omega_n\pm\omega_n\sqrt{\zeta^2-1} \tag{3.19}$$

因此，二阶系统的两个极点为

$$-p_{1,2}=-\zeta\omega_n\pm\omega_n\sqrt{\zeta^2-1} \tag{3.20}$$

在不同阻尼系数下两个极点有不同的特征，因此其时域响应特征也不同。

② 二阶系统的单位阶跃响应。

a. 零阻尼（$\zeta=0$）。此时两个极点是一对纯虚根，$-p_{1,2}=\pm j\omega_n$，可求得其单位阶跃响应为

$$c(t)=1-\cos(\omega_n t) \tag{3.21}$$

典型的单位阶跃响应曲线如图 3.4 所示，是一条等幅振荡曲线，振荡角频率就是 ω_n。

b. 欠阻尼（$0<\zeta<1$）。此时两个极点是一对具有负实数部的共轭复根，$-p_{1,2}=-\zeta\omega_n\pm j\omega_n\sqrt{1-\zeta^2}$，典型的单位阶跃响应如图 3.5 所示，是一条衰减振荡曲线。

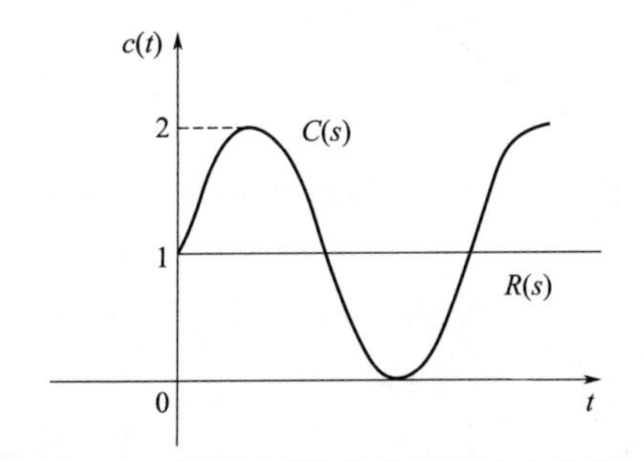

图 3.4　零阻尼系统单位阶跃响应曲线

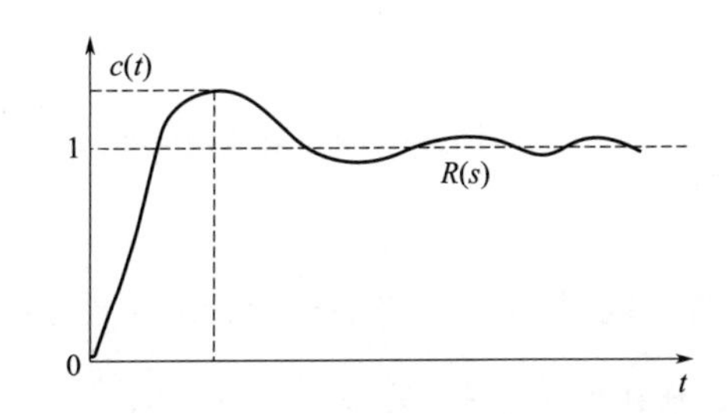

图 3.5　欠阻尼系统单位阶跃响应曲线

曲线的表达式为

$$c(t)=1-\frac{1}{\sqrt{1-\zeta^2}}e^{-\zeta\omega_n t}\sin\left(\omega_n\sqrt{1-\zeta^2}\,t+\arctan\frac{1-\zeta}{\zeta}\right) \tag{3.22}$$

通常可设 $\sigma=\zeta w_n$ 为衰减指数；$\omega_d=\omega_n\sqrt{1-\zeta^2}$ 为振荡角频率；$\theta=\arctan\frac{1-\zeta}{\zeta}$ 为相初角。

c. 临界阻尼（$\zeta=1$）。此时两个极点是一对负实数重极点，$-p_{1,2}=-\omega_n$，其单位阶跃响应表达式可表示为

$$c(t)=1-e^{-\omega_n t}(1+\omega_n t) \tag{3.23}$$

典型的单位阶跃响应如图 3.6 所示，由图可见，$\zeta=1$ 时，阶跃响应正好进入单调无超调状态（$\sigma_p\%=0$），故可从这个意义上定义其临界。临界阻尼下的调节时间可以通过 $t_s=\frac{4.5}{\omega_n}$，$\Delta=$

0.05 计算来获得。

d. 过阻尼（$\zeta>1$）。此时两个极点是两个不相等的负实数极点，$-p_{1,2}=-\zeta\omega_n\pm\omega_n\sqrt{\zeta^2-1}$。令 $T_1=-\dfrac{1}{-p_1}=\dfrac{1}{\zeta\omega_n-\omega_n\sqrt{\zeta^2-1}}$ 和 $T_2=-\dfrac{1}{-p_2}=\dfrac{1}{\zeta\omega_n+\omega_n\sqrt{\zeta^2-1}}$，则

$$G(s)=\frac{\omega_n^2}{(s+p_1)(s+p_2)}=\frac{1}{(T_1s+1)(T_2s+1)},T_1>T_2 \tag{3.24}$$

其单位阶跃相应表达式可表示为

$$c(t)=1+\frac{T_2}{T_1-T_2}e^{-\frac{t}{T_2}}+\frac{T_1}{T_2-T_1}e^{-\frac{t}{T_1}} \tag{3.25}$$

典型的单位阶跃响应曲线如图 3.7 所示，从图可以看出，响应仍是一个单调过程，$\sigma_p\%=0$，其调节时间 t_s 可通过数值计算来确定，ζ 越大，即 T_1 和 T_2 相差越大，t_s 越大；从图中还可以看出一个重要的现象，即当 $T_1\gg T_2$ 时，对响应表达式中的两个分量，只有第二分量（与 T_1 对应）起主要作用，而第一分量（与 T_2 对应）仅仅影响时域响应的起始点。一般认为，当 $T_1\gg T_2$ 时，T_2 的影响就可以忽略不计，即 $c(t)\approx1-e^{-\frac{t}{T_1}}$，相应地

$$G(s)=\frac{1}{(T_1s+1)(T_2s+1)}\approx\frac{1}{T_1s+1} \tag{3.26}$$

此时二阶系统就可以近似地作为一阶系统来分析。

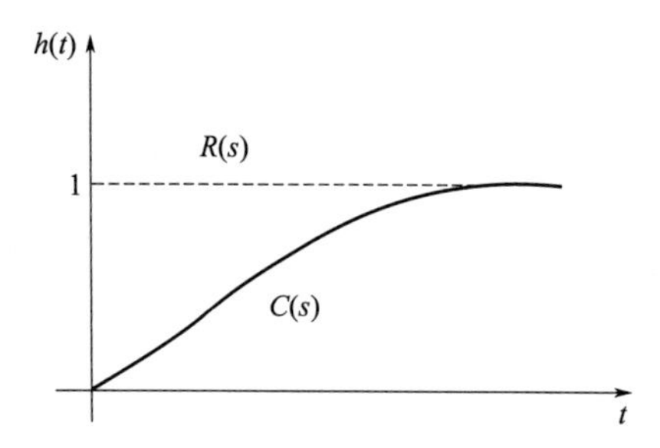

图 3.6 临界阻尼系统单位阶跃响应曲线

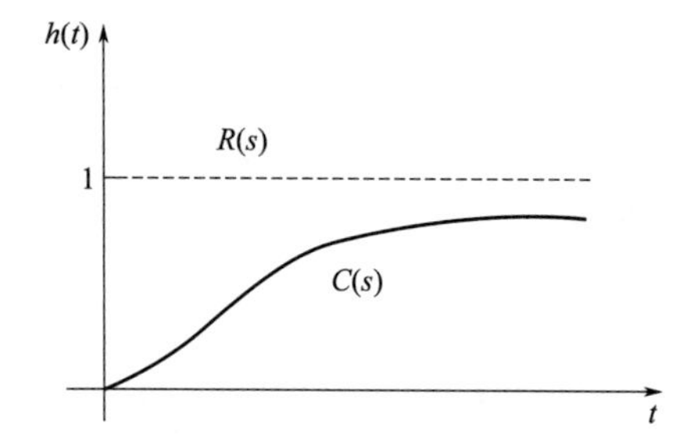

图 3.7 过阻尼系统单位阶跃响应曲线

【例 3.1】 已知某二阶系统的传递函数为 $G(s)=\dfrac{\omega_n^2}{s^2+2\zeta\omega_ns+\omega_n^2}$。

① 将自然频率固定为 $\omega_n=1$，$\zeta=0$、0.1、0.2、0.5、1、2、3、5，试分析变化时系统的单位阶跃响应。

② 将阻尼系数 ζ 固定为 $\zeta=0.55$，试分析自然频率 ω_n 变化时系统的单位阶跃响应（ω_n 的变化范围为 0.1～1）。

解：利用 MATLAB 建立控制系统的数学模型，并且同时显示 $\omega_n=1$，ζ（阻尼系数）取不同值时系统的阶跃响应曲线，MATLAB 程序见 m3_1.m，程序输出结果如图 3.8。

从图 3.8 中不难看出，当固定自然频率后，改变二阶系统的阻尼系数 ζ，在 $\zeta<1$ 时并不会改变阶跃响应的振荡频率；而当 $\zeta>1$ 时，阶跃响应曲线不再振荡，系统过阻尼。

此外，当阻尼系数 ζ 为 0 时，系统的阶跃响应为等幅振荡；当 $0<\zeta<1$ 时，系统欠阻尼，阶跃响应曲线的振荡幅度随 ζ 的增大而减小，动态特性变好；当 $\zeta>1$ 时，系统的过渡过程时间随着 ζ 的增大而逐渐变长，系统响应变慢，动态特性反而下降。

利用 MATLAB 在一幅图像上绘制 $\zeta=0.55$，ω_n 从 0.1 变化到 1 时系统的阶跃响应曲线，MATLAB 程序见 m3_2.m，程序输出结果如图 3.9。

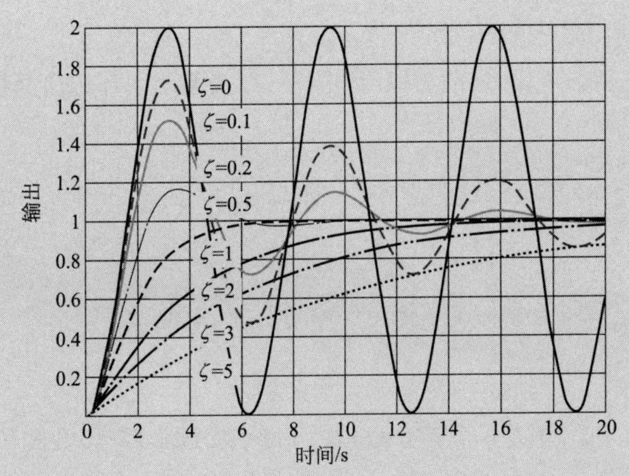

图 3.8　固定自然频率，阻尼系数变化时系统的阶跃响应曲线

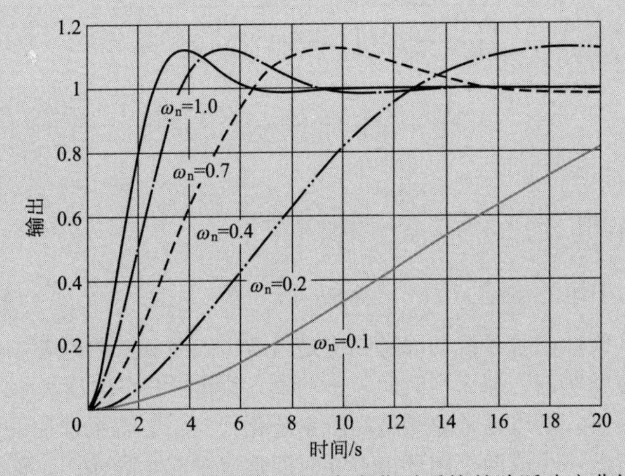

图 3.9　固定阻尼系数，自然频率变化时系统的阶跃响应曲线

由图可知，当自然频率 ω_n 从 0.1 变化到 1 时，系统的振荡频率加快，上升时间减少，过渡过程时间减少；系统响应更加迅速，动态性能变好。

自然频率 ω_n 决定了系统阶跃响应的振荡频率。ω_n 越大，系统的振荡频率越高，响应速度也越快。阻尼系数 ζ 决定了系统的振荡幅度；当 $\zeta<1$ 时，系统欠阻尼，阶跃响应有超调；当 $\zeta>1$ 时，系统过阻尼，阶跃响应没有超调，但是响应速度大大减缓，过渡过程时间很长。经验证明，$\zeta=0.7$ 时，系统的阶跃响应最好，在实际的工程应用中，通常选取 $\zeta=0.7$。

3.1.3　高阶系统的时域分析

用高阶微分方程描述的系统称为高阶系统。实际的控制系统通常都是二阶以上的系统。高阶系统的闭环传递函数可以写为

$$G(s)=\frac{C(s)}{R(s)}=\frac{b_0 s^m+b_1 s^{m-1}+\cdots+b_{m-1}s+b_m}{a_0 s^n+a_1 s^{n-1}+\cdots+a_{n-1}s+a_n}=\frac{K(s+z_1)(s+z_2)\cdots(s+z_m)}{(s+p_1)(s+p_2)\cdots(s+p_n)} \tag{3.27}$$

当输入 $r(t)=1(t)$时，$R(s)=\frac{1}{s}$，此时

$$C(s)=G(s)R(s)=\frac{K(s+z_1)(s+z_2)\cdots(s+z_m)}{(s+p_1)(s+p_2)\cdots(s+p_n)}\times\frac{1}{s} \tag{3.28}$$

为使问题简单化一些，可设 $G(s)$ 中无重极点，Z_i 为系统闭环传递函数的零点，p_i 为系统闭环传递函数的极点，则

$$C(s)=\frac{K\prod_{j=1}^{m}(s-z_j)}{\prod_{i=1}^{n}(s-p_i)}\times\frac{1}{s}=\frac{A_0}{s}+\sum_{i=1}^{n}\frac{A_i}{(s-p_i)} \tag{3.29}$$

式中，$A_i=\lim\limits_{s\to -p_j}C(s)(s+p_i)$，$i=0,1,\cdots,n,-p_0=0$，则

$$c(t)=A_0+\sum_{i=1}^{n}A_i\mathrm{e}^{-p_it} \tag{3.30}$$

一般地，若 $G(s)$ 的极点中有 q 个负实数极点、r 个负实数部共轭复数极点，则上式还可改写为

$$\begin{aligned}C(s)&=\frac{K\prod_{j=1}^{m}(s-z_j)}{s\prod_{i=1}^{n}(s-p_i)\prod_{k=1}^{r}(s^2+2\zeta_k\omega_k s+\omega_k^2)}\\&=\frac{A_0}{s}+\sum_{i=1}^{q}\frac{A_i}{(s+p_i)}+\sum_{k=1}^{r}\frac{B_k(s+\zeta_k\omega_k)+C_k\omega_k\sqrt{1-\zeta_k^2}}{s^2+2\zeta_k\omega_k s+\omega_k^2}\end{aligned} \tag{3.31}$$

式中，$r+2q=m$，则

$$c(t)=A_0+\sum_{i=1}^{q}A_i\mathrm{e}^{-p_it}+\sum_{k=1}^{r}B_k\mathrm{e}^{-\zeta_k\omega_kt}\cos\omega_k\sqrt{1-\zeta_k^2t}+\sum_{k=1}^{r}C_k\mathrm{e}^{-\zeta_k\omega_kt}\sin\omega_k\sqrt{1-\zeta_k^2t} \tag{3.32}$$

从上式可以看出，线性高阶系统的瞬态响应是由若干一阶和二阶瞬态响应分量组成的。如果所有闭环极点都具有负的实部，那么当时间 $t\to\infty$时，系统的稳态输出量 $c(\infty)=A_0$。由于求高阶系统的时间响应很困难，所以通常总是将高阶系统化为一、二阶系统加以分析。通常对于高阶系统来说，离虚轴最近的一个或两个闭环极点在时间响应中起主导作用，而其他离虚轴较远的极点，它们在时间响应中相应的分量衰减较快，只起次要作用，可以忽略。这时，高阶系统的时域分析就转化为相应的一、二阶系统的分析。

3.1.4 瞬态响应的性能指标

评价一个系统的优劣，总是用一定的性能指标来衡量。性能指标可以在时域里提出，也可以在频域里提出。时域里的性能指标比较直观。对于具有贮能元件的系统，受到输入信号的作用时，一般不是立即反应，总是表现出一定的过渡过程。瞬态响应指标是在欠阻尼二阶系统单位阶跃响应的波形基础上给出的。

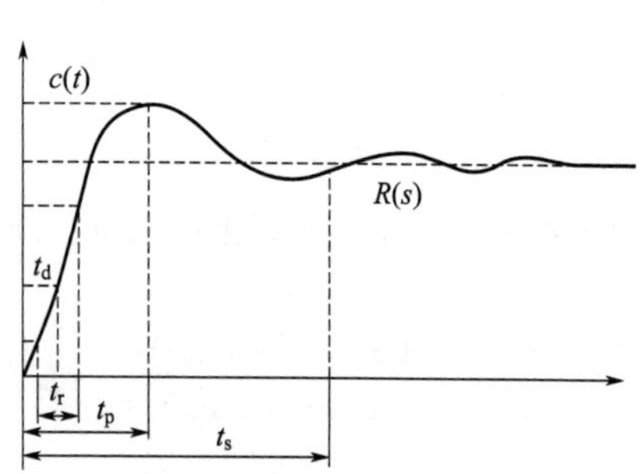

图 3.10　控制系统的典型单位阶跃响应曲线

系统的阶跃响应性能指标表述如下，如图 3.10 所示。

上升时间 t_r，响应曲线从零时刻到首次到达稳态值所需的时间。对于单调无超调过程一般定义为响应曲线从稳态值的 10%上升到稳态值的 90%所需要的时间。峰值时间 t_p，响应曲线从零时刻上升到第一个峰值所需要的时间。超调量 $\sigma_p\%$，响应曲线的最大峰值与稳定值之差，相对于稳定值的百分比，即

$$\sigma_p\%=\frac{c_{max}-c(\infty)}{c(\infty)}\times100\% \tag{3.33}$$

调节时间 t_s，响应曲线达到并永远保持在误差范围±Δ%所需要的时间。调节时间 t_s 标志着过渡过程结束，系统响应进入稳态过程。稳态误差 e_{ss}，当时间 t 趋于无穷时，系统单位阶跃响应的稳态值与期望值，通常为阶跃输入量 $1(t)$ 之差，一般定义为稳态误差。

上述性能指标中，上升时间 t_r、峰值时间 t_p 均表征系统响应初始阶段的快慢；调节时间 t_s 表示系统过渡过程持续的时间，是系统快速性的一个指标；超调量 $\sigma_p\%$ 反映系统响应过程的平稳性；稳态误差 e_{ss} 反映系统复现输入信号的最终精度。

(1) 一阶系统的瞬态响应指标

① 调节时间 t_s：经过时间 $3T\sim4T$，响应曲线已达稳定值的 95%～98%，可以认为其调节过程已完成，故一般取 $t_s=(3\sim4)T$。

$$t_s=\begin{cases}3T & \Delta=0.05\\ 4T & \Delta=0.02\end{cases} \tag{3.34}$$

② 稳态误差 e_{ss}：系统的实际输出 $c(t)$ 在时间 t 趋于无穷大时将趋近输入值，即

$$e_{ss}=\lim_{t\to\infty}[c(t)-r(t)]=0 \tag{3.35}$$

③ 超调量 $\sigma_p\%$：一阶系统的单位阶跃响应为非周期响应，是单调的，故系统无振荡、无超调，$\sigma_p\%=0$。

一阶系统的闭环极点 $-p=\frac{1}{T}$，位于实轴上，由此可得到以下结论：

① 如果系统闭环极点位于负实轴上，则阶跃响应是单调的，$\sigma_p\%=0$。

② 调节时间 $t_s=\frac{3}{p}$，即闭环极点离虚轴距离越远则响应越快。

(2) 二阶系统的瞬态响应指标

研究二阶系统最重要的是研究欠阻尼情况。

① 上升时间 t_r：由 $c(t)|_{t=t_r}=1$，得到 $\sin(\omega_d t_r+\theta)=0, \omega_d t_r+\theta=n\pi, n=0,1\cdots$，由于第一次达到稳态值的时间取 $n=1$，则

$$t_r=\frac{\pi-\theta}{\omega_d} \tag{3.36}$$

② 峰值时间 t_p：令 $\frac{\mathrm{d}c(t)}{\mathrm{d}t}\mid_{t=t_p}=0$ 可得到 $t_p=\frac{n\pi}{\omega_d}$，由于第一次达到峰值时 $n=1$，则

$$t_p=\frac{\pi}{\omega_d} \tag{3.37}$$

③ 超调量 $\sigma_p\%$：由 $\sigma_p\%=\frac{c(t_p)-c(\infty)}{c(\infty)}\times100\%=\frac{c(t_p)-1}{1}\times100\%$ 可得到

$$\sigma_p\%=\mathrm{e}^{-\frac{\pi\zeta}{\sqrt{1-\zeta^2}}}\times100\%=\mathrm{e}^{-\frac{\pi}{\tan\theta}}\times100\% \tag{3.38}$$

④ 调节时间 t_s：按定义 $\left|\frac{c(t)-c(\infty)}{c(\infty)}\right|\leqslant\Delta$，即 $\left|\frac{1}{\sqrt{1-\zeta^2}}\mathrm{e}^{-\zeta\omega_n t}\sin\left(\omega_n\sqrt{1-\zeta^2}\,t+\arctan\frac{1-\zeta}{\zeta}\right)\right|\leqslant\Delta$，由于正弦项的绝对值总小于 1，故上式可近似地表示为 $\left|\frac{1}{\sqrt{1-\zeta^2}}\mathrm{e}^{-\zeta\omega_n t}\right|\leqslant\Delta$，即 $\frac{1}{\sqrt{1-\zeta^2}}\mathrm{e}^{-\zeta\omega_n t}\leqslant\Delta$。

由于上述不等式是单调下降的，取等号即可，故经化简可得

$$t_s=\frac{\ln\frac{1}{\Delta}+\ln\frac{1}{\sqrt{1-\zeta^2}}}{\zeta\omega_n} \tag{3.39}$$

在常用的ζ范围（0.4～0.9）内，$\ln\frac{1}{\sqrt{1-\zeta^2}}=0.08\sim0.8$，平均取0.5是合适的，故

$$t_s=\begin{cases}\frac{3.5}{\zeta\omega_n} & \Delta=0.05\\ \frac{4.5}{\zeta\omega_n} & \Delta=0.02\end{cases} \tag{3.40}$$

3.1.5 稳定性分析

在介绍稳定性概念之前，我们先看一个例子来了解什么是稳定。如图3.11(a）所示，一个小球原来平衡位置为A_0，当小球受到外力的作用离开A_0，然后取消外力后，小球将在重力和空气阻力的作用下，经过几次来回振荡，最终回到原平衡位置A_0。具有这种特性的平衡是稳定的。反之，如图3.11(b）所示，小球受到外界干扰离开平衡位置A_0后，再也不能回到原平衡位置，就是不稳定的。所以说，如果一个系统受到扰动，偏离了原来的平衡状态，而当扰动消除后，系统能够逐渐恢复到原来的状态，则称系统是稳定的，否则这个系统是不稳定的。

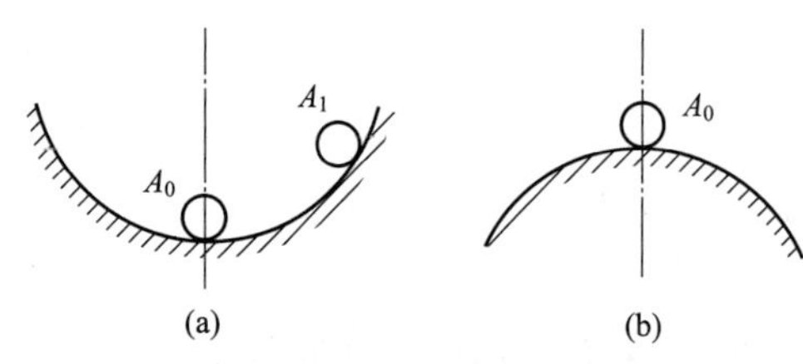

图3.11 控制系统的典型单位阶跃响应曲线

在设计和分析控制系统时，稳定性是极其重要的系统特性。若控制系统在任意足够小的初始偏差的作用下，其过渡过程随时间的推移，逐渐衰减并趋于零，具有恢复平衡状态的性能，则称该系统稳定，否则，称该系统不稳定。在控制理论中所讨论的稳定性其实都是指自由振荡下的稳定性，也就是讨论输入为零，系统仅存在初始偏差不为零的稳定性，即讨论自由振荡是收敛还是发散。

(1）系统的稳定条件

系统稳定就是要求系统时域响应的动态分量随时间的推移而最终趋于零。

设n阶线性定常系统的微分方程为

$$(a_np^n+a_{n-1}p^{n-1}+\cdots a_1p+a_0)x_0(t)=(b_mp^m+\cdots b_1p+b_0)x_i(t) \tag{3.41}$$

式中，$p=\frac{\mathrm{d}}{\mathrm{d}t}$。

若记$D(p)=a_np^n+a_{n-1}p^{n-1}+\cdots a_1p+a_0$，$M(p)=b_mp^m+b_{m-1}p^{m-1}+\cdots+b_1p+b_0$，对式(3.41）进行拉氏变换，得

$$X_0(s)=\frac{M(s)}{D(s)}X_i(s)+\frac{N(s)}{D(s)} \tag{3.42}$$

式中，当$X_i(s)$为零输入时，$X(s)=N(s)/D(s)$为系统的传递函数。

因为是在零初始条件下，有$X_i=0$，$X_0(s)=\frac{N(s)}{D(s)}$则

$$x_0(t)=L^{-1}[X_0(s)]=L^{-1}\left[\frac{N(s)}{D(s)}\right]=\sum_{i=1}^{n}A_i\mathrm{e}^{s_it} \tag{3.43}$$

拉氏反变换，若$\mathrm{Re}[s_i]<0$

$$\lim_{t\to\infty}x_0(t)=0 \tag{3.44}$$

这样的系统就是稳定的。

反之，在特征根中有一个或多个根具有正实部时，则零输入将随时间的推移发散，即

$$\lim_{t \to \infty} x_0(t) = \infty \tag{3.45}$$

这样的系统是不稳定的。

根据上述推导，控制系统稳定的充分必要条件是系统特征方程式的根全部具有负实数部。系统特征方程式的根就是闭环极点，所以控制系统稳定的充分必要条件也可以说成是闭环极点全部具有负实部。判断稳定性的关键转变为研究系统的特征根是否具有正实部。

(2) 劳斯稳定判据

劳斯判据的基本思想：已知系统的闭环传递函数，可获得系统特征方程式，由该系统特征方程式判断系统的稳定性。

① 列出

$$a_0 s^n + a_1 s^{n-1} + \cdots + a_{n-1} s + a_n = 0 \tag{3.46}$$

应满足 $a_i > 0$，$(i=1,2,\cdots,n)$。

② 按特征方程式列出劳斯阵列。

首先将方程的系数列成下列两行

$$\begin{array}{ccccccccc} a_0 & & a_2 & & a_4 & & a_6 & \\ \downarrow & \nearrow & \downarrow & \nearrow & \downarrow & \nearrow & \downarrow & \nearrow \\ a_1 & & a_3 & & a_5 & & a_7 & \end{array}$$

构成以下劳斯阵列

$$\begin{array}{cccccc} s^n & a_0 & a_2 & a_4 & a_6 & \cdots \\ s^{n-1} & a_1 & a_3 & a_5 & a_7 & \cdots \\ s^{n-2} & c_1 & c_2 & c_3 & & \\ s^{n-3} & d_1 & d_2 & \vdots & & \\ \vdots & \vdots & \vdots & & & \\ s^1 & j_1 & & & & \\ s^0 & k_1 & & & & \end{array}$$

阵列中第三行的元素，由第一、第二行的元素按交叉相乘方法求得，其计算公式如下

$$\begin{cases} c_1 = -\dfrac{1}{a_1}\begin{vmatrix} a_0 & a_2 \\ a_1 & a_3 \end{vmatrix} = \dfrac{a_1 a_2 - a_0 a_3}{a_1} \\ c_2 = -\dfrac{1}{a_1}\begin{vmatrix} a_0 & a_4 \\ a_1 & a_5 \end{vmatrix} = \dfrac{a_1 a_4 - a_0 a_5}{a_1} \\ c_3 = -\dfrac{1}{a_1}\begin{vmatrix} a_0 & a_6 \\ a_1 & a_7 \end{vmatrix} = \dfrac{a_1 a_6 - a_0 a_7}{a_1} \\ \qquad\qquad \vdots \end{cases}$$

不难看出，元素 c_1、c_2、$c_3\cdots$计算公式的差别仅在于二阶行列式的第二列不同。元素 c_i 的计算一直进行到以后各项都等于零为止；同样，第四行的元素 d_1、d_2、$d_3\cdots$用上面的两行，即第二行、第三行元素按下面公式求出

$$\begin{cases} d_1 = -\dfrac{1}{c_1}\begin{vmatrix} a_1 & a_3 \\ c_1 & c_2 \end{vmatrix} = \dfrac{c_1 a_3 - a_1 c_2}{c_1} \\ d_2 = -\dfrac{1}{c_1}\begin{vmatrix} a_1 & a_5 \\ c_1 & c_3 \end{vmatrix} = \dfrac{c_1 a_5 - a_1 c_3}{c_1} \\ d_3 = -\dfrac{1}{c_1}\begin{vmatrix} a_1 & a_7 \\ c_1 & c_4 \end{vmatrix} = \dfrac{c_1 a_7 - a_1 c_4}{c_1} \\ \qquad\qquad \vdots \end{cases}$$

元素 d 的计算也一直进行到以后各项都为零时为止。其他各行元素的计算方法以此类推。

元素的完整阵列成三角形的形式。在求取元素的过程中，为了简化运算，可以把某一行同除或同乘一个正整数，而不会改变系统稳定性的结论。

根据劳斯阵列第一列元素的符号，判断系统的稳定性，如果第一列元素都是正值，系统是稳定的；如果第一列有负的元素，则系统不稳定，而正负符号的改变次数等于特征方程式在右半复平面根的个数。

3.1.6 稳态误差分析与计算

评价一个系统的性能包括瞬态性能和稳态性能两部分。瞬态响应的性能指标可以评价系统的快速性和平稳性，而系统的准确性要用误差来衡量。如果一个控制系统是稳定的，那么在输入作用加入后经过足够长的时间，其瞬态响应将会结束，系统将进入稳定的状态。控制系统的稳态误差是指系统在稳态下输出量的给定值与实际值之差。系统的稳态误差与系统本身的结构、参数以及外作用的形式密切相关。本节着重讨论稳态误差的计算方法，探讨稳态误差的规律性及减小稳态误差的一般措施。

(1) 误差与稳态误差的基本概念

控制系统中的稳态误差，是系统控制精度的一种度量。误差信号 $e(t)$ 一般定义为希望输出信号与实际输出信号之差。图 3.12 所示的过程控制系统典型框图中，$X(s)$ 和 $F(s)$ 分别为给定输入（参考输入）作用和扰动作用的拉氏变换式；$G_o(s)$ 和 $G_f(s)$ 分别为被控对象和干扰通道的传递函数；$G_c(s)$、$G_v(s)$、$H(s)$ 则分别为控制器、执行器和检测装置的传递函数。$Y(s)$ 和 $Z(s)$ 为输出变量（被控变量）及其测量值的拉氏变换式。$E(s)$ 是误差函数的拉氏变换式。一般记作

$$G(s)=G_c(s)G_v(s)G_o(s) \tag{3.47}$$

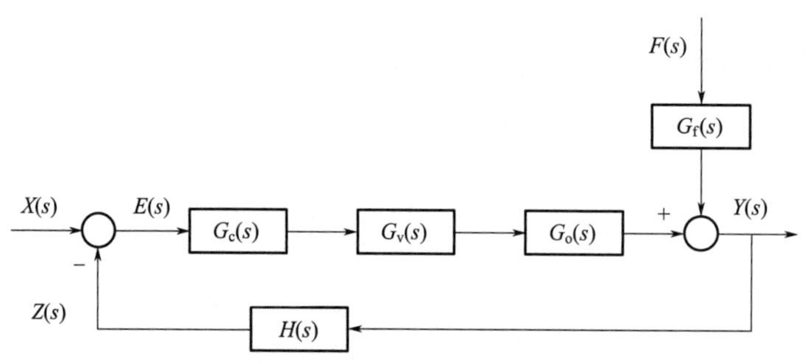

图 3.12 过程控制系统典型框图

对于图 3.12 所示的系统典型结构，其误差的定义有两种

$$e(t)=x(t)-y(t) \tag{3.48}$$

$$e(t)=x(t)-z(t) \tag{3.49}$$

式中，$x(t)$ 为期望值，$y(t)$ 为实际值，$z(t)$ 为实际值的反馈量，分别对应的拉氏变换式是 $X(s)$、$Y(s)$ 和 $Z(s)$。

当 $H(s)=1$，即反馈为单位反馈时，上述两种定义统一。$e(t)$ 也常称为系统的误差响应，它反映了系统跟踪输入信号 $x(t)$ 和抑制扰动信号 $f(t)$ 的能力和精度。

稳态误差的定义：稳定系统误差的终值称为稳态误差。当时间 $t\to\infty$时，$e(t)$ 的极限存在，则稳态误差为

$$e_{ss}=\lim_{t\to\infty}e(t) \tag{3.50}$$

(2) 稳态误差的传递函数

在定值控制系统中，给定作用是不变的，主要输入信号是扰动作用 $F(s)$，所以定值控制系统的误差传递函数为

$$\frac{E(s)}{F(s)}=\frac{-G_{\mathrm{f}}(s)H(s)}{1+G(s)H(s)} \tag{3.51}$$

式中，$G(s)$ 为系统的开环传递函数。

因此，定值控制系统误差函数的拉氏变换式为

$$E(s)=\frac{-G_{\mathrm{f}}(s)H(s)}{1+G(s)H(s)}F(s) \tag{3.52}$$

在随动控制系统中，主要输入信号是给定作用，要求输出变量随时跟踪给定作用。所以随动系统的误差传递函数为

$$\frac{E(s)}{X(s)}=\frac{1}{1+G(s)H(s)} \tag{3.53}$$

随动系统误差函数的拉氏变换为

$$E(s)=\frac{1}{1+G(s)H(s)}X(s) \tag{3.54}$$

对于线性控制系统，可能同时存在给定输入和扰动输入信号，这时的误差是两种输入信号分别作用下产生的误差信号的叠加，即

$$E(s)=\frac{1}{1+G(s)H(s)}X(s)-\frac{G_{\mathrm{f}}(s)H(s)}{1+G(s)H(s)}F(s) \tag{3.55}$$

(3) 稳态误差的计算

求解误差响应 $e(t)$ 与求系统输出 $y(t)$ 一样，对于高阶系统是相当困难的。然而，我们关心的只是系统控制过程平稳下来以后的误差，也就是系统误差响应的瞬态分量消失以后的稳态误差，这样问题就比较简单了。下面将看到，用拉普拉斯变换的终值定理计算稳态误差 e_{ss} 比求解系统的误差响应 $e(t)$ 要简单得多。

终值定理及其应用条件：

若 $e(t)$ 的拉普拉斯变换为 $E(s)$，且$\lim\limits_{t\to\infty}e(t)$、$\lim\limits_{s\to 0}sE(s)$存在，则有

$$e_{\mathrm{ss}}=\lim_{t\to\infty}e(t)=\lim_{s\to 0}sE(s) \tag{3.56}$$

当 $E(s)$ 是有理分式函数［即 $E(s)$ 的分子和分母都是 s 的有限次多项式］时，应用终值定理的条件可以改为：$E(s)$ 的所有极点均具有负实部（在 s 平面的左半部分）。

稳态误差的计算：

由式(3.56) 可看出，求解稳态误 e_{ss} 可以利用终值定理进行，求解稳态误差 e_{ss} 的问题归结为求误差 $e(t)$ 的拉氏变换 $E(s)$。根据终值定理，由式(3.56) 可知，定值控制系统的稳态误差，即系统在扰动作用下的稳态误差可用下式计算

$$e_{\mathrm{ss}}=\lim_{t\to\infty}e(t)=\lim_{s\to 0}sE(s)=\lim_{s\to 0}\frac{-G_{\mathrm{f}}(s)H(s)}{1+G(s)H(s)}F(s) \tag{3.57}$$

由式(3.57) 可知，随动控制系统的稳态误差，即系统在给定作用下的稳态误差可用式(3.58) 计算

$$e_{\mathrm{ss}}=\lim_{t\to\infty}e(t)=\lim_{s\to 0}sE(s)=\lim_{s\to 0}\frac{1}{1+G(s)H(s)}X(s) \tag{3.58}$$

可以看出，系统的稳态误差不仅与输入信号的形式有关，也取决于系统开环函数类型。

(4) 输入信号作用下的稳态误差与系统结构参数的关系

控制系统的结构通常可以按照跟踪阶跃信号、斜坡信号和等加速度信号等输入信号的能力来

划分类型。

设系统的开环传递函数具有以下形式

$$G(s)H(s)=\frac{K(T_1's+1)(T_2's+1)\cdots(T_m's+1)}{s^r(T_1s+1)(T_2s+1)\cdots(T_ns+1)} \tag{3.59}$$

式中，K 为放大系数；T 和 T' 为时间常数。分母中包含的 s^r 项，表示在 $s=0$ 处有 r 重极点，即开环传递函数中有 r 个积分环节。反馈控制系统可按积分环节的阶次 r 划分结构类型。$r=0$，称为 0 型系统；$\lambda=1$，称为 1 型系统；$r=2$，称为 2 型系统。

下面分析系统在阶跃、斜坡和单位加速度三种信号输入下的稳态误差。假定 $H(s)=1$，输入阶跃函数 $X_i(s)=\frac{r_0}{s}$，r_0 表示信号的幅度，是常数。由式(3.56) 可得稳态误差为

$$e_{ss}=\lim_{s\to 0}s\,\frac{1}{H(s)[1+G(s)H(s)]}\times\frac{r_0}{s}=\lim_{s\to 0}\frac{r_0}{1+G(s)}=\frac{r_0}{1+\lim\limits_{s\to 0}(K/s^r)}=\begin{cases}\frac{r_0}{1+K} & r=0\\ 0 & r\geqslant 1\end{cases} \tag{3.60}$$

式中，在阶跃输入下，系统消除误差的条件是 $r\geqslant 1$。

输入速度信号（斜坡信号），$X_i(s)=\frac{V_0}{s^2}$，V_0 表示输入速度信号的大小，系统的稳态误差为

$$e_{ss}=\lim_{s\to 0}s\,\frac{1}{1+G(s)}\times\frac{V_0}{s^2}=\frac{V_0}{s+\lim\limits_{s\to 0}\left(\frac{sK}{s^r}\right)}=\frac{V_0}{\lim\limits_{s\to 0}\frac{sK}{s^r}}=\begin{cases}\infty & r=0\\ \frac{V_0}{K} & r=1\\ 0 & r\geqslant 2\end{cases} \tag{3.61}$$

式中，斜坡信号输入下系统消除误差的条件是 $r\geqslant 2$。

输入加速度信号，$X_i(s)=\frac{a_0}{s^3}$，a_0 表示加速度的大小，系统的稳态误差为

$$e_{ss}=\lim_{s\to 0}s\,\frac{1}{1+G(s)}\times\frac{a_0}{s^3}=\frac{a_0}{\lim\limits_{s\to 0}s^2G(s)}=\frac{a_0}{\lim\limits_{s\to 0}\frac{Ks^2}{s^r}}=\begin{cases}\infty & r=0,1\\ \frac{a_0}{K} & r=2\\ 0 & r\geqslant 3\end{cases} \tag{3.62}$$

式中，系统消除误差的条件是 $r\geqslant 3$，即开环函数中至少要有三个积分环节。

由以上分析，在单位加速度输入作用下，稳态误差 e_{ss} 可归纳为：

0 型系统：$K_a=0$，$e_{ss}=\infty$；

1 型系统：$K_a=0$，$e_{ss}=\infty$；

2 型系统：$K_a=K$，$e_{ss}=\frac{1}{K}=$常数；

3 型或高于 3 型系统：$K_a=\infty$，$e_{ss}=0$。

其中，K_a 为稳态加速度误差系数，$K_a=\lim\limits_{s\to 0}s^2G(s)H(s)$。

以上分析说明，0 型和 1 型系统在稳定时不能跟踪加速度输入信号，因为它的输出变量的速度总是赶不上输入信号的速度，以致差距越来越大。对于 2 型系统，则能跟踪加速度输入信号，但存在稳态误差。3 型或高于 3 型的系统，因在稳定状态下的误差为零而能准确地跟踪加速度输入信号。

表 3.1 归纳列出了 0 型、1 型和 2 型系统在以上各种输入作用下的稳态误差。

表 3.1　开环放大系数 K 表示的稳态误差

系统类别	单位阶跃函数	单位斜坡函数	单位加速度函数
0 型系统	$\frac{1}{1+K}$	∞	∞
1 型系统	0	$\frac{1}{K}$	∞
2 型系统	0	0	$\frac{1}{K}$

综上所述可以得出结论，即在保证系统稳定的前提下，如果系统前向通道中积分环节越多，则系统的无差度越高。另一方面，从表 3.1 还可以看出，增大系统的开环放大系数，可以减小稳态误差，这就为设计控制系统提供了一个选择开环放大系数的依据。

【例 3.2】 某随动系统的结构如图 3.13 所示，利用 MATLAB 完成如下工作。

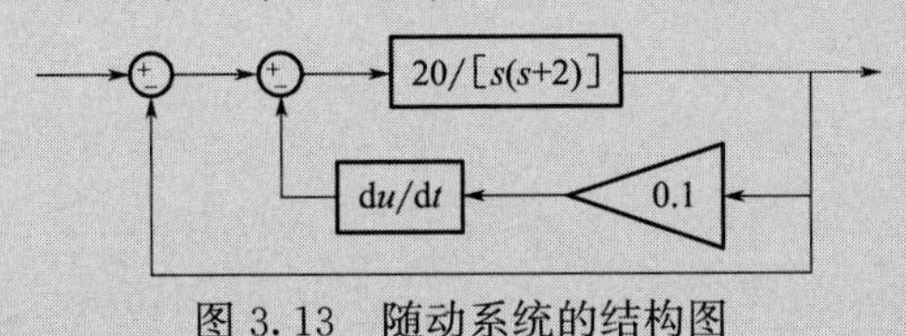

图 3.13　随动系统的结构图

① 对给定的随动系统建立数字模型。

② 分析系统的稳定性，并且绘制阶跃响应曲线。

③ 计算系统的稳态误差。

④ 大致分析系统的总体性能，并给出理论上的解释。

解： 利用 MATLAB 求解的基本步骤如下，MATLAB 程序见 m3 _ 3. m。

① 步骤 1：求取系统的传递函数。

首先需要对系统框图进行化简。不难看出，题目中给出的系统包含两级反馈：外环是单位负反馈；内环是二阶系统与微分环节构成的负反馈。可以利用 MATLAB 中的 feedback 函数计算出系统的传递函数，结果如下：

```
                 20
sys _ outer=------------------
             s^2+4s+20
```

这样就得到了系统的总体传递函数 $G(s)=\dfrac{20}{s^2+4s+20}$。

② 步骤 2：进行稳定性分析。

根据求得的传递函数，对系统进行稳定性分析，结果如下：

```
ans =-2.0000+4.0000i
     -2.0000-4.0000i
```

可见，系统特征根均具有负实部，因此闭环系统是稳定的。

程序输出的系统零极点分布如图 3.14 所示，从图中也不难看出，极点（在图中用“×”标识）都在左半平面，系统稳定。这与用 roots 命令得出的结论完全相同。在实际应用中，采用 pzmap 更为形象，而且代码更加简单。

③ 步骤 3：求取阶跃响应。

计算系统的阶跃响应可以采用 MATLAB 编程实现，还可以利用 Simulink 对系统进行建模，直接观察响应曲线。程序运行的结果如图 3.15 所示，其中横坐标表示响应时间，纵坐标表示系统输出。

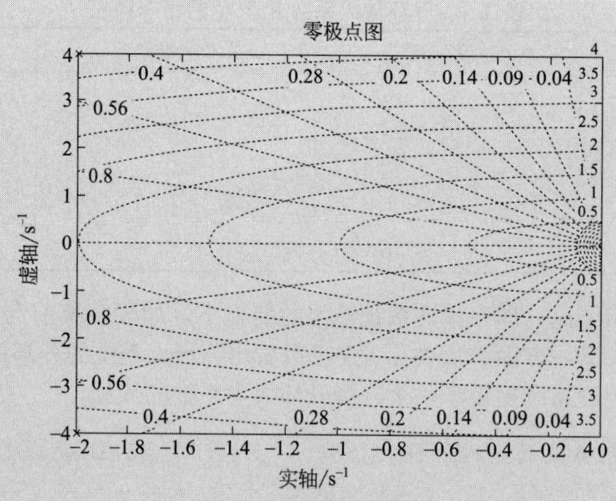

图 3.14　系统的零极点分布图

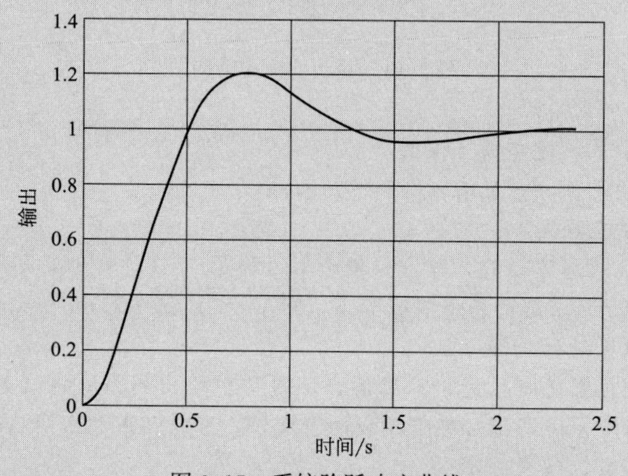

图 3.15　系统阶跃响应曲线

采用 Simulink 对系统进行建模，如图 3.16 所示，其中示波器 Scope 用来观察系统的响应曲线，示波器 error 用来观察系统的误差曲线。这里放置了 3 个信号源——阶跃信号、速度信号及加速度信号，选择不同的信号源，可以从 Scope 中得到系统的不同响应曲线。

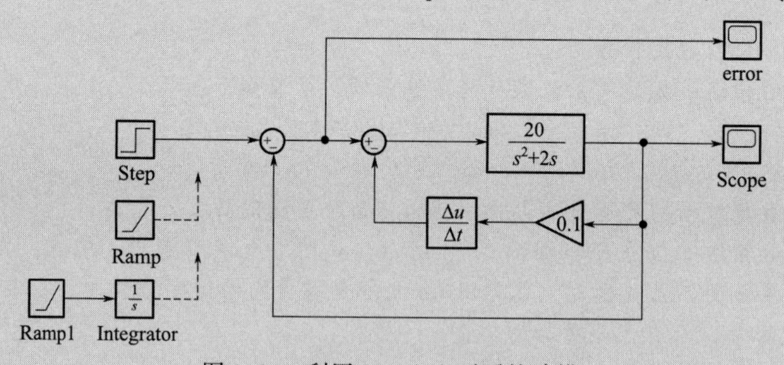

图 3.16　利用 Simulink 对系统建模

用 Step 信号激励系统，得到的输出如图 3.17 所示。这与编程得到的结果是完全相同的。

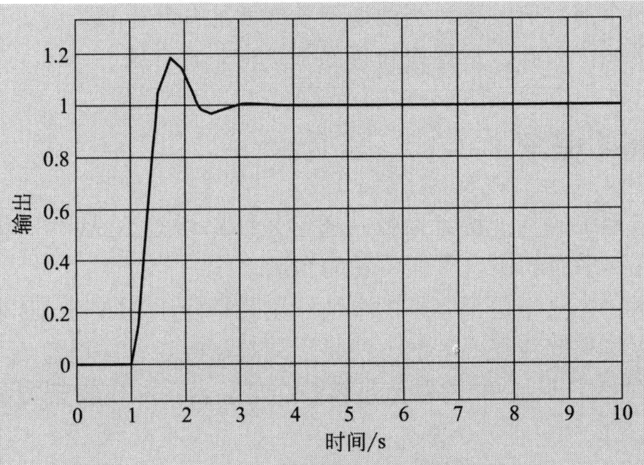

图 3.17 系统阶跃响应曲线

④ 步骤 4：分析系统的响应特性。

在上面的语句 [y,t,x] =step(num,den) 执行之后，变量 y 中就存放了系统阶跃响应的具体数值。从响应曲线中不难看出，系统的稳态值为 1。计算系统的超调量，结果如下：

sigma=0.2079

同时可看出，系统的稳态误差为 0。示波器 error 的波形显示如图 3.18 所示，可见，当阶跃输入作用系统 2s 之后，输出就基本为 0 了。

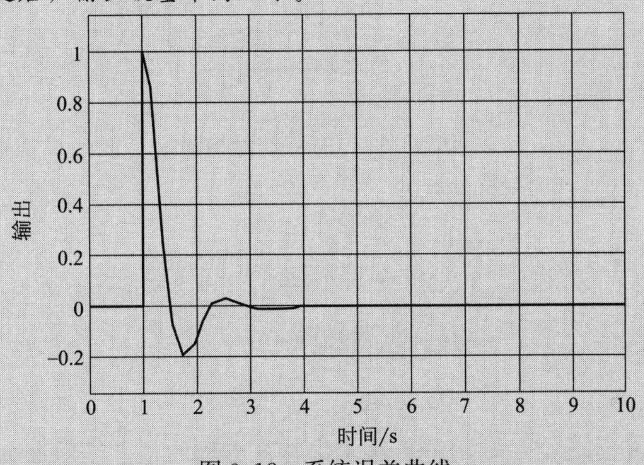

图 3.18 系统误差曲线

还可以精确计算出系统的上升时间、峰值时间及调整时间。如上所述，y 中存储了系统阶跃响应的数据；同时 x 中存放了每个数据对应的时间，程序结果如下：

tr=0.5296；tp=0.7829；ts=1.8881

即上升时间为 0.5296s，峰值时间为 0.7829s，并且系统在经过 1.8881s 后进入稳态。

综合利用 MATLAB 编程和 Simulink 仿真，可以很方便地对系统的响应性能进行分析。

3.2 根轨迹分析法

由开环传递函数来直接寻求闭环特征根的轨迹的总体规律，而无需求解高阶系统的特征根，这就是根轨迹法，在工程实践中获得了广泛的应用。根轨迹法用图解的方法表示特征方程的根与系统的某个参数之间的全部数值关系，当改变增益或增加开环零极点时，可以利用根轨迹法预测其对闭环极点位置的影响。因此，掌握根轨迹的画法将非常有用。

3.2.1 根轨迹的基本概念

所谓根轨迹，是指系统的某个特定参数，通常是回路增益 K 从 0 变化到无穷大时，描绘闭环系统特征方程的根在 s 平面的所有可能位置的图形。

在计算机上绘制根轨迹已经是很容易的事情，尤其是使用 MATLAB 来绘制根轨迹。计算机绘制根轨迹大多采用直接求解特征方程的方法，也就是每改变一次增益 K 就求解一次特征方程。让 K 从零开始等间隔增大，只要 K 的取值足够多、足够密，相应特征方程的根就在 s 平面上绘出根轨迹。

根轨迹法包括两个部分：首先是求取或绘制根轨迹，其次是利用根轨迹图进行分析和设计。由于根轨迹法具有简便、直观等特点，因而已发展为经典控制理论中最基本的方法之一。

为了进一步说明根轨迹法的基本概念，下面以常规的单回路二阶控制系统为例介绍反馈控制系统开环增益 K 从零变化到无穷大时的根轨迹。

图 3.19 所示简单二阶系统，其开环传递函数为

$$G(s)=\frac{Y(s)}{E(s)}=\frac{K}{s(s+2)} \tag{3.63}$$

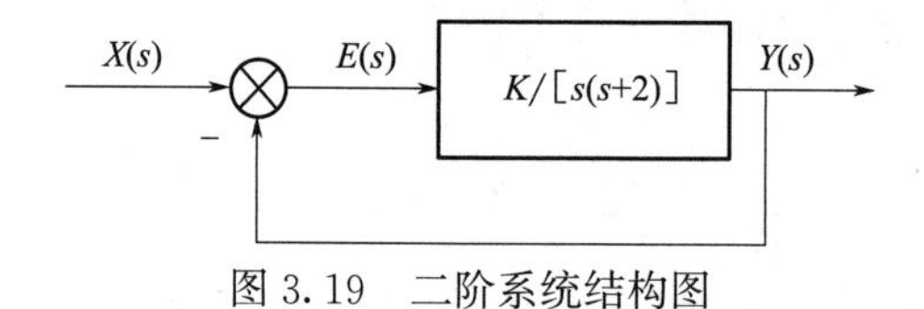

图 3.19 二阶系统结构图

闭环传递函数为

$$\Phi(s)=\frac{Y(s)}{X(s)}=\frac{K}{s^2+2s+K}=\frac{\omega_n^2}{s^2+2\xi\omega_n s+\omega_n^2} \tag{3.64}$$

式中，$\omega_n=\sqrt{K}$，$\xi=\frac{1}{\sqrt{K}}$。系统的特征方程为

$$s^2+2s+K=0 \tag{3.65}$$

现在以开环增益 K 为参变量，用解析法求出特征方程的根，然后令 K 从 0 变化到无穷大，画出这个系统的根轨迹图。

该二阶系统的特征根为

$$s_{1,2}=-1\pm\sqrt{1-K}=-\xi\omega_n\pm\omega_n\sqrt{\xi^2-1} \tag{3.66}$$

当 $0\leqslant K<1$ 时，s_1 和 s_2 为互不相等的两个实根；当 $K=1$ 时，两根相等，即 $s_1=s_2=-1$；当 $1<K<\infty$ 时，两个根为共轭复数根 $s_{1,2}=-1\pm \mathrm{j}\sqrt{1-K}=-\xi\omega_n\pm \mathrm{j}\omega_n\sqrt{\xi^2-1}$。应注意，当 $K>1$ 时，两根的实部均等于常数 -1。

根轨迹就是系统特征方程式的根（闭环极点）随系统参量（例如开环增益 K）变化而在复平面上运动形成的轨迹。一旦得到这个根轨迹图，就可以根据规定的系统性能指标在根轨迹上选择出最为符合要求的根的位置及对应的参数（开环增益 K）值。

以上简单二阶系统的根轨迹是用解析法从特征方程式求得的，但对于高阶系统的特征方程式应用解析法求根是很困难的，因此，通常都是采用图解法绘制根轨迹图。

3.2.2 绘制根轨迹的条件

图 3.20 所示反馈控制系统的闭环传递函数为

$$\Phi(s)=\frac{Y(s)}{X(s)}=\frac{G(s)}{1+G(s)H(s)} \tag{3.67}$$

因此，系统的特征方程为

$$1+G(s)H(s)=0 \tag{3.68}$$

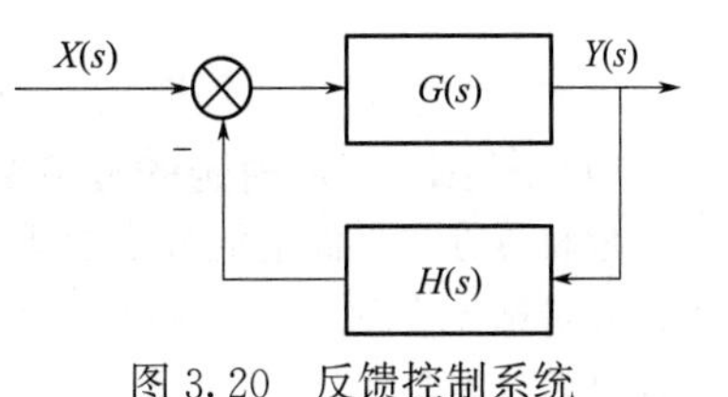

图 3.20 反馈控制系统

从上面的例子已经知道，绘制根轨迹就是求解特征方程式(3.68)。显然，凡能满足方程式(3.68) 的一切 s 值，都将是根轨迹上的点，将特征方程改写为

$$G(s)H(s)=-1 \tag{3.69}$$

式(3.69) 又称根轨迹方程。方程式中的 $G(s)H(s)$ 是复变量 s 的函数，可以表示为幅值和相角的形式，即

$$G(s)H(s)=|G(s)H(s)|\mathrm{e}^{\mathrm{j}\angle G(s)H(s)} \tag{3.70}$$

式(3.69) 右边的 -1 可以写成

$$-1=1\times \mathrm{e}^{\mathrm{j}(2h+1)\pi}, h=0,\pm1,\pm2\cdots \tag{3.71}$$

根据等式两端相角和幅值应分别相等的条件，可以将式(3.69) 写成两个方程

$$|G(s)H(s)|=1 \tag{3.72}$$

$$\angle G(s)H(s)=(2h+1)\pi, h=0,\pm1,\pm2\cdots \tag{3.73}$$

过程控制系统通常可写成以下形式

$$G(s)H(s)=\frac{K_cK_vK_oK_m(T'_1s+1)(T'_2s+1)\cdots(T'_ms+1)}{(T_1s+1)(T_2s+1)\cdots(T_ns+1)}, m\leqslant n \tag{3.74}$$

式中，K_c、K_v、K_o、K_m 分别为控制器、执行器、控制对象和测量装置的增益。$G(s)H(s)$ 也可以写成

$$G(s)H(s)=\frac{K\prod_{j=1}^{m}(s+z_j)}{\prod_{i=1}^{n}(s+p_i)}, m\leqslant n \tag{3.75}$$

式中，$z_1=\frac{1}{T'_1}$，$z_2=\frac{1}{T'_2}$，…，$z_m=\frac{1}{T'_m}$；$p_1=\frac{1}{T_1}$，$p_2=\frac{1}{T_2}$，…$p_n=\frac{1}{T_n}$。

$$K=K_cK_vK_oK_m\frac{\prod_{i=1}^{n}p_i}{\prod_{j=1}^{m}z_j} \tag{3.76}$$

式中，$s=-z_j(j=1,2,\cdots,m)$ 为系统开环零点；$s=-p_i(i=1,2,\cdots,n)$ 为系统开环极点。每一个复变因子 $(s+p_i)$ 或 $(s+z_j)$ 也可写成幅值和相角的形式，即

$$(s+p_i)=|s+p_i|\mathrm{e}^{\mathrm{j}\angle(s+p_i)} \tag{3.77}$$

$$(s+z_j)=|s+z_j|\mathrm{e}^{\mathrm{j}\angle(s+z_j)} \tag{3.78}$$

因此将式(3.75) 代入式(3.72) 和式(3.73)，即可得到绘制根轨迹的幅值条件和相角条件

$$\frac{K\prod_{j=1}^{m}|s+z_j|}{\prod_{i=1}^{n}|s+p_i|}=1 \tag{3.79}$$

$$\sum_{j=1}^{m}\angle(s+z_j)-\sum_{i=1}^{n}\angle(s+p_i)=(2h+1)\pi,\quad h=0,\pm1,\pm2\cdots \tag{3.80}$$

根轨迹上的点必须满足这两个方程。如果检验复平面上的某一个点 s_0 是否位于根轨迹上，那么可以令 $s=s_0$，并将其代入式(3.79) 和式(3.80)，看是否满足上述两个方程。

3.2.3 绘制根轨迹的基本规则

下面简单介绍以开环增益 K 为参变量的根轨迹绘制规则。

(1) 规则 1　根轨迹的分支数、连续性和对称性

根轨迹在 s 平面上的分支数等于开环特征方程的阶数 n。根轨迹在复平面上是一簇连续的曲线，并对称于实轴。因为根轨迹是闭环特征方程的根，特征方程的根是实根（在实轴上）或者是共轭复根（对称于实轴），因而根轨迹一定对称于实轴。所以我们在绘制非实轴上的根轨迹时，可以只画出上半复平面的根轨迹曲线，然后利用对称于实轴的特点画出下半复平面的根轨迹曲线。

(2) 规则 2　根轨迹的起点和终点

根轨迹起始于开环极点，终止于开环零点。如果开环极点数和零点数不等，则其余的根轨迹不是终止于无穷远处，就是起始于无穷远处。

因为根轨迹是闭环特征方程的根，当 $K=0$ 时，根轨迹起始于开环极点，$K=\infty$时，根轨迹终止于开环零点。如果开环零点数 m 小于开环极点数 n，则有（$n-m$）条根轨迹趋向于无穷远处，或者说趋向于无限远处的零点。

根据根轨迹方程式(3.69) 有

$$\frac{\prod_{j=1}^{m}(s+z_j)}{\prod_{i=1}^{n}(s+p_i)}=-\frac{1}{K} \tag{3.81}$$

所谓根轨迹的起点和终点是指 K（或 K^*）等于零和无穷大时根的坐标位置。当 $K=0$ 时，上式右端等于∞，左端必有特征根为 $s=-p_i$，所以根轨迹的起点就是开环极点。当 $K=\infty$时，上式右端等于 0，左端必有特征根为 $s=-z_j$，所以根轨迹的终点就是开环零点。

若 $n>m$，当 $s\to\infty$，上式左端可写成如下形式

$$\lim_{s\to\infty}\frac{\prod_{j=1}^{m}(s+z_j)}{\prod_{i=1}^{n}(s+p_i)}=\lim_{s\to\infty}\frac{K}{s^{n-m}}=0 \tag{3.82}$$

与上式右端相等。所以（$n-m$）条根轨迹的终点就是无穷远处。

(3) 规则 3　位于实轴上的根轨迹

实轴上某一区域，若其右边开环实数零、极点的个数之和为奇数，则该区域必是根轨迹。

(4) 规则 4　根轨迹的渐近线

如果系统的开环极点数 n 大于开环零点数 m，则当开环增益 K 从零变化到无穷大时，将有 $n-m$ 条根轨迹沿着与实轴交角为 φ_{n}，交点为 σ_{n} 的一组渐近线趋向无穷远处，且有

$$\varphi_{\mathrm{n}}=\frac{(2k+1)\pi}{n-m}\quad(k=0,1,2\cdots,n-m-1) \tag{3.83}$$

$$\sigma_{\mathrm{n}}=\frac{\sum_{i=1}^{n}p_i-\sum_{j=1}^{m}z_j}{n-m} \tag{3.84}$$

(5) 规则 5　根轨迹的起始角和终止角

根轨迹离开开环复数极点处的切线与正实轴的夹角，称为起始角，以 θ_{p_i} 表示；根轨迹进入开环

复数零点处的切线与正实轴的夹角，称为终止角，以 φ_{z_i} 表示。这些角度可以按如下关系式求出

$$\begin{aligned}\theta_{p_i}&=(2k+1)\pi+\sum_{j=1}^{m}\angle(p_i-z_j)-\sum_{j=1;j\neq i}^{n}\angle(p_i-p_j)\\ \varphi_{z_i}&=(2k+1)\pi-\sum_{j=1;j\neq i}^{m}\angle(z_i-z_j)+\sum_{j=1}^{n}\angle(z_i-p_j)\end{aligned}\quad(k=0,\pm 1,\pm 2\cdots)\tag{3.85}$$

(6) 规则 6　根轨迹的分离点和会合点

几条（两条或两条以上）根轨迹在 s 平面上相遇又分开的点称为根轨迹的分离点（或会合点）。

若根轨迹位于实轴两相邻开环极点之间，则此二极点之间至少存在一个分离点；若根轨迹位于实轴两相邻开环零点之间，则此二零点之间至少存在一个会合点。

分离点（会合点）的坐标 d 可由下面方程求得

$$\sum_{i=1}^{n}\frac{1}{d-p_i}=\sum_{j=1}^{m}\frac{1}{d-z_j}\tag{3.86}$$

(7) 规则 7　根轨迹的分离角和会合角

分离角：指根轨迹离开分离点处的切线与实轴正方向的夹角。

$$\theta_d=\frac{1}{l}\left[(2k+1)\pi+\sum_{j=1}^{m}\angle(d-z_j)-\sum_{i=l+1}^{n}\angle(d-s_i)\right]\tag{3.87}$$

会合角：指根轨迹进入重极点处的切线与实轴正方向的夹角。

$$\varphi_d=\frac{1}{l}\left[(2k+1)\pi+\sum_{i=1}^{n}\angle(d-p_i)-\sum_{i=l+1}^{n}\angle(d-s_i)\right]\tag{3.88}$$

其中，l 为分离点处相遇或分开的根轨迹条数。

用简单法则确定分离角与会合角：

① 若有 l 条根轨迹进入 d 点，必有 l 条根轨迹离开 d 点；

② l 条进入 d 点的根轨迹与 l 条离开 d 点的根轨迹相间隔；

③ 任一条进入 d 点的根轨迹与相邻的离开 d 点的根轨迹方向之间的夹角为 $\frac{\pi}{l}$。

(8) 规则 8　根轨迹与虚轴的交点

如根轨迹与虚轴相交，则交点上的 K 值和 ω 值可用劳斯判据判定，也可令闭环特征方程中 $s=\mathrm{j}\omega$，然后分别令其实部和虚部为零求得。

(9) 规则 9　根之和与根之积

如果系统特征方程写成如下形式

$$\begin{aligned}&\prod_{i=1}^{n}(s+p_i)+K\prod_{j=1}^{m}(s+z_j)=\prod_{i=1}^{n}(s+s_i)\\ &=s^n+a_1s^{n-1}+a_2s^{n-2}+\cdots+a_{n-1}s+a_n\end{aligned}\tag{3.89}$$

闭环特征根的负值之和，等于闭环特征方程第二项系数 a_1。若 $(n-m)\geqslant 2$，根之和与开环根轨迹增益 K 无关；闭环特征根之积乘以 $(-1)^n$，等于闭环特征方程的常数项。

上述结论用表达式表示，即

$$-\sum_{i=1}^{n}s_i=a_1;(-1)^n\sum_{i=1}^{n}s_i=a_n\tag{3.90}$$

3.2.4　基于根轨迹法的控制器性能分析

设计根轨迹法的初衷是研究当系统增益 K 由零到无穷大变化时，系统闭环特征根的轨迹。

而实际上，我们也能够方便地利用根轨迹法考察其他参数对系统的影响。

一个控制系统总是希望它的输出量尽可能地复现给定输入量，要求动态过程的快速性、平稳性要好。为了保证系统稳定，闭环系统极点必须在左半 s 平面。对于闭环传递函数为式(3.75)的 n 阶系统，可求得其单位阶跃响应 $y(t)=A_0+\sum_{j=1}^{n}A_i e^{p_i t}$。从中可以看出，系统的单位阶跃响应将由闭环极点 p_i 及系数 A_i 决定。为保证快速性好，应使阶跃响应中每一分量 $e^{p_i t}$ 衰减得快，即 p_i 应远离虚轴。若为共轭复极点，实部决定衰减快慢，虚部决定阻尼振荡频率。为保证平稳性好，复极点最好设在与复实轴成 $\pm 45^{\circ}$ 线上，此时可获得最佳阻尼系数 $\zeta=0.707$。而远离虚轴的闭环极点（或零点）对瞬态响应的影响很小。一般情况下，若某一极点比其他极点远离虚轴4～6倍时，它对瞬态响应的影响可以忽略不计。

由于零点个数总是小于极点个数，故零点应靠近虚轴近的极点。因为离虚轴最近的极点 p_i 对应的瞬态分量 $A_i e^{p_i t}$ 衰减最慢，若能使某一零点 z_j 靠近该 p_i，则系数 A_i 值很小，甚至可能趋于零，$A_i e^{p_i t}$ 即可忽略不计。从而，对动态过程起决定作用的极点就让位于离虚轴近的极点，使系统快速性有所提高。我们将一对靠得很近的闭环零点、极点称为偶极子。在工程上认为，它们的间距应小于它们本身到原点距离的 $\frac{1}{10}$。偶极子的概念对系统综合设计有很大作用，可以有意识地在系统中加入适当零点，以抵消不利极点，使系统动态过程得以改善。

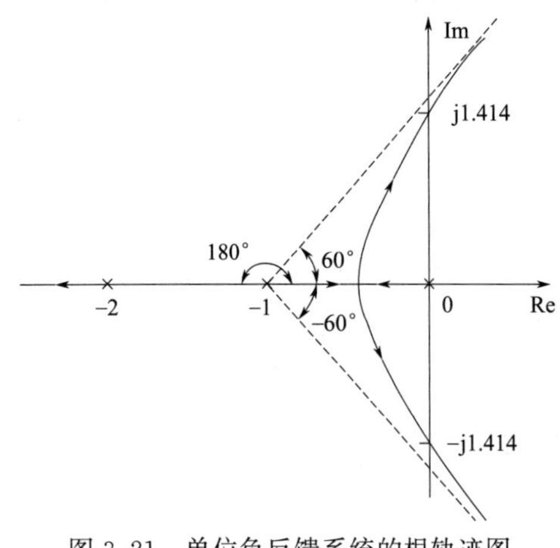

图 3.21　单位负反馈系统的根轨迹图

下面通过单位负反馈系统的特征方程和根轨迹图（如图 3.21），分析根轨迹参数对系统的影响。单位负反馈系统的特征方程为

$$1+\frac{K}{s(s+1)(s+2)}=0 \tag{3.91}$$

我们可以发现 $K=0$ 时系统有三个实数极点，系统是稳定的。当根轨迹越过虚轴时，系统不稳定。所以为了提高精度，参数尽量越大越好。由于系统是受到限制的，所以闭环系统稳定的参数取值范围 $0<K<6$，根轨迹虚轴穿越点为 $\omega=\pm\sqrt{2}$，$K=6$。因此参数最大为 6，此时临界稳定。当大于 6 时，系统将失稳。因此从图 3.21 可以发现关于参数设计的指导原则。

当系统变化时，阻尼系数小于某一值时，系统会变为欠阻尼，所以此时系统参数 K 选择余地很小，但又不能失稳，因此根轨迹分离点为 $s_2=-0.42$，$K=0.38$，分离点开始到虚轴穿越点，稳定的欠阻尼系统的参数 K 的范围为 $0.38<K<6$，此时是稳定的欠阻尼系统。

三阶系统较为复杂，为了使三阶系统表现像二阶系统，我们提出主导极点的概念。当从极点（−2）向左边继续远离，这时，对瞬态系统的影响可以忽略不计，稳态系统得以保留。

在什么范围内设计什么参数可以使三阶系统的表现像一个二阶系统，此时试探分离点处的第三个闭环极点

$$s^3+3s^2+2s+K=(s+0.42)^2(s-s_3) \tag{3.92}$$

此时 $s_3=-2.16$，即 $K=0.38$ 时第三个极点为 −2.16 倍，不满足 10 倍准则。那么增大 K，主导二阶系统将是欠阻尼。通过式(3.93)

$$s^3+3s^2+2s+K=(s-a+\mathrm{j}b)(s-a-\mathrm{j}b)(s-10a) \tag{3.93}$$

可以确认第三个极点何时为10倍，求得 $s_{1,2}=-\frac{1}{4}\pm j\frac{\sqrt{21}}{4}$，$s_3=-\frac{10}{4}$，$K=\frac{55}{16}=3.44$，主导二阶系统的参数取值范围（10倍）为 $3.44\leqslant K\leqslant 6$。

通过根轨迹图，我们可以了解关于系统的很多响应，当 K 在范围之内系统是主导二阶欠阻尼时，配置好主导极点，那么阻尼频率、自然频率、衰减系数、超调量、上升时间我们都可以了解。

【例 3.3】 某系统闭环传递函数

$$\varphi(s)=\frac{1}{(0.67s+1)(0.01s^2+0.16s+1)}$$

利用根轨迹（图 3.22）计算动态性能指标。

解： 闭环有三个极点

$$p_1=-\frac{1}{0.67}=-1.5, p_{2,3}=-8\pm j6$$

$$\mathrm{Re}|p_{2,3}|>5|p_1|$$

所以 $p_{2,3}$ 可忽略不计，p_1 为主导极点，系统近似为一阶

$$\varphi(s)=\frac{1}{0.67s+1}$$

$$t_s=3T=3\times 0.67\approx 2\mathrm{s}$$

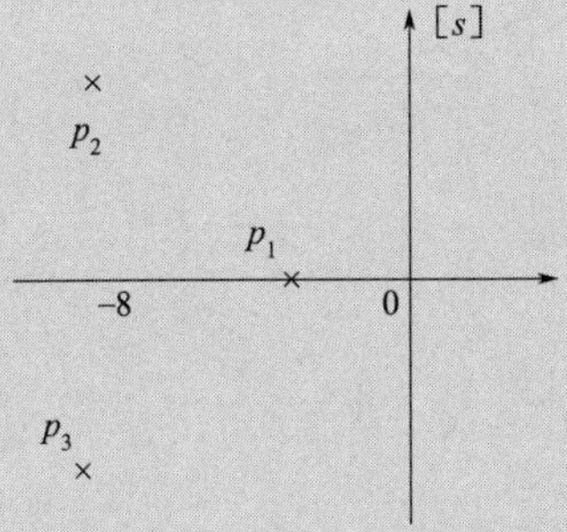

图 3.22 例 3.3 根轨迹图

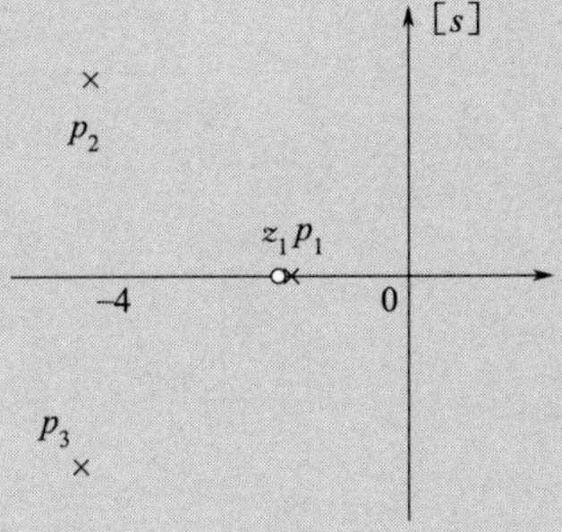

图 3.23 例 3.4 根轨迹图

【例 3.4】 某系统闭环传递函数

$$\varphi(s)=\frac{0.59s+1}{(0.67s+1)(0.01s^2+0.08s+1)}$$

利用根轨迹（图 3.23）估算动态性能指标。

解： 闭环极点：$p_1=-1.5$，$p_{2,3}=-4\pm j9.2$

闭环零点：$z_1=-1.7$

$p_{2,3}$ 为主导极点，系统近似为二阶

$$\varphi(s)=\frac{1}{0.01s^2+0.08s+1}$$

$$\zeta=0.4, \omega_n=10$$

$$\sigma_p\%=e^{-\frac{\zeta\pi}{\sqrt{1-\zeta^2}}}\times 100\%=25\%, t_s=\frac{3}{\zeta\omega_n}=0.75\mathrm{s}$$

3.2.5 根轨迹图的绘制

下面通过例子，讲述 MATLAB 在绘制根轨迹图中的应用。

【例 3.5】 已知单位负反馈控制系统的开环传递函数为 $G(s)=\dfrac{K(s+1)}{s(s-1)(s+4)}$。画出这个系统的根轨迹；确定使闭环系统稳定的增益值 K。

解：利用 MATLAB 求解的基本步骤如下，MATLAB 程序见 m3 _ 4. m。

① 步骤 1：建立系统的数学模型。

对该控制系统建模，结果如下：

```
              s+1
sys=--------------------
        s^3+3s^2-4s
```

输出的结果是用来绘制根轨迹的那部分传递函数。

② 步骤 2：绘制根轨迹。

根据已经建立的数学模型，绘制系统的根轨迹曲线，得到的系统根轨迹如图 3.24 所示。

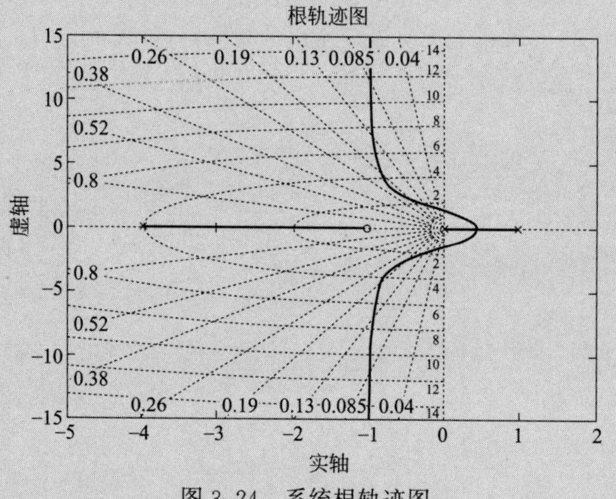

图 3.24 系统根轨迹图

图 3.24 中“×”表示闭环系统的极点，“○”表示闭环系统的零点。用鼠标单击图中的曲线，可以得到对应的系统增益、极点、频率等参数，如图 3.25 所示。根据题目要求，需要求得根轨迹穿越虚轴时的系统增益，以此确定系统稳定的增益范围。

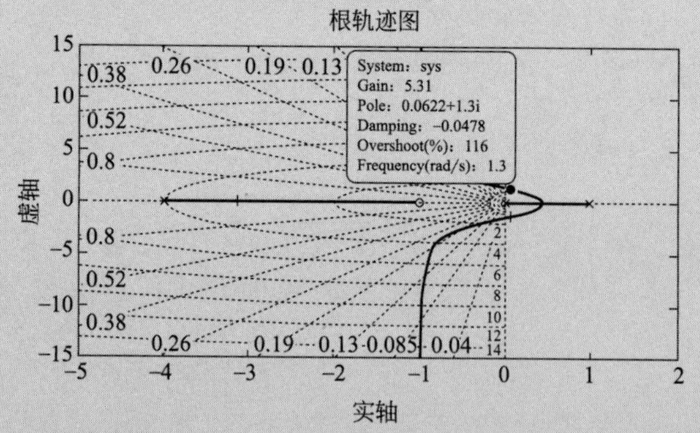

图 3.25 从根轨迹图中读取系统参数

运行程序，单击根轨迹与虚轴的交点，可以直接在图中进行数据读取，但这样操作所获得的数据精度往往较差。可以将曲线局部放大，结果如图 3.26 所示。

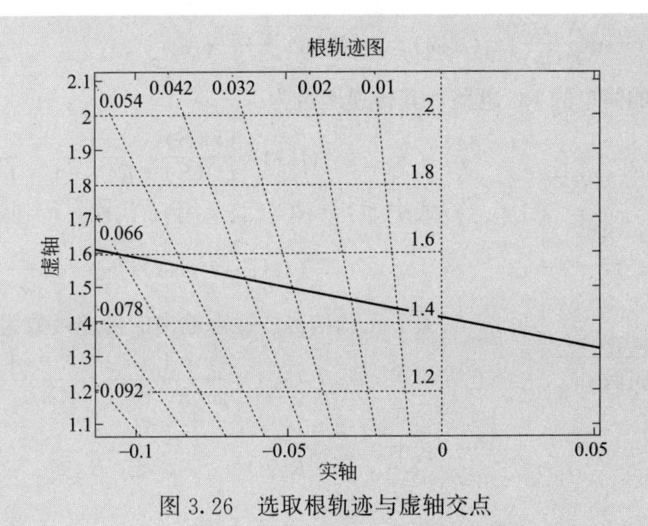

图 3.26　选取根轨迹与虚轴交点

同时得到结果：

k=5.2882

poles=－3.1285＋0.0000i

0.0643＋1.2985i

0.0643－1.2985i

3.3 频域分析法

3.3.1 控制系统的频率响应

频率响应分析方法是以频率特性或频率响应为基础对系统进行分析研究的方法。频率响应分析方法具有明确的物理意义，许多系统和环节的频率特性都可以通过数值分析或实验获得，可以图解分析。对于一阶、二阶系统，其频域和时域指标一一对应，高阶系统则近似对应。频率分析法不仅适用于线性单输入单输出系统，还可以应用于多输入多输出系统，也可以有条件地推广应用到某些非线性控制系统。

(1) 频率特性的基本概念

系统的频率响应指的是系统对正弦输入信号的稳态响应。正弦信号是一种独特的输入信号，在它的激励下，系统的输出信号及内部各节点的信号，在系统达到稳态时均为正弦信号，而与输入信号相比，它们的频率相同，只有幅值和相角不同。

线性系统或环节在正弦输入作用下，稳态输出响应与输入信号频率的关系特性称为频率特性，记作 $G(\mathrm{j}\omega)$，也称为频率响应。在频率域内，可以将系统的传递函数 $G(s)$ 改写成频率特性函数，即

$$G(s)\big|_{s=\mathrm{j}\omega}=G(\mathrm{j}\omega)=R(\omega)+\mathrm{j}X(\omega) \tag{3.94}$$

其中，$R(\omega)=\mathrm{Re}[G(\mathrm{j}\omega)]$；$X(\omega)=\mathrm{Im}[G(\mathrm{j}\omega)]$。

此外，频率特性函数还可以用幅值 $|G(\mathrm{j}\omega)|$ 和相角 $\phi(\omega)$ 表示为

$$G(\mathrm{j}\omega)=|G(\mathrm{j}\omega)|\mathrm{e}^{\mathrm{j}\phi(\omega)}=|G(\mathrm{j}\omega)|\angle\phi(\omega) \tag{3.95}$$

其中，$\phi(\omega)=\arctan\dfrac{X(\omega)}{R(\omega)}$；$|G(j\omega)|^2=[R(\omega)]^2+[X(\omega)]^2$。

如图 3.27 所示的简单的 RC 电路，其传递函数为

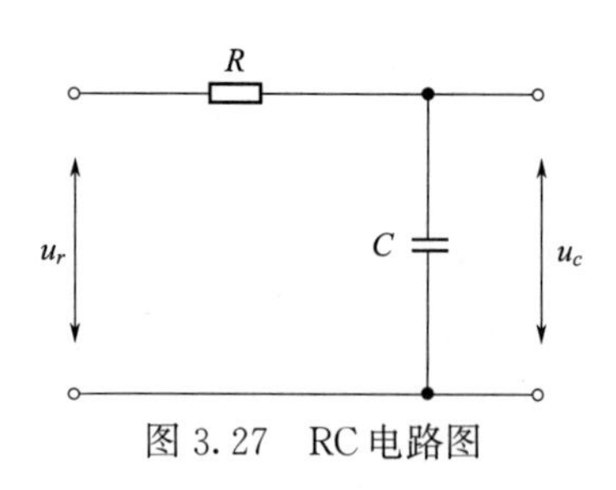

图 3.27　RC 电路图

$$G(s)=\frac{U_c(S)}{U_r(S)}=\frac{1}{RCs+1}=\frac{1}{Ts+1} \tag{3.96}$$

式中，$T=RC$。将 s 用 $j\omega$ 代换，得到频率特性

$$G(j\omega)=G(s)|_{s=j\omega}=\frac{1}{Tj\omega+1} \tag{3.97}$$

关于正弦信号的稳态输出的传递函数为

$$G(j\omega)=\frac{1}{j\omega(RC)+1}=\frac{1}{j(\omega/\omega_1)+1} \tag{3.98}$$

其中，$\omega_1=\dfrac{1}{RC}$。

幅频特性为

$$A(\omega)=|G(j\omega)|=\frac{1}{\sqrt{(T\omega)^2+1}} \tag{3.99}$$

相频特性为

$$\varphi(\omega)=G(j\omega)=-\arctan T\omega \tag{3.100}$$

从上式可以看出，幅频与相频特性都是输入正弦信号频率 ω 的函数。

对 $R=0.1$、$L=0.5/377$、$C=1/0.2/377$ 的 RLC 电路进行 MATLAB 仿真，对其频率响应进行分析。MATLAB 程序见 m3 _ 5.m，程序输出的 RLC 电路频率响应与伯德图如图 3.28 所示。

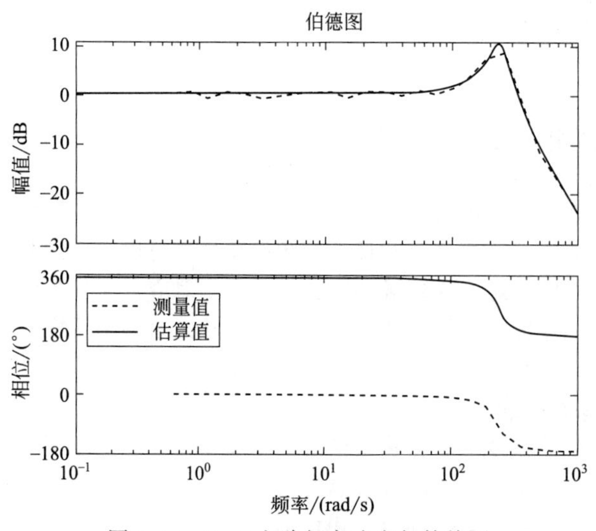

图 3.28　RLC 电路频率响应与伯德图

控制系统频率特性的求解方法具有如下三种途径：

① 根据已知的系统方程，输入正弦函数求出其稳态解，而后求解输出稳态分量和输入正弦信号的复数比；

② 根据系统传递函数，利用表达式 $G(j\omega)=G(s)|_{s=j\omega}$ 来求取；

③ 通过实验所测数据，进行分析求取。

(2) 频率特性的几何表示

在工程分析和设计中，通常把频率特性画成一些曲线，通过这些曲线对系统进行研究，频率特性函数最常用的两种图形表示方法，分别为极坐标图和对数频率特性图。

极坐标图，又称奈奎斯特曲线图、幅相频率特性图，其特点是将频率作为参变量。当正弦信号的频率变化时，系统频率特性向量的幅值和相位也随之作相应的变化，其端点在复平面上移动而形成的轨迹曲线称为幅相曲线，其中曲线上的箭头表示频率增大的方向。

极坐标图的绘制可以采用描点绘制的方法。首先，根据系统的频率特性函数表达式计算出系统的幅频和相频数据，而后进行描点、连线等工作。

表 3.2 列出了随频率的变化，RC 系统相应幅频特性与相频特性的数据。图 3.29 所示为绘制的上述 RC 网络的幅频特性图与相频特性图。以频率为横坐标，以幅频 $A(\omega)$ 为纵坐标，画出 $A(\omega)$ 随频率 ω 变化的曲线，称为幅频特性曲线。以频率 ω 为横坐标，以相频 $\varphi(\omega)$ 为纵坐标，画出 $\varphi(\omega)$ 随频率 ω 变化的曲线，称相频特性曲线。

表 3.2　RC 网络的幅频特性和相频特性数据

ω	0	$1/T$	$2/T$	$3/T$	$4/T$	$5/T$	∞
$A(\omega)$	1	0.707	0.45	0.32	0.24	0.196	0
$\varphi(\omega)/(°)$	0	−45	−63.4	−71.5	−76	−78.69	−90

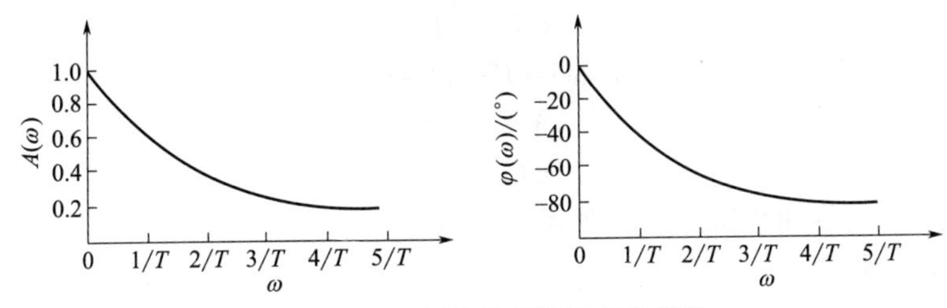

图 3.29　RC 网络的幅频和相频特性

如图 3.30 所示为极坐标系上描点绘制的系统幅相曲线。幅相特性曲线是将频率 ω 作为参变量，将幅频与相频特性同时表示在复数平面上。图上实轴正方向为相角的零度线，逆时针方向转过的角度为正角度，顺时针方向转过的角度为负角度。对于某个确定的频率，必有一个幅频的幅值和一个相频的相角与之对应。当频率 ω 由零变到无穷大时，可在复数平面上画出一组向量，将这一组向量的矢端连成一条曲线，即为幅相特性曲线，又称奈奎斯特曲线。

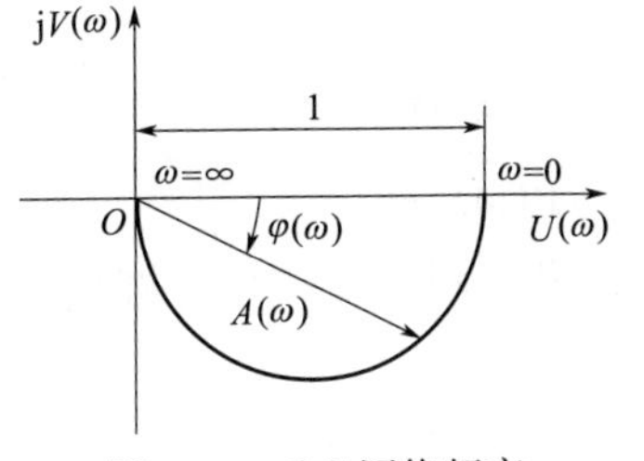

图 3.30　RC 网络频率特性的幅相曲线

通过半对数坐标分别表示幅频特性和相频特性的图形，称为对数频率特性曲线或伯德（Bode）图。它包括对数幅频特性和对数相频特性两条曲线。其中，幅频特性曲线可以表示一个线性系统或环节对不同频率正弦输入信号的稳态增益；而相频特性曲线则可以表示一个线性系统或环节对不同频率正弦输入信号的相位差。对数幅频特性和相频特性的横坐标都是频率 ω，采用对数分度，单位为弧度/秒（rad/s）。对数幅频特性的纵坐标表示幅值比的对数值，定义为

$$L(\omega)=20\lg|G(j\omega)| \tag{3.101}$$

采用线性分度，单位是分贝，用字母 dB 表示。

对数相频特性的纵坐标表示相位差 $\varphi=\angle G(j\omega)$，采用线性分度，单位是度（°）。对数频率特性的坐标如图 3.31 所示。

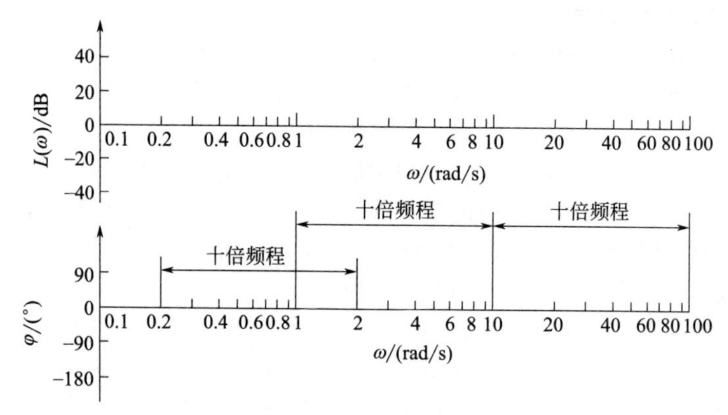

图 3.31　对数坐标刻度图

(3) 典型环节的频率特性

用频率法研究控制系统的稳定性和动态响应时，是根据系统的开环频率特性进行的，而控制系统的开环频率特性通常是由各典型环节的频率特性组成的，因此掌握好各典型环节的频率特性，能很方便地绘制出系统的开环频率特性。

① 比例环节（放大环节）。

传递函数
$$G(s)=K \tag{3.102}$$

频率特性
$$G(j\omega)=K+j0=Ke^{j0^\circ} \tag{3.103}$$

幅频特性
$$A(\omega)=K \tag{3.104}$$

相频特性
$$\varphi(\omega)=0^\circ \tag{3.105}$$

比例环节的频率特性曲线如图 3.32 所示。

② 积分环节的频率特性。

传递函数
$$G(s)=\frac{1}{s} \tag{3.106}$$

频率特性
$$G(j\omega)=\frac{1}{j\omega}=-j\frac{1}{\omega}=\frac{1}{\omega}e^{-j90^\circ} \tag{3.107}$$

幅频特性
$$A(\omega)=\frac{1}{\omega} \tag{3.108}$$

相频特性
$$\varphi(\omega)=-90^\circ \tag{3.109}$$

积分环节的频率特性曲线如图 3.33 所示。

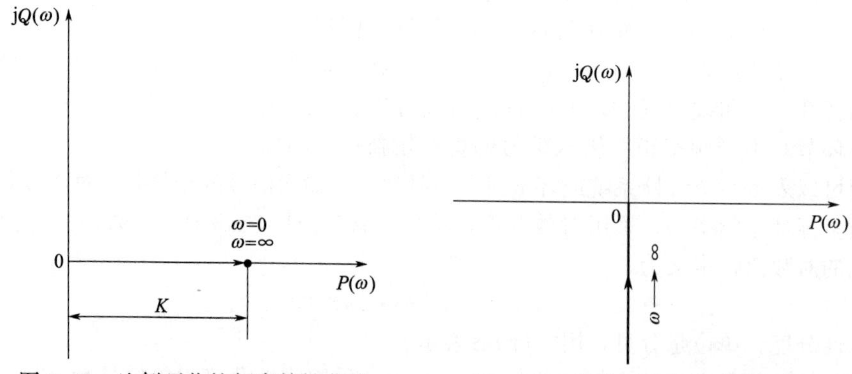

图 3.32　比例环节的频率特性曲线

图 3.33　积分环节的频率特性曲线

③ 惯性环节。

传递函数 $$G(s)=\frac{1}{Ts+1} \tag{3.110}$$

频率特性 $$G(j\omega)=\frac{1}{1+\mathrm{j}T\omega}=\frac{1}{1+\omega^2T^2}+\mathrm{j}\frac{-T\omega}{1+\omega^2T^2}=\frac{1}{\sqrt{1+\omega^2T^2}}\mathrm{e}^{j\arctan(-T\omega)} \tag{3.111}$$

幅频特性 $$A(\omega)=\frac{1}{\sqrt{1+\omega^2T^2}} \tag{3.112}$$

相频特性 $$\phi(\omega)=-\arctan(T\omega) \tag{3.113}$$

惯性环节的对数频率特性曲线如图 3.34 所示。

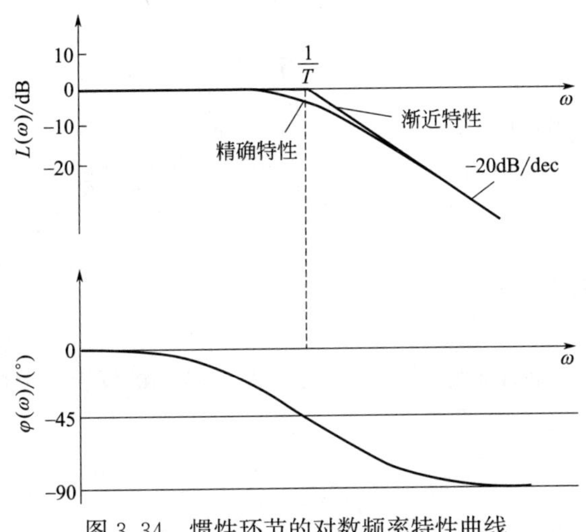

图 3.34 惯性环节的对数频率特性曲线

④ 振荡环节。

传递函数 $$G(s)=\frac{1}{T^2s^2+2\zeta Ts+1}\qquad 0<\zeta<1 \tag{3.114}$$

频率特性 $$G(\mathrm{j}\omega)=\frac{1}{(1-T^2\omega^2)+\mathrm{j}2\zeta T\omega}=\frac{(1-T^2\omega^2)-\mathrm{j}2\zeta T\omega}{(1-T^2\omega^2)^2+(2\zeta T\omega)^2} \tag{3.115}$$

$$=\frac{1}{\sqrt{(1-T^2\omega^2)^2+(2\zeta T\omega)^2}}\mathrm{e}^{-\mathrm{j}\arctan\frac{+\zeta T\omega}{1-T^2\omega^2}}$$

幅频特性 $$A(\omega)=\frac{1}{\sqrt{(1-T^2\omega^2)^2+(2\zeta T\omega)^2}} \tag{3.116}$$

相频特性 $$\varphi(\omega)=-\arctan\frac{2\zeta T\omega}{1-T^2\omega^2} \tag{3.117}$$

振荡环节的幅相特性与阻尼系数 ζ 的取值有关，给出不同的值，可绘制出一组幅相特性曲线，如图 3.35 所示。振荡环节精确的对数频率特性曲线如图 3.36 所示。

⑤ 微分环节。

纯微分传递函数 $$G(s)=s \tag{3.118}$$

纯微分频率特性

$$G(\mathrm{j}\omega)=\mathrm{j}\omega=\omega\mathrm{e}^{\mathrm{j}90^\circ} \tag{3.119}$$

$$A(\omega)=|G(\mathrm{j}\omega)|=\omega \tag{3.120}$$

$$\varphi(\omega)=90^\circ \tag{3.121}$$

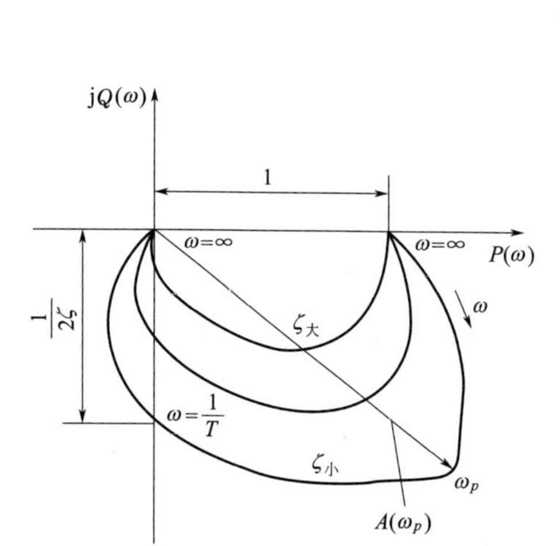

图 3.35　振荡环节的幅相特性曲线

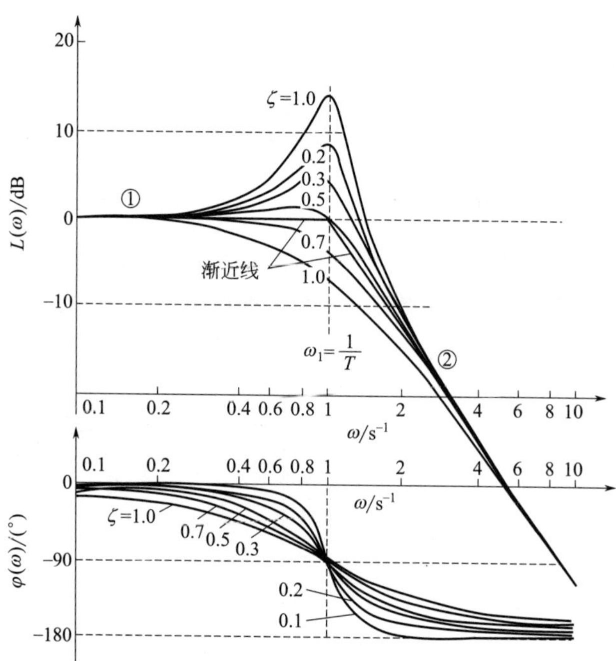

图 3.36　振荡环节的对数频率特性曲线

一阶微分传递函数

$$G(s)=1+\tau s \tag{3.122}$$

一阶微分频率特性

$$G(j\omega)=\tau j\omega+1 \tag{3.123}$$

$$A(\omega)=|G(j\omega)|=\sqrt{(\tau\omega)^2+1} \tag{3.124}$$

$$\varphi(\omega)=G(j\omega)=\arctan\tau\omega \tag{3.125}$$

二阶微分传递函数

$$G(s)=1+2\zeta\tau s+\tau^2 s^2 \tag{3.126}$$

二阶微分频率特性

$$G(j\omega)=1+\mathrm{j}2\zeta\tau\omega-\tau^2\omega^2 \tag{3.127}$$

$$A(\omega)=G(j\omega)=\sqrt{[1-(\tau\omega)^2]^2+(2\zeta\tau\omega)^2} \tag{3.128}$$

$$\varphi(\omega)=G(j\omega)=\arctan\frac{2\zeta\tau\omega}{1-(\tau\omega)^2} \tag{3.129}$$

如图 3.37 所示为纯微分、一阶微分和二阶微分对数的幅频特性和相频特性，在形式上分别是积分、惯性和振荡环节的相应特性的倒数。因此，在半对数坐标中，纯微分环节和积分环节的对数频率特性曲线相对于频率轴互为镜相；一阶微分环节和惯性环节的对数频率特性曲线相对于频率轴互为镜相；二阶微分环节和振荡环节的对数频率特性曲线相对于频率轴互为镜相。

⑥ 延时环节。

传递函数

$$y(t)=r(t-\tau)\quad t\geqslant\tau;\quad G(s)=\mathrm{e}^{-\tau s} \tag{3.130}$$

频率函数

$$G(\mathrm{j}\omega)=\mathrm{e}^{-\mathrm{j}\tau\omega} \tag{3.131}$$

幅频特性

$$A(\omega)=1 \tag{3.132}$$

相频特性

$$\varphi(\omega)=-\tau\omega \tag{3.133}$$

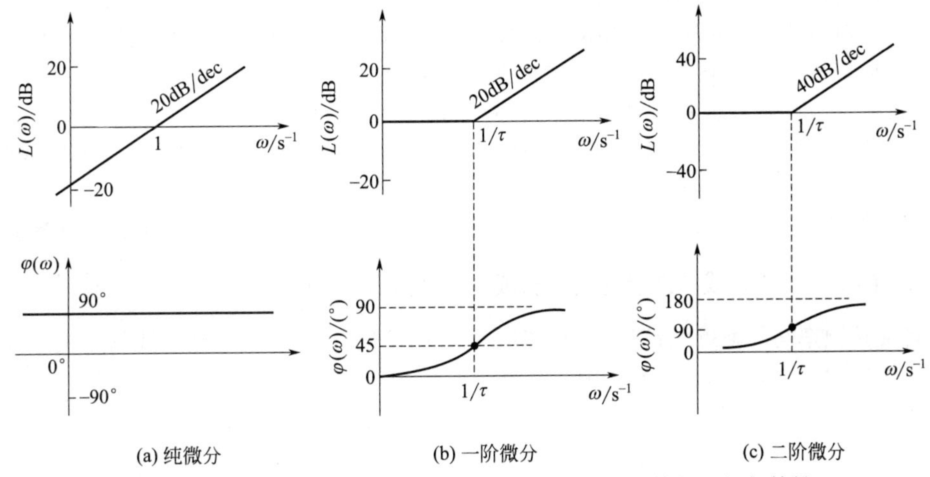

图 3.37 纯微分、一阶微分和二阶微分的对数幅频特性和相频特性

延时环节的幅相特性曲线、对数频率特性曲线如图 3.38 所示。

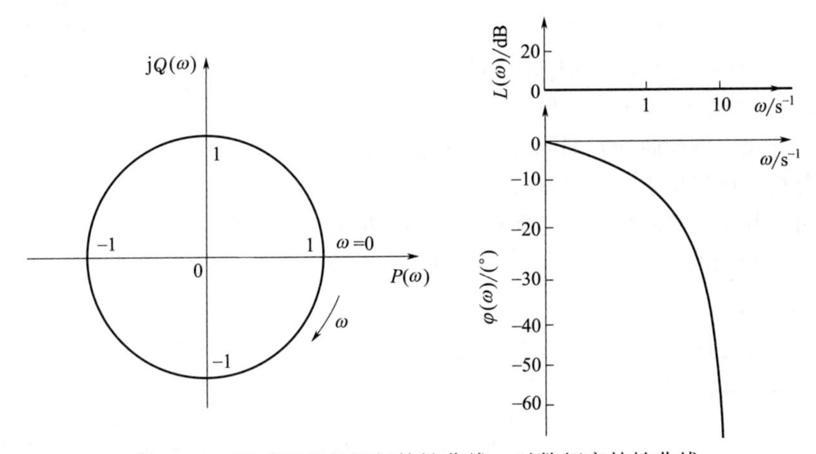

图 3.38 延时环节的幅相特性曲线、对数频率特性曲线

(4) 控制系统的开环频率特性

在采用频域分析方法分析控制系统时，必须首先绘制系统的开环频率特性曲线。

设系统的开环传递函数由若干个典型环节相串联

$$G(s)=G_1(s)\cdot G_2(s)\cdot \cdots \cdot G_n(s) \tag{3.134}$$

其开环频率特性

$$G(j\omega)=|G_1(j\omega)|e^{j\phi_1(\omega)}\cdot\cdots\cdot|G_n(j\omega)|e^{j\phi_n(\omega)}=|G_1|\cdots|G_n|e^{j[\phi_1+\cdots+\phi_n]} \tag{3.135}$$

所以，系统的开环幅频与相频分别为

$$A(\omega)=|G(j\omega)|=A_1(\omega)\cdot A_2(\omega)\cdots A_n(\omega) \tag{3.136}$$

$$\varphi(\omega)=\angle G(j\omega)=\varphi_1(\omega)+\varphi_2(\omega)+\cdots+\varphi_n(\omega) \tag{3.137}$$

根据式(3.136) 和式(3.137)，可以写出系统开环对数幅频与相频表达式。其开环对数幅频为

$$L(\omega)=20\lg|G(j\omega)|=20\lg A_1(\omega)A_2(\omega)\cdots A_n(\omega)=L_1(\omega)+L_2(\omega)+\cdots+L_n(\omega) \tag{3.138}$$

开环对数相频特性 $\varphi(\omega)$ 为

$$\varphi(\omega)=\varphi_1(\omega)+\varphi_2(\omega)+\cdots+\varphi_n(\omega) \tag{3.139}$$

由此可以看出，系统开环对数幅频等于各环节的对数幅频之和；系统开环相频等于各环节相频之和。通过对数化，将相乘变为相加，而环节的对数幅频又可近似用直线代替，对数相频又具有奇对称性质，故绘制系统的开环对数频率特性就比较容易。

一般情况下，控制系统开环对数频率特性图的绘制步骤如下：

① 将开环频率特性按典型环节分解，分解成典型环节串联的形式，并写成时间常数形式。

② 求出各交界频率，将其从小到大排列为 ω_1，ω_2，$\omega_3\cdots$，并标注在 ω 轴上。

③ 绘制低频渐近线（ω_1 左边的部分），这是一条斜率为$-20r$dB/dec(r 为系统开环频率特性所含$\frac{1}{\mathrm{j}\omega}$因子的个数）的直线，或者它的延长线应通过点（1，20log$K$）。

④ 各交接频率间的渐近线都是直线，但自最小的交接频率 ω_1 起，渐近线斜率发生变化，斜率变化取决于各交接频率对应的典型环节的频率特性函数。

⑤ 画出各串联典型环节的相频特性，将其相加得到系统开环相频特性。

3.3.2 频域分析法的稳定性分析

奈奎斯特稳定判据是利用系统开环幅相曲线判断闭环系统的稳定性，并能确定系统的相对稳定性。对数频率稳定判据本质上和奈氏判据没有什么区别，它是利用系统的开环对数频率特性曲线（即伯德图）来判断闭环系统的稳定性的。

奈奎斯特稳定判据具有以下特点：

① 根据开环频率特性曲线判断闭环系统稳定性；

② 作图分析，计算量小，信息量大；

③ 不但可以判定系统的稳定，也能给出不稳定根的个数和稳定裕量。

对于图 3.39 所示的闭环系统，设 $G(s)$ 和 $H(s)$ 分别为两个多项式之比的有理分式

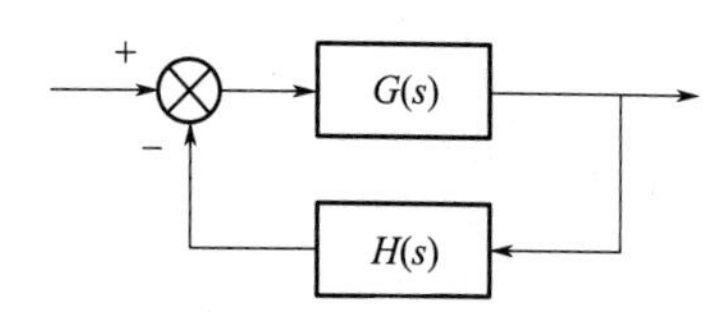

图 3.39　反馈控制系统

$$G(s)=\frac{M_1(s)}{N_1(s)} \tag{3.140}$$

$$H(s)=\frac{M_2(s)}{N_2(s)} \tag{3.141}$$

如果 $G(s)$ 和 $H(s)$ 没有零点和极点对消。则系统的开环传递函数为

$$G(s)H(s)=\frac{M_1(s)M_2(s)}{N_1(s)N_2(s)} \tag{3.142}$$

其闭环传递函数

$$\Phi(s)=\frac{G(s)}{1+G(s)H(s)}=\frac{M_1(s)N_2(s)}{N_1(s)N_2(s)+M_1(s)M_2(s)} \tag{3.143}$$

奈氏判据是从研究闭环与开环特征多项式之比这一函数入手的，这一函数仍是复变量 s 的函数，称之为辅助函数，记做 $F(s)$，即

$$F(s)=1+G(s)H(s)=\frac{N_1(s)N_2(s)+M_1(s)M_2(s)}{N_1(s)N_2(s)} \tag{3.144}$$

辅助函数的分子是闭环传递函数的特征多项式，分母是开环传递函数的特征多项式。对于物理系统，其开环传递函数的分母最高次幂 n 必大于分子最高次幂 m，即 $n>m$。

则函数 $F(s)$ 可写成

$$F(s)=\frac{\sum_{j}^{n}(s-z_j)}{\sum_{i}^{n}(s-p_i)} \tag{3.145}$$

式中　z_j——$F(s)$ 的零点，也是闭环传递函数的极点；

　　p_i——$F(s)$ 的极点，也是开环传递函数的极点。

(1) 奈奎斯特稳定判据

对于复变函数

$$F(s)=\frac{k(s+z_1)(s+z_2)\cdots(s+z_m)}{(s+p_1)(s+p_2)\cdots(s+p_n)} \tag{3.146}$$

在 s 平面上封闭曲线 τ_s 区域内共有 $P=n$ 个极点和 $Z=m$ 个零点，且封闭曲线 τ_s 不穿过 $F(s)$ 的任一个极点和零点。当 s 顺时针沿封闭曲线 τ_s 变化一周时，函数 $F(s)$ 在 F 平面上的轨迹将按逆时针包围原点 $N=P-Z$ 次。零点个数考虑重根数，$N>0$ 逆时针，$N<0$ 顺时针。

即幅角原理的表达式为

$$N=P-Z \tag{3.147}$$

式中，Z 表示位于右半平面 $F(s)=1+G(s)H(s)$的零点数，即闭环右极点个数；P 表示位于右半平面 $F(s)=1+G(s)H(s)$的极点数，即开环右极点个数；N 表示奈奎斯特曲线包围坐标原点的次数。

闭环系统稳定的条件为系统的闭环极点均在 s 平面的左半平面，即 $Z=0$ 或 $N=P$。

若开环系统稳定，即 $P=0$ 时，开环幅相特性 $G(j\omega)H(j\omega)$曲线不包围（-1，j0）点，则闭环系统稳定。

关于开环传递函数包含积分环节的处理：当开环传递函数 $G(s)H(s)$ 包含积分环节时，则开环具有 $s=0$ 的极点，此极点分布在坐标原点上。

其开环传递函数可用下式表示

$$G(s)H(s)=\frac{K(\tau_1 s+1)\cdots(\tau_m s+1)}{s^{\nu}(T_1 s+1)\cdots(T_l s+1)} \tag{3.148}$$

由于 s 平面上的坐标原点是所选闭合路径 Γs 上的一点，把这一点的 s 值，代入 $G(s)H(s)$ 后，使$|G(0)H(0)|\to\infty$，这表明坐标原点是 $G(s)H(s)$的极点，为了使 τ_s 路径不通过此极点，将它做些改变使其绕过原点上的极点，并把分布在坐标原点上的极点排除在被它所包围的面积之外，但仍应包含右半 s 平面内的所有闭环和开环极点，为此，以原点为圆心，作一个半径为无穷小的半圆，使 Γs 路径沿着这个无穷小的半圆绕过原点，如图 3.40 所示。

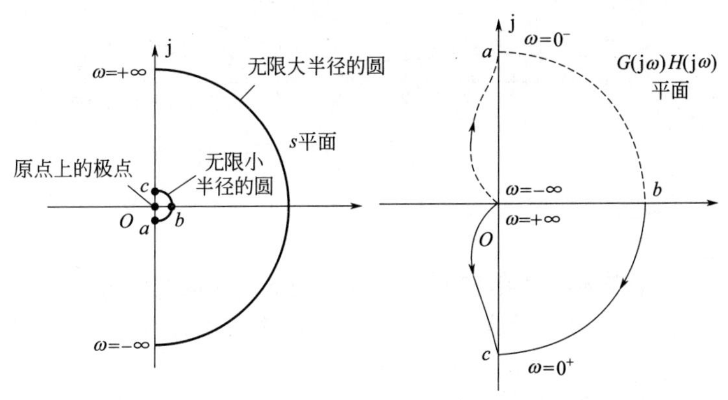

图 3.40　$G(s)H(s)$ 包含积分环节时的路径和幅相曲线

这样闭合路径 Γs 就由$\pm j\omega$ 轴、无穷小半圆 jε 轴、无穷大半圆四部分组成。当无穷小半径趋于 0 时，闭合路径 Γs 仍可包围整个右半 s 平面。位于无穷小半圆上的 s 可用下式表示

$$s=\varepsilon e^{j\theta} \tag{3.149}$$

下面讨论 $\nu=1$ 时，令 $\varepsilon\to 0$。将式(3.149) 代入式(3.148) 中，得

$$G(s)H(s)=\frac{K}{\varepsilon e^{j\theta}}=\frac{K}{\varepsilon}e^{-j\theta} \tag{3.150}$$

根据式(3.150)可确定 s 平面上的无穷小半圆映射到 $G(s)H(s)$ 平面上的路径。a 点 s 的幅值 $\varepsilon\to 0$，相角 θ 为 $-\frac{\pi}{2}$，对应的 $|G(s)H(s)|\to\infty$，$\varphi=-\theta=\frac{\pi}{2}$，这说明无穷小半圆上的 a 点映射到 $G(s)H(s)$ 平面上为正虚轴上无穷远处的一点。在 b 点处，$\varepsilon\to 0$，相角 θ 为 0，对应 $|G(s)H(s)|\to\infty$，$\varphi=-\theta=0$，说明 b 点映射到 $G(s)H(s)$ 平面上为正实轴上无穷远处的一点。对于 c 点，$\varepsilon\to 0$，$\theta=\frac{\pi}{2}$，对应 $|G(s)H(s)|\to\infty$，$\varphi=-\theta=-\frac{\pi}{2}$，说明 c 点映射到 $G(s)H(s)$ 平面上为负虚轴无穷远处的点。当 s 沿无穷小半圆由 a 点移到 b 点，再移到 c 点时，角度 θ 反时针方向转过 180°时，$G(s)H(s)$的角度则是顺时针方向转过 180°（如果系统的类型是 ν 型，则 $G(s)H(s)$ 角度的变化是 $\nu\times 180°$），s 平面上的半圆 abc，映射到 $G(s)H(s)$平面上为无穷大的半圆 abc。

开环传递函数有积分环节时，作如上处理，将开环分布在坐标原点的极点当成分布在 s 平面左半部的极点，这样奈氏判据仍能应用。

【例 3.6】 设开环传递函数为 $G(s)=\frac{K}{(s+2)(s^2+2s+5)}$，试用 MATLAB 判断系统稳定性。

解： MATLAB 程序见 m3_6.m，运行得当 $K=10$ 时，$N=0$，$P=0$，系统稳定，当 $K=30$、50、70、90 时，$N=-1$，$P=2$，系统不稳定。运行结果如图 3.41 所示。

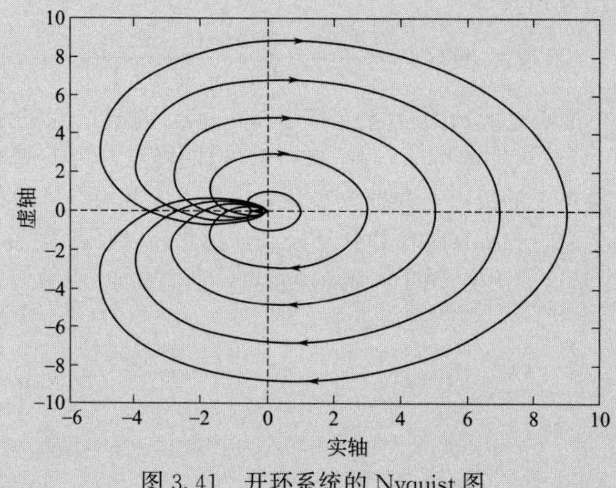

图 3.41 开环系统的 Nyquist 图

(2) 稳定裕度

稳定裕度是衡量一个闭环稳定系统稳定程度的指标，常用的有相角裕度 γ 和幅值裕度 h。稳定裕度图如图 3.42 所示。这些指标是根据系统开环幅相特性 $G(j\omega)H(j\omega)$ 和开环对数频率特性 $L(\omega)$ 及 $\varphi(\omega)$ 定义的。

根据奈氏判据可知，系统开环幅相特性曲线对（-1，j0）点的相对位置对闭环系统稳定性的影响很大，幅相曲线越接近（-1，j0）点，系统的稳定程度越差，所以，我们用幅相曲线相对（-1，j0）点的位置来衡量系统的稳定程度。

相角裕度 γ：在 $G(j\omega)H(j\omega)$ 曲线上模值等于 1 的矢量与复实轴的夹角，在对数频率特性曲线上，相当于 $L(\omega)=20\lg|G(j\omega)H(j\omega)|=0$dB 处的相频$\angle G(j\omega)H(j\omega)$与$-\pi$的差角，即

$$\gamma=\angle G(j\omega_c)H(j\omega_c)-(-180°)=180°+\angle G(j\omega_c)H(j\omega_c) \tag{3.151}$$

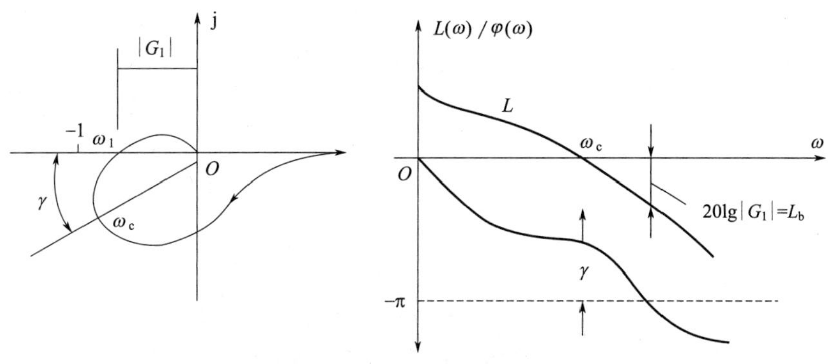

图 3.42 稳定裕度的图示

其中，ω_c 称为截止频率，是 $G(\mathrm{j}\omega)H(\mathrm{j}\omega)$ 曲线与单位圆交点处的频率。

相角裕度的物理意义：对于闭环稳定的最小相位系统，在 $\omega=\omega_c$ 处，系统的相角如果再减小 y 角度，系统将处于临界稳定状态，减小的角度大于 γ 后，系统将不稳定。为了使最小相位系统是稳定的，γ 必须为正值。

幅值裕度 h 是 $G(\mathrm{j}\omega)H(\mathrm{j}\omega)$ 曲线与负实轴相交点处的模值 $|G(\mathrm{j}\omega_1)H(\mathrm{j}\omega_1)|$ 的倒数（仅对 $|G(\mathrm{j}\omega_1)H(\mathrm{j}\omega_1)|<1$ 的情况）。

$$h=\frac{1}{|G(\mathrm{j}\omega_1)H(\mathrm{j}\omega_1)|} \tag{3.152}$$

幅值裕度的物理意义：对于闭环稳定的最小相位系统，在 $\omega=\omega_1$ 处，系统的开环幅相特性 $A(\omega_1)$ 增大 h 倍，系统将处于临界稳定状态，为了使最小相位系统是稳定的，h 必须大于 1。

在对数曲线上，相当于 $\angle G(\mathrm{j}\omega_1)H(\mathrm{j}\omega_1)$ 为 $-\pi$ 时，对应的对数幅频的绝对值，即

$$h(\mathrm{dB})=20\log h=20\left|\frac{1}{G(\mathrm{j}\omega_1)H(\mathrm{j}\omega_1)}\right|=-20\log|G(\mathrm{j}\omega_1)H(\mathrm{j}\omega_1)| \tag{3.153}$$

其中，ω_1 称为相角交界频率，是 $G(\mathrm{j}\omega)H(\mathrm{j}\omega)$ 曲线与负实轴交点处的频率。

一阶和二阶系统的幅值裕度 h 均为无穷大。

对于如图 3.43 所示情况，其幅值裕度应该包括两个指标，除 $\frac{1}{|G(\mathrm{j}\omega_1)H(\mathrm{j}\omega_1)|}$ 外，还有一个 m 的指标。显然，m 越大，则系统的稳定裕度也越大。

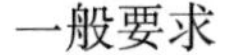

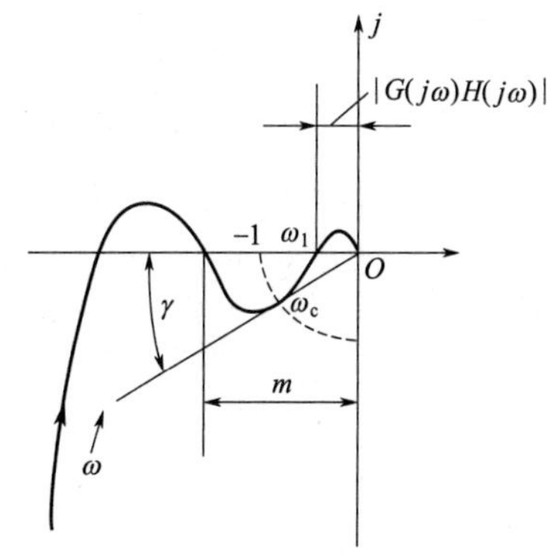

图 3.43 相稳定裕度和模稳定裕度

在闭环系统稳定的条件下，系统的 γ 和 h 越大，反映系统的稳定程度越高。稳定裕度也间接地反映了系统动态过程的平稳性，裕度大意味着超调小，振荡弱，“阻尼”大。

一般要求

$$\gamma\geqslant 40^\circ;h\geqslant 2;20\log h\geqslant 6\mathrm{dB}$$

【例 3.7】 已知系统的开环传递函数为 $G(s)=\frac{100(s+5)}{(s-2)(s+8)(s+20)}$，试绘制系统的极坐标图，并利用 Nyquist 稳定判据判断闭环系统的稳定性。

解： MATLAB 程序见 m3_7.m，运行结果如图 3.44 所示。

开环系统有一个 s 右半面的极点（$p=1$），因此开环系统是不稳定的。从图 3.44 可以看出，开环系统的 Nyquist 图逆时针包围（−1，j0）点 1 次，那么根据 Nyquist 稳定判据可知，闭环系统是稳定的。

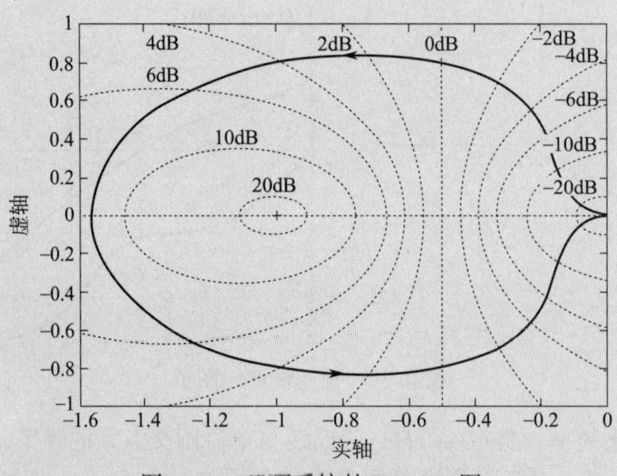

图 3.44　开环系统的 Nyquist 图

【例 3.8】 求开环传递函数 $G(s)=5(0.0167s+1)/[s(0.03s+1)(0.0025s+1)(0.001s+1)]$的幅值裕度、相角裕度、截止频率。

解： MATLAB 程序见 m3 _ 8. m，运行结果输出的曲线如图 3.45 所示。运行结果如下：

Gm=455.2548%特别强调下这里的幅值裕度，取 20log10(456)=53.179dB 才是 dB 值

Pm=85.2751

Wcg=602.4232

Wcp=4.9620

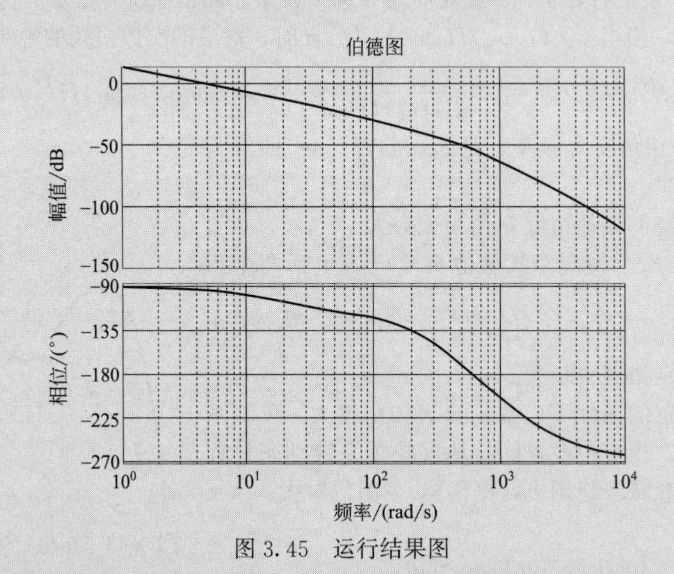

图 3.45　运行结果图

由运行结果可知，幅值稳定裕度 455.2548，相角稳定裕度为 85.2751°，相角穿越频率为 602.4232rad/s，幅值穿越频率（截止频率）为 4.9620rad/s。

3.4 控制系统的设计与校正

控制系统的设计问题，传统的方法是根据给定的被控对象和自动控制的技术要求，单独进行

控制器的设计，使得控制器与被控对象组成的系统，能够较好地完成自动控制任务。在这一设计过程中，对于控制系统的设计者而言，被控制对象是不可改变的部分。但是近代控制系统的设计问题已突破了上述传统观念，例如，近代的不稳定飞行对象的设计，就是事先考虑了控制的作用，即控制对象不是不可变的部分了，而是对象与控制器进行一体化的设计。所讨论的系统设计是一种原理性的局部设计，是在系统的基本部分，通常是对象、执行机构和测量元件等主要部件已经确定的条件下，设计校正装置的传递函数和调整系统的放大系数，使系统的动态性能指标满足一定要求。这一原理性的局部设计问题通常称为系统的校正或动态补偿器设计，而校正装置通常是参数易于调整的专用装置，可以由电子器件组合而成，也可以用数字运算电路来实现。

3.4.1 系统设计方法

进行系统设计和校正是为了达到和满足系统动态性能指标的要求，因此首先将系统分析中所引入的性能指标进行归纳，并介绍与指标有关的几个问题，其次对校正方式与设计方法作简单介绍。

(1) 性能指标

评价控制系统优劣的性能指标，一般是根据系统在典型输入下输出响应的某些特点统一规定的。常用的时域指标主要是针对阶跃响应来定义的，主要有：超调量 $\sigma\%$，调节时间 t_s，上升时间 t_r，无差度 ν，稳态误差或开环增益等。常用的频域指标是分别对闭环或开环频率特性来提的，对闭环幅频特性而言有：峰值比 M_r/M_0，峰值频率 ω_r，频带宽度 ω_k；对开环频率特性所提的指标有：截止频率 ω_c，相角裕度 γ，幅值裕度 h。常用的复数域指标是以系统的闭环极点在复平面上的分布区域来定义的，如图 3.46 所示，图中影线部分的边界可以用距离 η 和角度 φ 来表示，当闭环极点位于区域内部时，就限定了系统阶跃响应各分量的衰减速度和阻尼系数的界限，从而保证了所需要的性能。

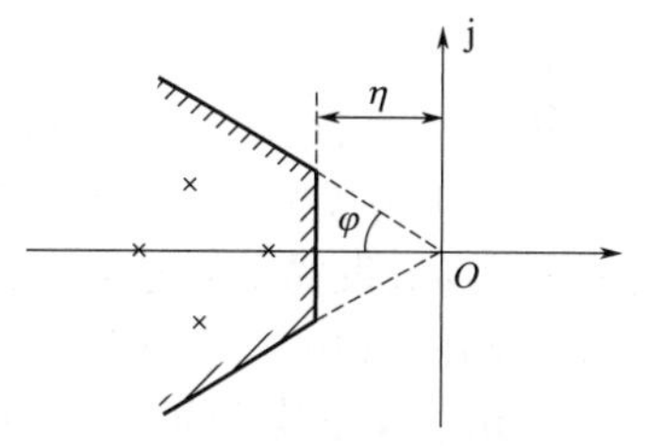

图 3.46 闭环极点的限制区域

上述这些性能指标之间有一定的换算关系，但有时很复杂。在实际应用中，常常把系统看作一、二阶系统进行粗略的换算，虽然这样做有时会带来较大的误差，但却大大简化了换算与理论设计过程，另外由于理论设计的结果最终还要经过检验和实验调整，这样也完全可以弥补因为换算粗糙带来的影响。各个动态性能指标之间对系统的参数与结构的要求往往存在着矛盾。这就造成设计与调试工作的困难。例如，稳态误差与稳定性、振荡性对系统开环增益积分环节数目的要求；系统快速性与振荡性对放大系数的要求；系统的快速性与抑制噪声的能力对频带宽度的要求等。正确的认识这些矛盾，才能比较深入地理解各种校正的思想。

(2) 几种校正方式

在系统基本部分已确定的条件下，为了保证系统满足动态性能指标的要求，往往需要在系统中附加一些具有一定动力学性质的附加装置，这些附加装置可以是简单的电路网络或机械网络，这些附加装置统称为校正元件或校正装置。

根据校正装置加入系统的方式和所起的作用不同，校正可分为串联校正、反馈校正、前置校正等。串联校正和反馈校正，是在系统主反馈回路之内采用的校正方式。前置校正是在系统主反馈回路之外采用的校正，它一般又分为对控制输入的前置校正和对干扰的补偿。

对系统的校正可以采取上述方式中的任一种，也可以综合采取多种方式。例如，飞行模拟转台的框架随动系统，它对快速性、平稳性及精度都要求很高，为了达到这一要求，通常采用串联校正、反馈校正以及对控制作用的前置校正。

(3) 校正设计的方法

进行系统校正设计的方法大体上可分成以下三类。

① 频率法。频率法进行系统校正主要应用的是开环 Bode 图。它的基本做法是利用适当的校正装置配合开环增益的调整，来修改原有开环系统的 Bode 图，使得开环系统经校正与增益调整后的 Bode 图符合性能指标要求。

② 根轨迹法。在系统中加入校正装置，就是加入了新的开环零、极点，这些零、极点将使校正后的闭环根轨迹朝有利于改善系统性能的方向改变，这样可以做到使闭环零极点重新布置，从而满足闭环系统的性能要求。

③ 等效结构与等效传递函数方法。将给定结构等效为已知的典型结构进行对比分析，这样往往使问题变得简单。

3.4.2 串联校正

加入串联校正的系统结构图如图 3.47 所示。图中 $G_c(s)$ 表示了串联校正装置的传递函数，$G(s)$ 表示系统校正之前不变部分的传递函数。在工程实践中常用的串联校正有超前校正、滞后校正和滞后-超前校正。

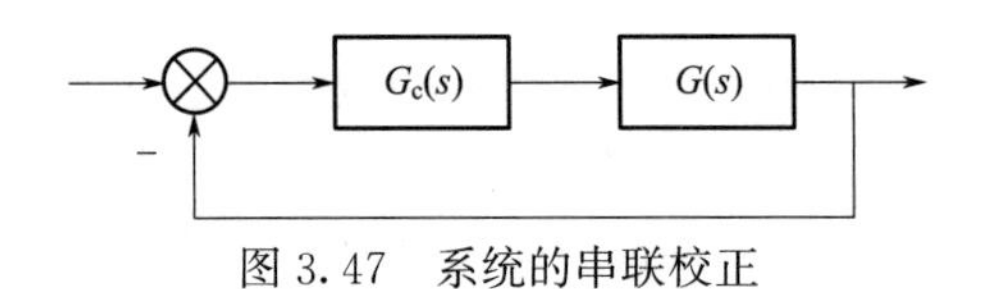

图 3.47 系统的串联校正

关于串联校正，强调两点：

① 校正装置参数的合理选择和系统开环增益的配合调整是非常重要的。例如，若将超前校正环节的参数设置在系统的低频区，就起不到提高稳定裕度的作用。同理，若将滞后校正环节的参数设置在中频区，会使系统振荡性增加甚至使系统不稳定。

② 由于校正装置的参数和开环放大系数都是根据 $G(s)$ 来选取的。如果待校正部分的动态特性，即数学模型，由于某些原因在经常变化，那就给串联校正设计带来了困难，并且校正的效果就差。因此探索一种即使 $G(s)$ 特性有些变化，也能保证校正效果的设计就是十分必要的了。这也是目前正在广泛进行探索的新领域。

串联校正的理论设计方法有频率域方法和根轨迹法。

(1) 频率域方法

频率域设计的基础是开环对数频率特性曲线与闭环系统品质的关系。在设计时依据的指标是 ν、K、ω_c、γ、h 等。因此在应用时首先需要把对闭环系统提出的性能指标，通过转换关系式，近似地用开环频域指标表示。校正设计的思路是：选择合适的校正装置，其传递函数为 $G_c(s)$，使得 $G_c(s)G(s)$ 在所要求的增益下的 Bode 图变成期望的形状，从而保证闭环系统具有所要求的动态品质。

(2) 根轨迹方法

根轨迹设计的基础是闭环零极点与系统品质之间的关系，为了简便起见，闭环的品质通常是通过闭环主导极点来反映的。因此在设计开始时需要把对闭环性能指标的要求，通过转换关系式，近似地用闭环主导极点在复平面上的位置来表示。校正设计的思路是：选择合适的校正装置，其传递函数为 $G_c(s)$，使得由 $G_c(s)G(s)$ 所得的闭环根轨迹，在要求的增益下的主导极点，与期望的主导极点一致，从而保证闭环系统具有要求的动态性能指标。

【例 3.9】 已知串联结构传递函数如图 3.48 所示，要求化简传递函数。

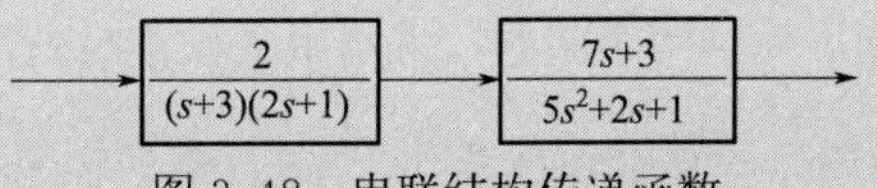

图 3.48　串联结构传递函数

MATLAB 程序见 m3_9.m，运行结果如下：

```
                 7s+3
G=-------------------------------------------
     5s^4+19.5s^3+15.5s^2+6.5s+1.5
```

3.4.3 反馈校正

反馈校正在控制系统中得到了广泛的应用，例如在角位置随动系统中，输出角的速度信号经常被用来作为反馈信号，以改善系统的相对阻尼系数。一个加有反馈校正的系统结构图如图 3.49 所示。

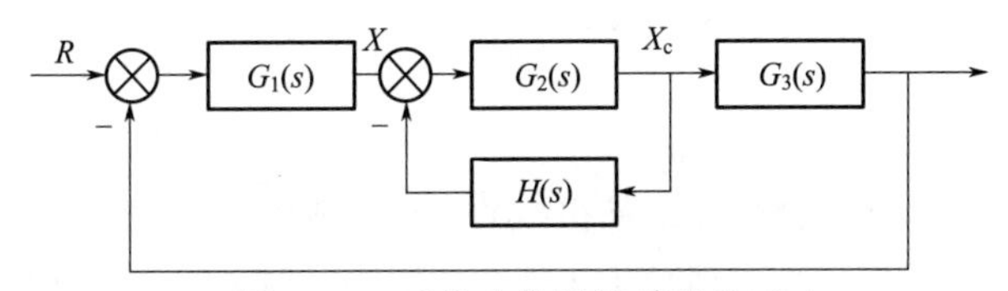

图 3.49　系统中的局部反馈校正

系统的结构特点是：系统中一部分传递函数 $G_2(s)$ 被传递函数为 $H(s)$ 的环节所包围，从而形成了局部的反馈结构形式。由于引入这一局部反馈，使得传递函数 $X_c(s)/X(s)$ 由 $G_2(s)$ 变为

$$G_2'(s)=\frac{G_2(s)}{1+G_2(s)H(s)} \tag{3.154}$$

显然，引进 $H(s)$ 的作用是希望 $G_2'(s)$ 的特性会使整个闭环系统的品质得到改善。除了这种改变局部结构与参数达到校正的目的之外，在一定条件下 $H(s)$ 的引入还会大大削弱 $G_2(s)$ 的特性与参数变化以及各种干扰给系统带来的不利影响。

(1) 利用反馈改变局部结构、参数

由上述分析可知，加入反馈校正环节后，系统的局部结构及传递函数会发生改变。最常见反馈校正环节的传递函数 $H(s)$ 为 K_f、$K_t s$、$K_2 s^2$ 等，分别称为位置反馈、速度反馈和加速度反馈。

(2) 利用反馈削弱非线性因素的影响

利用反馈削弱非线性因素的影响，最典型的例子是高增益的运算放大器，当运算放大器开环时，它一般总是处在饱和状态，几乎谈不上什么线性区。然而当高增益放大器有负反馈，例如，组成一个比例器，它就有比较宽的线性区，而且比例器的放大系数由反馈电阻与输入电阻的比值决定，与开环增益无关。在控制系统中，如上的性质在一定条件下也呈现出来。

(3) 反馈可提高对模型摄动的不灵敏性

若被包围部分 $G(s)$ 有某种摄动，它是由于模型参数变化或某些不确定因素引起的，即 $G(s)$ 摄动后变为 $G^*(s)$。

与串联校正比较起来，反馈校正虽有削弱非线性因素影响、对模型摄动不敏感以及对干扰有抑制作用等特点，但由于引入反馈校正一般需要专门的测量部件，例如，角速度的测量就需要测速电机、角速度陀螺等部件，因此就使系统的成本提高。另外反馈校正对系统动态特性的影响比较复杂，设计和调整比较麻烦。而这两个问题在采用串联校正时就不会发生。

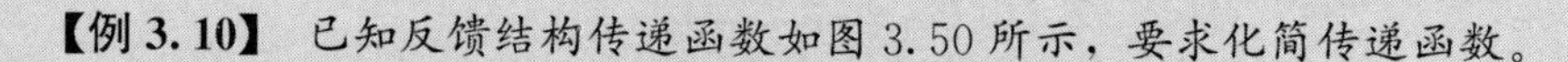
【例 3.10】 已知反馈结构传递函数如图 3.50 所示，要求化简传递函数。

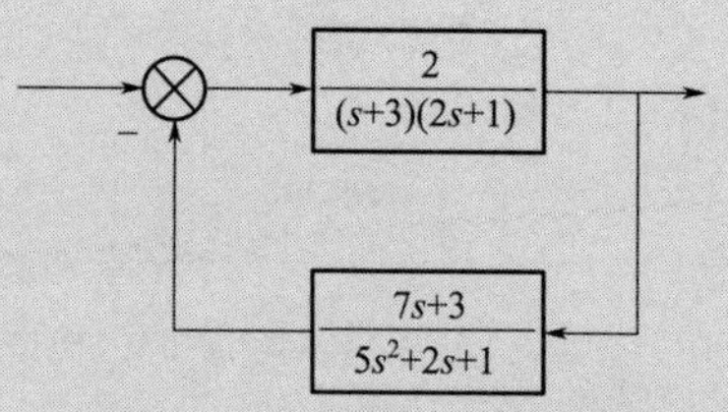

图 3.50 反馈结构传递函数

MATLAB 程序见 m3_10.m，运行结果如下：

```
            5s^2+2s+1
G=--------------------------------------
  5s^4+19.5s^3+15.5s^2+13.5s+4.5
```

3.4.4 复合校正

对于稳态精度、平稳性和快速性要求都很高的系统，或者经常受到强干扰的系统，除了在主反馈回路内部进行串联校正或局部反馈校正之外，往往还同时采取设置在回路之外的前置校正或干扰补偿校正，这种开式闭式相结合的校正，称为复合校正。具有复合校正的控制系统称为复合控制系统。下面将分别介绍针对控制作用的附加前置校正和针对干扰作用的附加前置补偿。

（1）对控制作用的附加前置校正

前置校正的信号取自系统的给定值或参考输入 $r(t)$，校正元件位于系统的前端，和反馈系统的前向通道成并联形式，如图 3.51 所示。

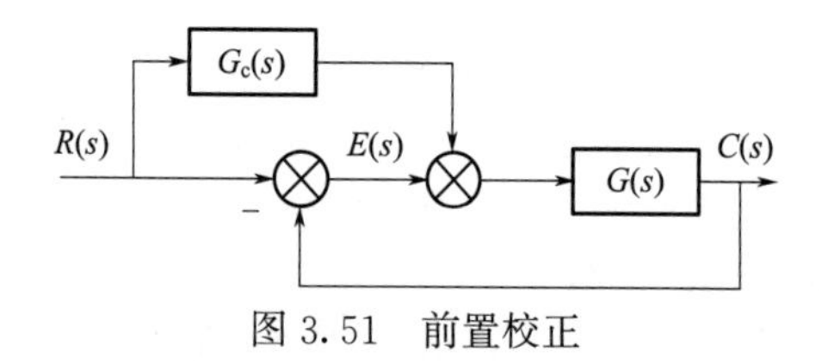

图 3.51 前置校正

在系统设计中采用这种附加前置校正，对解决系统稳定性与稳态精度的矛盾、振荡性与快速性的矛盾，有着特殊可取之处。因此精度要求高的快速随动系统，经常采用前置校正。

图 3.51 所示的闭环系统的传递函数如下

$$\frac{C(s)}{R(s)}=[1+G_c(s)]\frac{G(s)}{1+G(s)} \tag{3.155}$$

理想的情况是，希望系统的输出 $C(s)$ 完全复现系统输入 $R(s)$，即误差的拉式变换为

$$E(s)=R(s)-C(s)=\frac{1-G(s)G_c(s)}{1+G(s)}R(s)=0 \tag{3.156}$$

因此，可得

$$G_c(s)=G^{-1}(s) \tag{3.157}$$

上式称为误差完全补偿条件。当前置校正的传递函数 $G_c(s)$ 满足上式时，对任意的输入

$R(s)$ 均有 $E(s)=0$ 成立，即误差完全与输入无关。这又称为误差相对于输入信号具有不变性，或称输入与误差之间达到了完全解耦。所以，从控制理论的角度来看，前置校正是不变性原理或解耦控制理论的应用。

从图 3.51 的结构形式来看，由输入 R 到误差 E 之间存在着两个正向通道。选取满足式(3.157) 的 $G_c(s)$，可以使两个通道的传递函数相同且符号相反，即附加的通道起到完全补偿原有通道的作用。

一般说来，因为 $G(s)$ 的分母多项式的次数总是高于分子多项式的次数，因此精确实现完全补偿比较困难，另外因为 $G(s)$ 比较复杂、阶次较高，精确实现完全补偿会导致附加校正部分过于复杂而难以实现，特别是当 $G(s)$ 中包含非最小相位环节时，完全补偿还会出现不稳定的零、极点对消现象。因此在应用中常常是进行近似补偿，以提高系统的无差度和改善系统的快速性。

(2) 对干扰的附加补偿校正

对干扰的附加补偿也是一种前置校正方式。作用于干扰的系统结构图如图 3.52 所示。

图 3.52 中 N 是可量测的干扰。如果 N 是高频噪声，可以通过限制系统的频带给予抑制，但系统频宽受限将会使系统对控制输入的快速复现受到时间限制。如果 N 是时间的幂函数，可以通过增加 $G_1(s)$ 部分的积分环节数目或提高 $G_1(s)$ 的放大系数来消除或减小，而这样做也会使振荡性增大或者系统变得不稳定。总之单纯依靠回路的设计来达到干扰抑制，有一定的困难与不便。而利用附加的干扰补偿装置，实现干扰对系统输出的不变性，是一种非常有效的方法。

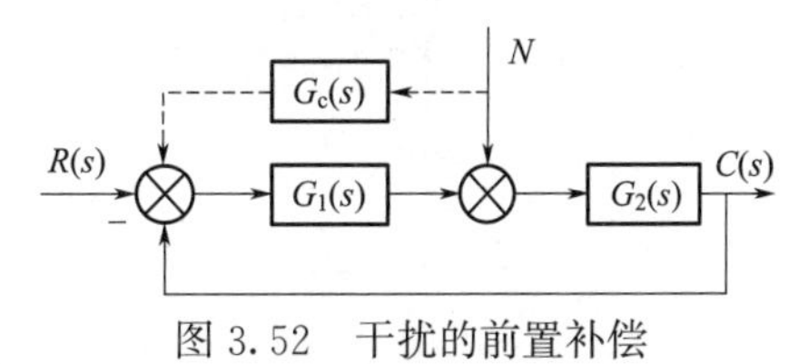

图 3.52　干扰的前置补偿

【例 3.11】 对干扰进行补偿的系统结构图如图 3.53 所示。

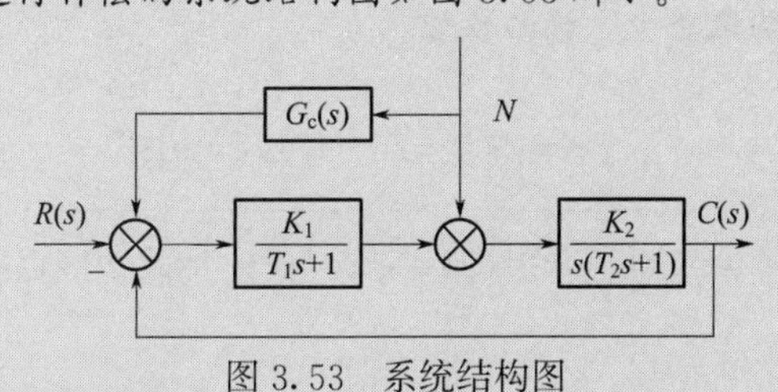

图 3.53　系统结构图

假定原来的闭合回路的特征多项式已满足稳定性条件，现要求设计 $G_c(s)$ 对干扰 N 进行补偿。这一传递函数可以用测量干扰的传感器和微分装置组合而成。现在若假定干扰为阶跃作用的形式，只要取 $G_c(s)=-K_1^{-1}$，就可以达到稳态补偿，即干扰所引起稳态误差 e_{ssn} 为零，事实上

$$e_{ssn}=\lim_{s\to 0}s\frac{-K_2T_1s}{s(T_1s+1)(T_2s+1)+K_1K_2}\times\frac{1}{S}=0 \tag{3.158}$$

在实际系统中，经常有多种干扰存在，如温度变化、负载变动、能源的波动等，如果都用附加校正的方法来补偿将会使控制系统过于复杂，而且有些干扰也难以测量到，因此通常只是对一、二个主要干扰进行补偿，而对主要干扰的补偿方案也可根据系统的实际情况灵活运用。

【例 3.12】 已知 SISO 系统的复杂结构如图 3.54 所示，要求化简框图。

MATLAB 程序见 m3 _ 11. m。

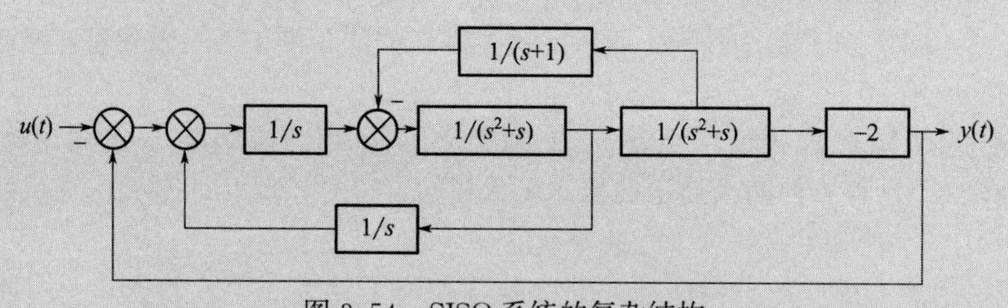

图 3.54 SISO 系统的复杂结构

① 将各模块的通路排序编号，如图 3.55 所示。

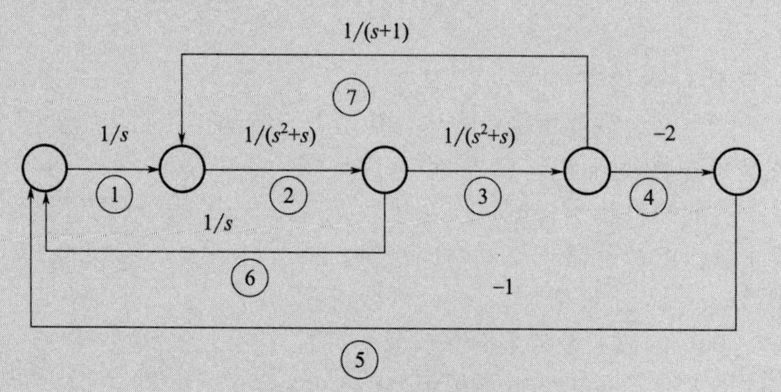

图 3.55 模块的通路排序编号

② 使用 append 命令实现各模块未连接的系统矩阵。

③ 指定连接关系。

④ 使用 connect 命令构造整个系统的模型。

程序运行结果为：

```
          -2s^2-2s-1.11e-016
sys= ------------------------------------------
     s^7+3s^6+3s^5+s^4-s^3-3s^2-3s-2.815e-016
```

3.5 弧焊控制系统设计

我们可以将弧焊过程中的各个环节写成运动方程，并对这些方程进行拉普拉斯变换，综合其各个环节的拉氏变换式，能够求得整个系统动态过程的互动关系以及动态过程中的数学表达式。图 3.56 为电弧焊接物理模型，运用这些理论实现对于整个弧焊过程中的物理本质的探究，从而

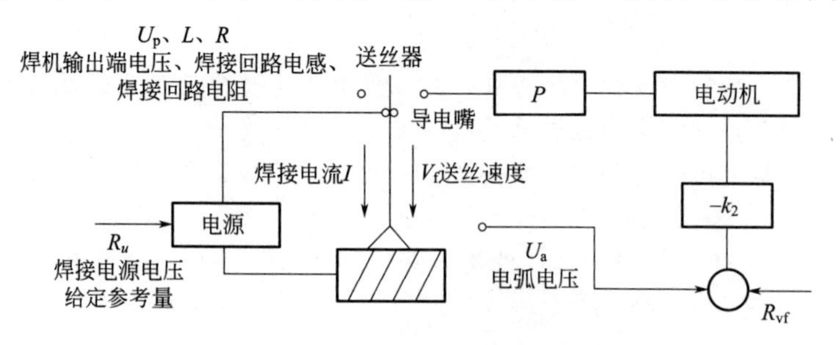

图 3.56 电弧焊物理模型

分析各种干扰所造成的弧长稳态误差以及动态误差，分析各种参数对弧长恢复过程的影响，进而实现对于弧焊控制系统的分析与设计。常用的弧焊焊接方法，可以分为两大类：一类是等速送丝的弧长自发调节系统；另一类是弧压反馈控制送丝速度的均匀调节系统。我们将对这两种控制系统进行分析与设计讨论。

3.5.1 等速送丝电弧控制系统

所谓等速送丝电弧控制系统是指焊接过程中送丝速度不变，弧长调节作用是通过弧长变化引起的电流变化来实现的电弧控制系统。根据焊丝的熔化是连续及忽略焊丝伸出长度的假设，焊接过程可用以下运动方程进行描述。

焊接回路电压方程

$$U_{\mathrm{p}}=L\frac{\mathrm{d}i}{\mathrm{d}t}+Ri+U_{\mathrm{a}} \tag{3.159}$$

式中，U_{p} 为焊机输出端电压；L 为焊接回路电感；R 为焊接回路电阻；i 为焊接电流瞬时值；U_{a} 为电弧电压。

电弧电压方程

$$U_{\mathrm{a}}=k_{\mathrm{a}}L_{\mathrm{a}}+k_{\mathrm{p}}I+U_{\mathrm{c}} \tag{3.160}$$

式中，L_{a} 为弧长；I 为焊接电流有效值；k_{a}、k_{p}、U_{c} 为电弧参数。

焊丝熔化速度方程

$$V_{\mathrm{m}}=k_{\mathrm{m}}I \tag{3.161}$$

式中，V_{m} 为焊丝熔化速度；k_{m} 为焊丝熔化系数。

弧长方程

$$V_{\mathrm{m}}-V_{\mathrm{f}}=\frac{\mathrm{d}L_{\mathrm{a}}}{\mathrm{d}t} \tag{3.162}$$

式中，V_{f} 为送丝速度。

焊机特性方程

$$U_{\mathrm{p}}=(R_u+k_1I)k_0 \tag{3.163}$$

式中，R_u 为焊接电源电压给定参考量；k_0 为焊接电源放大系数；k_1 为电流反馈系数。

将上述运动方程进行拉氏变换，并将各环节按物理关系连接，则可得控制系统的结构框图，如图 3.57。

根据图 3.57，可以得到该控制系统的传递函数

$$\frac{L_{\mathrm{a}}(s)}{R_u(s)}=\frac{k_0k_{\mathrm{m}}}{Ls^2+(R+k_{\mathrm{p}}-k_1k_0)s+k_{\mathrm{a}}k_{\mathrm{m}}} \tag{3.164}$$

由式(3.163) 可知，k_1、k_0 为电源外特性斜率。若 $k_1<0$，电源输出为下降外特性；$k_1=0$

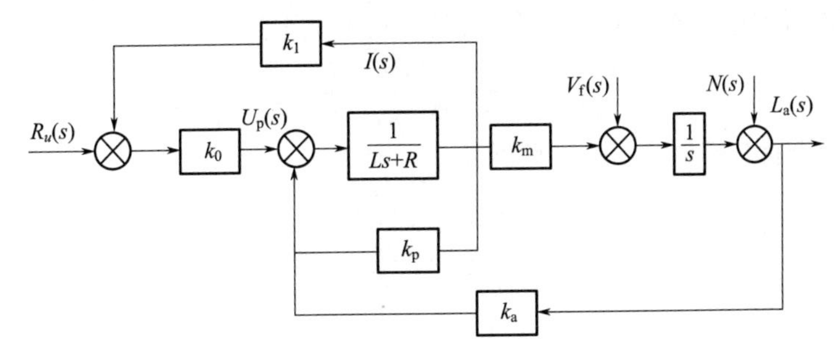

图 3.57　等速送丝电弧控制系统框图

时，电源输出为水平外特性；$k_1>0$ 时，电源输出为上升外特性。电源外特性斜率可以通过 k_1 来调节，令 $k_1k_0=k$，则

$$\frac{L_a(s)}{R_u(s)}=\frac{k_0k_m}{Ls^2+(R+k_p-k)s+k_ak_m} \tag{3.165}$$

当 $k>R+k_p$ 时，系统不稳定，电流和弧长都没有稳态值；

当 $k=R+k_p$ 时，系统处于临界稳定状态；

当 $k<R+k_p$ 时，系统是稳定的。

传统的等速送丝电弧控制系统，电源外特性斜率 $k\leqslant 0$，属于 $k<R+k_p$ 范围，所以都是稳定的。从物理意义上来说，R 使焊机输出外特性下降，R 越大，下降斜率越大；k_p 则代表电弧外特性上升情况，k_p 越大则电弧外特性随电流增大而上升，斜率增大。k 值表示焊机正反馈强度，亦即外特性上升斜率大小。k 值等于 $R+k_p$，意味着焊机正反馈强度不仅抵消了 R 的下降作用，而且使外特性上升斜率达到与电弧外特性的斜率大小一样。亦即焊机外特性与电弧外特性平行，因而电弧处于不确定状态，亦即系统处于临界稳定状态。同理当 $k>R+k_p$ 时，意味着焊机外特性斜率大于电弧外特性，因而电弧不稳定，电弧工作点将按一定规律运动。当 $k<R+k_p$ 时，意味焊机外特性斜率小于电弧外特性，因而电弧可以稳定燃烧。

根据式(3.165)，该系统的动态品质参数为

阻尼系数

$$\zeta=\frac{R+k_p-k}{2\sqrt{Lk_ak_m}} \tag{3.166}$$

无阻尼自振频率

$$\omega_n=\sqrt{\frac{k_ak_m}{L}} \tag{3.167}$$

阻尼振荡频率

$$\omega_d=\frac{\sqrt{4Lk_ak_m-(R+k_p-k)^2}}{2L} \tag{3.168}$$

衰减系数

$$\sigma=\zeta\omega_n=\frac{R+k_p-k}{2L} \tag{3.169}$$

当 $k<R+k_p-2\sqrt{Lk_ak_m}$ 时，$\zeta>1$，系统处于过阻尼状态；

当 $k=R+k_p-2\sqrt{Lk_ak_m}$ 时，$\zeta=1$，系统处于临界阻尼状态；

当 $R+k_p-2\sqrt{Lk_ak_m}<k<R+k_p$ 时，$0<\zeta<1$，系统处于欠阻尼状态。

在电弧焊过程中，有各种因素对它产生干扰，使弧长发生变化。弧长受到干扰后是否能迅速恢复，是否能恢复到原有的水平，决定焊接过程的稳定性和质量。

我们主要对送丝速度干扰对于焊接系统稳定性的影响进行分析与讨论，当送丝速度变化时，根据图 3.57，可以得到送丝速度干扰与弧长变化之间的关系为

$$\frac{L_a(s)}{V_f(s)}=\frac{-(Ls+R+k_p-k)}{Ls^2+(R+k_p-k)s+k_ak_m} \tag{3.170}$$

若送丝速度的干扰是幅值为 ΔV_f 的阶跃输入，即

$$V_f(s)=\frac{\Delta V_f}{s} \tag{3.171}$$

系统的弧长对上述干扰的响应为

$$L_a(s)=-\frac{(Ls+R+k_p-k)\Delta V_f}{[Ls^2+(R+k_p-k)s+k_ak_m]s} \tag{3.172}$$

根据终值定理，计算出弧长在上述干扰下的稳态偏差

$$\lim_{t \to \infty} L_a(t) = \lim_{s \to 0} s L_a(s) = -\frac{R + k_p - k}{k_a k_m} \Delta V_f \tag{3.173}$$

式(3.173) 表明，在送丝速度干扰下稳态偏差不等于 0，即电弧不能恢复到原来的长度，式中负号表明随着送丝速度的增加，弧长减小，该式还表明，在同样的送丝速度干扰下，电源外特性斜率越大（在稳定的范围内），弧长变化量越小；而且弧长的变化量还跟焊丝材料直径以及焊接回路和电源内阻有关。

若采用平特性（$k=0$）电源和直径为 1.2mm 的钢焊丝（$k_m=0.43$，$k_a=0.716$，$k_p=0.0245$），回路和电源电阻 15mΩ，代入式(3.173)，弧长的稳态偏差为

$$\lim_{t \to \infty} L_a(t) = -0.128 \Delta V_f \tag{3.174}$$

送丝速度每增加 1mm/s（0.06m/min）弧长就减少 0.28mm，由于送丝速度的干扰，弧长不能恢复，当干扰较大时，弧长大幅度变化会使焊接过程无法进行，因此送丝系统对送丝速度干扰的适应性较差，根据图 3.57 还可以得到弧长干扰 $N(s)$ 对系统的影响

$$\frac{L_a(s)}{N(s)} = \frac{(Ls + R + k_p - k)s}{Ls^2 + (R + k_p - k)s + k_a k_m} \tag{3.175}$$

如果弧长干扰是幅值为 N 的阶跃干扰，即 $N(s)=N/s$。则在此干扰下，弧长的偏差为

$$L_a(s) = \frac{(Ls + R + k_p - k)N}{Ls^2 + (R + k_p - k)s + k_a k_m} \tag{3.176}$$

弧长的稳态偏差为

$$L_a(t) = \lim_{s \to 0} s L_a(s) = \lim_{s \to 0} \frac{(Ls + R + k_p - k)Ns}{Ls^2 + (R + k_p - k)s + k_a k_m} = 0 \tag{3.177}$$

根据式(3.117) 结果可知，弧长稳态偏差为 0，在这种干扰下弧长最终能够恢复。

为了分析在上述干扰下弧长瞬时变化情况，对式(3.176) 进行拉氏反变换，得

$$L_a(t) = \frac{s_2 N}{s_2 - s_1} e^{-s_1 t} + \frac{s_1 N}{s_1 - s_2} e^{-s_2 t} \tag{3.178}$$

式中

$$\begin{aligned} s_1 &= \frac{(R + k_p - k) + \sqrt{(R + k_p - k)^2 - 4Lk_a k_m}}{2L} \\ s_2 &= \frac{(R + k_p - k) - \sqrt{(R + k_p - k)^2 - 4Lk_a k_m}}{2L} \end{aligned} \tag{3.179}$$

若 $\zeta \gg 1$，即 $(R + k_p - k)^2 \gg 4Lk_a k_m$，则 s_1 很大，$s_1 \gg s_2$，式(3.178) 中第一项可以忽略。这时式(3.178) 可以简化为

$$L_a(t) = N e^{-s_2 t} \tag{3.180}$$

根据式(3.178) 可以计算出弧长恢复过程中的瞬时偏差量，采用计算机进行模拟计算，设电源和电弧参数为

$$k=0, R=23.5\text{m}\Omega, L=10\mu\text{H}, k_a=0.716\text{V/mm}$$
$$k_p=0.0245\text{V/A}, N=-3\text{mm}, k_m=0.43\text{mm/(A}\cdot\text{s)}$$

从图 3.58 中可以看出，在初始阶段焊接瞬时电流较大，弧长恢复速度较快，随着弧长的恢复，电流增量减小，弧长恢复速度也逐渐减小。这种等速送丝弧长控制的方法具备了系统简单、成本低的优点，但焊接规范稳定性的改善和弧长自调节作用的提高是矛盾的。因为电弧的自调节作用是靠焊接电流的变化而获得的。自调节作用越强，电流变化越大，熔滴过渡的稳定性和电弧燃烧的连续性就越差。这个矛盾在 MIG 电弧焊中尤其突出。

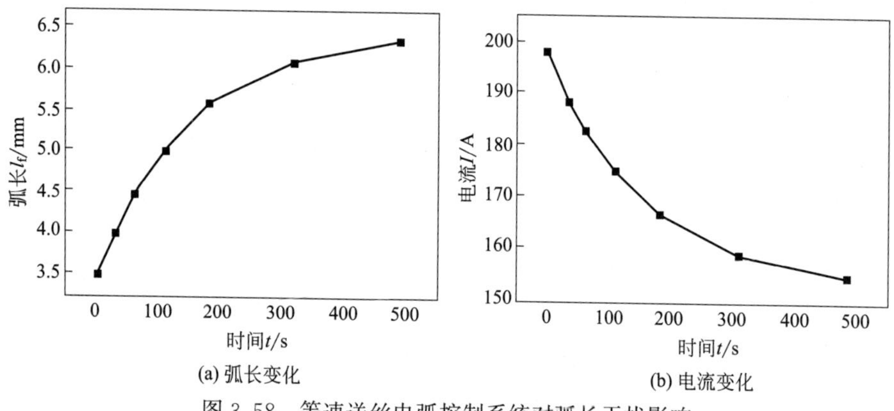

图 3.58　等速送丝电弧控制系统对弧长干扰影响

3.5.2 均匀调节电弧控制系统

均匀调节系统是通过改变送丝速度来调整弧长，送丝电动机一般为电枢控制式直流电动机，因此它的运动方程可表达如下

$$\begin{gathered}E_a=L_a\frac{di_a}{dt}+R_ai_a+k_4\frac{d\theta}{dt}\\J\frac{d^2\theta}{dt^2}+f\frac{d\theta}{dt}=k_3i_a\\V_f=p\frac{d\theta}{dt}\end{gathered}\tag{3.181}$$

式中，E_a 为电枢电压；L_a 为电枢绕组电感；R_a 为电枢绕组电阻；i_a 为电枢电流；J 为电动机及机械负载折算到电动机轴上转动惯量；f 为电动机及机械负载折算到电动机轴上的黏性摩擦因素；θ 为电动机轴的角位移；V_f 为送丝速度；k_3、k_4、p 为常数。

通过拉氏变换，电动机控制结构如图 3.59 所示。

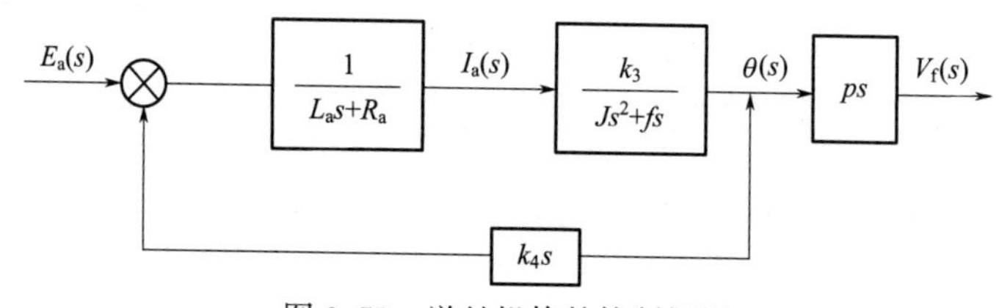

图 3.59　送丝机构的控制框图

根据图 3.59，可求得其传递函数如下式

$$\frac{\theta(s)}{E_a(s)}=\frac{k_3}{s[L_aJs^2+(L_af+R_aJ)s+R_af+k_3k_4]}\tag{3.182}$$

若忽略电动机电枢的电感，则

$$\frac{\theta(s)}{E_a(s)}=\frac{k_3}{s(R_aJs+R_af+k_3k_4)}=\frac{K_m}{s(T_ms+1)}\tag{3.183}$$

其中送丝机构的增益系数

$$K_m=\frac{k_3}{R_af+k_3k_4}\tag{3.184}$$

送丝机构的时间常数

$$T_m=\frac{R_a J}{R_a f+k_3 k_4} \tag{3.185}$$

因此，送丝机构的传递函数可简化为

$$\frac{V_f(s)}{E_a(s)}=\frac{K_m p}{T_m s+1} \tag{3.186}$$

假设焊接电源为恒流源，并忽略焊丝外伸长度对熔化系数的影响，均匀调节系统的控制图可简化为图 3.60。

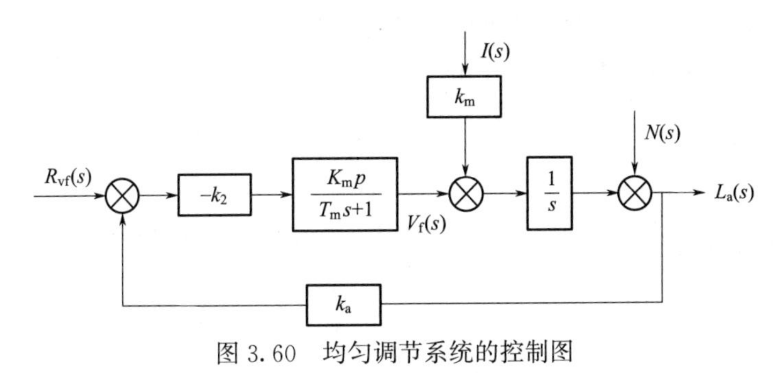

图 3.60　均匀调节系统的控制图

图 3.60 中，$R_{vf}(s)$ 为控制送丝电动机的给定电位，k_2 为电动机电路的开环放大倍数。根据图 3.60，该系统的传递函数为

$$\frac{L_a(s)}{R_{vf}(s)}=\frac{k_2 K_m p}{T_m s^2+s+k_2 K_m p k_a}$$

$$\zeta=\frac{1}{2\sqrt{k_2 K_m p k_a T_m}}$$

$$\omega_n=\sqrt{\frac{k_2 K_m p k_a}{T_m}} \tag{3.187}$$

$$\omega_d=\frac{\sqrt{4k_2 K_m p k_a T_m-1}}{2T_m}\approx\sqrt{\frac{k_2 K_m p k_a}{T_m}}$$

$$\sigma=\zeta\omega_n=\frac{1}{2T_m}$$

在一般情况下，$k_2 K_m p k_a T_m>1$，$0<\zeta<1$，所以常用的均匀调节系统通常处于欠阻尼状态。下面讨论主要参数对系统性能的影响。

(1) 送丝机构时间常数的影响

系统的动态性能 ζ、ω_n、ω_d、σ 等受送丝机构的时间常数 T_m 的影响，若 T_m 增大，阻尼系数 ζ 减小，超调量增加，容易引起振荡。而且 T_m 增大会使 ω_n、ω_d、σ 减小，调整时间增加，系统动态品质下降。相反，若 T_m 减小可以提高系统的动态品质，或者在相同的动态品质下增加开环增益，获得更高的控制精度。为了减小送丝机构的时间常数 T_m，首先根据式(3.185) 选择时间常数小的电动机和合理设计机械传动部分。减小转动惯量增加摩擦因素 f 都可以减小送丝机构的时间常数，此外还可以在送丝电动机的控制电路中引入送丝速度负反馈，并加入适当的校正环节和电动机制动措施，便可以大大减小送丝机构的时间常数。

(2) 焊丝直径的影响

焊丝直径减小时，弧柱直径变小，k 值增加，阻尼系数 ζ 减小，系统超调增加，甚至会出现振荡，所以常用的均匀调节系统，由于其时间常数较大，只能用于粗丝焊接。但是从式(3.187)

中可以看出，如果送丝机构的时间常数 T_m 能够大幅度减小，那么在保证 ζ 值不变的条件下 k_a 值可以大幅度增加，可以使用的焊丝直径将大大减小，ω_n、ω_d、σ 将大为增加，系统的动态品质将得到较大的改善。可见，以往认为均匀调节系统只能适用于粗丝焊接和对动态品质要求不高的焊接方法是有条件的。如果能够大幅度减小送丝机构的时间常数，均匀调节系统完全可以胜任细丝焊接，这一点在目前自动控制技术发展的水平下是可以实现的。

3.5.3 均匀调节和自发调节共同作用下的电弧控制系统

在实际生产应用中，均匀调节系统采用的电源外特性往往不是垂直降的，在均匀调节作用产生的同时，电弧的自发调节作用也同时存在。因此，分析两种调节作用共同作用的电弧控制系统具有现实的意义。此外，在实际生产过程中总是以其中一种调节作用为主。在同一系统中，这两种调节作用如何相互作用，是否可以在同一系统中两种作用都很强等问题是本节将要讨论的内容。

综合以上两节所述内容，两种调节共同作用下的电弧控制系统可用图 3.61 表示。

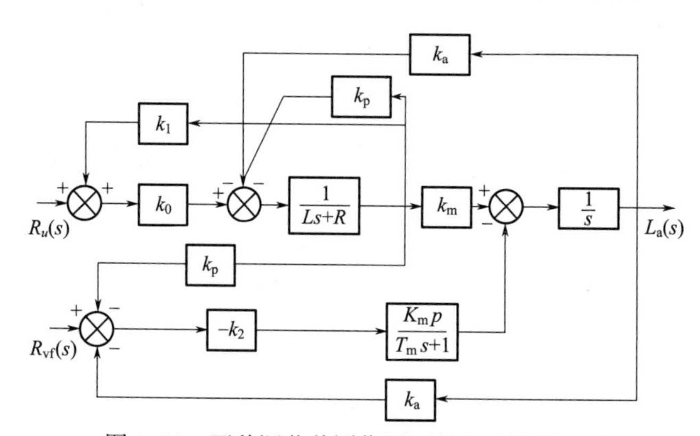

图 3.61 两种调节共同作用下的电弧控制系统

从图 3.61 中可以看出，该系统为多回路交叉作用的反馈系统，它的信号图如图 3.62 所示。利用 Mason 增益公式求得该系统的闭环传递函数为

$$\frac{L_a(s)}{R_u(s)}=\frac{k_2K_mp(Ls+R+k_p-k)}{LT_ms^3+[(R+k_p-k)T_m+L]s^2+(R+k_p-k+k_ak_mT_m+k_2K_mpk_aL)s+k_2K_mpk_a(R-k)+k_ak_m} \tag{3.188}$$

若忽略焊接回路的电感，系统的传递函数可简化为

$$\frac{L_a(s)}{R_{vf}(s)}=\frac{k_2K_mp(R+k_p-k)}{(R+k_p-k)T_ms^2+(R+k_p-k+k_ak_mT_m)s+k_2K_mpk_a(R-k)+k_ak_m} \tag{3.189}$$

系统的劳斯阵列为

$$\begin{array}{lll} s^2 & (R+k_p-k)T_m & k_2K_mpk_a(R-k)+k_ak_m \\ s^1 & R+k_p-k+k_ak_mT_m & 0 \\ s^0 & k_2K_mpk_a(R-k)+k_ak_m & \end{array} \tag{3.190}$$

根据劳斯稳定判断，该系统的条件为

$$\begin{cases} k<R+k_p & \text{（条件①）} \\ k_2K_mpk_a(R-k)+k_ak_m>0 & \text{（条件②）} \end{cases} \tag{3.191}$$

稳定条件式(3.191) 有它的物理含义，条件①是为了保证自发调节系统的稳定，使电弧静特性与电源外特性有一个稳定的交点。除此之外还要满足条件②，才能保证系统的稳定。

当 $k\leqslant R$ 时，条件①和②同时能满足系统是稳定的；

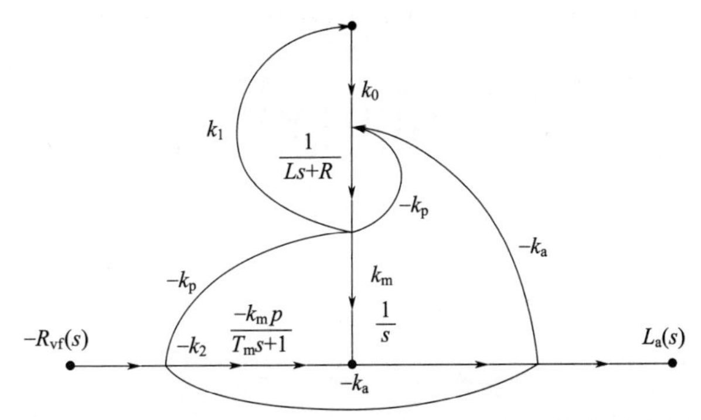

图 3.62　两种调节共同作用下的电弧控制系统信号流图

当 $R<k<R+k_p$ 时，条件②可改写为

$$k_2 K_m p k_a < \frac{k_a k_m}{k-R} \tag{3.192}$$

式(3.192) 的右边表示电弧每变化单位长度时熔化速度的变化量，左边表示电弧每变化单位长度时送丝速度的变化量。所以条件②的物理含义是：如果电源外特性斜率为 $R<k<R+k_p$，弧长变化时引起熔化速度的变化量必须大于送丝速度的变化量，系统才稳定。其原因在于当 $R<k<R+k_p$ 时，弧长增加，反馈电压反而减少，均匀调节系统已变为正反馈系统。而自发调节系统仍为负反馈系统。由于两种作用共同作用，若要综合作用稳定，自发调节的负反馈作用必须大于均匀调节的正反馈作用，因此要使该系统具有稳定的电源外特性斜率，必须满足下列条件

$$k<R+\frac{k_m}{k_2 K_m p} \tag{3.193}$$

由上面分析可知，外特性斜率的变化不但会改变自发调节系统的动态品质，而且还可以改变均匀调节系统的动态品质，甚至反馈的性质。下面分析在稳定的条件下，两种调节作用的相互作用。

当 $k<R$ 时，两种系统都处于负反馈状态。根据式(3.187) 可以得到该系统的下列动态参数

$$\zeta=\frac{R+k_p-k+k_a k_m T_m}{2\sqrt{(R+k_p-k)T_m}\,[k_2 K_m p k_a (R-k)+k_a k_m]} \tag{3.194}$$

$$\omega_n=\sqrt{\frac{k_2 K_m p k_a (R-k)+k_a k_m}{(R+k_p-k)T_m}}=\sqrt{\frac{k_2 K_m p k_a}{T_m}+\frac{k_a k_m-k_2 K_m p k_a k_p}{(k_p+R-k)T_m}} \tag{3.195}$$

通常 ζ 值根据允许的最大超调量来确定，而系统的调整时间由无阻尼自振频率 ω_n 决定。根据上面的式(3.195)，当 $k_2 K_m p k_a k_p < k_a k_m$，即均匀调节作用较弱，自发调节作用较强时，外特性斜率的增加会使 ω_n 增大，调整时间减小，系统动态品质较好，但当 $k_2 K_m p k_a k_p > k_a k_m$ 时，即均匀调节作用比自发调节作用强时，外特性斜率的增加反而会使 ω_n 减小，调整时间增加，动态品质变差。因此，无法选择合适的电源外特性斜率，使两种调节作用都处于较强的状态。所以生产中常用的电弧控制系统总是选择其中一种调节作用或者以其中一种调节作用为主。

第4章 现代控制理论与技术

PPT

状态空间的思想来源于描述微分方程的状态变量法。在状态变量法中，描述一个动态系统的微分方程组是一组关于系统状态向量的一阶微分方程，而方程组的解则可以形象地看作状态向量在空间中的一条轨迹。状态空间控制设计是控制工程师通过直接分析系统的状态变量描述来设计动态补偿器的方法，这就是现代控制理论的基础。迄今为止，我们已经看到，描述物理动态系统的常微分方程（ODE）能够被转化为状态变量的形式。

4.1 现代控制理论与经典控制理论的区别

在研究常微分方程的数学领域中，方程的状态变量形式被称为标准形式，用这种形式研究微分方程有许多好处，其中的三点如下所述。

① 研究更一般的模型。常微分方程不一定是线性或者时不变的，因而，通过研究方程组本身，能够得到更一般的方法，用状态变量的形式来表示常微分方程，为我们提供了一种简捷的、标准的形式以供研究，此外，状态空间的分析和设计的方法很容易扩展到多输入多输出系统中。当然，在本书中，我们主要研究单输入单输出的线性时不变模型。

② 把几何学的思想引进微分方程中。在物理学中，把粒子或刚体的位移和速度为横纵轴组成的平面称为相平面，而且其运动轨迹能够被描绘为平面上的一条曲线，状态就是该思想在二维以上的空间内的一种推广，尽管我们无法直接描绘三维以上的空间，但是有关距离、直交线、平行线和其他的几何概念将有助于我们把常微分方程的解形象地理解为状态空间中的一条轨迹。

③ 把内部描述和外部描述联系起来。动态系统的状态往往直接描述了系统内部能量的分布。例如，我们常常会选择以下变量作为状态变量：位移（势能）、速率（动能）、电容电压（电能）以及电感电流（磁场能）。内部能量可以通过状态变量计算得到。为了简单地描述要分析的系统，可以把系统的输入输出和系统的状态联系起来，进而把内部变量和外部的输入以及测量输出之间建立起联系，相反地，传递函数只能描述输入与输出之间的相互关系而不能描述系统的内部行为。而状态空间的形式则保持了后者的信息，这在某些情况下是很重要的。

对状态空间法的应用，常被称为现代控制设计，而对基于传递函数的方法，如根轨迹和频率响应法的应用，则被称为经典控制设计。经典控制理论与现代控制理论是在自动化学科发展的历史中形成的两种不同的控制系统分析、综合的方法。经典控制理论适用于单输入单输出（单变量）线性定常系统；现代控制理论适用于多输入多输出（多变量）、线性或非线性、定常或时变系统。

经典控制理论以表达系统外部输入-输出关系的传递函数作为主要的动态数学模型，以根轨迹和伯德图为主要工具，以系统输出对特定输入响应的“稳”“快”“准”性能为研究重点，常借助图表分析设计系统。综合方法主要为输出反馈和期望频率特性校正（包括在主反馈回路内部的串联校正、反馈校正和在主反馈回路以外的前置校正、干扰补偿校正），而校正装置由能实现典型控制规律的调节器构成，设计的系统能保证输出稳定，且具有满意的“稳”“快”“准”性能，但并非某种意义上的最优控制系统。

现代控制理论的状态空间法本质上是时域方法，以揭示系统内部状态与外部输入-输出关系的状态空间表达式为动态数学模型，状态空间分析法为主要工具，以在多种约束条件下寻找使系统某个性能指标泛函取极值的最优控制律为研究重点，借助计算机分析设计系统。综合方法主要为状态反馈、极点配置、各种综合目标的最优化。所设计的系统能运行在接近某种意义下的最优状态。

表 4.1 从几个方面给出了经典控制理论与现代控制理论的区别。

表 4.1　经典控制理论与现代控制理论的区别

区别内容	经典控制理论	现代控制理论
产业年代	20 世纪 40～60 年代	20 世纪 60 年代开始，60 年代中期成熟
研究的对象	单输入单输出线性、定常系统	多输入多输出时变、非线性系统
数学模型	微分方程、传递函数：由一元 n 阶微分方程在零初始条件下取拉普拉斯变换得传递函数	状态空间表达式：由 n 元一阶微分方程组，用矩阵理论建立状态空间表达式，可以同时考虑初始条件的影响
主要研究方法	主要是频域法，还有时域法、根轨迹法：研究系统的外部特性	主要是时域分析法：研究系统的内部特性
研究的主要内容	系统的分析和综合：主要是稳定性，以及对给定输入的性能指标	完成实际系统所要求的某种最优化问题
主要控制装置	自动控制器	计算机

现代控制理论与经典控制理论虽然在方法和思路上显著不同，但这两种理论均基于动态系统的数学模型，是有内在联系的。经典控制理论以拉普拉斯变换为主要数学工具，采用传递函数这一描述动力学系统运动的外部模型；现代控制理论的状态空间法以矩阵论为数学工具，采用状态空间表达式这一描述动力学系统运动的内部模型，而描述动力学运动的微分方程则是联系传递函数和状态空间表达式的桥梁。

4.2 状态空间分析

状态空间分析研究采用时域方法构建系统模型，以能够用 n 阶常微分方程描述的物理系统为研究对象，引入一组状态变量之后（状态变量的选取不是唯一的），可以得到一个一阶微分方程组。将这个方程组改写为更为紧凑的矩阵形式，就得到了所谓的状态空间模型，这种时域状态空间模型更加便于用计算机求解和分析。

4.2.1 状态空间方程的建立

系统状态及其响应由状态向量（$x_1, x_2, \cdots, x_n$）和输入信号（$u_1, u_2, \cdots, u_m$）的一阶微分方

程组描述。一阶微分方程组的一般形式为

$$\begin{aligned} \dot{x}_1 &= a_{11}x_1 + a_{12}x_2 + \cdots + a_{1n}x_n + b_{11}u_1 + \cdots + b_{1m}u_m \\ \dot{x}_2 &= a_{21}x_1 + a_{22}x_2 + \cdots + a_{2n}x_n + b_{21}u_1 + \cdots + b_{2m}u_m \\ &\vdots \\ \dot{x}_n &= a_{n1}x_1 + a_{n2}x_2 + \cdots + a_{nn}x_n + b_{n1}u_1 + \cdots + b_{nm}u_m \end{aligned} \tag{4.1}$$

其中，$\dot{x}=\mathrm{d}x/\mathrm{d}t$。因此，可以将微分方程组转换为矩阵形式

$$\frac{\mathrm{d}}{\mathrm{d}t}\begin{bmatrix} x_1 \\ x_2 \\ \vdots \\ x_n \end{bmatrix} = \begin{bmatrix} a_{11} & a_{12}\cdots & a_{1n} \\ a_{21} & a_{22}\cdots & a_{2n} \\ \vdots & \cdots & \vdots \\ a_{n1} & a_{n2}\cdots & a_{nn} \end{bmatrix}\begin{bmatrix} x_1 \\ x_2 \\ \vdots \\ x_n \end{bmatrix} + \begin{bmatrix} b_{11}\cdots b_{1m} \\ \vdots \\ b_{n1}\cdots b_{nm} \end{bmatrix}\begin{bmatrix} u_1 \\ \vdots \\ u_m \end{bmatrix} \tag{4.2}$$

状态变量组构成的列向量称为状态向量，记为

$$\boldsymbol{x}=[x_1 \quad x_2 \quad \cdots \quad x_n]^{\mathrm{T}} \tag{4.3}$$

其中，$\boldsymbol{x}$ 为向量，表示输入信号向量。因此，系统又可以缩写为状态微分方程的形式

$$\dot{\boldsymbol{x}}=\boldsymbol{Ax}+\boldsymbol{Bu} \tag{4.4}$$

状态微分方程式(4.4) 通常又简称为状态方程。其中，矩阵 $\boldsymbol{A}$ 是 $n\times n$ 的方阵，$\boldsymbol{B}$ 是 $n\times m$ 的矩阵。状态微分方程将系统状态变量的变化率与系统的状态和输入信号联系在一起，而系统的输出则常常通过输出方程与系统状态变量和输入信号联系在一起，即

$$\boldsymbol{y}=\boldsymbol{Cx}+\boldsymbol{Du} \tag{4.5}$$

其中，$\boldsymbol{y}$ 是列向量形式的输出信号。系统的状态空间（或状态变量）模型同时包括了状态微分方程和输出方程。

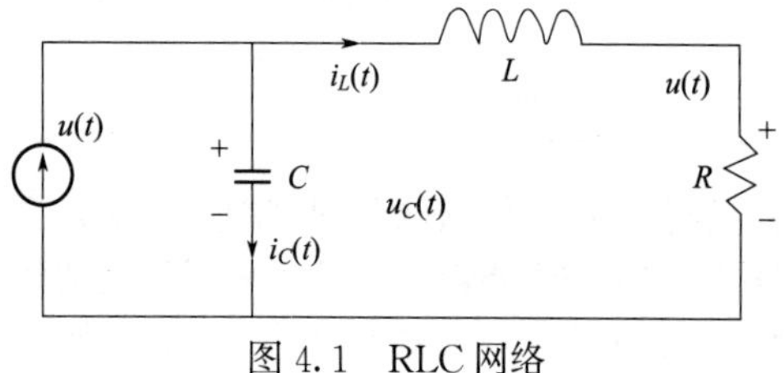

图 4.1 RLC 网络

图 4.1 所示的 RLC 网络系统可以采用状态变量来描述，该系统的状态可以用状态变量组（向量）(x_1，x_2) 表示，其中 x_1 是电容电压 $u_C(t)$，x_2 是电感电流 $i_L(t)$。这样选择状态变量是合理的，因此该电路所存储的能量可以用这组变量表示为

$$\xi=\frac{1}{2}Li_L^2+\frac{1}{2}Cu_C^2 \tag{4.6}$$

于是，作为 $t=t_0$ 时刻的系统状态，$[x_1(t_0),\ x_2(t_0)]$ 决定了该电路的初始储能。对无源 RLC 网络而言，所需的状态变量的个数等于网络内独立储能元件的个数。利用基尔霍夫电流定律，可以得到表征电容电压变化率的一阶微分方程为

$$i_C=C\frac{\mathrm{d}u_C}{\mathrm{d}t}=+u(t)-i_L \tag{4.7}$$

对电路中右边的回路运用基尔霍夫电压定律，又可以得到表征电感电流变化率的方程为

$$L\frac{\mathrm{d}i_L}{\mathrm{d}t}=-Ri_L+u_C \tag{4.8}$$

系统输出则由线性代数方程表示为

$$u_0=Ri_L(t) \tag{4.9}$$

于是，可以利用状态变量 x_1 和 x_2，将式(4.7)、式(4.8) 改写成二元一阶微分方程组，则有

$$\begin{aligned}\frac{\mathrm{d}x_1}{\mathrm{d}t}&=-\frac{1}{C}x_2+\frac{1}{C}u(t)\\ \frac{\mathrm{d}x_2}{\mathrm{d}t}&=+\frac{1}{L}x_1-\frac{R}{L}x_2\end{aligned} \tag{4.10}$$

利用式(4.10)，可以得到RLC网络的状态微分方程为

$$\dot{\boldsymbol{x}}=\begin{bmatrix}0 & \frac{-1}{C}\\ \frac{1}{L} & \frac{-R}{L}\end{bmatrix}\boldsymbol{x}+\begin{bmatrix}\frac{1}{C}\\ 0\end{bmatrix}u(t) \tag{4.11}$$

其输出为

$$\boldsymbol{y}=[0\quad R]\boldsymbol{x} \tag{4.12}$$

其中，$\boldsymbol{y}$ 为电阻上的电压 $u_0(t)$。

当 $R=3$，$L=1$ 且 $C=1/2$ 时，则有

$$\begin{aligned}\dot{\boldsymbol{x}}&=\begin{bmatrix}0 & -2\\ 1 & -3\end{bmatrix}\boldsymbol{x}+\begin{bmatrix}2\\ 0\end{bmatrix}u\\ \boldsymbol{y}&=[0\quad 3]\boldsymbol{x}\end{aligned} \tag{4.13}$$

可以采用与求一阶微分方程类似的方法，来求解状态微分方程式(4.4)。考虑一阶方程

$$\dot{x}=ax+bu \tag{4.14}$$

其中，x 和 u 都是时间 t 的标量函数。可以预料，该方程的解将含有指数函数 e^{at}。对式(4.14) 进行拉普拉斯变换，可以得到

$$\begin{aligned}sX(s)-x(0)&=aX(s)+bU(s)\\ X(s)&=\frac{x(0)}{s-a}+\frac{b}{s-a}U(s)\end{aligned} \tag{4.15}$$

对式(4.15) 进行拉普拉斯逆变换，便可以得到方程的解为

$$\mathrm{e}^{at}x(0)+\int_0^t \mathrm{e}^{+a(t-\tau)}bu(\tau)\mathrm{d}\tau \tag{4.16}$$

同样可以预计，状态微分方程的解将具有与式(4.16) 类似的形式。定义矩阵指数函数为

$$\mathrm{e}^{\boldsymbol{A}t}=\exp(\boldsymbol{A}t)=\boldsymbol{I}+\boldsymbol{A}t+\frac{\boldsymbol{A}^2t^2}{2!}+\cdots+\frac{\boldsymbol{A}^kt^k}{k!}+\cdots \tag{4.17}$$

对任意有限的时间 t 和任意矩阵 $\boldsymbol{A}$，式(4.17) 都是收敛的。于是，可以得到状态微分方程的解为

$$\boldsymbol{x}(t)=\exp(\boldsymbol{A}t)\boldsymbol{x}(0)+\int_0^t \exp[\boldsymbol{A}(t-\tau)]\boldsymbol{B}\boldsymbol{u}(\tau)\mathrm{d}\tau \tag{4.18}$$

事实上，对式(4.18) 进行拉普拉斯变换，并经过整理后，有

$$\boldsymbol{X}(s)=[s\boldsymbol{I}-\boldsymbol{A}]^{-1}\boldsymbol{x}(0)+[s\boldsymbol{I}-\boldsymbol{A}]^{-1}\boldsymbol{B}\boldsymbol{U}(s) \tag{4.19}$$

其中，$\boldsymbol{\Phi}(s)=[s\boldsymbol{I}-\boldsymbol{A}]^{-1}$ 为 $\boldsymbol{\Phi}(t)=\exp(\boldsymbol{A}t)$ 的拉普拉斯变换。再对式(4.19) 进行拉普拉斯逆变换，并注意到右边第二项涉及乘积 $\boldsymbol{\Phi}(s)\boldsymbol{B}\boldsymbol{U}(s)$，便可以得到式(4.18)。式中的矩阵指数函数完全决定了系统的零输入响应，因此，称 $\boldsymbol{\Phi}(t)$ 为系统的基本矩阵或状态转移矩阵。式(4.18) 也常常写成

$$\boldsymbol{x}(t)=\boldsymbol{\Phi}(t)\boldsymbol{x}(0)+\int_0^t \boldsymbol{\Phi}(t-\tau)\boldsymbol{B}\boldsymbol{u}(\tau)\mathrm{d}\tau \tag{4.20}$$

系统的零输入（即 $\boldsymbol{u}=0$）响应则为

$$\begin{bmatrix} x_1(t) \\ x_2(t) \\ \vdots \\ x_n(t) \end{bmatrix} = \begin{bmatrix} \phi_{11}(t) & \cdots & \phi_{1n}(t) \\ \phi_{21}(t) & \cdots & \phi_{2n}(t) \\ \vdots & & \vdots \\ \phi_{n1}(t) & \cdots & \phi_{nn}(t) \end{bmatrix} \begin{bmatrix} x_1(0) \\ x_2(0) \\ \vdots \\ x_n(0) \end{bmatrix} \tag{4.21}$$

由式(4.21)可知，如果除了一个状态变量之外，将其他状态变量的初值均设置为零，则可以通过求解此时的系统响应，来求得系统的状态转移矩阵。事实上，如果除了第 j 个变量之外，其他状态变量的初值为零，则 $\phi_{ij}(t)$ 恰好对应于状态变量 i 的响应。

4.2.2 状态空间方程的线性变换

由系统的状态变量构成的一阶微分方程组，称为状态方程。反映系统中状态变量和输入变量的因果关系，也是反映每个状态变量对时间的变化关系。方程形式如下

$$\dot{x}_i = f_i(x_1, x_2, \cdots, x_n; u_1, u_2, \cdots u_r), i=1,2,\cdots,n \tag{4.22}$$

其中，n 是状态变量的个数；r 是输入变量个数；f_i 是线性或非线性函数。

通式为

$$\begin{aligned} \dot{x}_1 &= a_{11}x_1 + a_{12}x_2 + \cdots + a_{1n}x_n + b_{11}u_1 + b_{12}u_2 + \cdots + b_{1r}u_r \\ \dot{x}_2 &= a_{21}x_1 + a_{22}x_2 + \cdots + a_{2n}x_n + b_{21}u_1 + b_{22}u_2 + \cdots + b_{2r}u_r \\ &\vdots \\ \dot{x}_n &= a_{n1}x_1 + a_{n2}x_2 + \cdots + a_{nn}x_n + b_{n1}u_1 + b_{n2}u_2 + \cdots + b_{nr}u_r \end{aligned} \tag{4.23}$$

将通式化为矩阵形式有

$$\dot{\boldsymbol{x}} = \boldsymbol{A}_{n\times n}\boldsymbol{x} + \boldsymbol{B}_{n\times r}\boldsymbol{u} \tag{4.24}$$

其中

$$\boldsymbol{x} = [x_1, x_2, \cdots, x_n]^{\mathrm{T}} \tag{4.25}$$

为 $n\times 1$ 维状态向量。

$$\boldsymbol{u} = [u_1, u_2, \cdots, u_r]^{\mathrm{T}} \tag{4.26}$$

为 $r\times 1$ 维输入向量。

$$\boldsymbol{A} = \begin{bmatrix} a_{11}, a_{12}, \cdots, a_{1n} \\ a_{21}, a_{22}, \cdots, a_{2n} \\ \vdots \\ a_{n1}, a_{n2}, \cdots, a_{nn} \end{bmatrix} \tag{4.27}$$

为 $n\times n$ 维系统矩阵，表征各状态变量间的关系。

$$\boldsymbol{B} = \begin{bmatrix} b_{11}, b_{12}, \cdots, b_{1r} \\ b_{21}, b_{22}, \cdots, b_{2r} \\ \vdots \\ b_{n1}, b_{n2}, \cdots, b_{nr} \end{bmatrix} \tag{4.28}$$

为 $n\times r$ 维输入矩阵，表征输入对每个变量的作用。

输出方程：在指定输入的情况下，该输出与状态变量和输入之间的函数关系。反映系统中输出变量与状态变量和输入变量的因果关系。方程形式如下

$$y_j = g_j(x_1, x_2, \cdots, x_n; u_1, u_2, \cdots, u_r), j=1,2,\cdots,m \tag{4.29}$$

其中，n 是状态变量的个数；r 是输入变量个数；m 是输出变量个数；g_j 是线性或非线性

函数。

通式为

$$
\begin{aligned}
y_1 &= c_{11}x_1 + c_{12}x_2 + \cdots + c_{1n}x_n + d_{11}u_1 + d_{12}u_2 + \cdots + d_{1r}u_r \\
y_2 &= c_{21}x_1 + c_{22}x_2 + \cdots + c_{2n}x_n + d_{21}u_1 + d_{22}u_2 + \cdots + d_{2r}u_r \\
&\vdots \\
y_m &= c_{m1}x_1 + c_{m2}x_2 + \cdots + c_{mn}x_n + d_{m1}u_1 + d_{m2}u_2 + \cdots + d_{mr}u_r
\end{aligned} \tag{4.30}
$$

将通式化为矩阵形式有

$$
\boldsymbol{y} = \boldsymbol{C}_{m\times n}\boldsymbol{x} + \boldsymbol{D}_{m\times r}\boldsymbol{u} \tag{4.31}
$$

其中，

$$
\boldsymbol{y} = [y_1 \quad y_2 \quad \cdots \quad y_m]^{\mathrm{T}} \tag{4.32}
$$

为 $m\times 1$ 维输出变量。

$$
\boldsymbol{C} = \begin{bmatrix} c_{11} & c_{12} & \cdots & c_{1n} \\ c_{21} & c_{22} & \cdots & c_{2n} \\ \vdots & \vdots & & \vdots \\ c_{m1} & c_{m2} & \cdots & c_{mn} \end{bmatrix} \tag{4.33}
$$

为 $m\times n$ 维输出矩阵，表征输出和每个状态量的关系。

$$
\boldsymbol{D} = \begin{bmatrix} d_{11} & d_{12} & \cdots & d_{1r} \\ d_{21} & d_{22} & \cdots & d_{2r} \\ \vdots & \vdots & & \vdots \\ d_{m1} & d_{m2} & \cdots & d_{mr} \end{bmatrix} \tag{4.34}
$$

为 $m\times r$ 维前馈矩阵又称直接转移矩阵，表征输入对输出的直接传递关系，通常 $\boldsymbol{D}=0$。

动态方程或状态空间表达式：将状态方程和输出方程联立，就构成动态方程或状态空间表达式。一般形式如下

$$
\begin{cases} \dot{\boldsymbol{x}} = \boldsymbol{A}\boldsymbol{x} + \boldsymbol{B}\boldsymbol{u} \\ \boldsymbol{y} = \boldsymbol{C}\boldsymbol{x} + \boldsymbol{D}\boldsymbol{u} \end{cases} \tag{4.35}
$$

其中，$\boldsymbol{A}$、$\boldsymbol{B}$、$\boldsymbol{C}$、$\boldsymbol{D}$ 矩阵含义同上。

4.2.3 解状态空间方程

给定传递函数 $G(s)$，通过信号流图模型可以得到状态微分方程。反过来，我们研究如何由状态微分方程确定单输入-单输出系统的传递函数 $G(s)$，有

$$
\dot{\boldsymbol{x}} = \boldsymbol{A}\boldsymbol{x} + \boldsymbol{B}u \tag{4.36}
$$

$$
y = \boldsymbol{C}\boldsymbol{x} + \boldsymbol{D}u \tag{4.37}
$$

其中，u 和 y 分别为系统的单输入和单输出。式(4.36) 和式(4.37) 的拉普拉斯变换分别为

$$
s\boldsymbol{X}(s) = \boldsymbol{A}\boldsymbol{X}(s) + \boldsymbol{B}U(s) \tag{4.38}
$$

$$
Y(s) = \boldsymbol{C}\boldsymbol{X}(s) + \boldsymbol{D}U(s) \tag{4.39}
$$

由于 u 为单输入，因此 $\boldsymbol{B}$ 为 $n\times 1$ 的矩阵。我们的目的在于确定传递函数，因而此处将不考虑非零的初始条件。对式(4.38) 合并同类项后可以得到

$$
(s\boldsymbol{I} - \boldsymbol{A})\boldsymbol{X}(s) = \boldsymbol{B}U(s) \tag{4.40}
$$

注意到

$$
(s\boldsymbol{I} - \boldsymbol{A})^{-1} = \boldsymbol{\Phi}(s) \tag{4.41}
$$

于是有

$$\boldsymbol{X}(s)=\boldsymbol{\Phi}(s)\boldsymbol{B}U(s) \tag{4.42}$$

再将 $\boldsymbol{X}(s)$ 代入式(4.39)，可以得到

$$Y(s)=[\boldsymbol{C\Phi}(s)\boldsymbol{B}+\boldsymbol{D}]U(s) \tag{4.43}$$

于是，系统的传递函数 $G(s)$ 为

$$G(s)=\frac{Y(s)}{U(s)}=\boldsymbol{C\Phi}(s)\boldsymbol{B}+\boldsymbol{D} \tag{4.44}$$

【例 4.1】 倒立摆空间模型。

人手保持倒立摆平衡的情形如图 4.2 所示。手倒立摆的平衡条件为 $\theta(t)=0$ 和 $\mathrm{d}\theta/\mathrm{d}t=0$。移动的目的在于减小 θ。为了简化分析，假定倒立摆只在 xy 平面内旋转。人手保持倒立摆平衡与导弹在发射初始阶段的姿态控制没有本质差异。这个问题的经典表述形式是图 4.3 所示的小车上的倒立摆控制问题。

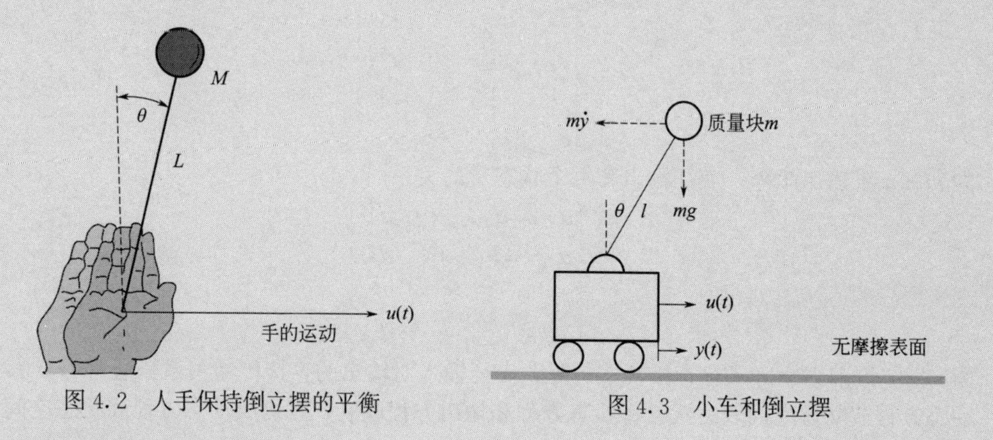

图 4.2 人手保持倒立摆的平衡　　图 4.3 小车和倒立摆

小车必须处于运动状态才能够保证质量块 m 始终位于小车上方。状态变量应该与旋转角 $\theta(t)$ 及小车的位移 $y(t)$ 有关。分析系统水平方向的受力情况和铰接点的力矩情况，可以列写出系统运动的微分方程。假定 $M\geqslant m$（图 4.2），旋转角 θ 足够小，就可以对运动方程做线性近似处理。这样，系统水平方向受力之和为

$$M\ddot{y}+ml\ddot{\theta}-u(t)=0 \tag{4.45}$$

其中，$u(t)$ 为施加在小车上的外力，l 是质量块 m 到铰接点的距离。铰接点的扭矩之和为

$$ml\ddot{y}+ml^2\ddot{\theta}-mlg\theta=0 \tag{4.46}$$

针对以上两个二阶微分方程，该系统选定 4 个状态变量 $(x_1,x_2,x_3,x_4)=(y,\dot{y},\theta,\dot{\theta})$，将式(4.45) 和式(4.46) 写成状态变量的形式，可以得到

$$M\dot{x}_2+ml\dot{x}_4-u(t)=0 \tag{4.47}$$

$$\dot{x}_2+l\dot{x}_4-gx_3=0 \tag{4.48}$$

为了得到一阶微分方程，我们首先解出式(4.48) 中的 $l\dot{x}_4=\dfrac{Mgx_3-u(t)}{M-m}$，代入式(4.47) 中。再考虑 $M\geqslant m$，可以得到

$$M\dot{x}_2+mgx_3=u(t) \tag{4.49}$$

解出式(4.47) 中的 $\dot{x}_2$，并代入式(4.48)，整理可以得到

$$Ml\dot{x}_4-Mgx_3+u(t)=0 \tag{4.50}$$

于是，可以得到4个一阶微分方程为

$$\begin{aligned}
\dot{x}_1&=x_2\\
\dot{x}_2&=-\frac{mg}{M}x_3+\frac{1}{M}u(t)\\
\dot{x}_3&=x_4\\
\dot{x}_4&=\frac{g}{l}x_3-\frac{1}{Ml}u(t)
\end{aligned} \tag{4.51}$$

系统矩阵则为

$$\boldsymbol{A}=\begin{bmatrix}0 & 1 & 0 & 0\\ 0 & 0 & -mg/M & 0\\ 0 & 0 & 0 & 1\\ 0 & 0 & g/l & 0\end{bmatrix},\boldsymbol{B}=\begin{bmatrix}0\\ 1/M\\ 0\\ -1/(Ml)\end{bmatrix} \tag{4.52}$$

4.3 状态空间设计

4.3.1 状态反馈

在状态空间模型中除了输入和输出，还存在状态。这里我们假定可以通过传感器等观测到这些信息。具体来说，我们考虑如下的状态反馈控制

$$u=\boldsymbol{F}\boldsymbol{x} \tag{4.53}$$

通过利用状态 $\boldsymbol{x}$ 的信息，来确定控制输入 u。这里的 $\boldsymbol{F}$ 称为状态反馈增益。可以将状态反馈控制看作一种PD控制。对于手推车系统，可以将手推车的位置 z 和速度 $\dot{z}$ 当作状态。此时式(4.53)就可以看作

$$u=\boldsymbol{F}\boldsymbol{x}=f_1 z+f_2\dot{z}ux \tag{4.54}$$

这就是PD控制（f_1 为比例增益，f_2 为微分增益）。

另外，在状态反馈控制中设计的是状态反馈增益 $\boldsymbol{F}$（见图4.4），其中具有代表性的方法有两种，使用“极点配置法”和使用“最优调节器”。

(1) 极点配置法

将状态反馈控制 $u=\boldsymbol{F}\boldsymbol{x}$ 施加于 $\dot{\boldsymbol{x}}=\boldsymbol{A}\boldsymbol{x}+\boldsymbol{B}u$ 之后，闭环系统就可以写成下列形式

$$\dot{\boldsymbol{x}}=(\boldsymbol{A}+\boldsymbol{B}\boldsymbol{F})\boldsymbol{x} \tag{4.55}$$

若矩阵 $\boldsymbol{A}+\boldsymbol{B}\boldsymbol{F}$ 的全部极点的实部都是负数，则系统是稳定的。因此需要设计 $\boldsymbol{F}$ 使其满足前述条件。

在极点配置法中首先指定 $\boldsymbol{A}+\boldsymbol{B}\boldsymbol{F}$ 的特征值。具体来说，需要准备与状态数相同数量的实部为负数的特征值。

接下来，我们需要寻找 $\boldsymbol{F}$，使 $\boldsymbol{A}+\boldsymbol{B}\boldsymbol{F}$ 的特征值能够成为我们指定的值。可以使用一定的

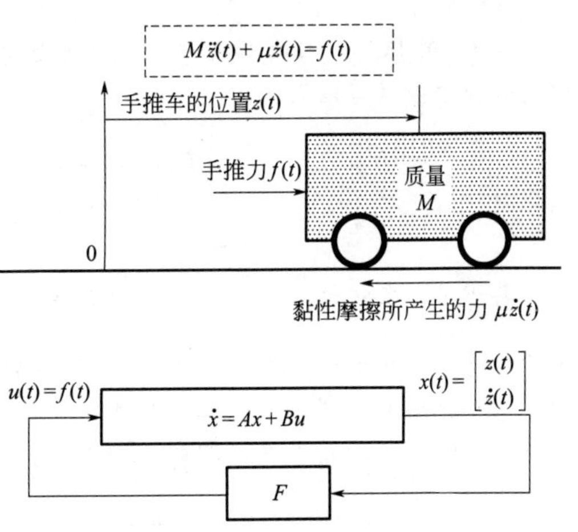

图4.4 状态反馈控制

函数进行变换，函数的参数为 $\boldsymbol{A}$、$\boldsymbol{B}$ 以及指定的闭环极点。由于返回值是使 $\boldsymbol{A}+\boldsymbol{BF}$ 的特征值为指定极点的 $\boldsymbol{F}$，因此将带负号的部分作为 $\boldsymbol{F}$。这样就得到了使 $\boldsymbol{A}+\boldsymbol{BF}$ 的特征值为指定极点的 $\boldsymbol{F}$。

(2) 最优调节器

我们已经知道通过极点配置法可以进行反馈增益设计。但是存在下述问题：

① 特征值的实部的负值越大响应就越快，但同时反馈增益 $\boldsymbol{F}$ 也会变大使得输入变大；

② 在状态变量中可能会出现振幅较大的变量。

为了解决这些问题，可以设定某个评价指标，并求取状态反馈增益使评价指标最小化。

对于 $\boldsymbol{Q}=\boldsymbol{Q}^{\mathrm{T}}>0$，$\boldsymbol{R}=\boldsymbol{R}^{\mathrm{T}}>0$，有下述评价函数

$$J=\int_0^{\infty}\boldsymbol{x}^{\mathrm{T}}(t)\boldsymbol{Q}\boldsymbol{x}(t)+u^{\mathrm{T}}(t)\boldsymbol{R}\boldsymbol{u}(t)\mathrm{d}t \tag{4.56}$$

使最小化的控制器的形式为 $u=\boldsymbol{F}_{\mathrm{opt}}\boldsymbol{x}$，其中 $\boldsymbol{F}_{\mathrm{opt}}$ 的值为

$$\boldsymbol{F}_{\mathrm{opt}}=-\boldsymbol{R}^{-1}\boldsymbol{B}^{\mathrm{T}}\boldsymbol{P} \tag{4.57}$$

其中 $\boldsymbol{P}=\boldsymbol{P}^{\mathrm{T}}>0$，为了满足黎卡提方程的唯一正定对称解

$$\boldsymbol{A}^{\mathrm{T}}\boldsymbol{P}+\boldsymbol{P}\boldsymbol{A}+\boldsymbol{P}\boldsymbol{B}\boldsymbol{R}^{-1}\boldsymbol{B}^{\mathrm{T}}\boldsymbol{P}+\boldsymbol{Q}=0 \tag{4.58}$$

J 的最小值为 $\boldsymbol{x}(0)^{\mathrm{T}}\boldsymbol{P}\boldsymbol{x}(0)$。

像这样通过评价函数的最优化得到的状态反馈控制称为最优调节器。

【例 4.2】 倒立摆系统状态反馈控制。

考虑图 4.2 和图 4.3 所示的小车和不稳定倒立摆系统。为了研究小车和倒立摆的控制，我们首先需要研究状态变量的测量和使用问题。例如，如果要测量状态变量 $x_3=\boldsymbol{\theta}u=-\boldsymbol{K}\boldsymbol{x}$，可以把电位计与倒立摆的铰矩轴连接起来，用电位计来测量。类似地，可以用测速传感器来测量角度的变化速率 $x_4=\dot{\theta}$，用合适的传感器还可以测量小车的位置 x_1 和速度 x_2。当所有的状态变量都可以测量时，便可以将它们全部用于反馈控制，于是有

$$u=-\boldsymbol{K}\boldsymbol{x} \tag{4.59}$$

其中，$\boldsymbol{K}$ 为反馈增益矩阵，$\boldsymbol{x}$ 为状态向量。状态向量的测量值 $x(t)$ 和系统动力学方程所提供的信息，已经足以通过状态变量反馈实现倒立摆系统的控制和镇定。

接下来，将针对倒立摆系统中的不稳定部分，设计一个合适的状态变量反馈控制系统。首先，对倒立摆系统进行适当的简化，采用小车的加速度信号作为控制信号，小车的质量可以忽略不计，这样就可以集中讨论倒立摆的不稳定动态行为。在此条件下，可以将式(4.59) 修改为

$$gx_3-l\dot{x}_4=\dot{x}_2=\ddot{y}=u(t) \tag{4.60}$$

其中，$u(t)$ 为小车的加速度。对简化的倒立摆系统而言，小车的位置和加速度都是控制信号 $u(t)$ 的积分，因此本例所关心的状态变量只有两个，即 $[x_3,\ x_4]=[\theta,\ \dot{\theta}]$，而系统的状态微分方程也可以简化为

$$\begin{bmatrix}\dot{x}_3\\ \dot{x}_4\end{bmatrix}=\begin{bmatrix}0 & 1\\ g/l & 0\end{bmatrix}\begin{bmatrix}x_3\\ x_4\end{bmatrix}+\begin{bmatrix}0\\ -1/l\end{bmatrix}u(t) \tag{4.61}$$

其中，上式的矩阵 $\boldsymbol{A}=\begin{bmatrix}0 & 1\\ g/l & 0\end{bmatrix}$ 就是式(4.52) 中矩阵 $\boldsymbol{A}$ 的右下角块矩阵。开环系统的特征方程为 $\lambda^2-g/l=0$，它有 1 个特征根位于 s 平面的右半面上，因此系统是开环不稳定的。为了使系统稳定，需要为系统引入状态变量反馈控制，也就是说，反馈控制信号应该是状态变量 x_3 和 x_4 的线性函数，即有

$$u(t)=-\boldsymbol{K}\boldsymbol{x}=-\begin{bmatrix}k_1 & k_2\end{bmatrix}\begin{bmatrix}x_3\\ x_4\end{bmatrix}=-k_1x_3-k_2x_4 \tag{4.62}$$

将反馈信号 $u(t)$ 代入式(4.61)，可以得到

$$\begin{bmatrix}\dot{x}_3\\ \dot{x}_4\end{bmatrix}=\begin{bmatrix}0 & 1\\ g/l & 0\end{bmatrix}\begin{bmatrix}x_3\\ x_4\end{bmatrix}+\begin{bmatrix}0\\ (1/l)(k_1x_3+k_2x_4)\end{bmatrix} \tag{4.63}$$

整理后，可以得到

$$\begin{bmatrix}\dot{x}_3\\ \dot{x}_4\end{bmatrix}=\begin{bmatrix}0 & 1\\ (g+k_1)/l & k_2/l\end{bmatrix}\begin{bmatrix}x_3\\ x_4\end{bmatrix} \tag{4.64}$$

这样一来，系统的闭环特征方程变为

$$\begin{bmatrix}\lambda & -1\\ -(g+k_1)/l & \lambda-k_2/l\end{bmatrix}=\lambda\left(\lambda-\frac{k_2}{l}\right)+\frac{g+k_1}{l}=\lambda^2-\left(\frac{k_2}{l}\right)\lambda+\frac{g+k_1}{l} \tag{4.65}$$

由式(4.65) 可知，只要 $k_2/l<0$ 且 $k_1>-g$，就能够保证系统稳定。这一结果表明，通过测量状态变量 x_3 和 x_4，并采用合适的控制函数 $u=-\boldsymbol{Kx}$，就可以使不稳定系统变成稳定系统。更进一步，如果要求闭环系统的响应速度较快，超调量适中，可以令固有频率 $\omega_n=10$，阻尼系数 $\zeta=0.8$，即增益矩阵 $\boldsymbol{K}$ 满足

$$\frac{k_2}{l}=-16,\frac{k_1+g}{l}=100 \tag{4.66}$$

此时，系统阶跃响应的超调量仅为 1.5%，调节时间仅为 0.5s。

至此，我们介绍了一种将状态变量作为反馈变量的反馈控制设计方法。利用该方法，能够改善系统的稳定性，并使系统性能满足预定的指标设计要求。可以看出，该方法的核心是增益矩阵 $\boldsymbol{K}$ 的设计，通过设计合适的矩阵 $\boldsymbol{K}$ 能够将系统闭环极点配置到合适的位置。实际上，对单输入-单输出控制系统利用阿克曼公式，可以更加方便地计算增益矩阵 $\boldsymbol{K}$，即

由于反馈信号为 $\boldsymbol{K}=[k_1k_2\cdots k_n]$，

$$u=-\boldsymbol{Kx} \tag{4.67}$$

给定系统预期的闭环特征方程为

$$q(\lambda)=\lambda^n+\alpha_{n-1}\lambda^{n-1}+\cdots+\alpha_o \tag{4.68}$$

则状态反馈增益矩阵 $\boldsymbol{K}$ 为

$$\boldsymbol{K}=[0\quad 0\quad \cdots\quad 0\quad 1]\boldsymbol{P}_c^{-1}q(\boldsymbol{A}) \tag{4.69}$$

其中，$q(\boldsymbol{A})=\boldsymbol{A}^n+\alpha_{n-1}\boldsymbol{A}^{n-1}+\cdots\alpha_1\boldsymbol{A}+\alpha_0\boldsymbol{I}$；$\boldsymbol{P}_c$ 为系统的能控性矩阵。

4.3.2 状态观测

4.3.1 中讨论了全状态反馈控制的设计问题，其中假定可以直接测量任意 t 时刻的所有状态变量。这一假设是全状态变量反馈控制设计的基础。但这仅仅是一种理想化的假设。实际上可能只有一部分状态变量是可以直接测量的，也就是说，只有这部分状态变量可以直接作为反馈变量。所以由于并不是所有的状态变量在物理上都可以直接测量，为了能够形成反馈，就引用了用状态观测器给出状态估值的问题，如图 4.4 所示。

系统的全状态观测器为

$$\dot{\boldsymbol{x}}=\boldsymbol{Ax}+\boldsymbol{B}u \tag{4.70}$$

$$y=\boldsymbol{Cx} \tag{4.71}$$

$$\dot{\hat{\boldsymbol{x}}}=\boldsymbol{A}\hat{\boldsymbol{x}}+\boldsymbol{B}u+\boldsymbol{L}(y-\boldsymbol{C}\hat{\boldsymbol{x}}) \tag{4.72}$$

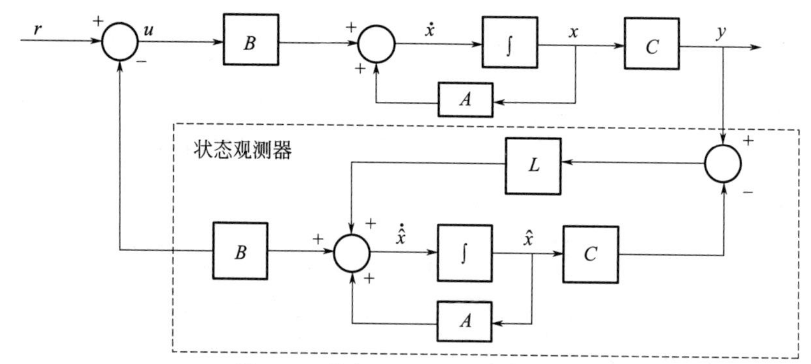

图 4.5 状态观测器反馈控制框图

其中，$\hat{x}$ 表示 x 的估计值，L 为观测器增益矩阵。可以看出，确定增益矩阵 L 是观测器设计的核心。全状态观测器的框图，它有两路输入信号，分别为 u 和 y，以及一路输出信号 $\hat{x}$。

观测器的设计目标是提供状态变量 x 的估计值 $\hat{x}$，而且当 $t\to+\infty$ 时，应该使 $\hat{x}\to x$。由于无法确知状态变量 x 的初始值 $x(t_0)$，因此还必须为观测器提供初始估计值 $\hat{x}(t_0)$。定义观测器的估计误差为

$$e(t)=x(t)-\hat{x}(t) \tag{4.73}$$

可以看出，当 $t\to+\infty$ 时，观测器的估计误差应该满足 $e(t)\to 0$。现代控制系统理论的一个重要结论是，当系统完全可观时，总能找到一个合适的增益矩阵 L，使估计误差按照要求渐近稳定。

式(4.73) 两侧同时对时间求导，可以得到

$$\dot{e}=\dot{x}-\dot{\hat{x}} \tag{4.74}$$

结合系统状态空间模型和观测器，经整理后可以得到

$$\dot{e}=Ax+Bu-A\hat{x}-Bu-L(y-C\hat{x}) \tag{4.75}$$

即有

$$\dot{e}(t)=(A-LC)e(t) \tag{4.76}$$

由此可以看到，观测器的特征方程为

$$\det\lambda I-(A-LC)=0 \tag{4.77}$$

如果特征方程的根全部位于 s 左半平面，对于任意初始值 $e(t_0)$，当 $t\to+\infty$ 时，就能够保证观测器的估计误差满足 $e(t)\to 0$。因此，观测器的设计问题就简化成为寻找合适的增益矩阵 L，使特征方程的根全部位于 s 左半平面。当系统完全能观，即能观性矩阵 P_0 满秩时（对于单输入-单输出系统 P_0 满秩意味着可逆），总能找到满足要求的矩阵 L。

【例 4.3】 倒立摆系统观测器设计。

继续考虑例题 4.1 中的倒立摆系统，其状态空间模型为

$$\dot{x}=\begin{bmatrix}0 & 1 & 0 & 0\\ 0 & 0 & \dfrac{-mg}{M} & 0\\ 0 & 0 & 0 & 1\\ 0 & 0 & \dfrac{g}{l} & 0\end{bmatrix}x+\begin{bmatrix}0\\ \dfrac{1}{M}\\ 0\\ \dfrac{-1}{Ml}\end{bmatrix}u \tag{4.78}$$

其中，状态变量为 $x=(x_1,x_2,x_3,x_4)^{\mathrm{T}}$，$x_1$ 为小车的位置，x_2 为小车的速度，x_3 为摆偏离垂直方向的角度 θ，x_4 为摆的偏离角变化率；u 为作用在小车上的输入信号。可以用铰链在摆杆上的电位计来测量 $x_3=\theta$，或者利用速度计来测量 $x_4=\dot{\theta}$。但在本例中，只假定可以利用

一个传感器来测量小车的位置 x_1。那么，在只能直接测量小车的位置 x_1，即 $y=x_1$ 的情况下，能否通过设计反馈控制，使摆的偏离角 θ 保持在预定位置 $\dot{\theta}=0$ 上呢？

此时，系统的输出方程为

$$y=[1\ 0\ 0\ 0]\boldsymbol{x} \tag{4.79}$$

系统的各个参数分别为 $l=0.098\text{m}$，$g=9.8\text{m/s}^2$，$m=0.825\text{kg}$ 和 $M=8.085\text{kg}$。将这些参数代入状态空间模型中，有

$$\boldsymbol{A}=\begin{bmatrix}0 & 1 & 0 & 0\\0 & 0 & -1 & 0\\0 & 0 & 0 & 1\\0 & 0 & 100 & 0\end{bmatrix},\quad \boldsymbol{B}=\begin{bmatrix}0\\0.1237\\0\\-1.2621\end{bmatrix} \tag{4.80}$$

由此可以得到，系统的能控性矩阵为

$$\boldsymbol{P}_{\mathrm{c}}=\begin{bmatrix}0 & 0.1237 & 0 & 1.2621\\0.1237 & 0 & 1.2621 & 0\\0 & -1.2621 & 0 & -126.21\\-1.2621 & 0 & -126.21 & 0\end{bmatrix} \tag{4.81}$$

由于 $\det\boldsymbol{P}_{\mathrm{c}}=196.49\neq0$，因此系统是完全能控的。同样，系统的能观性矩阵为

$$\boldsymbol{P}_{0}=\begin{bmatrix}1 & 0 & 0 & 0\\0 & 1 & 0 & 0\\0 & 0 & -1 & 0\\0 & 0 & 0 & -1\end{bmatrix} \tag{4.82}$$

由于 $\det\boldsymbol{P}_{0}=1\neq0$，因此系统是完全能观的。由此可知，我们可以分别寻找合适的反馈增益矩阵 $\boldsymbol{K}$ 和观测器增益矩阵 $\boldsymbol{L}$，将系统的闭环极点配置到合适的位置。也就是说，对于本例提出的问题，系统能够得到有效的矫正。

4.4 现代控制理论的发展

4.4.1 LQR 控制

最优控制理论主要探讨的是让动力系统以最小成本来运作，若系统动态可以用一组线性微分方程表示，其成本为二次泛函，这类的问题称为线性二次（LQ）问题。此类问题的解即为线性二次调节器（linear - quadratic regulator），简称 LQR。

LQR 是线性二次高斯问题解当中重要的一部分。而 LQR 问题是控制理论中最基础的问题之一。控制机器（例如飞机）的控制器，或是控制制程（例如化学反应）的控制器，可以进行最佳控制，方式是先设定成本函数，再由工程师设定加权，利用数学算法来找到使成本函数最小化的设定值。成本函数一般会定义为主要量测量（例如飞行高度或是制程温度）和理想值的偏差的和。算法会设法调整参数，让这些不希望出现的偏差降到最小，而控制量的大小本身也会包括在成本函数中。

LQR 算法减少了工程师为了让控制器最佳化而需付出的心力。不过工程师仍然要列出成本函数的相关参数，并且将结果和理想的设计目标比较。因此控制器的建构常会是迭代的，工程师

在模拟过程中决定最佳控制器，再去调整参数让结果更接近设计目标。

对于有限时间长度，连续时间的 LQR 方程式如下。连续时间线性系统 $t=[t_0, t_1]$，方程式为

$$\dot{\boldsymbol{x}}=\boldsymbol{A}\boldsymbol{x}+\boldsymbol{B}\boldsymbol{u} \tag{4.83}$$

其二次成本泛函为：

$$J=\boldsymbol{x}^{\mathrm{T}}(t_1)\boldsymbol{F}(t_1)\boldsymbol{x}(t_1)+\int_{t_0}^{t_1}(\boldsymbol{x}^{\mathrm{T}}\boldsymbol{Q}\boldsymbol{x}+\boldsymbol{u}^{\mathrm{T}}\boldsymbol{R}\boldsymbol{u}+2\boldsymbol{x}^{\mathrm{T}}\boldsymbol{N}\boldsymbol{u})\mathrm{d}t \tag{4.84}$$

其中，$\boldsymbol{F}$、$\boldsymbol{Q}$ 和 $\boldsymbol{R}$ 都是正宗矩阵。

可以让成本最小化的回授控制律为

$$\boldsymbol{u}=-\boldsymbol{K}\boldsymbol{x} \tag{4.85}$$

其中 $\boldsymbol{K}$ 为

$$\boldsymbol{K}=\boldsymbol{R}^{-1}(\boldsymbol{B}^{\mathrm{T}}P(t)+\boldsymbol{N}^{\mathrm{T}}) \tag{4.86}$$

而 P 是连续时间 Riccati 方程的解

$$\boldsymbol{A}^{\mathrm{T}}P(t)+P(t)\boldsymbol{A}-(P(t)\boldsymbol{B}+\boldsymbol{N})\boldsymbol{R}^{-1}(\boldsymbol{B}^{\mathrm{T}}P(t)+\boldsymbol{N}^{\mathrm{T}})+\boldsymbol{Q}=-\dot{P}(t) \tag{4.87}$$

边界条件如下

$$P(t_1)=\boldsymbol{F}(t_1) \tag{4.88}$$

$J_{\min}$ 的一阶条件如下：

① 状态方程：

$$\dot{\boldsymbol{x}}=\boldsymbol{A}\boldsymbol{x}+\boldsymbol{B}\boldsymbol{u} \tag{4.89}$$

② 协态方程：

$$-\dot{\lambda}=\boldsymbol{Q}\boldsymbol{x}+\boldsymbol{N}\boldsymbol{u}+\boldsymbol{A}^{\mathrm{T}}\lambda \tag{4.90}$$

③ 静止方程：

$$0=\boldsymbol{R}\boldsymbol{u}+\boldsymbol{N}^{\mathrm{T}}\boldsymbol{x}+\boldsymbol{B}^{\mathrm{T}}\lambda \tag{4.91}$$

④ 边界条件：

$$\boldsymbol{x}(t_0)=x_0 \tag{4.92}$$

或

$$\lambda(t_1)=\boldsymbol{F}(t_1)\boldsymbol{x}(t_1) \tag{4.93}$$

下面分析二轮平衡车的控制过程。

它所涉及的物理系统是开环不稳定的二轮平衡模型，如图 4.6～图 4.8 所示。

图 4.6　二轮平衡车

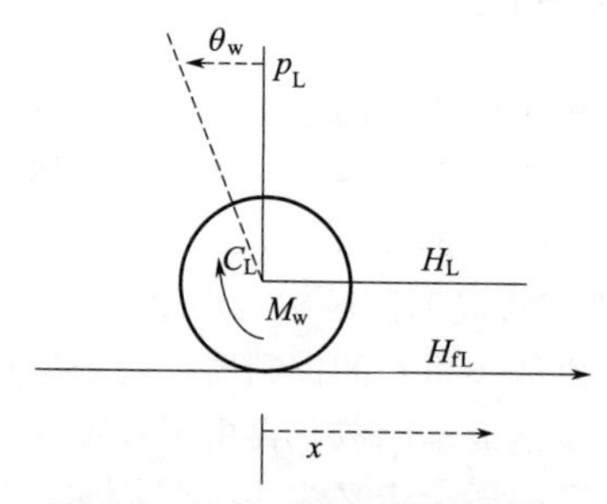

图 4.7　二轮平衡车轮物理模型

为此，利用牛顿第二定律，得到了车轮上的力方程和扭矩方程。右边的轮子是

$$\sum F_x=M_w a \tag{4.94}$$

$$M_w\ddot{x}=H_{fR}-H_R \tag{4.95}$$

$$I_{w}\ddot{\theta}_{w}=C_{R}-H_{fR}\gamma \tag{4.96}$$

至于左轮方程

$$\sum F_{x}=M_{w}a \tag{4.97}$$

$$M_{w}\ddot{x}=H_{fL}-H_{L} \tag{4.98}$$

$$I_{w}\ddot{\theta}_{w}=C_{L}-H_{fL}\gamma \tag{4.99}$$

式中，H_R 为车轮受到的阻力；H_{fR} 为车轮的驱动力；I_w 是车轮密度；γ 是半径；p 是系数。

如果把右边和左边的方程合并

$$2\left(M_{w}+\frac{I_{w}}{\gamma^{2}}\right)\ddot{x}=\frac{C_{R}+C_{L}}{R}-(H_{R}+H_{L}) \tag{4.100}$$

然后找到二轮平衡车的数学方程，采用牛顿第二定律。

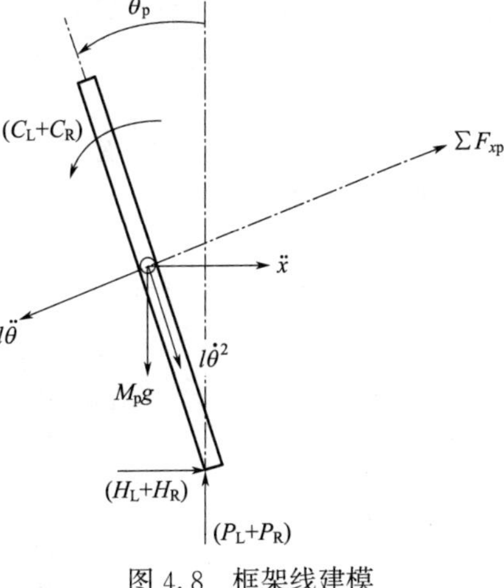

图 4.8　框架线建模

轴上的向后力水平

$$\sum F_{x}=M_{p}\ddot{x}_{p} \tag{4.101}$$

$$M_{p}\ddot{x}_{p}=H_{L}+H_{R}-M_{p}l\ddot{\theta}_{p}\sin\theta_{p}-M_{p}l\ddot{\theta}_{p}\cos\theta_{p} \tag{4.102}$$

$$M_{p}\ddot{x}_{p}=M_{p}(x+l\sin\ddot{\theta}_{p}) \tag{4.103}$$

x_p 构成二轮平衡车骨架的中心点。利用牛顿第二定律，我们得到了垂直轴上力的还原方程

$$\sum F_{xp}=M_{p}g\sin\theta-(P_{R}+P_{L})+(H_{R}+H_{L})\cos\theta_{p} \tag{4.104}$$

$$=M_{p}(x+l\sin\ddot{\theta}_{p})\cos\theta_{p} \tag{4.105}$$

对于双轮平衡车中心的扭矩为

$$\sum M_{o}=I_{p}\ddot{\theta}_{p}=-(H_{R}+H_{L})l\cos\theta_{p}-(P_{R}+P_{L})l\sin\theta_{p}+(C_{R}+C_{L}) \tag{4.106}$$

式中，I_p 为转动惯量。

根据以上数学建模，然后将其余假设进行线性过程

$$\sin\theta_{p}=\theta_{p};\cos\theta_{p}=1;(\mathrm{d}\theta_{p}/\mathrm{d}t)^{2}=0 \tag{4.107}$$

$$\left(M_{p}+2M_{w}-\frac{I_{w}}{r^{2}}\right)\ddot{x}=\frac{C_{R}+C_{L}}{R}-M_{p}l\ddot{\theta}_{p} \tag{4.108}$$

$$(M_{p}l^{2}+I_{p})\ddot{\theta}_{p}=M_{p}gl\theta_{p}+M_{p}l\ddot{x}-(C_{R}+C_{L}) \tag{4.109}$$

$$\begin{bmatrix}\dot{x}\\ \ddot{x}\\ \dot{\theta}_{p}\\ \ddot{\theta}_{p}\end{bmatrix}=\begin{bmatrix}0 & 1 & 0 & 0\\ 0 & \dfrac{K_{1}(M_{p}lr-I_{p}-M_{p}l^{2})}{Rr^{2}A} & \dfrac{M_{p}^{2}gl^{2}}{A} & 0\\ 0 & 0 & 0 & 1\\ 0 & \dfrac{K_{1}(rB-M_{p}l)}{Rr^{2}A} & \dfrac{M_{p}glB}{A} & 0\end{bmatrix}\begin{bmatrix}x\\ \dot{x}\\ \theta_{p}\\ \dot{\theta}_{p}\end{bmatrix}+\begin{bmatrix}0\\ \dfrac{2k_{m}(I_{p}+M_{p}l^{2}-M_{p}lr)}{RrA}\\ 0\\ \dfrac{2k_{m}(M_{p}l-rB)}{RrA}\end{bmatrix}$$

$$y=\begin{bmatrix}1 & 0 & 0 & 0\\ 0 & 0 & 1 & 0\end{bmatrix}\begin{bmatrix}x\\ \dot{x}\\ \theta_{p}\\ \dot{\theta}_{p}\end{bmatrix} \tag{4.110}$$

其中：

$$
\begin{aligned}
&A=[I_pB+2M_pl^2(M_w+(I_w/r^2))]B=[2M_w+(2I_w/r^2)+M_p]\\
&K_1=2k_mk_e\\
&C_R+C_L=\left(2\frac{k_m}{R}\right)U_a-\left(2\frac{k_mk_e}{Rr}\right)\dot{x}\quad (U_a\text{ 为电动机电机})
\end{aligned}
\tag{4.111}
$$

系统参数如表 4.2。

表 4.2　系统参数

符号	信息	单位	值
k_m	直流电机力矩	Nm/A	0.1
k_e	直流电机电动势	V/rad	0.12
R	直流电机电阻	Ω	12
M_p	小车质量	kg	5.4
M_w	车轮质量	kg	0.8
l	龙骨长度	m	1.2
g	重力	m/s^2	9.8
r	半径	m	0.15
$C_L=C_R$	车轮扭矩	Nm	$(k_m/R)U_a-\left(\frac{k_mk_e}{Rr}\right)\dot{x}$

MATLAB 仿真程序见 m4 _ 1.m，仿真的结果如图 4.9 和图 4.10 所示。**Q** 为性能指标函数对状态量的权阵，为对角阵，**R** 为控制量的权重，为对角阵。

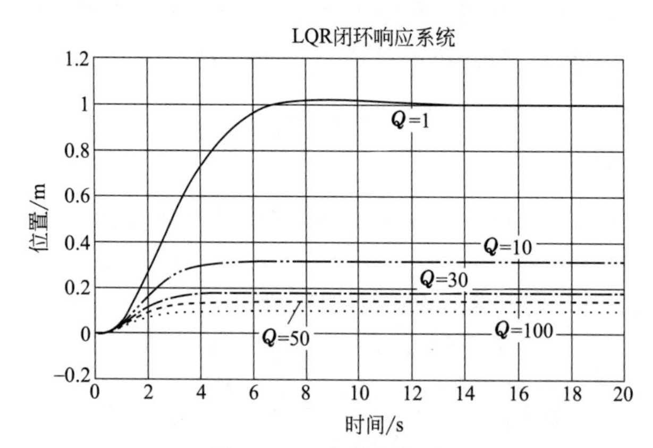

图 4.9　**Q** 变化（位置）

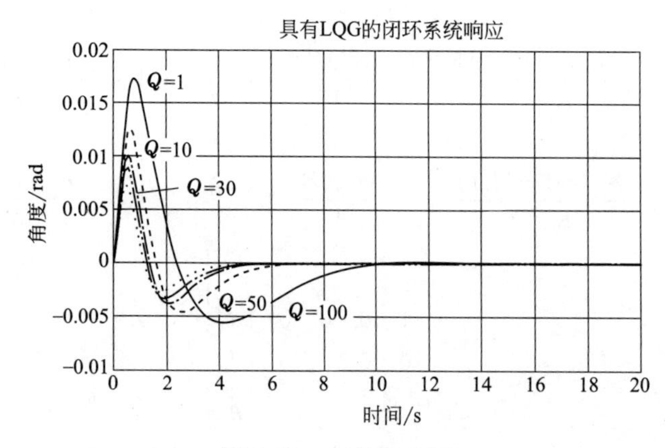

图 4.10　**Q** 变化（角）

• 结果分析：

变化 $\boldsymbol{Q}$ 和 $\boldsymbol{R}=1$

$\boldsymbol{Q}$=diag([1 1 1 1])→$\boldsymbol{K}$=[1.0000 2.9247 78.6409 17.9183]

$\boldsymbol{Q}$=diag([10 10 10 10])→ $\boldsymbol{K}$=[3.1623 6.5330 94.7119 20.2791]

$\boldsymbol{Q}$=diag([30 30 30 30])→$\boldsymbol{K}$=[5.4772 10.0100 109.4358 22.5881]

$\boldsymbol{Q}$=diag([50 50 50 50])→$\boldsymbol{K}$=[7.0711 12.3352 119.1601 24.1824]

$\boldsymbol{Q}$=diag([100 100 100 100])→$\boldsymbol{K}$=[10.0000 16.5505 136.7678 27.174]

根据上面不断变化的 $\boldsymbol{Q}$ 和 $\boldsymbol{R}$ 的系统反应图表，可以得出结论，给出的 $\boldsymbol{Q}$ 值越大，增益 $\boldsymbol{K}$ 的值就越大，位置和角度的变化就会越小，随着更大的 $\boldsymbol{Q}$ 值，系统就会更快地达到稳定点。

$\boldsymbol{R}$ 变化的模拟结果如图 4.11 和图 4.12 所示。

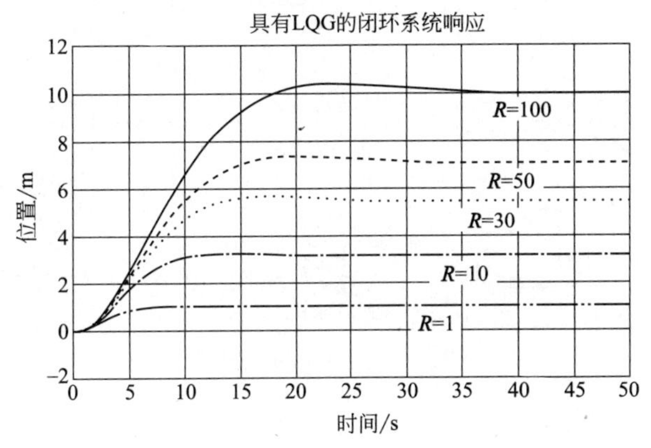

图 4.11　$\boldsymbol{R}$ 的变化（位置）

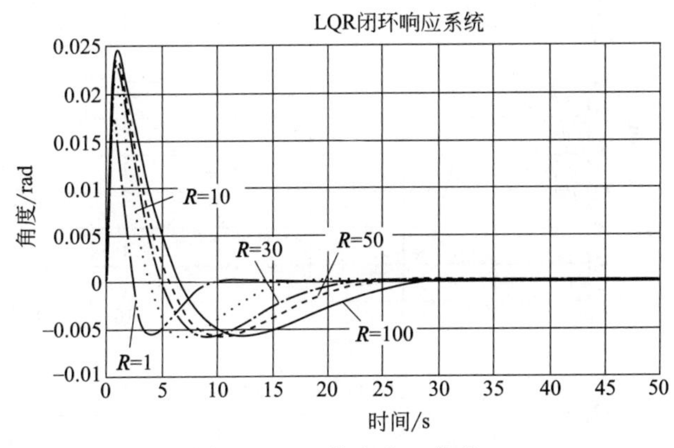

图 4.12　$\boldsymbol{R}$ 的变化（角度）

• 结果分析：

$\boldsymbol{R}$ 和 $\boldsymbol{Q}$ 的变体=diag([11 11])

$\boldsymbol{R}$=1→$\boldsymbol{K}$=[1.0000　2.9247　78.6409　17.9183]

$\boldsymbol{R}$=10→$\boldsymbol{K}$=[0.3162　1.4303　71.3677　16.8867]

$\boldsymbol{R}$=30→$\boldsymbol{K}$=[0.1826　1.0343　69.3223　16.5967]

$\boldsymbol{R}$=50→$\boldsymbol{K}$=[0.1414　0.8913　68.5685　16.4894]

$\boldsymbol{R}$=100→$\boldsymbol{K}$=[0.1000　0.7288　67.6998　16.3656]

根据上述模拟结果，可以得出结论，如果 $\boldsymbol{R}$ 值越大，增益值就越小。但是，如果 $\boldsymbol{R}$ 在 13 之后继续增加，位置和角度的变化也会增加，那么系统需要很长时间才能到达一个稳定的点。

下面进行 C LQR 控制仿真。

Simulink 模型如图 4.13 所示。

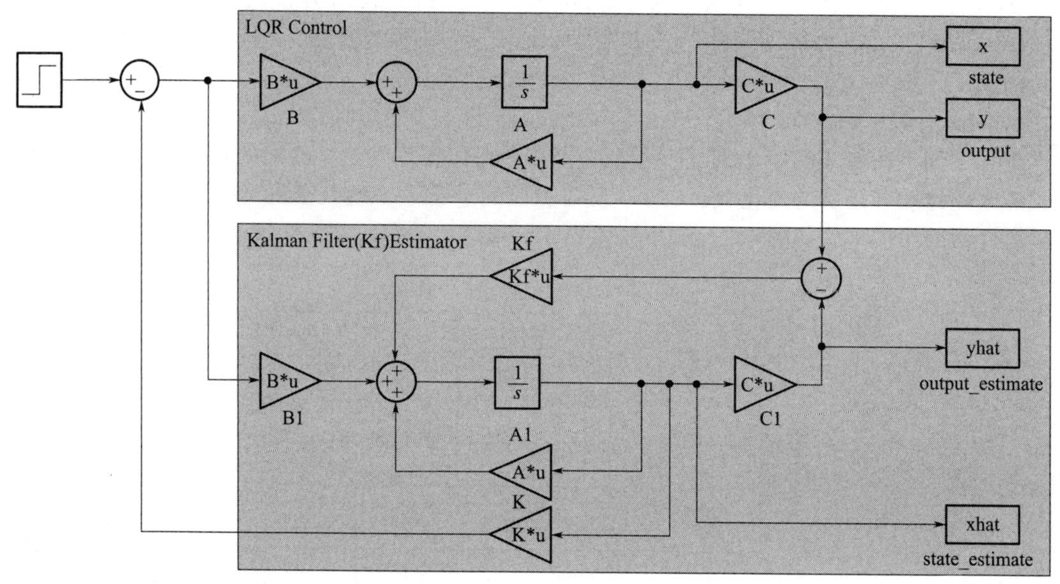

图 4.13　Simulink 模型

模拟的结果如图 4.14 所示。

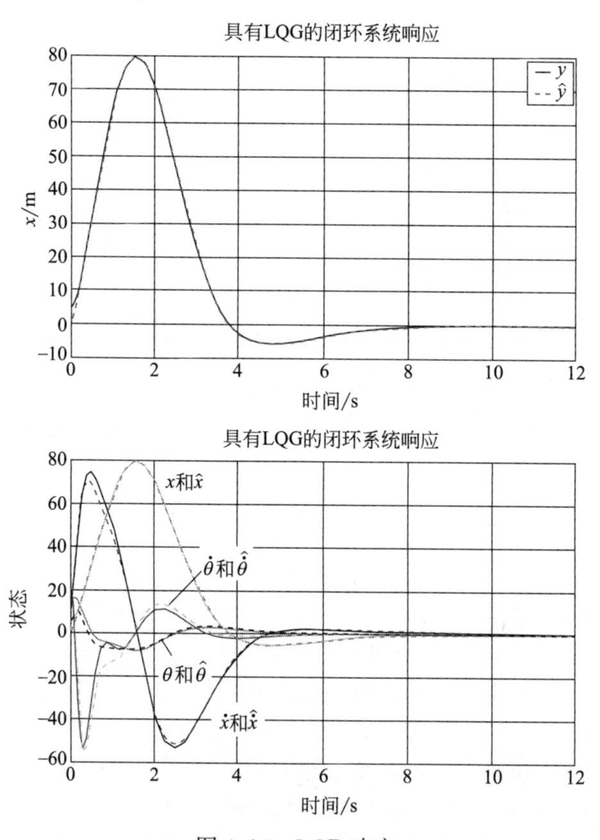

图 4.14　LQR 响应

• 结果分析：

基于上述模拟结果，LQR 能够控制一个系统，该系统的开放回路是稳定的。LQR 还可以通过追求价值来定义它的开放循环不稳定的系统——估算系统和实际系统之间的价值。

4.4.2 模型预测控制（MPC）

模型预测控制（model predictive control，MPC）是过程控制中，在满足特定限制条件时，控制过程的进阶控制方式，近年来也用在电力系统的平衡模型以及电力电子学中。模型预测控制是以过程的动态模型为基础，多半是通过系统识别得到的线性经验模型。模型预测控制的特点是每一次针对目前的时间区块内作最佳化，来对下一个时间再针对时间区块内作最佳化，这和 LQR 控制器不同。模型预测控制可以预测未来事件并且进行对应的处理。PID 控制器没有这样的预测功能。模型预测控制几乎都是用数位控制来实现的，不过也有研究指出若使用特殊设计的类比电路，其反应时间可以更快。

广义预测控制（generalized predictive control，GPC）以及动态矩阵控制（dynamic matrix control，DMC）都是典型模型预测控制的例子。

模型预测控制会预测所建模的系统在自变量变化时来调整，对应的因变量。在控制系统中，控制器可以调整的自变量可能是 PID 控制器的目标值（压力、流量、温度等），也可能是最终控制单元（阀、加湿器等）的输出，若不能被控制器调整的自变量，则会被视为干扰来处理。因此系统中的因变量一般是对于控制目标的测量，或是一些制程限制条件的测量。

模型预测控制会用目前受控体的测量值以及目前系统的动态状态、模型预测控制的模型，以及制程变数目标以及限制来计算因变量未来的变化。计算变化的目的是让因变量尽量接近目标，并且让因变量及自变量都在限制条件范围内。模型预测控制一般会针对自变量先送出一个控制需要的变化，重复计算，一直到需要下一个变化时再送出下一个指令。

许多实际的系统不是线性的，但在小的操作范围内可以视为是线性的。大部分的系统可以使用线性模型预测控制，模型预测控制的回授机制会补偿因模型及实际过程之间的结构不一致所产生的估测误差。假如预测控制器中的模型都是线性模型，根据线性代数中的叠加原理可以让几个独立变数变化的效果叠加，并且可以预测到因变量的变化。因此可以将控制问题简化成一连串直接的矩阵代数叠加计算，而速度快，且有强健性。

假如线性模型已经无法描述实际系统的非线性特性，有许多不同的做法。系统的变量可以在模型预测控制器前后进行转换，以减少其非线性的特性，也可以直接用非线性的模型预测控制来控制，非线性模型可以是由实际资料所合成（例如用人工智能的类神经网络）的，也可是以物理量为平衡的动态模型。

模型预测控制（MPC）是多变数的控制算法，利用：

① 程序的内在动态模型；

② 过去的控制信号；

③ 滚动预测域的优化成本函数 J 来计算最佳化的控制信号。

以下是一个最佳化非线性费用函数的例子

$$J=\sum_{i=1}^{N}w_{x_i}(r_i-x_i)^2+\sum_{i=1}^{N}w_{u_i}\Delta u_i^2 \tag{4.112}$$

没有限制条件（上下限），而一些变数定义如下：

x_i：第 i 个受控变数（例如测量温度）；

r_i：第 i 个参考变数（例如目标温度）；

u_i：第 i 个输出控制变数（例如控制润阀）；

w_{x_i}：反映 x_i 相对重要性的加权系数；

w_{u_i}：惩罚 u_i 相对大幅变化的加权系数。

模型预测控制器和LQR控制器的主要差异是LQR控制器针对整个时间区间进行最佳化，而模型预测控制器针对不同的时间区间分别进行最佳化，因此在不同时间区间内，模型预测控制器可能会产生新的解，而LQR控制器会使用针对所有时间区间下的最佳解。因此模型预测控制器可以在存在硬约束的情形下进行实时的最佳化，不过多半是在较小的时间区域中求解最佳化问题，而不是在整个时间区域内求解，因此有时只能得到次佳的解。

多变量输入 Matlab 仿真程序见 m4 _ 2. m，仿真结果如图 4.15。

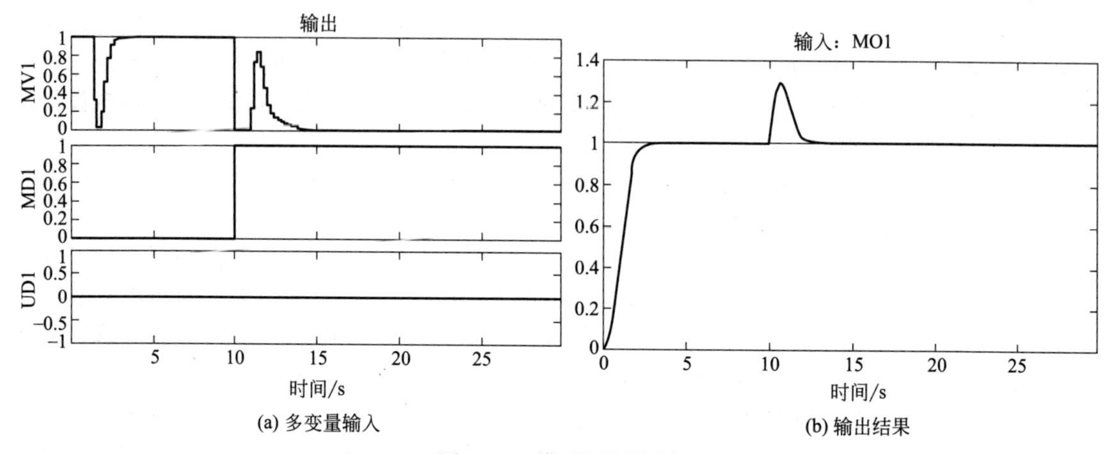

(a) 多变量输入　　(b) 输出结果

图 4.15　模型预测控制

4.4.3　自适应控制

自适应控制（adaptive control）也称为适应控制，是一种对系统参数的变化具有适应能力的控制方法。在一些系统中，系统的参数具有较大的不确定性，并可能在系统运行期间发生较大改变。比如说，客机在越洋飞行时，随着时间的流逝，其重量和重心会由于燃油的消耗而发生改变。虽然传统控制方法（即基于时不变假设 non-time-variant assumption 的控制方法）具有一定的对抗系统参数变化的能力，但是当系统参数发生较大变化时，传统控制方法的性能就会出现显著的下降，甚至产生发散。

需要注意区别的是，虽然同样是为对抗系统参数的不确定性和时变性而设计的，自适应控制与鲁棒控制有着本质区别。鲁棒控制是采用过大的控制量来保证受控对象的状态向收敛方向移动。其优点是，只要参数的改变程度处在控制器的设计范围之内，系统就能保持稳定。而缺点在于，过大的控制量会导致系统发生“抖动”（chattering），从而导致系统跟踪精度有限或驱动机构磨损加剧。而自适应控制则是通过逐步逼近系统特性来保证跟踪精度，其缺点是，在开始阶段不一定能保证稳定，而且往往需要运行一段时间才能实现精确跟踪输入量。其优点是在正常运行时系统可以比较平稳地实现精确跟踪。

在设计自适应控制时，需特别考虑有关收敛及鲁棒性的问题。一般会用李雅普诺夫稳定性来推导控制适应法则，并且证明其收敛。

一般而言，自适应控制的典型应用如下：

① 固定的线性控制器，工作在一操作点下的自调适。

② 固定的线性控制器，工作在所有操作点下的自调适。

③ 当程序因老化、漂移或磨损而变化时，针对固定控制器的自调适。

④ 线性控制器利用自适应控制来控制一个非线性或是时变的系统。

⑤ 非线性控制器利用自适应控制来控制一个非线性的系统。

多变量控制器利用自适应控制或是自调适控制来控制多变量（MIMO）的系统。

一般这些方式会调整系统，符合程序的静态及动态特性。有些情形下，自适应控制只限制在其静态特性，因此会有以稳态的特征曲线或是极值控制进行的自适应控制，目的是使稳态值优化。因此有许多应用自适应控制的方法。图 4.16 为跟随轨迹自适应控制仿真，图 4.17 为跟随轨迹。

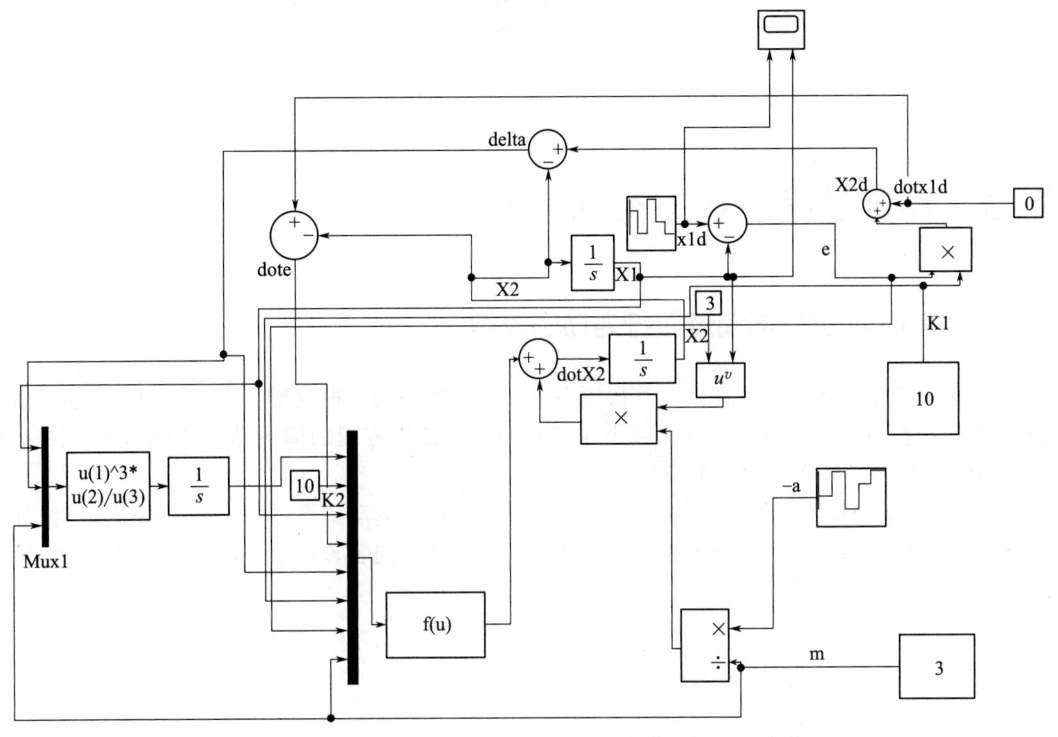

图 4.16　跟随轨迹自适应控制仿真

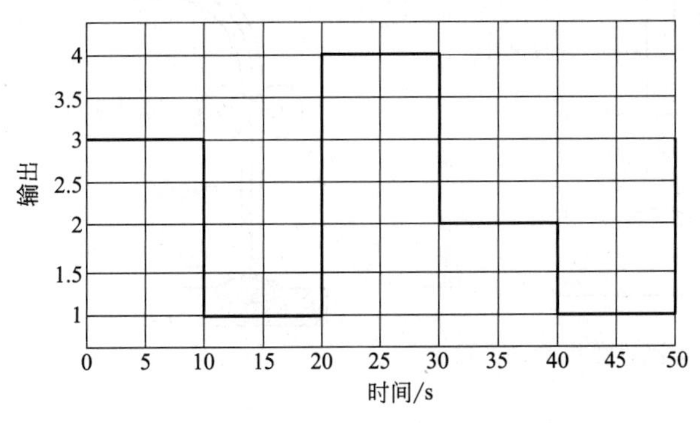

图 4.17　跟随轨迹

控制要求是输出要紧紧跟随这个轨迹，通过自适应控制器，能够实现对于轨迹的跟随，如图 4.18 所示。

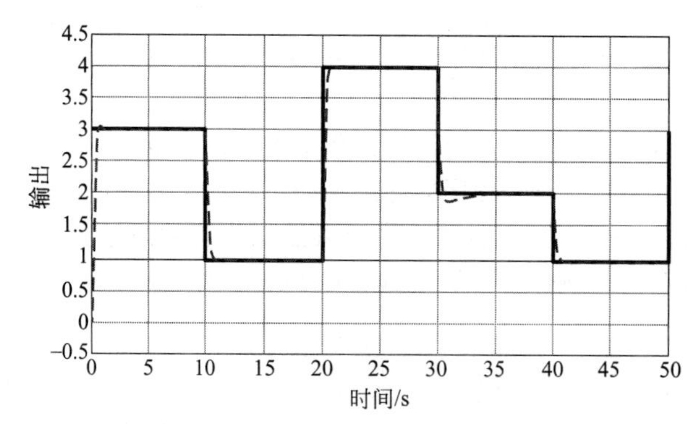

图 4.18 输出值与设定值

4.5 焊接过程的状态空间建模

4.5.1 GMAW 过程熔滴过渡行为动态模型

为了呈现模型，我们首先列出在获得模型方程时所使用的各种变量。然后分别给出描述熔滴动力学和作用在熔滴上的力的方程。接下来，我们给出结果方程的简明状态空间表示。图 4.19 为 GMAW 过程熔滴过渡行为动态模型。

GMAW 系统的传统送丝机构如图 4.20 所示。一个直流电动机通过一个减速箱驱动一组弹簧夹持辊，将电极丝从一个大线轴上拉下来，通过一系列的导向装置，下到焊枪头，以便在焊接过程中使用。

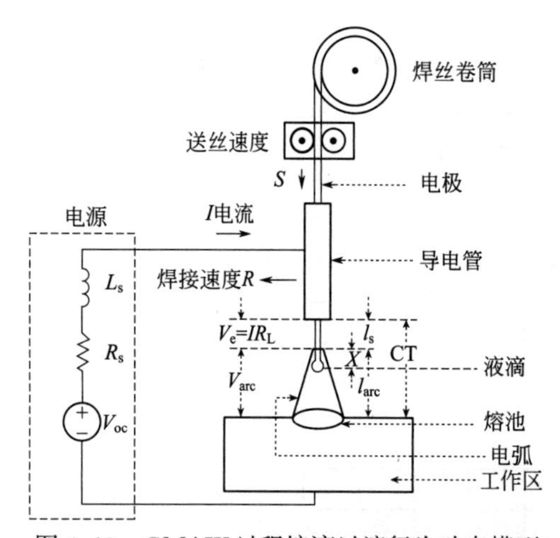

图 4.19 GMAW 过程熔滴过渡行为动态模型

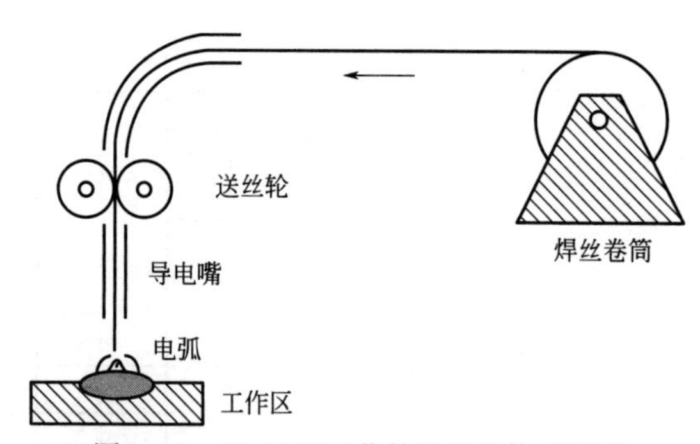

图 4.20 GMAW 工艺的送丝机构示意图

熔滴过渡动态建模

$$\ddot{x}=\frac{F_{tot}-b\dot{x}-kx}{m_d} \tag{4.113}$$

$$F_{tot}=F_{em}+F_d+F_m+F_g$$

其中，x 为熔滴位移；$\dot{x}$ 为熔滴速度；$\ddot{x}$ 为熔滴加速度，m_d 为熔滴质量；b、k 均为常数；F_d 为空气阻力；F_{em} 为电磁力（洛伦兹力）；F_g 为重力；F_m 为惯性力。

脉冲 MIG 焊在燃弧时，电弧电压的变化主要与焊接电流和弧长有关，在此燃弧阶段电弧负载方程采用 Ayrton 方程电流-弧长公式

$$
\begin{aligned}
&\dot{I}=\frac{V_{oc}-R_L I-V_{arc}-R_s I}{L_s}\\
&V_{arc}=V_o+R_a I+E_a(CT-l_s)\\
&R_L=\rho[l_s+0.5(r_d+x)]
\end{aligned}
\tag{4.114}
$$

其中，R_a 为电弧电阻；R_L 为焊丝电阻；R_s 为电源电阻；l_s 为干伸长；CT 为导电嘴尖端至工件距离；ρ 为焊丝的电阻率；V_{arc} 为电弧电压；V_{oc} 为电源电压；E_a 为弧长因子；r_d 为熔滴半径；I 为电流；L_s 为源电感；V_o 是电弧电压常数。

焊丝的熔化由电弧热和焊丝电阻热组成，焊丝熔化速度 M_R

$$M_R=C_2 I^2 \rho l_s+C_1 I \tag{4.115}$$

其中，C_1 为熔化速率常数；C_2 为熔化速率常数；ρ 为焊丝的电阻率；l_s 为干伸长；I 为电流。

焊丝干伸长

$$l_s=S-\frac{M_R}{\pi r_w^2} \tag{4.116}$$

其中，S 为送丝速度；r_w 为焊丝半径。

熔滴脱离焊丝主要克服表面张力，当所有力向下的分量大于表面张力时，熔滴脱离焊丝，那么就有熔滴分离条件

$$
\begin{aligned}
&F_{tot}>F_s\\
&r_d>\frac{\pi(r_d+r_w)}{1.25\left(\frac{x+r_d}{r_d}\right)\left(1+\frac{\mu_0 I^2}{2\pi^2\gamma(r_d+r_w)}\right)^{\frac{1}{2}}}
\end{aligned}
\tag{4.117}
$$

其中，F_s 为表面张力；r_d 为熔滴半径；r_w 为焊丝半径；γ 为液态金属（不锈钢）的表面张力；μ_0 为磁导率。

通过熔滴的质量与密度，能够计算出熔滴的体积

$$\text{detachvolume}=\frac{m_d}{2\rho_w}\left(\frac{1}{1+\exp(-100\dot{x})}+1\right) \tag{4.118}$$

其中，m_d 为熔滴质量；ρ_w 为焊丝密度。

熔滴受力分析：

重力

$$F_g=9.81 m_d \tag{4.119}$$

电磁力（洛伦兹力）

$$F_{em}=\frac{\mu_0 I^2}{4\pi}\left[\frac{a}{1+\exp\left[\left(b-\frac{r_d}{r_w}\right)\div c\right]}\right] \tag{4.120}$$

其中，μ_0 为磁导率：a、b、c 均为洛伦兹力常数。

空气阻力

$$F_d=\frac{C_d[r_d^2-r_w^2]\pi\rho_p U_b^2}{2} \tag{4.121}$$

其中，C_d 为阻力系数；U_b 为相对流体下降速度；ρ_p 为相对流体密度。

惯性力

$$F_m=M_R\rho_w S \tag{4.122}$$

表面张力

$$F_s=2\pi\gamma r_w \tag{4.123}$$

上述的 GMAW 系统的模型可以压缩成如下一般形式

$$\dot{\boldsymbol{x}}=f(\boldsymbol{x})+g(\boldsymbol{x})\boldsymbol{u} \tag{4.124}$$

$$\boldsymbol{y}=h(\boldsymbol{x})+i(\boldsymbol{u}) \tag{4.125}$$

$$\boldsymbol{x}(t)=k(\boldsymbol{x})\text{ if } L(\boldsymbol{x},\boldsymbol{u})>0 \tag{4.126}$$

我们能够采用以下状态变量来表示出 GMAW 焊丝熔化与熔滴过渡阶段的完整动态过程：

$x_1=x$：熔滴位移（m）；

$x_2=\dot{x}$：熔滴速度（m/s）；

$x_3=I$：电流（A）；

$x_4=l_s$：伸长量（m）；

$x_5=m_d$：熔滴质量（kg）。

在状态空间方程中

$$\dot{x}_1=x_2 \tag{4.127}$$

$$\dot{x}_2=\frac{-Kx_1-Bx_2+F_1(x_3,x_5)+F(x_3,x_4)\rho_w u_1}{x_5} \tag{4.128}$$

$$\dot{x}_3=\frac{[u_2-(R_a+R_s)x_3]-\left[x_4+\frac{1}{2}\left\{\left(\frac{3x_5}{4\pi\rho_w}\right)^{\frac{1}{3}}+x_1\right\}\right]\rho x_3-V_0-E_a(u_3-x_4)}{L_s} \tag{4.129}$$

$$\dot{x}_4=u_1-\frac{F(x_3,x_4)}{\pi r_w^2} \tag{4.130}$$

$$\dot{x}_5=F(x_3,x_4)\rho_w \tag{4.131}$$

$$F(x_3,x_4)=C_2\rho x_3^2 x_4+C_1 x_3$$

$$F_1(x_3,x_5)=\frac{\mu_0 x_3^2}{4\pi}\frac{a}{1+\exp\left(\dfrac{br_w-\left(\frac{3x_5}{4\pi\rho_w}\right)^{\frac{1}{3}}}{cr_w}\right)}+\frac{C_d\left[\left(\frac{3x_5}{4\pi\rho_w}\right)^{\frac{2}{3}}-r_w^2\right]\pi\rho_p(U_b)^2}{2}+9.81x_5 \tag{4.132}$$

控制变量为：

$u_1=S$：送丝速度（m/s）；

$u_2=V_{oc}$：电源电压（V）；

$u_3=CT$：导电嘴尖端至工件距离（m）。

输出变量为：

$y_1=I$：电流（A）；

$y_2=V_{arc}$：电弧电压（V）。

$$\begin{aligned}y_1&=x_3\\y_2&=V_0+R_a x_3+E_a(u_3-x_4)\end{aligned} \tag{4.133}$$

对于焊接当中的主要特征在于熔滴在长大后，在达到一定条件后实现熔滴与焊丝的分离，如同之前建模部分所描述的，这些条件如下所示

$$2\pi\gamma r_{\mathrm{w}} > F_1(x_3, x_5) + F(x_3, x_4)\rho_{\mathrm{w}} u_1 \tag{4.134}$$

或

$$r_{\mathrm{d}} > \frac{\pi(r_{\mathrm{d}} + r_{\mathrm{w}})}{1.25\left(\frac{x + r_{\mathrm{d}}}{r_{\mathrm{d}}}\right)\left(1 + \frac{\mu_0 I^2}{2\pi^2\gamma(r_{\mathrm{d}} + r_{\mathrm{w}})}\right)^{\frac{1}{2}}} \tag{4.135}$$

这里

$$r_{\mathrm{d}} = \left(\frac{3x_5}{4\pi\rho_{\mathrm{w}}}\right)^{\frac{1}{3}} \tag{4.136}$$

则可写出

$$\begin{aligned}
&x_1 = \left(\frac{3x_5}{4\pi\rho_{\mathrm{w}}}\right)^{\frac{1}{3}} \\
&x_2 = 0 \\
&x_3 = x_3 + \frac{u_2 - V_0 - E_{\mathrm{a}}(u_3 - x_4)}{R_{\mathrm{a}} + R_{\mathrm{s}} + \rho\left[x_4 + \frac{1}{2}\left\{x_1 + \left(\frac{3x_5}{4\pi\rho_{\mathrm{w}}}\right)^{\frac{1}{3}}\right\}\right]} - \frac{u_2 - V_0 - E_{\mathrm{a}}(u_3 - x_4)}{R_{\mathrm{a}} + R_{\mathrm{s}} + R_{\mathrm{L}}} \\
&x_4 = x_4 \\
&x_5 = \frac{x_5}{2}\left(\frac{1}{1 + \exp(-100x_2)} + 1\right)
\end{aligned} \tag{4.137}$$

我们注意到，五阶微分方程所描述的GMAW模型动态是高度非线性的，这使得许多现代控制策略难以成功使用。为了克服这个问题，我们提出一个基于某些近似值的模拟模型。首先，让我们把式（4.137）中的电流（$I = x_3$）和干伸长（$l_{\mathrm{s}} = x_4$）关系改写为

$$\begin{aligned}
&\dot{x}_3 = \frac{[u_2 - (R_{\mathrm{a}} + R_{\mathrm{s}})x_3] - \left[x_4 + \frac{1}{2}\left\{\left(\frac{3x_5}{4\pi\rho_{\mathrm{w}}}\right)^{\frac{1}{3}} + x_1\right\}\right]\rho x_3 - V_0 - E_{\mathrm{a}}(u_3 - x_4)}{L_{\mathrm{s}}} \\
&\dot{x}_4 = u_1 - \frac{F(x_3, x_4)}{\pi r_{\mathrm{w}}^2}
\end{aligned} \tag{4.138}$$

现在，我们做出以下有效的近似，即干伸长量（$l_{\mathrm{s}} = 24$）比熔滴半径（r_{d}，由 $m = x_5$ 得出）和熔滴距离（$x = x_1$）之和大得多。这就是

$$x_4 \gg \frac{1}{2}\left\{\left(\frac{3x_5}{4\pi\rho_{\mathrm{w}}}\right)^{\frac{1}{3}} + x_1\right\} \tag{4.139}$$

在当前关系中进行上述类比，我们得到

$$\begin{aligned}
&\dot{x}_3 = -abx_3 - ex_4 - cx_3x_4 + au_2 - eu_3 - aV_0 \\
&\dot{x}_4 = -qx_3 - hx_3^2 - u_1
\end{aligned} \tag{4.140}$$

其中，$a = 1/L_{\mathrm{s}}$；$b = R_{\mathrm{a}} + R_{\mathrm{s}}$；$c = L_{\mathrm{s}}\rho$；$e = E_{\mathrm{a}}/L_{\mathrm{s}}$；$q = C_1/(\pi r_{\mathrm{w}}^2)$；$h = C_2\rho/(\pi r_{\mathrm{w}}^2)$。那么可以写出状态空间

$$\begin{bmatrix}\dot{x}_3 \\ \dot{x}_4\end{bmatrix} = \begin{bmatrix}-ab & -e \\ -q & 0\end{bmatrix}\begin{bmatrix}x_3 \\ x_4\end{bmatrix} + \begin{bmatrix}-cx_3x_4 - aV_0 \\ -hx_3^2\end{bmatrix} + \begin{bmatrix}0 & a & -e \\ -1 & 0 & 0\end{bmatrix}\begin{bmatrix}u_1 \\ u_2 \\ u_3\end{bmatrix} \tag{4.141}$$

这是一个由两个非线性微分方程组成的简化系统，其标准形式为

$$\dot{\boldsymbol{x}}(t) = \boldsymbol{A}\boldsymbol{x}(t) + \boldsymbol{f}(\boldsymbol{x}) + \boldsymbol{B}\boldsymbol{u}(t) \tag{4.142}$$

4.5.2 含送丝机构的 GMAW 动态模型

在 4.5.1 的基础上，在这里讨论考虑送丝机构的 GMAW 系统的动态模型。一个恒定电压的电源被输送到电极和工件上。为了获得所需的焊接质量，可以调整送丝速度 S、焊枪移动速度 R、开路电压 V_{oc} 和焊头与工件的距离 CT。这里，X 是熔滴的质心在工件上方的距离。

考虑了直流电动机的动力学特性，它是用来将电极丝送入焊池的。在这里，我们也考虑到了直流电动机的动态，它是用来将焊丝送入焊池的，这样就可以提高现有模型的性能，带有直流电动机的系统的完整动态可以通过考虑以下状态变量来表示：

$X_1(t)=x(t)$：熔滴位移（m）；

$X_2(t)=\dot{x}(t)$：熔滴速度（m/s）；

$X_3(t)=m_d$：熔滴质量（kg）；

$X_4(\mathrm{t})=l_s$：伸长量（m）；

$X_5(\mathrm{t})=I$：焊接电流（A）；

$X_6(\mathrm{t})=S$：送丝速度（m/s）；

考虑到伸长率（l_s）、焊接电流（I）、送丝速度（S）为主导状态，原六阶 GMAW 过程的非线性表示被近似为以下三阶 MIMO 非线性模型近似，其中主导状态 X_4、X_5 和 X_6。

$$\dot{X}_4(t)=X_6(t)-\frac{M_R}{\pi r_w^2} \tag{4.143}$$

$$\dot{X}_5(t)=\frac{U_2(t)-(R_a+R_s+R_L)X_5(t)}{L_s}-\frac{V_0+E_a[\mathrm{CT}-X_4(t)]}{L_s} \tag{4.144}$$

$$\dot{X}_6(t)=\frac{1}{\tau_m}[k_m U_1(t)-X_6(t)] \tag{4.145}$$

控制变量为：

$U_1(t)=V_{arm}$：直流电动机电枢电压（V）；

$U_2(t)=V_{oc}$：开路电压（V）。

输出变量为

$$Y_1(t)=V_{arc}=V_o+R_aX_5(t)+E_a[\mathrm{CT}-X_4(t)] \tag{4.146}$$

$$Y_2(t)=X_5(t) \tag{4.147}$$

其中，Y_1 和 Y_2 分别为电弧电压和电流。在状态方程中，R_a 和 R_s 分别是电弧电阻和源电阻。r_w 是电极半径，V_o 是电弧电压常数，E_a 是弧长系数，L_s 是源电感。τ_m、k_m 分别是电机时间常数和电机稳态增益。熔化率 M_R 和电极电阻 R_L 由以下公式给出

$$M_R=C_2\rho X_4(t)X_5^2(t)+C_1X_5(t) \tag{4.148}$$

$$R_L=\rho\left\{X_4(t)+\frac{1}{2}\left[\left(\frac{3X_3(t)}{4\pi\rho_w}\right)^{1/3}+X_1(t)\right]\right\} \tag{4.149}$$

其中，C_1 和 C_2 是熔化率常数；ρ 是焊丝的电阻率（Ω/m）。熔滴半径 r_d 的定义为 $r_d=\left(\frac{3X_3(t)}{4\pi\rho_w}\right)^{1/3}$，其中 ρ_w 是焊丝密度。上述三阶 MIMO 非线性模型在以下情况下是有效的假设：伸长量（$l_s=x_4$）远远比熔滴半径 r_d 和熔滴位移之和大得多。它可以写成

$$X_4\gg\frac{1}{2}\left[\left(\frac{3X_3(t)}{4\pi\rho_w}\right)^{1/3}+X_1(t)\right] \tag{4.150}$$

简化 R_L 为

$$R_L=\rho X_4(t)+\rho\left\{\frac{1}{2}\left[\left(\frac{3X_3(t)}{4\pi\rho_w}\right)^{1/3}+X_1(t)\right]\right\}\cong\rho X_4(t) \tag{4.151}$$

近似的非线性模型围绕一个工作点进行线性化，得到 GMAW 系统的线性化模型。考虑到 GMAW 工艺在球状喷射熔化熔滴传输模式下工作，这里选择的工作点是电弧电压为 25V，焊接电流为 250A 的情况。线性化模型的状态空间表示

$$\dot{\boldsymbol{x}}=\overline{\boldsymbol{A}}\boldsymbol{x}+\overline{\boldsymbol{B}}\overline{\boldsymbol{u}},\boldsymbol{y}=\overline{\boldsymbol{C}}\boldsymbol{x} \tag{4.152}$$

这里，

$$\boldsymbol{x}=\begin{bmatrix}x_4\\x_5\\x_6\end{bmatrix}=\begin{bmatrix}\delta l_s\\i\\s\end{bmatrix},\overline{\boldsymbol{u}}=\begin{bmatrix}\overline{u}_1\\\overline{u}_2\end{bmatrix}=\begin{bmatrix}v_{arm}\\v_{oc}\end{bmatrix}\text{和 }\boldsymbol{y}=\begin{bmatrix}y_1\\y_2\end{bmatrix}=\begin{bmatrix}v_{arc}\\i\end{bmatrix} \tag{4.153}$$

x_4、x_5 和 x_6 分别代表 X_4、X_5 和 X_6 的线性化变量。线性化的模型矩阵为

$$\overline{\boldsymbol{A}}=\begin{bmatrix}\dfrac{-C_2\rho}{\pi r_w^2}X_5^2 & -\dfrac{C_1+2C_2\rho X_4X_5}{\pi r_w^2} & 1\\L_s^{-1}(E_a-\rho X_5) & -L_S^{-1}(R_a+R_s+\rho X_4) & 0\\0 & 0 & -\tau_m^{-1}\end{bmatrix} \tag{4.154}$$

$$\overline{\boldsymbol{B}}=\begin{bmatrix}0 & 0\\0 & L_s^{-1}\\-k_m\tau_m^{-1} & 0\end{bmatrix}\text{和 }\overline{\boldsymbol{C}}=\begin{bmatrix}-E_a & R_a & 0\\0 & 1 & 0\end{bmatrix} \tag{4.155}$$

δl_s、s、i、v_{arm}、v_{arc} 和 v_{oc} 代表各自的线性化变量。$\overline{x}_4$ 和 $\overline{x}_5$ 是上面提到的工作点上的焊条输出和焊接电流。$\overline{u}_1$ 和 $\overline{u}_2$ 是线性化模型的输入。

在实际情况下，GMAW 系统会受到干扰的影响。由于焊丝和送丝嘴、辊子和轴承的摩擦，有一个很大的恒定负载。此外，夹持辊组件的机械缺陷导致了偏心，产生了一个近似正弦的项。因此，外部干扰，即总扭矩干扰，可以通过输入通道 u_1 进入，其模型为 $f(t)=f_1+f_2\sin(2\pi f_D t)$，其中 f_1、f_2 为常数，f_D 为正弦波分量的频率，它与送丝率成正比。

在这种外部干扰和不确定性的情况下，GMAW 系统可以表示为

$$\dot{\boldsymbol{x}}=\overline{\boldsymbol{A}}\boldsymbol{x}(t)+(\overline{\boldsymbol{B}}+\Delta\overline{\boldsymbol{B}})\boldsymbol{u}(\boldsymbol{x},t)+\boldsymbol{D}f(t) \tag{4.156}$$

$$\boldsymbol{y}=\overline{\boldsymbol{C}}\boldsymbol{x} \tag{4.157}$$

其中，$\Delta\overline{\boldsymbol{B}}$ 是输入矩阵的不确定性；$\boldsymbol{D}=[0\quad 0\quad 1]^{T}$ 是干扰矩阵。

第5章 弧焊过程自动控制

智能控制是人工智能与自动控制的交集，主要强调人工智能中仿人的概念与自动控制的结合。智能控制形式有PID控制系统、模糊系统、人工神经网络控制、自学习控制等，这些控制方法被广泛应用于焊接等领域，在新一代的智能控制方法中，模糊控制、神经网络控制具有显著的优势。

5.1 PID控制

PID（比例-积分-微分）控制器作为最早实用化的控制器已有80多年历史，由瑞典学者Karl Åström等人提出并最早应用，目前PID调节是生产过程中最普遍采用的控制方法，广泛应用于冶金、机械、化工等行业。PID控制器具有结构简单和算法简单等优点，但参数整定方法复杂，通常用凑试法来确定，根据具体的调节规律、不同调节对象的特征，经过闭环试验，反复凑试。

5.1.1 PID控制的基本原理

当今，自动控制技术绝大部分是基于反馈控制的，反馈控制理论包括三个基本要素：测量、比较和执行。测量关心的是变量，并与期望值相比较，通过误差来纠正和调节控制系统的响应，在过去的几十年里，PID反馈控制得到了极大的发展和运用。

PID控制器由比例单元（P）、积分单元（I）和微分单元（D）组成，它的基本原理比较简单，基本的PID控制规律可描述为

$$G_c(s)=K_P+\frac{K_I}{s}+K_D s \tag{5.1}$$

其中，K_P为比例项；K_I是积分项；K_D是微分项。

PID控制用途广泛，使用灵活，已有系列化控制器产品，使用中只需设定三个参数（K_P，K_I，K_D）即可。在很多情况下，并不一定需要三个单元，可以取其中的一到两个单元，不过正常比例控制单元在组成PI、PD控制是必不可少的。

PID控制具有以下优点：

① 原理简单。使用方便，PID参数K_P、K_I和K_D可以根据过程动态特性及时调整，如果过程的动态特性发生变化，如对负载变化引起的系统动态特性变化，PID参数就可以重新进行调整与设定。

② 适应性强。按PID控制规律进行工作的控制器早已商品化，即使目前最新式的过程控制

计算机，其基本控制功能也仍然是PID控制。PID应用范围广，虽然很多工业过程是非线性或时变的，但通过适当简化，可以将其变成基本线性和动态特性不随时间变化的系统，就可以进行PID控制了。

③ 鲁棒性强。即其控制品质对被控制对象特性的变化不太敏感。

但不可否认PID也有其固有的缺点。PID在控制非线性、时变、耦合及参数和结构不确定的复杂过程时，效果不是太好；最主要的是，如果PID控制器不能控制复杂过程，无论怎么调参数作用都不大。

5.1.2 PID控制算法

PID是比例（proportional）、积分（integral）、微分（differential）的缩写。PID控制器的实质就是根据输入的偏差值，按比例、微分、积分的函数关系进行运算，运算结果用以控制输出，如图5.1所示。

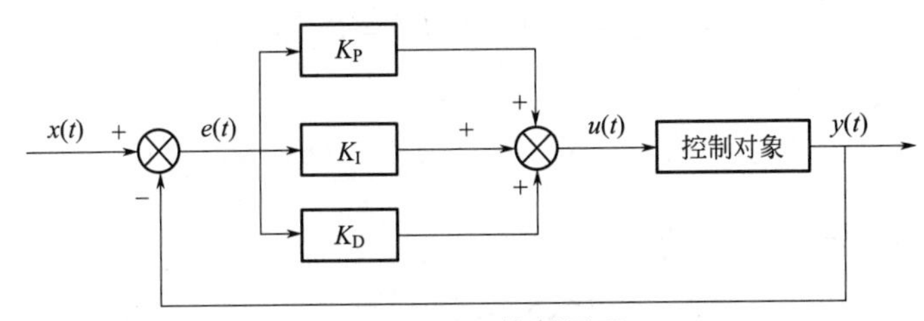

图5.1　PID控制原理

图5.1中$x(t)$为给定值，$y(t)$为实际输出值，$e(t)$为两者的偏差，即控制偏差为

$$e(t)=x(t)-y(t) \tag{5.2}$$

将偏差的比例（P）、积分（I）、微分（D）通过线性组合构成控制量，对被控对象进行控制，其控制规律为

$$u(t)=K_P\left[e(t)+\frac{1}{T_I}\int_0^t e(t)\mathrm{d}t+T_D\frac{\mathrm{d}e(t)}{\mathrm{d}t}\right] \tag{5.3}$$

对式(5.3)进行拉普拉斯变换，得到PID控制的传递函数

$$G(s)=\frac{U(s)}{E(s)}=K_P\left(1+\frac{1}{T_Is}+T_Ds\right) \tag{5.4}$$

式(5.3)中，K_P为比例系数；T_I为积分时间常数；T_D为微分时间常数。它们的校正作用如下：

比例环节K_P：比例环节能及时成比例地反映控制系统的偏差信号$e(t)$，当有偏差产生时，控制器立即开始工作，减少偏差值。K_P取值越大，系统响应速度越快，调节精度越高，但如果K_P过大，将引起超调，导致系统不稳定；K_P取值越小，则会降低调节精度，系统响应速度缓慢，使得系统调节时间过长。

积分环节T_I：积分作用主要影响系统的静态特性，可以消除系统静差，提高系统的无差度。积分作用的强弱取决于积分时间常数T_I，当T_I较大时，系统的积分作用较弱，这时系统的过渡过程不易产生振荡，消除静差的时间会变长。当T_I较小时，系统的积分作用较强，但是系统过渡过程中有可能会产生振荡，消除偏差所需的时间较短。

微分环节T_D：微分环节影响系统的动态特性，能反映偏差信号的变化趋势（变化速率），并能在偏差信号值变大之前，在系统中引入一个有效的早期修正信号，从而加快系统的动作速度，减小系统的调节时间。当T_D值较大时，微分环节抑制偏差信号变化率的作用较强，当T_D值较小时，抑制偏差信号变化率的作用较弱。但是过分地去调大 T_D 的值，会使系统抑制作用太大，反而延迟了系统调节时间。

5.1.3 数字 PID 控制

在实际计算机控制系统中，有多种形式的改进数字 PID 控制算法，以便提高实际 PID 控制的性能，由于在计算机控制系统中信号的处理都是以数字量为基础的，所以使用的都是数字 PID 控制器，数字 PID 控制算法可以分为位置式 PID 控制算法和增量式 PID 控制算法。

(1) 位置型算法

在计算机控制系统中，式(5.3) 要进行离散化处理。取一系列的采样点 kT 作为连续时间 t，即

$$t \approx kT \quad k=0,1,2\cdots \tag{5.5}$$

以和式代替积分项，即

$$\int_0^t e(t)\mathrm{d}t \approx T\sum_{j=0}^{k} e(jT) = T\sum_{j=0}^{k} e(j) \tag{5.6}$$

以增量代替微分项，即

$$\frac{\mathrm{d}e(t)}{\mathrm{d}t} \approx \frac{e(kT)-e[(k-1)T]}{T} = \frac{e(k)-e(k-1)}{T} \tag{5.7}$$

式(5.3) 近似变换如下

$$u(k) = K_P\left\{e(k) + \frac{T}{T_I}\sum_{j=0}^{k} e(j) + \frac{T_D}{T}[e(k)-e(k-1)]\right\} \tag{5.8}$$

式中，T 为采样周期；k 为采样序列号，$k=0$，1，2，…；$u(k)$ 为第 k 次采样时刻的计算机输出值；$e(k)$ 为第 k 次采样时刻输入的偏差值；$e(k-1)$ 为第 $(k-1)$ 次采样时刻输入的偏差值。

$$u(k) = K_P e(k) + \frac{K_P T}{T_I}\sum_{j=0}^{k} e(j) + \frac{K_P T_D}{T}[e(k)-e(k-1)] \tag{5.9}$$

其中，$\frac{K_P T_D}{T}$用 K_D 表示即微分系数，$\frac{K_P T}{T_I}$用 K_I 表示即积分系数，则

$$u(k) = K_P e(k) + K_I\sum_{j=0}^{k} e(j) + K_D[e(k)-e(k-1)] \tag{5.10}$$

式中，$u(k)$ 和执行机构的位置是一一对应的，如阀门的开度就符合这个算法。这种算法由于是全量输出，每次输出均与过去的状态有关，计算时要对 $e(k)$ 进行累加，计算机运算工作量大，而且因为计算机输出的 $u(k)$ 对应的是执行机构的实际位置，当计算机出现故障时，$u(k)$ 会大幅度变化，因此会引起执行机构的大幅度变化。

位置式 PID 算法优点：

位置式 PID 是一种非递推式算法，可直接控制执行机构，$u(k)$ 的值和执行机构的实际位置是一一对应的，因此在执行机构不带积分部件的对象中可以很好应用。

位置式 PID 算法缺点：

计算量很大，累积误差相对大，在系统出现错误的情况下，容易使系统失控，积分饱和。由于 $\sum_{j=0}^{k} e(j)$ 在微控制器上易溢出，所以需要增量型算法。

(2) 增量型算法

增量式 PID 控制是数字 PID 控制算法的一种基本形式，是通过对控制量的增量（本次控制量和上次控制量的差值）进行 PID 控制的一种控制算法。增量式与位置式 PID 的输入输出量如

表 5.1。

表 5.1　输入输出类型

项目	位置式 PID	增量式 PID
输入	$e(k)$	$e(k),e(k-1),e(k-2)$
输出	$u(k)$	$u(k-1)+\Delta u(k)$

增量式算法需要保存历史偏差 $e(k-1)$［第（$k-1$）次采样时刻输入的偏差值］和 $e(k-2)$［第（$k-2$）次采样时刻输入的偏差值］，即在第 k 次控制周期中，需要使用 $k-1$、$k-2$ 次控制的输入偏差计算 $\Delta u(k)$，这不是所需的 PID 输出量，所以需要进行累加。

$$u(k)=u(k-1)+\Delta u(k) \tag{5.11}$$

不难发现第一次控制周期时，即 $k=1$ 时

$$u(k)=u(0)+\Delta u(k) \tag{5.12}$$

通过递推法可得

$$u(k-1)=\sum_{i=1}^{k-1}\Delta u(i) \tag{5.13}$$

则最终增量式 PID 输出量 $u(k)$

$$u(k)=\sum_{i=1}^{k}\Delta u(i) \tag{5.14}$$

图 5.2 所示为 $u(k)$ 与 $\Delta u(k)$ 之间的关系。

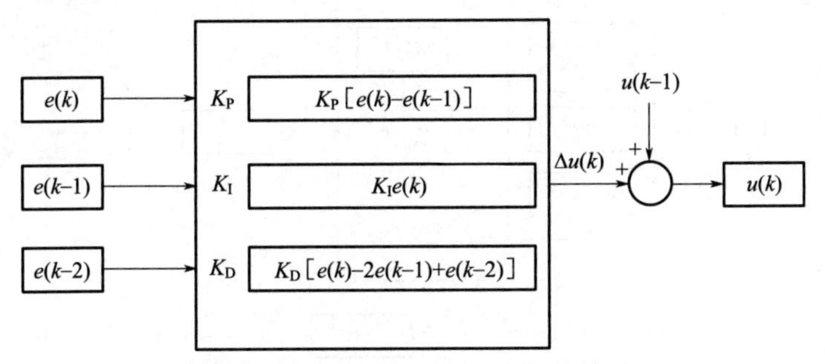

图 5.2　$u(k)$ 与 $\Delta u(k)$ 之间的关系

所谓增量式 PID 是指数字控制器的输出只是控制量的增量 $\Delta u(k)$。当执行机构需要的控制量是增量，而不是位置量的绝对数值时，可以使用增量式 PID 控制算法进行控制。

第 k 次采样的控制算式为

$$u(k)=K_P\left\{e(k)+\frac{T}{T_I}\sum_{j=0}^{k}e(j)+\frac{T_D}{T}[e(k)-e(k-1)]\right\} \tag{5.15}$$

第 $k-1$ 次采样的控制算式为

$$u(k-1)=K_P\left\{e(k-1)+\frac{T}{T_I}\sum_{j=0}^{k-1}e(j)+\frac{T_D}{T}[e(k-1)-e(k-2)]\right\} \tag{5.16}$$

第 k 次减去第 $k-1$ 次采样计算机输出的增量为

$$\begin{aligned}\Delta u(k)&=u(k)-u(k-1)\\&=K_P\left(e(k)-e(k-1)+\frac{T}{T_I}e(k)+T_D\frac{e(k)-2e(k-1)+e(k-2)}{T}\right)\\&=K_P\left(1+\frac{T}{T_I}+\frac{T_D}{T}\right)e(k)-K_P\left(1+\frac{2T_D}{T}\right)e(k-1)+K_P\frac{T_D}{T}e(k-2)\Big)\\&=Ae(k)-Be(k-1)+Ce(k-2)\end{aligned} \tag{5.17}$$

其中，

$$
\begin{aligned}
A &= K_{\mathrm{P}}\left(1+\frac{T}{T_{\mathrm{I}}}+\frac{T_{\mathrm{D}}}{T}\right) \\
B &= K_{\mathrm{P}}\left(1+\frac{2T_{\mathrm{D}}}{T}\right) \\
C &= K_{\mathrm{P}}\frac{T_{\mathrm{D}}}{T}
\end{aligned}
\tag{5.18}
$$

由式(5.18) 可以看出，如果计算机控制系统采用恒定的采样周期 T，一旦确定 A、B、C，只要使用前后三次测量的偏差值，就可以由式(5.17) 求出控制量。

增量式 PID 控制算法与位置式 PID 算法相比，计算量小得多，因此在实际中得到广泛的应用。式(5.11) 就是目前在计算机控制中广泛应用的数字递推 PID 控制算法。

【例 5.1】 以一个直流电机进行调速为例（图 5.3）。

设计转速 1000，即输入目标为 1000。

这时由于反馈回来的速度和设定的速度偏差为 $e(k)$，系统中保存上一次的偏差 $e(k-1)$ 和上上次的偏差 $e(k-2)$，这三个输入量经过增量 PID 计算得到 $\Delta u(k)$；

$u(k)$ 作为 Process 的输入值（可以是 PWM 的占空比），最终 Process 输出相应的 PWM 驱动直流电机；反馈装置检测到电机转速，然后重复以上步骤。

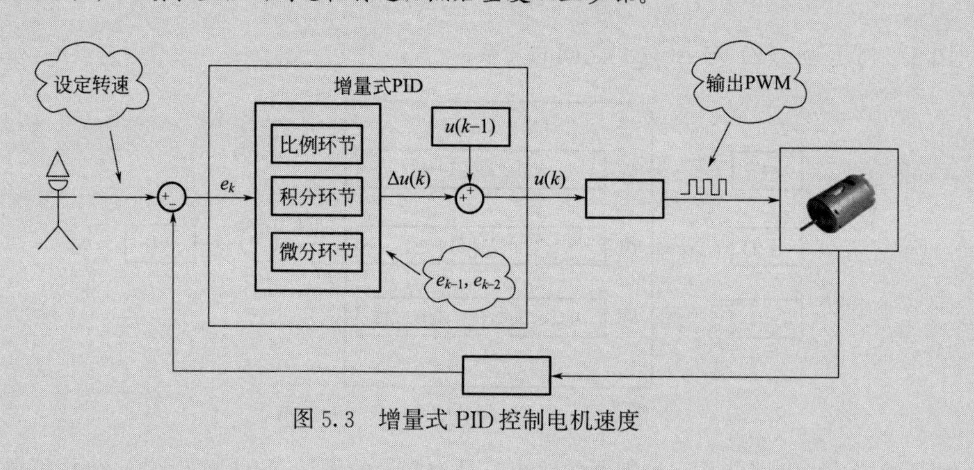

图 5.3　增量式 PID 控制电机速度

增量式 PID 算法的优点：

① 由于计算机输出的是增量，所以误动作时影响小，必要时可用逻辑判断的方法去掉；

② 手动/自动切换时冲击小，便于实现无扰动切换，此外，当计算机发生故障时，由于输出通道或执行装置具有信号的锁存作用，因此可以保持控制量的原值；

③ 算式不需要累加，控制增量 $\Delta u(k)$ 的确定仅与最近 k 次的采样值有关，比较容易通过加权处理获得理想的控制效果。

但是增量控制同样有不足的地方，积分截段效应大，有静态误差，溢出的影响大。

位置式算法每次输出与整个过去状态有关，计算式中要用到过去偏差的累加值，容易产生较大的积累误差。而增量式只需计算增量，当存在计算误差或精度不足时，对控制量计算的影响较小。

（3）PID 参数的整定方法

PID 控制器具有结构简单、形式固定、可以在很宽的操作条件范围内保持较好的鲁棒性、方便工程技术人员直接调节的优点，但其参数的整定过程复杂烦琐。目前 PID 的自整定技术主要有 Ziegler-Nichols 设计方法、ISTE 最优设定方法和临界灵敏度法。Ziegler-Nichols 设定方法如下。

受控对象大多可近似为一阶惯性环节加纯延迟环节，传递函数为

$$G(s)=\frac{K}{1+Ts}e^{-\tau s} \tag{5.19}$$

典型 PID 的传递函数

$$G(s)=\frac{U(s)}{E(s)}=K_P\left(1+\frac{1}{T_I s}+T_D s\right) \tag{5.20}$$

Ziegler-Nichols 整定公式

$$K_P=\frac{1.2T}{K\tau} \tag{5.21}$$

$$T_I=2\tau \tag{5.22}$$

$$T_D=0.5\tau \tag{5.23}$$

根据阶跃响应法计算得出控制系统的参数，经 Ziegler-Nichols 法整定可得到：$K_P=35.5$，$T_I=36$，$T_D=9$。

由式(5.17) 可得控制修正量为：

$$\Delta u(k)=Ae(k)-Be(k-1)+Ce(k-2) \tag{5.24}$$

当采样周期 T 为 1 时，有

$$A=K_P\left(1+\frac{T}{T_I}+\frac{T_D}{T}\right)=353.98, B=K_P\left(1+2\frac{T_D}{T}\right)=674.50, C=K_P\frac{T_D}{T}=319.50 \tag{5.25}$$

因此，在恒定的采样周期 T 下，由确定的 PID 参数就可以计算出控制增量。由于输出的是控制增量，所以必须采用具有积累功能的执行元件或者采用软件辅助实现增量 PID 控制。

5.1.4 DE-GMAW 增量式 PID 稳定性控制

双丝旁路耦合电弧 MIG 焊也是近年发展起来的一种新型高效焊接方法，此种焊接方法具有：焊接效率高，母材热输入可控，适于薄板焊接等特点。

双丝旁路耦合电弧 MIG 焊原理如图 5.4 所示，图中的焊接系统由两套普通 MIG 焊接系统组成，左边主路焊接电源、主路焊枪和母材组成主路焊接系统；右边旁路焊接电源、旁路焊枪和主路焊枪共同组成旁路焊接系统。主路焊接系统采用直流反接，焊接时电流从主路电源正极流出经过主路焊枪和母材回到主路电源负极；旁路焊接系统采用直流正接，电流从旁路焊机正极流出，经过主路焊枪和旁路焊枪回到旁路电源的负极。

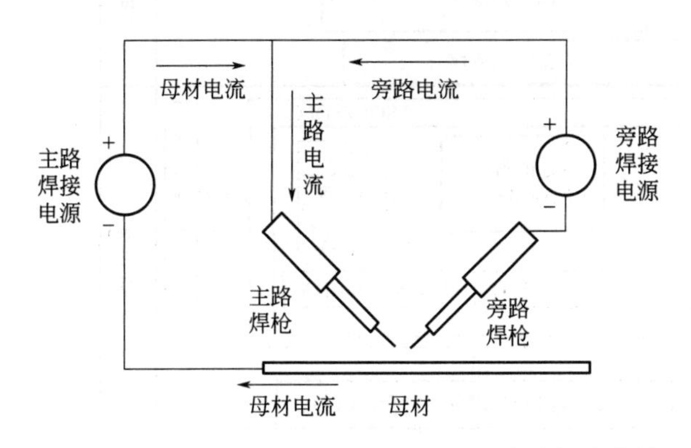

图 5.4 双丝旁路耦合高效 MIG 焊

在不加控制条件时焊接过程由于送丝速度的不稳定导致成形的焊缝存在较多缺陷。通过设计嵌入式系统进而在增量式 PID 条件下对送丝速度进行控制。

(1) 嵌入式系统设计

目前嵌入式系统在各行各业都得到了广泛的应用，国内一般认为：嵌入式系统就是以应用为中心，以计算机技术为基础，软硬件可裁剪，应用系统对功能、可靠性、成本、体积、功耗严格要求的专用计算机系统。

基于数字增量式 PID，所谓数字增量式 PID 是指数字控制器的输出只是控制量的增量，当执行机构需要的控制量是增量，而不是位置量的绝对数值时，可以使用增量式 PID 控制算法进行控制。增量式 PID 的执行框图如图 5.5 所示。

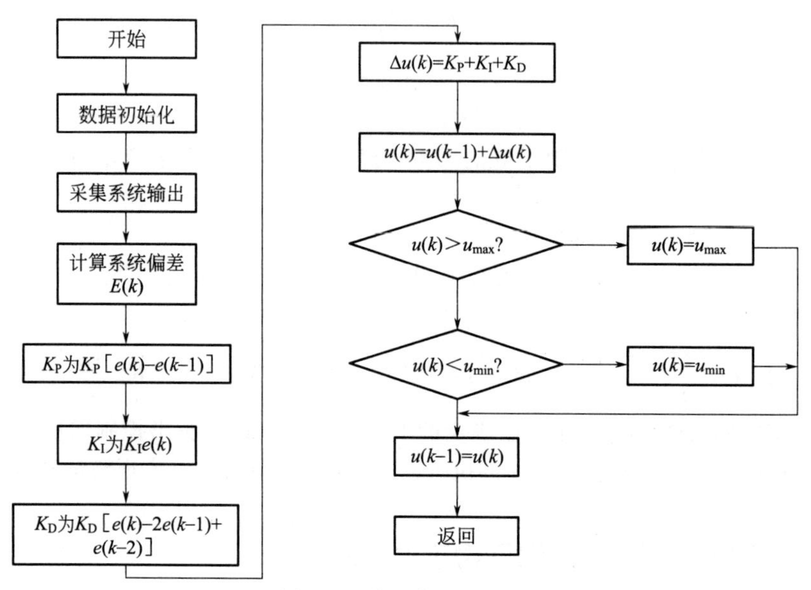

图 5.5 增量式 PID 框图

$$\Delta u(k)=K_P[e(k)-e(k-1)]+K_I e(k)+K_D[e(k)-2e(k-1)+e(k-2)] \tag{5.26}$$

图 5.6 是典型的嵌入式系统组成框图。图中可以看出，嵌入式系统由软件和硬件两大部分组成。嵌入式系统硬件部分的核心是微处理器，有时为了提高系统的信息处理能力，常常外接 DSP

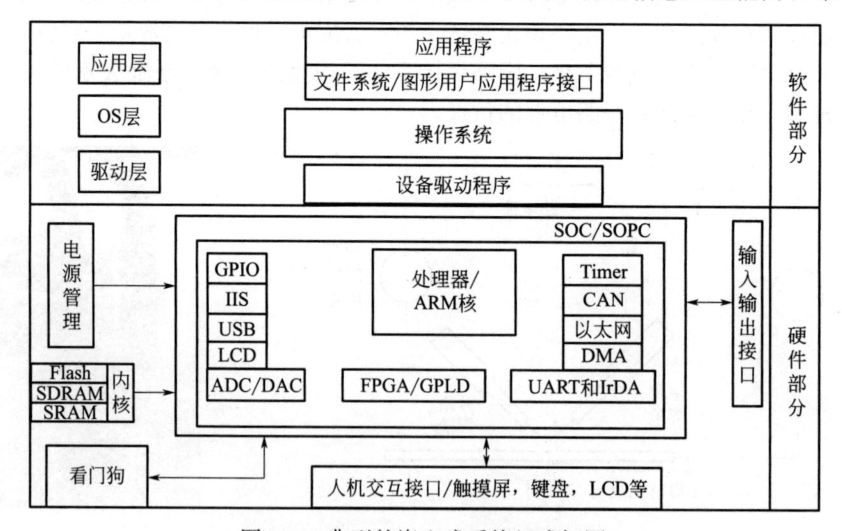

图 5.6 典型的嵌入式系统组成框图

和 DSP 协处理器（也可内部集成）完成高性能信号处理。随着科技的发展，以微处理器为核心的集成多种功能的 SOC 系统芯片已成为嵌入式系统的核心。同时嵌入式微处理器的一些外围设备也是嵌入式硬件系统中必不可少的组成部分。而嵌入式系统的软件部分由驱动层、操作系统层和应用程序层三部分组成。驱动层是嵌入式软件部分与硬件部分的接口，操作系统层是整个软件部分的基础，在此基础上才能够实现图形用户界面、文件系统以及应用程序的运行。嵌入式系统的核心是系统软件和应用软件，由于存储空间有限，因而要求软件代码紧凑、可靠，大多对实时性有严格要求。

图 5.7～图 5.9 是焊接元件的硬件部分。

图 5.7　焊接元件的主控板

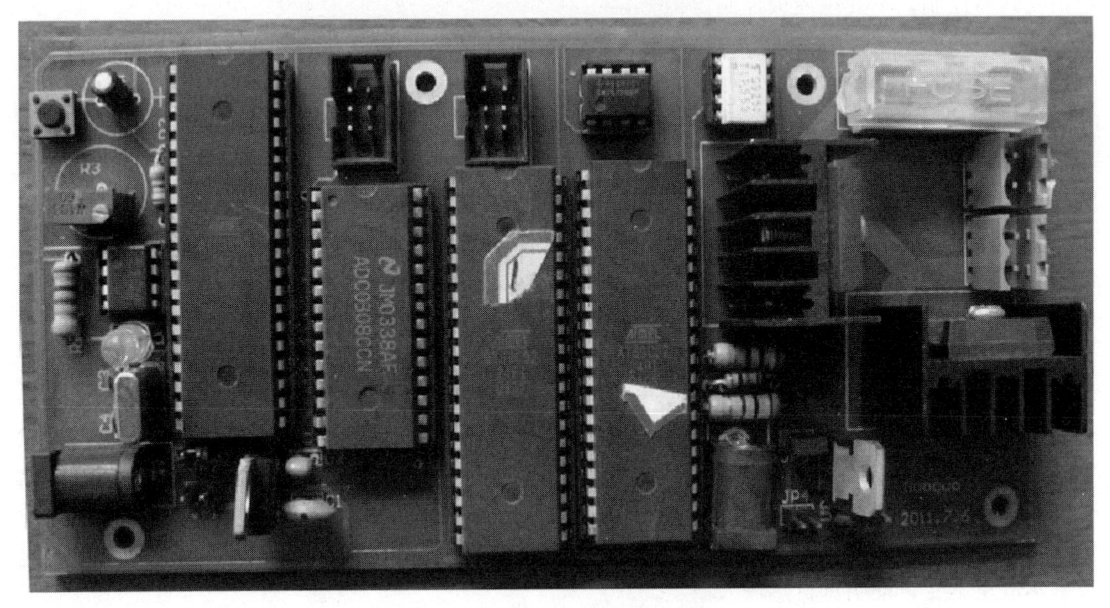

图 5.8　焊接元件的送丝控制板

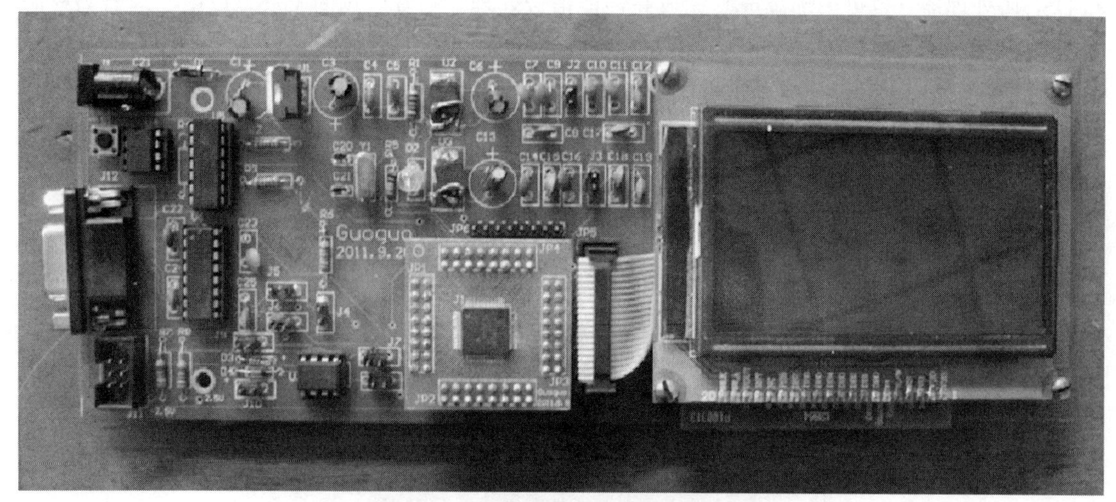

图 5.9　焊接元件的参数显示模块

将焊接参数分别发送给送丝控制板和焊接参数显示模块。采用 Modbus 协议进行通信，此协议规定通信方式为“命令-应答”形式，所以主控板每次发送焊接参数后，都需要等待送丝控制板/显示模块的应答，如果没有接收到应答信号或者接收到错误的应答信号，则需要对数据进行从新发送，如果接收到正确应答，则重复以下操作：采集焊接参数—控制母材电流—发送参数给送丝控制板—发送参数给显示模块。

图 5.10 为嵌入式系统程序流程图，图中左边为主控板的程序流程，中间为送丝控制板程序执行流程，右边为显示模块程序执行流程。主控板上电后，首先进行系统初始化，具体工作包括设置微控制器 LPC2124 的相关引脚连接（LPC2124 共有 64 个引脚，其中 I/O 口有 46 个，大部分 I/O 口都具有第二功能，引脚是作为 I/O 口，还是作为第二功能使用，需要通过寄存器 PINSEL0、PINSEL1 和 PINSEL2 进行设置）、起弧焊接（初始化的最后一项工作是发开关信号给焊接系统，让主路和旁路开始起弧焊接）。开关量信号包括：送气，送丝，起弧信号。焊接小车行走由变频器控制，不受主控板控制。

开始焊接后，主控板首先对焊接参数进行采集，依据母材电流的变化趋势调整 PWM 信号占空比，从而实时改变旁路电流，尽可能让母材电流稳定下来。

（2）增量式 PID 算法的 C 语言实现

主控板发送焊接参数给送丝板，送丝板按增量式 PID 算法，计算得到合适的送丝速度，程序段为按增量式 PID 算法计算送丝速度的 C 语言函数，函数中的 PID 参数是根据大量工艺试验得到的最佳值，即 $P=3$，$I=1.4$，$D=0.5$。焊接过程中可能会出现瞬时干扰，使得焊接参数发生剧烈瞬时突变，为了防止这种突变影响送丝速度，程序段对计算得到的焊接速度进行了限幅。最后将最合适的送丝速度用并口 P0 传给下一块单片机。具体代码见 m5 _ 1. m。

为了证明嵌入式系统对母材电流的控制效果，在焊接过程中引入外界干扰，即进行阶跃试验（在母材上增加 4mm 厚的台阶进行焊接），进行在母材电流控制条件下的阶跃试验。

采用设计的嵌入式系统对母材电流控制后进行阶跃试验，阶跃试验得到的焊接过程电信号和焊缝形貌如图 5.11，图 5.11(a) 为采集到的主路电流信号，图 5.11(b) 为采集到的旁路电流信号，图 5.11(c) 为采集到的母材电流信号，图 5.11(d) 为得到的焊缝形貌。试验起初为焊接起弧过程，因此采集到的信号相对不稳定。当上台阶时，旁路电流和主路电流发生变化，而母材电流基本恒定不变，证明母材热输入稳定。

通过图 5.11 的方案对母材电流进行控制后，母材电流在上台阶处基本不发生跳变，母材电

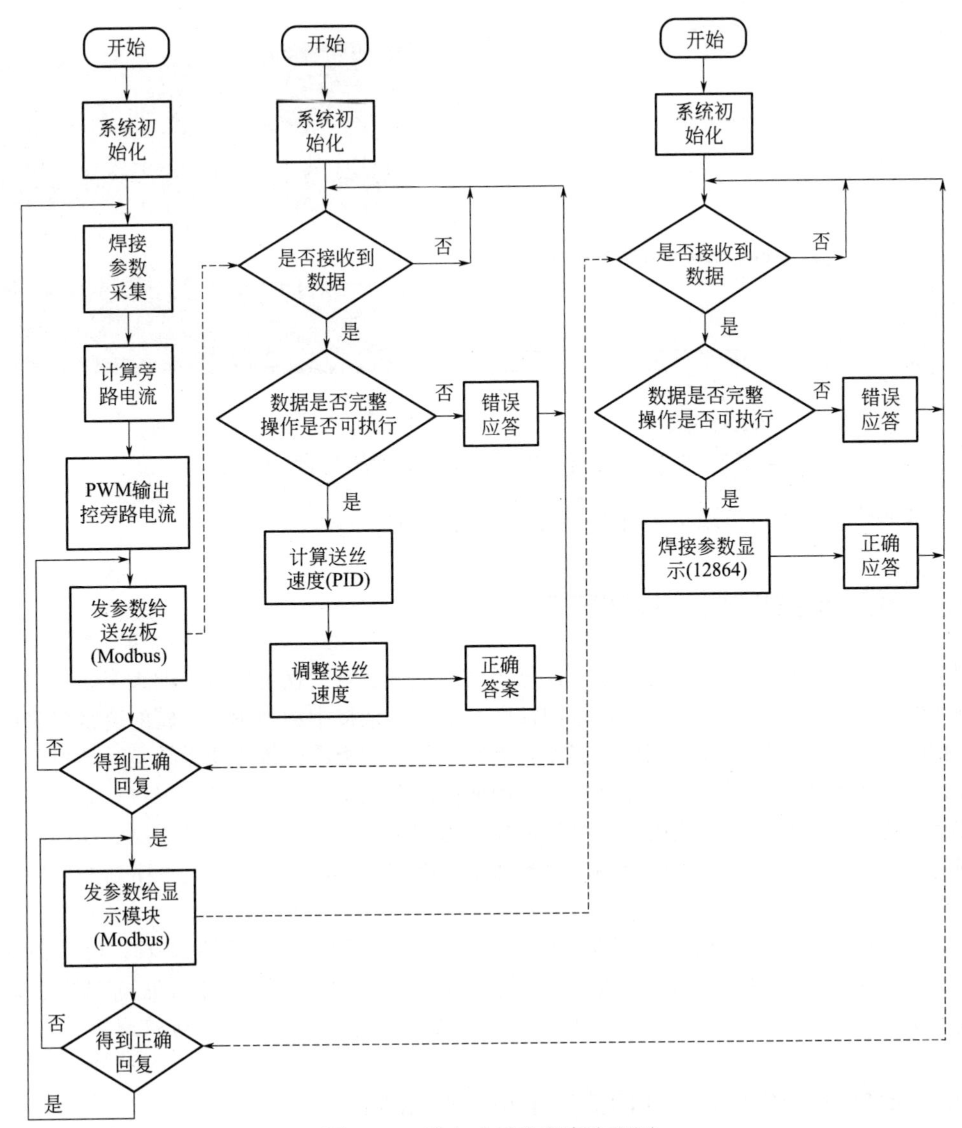

图 5.10　嵌入式系统程序流程图

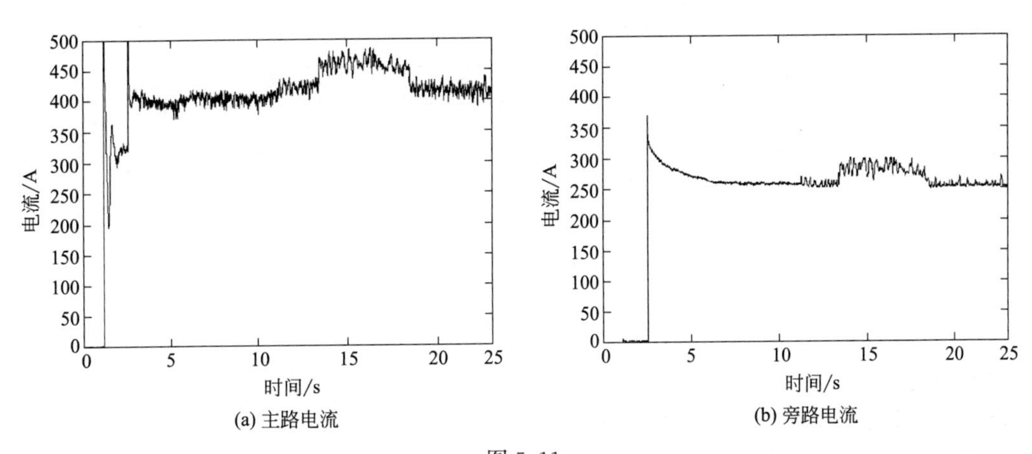

(a) 主路电流

(b) 旁路电流

图 5.11

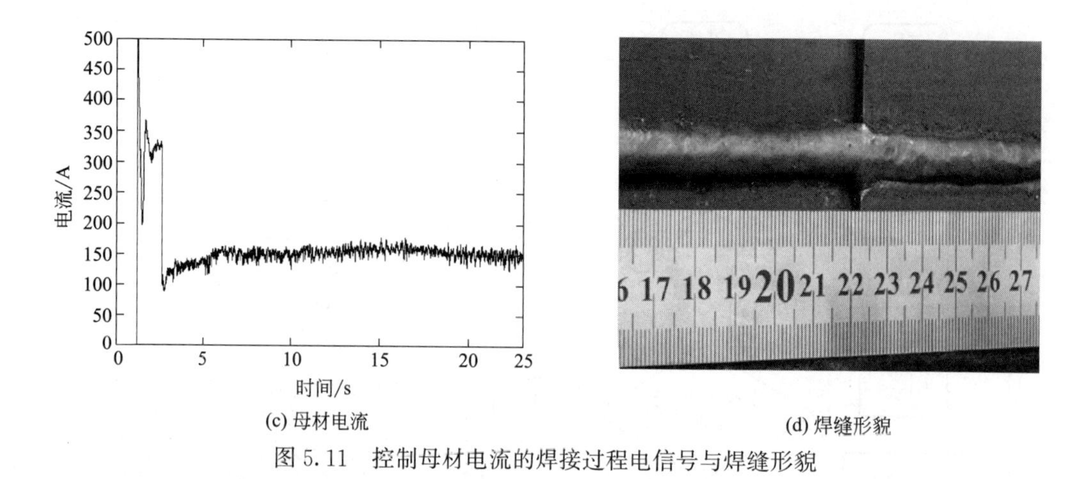

(c) 母材电流

(d) 焊缝形貌

图 5.11　控制母材电流的焊接过程电信号与焊缝形貌

流稳定，证明焊接过程可以稳定进行，避免产生焊接缺陷。

5.1.5　一阶旋转倒立摆 PID 实物控制

摆是一种悬挂于定点、在重力作用下往复运动的机械装置。摆可以分为两大类，顺摆和倒立摆。顺摆的支点在上方，重心在下方，例如钟摆、吊车、杂技中的顶伞、旋转的芭蕾舞演员等都属于顺摆的情况。倒立摆与顺摆相反，支点在下方，重心在上方。倒立摆系统是一种恒不稳定的非线性系统，控制比较复杂，应用非常广泛，例如火箭在空中的姿态调整、卫星在太空中的飞行姿态控制、智能平衡小车，以及机器人等各类复杂的控制系统，往往都是利用倒立摆的控制方法来实现的。可以说，倒立摆已经成为测试控制理论是否有效的试金石，也是产生新的控制方法的基础平台。

倒立摆可以从级数、架构两方面进行划分。首先，从支点和摆的数量来看，可以划分为一级、二级、三级等倒立摆。其次，从架构来看，可以划分为直线、环形和平面等类型。环形倒立摆也称为旋转形倒立摆，其摆体组件安装在可以自由运动的圆周运动模块上，控制难度更大。

如图 5.12 所示，通过增量式 PID 算法对摆臂进行精准控制。

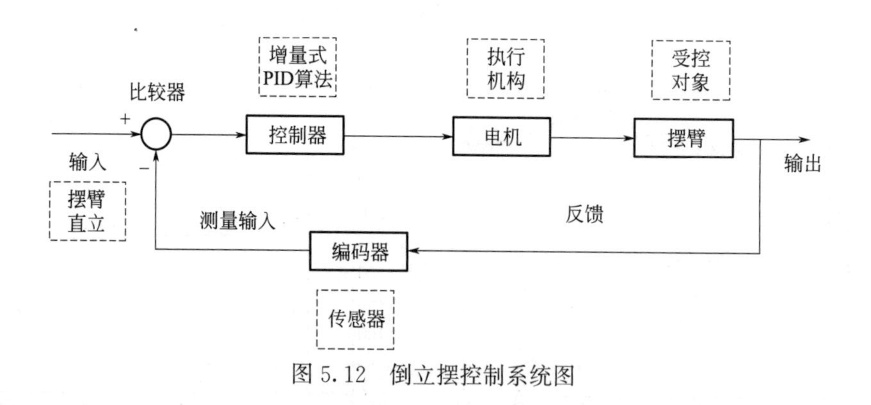

图 5.12　倒立摆控制系统图

(1) 原理

倒立摆系统是一个典型的非线性、强耦合、多变量和不稳定系统。作为控制系统的被控对象，它是一个理想的教学实验设备，许多抽象的控制概念都可以通过倒立摆直观地表现出来。所以本节主要目的是搭建一个倒立摆的LabVIEW控制系统，为基于LabVIEW的控制研究提供一个控制精度较高、开放性和通用性较好的实时控制的实验平台。

控制系统包括上位机和Etherecat总线通信模块图5.13及控制器模块等。部分系统的总体控制结构如图5.14所示。上位机给出倒立摆运动的设计值，定时计数器检测当前的伺服电机和摆杆角度信号并把该数据保存在数据缓冲区内，经过通信总线模块将实时信号传给上位机，上位机比较设定值和实时的反馈值，通过控制算法程序运算后输出控制指令，该控制指令再通过通信总线模块传送给定时计数器，使得倒立摆按设定值的要求运动，最终达到设定目标，实现控制功能。

图5.13　倍福Ethercat模块连接电位器

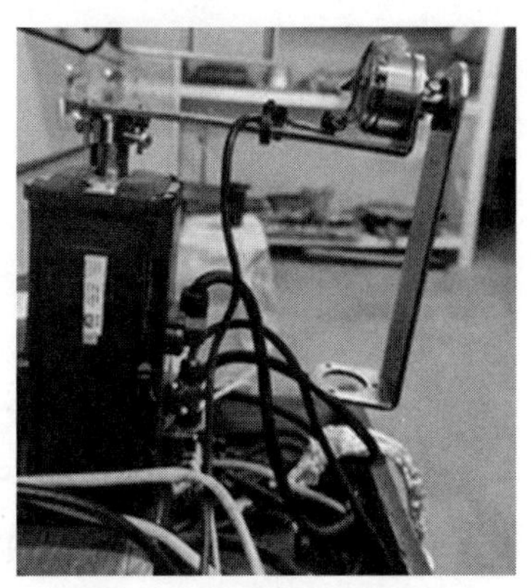
图5.14　旋转倒立摆实物

伺服电机选用Ethercat通信进行控制，能够实现在1ms以内采样的快速响应，摆臂角传感器使用电位器，采用倍福公司的EK1100 ethercat模块以及EL4034与EL3064模拟量输入输出模块与PLC进行通信连接。图5.15为伺服电机控制模块，图5.16为角传感模块。

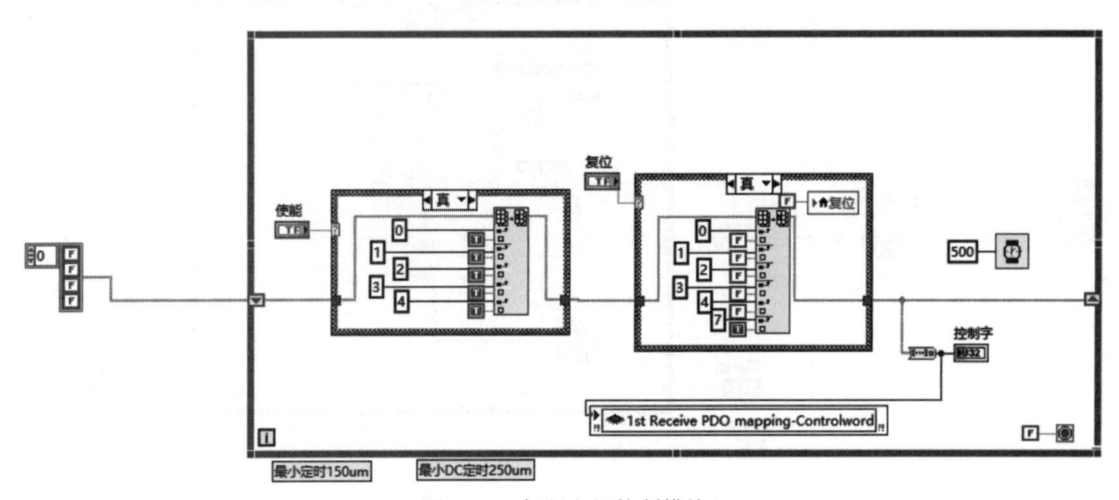

图5.15　伺服电机控制模块

实验采用位置式PID与增量式PID两种控制算法，进行对比，发现利用增量式PID能够实现旋转倒立摆的自动起摆以及稳定控制，增量式PID的LabVIEW模块如图5.17所示，其中我们对输出进行了限制，避免摆臂的空转。

图5.18为位置式PID控制主程序，图5.19为PID控制前面板。

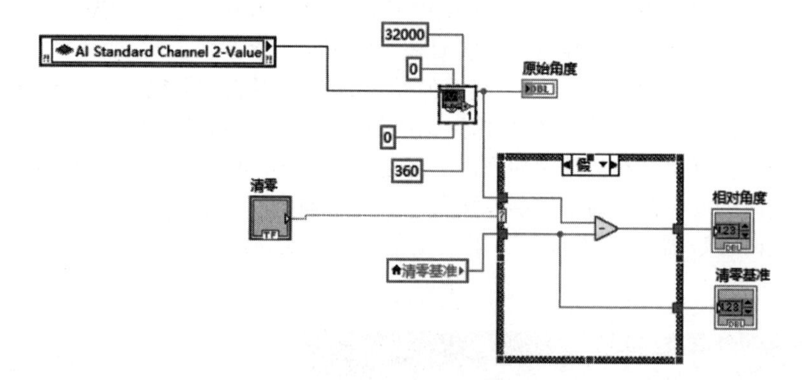

图 5.16　角传感模块

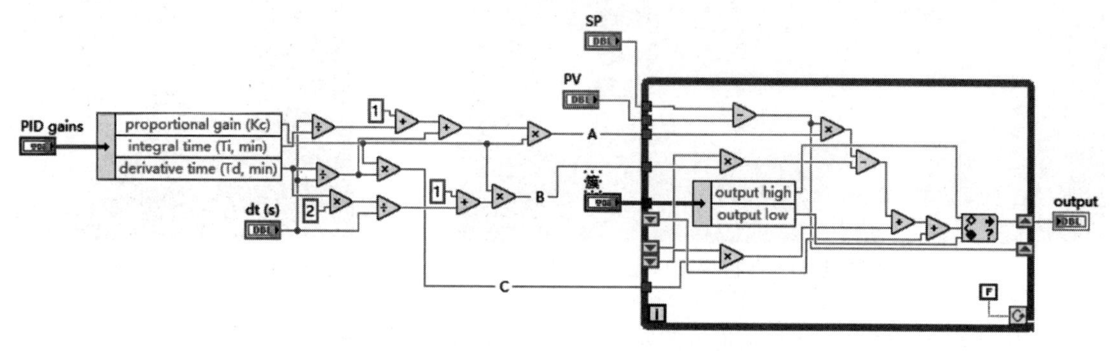

图 5.17　基于 LabVIEW 的增量式 PID 算法

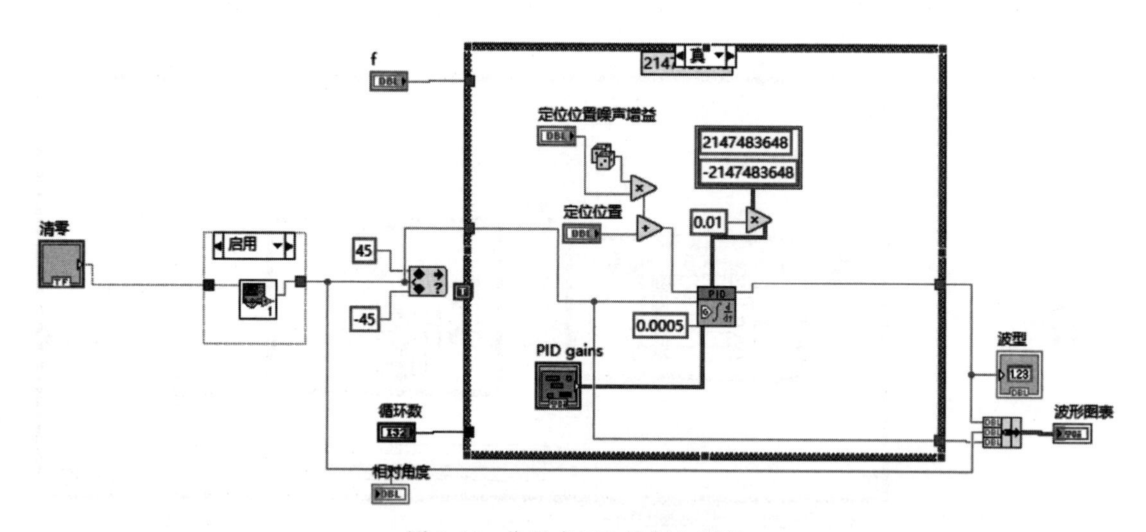

图 5.18　位置式 PID 控制主程序

(2) 控制结果

通过实验我们发现位置式 PID 与增量式 PID 均能实现旋转倒立摆的稳定控制，我们对两种控制算法，均加入人为干扰晃动，由于位置式 PID 的特点，其控制过程不够稳定，输出存在较大的波动。而增量式 PID 控制，控制过程相对比较稳定，波动较小，如图 5.20 和图 5.21 所示。

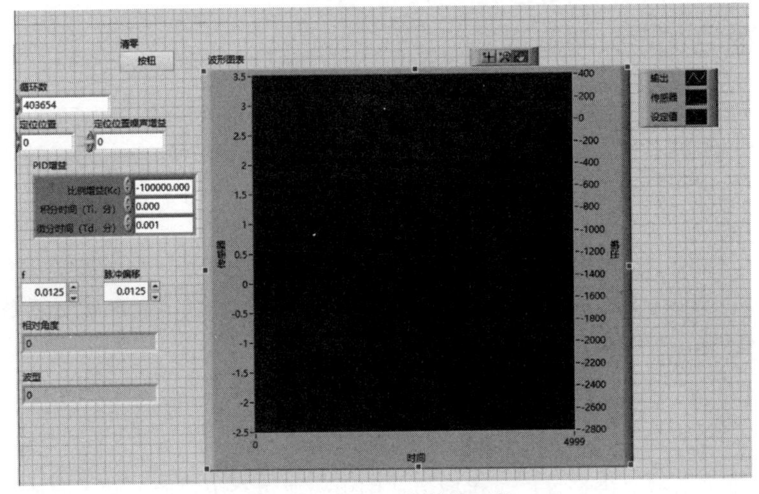

图 5.19　PID 控制前面板

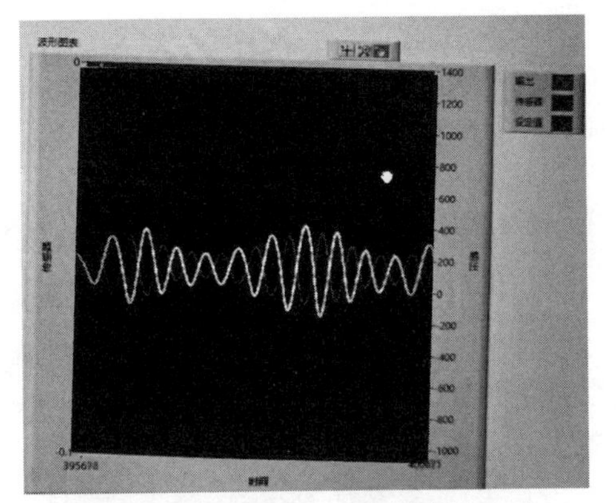

图 5.20　增量式 PID 控制波形显示

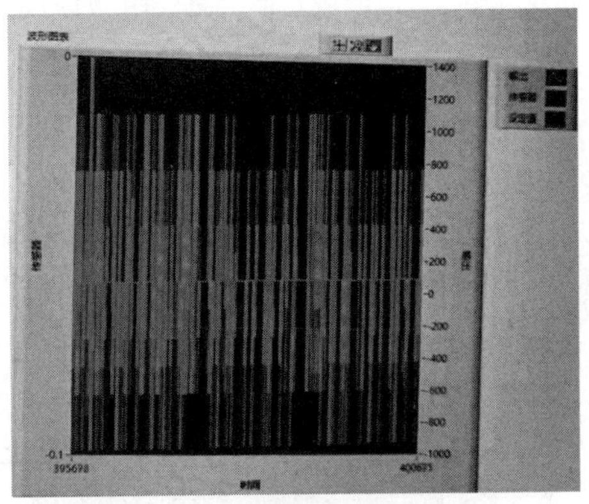

图 5.21　位置式 PID 控制波形显示

5.2 模糊控制

在工业过程中，对于那些无法获得数学模型或模型粗糙复杂的、非线性的、时变的系统，无论用经典的 PID 控制，还是现代控制理论的各种算法，都很难实现控制，但是，一个熟练的操作工人或技术人员，凭借自己的经验，靠其眼、耳等传感器官的观察，经过大脑的思维判断，给出控制量，通过手动操作，能够达到较好的控制效果。例如，对于一个温度控制系统，人的控制规则是，若温度高于设定值，操作者就减小控制量，使之降温；反之，若温度低于设定值，则加大控制量，使之升温。操作者在观察温度的偏差时，偏差大，给定的变化也越大，即温度超出设定值越高，则给定减小得也越多，设法使之降温越快；温度低于设定值越多，则给定增加得也越多，以设法使之迅速升温。以上过程包含了量的模糊概念，例如“越高”“越快”“越多”“越大”等。因此，操作者的观察与思维判断过程，实际上是一个模糊化及模糊计算的过程。把人的操作经验归纳成一系列的规则，存放在计算机中，利用模糊集合理论将它定量化，使控制器模仿人的操作策略，这就是模糊控制。用模糊控制器组成的系统为模糊控制系统。

5.2.1 模糊集合的定义与表示

设U为论域或全集，它是具有某种特定性质或用途的元素的全体。回顾下论域U中经典集合（或清晰集合）A的概念，即集合A的概念。集合A可定义为集合中元素的穷举（列举法），或描述为集合中元素所具有的性质（描述法）。其中，列举法仅用于有限集，使用范围有限，描述法则比较常用。

任一元素x与集合A，根据经典集合理论，$x \in A$与$x \notin A$，二者必具备一。因此，存在第三种定义集合A的方法，称为隶属度法。该方法引入了集合A的0-1隶属度函数（亦可称为特征函数、差别函数或指示函数），用$\mu_A(x)$表示为

$$\mu_A=\begin{cases}1, x\in A\\ 0, x\notin A\end{cases} \tag{5.27}$$

将上述隶属度函数概念进行推广：将取值范围由经典集合中仅取0和1两值，推广到闭区间[0 1]区域中任意值。

定义：设A是论域U到[0 1]的一个映射，即

$$A: U\rightarrow [0\ 1], x\mapsto A(x) \tag{5.28}$$

称A是U上的模糊集合（fuzzy set），$A(x)$称为模糊集合A的隶属度函数，或称为x对模糊集合A的隶属度。

从定义即可知道，模糊集合一点也不模糊，它只是一个带有连续隶属度函数的集合。模糊集合的思想既简单又自然，下面通过举例加深理解。

【例5.2】 “黑色”集合问题。试想我们欲定义一个“黑色”的集合，则依据经典集合理论，必须确定一个阈值，如灰度100。所有灰度在0～100的是“黑色”的元素，其他的则不属于，如图5.22(a)所示。但根据我们的生活经验，黑色是一定程度的灰色，所以用模糊集合能更好地描述这一特征。选择两个阈值，如灰度50和150。灰度小于50的完全属于“黑色”集合，灰度大于150的完全不属于该集合，而灰度介于两者之间的是部分属于该集合，如图5.22(b)所示。

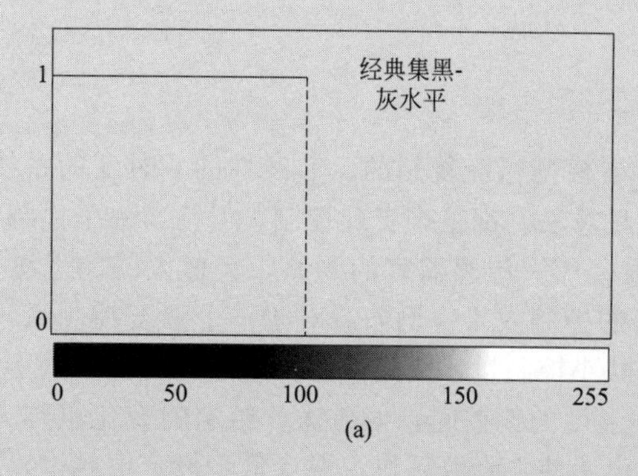

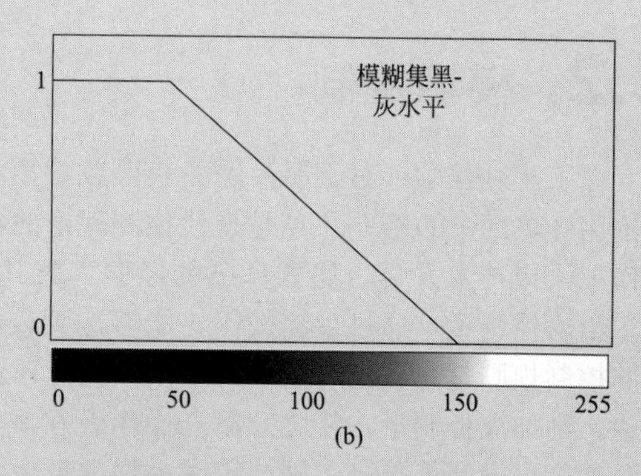

图5.22 “黑色”的经典集与模糊集

【例5.3】 温度问题。若我们简单地将某个房间的温度划分为“冷（cold）”“凉（cool）”“暖（warm）”和“热（hot）”，试分析图5.23(a)和图5.23(b)的描述哪个更接近我们的生活经验？

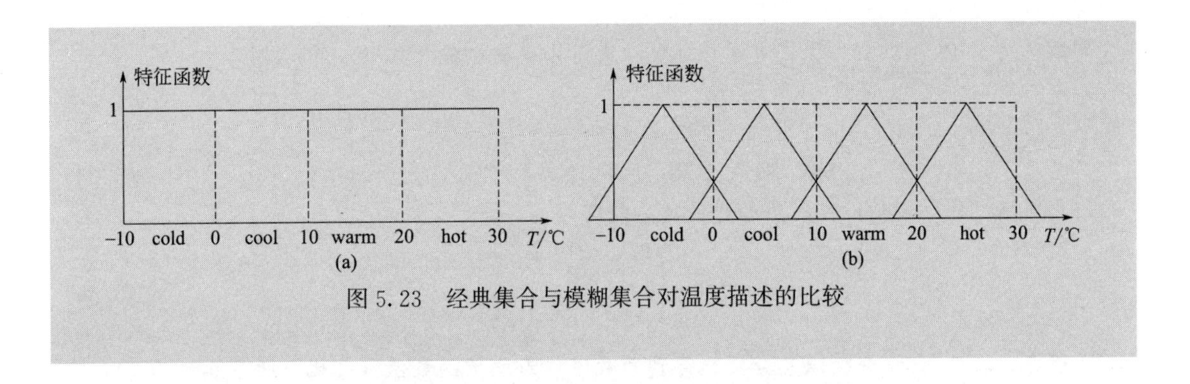

图 5.23　经典集合与模糊集合对温度描述的比较

5.2.2 模糊关系

“关系”是集合论中的一个重要概念，它是指元素之间的关联情况。模糊关系在模糊控制中占十分重要的地位。

首先介绍一个概念：普通集合的直积。

有集合 A 和 B，我们定义 A 和 B 的直积为

$$A\times B=\{(a,b)\mid a\in A,b\in B\} \tag{5.29}$$

具体算法是，先在集合 A 中取一个元素 a，再在 B 中取一个元素 b，把它们搭配起来，构成为序偶（a，b）。所有的序偶（a，b）组成的集合，就是集合 A 与 B 的直积 $A\times B$。

【例 5.4】 设集合 $A=\{a, b\}$，$B=\{1, 2, 3\}$，求直积 $A\times B$ 和 $B\times A$。

$$A\times B=\{(a,1),(a,2),(a,3),(b,1),(b,2),(b,3)\} \tag{5.30}$$

$$B\times A=\{(1,a),(1,b),(2,a),(2,b),(3,a),(3,b)\} \tag{5.31}$$

可见，$A\times B\neq B\times A$。

（1）模糊关系

模糊集 $\underset{\sim}{A}$ 和 $\underset{\sim}{B}$ 的直积 $\underset{\sim}{A}\times\underset{\sim}{B}$ 的一个模糊子集 $\underset{\sim}{R}$ 称为 $\underset{\sim}{A}$ 到 $\underset{\sim}{B}$ 的二元模糊关系，其序偶（a，b）的隶属度为 $\underset{\sim}{R}(a,b)$。

模糊集的直积运算法则与普通集合的直积运算相同。

若论域为 n 个集合的直积 $\underset{\sim 1}{A}\times\underset{\sim 2}{A}\times\cdots\times\underset{\sim n}{A}$，则其模糊子集对应为 n 元模糊关系，其隶属度是 n 个变量的函数。

显然，模糊关系也是模糊集合，其论域元素为序偶。

（2）模糊矩阵

设矩阵

$$\boldsymbol{R}=(r_{ij})_{m\times n} \quad r_{ij}\in[0,1] \tag{5.32}$$

则称 $\boldsymbol{R}$ 为模糊矩阵，用于描述模糊关系，故又称模糊关系矩阵。r_{ij} 为模糊矩阵的元素，表示模糊关系的隶属度函数。

【例 5.5】 学生甲、乙、丙参加艺术五项全能比赛，各项均以 20 分为满分。比赛结果如表 5.2 所示。

表 5.2　比赛结果

学生	唱歌	跳舞	乐器	小品	绘画
甲	18	14	19	13	15
乙	16	18	12	19	11
丙	19	10	15	12	18

解：若定 18 分以上为优，可用普通关系表示出成绩“优”。

令

$$A=\{甲、乙、丙\}=\{x_1,x_2,x_3\} \tag{5.33}$$

$$B=\{唱歌、跳舞、乐器、小品、绘画\}=\{y_1,y_2,y_3,y_4,y_5\} \tag{5.34}$$

用成绩“优”衡量，可写出的普通关系矩阵为

$$\boldsymbol{R}=\begin{pmatrix}1 & 0 & 1 & 0 & 0\\0 & 1 & 0 & 1 & 0\\1 & 0 & 0 & 0 & 1\end{pmatrix} \tag{5.35}$$

现在，我们用 20 分除以各分数，得到的数值作为隶属函数值（“优”的隶属度为 1），可求得甲、乙、丙与“成绩优”的模糊关系。

首先，隶属度函数值如表 5.4。

表 5.3　隶属度函数值

学生	y_1	y_2	y_3	y_4	y_5
x_1	0.90	0.70	0.95	0.65	0.75
x_2	0.80	0.90	0.60	0.95	0.55
x_3	0.95	0.50	0.75	0.60	0.90

于是，可立即写出模糊关系为

$$\begin{aligned}R=&0.9/(x_1,y_1)+0.7/(x_1,y_2)+0.95/(x_1,y_3)+0.65/(x_1,y_4)+0.75/(x_1,y_5)+\\&0.8/(x_2,y_1)+0.9/(x_2,y_2)+0.6/(x_2,y_3)+0.95/(x_2,y_4)+0.55/(x_2,y_5)+\\&0.95/(x_3,y_1)+0.5/(x_3,y_2)+0.75/(x_3,y_3)+0.6/(x_3,y_4)+0.9/(x_3,y_5)\end{aligned} \tag{5.36}$$

矩阵表示为

$$\underset{\sim}{\boldsymbol{R}}=\begin{pmatrix}0.9 & 0.7 & 0.95 & 0.65 & 0.75\\0.8 & 0.9 & 0.6 & 0.95 & 0.55\\0.95 & 0.5 & 0.75 & 0.6 & 0.9\end{pmatrix} \tag{5.37}$$

矩阵形式十分直观地表达了普通关系与模糊关系的区别，即普通关系表示元素之间有无关系，而模糊关系表示元素之间关联的程度。

5.2.3　模糊推理

推理是由已知判断获得另一个新判断的思维过程。其中的已知判断称为前提，新判断称为结论。

(1) 判断句与推理句

① 判断句型为“u 是 a”。

② 推理句型为“若 u 是 a，则 u 是 b”。

以上 u 为研究对象（论域中的元素），a 和 b 为概念词或概念词组。当 a 和 b 的概念为模糊集时，则为模糊推理语句。

(2) 模糊条件推理

模糊条件推理语句可用模糊关系表示。

设 $\underset{\sim}{A}$ 是论域 X 上的模糊子集，$\underset{\sim}{B}$ 和 $\underset{\sim}{C}$ 是 Y 上的模糊子集，若条件推理语句为“若 $\underset{\sim}{A}$ 则 $\underset{\sim}{B}$，

否则 $\underset{\sim}{C}$”，则该条件推理语句可用模糊关系表示为

$$\underset{\sim}{R}=(\underset{\sim}{A}\times\underset{\sim}{B})\cup(\overline{\underset{\sim}{A}}\times\underset{\sim}{C}) \tag{5.38}$$

上式所表示的 $\underset{\sim}{R}$ 中的元素可按下式求得

$$\underset{\sim}{R}(x,y)=[\underset{\sim}{A}(x)\wedge\underset{\sim}{B}(y)]\vee[(1-\underset{\sim}{A}(x))\wedge\underset{\sim}{C}(y)] \tag{5.39}$$

其他形式的条件判断语句可照此类推。如："若 $\underset{\sim}{A}$ 则 $\underset{\sim}{B}$"、"若 $\underset{\sim}{A}$ 且 $\underset{\sim}{B}$ 则 $\underset{\sim}{C}$" 等。

(3) 推理合成规则

以上条件推理语句的基本形式为"若……（又称前件），则……（又称后件）"，用于表示一般原则。推理的准确性是基于一般原理正确。

推理合成规则步骤如下：

① 根据模糊条件推理语句计算相应的模糊关系 $\underset{\sim}{R}$，称之为大前提。

② 确定当前具体条件，即计算具体前件量，称之为小前提。采用模糊变换的方法，经过合成计算，得到结论。

设 $\underset{\sim}{R}$ 为 $X\times Y$ 的模糊关系，$\underset{\sim}{A}$ 是 X 上的模糊子集，则可求得相应的 $\underset{\sim}{B}$ 为

$$\underset{\sim}{B}=\underset{\sim}{A}\circ R \tag{5.40}$$

其中，$\underset{\sim}{R}$ 为大前提，$\underset{\sim}{A}$ 为小前提，$\underset{\sim}{B}$ 为推理合成得到的结论。

以上模糊推理方法可用于模糊控制，根据输入给出相应的输出。当某控制器的模糊关系 $\underset{\sim}{R}$ 确定以后，若输入为 $\underset{\sim}{A}$，可根据推理合成，求得控制器的输出 $\underset{\sim}{B}$，如图 5.24 所示。

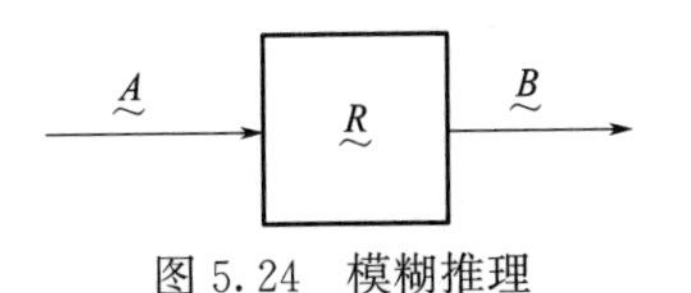

图 5.24　模糊推理

5.2.4 模糊控制的应用

模糊控制器是非线性的，与比例积分微分（PID）控制器相比，设置控制器增益更为困难。本节提出了一个设计过程和一个调整过程，该过程将 PID 域的调整规则传递给模糊单回路控制器。其思想是从一个经过调整的常规 PID 控制器开始，用一个等效的线性模糊控制器代替它，使模糊控制器非线性，最终对非线性模糊控制器进行微调。

按照 Ziegler-Nichols 的定义查找模糊 PID 或 PD+I 控制器的参数。

① 增加比例增益，直到系统振荡；K_u 是最终的收获；

② 读取此设置下峰值之间的时间 T_u；

表 5.4 给出了控制器增益的近似值。

表 5.4　Ziegler-Nichols 规则（频率响应法）

控制器	K_p	T_i	T_d
P	$0.5K_u$		
PI	$0.45K_u$	$T_u/1.2$	
PID	$0.6K_u$	$T_u/2$	$T_u/7$

假设我们的系统具有以下传递函数

$$G(s)=\frac{1}{(s+1)^3} \tag{5.41}$$

实验得 $K_u=7$，$T_u=15/4$，$K_p=4.7$，$T_i=15/7$，$T_d=15/32$。

输入体系必须足够大，以使输入保持在限制范围内（无饱和）。每个输入族应包含多个术语，其设计应确保每个输入的成员值之和为 1。当集合为三角形且在成员值 $\mu=0.5$ 处与其相邻集合

交叉时，可以实现这一点；它们的峰距将是等距的。因此，任何输入值最多可以是两个集合的成员，每个集合的成员是输入值的线性函数。

每个族中术语的数量决定了规则的数量，因为它们必须是所有术语的组合（外部产品），以确保完整性。输出集最好是单例，但也可以是三角形，其峰值对称，但单例使解模糊更简单。

为了保证线性，我们必须选择连接词 AND 的代数积。使用控制信号规则贡献的加权平均值（对应于重心解模糊），分母消失，因为所有设计强度加起来等于 1。增益从 PID 传递到模糊控制器。在我们的研究中将考虑图 5.25 中的控制器。

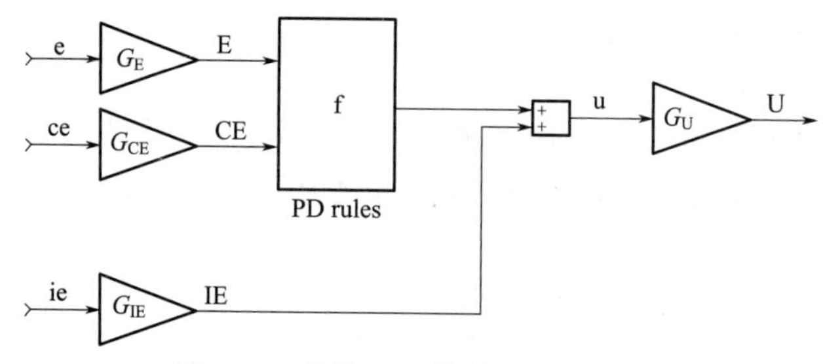

图 5.25　模糊 PID 控制器（FPD+I）

结果如下：

$$G_E G_U = K_p \tag{5.42}$$

$$\frac{G_{CE}}{G_E} = T_d \tag{5.43}$$

$$\frac{G_{IE}}{G_E} = \frac{1}{T_i} \tag{5.44}$$

在我们的示例中，设置 $G_E=100$。

$$G_U = K_p/G_E = 4.7/100 = 0.047 \tag{5.45}$$

$$G_{CE} = G_E T_d = 100 * 15/32 = 46.67 \tag{5.46}$$

$$G_{IE} = G_E/T_i = 100 * 7/15 = 46.67 \tag{5.47}$$

我们用线性三角形输入来模拟线性系统，用高斯输入来模拟非线性系统，如图 5.26 所示。

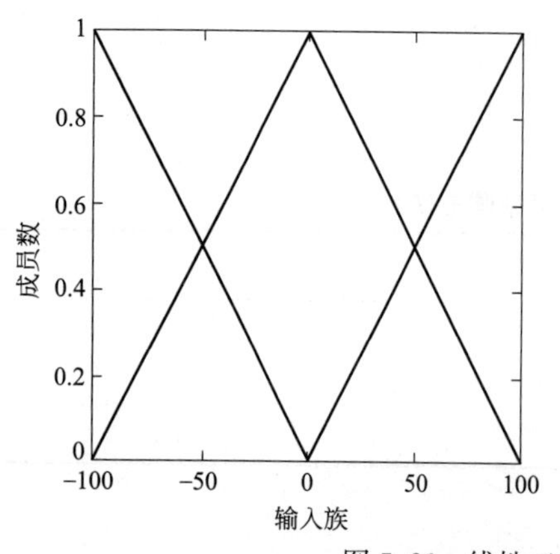

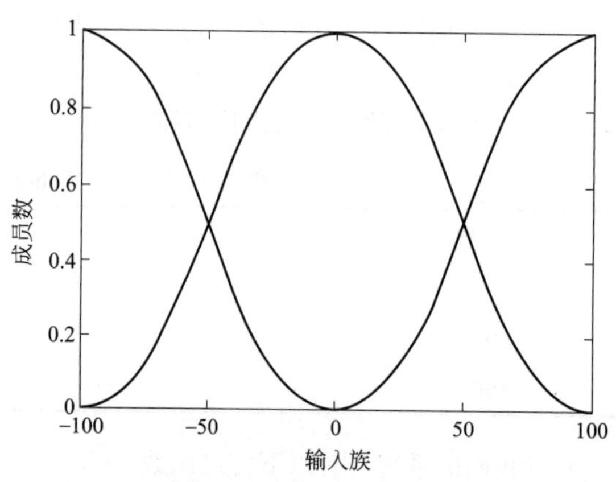

图 5.26　线性三角形 M.F.（左）高斯 M.F.（右）

三角形 M.F. 给出线性曲面，而高斯函数给出凹凸曲面。规则库如下所示：

① If error is Neg and change in error is Neg then output is －200；

② If error is Neg and change in error is Zero then output is －100；

③ If error is Neg and change in error is Pos then output is 0；

④ If error is Zero and change in error is Neg then output is －100；

⑤ If crror is Zero and change in error is Zero then output is 0；

⑥ If error is Zero and change in error is Pos then output is 100；

⑦ If error is Pos and change in error is Neg then output is 0；

⑧ If error is Pos and change in error is Zero then output is 100；

⑨ If error is Pos and change in error is Pos then output is 200。

下面进行不同的模拟设计：

① 使用三角函数输入。输出也是三角形对称的，具有单态的形状。

② 使用 Sugeno 实现常量单例输出。

③ 使用带高斯三角函数的 mamdani 生成非线性曲面。

Sugeno 常量单例输出如图 5.27 和图 5.28 所示。

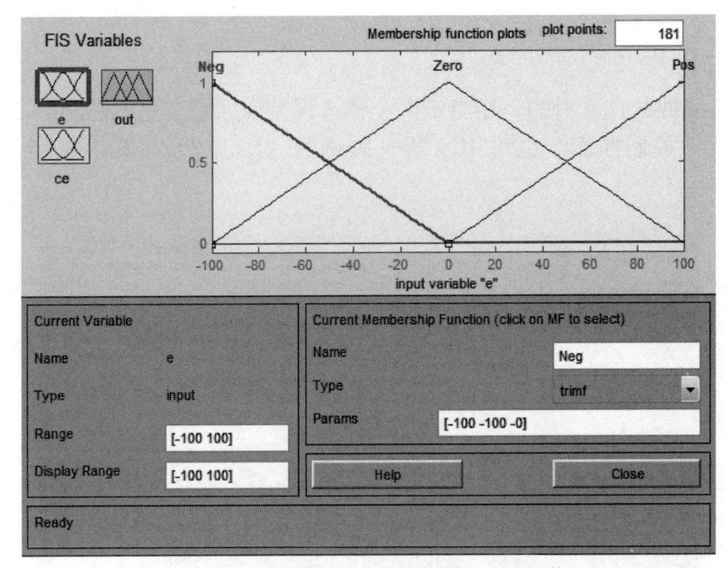

图 5.27　三角形 M. F. 负值，0 和正值

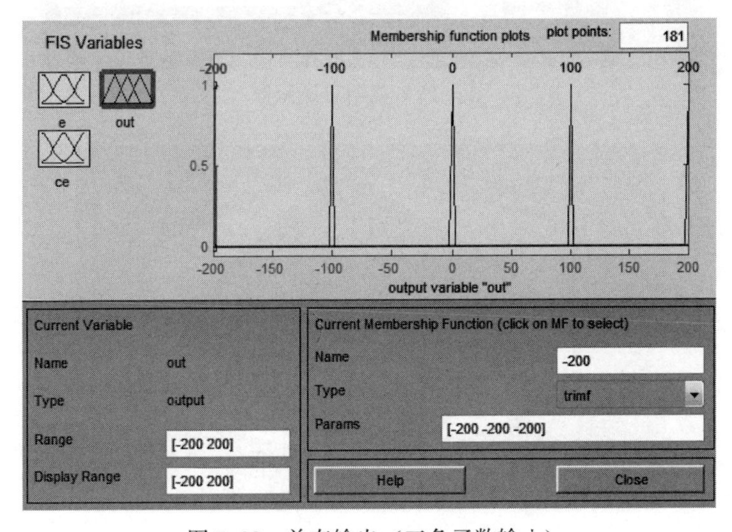

图 5.28　单态输出（三角函数输入）

对于包含9条规则的所有模拟，规则库如表5.5所示。

表5.5 模拟规则库

e	$\frac{de}{dt}$		
	N	Z	P
N	NB	N	Z
Z	N	Z	P
P	Z	P	PB

注：1. if(e is Neg)and(ce is Neg)then(out is −200)；
2. if(e is Neg)and(ce is Zero)then(out is −100)；
3. if(e is Neg)and(ce is Pos)then(out is 0)；
4. if(e is Zero)and(ce is Neg)then(out is −100)；
5. if(e is Zero)and(ce is Zero)then(out is 0)；
6. if(e is Zero)and(ce is Pos)then(out is 100)；
7. if(e is Pos)and(ce is Neg)then(out is 0)；
8. if(e is Pos)and(ce is Zero)then(out is 100)；
9. if(e is Pos)and(ce is Pos)then(out is 200)。

控制面几乎是线性的，光滑的，相当于两个输入误差和误差变化的总和。

为了表示非线性控制曲面，也可用高斯隶属函数（图5.29），其中σ定义为$\mu=0.5$，即$\sigma=42.73$。

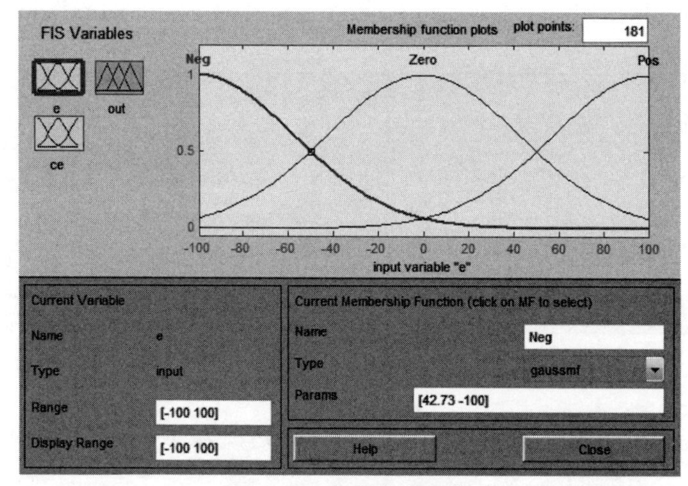

图5.29 高斯隶属函数

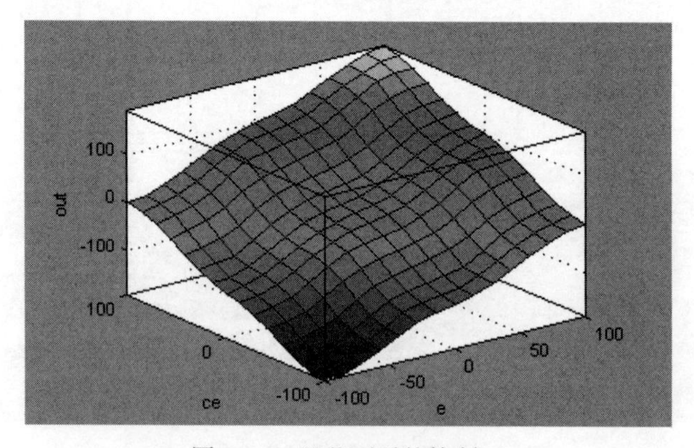

图5.30 凹凸不平的控制面

使用高斯隶属函数，得到了一个凹凸的曲面（图 5.30）。通过使用非线性输入的所有规则集（9 条规则）构建，它在中心附近有一个平坦的平台，在其他几个地方有凸起。

在构建 FIS（生产控制系统）之后，在 Simulink 中构建如图 5.31 所示框图，观察控制器的输出（控制信号）和系统的整体输出（过程输出）。

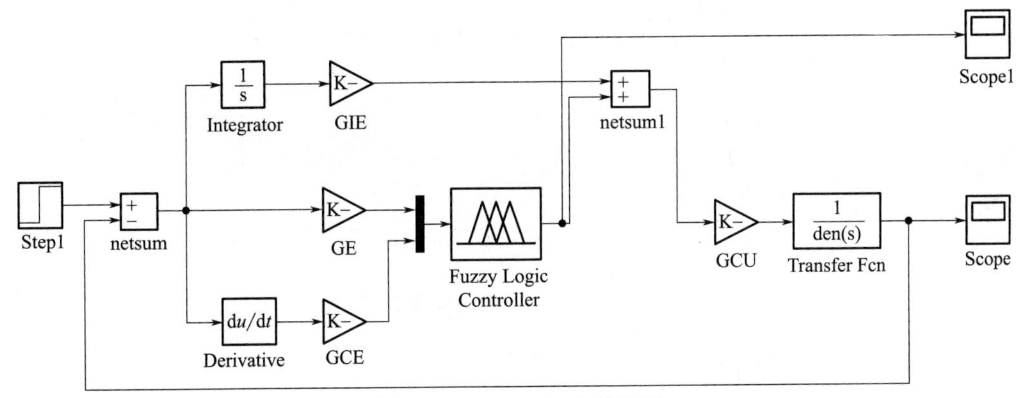

图 5.31　Simulink 上的框图

通过使用阶跃输入、增益来设置参数，如 GE、GCE、GIE&GCU、导数和积分器，形成方框图。设置模糊逻辑隶属函数和规则的模糊控制器。最后，我们有一个设备，它是传递函数，包含 $1/(1+s)^3$ 传递函数和两个范围，一个用于绘制控制器输出的控制信号，另一个用于绘制整个过程信号。

作为模拟的输出，使用三角形隶属函数，Mamdani 和 Sugeno 的 to 输出被视为一个输出，其给出了以下相同的模拟结果，如图 5.32 和图 5.33 所示。

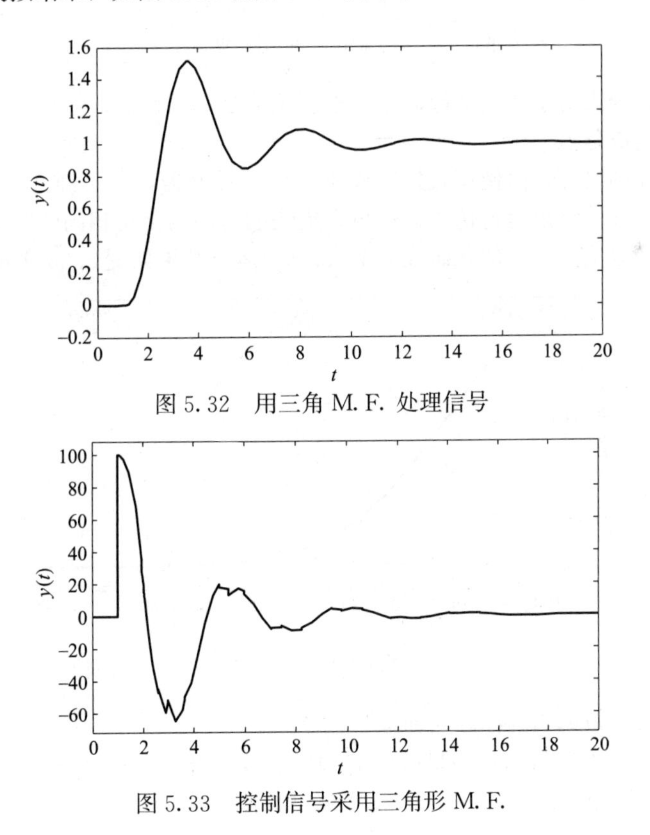

图 5.32　用三角 M. F. 处理信号

图 5.33　控制信号采用三角形 M. F.

可以看到，过程信号的超调量达到1左右。5次振荡很少，5秒后恢复到1稳定状态。

当使用高斯隶属函数时，系统的仿真结果如图5.34和图5.35所示。

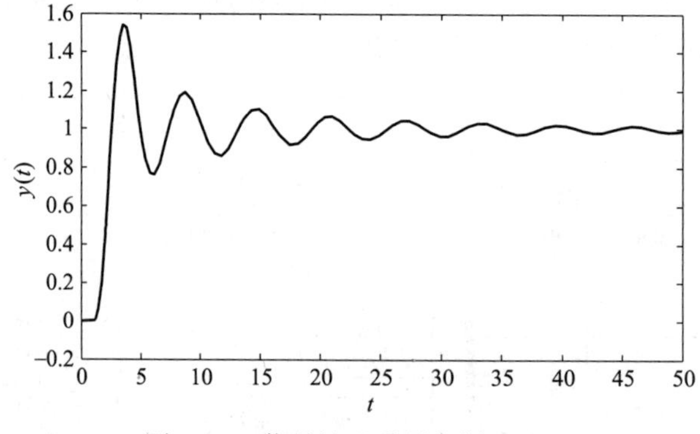

图5.34 信号处理采用高斯 M.F.

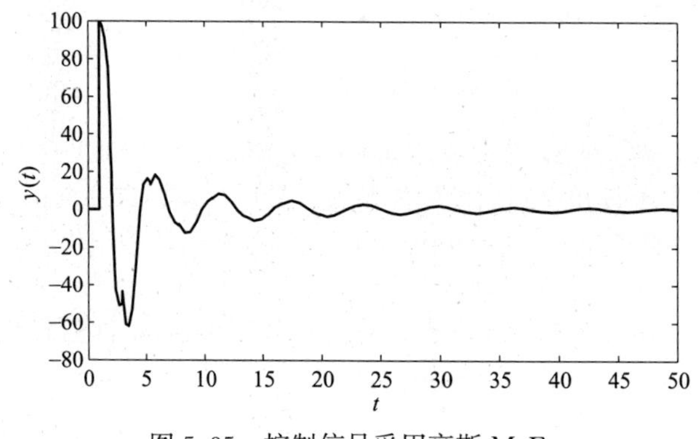

图5.35 控制信号采用高斯 M.F.

正如所看到的，因为对于相同的超调量，隶属函数是非线性的，但是上升时间花费了更多的时间，并且稳定时间被延迟。

现在希望做同样的设计，但使用查找表而不是模糊控制器，这是通过在Matlab代码中实现逻辑，然后使用查找表的结果运行仿真，这将在更快的时间内给出相同的结果。

使用高斯隶属函数描述模拟的代码如m5_2.m，运行结果如图5.36所示。

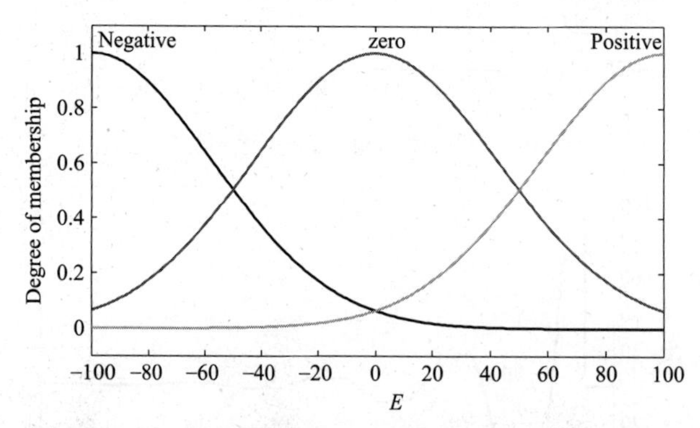

图5.36 E（误差）和CE（误差变化）的高斯隶属函数

此高斯隶属函数模拟得到的控制面如图5.37所示。

与传统的线性PID控制器（超调量较大的响应曲线）相比，非线性模糊PID控制器将超调量降低了50%，达到了预期效果。来自非线性模糊控制器的两条响应曲线几乎彼此重叠（使用

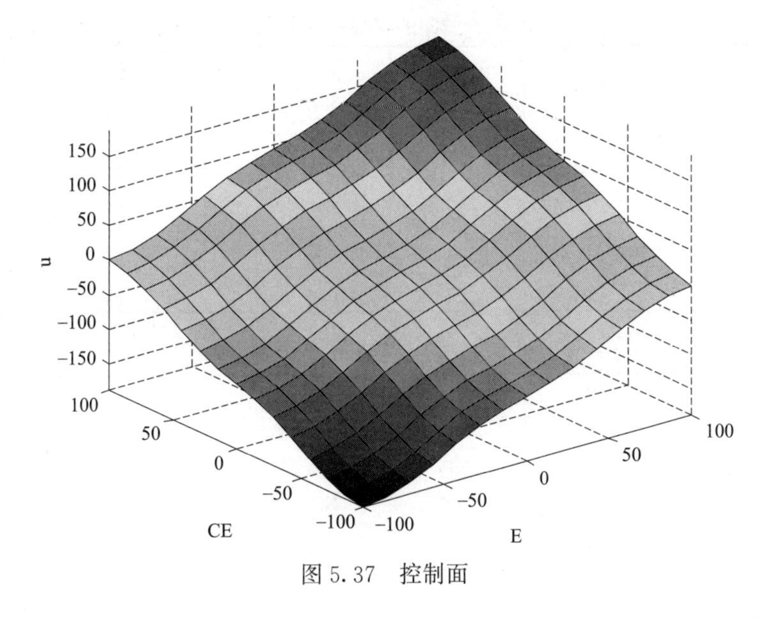

图 5.37　控制面

模糊工具箱高斯条目和使用 Matlab 代码准备查找表方法)，这表明二维查找表非常接近模糊推理系统。

5.2.5　焊接稳定性模糊 PID 控制

由于常规 PID 控制原理简单、使用方便、适用性好、具有很强的鲁棒性，在工业过程控制中得到了广泛的应用，但是 PID 控制难以处理复杂的非线性控制系统，其根本原因是 PID 控制器参数不能随工况的改变而改变。而模糊控制是以模糊集合论、模糊语言变量以及模糊逻辑推理为基础的计算机数字控制算法，该算法把人的经验转化为控制策略，对那些时变的、非线性的、滞后的、高阶大惯性的被控对象，具有良好的控制效果。本文将模糊控制和 PID 控制结合起来，设计了一种新型的智能控制系统，即模糊 PID 复合型控制系统。

选择偏差 e 和偏差变化率 Δe 作为语言输入变量。把它的变化范围定义为模糊集上的论域{NB，NM，NS，ZO，PS，PM，PB}，子集中元素分别代表负大（NB)、负中（NM)、负小（NS)、零（ZO)、正小（PS)、正中（PM)、正大（PB)。

e 的论域为 $e=[-3,-2,-1,0,1,2,3]$。

Δe 的论域为 $\Delta e=[-3,-2,-1,0,1,2,3]$。

通过总结工程设计人员的技术知识和实际操作经验我们制定的模糊控制规则表见表 5.6～表 5.8。

表 5.6　K_p 的模糊控制规则表

K_p	NB	NM	NS	ZO	PS	PM	PB
NB	PB	PB	PM	PM	PS	ZO	ZO
NM	PB	PB	PM	PS	PS	ZO	NS
NS	PM	PM	PM	PS	ZO	NS	NS
ZO	PM	PM	PS	ZO	NS	NM	NM
PS	PS	PS	ZO	NS	NS	NM	NM
PM	PS	ZO	NS	NM	NM	NM	NB
PB	ZO	ZO	NM	NM	NM	NB	NB

表 5.7　K_i 的模糊控制规则表

K_i	NB	NM	NS	ZO	PS	PM	PB
NB	NB	NB	NM	NM	NS	ZO	ZO
NM	NB	NB	NM	NS	NS	ZO	ZO
NS	NB	NM	NS	NS	ZO	PS	PS
ZO	NM	NM	NS	ZO	PS	PM	PM
PS	NM	NS	ZO	PS	PS	PM	PB
PM	ZO	ZO	PS	PS	PM	PB	PB
PB	ZO	ZO	PS	PM	PM	PB	PB

表 5.8　K_d 的模糊控制规则表

K_d	NB	NM	NS	ZO	PS	PM	PB
NB	PS	NS	NB	NB	NS	NM	PS
NM	PS	NS	NB	NM	NM	NS	ZO
NS	ZO	NS	NM	NM	NS	NS	ZO
ZO	ZO	NS	NS	NS	NS	NS	ZO
PS	ZO	ZO	ZO	ZO	ZO	ZO	ZO
PM	PB	NS	PS	PS	PSP	PS	PB
PB	PN	PM	PM	PM	PS	PS	PB

K_p、K_i、K_d 的模糊控制规则表建立好后，可根据下面的方法进行 K_p、K_i、K_d 的自适应校正。

设 e、Δe、K_i、K_p、K_d 均服从正态分布，因此可得出各模糊子集的隶属度，根据各模糊子集的隶属度赋值表和各参数模糊控制模型，应用模糊合成推理设计 PID 参数的模糊矩阵表，查出修正参数代入下式计算

$$\begin{aligned} k_p &= k_p' + \Delta k_p \\ k_i &= k_i' + \Delta k_i \\ k_d &= k_d' + \Delta k_d \end{aligned} \tag{5.48}$$

图 5.38 为 Simulink 开发的模糊 PID 控制程序，图 5.39 为实验完成后得到的焊缝形貌，图 5.40 为采集到的送丝速度变化情况，图 5.41 为干伸长变化情况。

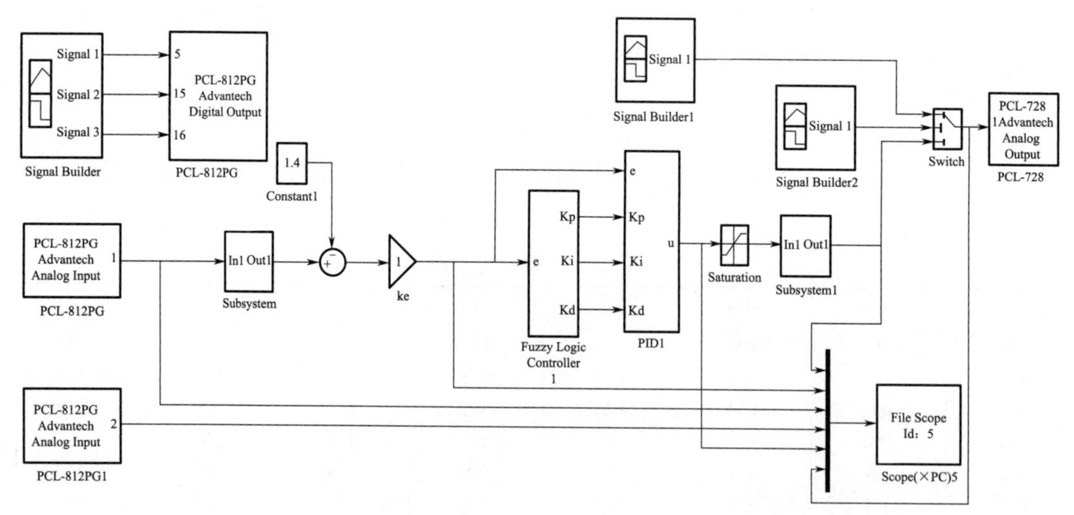

图 5.38　模糊 PID Simulink 控制程序

图 5.39　模糊 PID 干伸长控制焊缝形貌

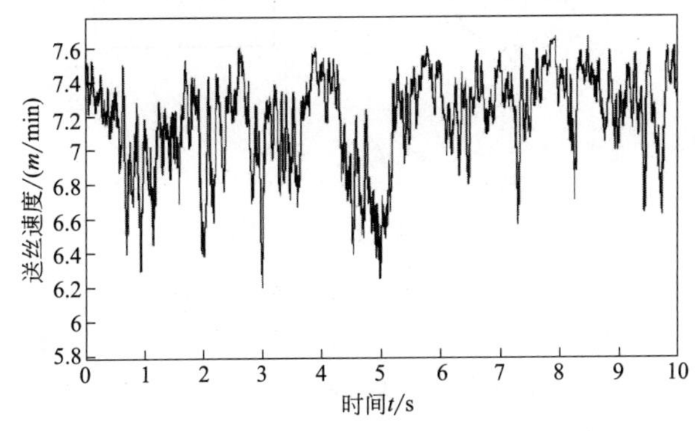

图 5.40　模糊 PID 干伸长控制的送丝变化

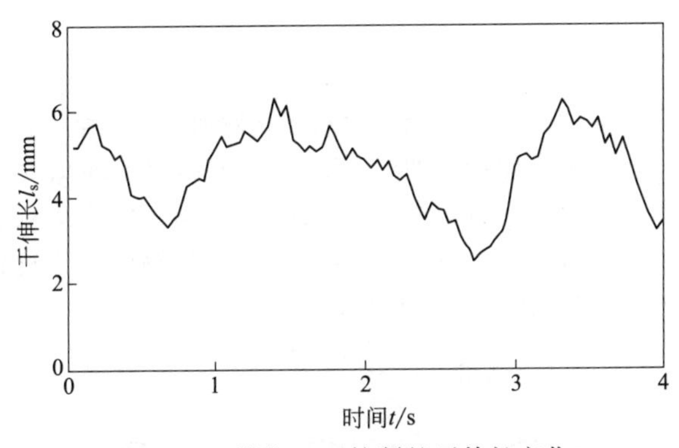

图 5.41　模糊 PID 控制的干伸长变化

5.3 神经网络控制

人工神经网络（artificial neural network，ANN）就是模拟人脑细胞的分布式工作特点和自组织功能，且能实现并行处理、自学习和非线性映射等能力的一种系统模型。同时，认为人工神经网络是一个高度复杂的非线性动力学系统。人工神经网络除具有一般非线性系统的共性外，还具有自身的高维性、互连性以及自适应性。

5.3.1 神经网络控制简介

单个人工神经元的数学表示形式如图 5.42 所示，图中 x_1，x_2，…，x_n 为一组输入信号，它们经过权值 w_i 加权后求和，再加上阈值 b，得出 u_i 的值，可以认为该值为输入信号与阈值所构成的广义输入信号的线性组合。该信号经过传输函数 $f(\cdot)$ 可以得出神经元的输出信号 y。

在神经元中，权值和传输函数是两个关键的因素。权值的物理意义是输入信号的强度，若涉及多个神经元，则可以理解成神经元之间的连接强度。神经元的权值 w_i 应该通过神经元对样本

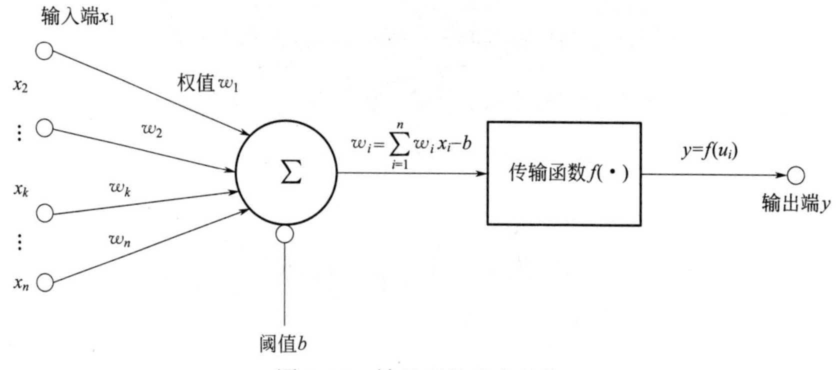

图 5.42 神经元的基本结构

点反复的学习过程而确定，而这样的学习过程在神经网络理论中又称为训练。传输函数又称为激励函数，可以理解成对 u_i 信号的非线性映射，一般的传输函数应该为单值函数，使得神经元是可逆的。常用的传输函数有 Sigmoid 函数和对数 Sigmoid 函数，它们的数学表达式分别为

Sigmoid 函数
$$f(x)=\frac{2}{1+e^{-2x}}-1=\frac{1-e^{-2x}}{1+e^{-2x}} \tag{5.49}$$

对数 Sigmoid 函数
$$f(x)=\frac{1}{1+e^{-x}} \tag{5.50}$$

由若干个神经元相互连接，则可以构成一种网络，称为神经网络。由于连接方式的不同，神经网络的类型也将不同。这里仅介绍前馈神经网络，因为其权值训练中采用误差逆向传播的方式，所以这类神经网络更多地称为反向传播（back propagation）神经网络，简称 BP 网。BP 网的基本网络结构如图 5.43 所示，在 MATLAB 神经网络工具箱中认为这样网络的层数为 $k+1$，其中前 k 层为隐层，第 $k+1$ 层输出层，其节点个数为 m。

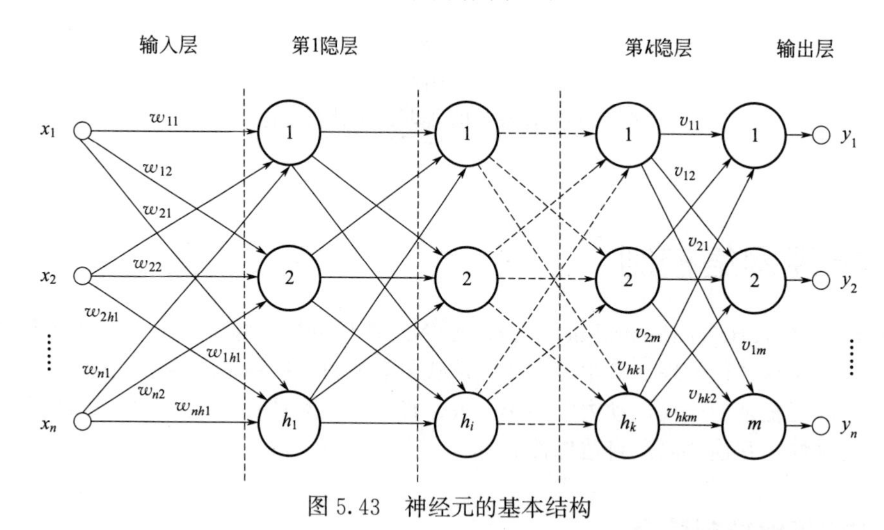

图 5.43 神经元的基本结构

5.3.2 典型人工网络

（1）典型前向网络——BP 网络

BP（backpropagation）网络即多层反向传播神经网络，结构如图 5.44 所示。

在 BP 网络模型中，除输入/输出层外，通常至少包含一个中间隐单元层。不同层次的神经

元之间形成全互联连接，同一层次内的神经元之间则没有连接。

对 BP 网络进行训练时，必须具有一组输入输出样本数据对，当网络的所有实际输出与理想输出一致时，网络训练结束，否则，将利用修正权值使误差下降，直至实际输出与理想输出一致为止。

BP 网络的具体算法如下：

对图 5.44 所示网络，设某层中第 j 单元和它前一层中的 i 单元，计算单元 j 的输出活性水平 y_j，先计算单元 j 的总加权输入 x_j，即

$$x_j=\sum_i y_i w_{ij} \tag{5.51}$$

式中，y_i 是前一层第 i 单元的输出活性水平；w_{ij} 是两单元的连接权值；y_j 的计算通常选取一个 S 型函数

$$y_j=f(x_j)=1/(1+\mathrm{e}^{-x_i}) \tag{5.52}$$

计算出所有输出单元的活性水平后，可利用下式计算网络误差

$$E=\sum_j (y_j-d_j)/2 \tag{5.53}$$

这里 y_j 是网络输出层第 j 单元的活性水平（实际输出），d_j 是期望输出（样本）。

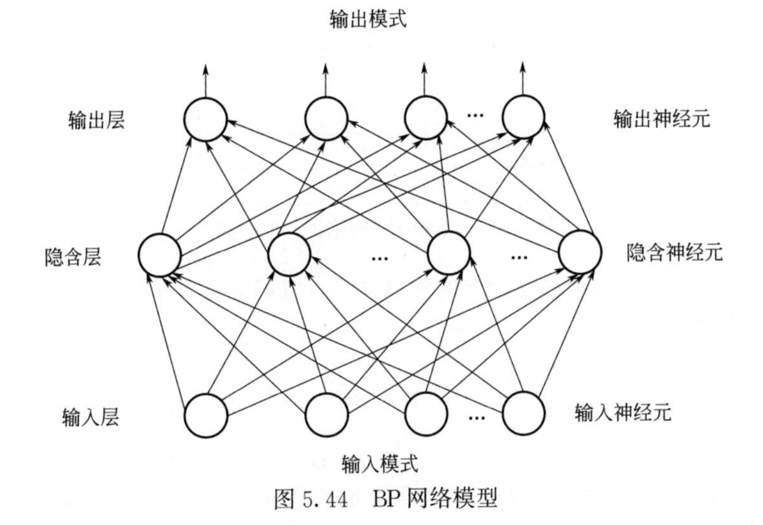

图 5.44　BP 网络模型

(2) 典型反馈网络——Hopfield 网络

前向网络是单向连接无反馈的静态网络，Hopfield 在 1972 年首先提出了一种由非线性元件构成的单层反馈网络系统，称为 Hopfield 网络。

Hopfield 网络的拓扑结构为一种全连接加权无向图，呈网状网络，可分为离散和连续两种类型，离散网络的节点仅取 0 和 1（或+1 和－1）两个值，连续网络则取 0～1 之间网络任一实数。图 5.45 是 Hopfield 网络的一种结构。设此网络有 n 个神经元，第 i 个神经元状态 S_i 取 0 或 1，各神经元按下列规则改变其状态

$$S_i=1 \quad \text{当}\ w_{ij}S_i+I_i-\vartheta_i>0 \tag{5.54}$$

$$S_i=0 \quad \text{当}\ w_{ij}S_i+I_i-\vartheta_i<0 \tag{5.55}$$

其中，w_{ij} 为神经元 i 与 j 之间的连接权值；I_i 为神经元的偏流；ϑ_i 为其阈值。

Hopfield 网络系统的稳定性结论：若 $w_{ij}=w_{ji}$，且 $w_{ii}>0$，同时各神经元随机异步地改变状态，则网络一定能收敛到稳定状态，Hopfield 网络模型的基本原理是其网络状态总是趋向一定稳定状态变化的，至达到预选定义的能量极小值为止。

Hopfield网络是一个非线性动力学系统，引入能量函数后该网络在一定条件下总是朝着系统能量减小的方向变化，并最终达到能量函数的极小值，若把此极小值所对应的模式作为记忆模式，那么此网络在适当激励下就会具有联想记忆的功能。Hopfield网络的联想记忆过程就是非线性运动力学系统朝着某个稳态运行的过程，这需要调整连接权值使得所要记忆的样本成为系统的吸引子，即能量的极小点，这一过程可分为学习和联想两个阶段。

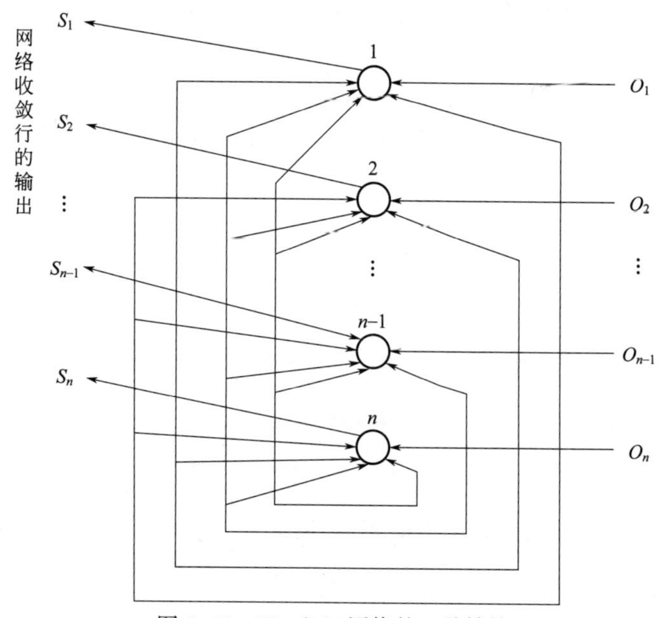

图 5.45　Hopfield网络的一种结构

下面给出Hopfield网络用于联想记忆的学习算法，取偏流 i 为零。

① 按Hebb规则设置权值

$$
\begin{aligned}
w_{ij} &= \sum_{m=1}^{n} x_i^m x_j^m \quad i \neq j; i,j=1,2,\cdots,n \\
w_{ij} &= 0 \qquad\qquad\quad\; i \neq j; i,j=1,2,\cdots,n
\end{aligned}
\tag{5.56}
$$

其中，w_{ij} 是节点 i 到 j 的连接权；x_i^m 表示样本集合 m 中的第 i 个元素，$x_i \in \{-1,+1\}$。

② 对未知样本初始化

$$S_i(0)=x_i \qquad i=1,2,\cdots,n \tag{5.57}$$

其中，$S_i(t)$ 是节点 T 时刻节点 i 的输出；x_i 是未知样本的第 i 个元素。

③ 迭代计算

$$S_j(t+1)=\mathrm{sgn}\left[\sum_{j=0}^{n} w_{ij} S_i(t)\right] \qquad j=1,2,\cdots,n \tag{5.58}$$

④ 返回②继续。

5.3.3 神经网络PID控制器设计

(1) 单个神经元的PID控制器设计

单个神经元的PID控制器框图如图5.46所示。其中微积分模块计算三个量：$x_1(k)=e(k)$，$x_2(k)=\Delta e(k)=e(k)-e(k-1)$，$x_3(k)=\Delta^2 e(k)=e(k)-2e(k-1)+e(k-2)$，使用改进的Hebb学习算法，三个权值的更新规则为

$$\begin{cases} w_1(k)=w_1(k-1)+\eta_p e(k)u(k)[e(k)-\Delta e(k)] \\ w_2(k)=w_2(k-1)+\eta_i e(k)u(k)[e(k)-\Delta e(k)] \\ w_3(k)=w_3(k-1)+\eta_d e(k)u(k)[e(k)-\Delta e(k)] \end{cases} \tag{5.59}$$

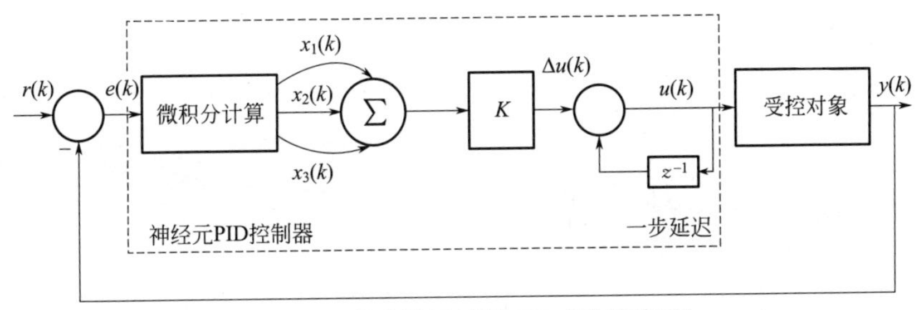

图 5.46　单个神经元的 PID 控制器框图

其中，η_p、η_i、η_d 分别为比例、微分、积分的学习速率。可以选择这三个权值变量为系统的状态变量，这时控制率可以写成

$$u(k)=u(k-1)+K\sum_{i=1}^{3}w_i^0 x_i(k),\text{归一化权值 } w_i^0(k)=\frac{w_i(k)}{\sum\limits_{i=1}^{3}|w_3(k)|} \tag{5.60}$$

总结上述算法，可以搭建如图 5.47 所示的 Simulink 框图来实现该控制器，其中的核心部分用 S-函数形式编写，可以选择模块输入信号为 $[e(k),e(k-1),e(k-2),u(k-1)]$，输出选择为 $[u(k),w_i^0(k)]$，为使得控制器更接近实用，控制率信号 $u(k)$ 后接饱和非线性，这样就可以构造出如图 5.47 所示的控制器模块框图，其中 S-函数 c7mhebb. m 的内容见 m5 _ 3. m。

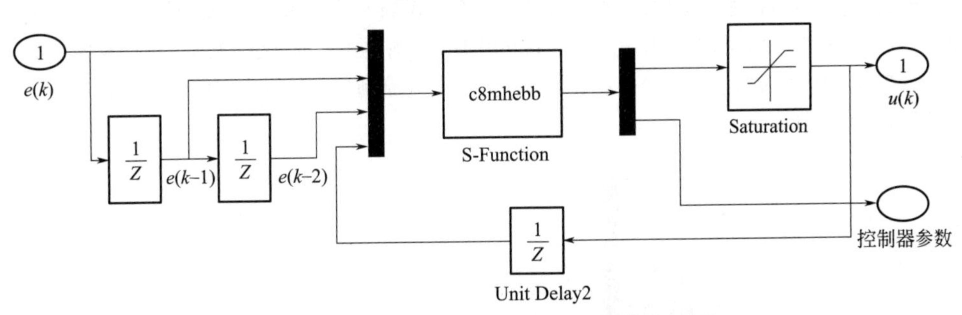

图 5.47　单个神经元的 PID 控制器模块框图

【例 5.6】 假设有离散受控对象模型 $H(z)=\dfrac{0.1z+0.632}{z^2-0.368z-0.26}$，利用前面给出的单神经元 PID 控制器模块，可以搭建出如图 5.48 所示的 Simulink 模型。

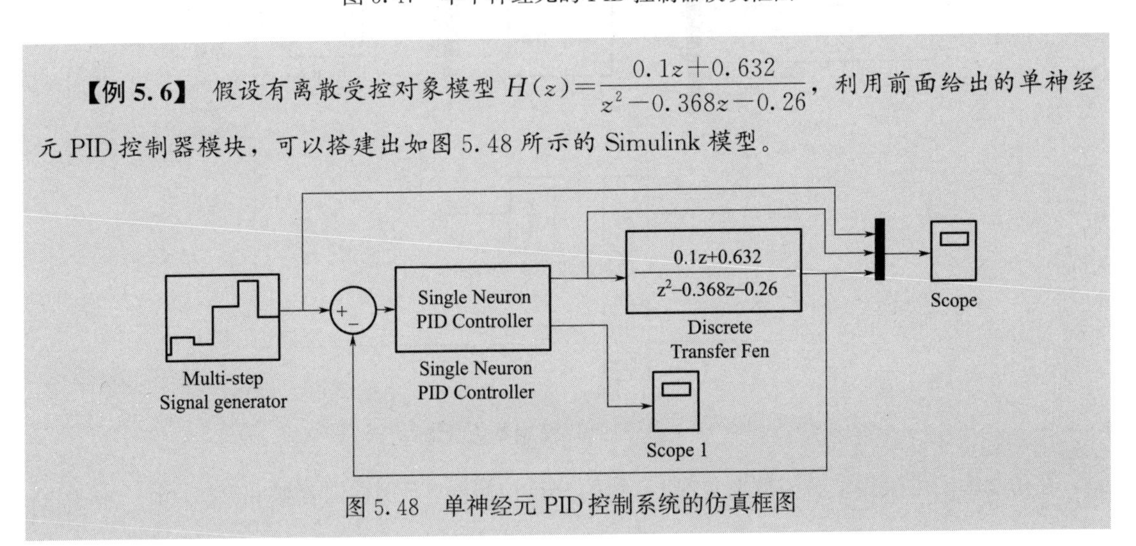

图 5.48　单神经元 PID 控制系统的仿真框图

对该系统进行仿真，则系统的给定信号、输出信号和控制率 $u(k)$ 如图 5.49(a) 所示，可见，这时的控制效果还是很理想的。图 5.49(b) 中给出了三个权值 $w_i^0(k)$ 的曲线，从中可以看出，应用基于神经元的 PID 控制器后，PID 控制器的参数不再是固定的，而是随时间变化的，从而表现出较好的控制效果。

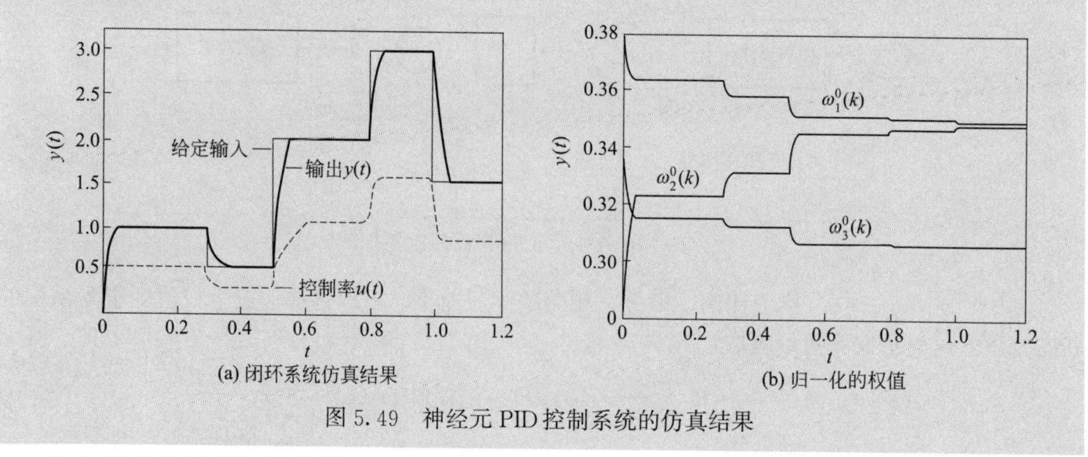

图 5.49　神经元 PID 控制系统的仿真结果

(2) 反向传播神经网络的 PID 控制器

这里仍考虑采用增量式 PID 控制器

$$u(k)=u(k-1)+K_p[e(k)-e(k-1)]+[K_ie(k)+K_de(k)+e(k-2)-2e(k-1)] \tag{5.61}$$

现在考虑用 BP 神经网络输出端来计算 PID 控制器的参数，构造了如图 5.50 所示的仿真框图，对框图进行封装，就可以得出 BP 网实现的 PID 控制器模块，该模块有一个输入端，可以直接连接伺服控制中的误差信号 $e(t)$，由输出端子 1 产生控制信号 $u(t)$。模块 2 的第 2 输出端子将给出 PID 控制器参数。

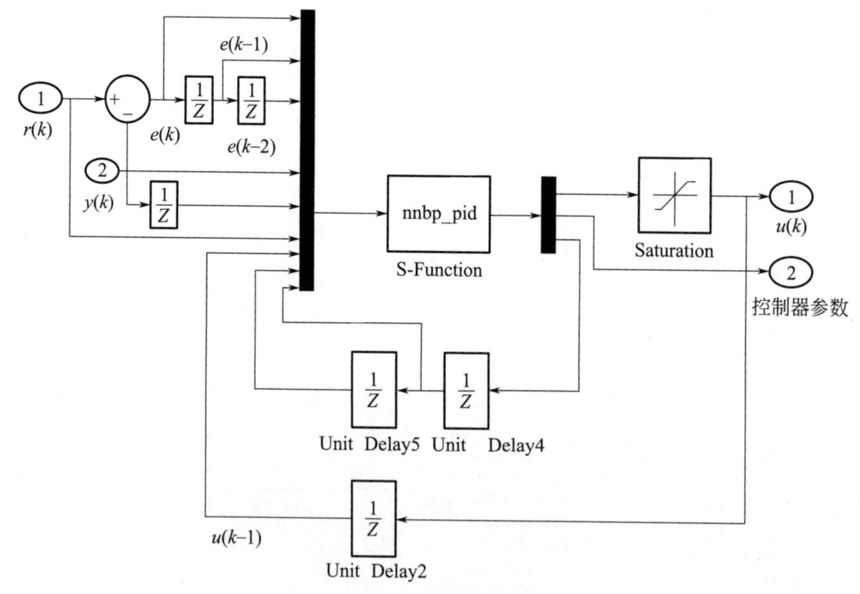

图 5.50　BP 网 PID 控制器仿真器结构

在仿真框图中采用了 S 函数来实现 BP 网的 PID 控制器，S 函数内容如 m5 _ 4. m。

【例 5.7】 假设受控对象由非线性模型描述 $y(t)=\dfrac{a(1-b\mathrm{e}^{-a/T})y(t-1)}{1+y(t-1)^2}+u(t)$，采样周期 $T=0.001\mathrm{s}$，可以由如图 5.51(a) 所示的 Simulink 框图表示该受控对象，这样利用前面建立的 BP 网 PID 控制器模块，则可以容易地建立起如图 5.51(b) 所示的系统仿真模型。

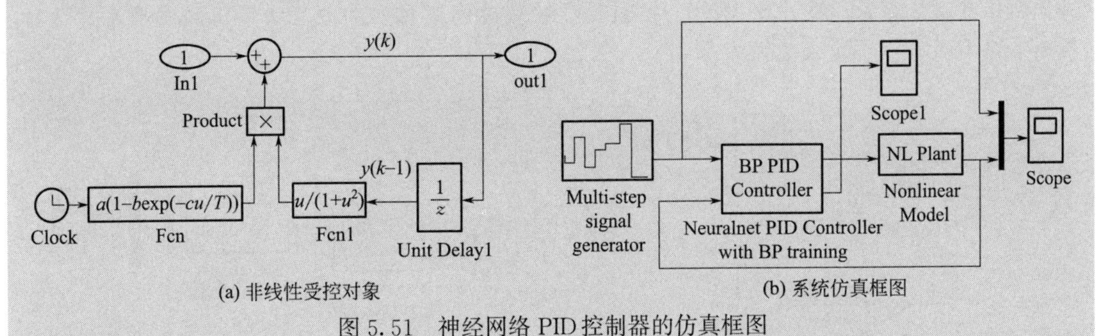

图 5.51 神经网络 PID 控制器的仿真框图

神经网络 PID 控制器的参数可以双击该图标获得，仿真得出如图 5.52 所示的仿真结果。

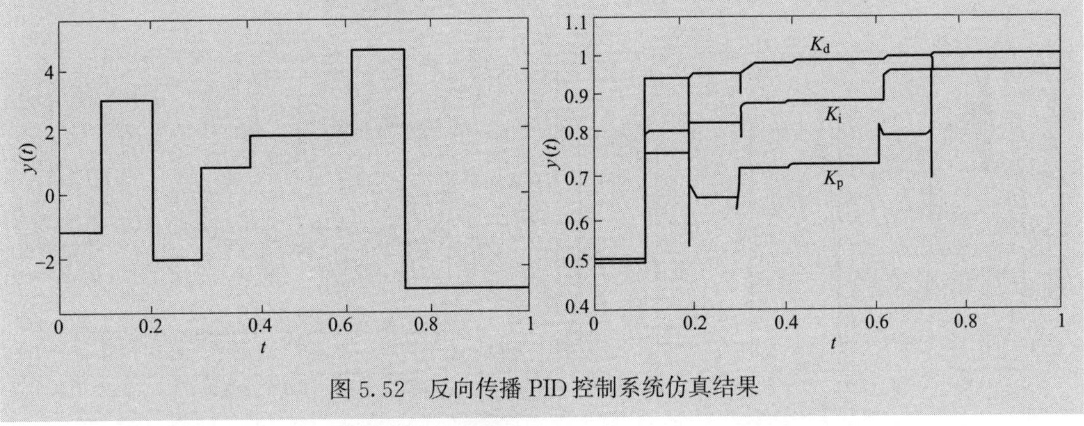

图 5.52 反向传播 PID 控制系统仿真结果

(3) 径向基函数的神经网络 PID 控制器

径向基函数（radial basis function，RBF）神经网络是一种采用局部接受域来进行函数映射的人工神经网络，是由一个隐含层和一个线性输出层构成的前向网络结构。基于径向基函数理论，可以构造出一种神经网络 PID 控制器设计方法，该控制器的仿真模型如图 5.53 所示，其中核心部分由 S-函数实现，见 m5 _ 5. m。

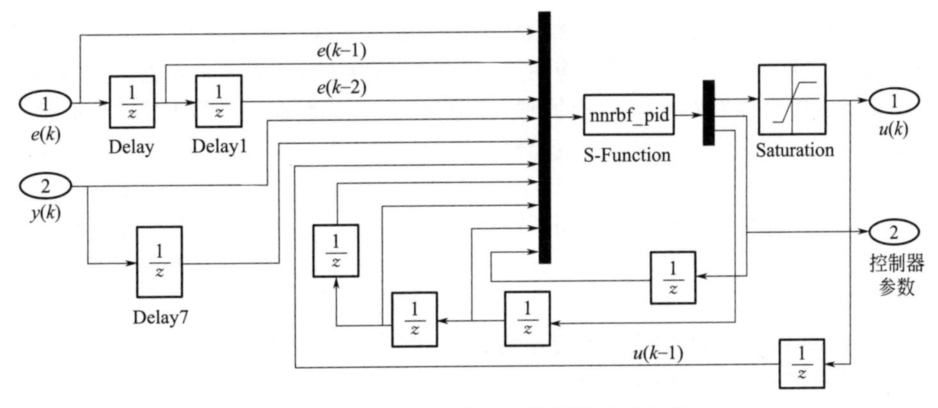

图 5.53 径向基函数 PID 控制器仿真结构

【例 5.8】 假设非线性模型 $y(k)=\dfrac{u(k)-0.1y(k-1)}{1+y^2(k-1)}$，其仿真模型如图 5.54(a) 所示。由径向基函数 PID 控制器模块就可以搭建起如图 5.54(b) 所示的仿真模型。双击径向基控制器网络，则可以按如图 5.55(a) 所示的形式填写参数，对系统进行仿真则可以得出如图 5.55(b) 所示的仿真结果，图中还给出了控制器参数随时间变化的曲线。由得出的结果看，这种控制策略有时可以得出满意的效果。

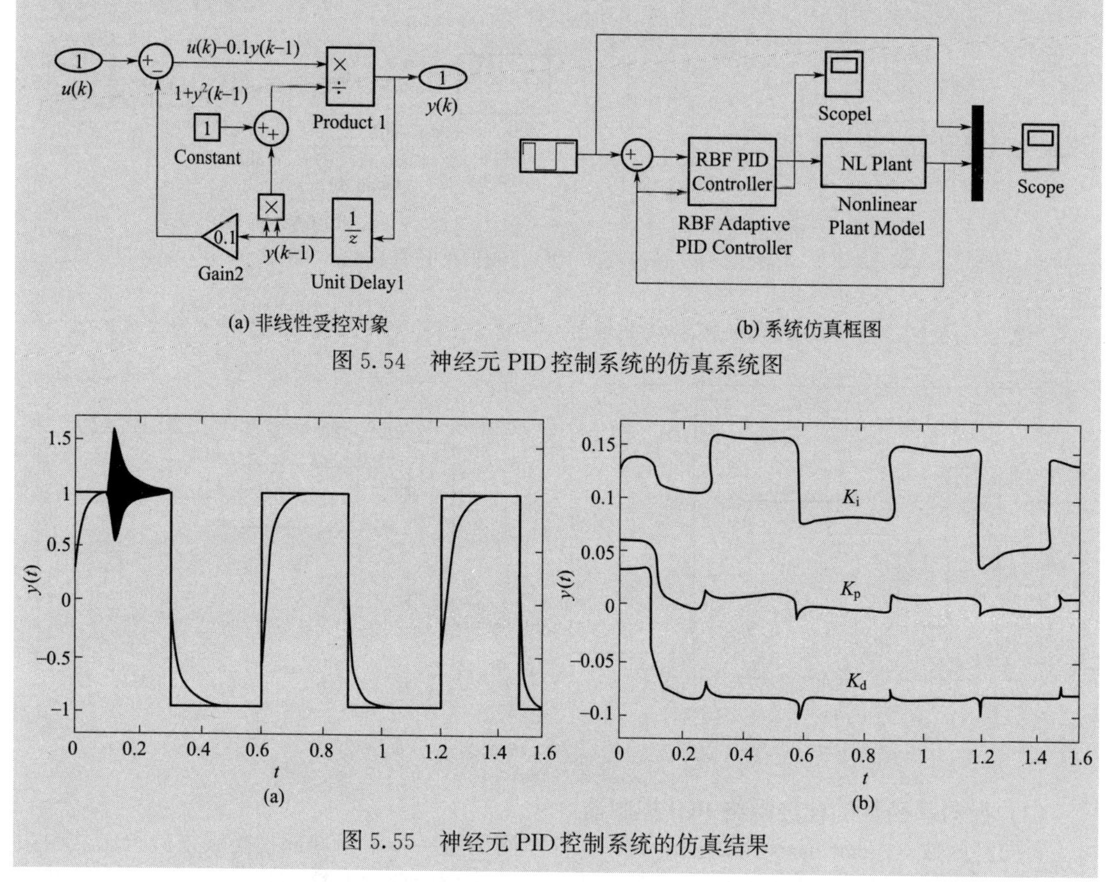

图 5.54　神经元 PID 控制系统的仿真系统图

图 5.55　神经元 PID 控制系统的仿真结果

5.3.4　人工神经网络技术在焊接过程中的应用

对于像焊接这样具有复杂非线性且参数时变并受随机干扰影响的过程，经典的 PID 闭环控制器的参数不易在线实时自调整，使其应用受到限制。而基本模糊逻辑控制器虽然能够模拟人工经验，但不具备人的根据外界环境变化的自适应调节功能，因而在具有强不确定性的过程控制中其适应范围也较窄。针对焊接过程存在变结构和变参数的特点，提出了一种基于单个神经元的脉冲 GTAW 过程自学习 PSD 控制器，这种方法不需要在线辨识对象的参数，只需在线检测对象实际输出与期望输出，就可以形成自学习闭环控制系统，是一种根据控制过程误差的几何特性建立性能指标的自学习 PSD（比例、求和、微分）控制规律。神经元的权值采用改进的 BP 算法在线修正，极小化误差性能指标，使控制系统输出性能达到最优。

（1）脉冲 GTAW 平板堆焊神经元自学习 PSD 控制器设计

由单个神经元构成脉冲 GTAW 过程自学习 PSD 控制系统如图 5.56 所示。信号转换器的作用是综合熔池反面熔宽的期望输出和实际输出有关时刻的信息，其输出向量公式 $\boldsymbol{X}=$

$\{x_1, x_2, x_3\}$ 作为神经元自学习 PSD 控制器的输入，神经元对输入向量加权求和，在经非线性变换得到占空比的调整量 $\Delta\delta$，与前一时刻的占空比相加得到当前时刻的占空比，输入给实际的焊接系统。实际焊接系统的输出经传感系统 MS 检测，得到熔池反面几何尺寸神经网络模型 BNNM 的输入向量，模型输出的熔池反面最大熔宽 W_{mbmax} 和期望的熔宽 R 输入给信号转换器，构成熔池反面最大熔宽的闭环反馈控制。同时控制器根据熔池反面熔宽的误差由 BP 算法在线调整神经元的输入权值，使控制系统保持在最优状态。

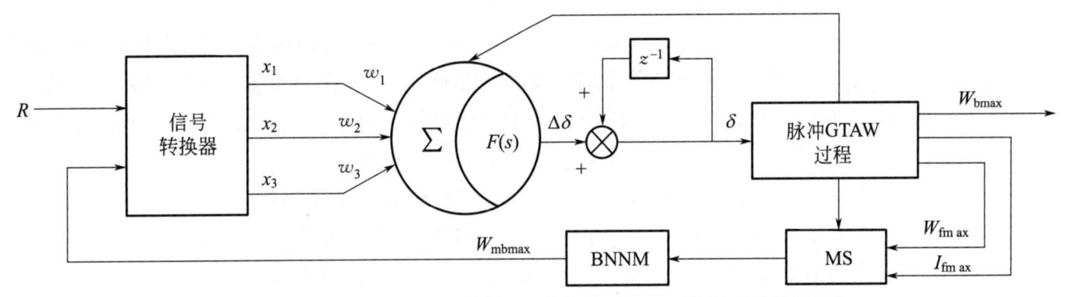

图 5.56　脉冲 GTAW 单神经元自学习 PSD 控制系统原理图

控制器的输入向量 $\boldsymbol{X}=\{x_1, x_2, x_3\}$ 中各元素分别为期望的熔池反面最大熔宽与模型 BNNM 输出值之间的误差、误差的一阶和二阶差分，即

$$x_1=\alpha_1 e(t)=\alpha_1[R-W_{mbmax}(t)] \tag{5.62}$$

$$x_2=\alpha_2 \Delta e(t)=\alpha_2[e(t)-e(t-1)] \tag{5.63}$$

$$x_3=\alpha_3 \Delta^2 e(t)=\alpha_3[e(t)-2e(t-1)+e(t-2)] \tag{5.64}$$

式中，α_1、α_2 和 α_3 为常系数，它们的选取表明对误差、误差的一阶差分和二阶差分的重视程度不同，在一般的控制系统中首先考虑的是误差，其次是误差的一阶差分，再次是误差的二阶差分，因此选取 α_1 为 1.0，α_2 为 0.3，α_3 为 0.1。

神经元输入向量各元素的权值分别为 w_1、w_2 和 w_3，为了避免神经元学习时权值无限增长，输出过早进入饱和区，保证学习算法的收敛性和控制的鲁棒性，将权值进行归一化处理，即

$$w_1'=w_1 \Big/ \sqrt{\sum_{j=1}^{3} w_1^2} \tag{5.65}$$

神经元加权和为

$$s=\sum_{i=1}^{3} w_i' x_i \tag{5.66}$$

$F(s)$ 为神经元的非线性输出函数，考虑到控制量占空比的变化可正可负，因此选用双曲正切函数作为神经元的输出函数

$$\Delta\delta=F(s)=\gamma(1-\mathrm{e}^{-2\zeta s})/(1+\mathrm{e}^{-2\zeta s}) \tag{5.67}$$

式中，γ 和 ζ 是两个常数，γ 规定了控制量的饱和值；ζ 规定了控制量的线性度。

从原理上讲选择较大的 γ 可以增大输出的饱和值，使系统输出有能力达到指定值，选择较小的可以使非线性函数的斜率减小，从而增加线性工作区，抑制输出接近稳态时的波动。在此选择 γ 为 300，ζ 为 0.135。

采用改进的 BP 算法修正神经元输入向量的权值，使目标函数极小化。目标函数为期望熔宽 R 与熔池反面最大熔宽 W_{mbmax} 之差的平方和

$$E(w)=\frac{1}{2}\sum_{k}[R-W_{mbmax}(k)]^2 \tag{5.68}$$

得到的权值修正公式为

$$\Delta w_i=\eta\varphi x_i \tag{5.69}$$

$$w_i(k+1)=w_i(k)+\Delta w_i \tag{5.70}$$

式中，$i=1$，2，3；η为学习率；φ为神经元的输出等价误差。

由于神经元输入的权值进行了归一化处理，因此选择η为1.0。φ为神经元的输出等价误差，用实际系统输出误差近似BP算法中的神经元输出误差，可以证明误差反转以后神经元的输出等价误差为

$$\varphi=[R-W_{\mathrm{mbmax}}(k)][1-\Delta\delta(k)/\gamma][1+\Delta\delta(k)/\gamma] \tag{5.71}$$

（2）脉冲GTAW平板堆焊神经元自学习PSD控制器仿真

针对设定的熔池反面最大熔宽为5.0mm、4.5mm和4.0mm三种情况，采用图5.56所示的单神经元脉冲GTAW过程自学习PSD控制器，利用TMM和BNM两个脉冲GTAW工艺动态过程模型进行了控制过程的仿真，图5.57是仿真得到的控制过程曲线。图5.57(a) 设定熔池反面最大熔宽为5.0mm，仿真结果为：最大超调量2.71%，调节时间为2s，静态误差为0.04mm，占空比稳定在42%；图5.57(b) 设定熔池反面最大熔宽为5.0mm时权重的变化过程；图5.57(c) 设定熔池反面最大熔宽为4.5mm，仿真结果为：最大超调量为2.71%，调节时间为2s，静态误差为0.02m，占空比稳定在36%；图5.57(d) 设定熔池反面最大熔宽为4.5mm时权重的变化过程；图5.57(e) 设定熔池反面最大熔宽为4.0mm，仿真结果为：最大超调量4.25%，调节时间为2s，静态误差为0.01mm，占空比稳定在27%；图5.57(f) 为设定熔池反面最大熔宽为4.0mm时权重的变化过程。从以上仿真结果可以看出，在三种情况下单神经元自学习PSD控制器的最大超调量PD控制器和模糊控制器都很接近，但调节时间比模糊控制器小一些，稳态误差也要小一些，而且控制参数进行自调整，当系统进入稳态时，误差、误差的一阶和二阶差分的权值均稳定在一定值上，使得在三种情况下均能实现良好的控制性能，可见在处理过程非线性方面，单神经元自学习FSD控制器要比模糊控制器和PID控制器有更强的适应能力。

（3）脉冲GTAW平板堆焊神经元自学习PSD控制实验

为了验证所设计的神经元自学习PSD控制器的控制效果，将突变散热条件的哑铃形试件作为对象，采用平板堆焊工艺，在给定熔池反面最大熔宽为5.0mm情况下加以控制，占空比的最小调整单位为1%，控制过程原理如图5.56所示。图5.58为对哑铃形试件采用所设计的神经元自学习PSD控制器得到的焊接过程曲线，设定的期望熔池反面最大熔宽为5.0mm。从图5.58可见，控制量占空比总的变化趋势随着散热条件的变差而减小，散热条件的变好而增加，大致呈凹形，实际输出的熔池反面最大熔宽基本维持在设定值5.0mm左右，预测值与实际值之间的最大偏差为0.26mm，统计计算表明实际值与设定值之间最大误差为0.30mm，平均误差为0.10mm，均方根误差为0.07mm。图5.59为哑铃形试件神经元自学习PSD闭环控制焊道照片，可见焊道正反两面成形良。

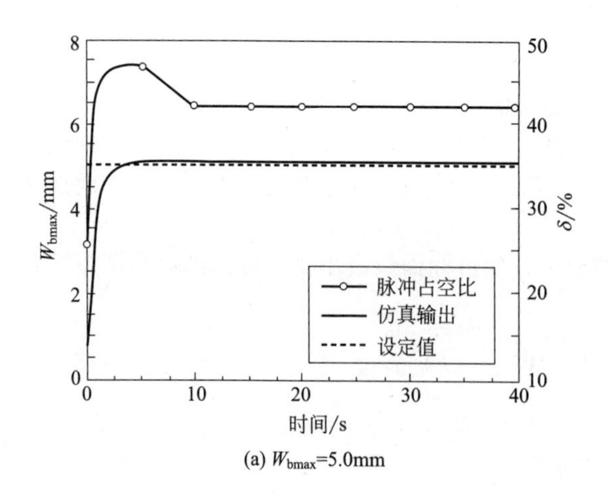

(a) W_{bmax}=5.0mm

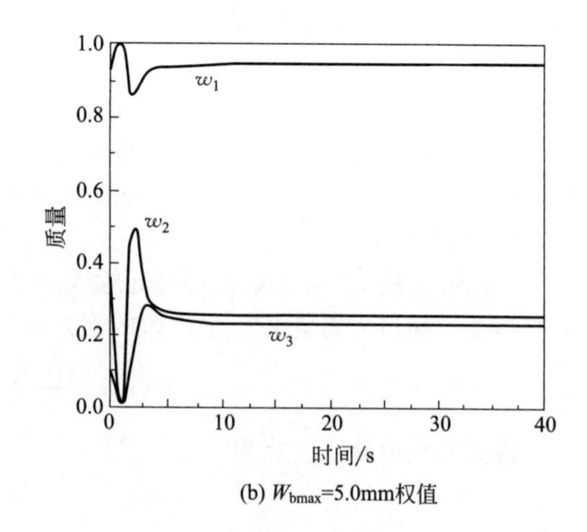

(b) W_{bmax}=5.0mm权值

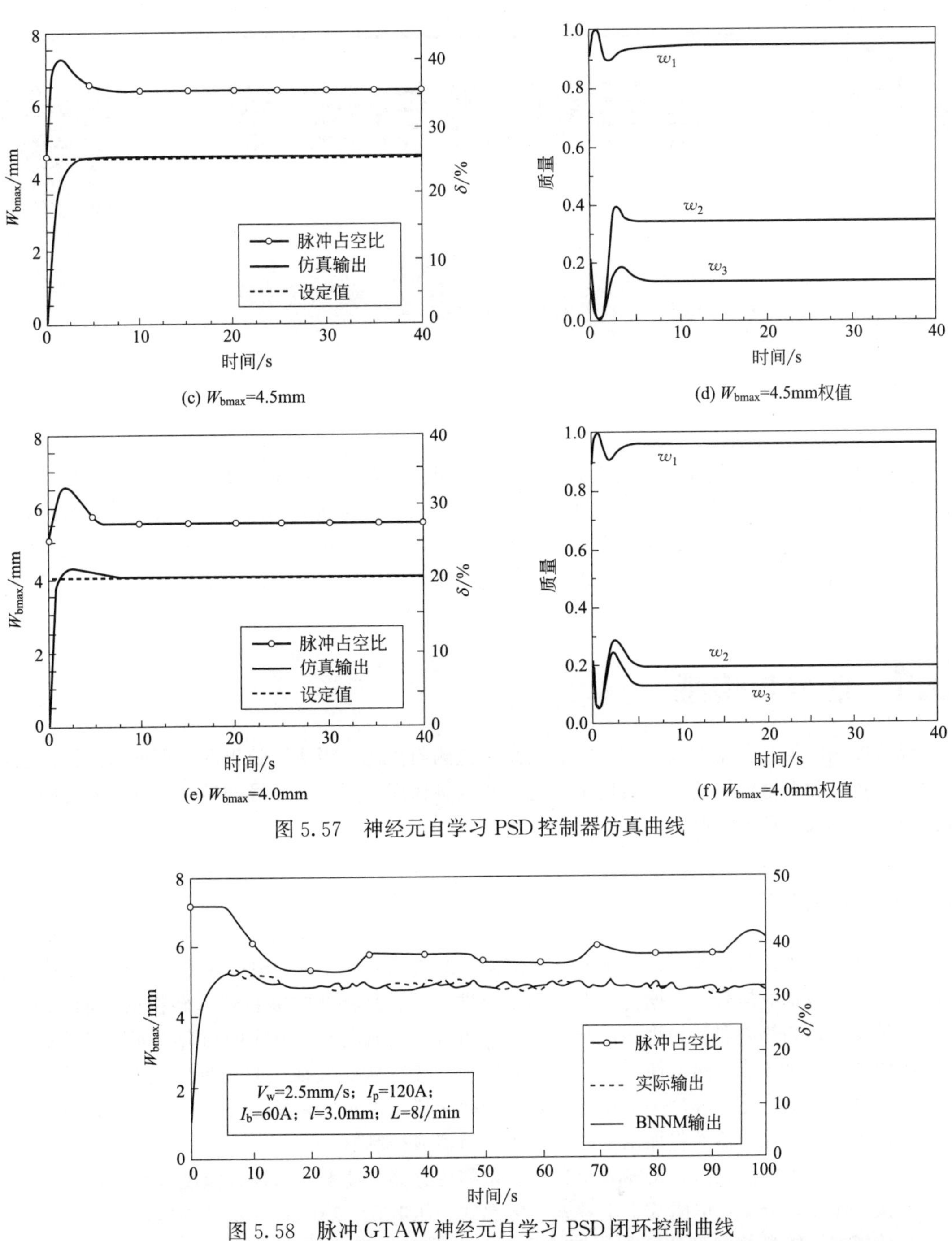

(c) W_{bmax}=4.5mm

(d) W_{bmax}=4.5mm权值

(e) W_{bmax}=4.0mm

(f) W_{bmax}=4.0mm权值

图 5.57　神经元自学习 PSD 控制器仿真曲线

图 5.58　脉冲 GTAW 神经元自学习 PSD 闭环控制曲线

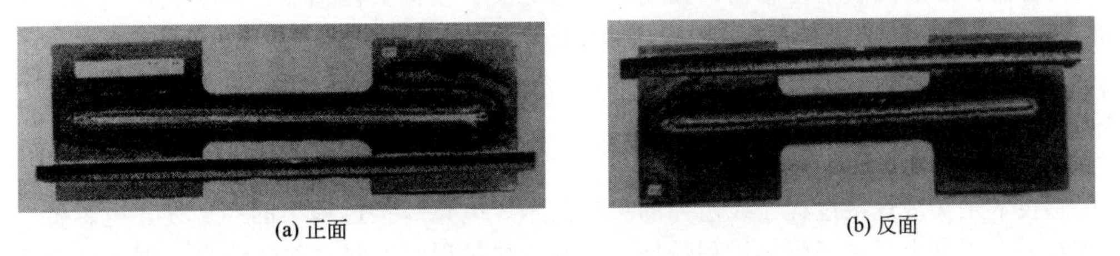

(a) 正面

(b) 反面

图 5.59　神经元自学习 PSD 闭环控制焊道照片

第6章 信号处理与传感

一个自动化系统通常由多个环节组成，分别完成信息获取、信息转换、信息处理、信息传送和信息利用等功能。在实现自动化的过程中，信息的获取与转换是其重要的组成环节，只有精确及时地将被控对象的各项参数检测出来并转换成利于传送和处理的信号，整个系统才能正常的工作，因此，信号的准确采集与有效处理是自动化控制系统中不可缺少的组成环节。

6.1 信号与传感

反馈控制的核心在于对被控对象状态信息的监测与传送，当所反映出的物理量状态被传感器接收后，转换为电量模拟信号，实现了信息由非电量物理量到电量信号的转换，进而实现向比较器的反馈，完成闭环的控制。

6.1.1 传感技术

在实际应用中，存在着 6 种基本的能量类型，即机械、热、磁、电、化学和辐射，而传感器输出的信号一般是电信号。根据传感器的作用原理，它总是将非电能量输入转换成电能量输出，实现能量变换，如热电偶就是将热流与温度差的组合转换成电流与电压的组合，即被测对象施加于热电偶的能量是热能，热电偶输出的能量是电能，热电偶在变换信号的同时进行了能量变换。因此，有时我们也将能完成这一工作的装置称为换能器，本质上它是一种能量变换器。把输入换能器称为传感器或探测器而将输出换能器称为执行器或控制器。

传感器的分类方法较多，按输入量分类：位移传感器、速度传感器、温度传感器、压力传感器等；按工作原理分类：电阻式、电容式、电感式、压电式、热电式等；按物理现象分类：能量转换型传感器、能量控制型传感器；按输出信号分类：模拟式传感器、数字式传感器。传感器（按被测量）分类体系如图 6.1 所示，传感器工作原理如图 6.2 所示。

6.1.2 焊接中的常见传感量

传感技术是实现焊接过程在线监控的关键技术。电弧焊接过程中的声、光、电、磁、热等现象都在一定程度上反映了焊接过程特征，包括焊接过程的不同方面的信息，据上述现象和原理产生了各种各样用于监测焊接过程的传感器，如超声波传感器，用电弧电压传感方法进行坡

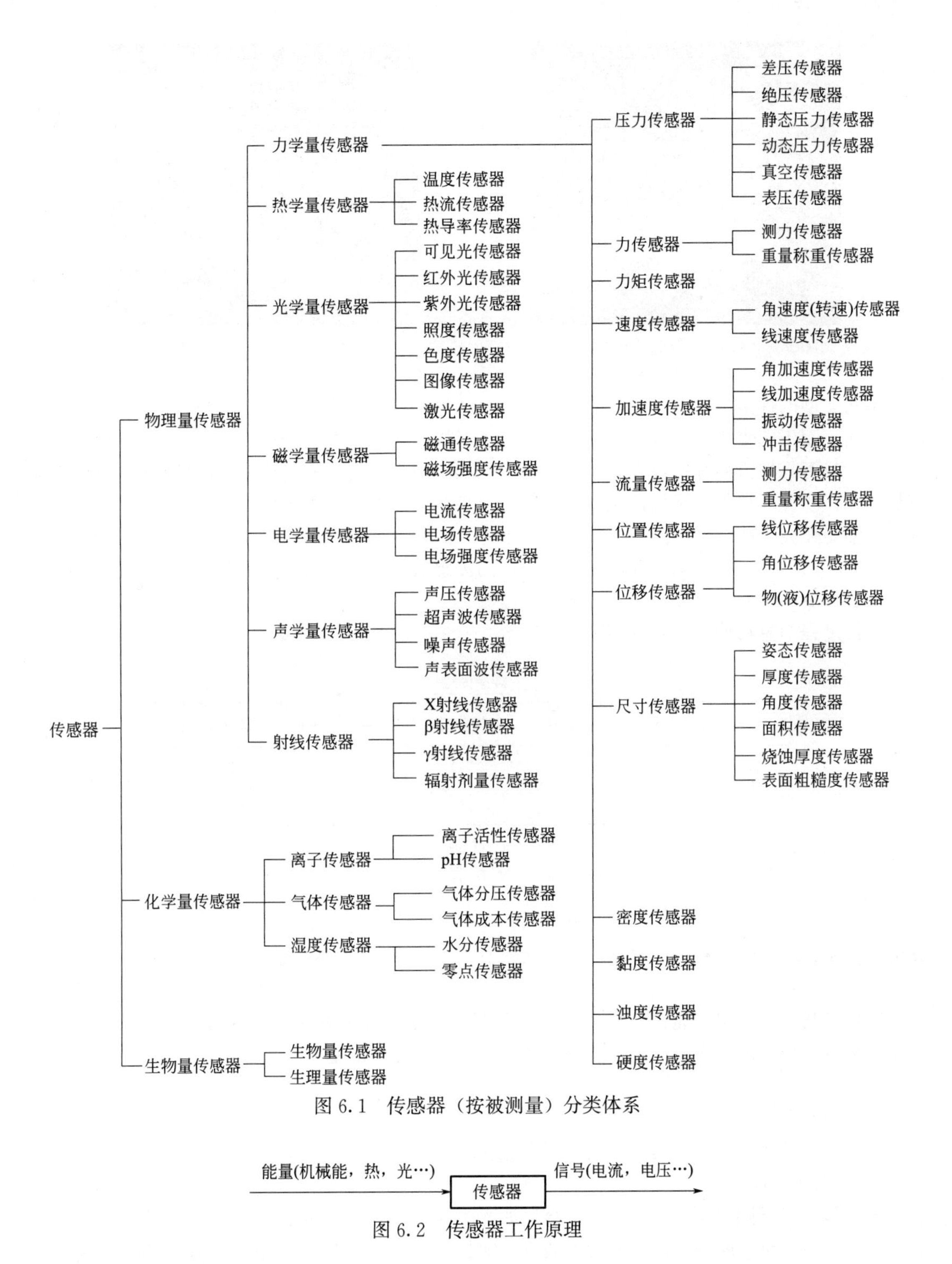

图 6.1　传感器（按被测量）分类体系

图 6.2　传感器工作原理

口焊缝跟踪和控制焊枪运动，利用电弧电压弧光传感熔池振荡信息并最终控制熔透，用红外测温传感器测量电弧或焊缝或熔池区域的温度场及其变化情况，利用 X 射线透过量与熔化金属厚度的关系来检测熔透和熔池形状等。

焊接过程中热电偶测温如图 6.3 所示，激光焊缝追踪如图 6.4 所示。

图 6.3　焊接过程的热电偶测温

图 6.4　激光焊缝追踪

不同类型的焊接信息源所产生的信息的内容和形式都有较大区别，所反映的焊接动态过程特征也不同，而不同焊接动态过程特征往往决定了对焊接质量的监测和控制效果。单一传感在信息的全面性与可靠性方面存在各自的不足之处。例如电弧电压传感易受高频磁场影响；声音传感信息量单一，易受环境噪声干扰；光谱传感信息量爆炸，特征提取困难，易受材料化学成分影响；视觉传感受弧光干扰严重，图像处理算法复杂等。因此，如果可以同步获取并融合焊接过程中的光、声、电及图像等多类源信息，充分利用不同传感器信息的冗余性及互补性，则可以实现对焊接动态过程更为全面、可靠而精确的描述与监测。

焊接过程信息与传感示意图如图 6.5 所示。

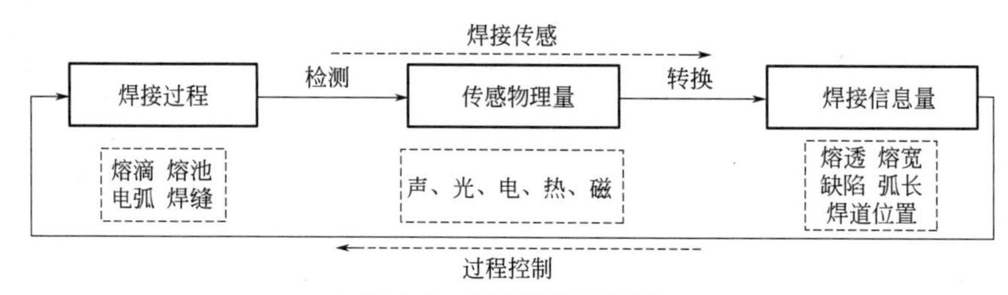

图 6.5　焊接信息与传感

6.1.3　信号

物理量通过传感器的能量变换转换为电信号后，被控制器所采集，实现对于控制过程的反馈，完成对于输出的校准与控制，这一过程也就是反馈控制的基础。

6.1.3.1　信号的分类

信号可以分为模拟信号与数字信号两大类。

(1) 模拟信号

模拟信号是指随时间连续变化的信号，如光图像信号、正弦信号、三角波信号等，这些信号在规定的一段连续时间内，其幅值为连续值，即从一个量变为下一个量时中间没有间断，如正弦电压信号

$$x(t)=A\sin(\omega t+\varphi) \tag{6.1}$$

模拟信号分为两类：一类是由各种传感器获得的低电平信号，另外一类是由仪器、送变器输出的 0～10mA 或者 4～20mA 的电流信号。模拟信号的主要缺点是容易受到噪声（信号中不希望得到的随机变化值）的影响，经过国际电工委员会（IEC）于 1973 年 4 月通过的信号传输国际标

准规定：过程控制系统现场模拟传输信号采用直流电流4～20mA，电压信号为直流1～5V，其中，直流电流4～20mA可用于3～5km的远距离信号传输，控制室内各个仪表之间的连接（例如，仅用于电气控制柜内短距离传输），可用直流1～5V电压形式。在气动仪表中采用20～100kPa作为通用的标准气压传输信号。由于计算机中采用的为0/1的数字信号，因此，这些模拟信号必须经过采样与A/D转换输入计算机，进而对其进行正确性判断、标定和线性化等处理。

（2）数字信号

数字信号指自变量是离散的、因变量也是离散的信号，这种信号的自变量用整数表示，因变量用有限数字中的一个数字来表示。在计算机中，数字信号的大小常用有限位的二进制数表示。数字信号就是在有限的离散瞬态时间上取值间断的信号，用有限长的数字序列表示，其中每位数字不是0就是1。数字信号只代表某个瞬态的量值，是不连续的信号。

数字信号在线路的传送形式分为并行传送和串行传送。数字信号对线路上的畸变和噪声等不敏感，在输入计算机后经常需要进行码制转换，如BCD码转换成ASCII码显示。

（3）开关量

开关量是指非连续性信号的采集和输出，包括遥控采集和遥控输出。它有1和0两种状态，这是数字电路中的开关性质，而电力上是指电路的开和关或者说是触点的接通和断开。“开”和“关”是电器最基本、最典型的功能，一般开关量装置通过内部继电器实现开关量的输出。开关信号主要来源于各种开关器件，如按钮、行程开关、继电器触点、软开关等，开关信号处理主要用于监控开关器件的状态变化。

6.1.3.2 信号处理

（1）分类

信号采集系统不但实现信号的采集，并且对采集到的信号进行处理。一般数据处理方式分为以下两类：

① 按照处理的性质，分为预处理和二次处理。预处理剔除数据的飞点，进行数字滤波、数据转换等。二次处理进行各种数学运算，如微分、积分和傅里叶变换。

② 按照处理的时间，分为实时处理和离线处理。实时处理一般把处理后的数据用于控制，要求算法的实时性高，同时只能对一定数量的数据进行简单处理。离线处理的时间不受限制，可以进行复杂的计算。

（2）数据处理的任务

① 对采集到的电信号进行物理解释。被采集的物理量（电流、电压、图像、声音等）经传感器转换成电量，经过放大、采样、量化、编码等环节之后，获得数据量。

② 消除干扰信号。由于系统内部和外部干扰、噪声等，在数据采集过程及信号的传送和转换中混入干扰信号，需要采用数据预处理消除干扰，保证数据采集的精度。

③ 分析数据特征。对数据进行二次处理，得到该物理量内在特征的二次数据。如采集电弧弧光的频谱，可以进行傅里叶变换，求出电压变换的频谱。

6.2 信号采集

数据采集是指将电压、温度、弧光、熔池图像、焊缝空间位置等模拟量信息通过传感器按照预先设定的采样周期进行采集、转换成数字量后，再由计算机进行存储、处理，并进行显示或打印的过程。有时也需要对数字信号或者开关量信号进行采集，数字信号和开关信号不受采样周期的限制。

数据采集系统的工作流程是由传感器把各种物理量（温度、压力）等采集出来，采样保持信号，经过放大调节、低通滤波器、多路模拟开关、A/D转换后输入计算机。因此，在实际工作中，如何确定采样频率保证信息不丢失，如何将采样信号正确地还原成模拟信号，如何分析采样信号的频谱，以选择和设计放大器，确定采样速度，是设计数据采集系统首先需要考虑的问题。

6.2.1 信号采集原理

6.2.1.1 采样定理

（1）采样条件

对正弦信号进行讨论，由离散信号恢复原始正弦信号，采样频率必须和原正弦信号的频率满足一定的关系（即 $\omega_s>2\omega$）。从信号的傅里叶分解中可知，一个一般的连续信号 $x(t)$ 可以表示为多个正弦信号的叠加，其中各频率为 f 的谐波信号的振幅和相位，信号和频谱的关系写为

$$x(t)=\frac{1}{2\pi}\int_{-\infty}^{\infty}X(\omega)e^{j\omega t}d\omega \tag{6.2}$$

$$x(\omega)=\int_{-\infty}^{\infty}x(t)e^{j\omega t}dt \tag{6.3}$$

当 $X(\omega)=0$ 时，表示连续信号 $x(t)$ 不包含角频率为 ω 的谐波成分；当 $X(\omega)\neq0$ 时，表示连续信号 $x(t)$ 包含角频率为 ω 的谐波成分。要使离散信号 $x(nT_s)$ 能恢复出连续信号 $x(t)$，就意味着 $x(t)$ 包含的所有谐波都能由离散信号唯一地恢复出来。

如果使 $X(\omega)\neq0$ 的频率 ω 可以任意大，那么也就要求 T_s 接近于0，此时，只能取 T_s 为0，这表明连续信号 $x(t)$ 不能由离散信号 $x(nT_s)$ 恢复出来。因此，要由离散信号 $x(nT_s)$ 唯一恢复出连续信号 $x(t)$，信号的频谱 $X(\omega)$ 和采样周期 T_s（或采样频率 ω_s）必须满足下列采样条件：

① $X(\omega)$ 有截止频率 ω_c，即当 $|\omega|>\omega_c$ 时，$X(\omega)=0$；

② $T_s<2\pi/(2\omega_c)$ 或者 $\omega_s>2\omega_c$。

上述条件的物理意义是：被采样的连续信号 $x(t)$ 所包含的频率范围是有限的，只包含低于 ω_c 的频率成分，这样，连续信号 $x(t)$ 可表示为谐波信号的叠加，这些谐波信号的频率都小于 ω_c。于是，根据正弦信号的采样的讨论可知，只要使用大于 $2\omega_c$ 的采样频率对连续信号 $x(t)$ 进行采样得到 $x(nT_s)$，就可以根据 $x(nT_s)$ 完全唯一地恢复出 $x(t)$ 来。下面讨论在条件①和②成立时，如何由离散信号 $x(nT_s)$ 恢复出 $x(t)$。

（2）信号恢复

当满足采样条件①和②时，因为

$$X(\omega)=0 \quad \omega_c<\frac{\omega_s}{2}<|\omega| \tag{6.4}$$

所以可以把式(6.2)化简为

$$x(t)=\frac{1}{2\pi}\int_{-\frac{\omega_s}{2}}^{\frac{\omega_s}{2}}X(\omega)e^{j\omega t}d\omega \tag{6.5}$$

因此，离散信号 $x(nT_s)$ 可表示为

$$x(nT_s)=\frac{1}{2\pi}\int_{-\frac{\omega_s}{2}}^{\frac{\omega_s}{2}}X(\omega)e^{j\omega nT_s}d\omega \tag{6.6}$$

下面分析 $x(nT_s)$ 和 $X(\omega)$ 的关系。

在区间（$-\omega_s/2$，$\omega_s/2$）上把 $X(\omega)$ 展开成傅里叶极数

$$X(\omega)=\sum_{n=-\infty}^{\infty}C_n e^{-jnT_s\omega} \tag{6.7}$$

其中

$$C_n \frac{1}{2\pi}\int_{-\frac{\omega_s}{2}}^{\frac{\omega_s}{2}} X(\omega)\mathrm{e}^{\mathrm{j}\omega n T_s}\mathrm{d}\omega = T_s x(nT_s) \tag{6.8}$$

所以

$$X(\omega) = T_s \sum_{n=-\infty}^{\infty} x(nT_s)\mathrm{e}^{-\mathrm{j}nT_s\omega} \tag{6.9}$$

这说明由 $x(nT_s)$ 可以完全确定 $X(\omega)$。因为 $X(\omega)$ 和 $x(t)$ 是一一对应傅里叶变换对，因而由 $x(nT_s)$ 也可以完全确定 $x(t)$。

由式(6.5) 可得

$$\begin{aligned}
x(t) &= \frac{1}{2\pi}\int_{-\frac{\omega_s}{2}}^{\frac{\omega_s}{2}} \left[T_s \sum_{n=-\infty}^{\infty} x(nT_s)\mathrm{e}^{-\mathrm{j}nT_s\omega}\right]\mathrm{e}^{\mathrm{j}\omega t}\mathrm{d}\omega \\
&= \frac{T_s}{2\pi}\sum_{n=-\infty}^{\infty} x(nT_s)\int_{-\frac{\omega_s}{2}}^{\frac{\omega_s}{2}} \mathrm{e}^{\mathrm{j}\omega(t-nT_s)}\mathrm{d}\omega \\
&= \frac{T_s}{2\pi}\sum_{n=-\infty}^{\infty} x(nT_s)\left[\frac{1}{\mathrm{j}(t-nT_s)}\mathrm{e}^{\mathrm{j}\omega(t-nT_s)}\right]\Bigg|_{-\frac{\omega_s}{2}}^{\frac{\omega_s}{2}} \\
&= T_s\sum_{n=-\infty}^{\infty} x(nT_s)\frac{1}{\pi(t-nT_s)}\frac{1}{2\mathrm{j}}\left[\mathrm{e}^{\mathrm{j}\frac{\omega_s}{2}(t-nT_s)} - \mathrm{e}^{-\mathrm{j}\frac{\omega_s}{2}(t-nT_s)}\right] \\
&= \sum_{n=-\infty}^{\infty} x(nT_s)\frac{\sin\left[\frac{\omega_s}{2}(t-nT_s)\right]}{\frac{\omega_s}{2}(t-nT_s)} \\
&= \sum_{n=-\infty}^{\infty} x(nT_s)\mathrm{Sinc}\left[\frac{\omega_s}{2}(t-nT_s)\right]
\end{aligned} \tag{6.10}$$

其中，$\mathrm{Sinc}(t)$ 称为森克函数，又称为采样函数，它是采样理论中重要的函数，其定义如下

$$\mathrm{Sinc}(t) = \frac{\sin(t)}{t} \tag{6.11}$$

Sinc 函数的波形如图 6.6 所示。

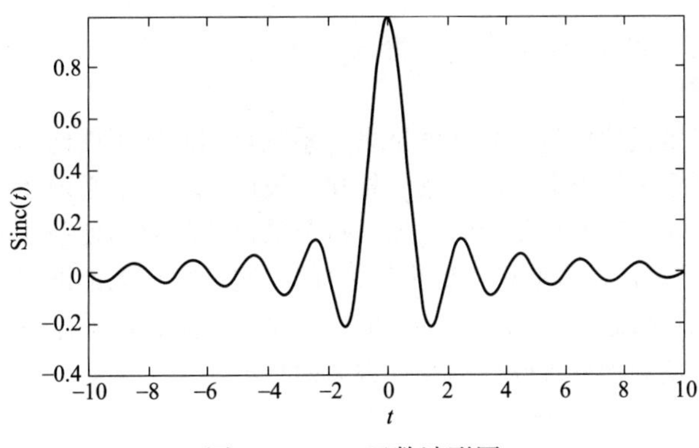

图 6.6 Sinc 函数波形图

式(6.10) 说明，任何一个连续信号都可以由一序列时间间隔为 T_s 的脉冲值 $x(nT_s)$ 与其相应的采样函数 $\mathrm{Sinc}\left[\frac{\omega_s}{2}(t-nT_s)\right]$ 之积的和来表示。

(3) 奈奎斯特 (Nyquist) 频率

由以上的讨论可知，在信号采样与恢复时，频率 $\omega_s/2$ 起着重要作用，由此定义 $\omega_s/2$ 为奈奎斯特频率，记为 ω_N，即

$$\omega_N=\frac{\omega_s}{2} \tag{6.12}$$

有了奈奎斯特频率的定义，采样条件②可以重新描述为$\omega_N>\omega_c$。式(6.10) 也可以重新描述为

$$x(t)=\sum_{n=-\infty}^{\infty}x(nT_s)\mathrm{Sinc}[\omega_N(t-nT_s)] \tag{6.13}$$

(4) 采样定理

将上面的讨论总结为采样定理。

采样定理：设连续信号 $x(t)$ 的频谱为 $X(\omega)$，以采样周期 T_s 采样得到的离散信号为 $x(nT_s)$，如果频谱 $X(\omega)$ 和采样周期 T_s（或采样频率 ω_s）满足采样条件①和②，则由离散信号 $x(nT_s)$ 可以完全确定频谱 $X(\omega)$，具体关系为式(6.9)，并可完全确定连续信号 $x(t)$，具体关系为式(6.10)。

用奈奎斯特频率 ω_N 来描述采样定理：当连续信号 $x(t)$ 的截止频率 ω_c 小于奈奎斯特频率 ω_N 时，可以由采样得到的离散信号使 $x(nT_s)$ 恢复出连续信号 $x(t)$。

6.2.1.2 数据采样控制方式

数据采样控制的方式有：无条件采样、条件采样（中断控制采样、程序查询采样）和 DMA 方式采样。图 6.7 为数据采样控制方式的分类图。

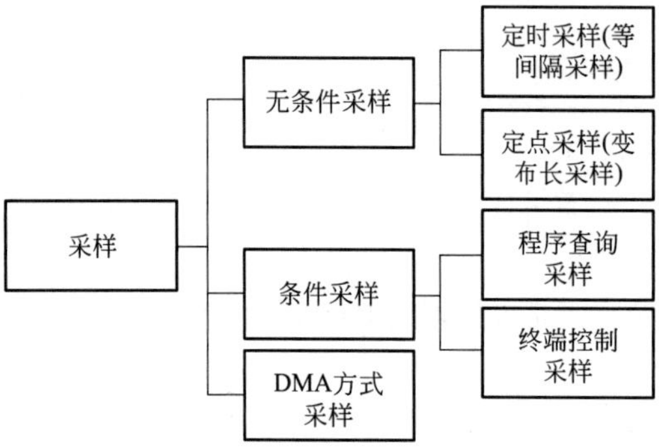

采样
无条件采样
定时采样(等间隔采样)
定点采样(变布长采样)
条件采样
程序查询采样
终端控制采样
DMA方式采样

图 6.7 数据采样控制方式的分类

(1) 无条件采样

在无条件采样中，采样刚开始，模拟信号 $x(t)$ 的第一个采样点的数据就被采集。然后，经过一个采样周期，再采集第二个采样点数据，直到将一段时间内的模拟信号的采样点数据全部采完为止。这种方式主要用于某些 A/D 转换器可以随时输出数据的情况。CPU 认为 A/D 转换器总是准备好的，只要 CPU 发出读写命令，就能采集到数据。CPU 采集数据时，不必查询 A/D 转换器的转换状态，也无须控制信号的介入，只通过取数或存数指令进行数据的读写操作，其时间完全由程序安排决定。

无条件采样的优点是模拟信号一到达就被采入系统，因此适用任何形式模拟信号的采集；无条件采样的缺点在于每个采样点数据的采集、量化、编码、存储，必须在一个采样时间间隔内完成。若对信号的采样时间间隔要求很短时，那么每个采样点的数据处理就来不及做了。无条件采样处理使用“定时采样”，还常常使用“变步长采样”。这种方法无论被测信号频率为多少，一个信号周期内均匀采样的点数总共为 N 个，“变步长采样”既能满足采样精度要求，又能合理使用计算机内存单元，还能使数据处理软件的设计大为简化。

(2) 条件采样

① 程序查询采样。程序查询是指在采样过程中 CPU 不断地询问 A/D 转换器的状态，了解 A/D 转换器是否转换结束。

当需要采样时，CPU 发出启动 A/D 转换的命令，A/D 转换结束后，由第一输入通道将结果取入内存，然后 CPU 再向 A/D 转换器发出转换命令，等到 A/D 转换结束，由第二通道将结果取入内存，直至所有的通道采样完毕；如果 A/D 转换未结束，则 CPU 等待，并在等待中做定时查询，直到 A/D 转换结束为止。

程序查询采样优点是要求硬件少，编程简单，询问与执行程序同步时，能确切知道 A/D 转

换所需的时间；这种采样的缺点是程序查询浪费 CPU 的时间，使其利用率不高。

② 中断控制采样。中断控制采样效率比程序查询采样要高，采用中断方式时，CPU 首先发出启动 A/D 转换的命令，然后继续执行主程序。当 A/D 转换结束时，则通过接口向 CPU 发出中断请求，请求 CPU 暂时停止工作，来取得转换结果。当 CPU 响应 A/D 转换器的请求时，便暂停正在执行的主程序，自动转移到读取转换结果的服务子程序中。在执行完读取转换结果的服务子程序后，CPU 又回到原来被中断的主程序继续执行下去，这就大大提高了 CPU 的效率。

(3) DMA (direct memory access) 方式采样

此方式传送每个字节只需一个存储周期，而中断方式一般不少于 10 个周期，且 DMA 控制器可进行数据块传送，不花费取指令时间，所以 DMA 方式传送数据的速度最快，但其硬件花费较高。因此，一个数据采集系统是否采用 DMA 方式，常需在速度、灵活性和价格之间折中考虑。DMA 方式常用于高速数据采集系统。

6.2.2 A/D 和 D/A 转换原理

A/D 转换器是数据采集系统的核心，担负着将模拟信号变换成适合于计算机数字处理的二进制代码的任务。

A/D 转换的常用方法有：计数式 A/D 转换、逐次逼近型 A/D 转换、双积分式 A/D 转换、并行 A/D 转换和串/并行 A/D 转换等。

在这些转换方式中，计数式 A/D 转换线路比较简单，但转换速率比较慢，因此现在很少应用。双积分式 A/D 转换精度高，多用于数据采集系统及精度要求比较高的场合。并行 A/D 转换和串/并行 A/D 转换速度快。逐次逼近型 A/D 转换具有较高的转换速度，又有较好的转换精度，是目前应用最多的一种 A/D 转换。

逐次逼近型 A/D 转换器的原理如图 6.8 所示。逐次逼近的转换方法是用一系列的基准电压同输入电压进行比较，以从高位到低位逐位确定转换后数据的各位是 1 还是 0。逐次逼近型 A/D 转换器由电压比较器、D/A 转换器、控制逻辑电路、逐次逼近寄存器和输出缓冲寄存器组成。在进行逐次逼近转换时，首先将最高位置 1，这就相当于取最大允许电压的 1/2 与输入电压进行比较，如果搜索值在最大允许值的 1/2 范围内，那么最高位置 0，此后次高位置 1，相当于在 1/2 范围中再作对半搜索。如果搜索值超过最大允许电压的 1/2 范围，那么最高位和次高位均为 1，这相当于在另一个 1/2 范围中再作对半搜索。因此，逐次逼近法也称为二分搜索法或对半搜索法。

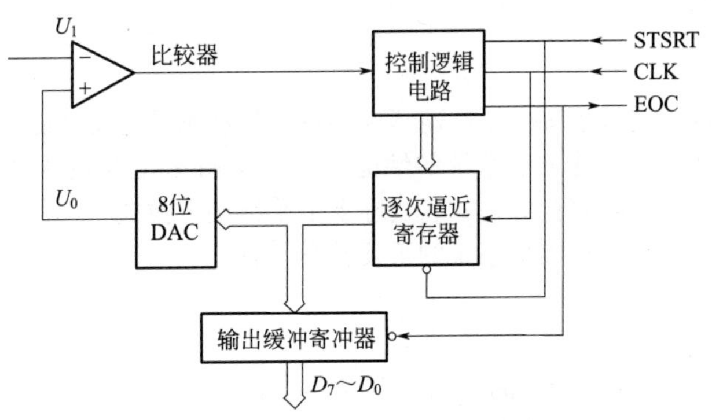

图 6.8　逐次逼近 A/D 转换器原理

数字量是由一位一位的数码构成的，每个数位都代表一定的权。比如，二进制数 1001，最高位的权是 $2^3=8$，此位上的代码 1 表示数值 $1\times2^3=8$，最低位的权是 $2^0=1$，此位上的代码 1

表示数值 $1\times2^0=1$，其他数位均为 0，因此二进制数 1001 就等于十进制数 9。

为了把一个数字量变为模拟量，必须把每一位的数码按照权来转换为对应的模拟量，再把各模拟量相加，这样，得到的总模拟量便对应于给定的数据。

D/A 转换器的主要部件是电阻开关网络，通常是由输入的二进制数的各位控制一些开关，通过电阻网络，在运算放大器的输入端产生与二进制数各位的权成比例的电流，这些电流经过运算放大器相加和转换而成为与二进制数成比例的模拟电压。

D/A 转换的原理电路如图 6.9 所示，U_{REF} 是一个足够精度的参考电压，运算放大器输入端的各支路对应待转换数据的第 0 位、第 1 位、…、第 $n-1$ 位。支路中的开关由对应的数位来控制，如果该数位为“1”，则对应的开关闭合；如果该数位为“0”，则对应的开关打开。各输入支路中的电阻分别为 R、2R、4R…，这些电阻称为权电阻。它们把数字量转换成电模拟量，即把二进制数字量转换为与其数值成正比的电模拟量。

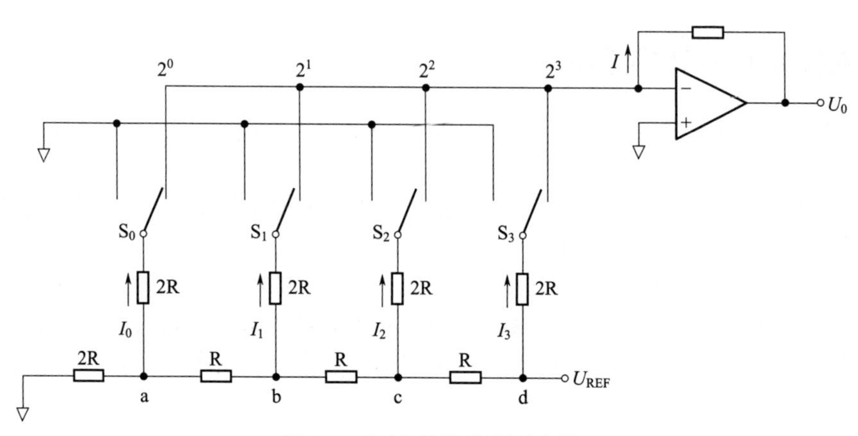

图 6.9　D/A 转换的原理电路

6.3 信号分析与处理

信号采集系统不但实现信号的采集，并且对采集的数据进行处理。

6.3.1 Z 变换

Z 变换的思想来源于连续系统。线性连续控制系统的动态及稳态性能，可以应用拉氏变换的方法进行分析。与此相似，线性离散系统的性能，可以采用 *Z* 变换的方法来获得。*Z* 变换是从拉氏变换直接引申出来的一种变换方法，它实际上是采样函数拉氏变换的变形。因此，*Z* 变换又称为采样拉氏变换，是研究线性离散系统的重要数学工具。

6.3.1.1 Z 变换定义

设连续函数 $e(t)$ 是可拉氏变换的，则拉氏变换定义为

$$E(s)=\int_0^{\infty} e(t)\mathrm{e}^{-st}\mathrm{d}t \tag{6.14}$$

由于 $t<0$ 时，有 $e(t)=0$，故上式亦可写为

$$E(s)=\int_{-\infty}^{\infty} e(t)\mathrm{e}^{-st}\mathrm{d}t \tag{6.15}$$

通过对连续函数 $e(t)$ 进行采样，得到采样信号 $e^*(t)$，其表达式为

$$e^*(t)=\sum_{n=0}^{\infty}e(nT)\delta(t-nT) \tag{6.16}$$

采样信号 $e^*(t)$ 的拉氏变换

$$\begin{aligned}E^*(s)&=\int_{-\infty}^{\infty}e^*(t)e^{-st}dt=\int_{-\infty}^{\infty}\left[\sum_{n=0}^{\infty}e(nT)\delta(t-nT)\right]e^{-st}dt\\&=\sum_{n=0}^{\infty}e(nT)\left[\int_{-\infty}^{\infty}\delta(t-nT)e^{-st}dt\right]\end{aligned} \tag{6.17}$$

由广义脉冲函数的筛选性质

$$\int_{-\infty}^{\infty}\delta(t-nT)f(t)dt=f(nT) \tag{6.18}$$

得

$$\int_{-\infty}^{\infty}\delta(t-nT)e^{-st}dt=e^{-snT} \tag{6.19}$$

于是，采样拉氏变换（6.17）可以写为

$$E^*(s)=\sum_{n=0}^{\infty}e(nT)e^{-nsT} \tag{6.20}$$

在上式中，各项均含有 e^{sT} 因子，故上式为 s 的超越函数。为便于应用，令变量

$$z=e^{sT} \tag{6.21}$$

式中，T 为采样周期；z 是在复数平面上定义的一个复变量，通常称为 Z 变换算子。将式(6.21) 代入式(6.20)，则采样信号 $e^*(t)$ 的 Z 变换定义为

$$E(z)=\sum_{n=0}^{\infty}e(nT)z^{-n} \tag{6.22}$$

记作

$$E(z)=Z[e^*(t)]=Z[e(t)] \tag{6.23}$$

后一记号是为了书写方便，并不意味着是连续信号 $e(t)$ 的 Z 变换，而是仍指采样信号 $e^*(t)$ 的 Z 变换。应当指出，Z 变换仅是一种在采样拉氏变换中，取 $z=e^{sT}$ 的变量置换。通过这种置换，可将 s 的超越函数转换为 z 的幂+级数或 z 的有理分式。

6.3.1.2 Z 反变换

在连续系统中，应用拉氏变换的目的是把描述系统的微分方程转换为 s 的代数方程，然后写出系统的传递函数，即可用拉氏反变换法求出系统的时间响应，从而简化了系统的研究。与此类似，在离散系统中应用 Z 变换，也是为了把 s 的超越方程或者描述离散系统的差分方程转换为 Z 的代数方程，然后写出离散系统的脉冲传递函数（Z 传递函数），再用 Z 反变换法求出离散系统的时间响应。所谓 Z 反变换，是已知 Z 变换表达式 $E(z)$，求相应离散序列 $e(nT)$ 的过程，记为 $e(nT)=Z^{-1}[E(z)]$。进行 Z 反变换时，信号序列仍是单边的，即当 $n<0$ 时，$e(nT)=0$。常用的反变换法有如下三种。

(1) 部分分式法

部分分式法又称查表法，其基本思想是根据已知的 $E(z)$，通过查 Z 变换表找出相应的 $e^*(t)$，或者 $e(nT)$。然而，Z 变换表内容毕竟是有限的，不可能包含所有的复杂情况。因此需要把 $E(z)$ 展开成部分分式以便查表。考虑到 Z 变换表中，所有变换函数 $E(z)$ 在其分子上普遍都有因子 z，所以应将 $E(z)/z$ 展开为部分分式，然后将所得结果的每一项都乘以 z，即得 $E(z)$ 的部分分式展开式。设已知的 Z 变换函数 $E(z)$ 无重极点，先求出 $E(z)$ 的极点 z_1，z_2…，再将 $E(z)/z$ 展开成如下部分分式之和

$$\frac{E(z)}{z}=\sum_{i=1}^{n}\frac{A_i}{z-z_i} \tag{6.24}$$

其中，A_i 为 $E(z)/z$ 在极点 z_i 处的留数，再由上式写出 $E(z)$ 的部分分式之和

$$E(z)=\sum_{i=1}^{n}\frac{A_i z}{z-z_i} \tag{6.25}$$

然后查 Z 变换表，得到

$$e_i(nT)=Z^{-1}\left[\frac{A_i z}{z-z_i}\right];\quad i=1,2,\cdots,n \tag{6.26}$$

最后写出已知 $E(z)$ 对应的采样函数

$$e^*(t)=\sum_{n=0}^{\infty}\sum_{i=1}^{n}e_i(nT)\delta(t-nT) \tag{6.27}$$

(2) 幂级数法

幂级数法又称综合除法。Z 变换函数 $E(z)$ 通常可以表示为按 z^{-1} 升幂排列的两个多项式之比

$$E(z)=\frac{b_0+b_1z^{-1}+b_2z^{-2}+\cdots+b_mz^{-m}}{1+a_1z^{-1}+a_2z^{-2}+\cdots+a_nz^{-n}},m\leqslant n \tag{6.28}$$

其中，$a_i(i=1,2,\cdots,n)$ 和 $b_j(j=0,1,\cdots,m)$ 均为常系数。通过对式(6.28) 直接做综合除法，得到按 z^{-1} 升幂排列的幂级数展开式

$$E(z)=c_0+c_1z^{-1}+c_2z^{-2}+\cdots+c_nz^{-n}+\cdots=\sum_{n=0}^{\infty}c_nz^{-n} \tag{6.29}$$

如果所得到的无穷幂级数是收敛的，则按 Z 变换定义可知，式(6.29) 中的系数 $c_n(n=0,1,\cdots,\infty)$ 就是采样脉冲序列 $e^*(t)$ 的脉冲强度 $e(nT)$。因此，根据式(6.29) 可以直接写出 $e^*(t)$ 的脉冲序列表达式

$$e^*(t)=\sum_{n=0}^{\infty}c_n\delta(t-nT) \tag{6.30}$$

在实际应用中，常常只需要计算有限的几项就够了。因此用幂级数法计算 $e^*(t)$ 最简便，这是 Z 变换法的优点之一。但是，要从一组 $e(nT)$ 值中求出通项表达式，一般是比较困难的。

(3) 反演积分法

反演积分法又称留数法。可以采用反演积分法求取 Z 反变换的原因是：在实际问题中遇到的 Z 变换函数 $E(z)$，除了有理分式外，也可能是超越函数，此时无法应用部分分式法及幂级数法来求 Z 反变换，而只能采用反演积分法。当然，反演积分法对 $E(z)$ 为有理分式的情况也是适用的。由于 $E(z)$ 的幂级数展开形式为

$$\begin{aligned}E(z)&=\sum_{n=0}^{\infty}e(nT)z^{-n}\\&=e(0)+e(T)z^{-1}+e(2T)z^{-2}+\cdots+e(nT)z^{-n}+\cdots\end{aligned} \tag{6.31}$$

所以函数 $E(z)$ 可以看成是 z 平面上的劳伦级数。级数的各系数 $e(nT)$，$n=0$，$1\cdots$，可以由积分的方法求出。因为在求积分值时要用到柯西留数定理，故也称留数法。

$$E(z)z^{n-1}=e(0)z^{n-1}+e(T)z^{n-2}+\cdots+e(nT)z^{-1}+\cdots \tag{6.32}$$

设 Γ 为 z 平面上包围 $E(z)z^{n-1}$ 全部极点的封闭曲线，且设沿 Γ 反时针方向对式(6.32) 的两端同时积分，可得

$$\oint_{\Gamma}E(z)z^{n-1}\mathrm{d}z=\oint_{\Gamma}e(0)z^{n-1}\mathrm{d}z+\oint_{\Gamma}e(T)z^{n-2}\mathrm{d}z+\cdots+\oint_{\Gamma}e(nT)z^{-1}\mathrm{d}z+\cdots \tag{6.33}$$

由复变函数论可知，对于围绕原点的积分闭路 Γ，有如下关系式

$$\oint_{\Gamma} z^{k-n-1} \mathrm{d}z = \begin{cases} 0, & 当\ k \neq n \\ 2\pi \mathrm{j}, & 当\ k = n \end{cases} \tag{6.34}$$

故在式(6.33) 右端中，除

$$\oint_{\Gamma} e(nT) z^{-1} \mathrm{d}z = e(nT) \cdot 2\pi \mathrm{j} \tag{6.35}$$

外，其余各项均为零。由此得到反演积分公式

$$e(nT) = \frac{1}{2\pi \mathrm{j}} \oint_{\Gamma} E(z) z^{n-1} \mathrm{d}z \tag{6.36}$$

根据柯西留数定理，设函数 $E(z)z^{n-1}$ 除有限个几点 z_1，z_2，…，z_k 外，在域 G 上是解析的。如果有闭合路径 Γ 包含了这些极点，则有

$$e(nT) = \frac{1}{2\pi \mathrm{j}} \oint_{\Gamma} E(z) z^{n-1} \mathrm{d}z = \sum_{i=1}^{k} \mathrm{Res}\left[E(z) z^{n-1}\right]_{z \to z_i} \tag{6.37}$$

式中，$\sum_{i=1}^{k} \mathrm{Res}\left[E(z) z^{n-1}\right]_{z \to z_i}$ 表示函数 $E(z)z^{n-1}$ 在极点 z_i 处的留数。

6.3.1.3 Z 变换的收敛域

由 Z 变换的定义可知，仅当级数收敛时 Z 变换才有意义。对任意给定的有界序列 $x[n]$，使级数 $X(z) = \sum_{n=-\infty}^{\infty} x[n] z^{-n}$ 收敛的所有 z 值的集合叫作 Z 变换的收敛域，简记为 ROC。

收敛的充要条件：对任何 $x(n)$，$X(z)$ 都绝对可和

$$\sum_{n=-\infty}^{\infty} |x(n) z^{-n}| = M < \infty \tag{6.38}$$

要满足收敛条件，$|z|$ 的值必须在一定范围内才行，这个范围就是收敛域。不同形式的序列的收敛域形式不同，现讨论如下：

(1) 有限长序列

$x(n)$ 在 $n_1 \leqslant n \leqslant n_2$ 之内，才有非零的有限值，此区间外 $x(n)=0$

$$X(z) = \sum_{n=n_1}^{n_2} x(n) z^{-n} \tag{6.39}$$

只要级数的每一项有界，级数就收敛，即要求

$$|x(n) z^{-n}| < \infty \quad n_1 \leqslant n \leqslant n_2 \tag{6.40}$$

由于 $x(n)$ 为有限值，即 $x(n)$ 有界，故要求

$$|z^{-n}| < \infty \quad n_1 \leqslant n \leqslant n_2 \tag{6.41}$$

显然，收敛域为：$|z| \in (0,\infty)$ 或 $0<|z|<\infty$，如图 6.10 所示。

① 当 $n_1<0$，$n_2>0$ 时，收敛域为：$|z| \in (0,\infty)$ 或 $0<|z|<\infty$；

② 当 $n_1 \geqslant 0$ 时，收敛域为：$|z| \in (0,\infty]$ 或 $0<|z| \leqslant \infty$；

③ 当 $n_2 \leqslant 0$ 时，收敛域为：$|z| \in [0,\infty)$ 或 $0 \leqslant |z| < \infty$。

(2) 右边序列

这类序列是指在 $n \geqslant n_1$ 时，$x(n)$ 有值，在 $n<n_1$ 时，$x(n)=0$。

$$X(z) = \sum_{n=n_1}^{\infty} x(n) z^{-n} = \sum_{n=n_1}^{-1} x(n) z^{-n} + \sum_{n=0}^{\infty} x(n) z^{-n} \tag{6.42}$$

① 上式第一项为有限长序列的 z 变换，因为 $n_1<0$，故收敛域为 $|z| \in [0,\infty)$；

② 第二项为负幂级数，故收敛域为：$|z| \in (R_{x-},\infty)$。

合并①、②，得右边序列的 z 变换为 $|z| \in (R_{x-},\infty)$，如图 6.11 所示。

因果序列是重要的右边序列，它是当 $n<0$ 时 $x(n)=0$ 的序列。

$$X(z)=\sum_{n=n_1}^{-1}x(n)z^{-n}+\sum_{n=0}^{\infty}x(n)z^{-n}=\sum_{n=0}^{\infty}x(n)z^{-n} \tag{6.43}$$

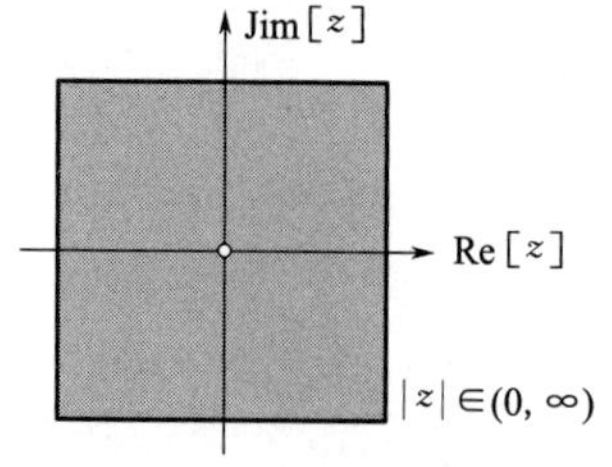

图 6.10　有限长序列

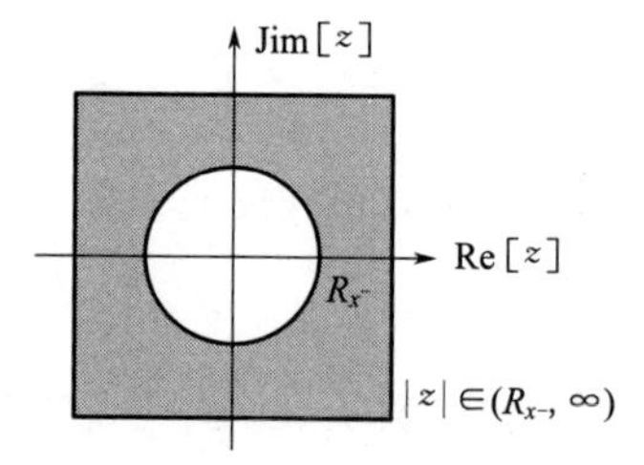

图 6.11　右边序列

因为是因果序列，所以 $n_1=0$，这样，只剩下第二项，故收敛域为

$|z|\in(R_{r-},\infty]$ 或写为：$|z|>R_{x-}$

(3) 左边序列

这类序列是指当 $n\leqslant n_2$ 时，$x(n)$ 有值，当 $n>n_2$ 时，$x(n)=0$。

$$X(z)=\sum_{n=-\infty}^{n_2}x(n)z^{-n}=\sum_{n=-\infty}^{0}x(n)z^{-n}=\sum_{n=1}^{n_2}x(n)z^{-n} \tag{6.44}$$

① 上式第二项为有限长序列的 z 变换，因为 $n_2>0$，故收敛域为：$|z|\in(0,\infty)$；

② 第一项为正幂级数，故收敛域为：$|z|\in(0,R_{x+})$。

合并①、②，得左边序列的 z 变换为 $|z|\in(0,R_{x+})$，如图 6.12 所示。

若 $n_2\leqslant 0$，则第二项不存在，则收敛域为 $|z|\in[0,R_{x+})$。

(4) 双边序列

这类序列是指当 n 为任意值时，$x(n)$ 均有值的序列。

$$X(z)=\sum_{n=-\infty}^{\infty}x(n)z^{-n}=\sum_{n=-\infty}^{-1}x(n)z^{-n}+\sum_{n=0}^{\infty}x(n)z^{-n} \tag{6.45}$$

① 第一项为左边序列 ($n_2\leqslant 0$)，其收敛域为：$|z|\in[0,R_{x+})$；

② 第二项为因果序列，其收敛域为：$|z|\in(R_{x-},\infty)$。

合并①、②，只有当：$R_{x-}<R_{x+}$ 时，才存在公共的环状收敛域 $|z|\in(R_{x-},R_{x+})$，如图 6.13 所示。

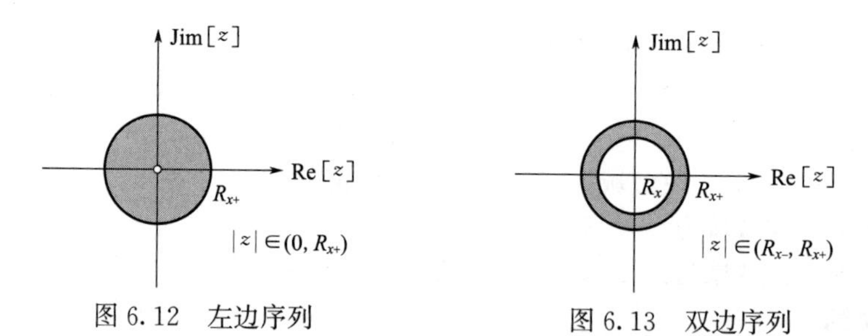

图 6.12　左边序列

图 6.13　双边序列

6.3.1.4　Z 变换性质

Z 变换有一些基本定理，可以使 Z 变换的应用变得简单和方便，其内容在许多方面与拉氏变换的基本定理有相似之处。

(1) 线性定理

若 $E_1(z)=Z[e_1(t)]$, $E_2(z)=Z[e_2(t)]$，a 为常数，则

$$Z[e_1(t)\pm e_2(t)]=E_1(z)\pm E_2(z) \tag{6.46}$$

$$Z[ae(t)]=aE(z) \tag{6.47}$$

其中，$E(z)=Z[e(t)]$。

式(6.46) 和式(6.47) 表明，Z 变换是一种线性变换，其变换过程满足齐次性与均匀性。

(2) 实数位移定理

实数位移定理又称平移定理。实数位移的含意，是指整个采样序列在时间轴上左右平移若干采样周期，其中向左平移为超前，向右平移为滞后，实数位移定理如下。

如果函数 $e(t)$ 是可拉氏变换的，其 Z 变换为 $E(z)$，则有

$$Z[e(t-kT)]=z^{-k}E(z) \tag{6.48}$$

以及

$$Z[e(t+kT)]=z^k\left[E(z)-\sum_{n=0}^{k-1}e(nT)z^{-n}\right] \tag{6.49}$$

其中，k 为整数。

在实数位移定理中，式(6.48) 称为滞后定理，式(6.49) 称为超前定理。显然可见，算子 z 有明确的物理意义：$z-k$ 代表时域中的滞后环节，它将采样信号滞后 k 个采样周期；同理，zk 代表超前环节，它把采样信号超前 k 个采样周期。但是，z、k 仅用于运算，在物理系统中并不存在。实数位移定理是一个重要定理，其作用相当于拉氏变换中的微分和积分定理。

(3) 复数位移定理

如果函数 $e(t)$ 是可拉氏变换的，其 Z 变换为 $E(z)$，则有

$$Z[\mathrm{e}^{\mp at}e(t)]=E(z\mathrm{e}^{\pm aT}) \tag{6.50}$$

复数位移定理是仿照拉氏变换的复数位移定理导出的，其含义是函数 $e^*(t)$ 乘以指数序列 $\mathrm{e}^{\mp at}$ 的 z 变换，就等于在 $e^*(t)$ 的 z 变换表达式 $E(z)$ 中，以 $z\mathrm{e}^{\pm aT}$ 取代原算子 z。

(4) 终值定理

如果函数 $e(t)$ 的 Z 变换为 $E(z)$，函数序列 $e(nT)$ 为有限值（$n=0,1,2\cdots$），且极限 $\lim\limits_{n\to\infty}e(nT)$ 存在，则函数序列的终值

$$\lim_{n\to\infty}e(nT)=\lim_{z\to1}(z-1)E(z) \tag{6.51}$$

在离散系统分析中，常采用终值定理求取系统输出序列的终值误差，或称稳态误差。

(5) 卷积定理

设 $x(nT)$ 和 $y(nT)$ 为两个采样函数，其离散卷积定义为

$$x(nT)*y(nT)=\sum_{k=0}^{\infty}x(kT)y[(n-k)T] \tag{6.52}$$

则卷积定理：若

$$g(nT)=x(nT)*y(nT) \tag{6.53}$$

必有

$$G(z)=X(z)\cdot Y(z) \tag{6.54}$$

卷积定理指出，两个采样函数卷积的 Z 变换，就等于该两个采样函数相应 Z 变换的乘积。在离散系统分析中，卷积定理是沟通时域与频域的桥梁。

6.3.1.5 关于 Z 变换的说明

Z 变换与拉氏变换相比，在定义、性质和计算方法等方面，有许多相似的地方，但是 Z 变换也有其特殊规律。

(1) Z 变换的非唯一性

Z 变换是对连续信号的采样序列进行变换，因此 Z 变换与其原连续时间函数并非一一对应，

而只是与采样序列相对应，与此类似，对于任一给定的 Z 变换函数 $E(z)$，由于采样信号 $e^*(t)$ 可以代表在采样瞬时具有相同数值的任何连续时间函数 $e(t)$，所以求出的 $E(z)$ 反变换也不可能是唯一的。于是，对于连续时间函数而言，Z 变换和 Z 反变换都不是唯一的。图 6.14 就表明了这样的事实，其中连续时间函数 $e_1(t)$ 和 $e_2(t)$ 的采样信号序列是相同的，即 $e_1^*(t)=e_2^*(t)$；它们的 Z 变换函数也是相等的，即 $E_1(z)=E_2(z)$；然而，这两个时间函数却是不相同的，即 $e_1(t)\neq e_2(t)$。

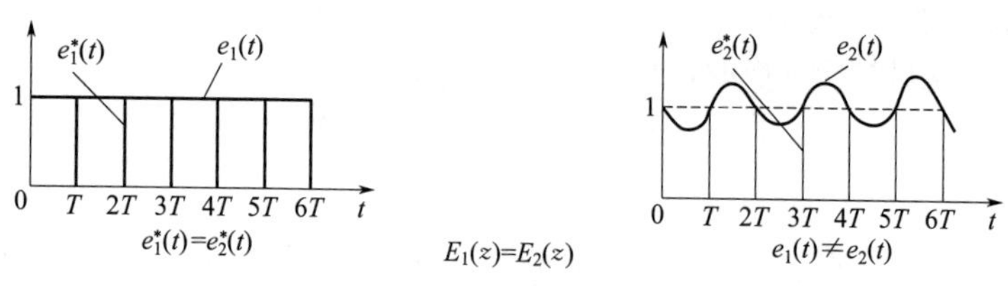

图 6.14 具有相同 Z 变换式的两个时间常数

(2) Z 变换的收敛区间

对于拉氏变换，其存在性条件是下列绝对值积分收敛：

$$\int_0^{\infty}|e(t)e^{-\sigma T}|\,dt<\infty \tag{6.55}$$

相应地，Z 变换也有存在性问题。为此，需要研究 Z 变换的收敛区间。通常，Z 变换定义为

$$E(z)=\sum_{n=-\infty}^{\infty}e(nT)z^{-n} \tag{6.56}$$

称为双边 Z 变换。由于 $z=e^{sT}$，令 $s=\sigma+j\omega$，则 $z=e^{\sigma T}e^{j\omega T}$。若令 $r=|z|=e^{\sigma T}$，则有

$$z=re^{j\omega T} \tag{6.57}$$

于是，双边 Z 变换可以写为

$$E(z)=\sum_{n=-\infty}^{\infty}e(nT)r^{-n}e^{-jn\omega T} \tag{6.58}$$

显然，上述无穷级数收敛的条件是下式绝对值的和

$$\sum_{n=-\infty}^{\infty}|e(nT)r^{-n}|<\infty \tag{6.59}$$

若上式满足，则双边 Z 变换一致收敛，即 $e(nT)$ 的 Z 变换存在。

在大多数工程问题中，因为 $n<0$ 时，$e(nT)=0$，所以 Z 变换是单边的，其定义式为

$$E(z)=\sum_{n=0}^{\infty}e(nT)z^{-n} \tag{6.60}$$

且 $E(z)$ 为有理分式函数，因而 Z 变换的收敛区间与 $E(z)$ 的零极点分布有关。例如序列

$$e(nT)=a^n(nT) \tag{6.61}$$

其 Z 变换

$$E(z)=\sum_{n=0}^{\infty}a^nz^{-st}=\sum_{n=0}^{\infty}\left(\frac{a}{z}\right)^n \tag{6.62}$$

上式为无穷等比级数，其公比为 $az-1$，只有当 $|z|=r>|a|$ 时，该无穷级数才是收敛的，其收敛区间为 $|z|>|a|$。故有 $E(z)=z/(z-a)$，$|z|>|a|$，不难看出，$E(z)$ 的零点是 $z=0$，极点是 $z=a$。

6.3.1.6 z、s 两个平面的映射

由 $s=\sigma+j\Omega$，$z=re^{j\omega}$，$r=e^{\sigma T}$ 和 $\omega=\Omega T$ 可知，z 的模 r 只与 s 的实部 σ 有关，而 z 的幅角 ω 仅与 s 的虚部 Ω 有关。讨论 s 平面的一条横带映射为整个 z 平面。

讨论之初，先把 s 平面限定为平行于实轴的一条带域，即

$$-\frac{\pi}{T} \leqslant \Omega \leqslant \frac{\pi}{T}, \quad -\infty < \sigma < \infty \tag{6.63}$$

由 $r = e^{\sigma T}$ 的关系可知

$$\begin{cases} \sigma = 0 \rightarrow r = 1 \\ \sigma < 0 \rightarrow r < 1 \\ \sigma > 0 \rightarrow r > 1 \end{cases}$$

上式表明，指定带域内的虚轴（$\sigma = 0$）映射为 z 平面的单位圆（即半径 $r = 1$ 的圆），虚轴右面的带域（$\sigma > 0$）映射到 z 平面的单位圆外（$r > 1$），而虚轴左面的带域映射到 z 平面的单位圆内。另由 $\omega = \Omega T$ 的幅角关系，可知，当 Ω 从 $-\frac{\pi}{T}$ 增加到 $\frac{\pi}{T}$ 时，ω 从 $-\pi$ 增加到 π，即 ω 旋转的角度为 2π。因此，s 平面上 $-\frac{\pi}{T} \leqslant \Omega \leqslant \frac{\pi}{T}$ 的一条横带映射为整个 z 平面，如图 6.15 所示。

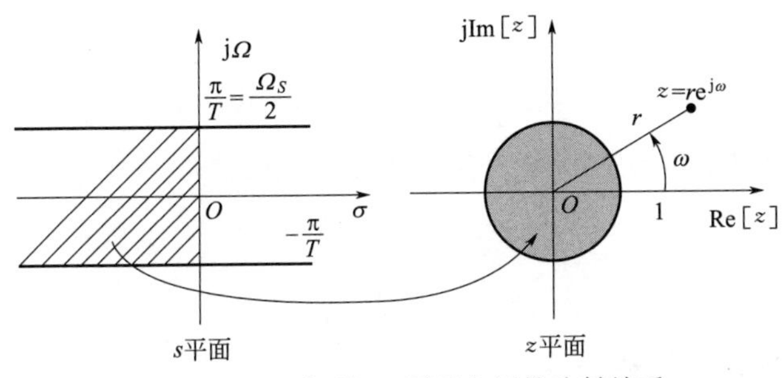

图 6.15　s 平面与 z 平面之间的映射关系

6.3.2　傅里叶变换

傅里叶变换能将满足一定条件的某个函数表示成三角函数（正弦或余弦函数）或者它们的积分的线性组合。在不同的研究领域，傅里叶变换具有多种不同的表达形式，如连续傅里叶变换和离散傅里叶变换。

(1) 傅里叶级数推导

法国数学家傅里叶在提出傅里叶级数时认为，任何一个周期信号都可以展开成傅里叶级数，之后这个结论被进一步补充，只有在满足狄利克雷条件时，周期信号才能够被展开成傅里叶级数。其中，狄利克雷条件的定义如下：

① 在一周期内，连续或只有有限个第一类间断点。

② 在一周期内，极大值和极小值的数目应是有限个。

③ 在一周期内，信号是绝对可积的。

现假设一函数 $f(t)$ 由一个直流分量和若干余弦函数组成，如式(6.64) 所示

$$f(t) = c_0 + \sum_{n=1}^{\infty} c_n \cos(n\omega t + \varphi) \tag{6.64}$$

利用三角函数的和差化积公式，上式可以进一步变形为

$$f(t) = c_0 + \sum_{n=1}^{\infty} [c_n \cos\varphi \cos(n\omega t) - c_n \sin\varphi \sin(n\omega t)] \tag{6.65}$$

$$a_n = c_n \cos\varphi \tag{6.66}$$

$$b_n = -c_n \sin\varphi \tag{6.67}$$

那么，式(6.65) 可写作

$$f(t) = c_0 + \sum_{n=1}^{\infty} [a_n \cos(n\omega t) + b_n \sin(n\omega t)] \tag{6.68}$$

式(6.68) 实际上即是傅里叶级数的展开式，从上式可知，若要将一个周期信号展开为傅里叶级数形式，实现上就是确定级数 a_n、b_n，那么接下来我们讨论的就是如何求出 a_n、b_n。在式(6.68) 的两边同时乘以一个 $\sin(k\omega t)$ 并对它们在一个周期内进行积分，那么就有

$$\int_0^T f(t)\sin(k\omega t)\mathrm{d}t = \int_0^T c_0 \sin(k\omega t)\mathrm{d}t + \int_0^T \sin(k\omega t) \sum_{n=1}^{\infty} [a_n \cos(n\omega t) + b_n \sin(n\omega t)]\,\mathrm{d}t \tag{6.69}$$

根据推论，频率不同的三角函数相乘在一个周期内的积分必定为 0，因此，仅有 $k=n$ 时不为 0，那么其中 $\int_0^T c_0 \sin(k\omega t)\mathrm{d}t$ 结果为 0，$\int_0^T a_n \cos(n\omega t)\sin(k\omega t)\mathrm{d}t$ 结果也必定为 0，因此上式可以进一步化简为

$$\int_0^T f(t)\sin(k\omega t)\mathrm{d}t = b_n \int_0^T \sin(n\omega t)^2 \mathrm{d}t = b_n \frac{T}{2} \tag{6.70}$$

依照上诉方法，同样可以计算出

$$a_{\mathrm{n}} = \frac{2}{T}\int_0^T f(t)\cos(n\omega t)\mathrm{d}t \tag{6.71}$$

同时，通过以下公式可以得知傅里叶级数与波幅相位之间的关系

$$c_n = \sqrt{a_n^2 + b_n^2} \tag{6.72}$$

$$\varphi = \arctan\left(-\frac{b_n}{a_n}\right) \tag{6.73}$$

(2) 复变函数到傅里叶级数

常用复数函数表达式

$$\mathrm{e}^{\mathrm{j}\theta} = \cos\theta + \mathrm{j}\sin\theta \tag{6.74}$$

该函数将复数、指数函数与三角函数相互联系起来。如果定义一个复平面，其中以横坐标方向作为实数方向，纵坐标方向作为虚数方向，复变函数实际上是一个绕原点旋转的一个圆，如图 6.16。

由公式

$$\theta = \omega t = \frac{2\pi}{T}t \tag{6.75}$$

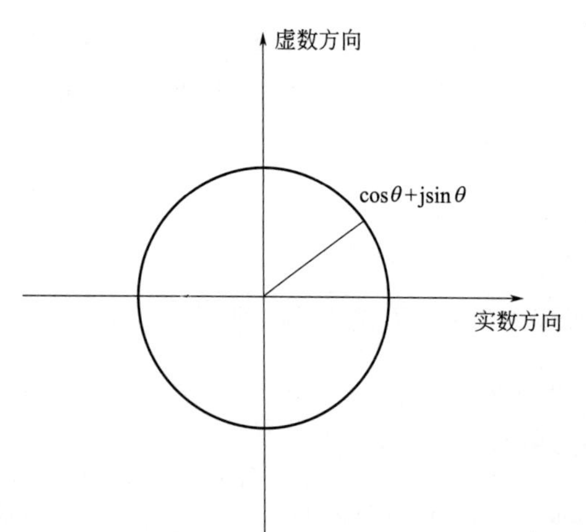

图 6.16　复平面坐标系

可知，该复变函数可以看作是一个角速度为 ω、周期为 T，在复平面上绕原点旋转的半径为 1 的圆。将公式代回复变函数中，那么，复变函数可以写成式(6.76) 的形式

$$\mathrm{e}^{\mathrm{j}\omega t} = \cos\omega t + \mathrm{j}\sin\omega t \tag{6.76}$$

设一组三角函数，其频率是 $\cos(\omega t)$ 的 n 倍，其中 n 是大于 0 的正整数，那么可以定义这一组三角函数为

$$\cos(n\omega t) = \frac{\mathrm{e}^{\mathrm{j}n\omega t} + \mathrm{e}^{-\mathrm{j}n\omega t}}{2} \tag{6.77}$$

$$\sin(n\omega t) = \frac{\mathrm{e}^{\mathrm{j}n\omega t} - \mathrm{e}^{-\mathrm{j}n\omega t}}{2\mathrm{j}} \tag{6.78}$$

将式(6.77) 与式(6.78) 代回式(6.68) 中，

可得到如下公式

$$f(t)=c_0+\sum_{n=1}^{\infty}\left(a_n\frac{e^{jn\omega t}+e^{-jn\omega t}}{2}+b_n\frac{e^{jn\omega t}-e^{-jn\omega t}}{2j}\right) \tag{6.79}$$

进一步化简可以得到

$$f(t)=c_0+\sum_{n=1}^{\infty}\left(\frac{a_n-jb_n}{2}e^{jn\omega t}+\frac{a_n+jb_n}{2}e^{-jn\omega t}\right) \tag{6.80}$$

因为

$$a_{-n}=\frac{2}{T}\int_0^T f(t)\cos(-n\omega t)dt=a_n \tag{6.81}$$

$$b_{-n}=\frac{2}{T}\int_0^T f(t)\sin(-n\omega t)dt=-b_n \tag{6.82}$$

因此，上式可变为

$$f(t)=c_0+\sum_{n=1}^{\infty}\left(\frac{a_n-jb_n}{2}e^{jn\omega t}+\frac{a_{-n}-jb_{-n}}{2}e^{-jn\omega t}\right) \tag{6.83}$$

即

$$f(t)=c_0+\sum_{n=1}^{\infty}\frac{a_n-jb_n}{2}e^{jn\omega t}+\sum_{-\infty}^{-1}\frac{a_n-jb_n}{2}e^{jn\omega t} \tag{6.84}$$

这里注意一点 c_0 为直流分量，对应频率为 0 的情况，即 c_0 为 $n=0$ 的情况。

$$f(t)=\sum_{n=-\infty}^{\infty}\frac{a_n-jb_n}{2}e^{jn\omega t} \tag{6.85}$$

设 $A_n=\frac{a_n-jb_n}{2}$，上式就写成了

$$f(t)=\sum_{n=-\infty}^{\infty}A_n e^{jn\omega t} \tag{6.86}$$

式(6.86) 就是复数形式的傅里叶级数，其中，A_n 是一个复数，在式(6.86) 的两边同时乘以一个 $e^{-jk\omega t}$，并对它们在一个周期内进行积分，得到式(6.87)

$$\int_0^T f(t)e^{-jk\omega t}dt=\int_0^T\sum_{n=-\infty}^{+\infty}A_n e^{j(n-k)\omega t}dt \tag{6.87}$$

由正交性推论可知，当 n 与 k 不相等时，积分结果必定为 0，仅当 $n=k$ 时，右表达式有值，因此，推导出式(6.88)

$$\int_0^T f(t)e^{-jn\omega t}dt=A_nT \tag{6.88}$$

即得出复数 A_n 的求法

$$A_n=\frac{1}{T}\int_0^T f(t)e^{-jn\omega t}dt \tag{6.89}$$

通过求 A_n 的模，可求得该频率波的幅值的一半

$$|A_n|=\frac{1}{2}\sqrt{a_n^2+b_n^2}=\frac{1}{2}c_n \tag{6.90}$$

而通过对其虚部与实部反正切，就可以求得该频率波的相位。

(3) 周期离散时间傅里叶变换

傅里叶级数适用于周期时间连续且无限长度的信号处理。但是我们需要对待处理信号进行采样，并且信号常常并非是周期的，同时采样时间也不可能是无穷长，这就意味着我们需要一个能够处理非周期离散时间信号的变换公式。现假设我们对周期连续信号等间距采样，同时保证采样的结果也是周期性的，设离散时间的采样样本为 $x[t]$，其周期为 T，那么，其频率应该是$2\pi/T$，同时因为其周期性，其应该满足式(6.91)

$$x[t]=x[t+nkT] \tag{6.91}$$

其中，n、k 是一个整数，设 $t=<T>$ 表示任意连续的 T 个采样点，即一个周期内的所有样本点，那么根据式(6.86)，周期离散傅里叶级数可以写成式(6.92) 这种形式

$$x[t]=\sum_{n=\langle T\rangle} A_n \mathrm{e}^{\mathrm{j}n\omega t} \tag{6.92}$$

其中，A_n 就是周期离散傅里叶级数的系数。根据推导方式，在式子的两边同时乘以 $\mathrm{e}^{-\mathrm{j}k\omega t}$ 得到式(6.93)

$$x[t]\mathrm{e}^{-\mathrm{j}k\omega t}=\sum_{n=\langle T\rangle} A_n \mathrm{e}^{\mathrm{j}n\omega t}\mathrm{e}^{-\mathrm{j}k\omega t} \tag{6.93}$$

然后再同时对两边进行 T 项上求和，得到式(6.94)

$$\sum_{t=\langle T\rangle} x[t]\mathrm{e}^{-\mathrm{j}k\omega t}=\sum_{t=\langle T\rangle}\sum_{n=\langle T\rangle} A_n \mathrm{e}^{\mathrm{j}(n-k)\omega t} \tag{6.94}$$

上式同样满足当 n 不等于 k 时，周期的累加和为 0，因此，上式可变为

$$\sum_{t=\langle T\rangle} x[t]\mathrm{e}^{-\mathrm{j}k\omega t}=TA_n \tag{6.95}$$

因此，可得到

$$A_n=\frac{1}{T}\sum_{t=\langle T\rangle} x[t]\mathrm{e}^{-\mathrm{j}n\omega t} \tag{6.96}$$

$x[n]=\cos\omega_0 n$ 时

$$x[n]=\cos\omega_0 n=\frac{1}{2}\mathrm{e}^{\mathrm{j}\omega_0 n}+\frac{1}{2}\mathrm{e}^{-\mathrm{j}\omega_0 n},\quad \omega_0=\frac{2\pi}{5} \tag{6.97}$$

$$X(\mathrm{e}^{\mathrm{j}\omega})=\sum_{i=-\infty}^{+\infty}\pi\delta\left(\omega-\frac{2\pi}{5}-2\pi l\right)+\sum_{i=-\infty}^{+\infty}\pi\delta\left(\omega+\frac{2\pi}{5}-2\pi l\right) \tag{6.98}$$

也就是

$$X(\mathrm{e}^{\mathrm{j}\omega})=\pi\delta\left(\omega-\frac{2\pi}{5}\right)+\pi\delta\left(\omega+\frac{2\pi}{5}\right),\quad -\pi\leqslant\omega<\pi \tag{6.99}$$

$X(\mathrm{e}^{\mathrm{j}\omega})$ 以周期为 2π，周期重复，如图 6.17 所示。

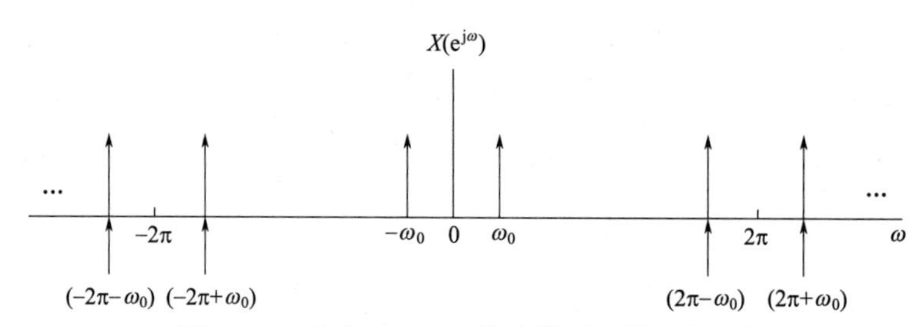

图 6.17　$x[n]=\cos\omega_0 n$ 的离散时间傅里叶变换

(4) 非周期离散时间傅里叶变换

非周期离散傅里叶变换的思想就是将非周期信号拼接成为周期的离散信号来处理。如图 6.18 所示。

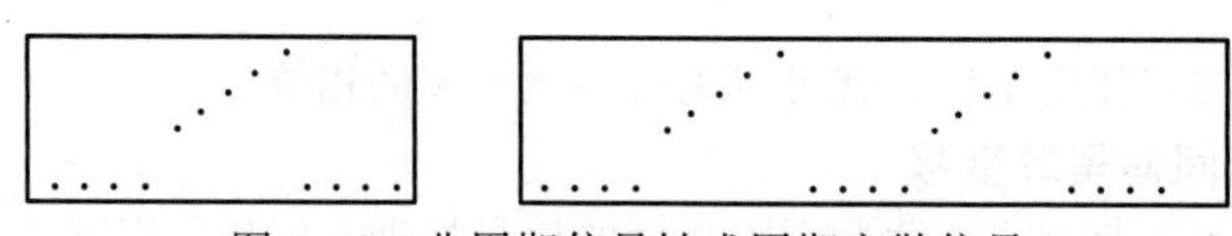

图 6.18　非周期信号转成周期离散信号

假设一个离散时间信号，其只在区间 [1，3] 上有值，其他范围都是 0，那么，我们就可以把它当作一个周期无穷大的信号，那么，我们就可以套用式(6.96)，取得其傅里叶级数公式(6.100)

$$A_n = \frac{1}{3}\sum_{t=1}^{3} x[t]\mathrm{e}^{-\mathrm{j}n\omega t} \tag{6.100}$$

因为在其他区间内的都是 0，因此上式又可以写成

$$A_n = \frac{1}{3}\sum_{t=-\infty}^{\infty} x[t]\mathrm{e}^{-\mathrm{j}n\omega t} \tag{6.101}$$

如果将区间拓展到某一信号有连续的 N 个值，那么就得出一个更加通用的公式

$$A_n = \frac{1}{N}\sum_{t=-\infty}^{\infty} x[t]\mathrm{e}^{-\mathrm{j}n\omega t} \tag{6.102}$$

设

$$X(\mathrm{e}^{\mathrm{j}\omega}) = \sum_{t=-\infty}^{\infty} x[t]\mathrm{e}^{-\mathrm{j}\omega t} \tag{6.103}$$

根据式(6.102)，那么就有

$$A_n = \frac{1}{N}X(\mathrm{e}^{\mathrm{j}\omega n}) \tag{6.104}$$

将（6.104）代回式子（6.92）得到

$$x[t] = \frac{1}{N}\sum_{t=-\infty}^{\infty} X(\mathrm{e}^{\mathrm{j}\omega n})\mathrm{e}^{\mathrm{j}n\omega t} \tag{6.105}$$

因为 $N=\frac{2\pi}{\omega}$，因此上式又可以写为

$$x[t] = \frac{1}{2\pi}\sum_{t=-\infty}^{\infty} X(\mathrm{e}^{\mathrm{j}\omega n})\mathrm{e}^{\mathrm{j}n\omega t}\omega \tag{6.106}$$

随着周期趋近于无穷大，ω 趋近于无穷小，那么，上式就从累加变成了积分，且因为 $X(\mathrm{e}^{\mathrm{j}\omega n})\mathrm{e}^{\mathrm{j}\omega n}$ 的周期为 2π，且其仅在周期内有值，于是，上式也随之变为了

$$x[t] = \frac{1}{2\pi}\int_{0}^{2\pi} X(\mathrm{e}^{\mathrm{j}\omega n})\mathrm{e}^{\mathrm{j}\omega n t}\mathrm{d}\omega \tag{6.107}$$

以正弦波为例，对一个采样时长为 0.00001s，频率 1Hz，幅度 1000 的正弦波进行傅里叶变换，如图 6.19 所示。

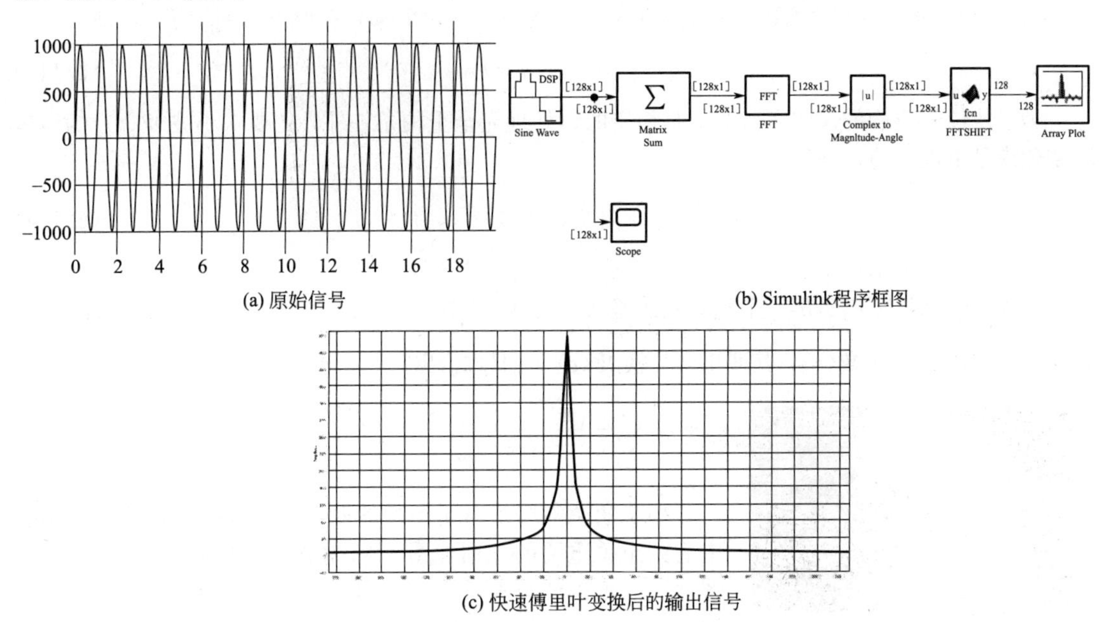

(a) 原始信号

(b) Simulink程序框图

(c) 快速傅里叶变换后的输出信号

图 6.19　快速傅里叶变换处理图

6.3.3 小波变换

小波变换提出了变化的时间窗，当需要精确的低频信息时，采用长的时间窗，当需要精确的高频信息时，采用短的时间窗。小波变换用的不是时间-频率域，而是时间-尺度域。尺度越大，采用越大的时间窗，尺度越小，采用越短的时间窗，即尺度与频率成反比。

定义：设 $\chi\Psi(t)\in L^2(R)$，其傅里叶变换为 $\hat{\Psi}(\omega)$，当 $\hat{\Psi}(\omega)$ 满足允许条件（完全重构条件或恒等分辨条件）

$$C_\Psi=\int_R \frac{|\hat{\Psi}(\omega)|^2}{|\omega|}\mathrm{d}\omega<\infty \tag{6.108}$$

称 $\Psi(t)$ 为一个基本小波或母小波。将母函数 $\Psi(t)$ 经伸缩和平移后得

$$\Psi_{a,b}(t)=\frac{1}{\sqrt{|a|}}\Psi\left(\frac{t-b}{a}\right)\quad a,b\in R;a\neq 0 \tag{6.109}$$

称其为一个小波序列。其中 a 为伸缩因子，b 为平移因子。对于任意的函数 $f(t)\in L^2(R)$ 的连续小波变换为

$$W_f(a,b)=<f,\Psi_{a,b}>=|a|^{-1/2}\int_R f(t)\Psi\left(\frac{t-b}{a}\right)\mathrm{d}a\,\mathrm{d}b \tag{6.110}$$

其重构公式(逆变换）为

$$f(t)=\frac{1}{C_\Psi}\int_{-\infty}^{\infty}\int_{-\infty}^{\infty}\frac{1}{a^2}W_f(a,b)\Psi\left(\frac{t-b}{a}\right)\mathrm{d}a\,\mathrm{d}b \tag{6.111}$$

由于基小波 $\Psi(t)$ 生成的小波 $\Psi_{a,b}(t)$ 在小波变换中对被分析的信号起着观测窗的作用，所以 $\Psi(t)$ 还能满足一般函数的约束条件

$$\int_{-\infty}^{\infty}\left|\Psi(t)\right|\mathrm{d}t<\infty \tag{6.112}$$

故 $\Psi(\omega)$ 是一个连续函数，为了满足完全重构条件式，$\Psi(\omega)$ 在原点必须等于 0，即

$$\hat{\phi}(0)=\int_{-\infty}^{\infty}\Psi(t)\mathrm{d}t=0 \tag{6.113}$$

为了使信号重构的现实在数值上是稳定的，处理完全重构条件外，还要求小波 $\Psi(t)$ 的傅里叶变化满足下面的稳定条件

$$A\leqslant\sum_{-\infty}^{\infty}|\hat{\Psi}(2^{-j}\omega)|^2\leqslant B \tag{6.114}$$

其中，$0<A\leqslant B<\infty$。

从稳定性条件可以引出一个重要的概念定义（对偶小波）：若小波 $\Psi(t)$ 满足稳定性条件，则定义一个对偶小波 $\hat{\Psi}(t)$，其傅里叶变换 $\hat{\tilde{\Psi}}(t)$ 由下式给出

$$\hat{\tilde{\Psi}}=\frac{\hat{\Psi}^*(\omega)}{\sum_{j=-\infty}^{\infty}|\hat{\Psi}(2^{-j}\omega)|^2} \tag{6.115}$$

图 6.20 原始图像

小波变换常用于对于图像的处理，在焊接过程的视觉传感中起到至关重要的作用，图 6.21 和图 6.22 为用一重小波重构图像、二重小波重构图像和三重小波重构图像后图片和原图像。小波变换分析的运算示例，MATLAB 程序见 m6 _ 1. m。

(a) 一重小波

(b) 二重小波

(c) 三重小波

图 6.21　小波变换处理后的图像

6.4 滤波技术

滤波技术是指对采集到的数据进行电磁兼容消除干扰的处理。一般来说，除了在硬件中对信号采取抗干扰措施之外，还要在软件中进行数字滤波的处理，以进一步消除附加在数据中的各式各样的干扰，使采集到的数据能够真实地反映现场的工艺实际情况。

6.4.1 硬件滤波

硬件滤波器可以分为有电容电感电阻的无源滤波器，以及基于反馈式运算放大器的有源滤波器。

(1) 无源低通滤波器

简单的无源 RC 低通滤波器可以通过将单个电阻器与单个电容器串联在一起而轻松制作，如图 6.22 所示。在这种型别的滤波器布置中，输入信号（V_{in}）被施加到串联组合（电阻器和电容器一起），但输出信号（V_{out}）仅在电容器上。

这种类型的滤波器通常称为“一阶滤波器”或“单极滤波器”，为什么是一阶或单极？因为它在电路中只有“一个”无功分量即电容器。

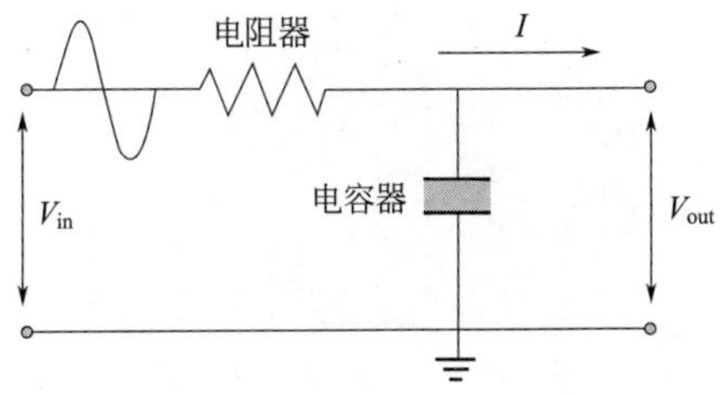

图 6.22　无源低通滤波器

电容的电抗与频率成反比，而电阻值随频率的变化保持不变。在低频时，与电阻器 R 的电阻值相比，电容器的容抗（X_C）将非常大。这意味着电容器两端的电压电位 V_C 将远大于电阻器上产生的电压降 V_R。在高频时，反之亦然，V_C 很小，并且由于容抗电容值的变化，V_R 很大。虽然上面的电路是 RC 低通滤波器电路，但它也可以被认为是一个频率相关的可变分压器电路，类似于我们在电阻器教程中看到的那样。在该教程中，我们使用以下公式计算串联连接的两个单个电阻的输出电压。

$$V_{out}=V_{in}\times\frac{R_2}{R_1+R_2} \tag{6.116}$$

我们也知道交流电路中电容器的容抗是

$$X_C=\frac{1}{2\pi fC}\Omega \tag{6.117}$$

反向交流电路中的电流称为阻抗，符号 Z，对于由单个电阻与单个电容串联组成的串联电路，电路阻抗计算如下

$$Z=\sqrt{R^2+X_C^2} \tag{6.118}$$

然后通过将等式中的阻抗代入电阻分压器方程，我们得到 RC 电势分压方程

$$V_{\text{out}}=V_{\text{in}}\times\frac{X_C}{\sqrt{R^2+X_C^2}}=V_{\text{in}}\frac{X_C}{Z} \tag{6.119}$$

因此，通过使用串联的两个电阻器的分压器方程并代替阻抗，我们可以计算任何给定频率的RC 滤波器的输出电压。通过将网络输出电压绘制成不同的输入频率值，可以找到低通滤波器电路的频率响应曲线或伯德图，如图 6.23 所示。

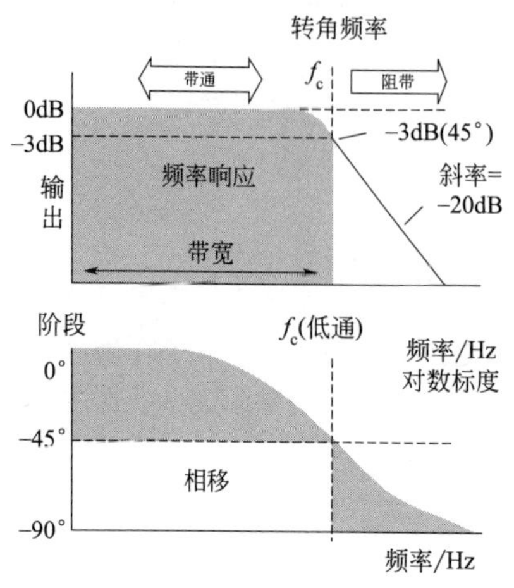

图 6.23　一阶无源低通滤波器频率响应

伯德图显示滤波器的频率响应对于低频几乎是平坦的，并且所有输入信号都直接传递到输出，导致增益接近 1，称为单位响应，直到达到其截止频率点（f_c）。这是因为电容器的电抗在低频时很高，并阻止任何电流流过电容器。

下面的电路（图 6.24 和图 6.25）使用两个无源一阶低通滤波器连线或“级联”在一起形成二阶或两极滤波器网络。因此，我们可以看到，通过简单地向其新增额外的 RC 网路，可以将一阶低通滤波器转换为二阶型别，并且我们新增的更多 RC 阶段变为滤波器的阶数。

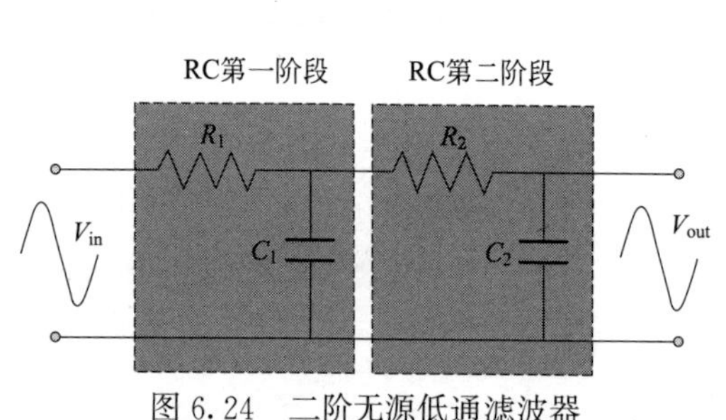

图 6.24　二阶无源低通滤波器

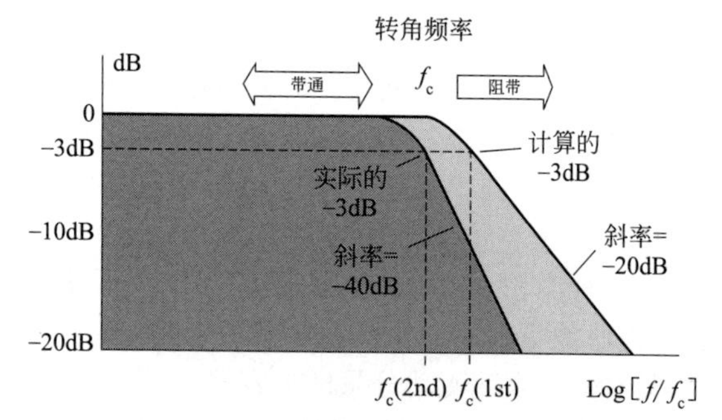

图 6.25　二阶无源低通滤波器频率响应

（2）无源高通滤波器

高通滤波器与低通滤波器电路完全相反，因为两个元件已经互换（图 6.26），滤波器输出信号现在从电阻器中得到。其中作为低通滤波器只允许低于其截止频率 f_c 的信号通过，无源高通滤波器电路正如其名称所暗示的，仅通过所选择的分界点 f_c 以上的信号，从而滤除了任何低频信号波形。

（3）无源带通滤波器

通过将单通道低通滤波器电路与高通滤波器电路连线或“级联”在一起，我们可以生产另一种型号的无源 RC 滤波器（图 6.27），它可以通过一个选定的范围或“频带”频率，可以是窄的也可以是宽的，同时衰减所有频率超出此范围的输入。这种新型无源滤波器装置产生频率选择滤波器，通常称为带通滤波器或简称 BPF。

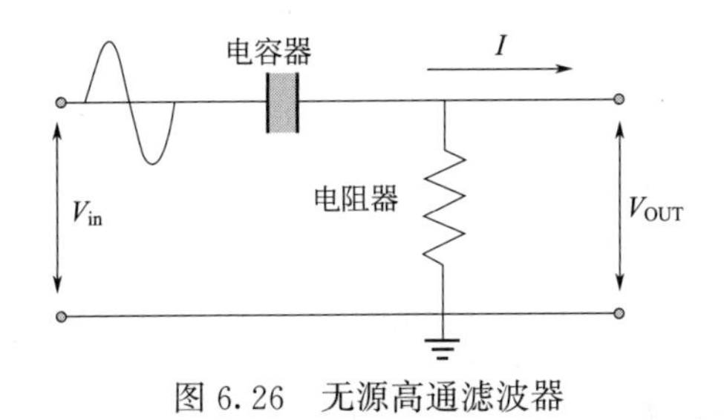

图 6.26　无源高通滤波器

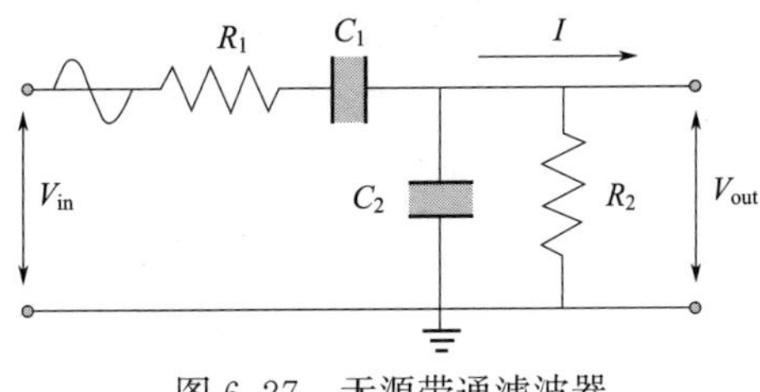

图 6.27　无源带通滤波器

(4) 有源低通滤波器

通过将基本的 RC 低通滤波器电路与运算放大器相结合，我们可以建立一个有放大的有源低通滤波器电路（图 6.28），在 RC 无源滤波器中，我们看到了基本的一阶滤波器电路，如低通滤波器和高通滤波器，只需使用一个串联的电阻器与一个连线在正弦输入信号上的非极化电容器即可制成。我们还注意到无源滤波器的主要缺点是输出信号的幅度小于输入信号的幅度，即增益绝不大于 1，并且负载阻抗会影响滤波器特性。

对于包含多级的无源滤波器电路，信号的衰减幅度损失会变得非常严重。恢复或控制信号损失的一种方法是通过使用有源滤波器进行放大。它们从外部电源获取电源，并使用它来增强或放大输出信号。滤波器放大还可用于通过产生更具选择性的输出响应来对滤波器电路的频率响应进行整形或改变，从而使滤波器的输出频宽更窄或更宽。所以无源滤波器和有源滤波器之间的主要区别在于增益是否放大。

与理论上具有无限高频响应的无源高通滤波器不同，有源滤波器的最大频率响应限于所使用的运算放大器的增益/频宽乘积（或开环增益）。尽管如此，有源滤波器通常比无源滤波器更容易设计，当使用良好的电路设计时，它们具有良好的效能特性，非常好的精度和低噪声。

(5) 有源高通滤波器

通过将无源 RC 滤波器网路与运算放大器组合以产生具有放大的高通滤波器，可以建立有源高通滤波器。有源高通滤波器（HPF）的基本操作与其等效 RC 无源高通滤波器电路相同，不同之处在于该电路运算放大器包含在其设计中，提供放大和增益控制。与之前的有源低通滤波器电路一样，最简单形式的有源高通滤波器是将标准反相或非反相运算放大器连线到基本 RC 高通无源滤波器电路，如图 6.29 所示。

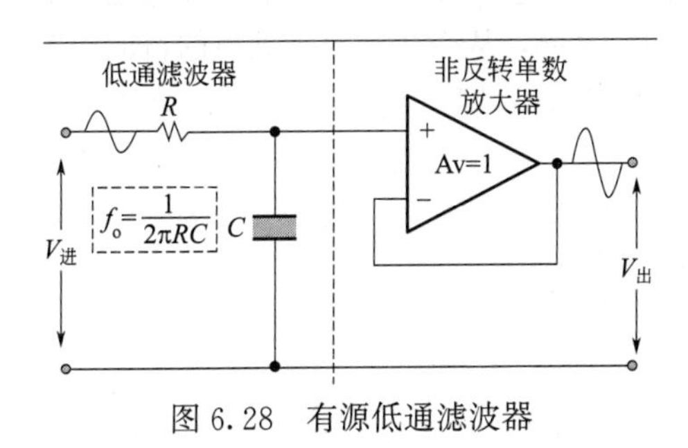

图 6.28　有源低通滤波器

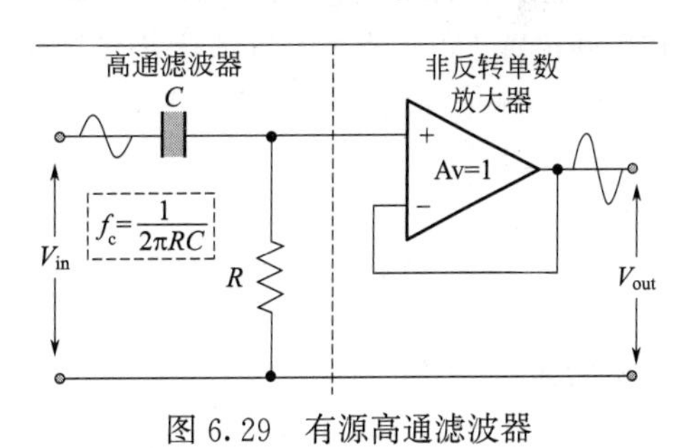

图 6.29　有源高通滤波器

(6) 有源带通滤波器

带通滤波器或任何滤波器的主要特征是它能够在指定频带或被称为“通带”的频率范围内传递相对无衰减的频率。对于低通滤波器，该通带从 0Hz 或 DC 开始，并继续向上到指定的截止频率点，距离最大通带增益－3dB。同样，对于高通滤波器，通带从－3dB 截止频率开始，并趋向无穷大或有源滤波器的最大开环增益。然而，有源带通滤波器略有不同，因为它是一种用于电子系统的频率选择滤波器电路，用于分离一个特定频率的信号，或一系列位于特定“频带”频率范围内的信号。该频带或频率范围设定在标记为“下截止低频率”（f_L）和“上截止频率”（f_H）的两个截止频率之间，同时衰减这两个点之外的任何信号。如图 6.30 所示，通过将单个低通滤波器与单个高通滤波器级联在一起，可以轻松实现简单的有源带通滤波器。

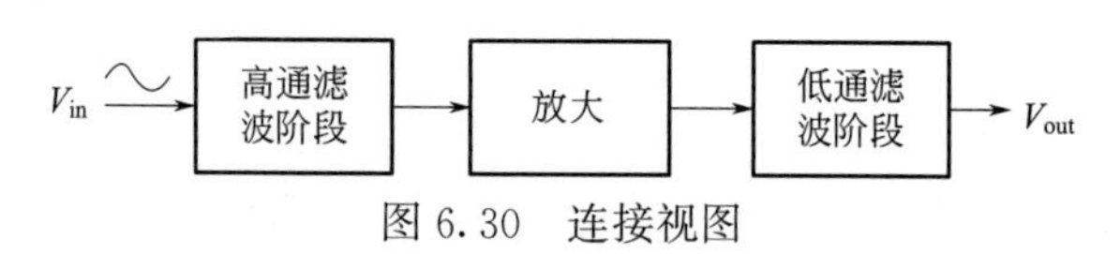

图 6.30　连接视图

低通滤波器（LPF）的截止频率高于高通滤波器（HPF）的截止频率，−3dB 点的频率差异将决定“低频滤波器”的“频宽”。带通滤波器，同时衰减这些点之外的任何信号。制作简单的有源带通滤波器的一种方法是将我们先前看到的基本无源高通和低通滤波器连线到放大器电路运算放大，如图 6.31 所示。

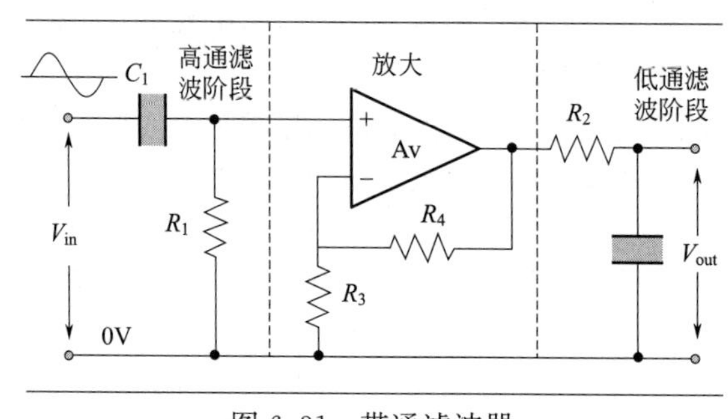

图 6.31　带通滤波器

6.4.2 数字滤波

数字滤波的方法有很多种，可以根据不同数据处理类型选择相应的数字滤波方法，下面介绍几种典型的数字滤波方法。

（1）中值滤波法

中值滤波方法即取像素领域内所有像素的中间值作为像素的输出值，中值滤波方法是取模板中排在中间位置上的像素的灰度值代替待处理像素的灰度值，从而达到滤除噪声的目的。若像素点 $f(x,y)$ 的领域内灰度值为 f_1，f_2，…，f_n，不妨设其已经从小到大排列了，则中值滤波后该像素点的灰度值为

$$f(x,y)=\text{med}(f_1,f_2,\cdots,f_n)=\begin{cases}f_{k+1},n=2k+1\\ \dfrac{1}{2}(f_k+f_{k+1}),n=2k\end{cases} \tag{6.120}$$

（2）算术平均法

算术平均值法是寻找这样一个 $\overline{Y}$ 作为本次采样的平均值，使该值与本次各采样值间误差的平方和最小，即

$$E=\min\left[\sum_{i=1}^{N}e_i^2\right]=\min\left[\sum_{i=1}^{N}(\overline{Y}-X_i)^2\right] \tag{6.121}$$

由一元函数求极值原理得

$$\overline{Y}=\frac{1}{N}\sum_{i=1}^{N}X_i \tag{6.122}$$

式中　$\overline{Y}$——N 次采样值的算术平均值；

X_i——第 i 次采样值；

N——采样次数。

(3) 程序判断法

当采样信号受到随机干扰和传感器不稳定而引起严重失真时，可采用程序判断滤波。该方法是根据生产经验确定出两次采样可能出现的最大偏差 Δy，若先后两次采样值的差大于 Δy，表明输入受干扰严重，去掉本次采样值，用上次采样值代替；若小于 Δy 表明采样值未受干扰。程序判断滤波法适用于变化比较慢的信号，如液位、温度等。

(4) 加权平均滤波

为了解决算术平均滤波中平滑程度与灵敏度的矛盾，可采用加权平均滤波，即先给各采样点相应权重，然后进行平均。

$$\overline{x}=\frac{x_1f_1+x_2f_2+x_3f_3+\cdots+x_kf_k}{\sum_1^k f_i} \tag{6.123}$$

加权系数一般是先小后大，以突出后面采样点的作用。各加权系数均为小于 1 的小数，且满足总和等于 1。各加权系数以表格形式存在 ROM 中，各次采样值依次存在 RAM 中。加权平均滤波法适用于系统滞后时间常数较大，采样周期较短的过程。

(5) 最小二乘法滤波

最小二乘法平滑滤波器的优点是适应面较广，无论平稳随机过程是连续的还是离散的，是标量的还是向量的，都可应用。对某些问题，还可求出滤波器传递函数的显式解，并进而采用由简单的物理元件组成的网络构成维纳滤波器。

最小二乘法平滑滤波器的缺点是要求得到半无限时间区间内的全部观察数据的条件很难满足，同时它也不能用于噪声为非平稳的随机过程的情况，对于向量情况应用也不方便。

(6) 零向量滤波器

确定出滤波器的初始条件，然后将原序列的首尾进行扩展，把扩展后的序列通过滤波器，将所得结果反转后再次通过滤波器，最后将所得结果再反转，并去掉首尾的扩展部分，即可得到零相位滤波后的输出序列。

优势：克服传统信号差分数字滤波器的相移和波形畸变的问题。

在信号处理中，如果对信号的相位有特殊的要求，相移问题需要引起高度的注意。而起始部分的畸变是由于迭代过程中，没有考虑滤波器的初始条件，刚开始点数少，没能用到滤波器全部系数的缘故。大多情况下，这种畸变可以接受，但当数据较短，而滤波器的阶数又较高时，这种畸变会带来较大的负面影响。

上面所述的几种数字滤波的方法，各有各的特点，在选用时应该根据实际情况和工作要求，考虑各种数字滤波器一般适用情况，最终通过实验来决定采用什么样的数字滤波器或者是否采用数字滤波器。

6.4.3 卡尔曼滤波

卡尔曼滤波是美国工程师 Kalman 在线性最小方差估计的基础上，提出的在数学结构上比较简单的而且是最优线性递推的滤波方法，具有计算量小、储存量低、实时性高的优点。特别是对经历了初始滤波后的过渡状态，滤波效果非常好。

卡尔曼滤波是以最小均方误差为估计的最佳准则，来寻求一套递推估计的算法，其基本思想是：采用信号与噪声的状态空间模型，利用前一时刻的估计值和现时刻的观测值来更新对状态变量的估计，求出现在时刻的估计值。它适合于实时处理和计算机运算。

由于系统的状态 x 是不确定的，卡尔曼滤波器的任务就是在有随机干扰 ω 和噪声 v 的情况下给出系统状态 x 的最优估算值 $\hat{x}$，它在统计意义下最接近状态的真值 x，从而实现最优控制 $u(\hat{x})$ 的目的。

卡尔曼滤波的实质是由量测值重构系统的状态向量。它以"预测—实测—修正"的顺序递推，根据系统的量测值来消除随机干扰，再现系统的状态，或根据系统的量测值从被污染的系统中恢复系统的本来面目。

对卡尔曼滤波算法的过程进行分析，首先，我们先要引入一个离散控制过程的系统。该系统可用一个线性随机微分方程来描述

$$X(k)=\boldsymbol{A}X(k-1)+\boldsymbol{B}U(k)+W(k)$$

再加上系统的测量值

$$Z(k)=\boldsymbol{H}X(k)+V(k)$$

上两式子中，$X(k)$ 是 k 时刻的系统状态，$U(k)$ 是 k 时刻对系统的控制量。$\boldsymbol{A}$ 和 $\boldsymbol{B}$ 是系统参数，对于多模型系统，它们为矩阵。$Z(k)$ 是 k 时刻的测量值，H 是测量系统的参数，对于多测量系统，$\boldsymbol{H}$ 为矩阵。$W(k)$ 和 $V(k)$ 分别表示过程和测量的噪声。它们被假设成高斯白噪声，它们的协方差分别是 Q，R（这里我们假设它们不随系统状态变化而变化）。

对于满足上面的条件（线性随机微分系统，过程和测量都是高斯白噪声）的系统，卡尔曼滤波器是最优的信息处理器。下面我们来用它们结合它们的协方差来估算系统的最优化输出。

首先我们要利用系统的过程模型，来预测下一状态的系统。假设现在的系统状态是 k，根据系统的模型，可以基于系统的上一状态而预测出现在状态

$$X(k|k-1)=\boldsymbol{A}X(k-1|k-1)+\boldsymbol{B}U(k) \tag{6.124}$$

式(6.124) 中，$X(k|k-1)$ 是利用上一状态预测的结果，$X(k-1|k-1)$ 是上一状态最优的结果，$U(k)$ 为现在状态的控制量，如果没有控制量，它可以为 0。到现在为止，我们的系统结果已经更新了，可是，对应于 $X(k|k-1)$ 的协方差还没更新。我们用 P 表示 covariance

$$P(k|k-1)=\boldsymbol{A}P(k-1|k-1)\boldsymbol{A}'+Q \tag{6.125}$$

式(6.125) 中，$P(k|k-1)$是 $X(k|k-1)$ 对应的协方差，$P(k-1|k-1)$是 $X(k-1|k-1)$ 对应的协方差，$\boldsymbol{A}'$表示$\boldsymbol{A}$ 的转置矩阵，Q 是系统过程的协方差。式(6.124)，式(6.125) 就是卡尔曼滤波器 5 个公式当中的前两个，也就是对系统的预测。

我们有了现在状态的预测结果，然后再收集现在状态的测量值。结合预测值和测量值，我们可以得到现在状态 (k) 的最优化估算值 $X(k|k)$

$$X(k|k)=X(k|k-1)+K_{\mathrm{g}}(k)[Z(k)-\boldsymbol{H}X(k|k-1)] \tag{6.126}$$

其中，K_{g} 为卡尔曼增益 (Kalman Gain)

$$K_{\mathrm{g}}(k)=P(k|k-1)\boldsymbol{H}/[\boldsymbol{H}P(k|k-1)\boldsymbol{H}+R] \tag{6.127}$$

到现在为止，我们已经得到了 k 状态下最优的估算值$X(k|k)$。但是为了要令卡尔曼滤波器不断地运行下去直到系统过程结束，我们还要更新 k 状态下 $X(k|k)$ 的协方差

$$P(k|k)=(\boldsymbol{I}-K_{\mathrm{g}}(k)\boldsymbol{H})P(k|k-1) \tag{6.128}$$

其中 $\boldsymbol{I}$ 为 1 的矩阵，对于单模型单测量，$\boldsymbol{I}=1$。当系统进入 $k+1$ 状态时，$P(k|k)$ 就是式(6.125) 的 $P(k-1|k-1)$。这样，算法就可以自回归地运算下去。

卡尔曼滤波器的原理基本描述了，式(6.124) ～式(6.128) 就是它的 5 个基本公式。根据这 5 个公式，可以很容易地实现计算机的程序。

下面我们分析卡尔曼滤波在温度测量中的应用。

房间温度在 25℃左右，测量误差为±0.5℃，方差 0.25，$R=0.25$，$Q=0.01$，$A=1$，$T=1$，$H=1$。假定某一时刻测量的温度值为 23.9℃，房间真实温度为 24℃，温度计在该时刻测量值为

24.5℃，偏差为 0.4℃。利用 $k-1$ 时刻温度值测量第 k 时刻的温度，其预计偏差为：$P(k|k-1)=P(k-1)+Q=0.02$。

卡尔曼增益 $K_g(k)=P(k|k-1)H/[HP(k|k-1)H+R]=0.0741$。

$X(k)=23.9+0.0741\times(24.1-23.9)=23.915$℃。$k$ 时刻的偏差为 $P(k)=(1-KH)P(k|k-1)=0.0186$。最后由 $X(k)$ 和 $P(k)$ 得出 $Z(k+1)$。卡尔曼滤波分析的运算示例，MATLAB 程序见 m6 _ 2. m，结果如图 6.32 和图 6.33。

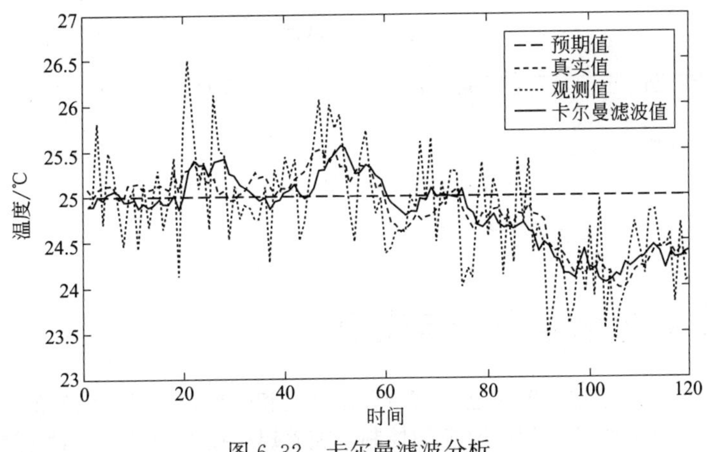

图 6.32　卡尔曼滤波分析

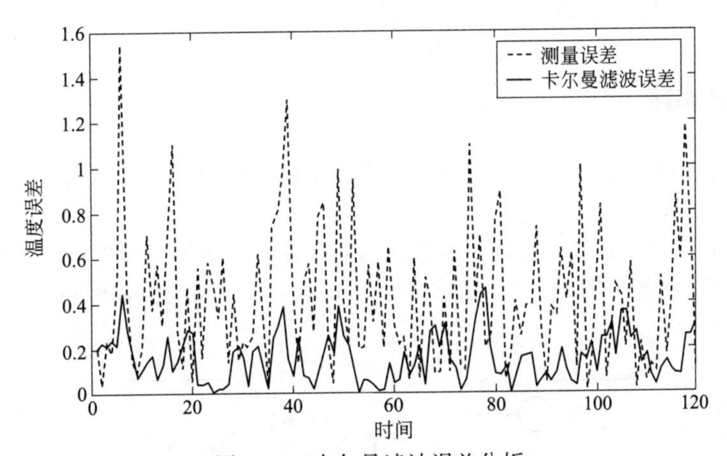

图 6.33　卡尔曼滤波误差分析

我们能够在 Simulink 中进行卡尔曼滤波的操作，对某一简单一阶信号进行卡尔曼滤波以达到除噪目的，Simulink 程序框图如图 6.34 所示，结果如图 6.35。

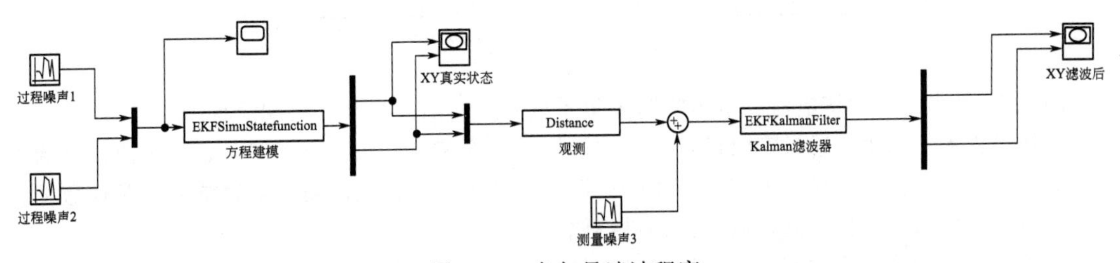

图 6.34　卡尔曼滤波程序

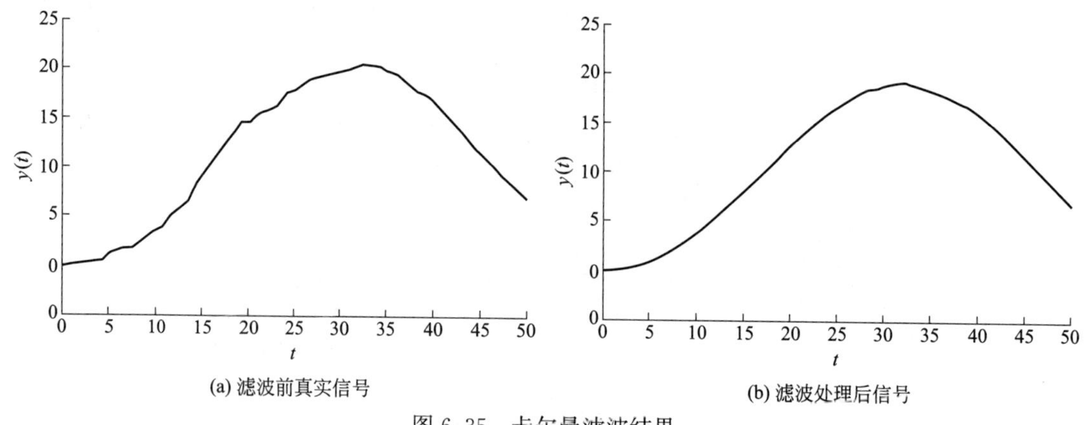

图 6.35　卡尔曼滤波结果

6.5 焊接中的信号采集与处理

在焊接科研和生产中常常需要对这些信号数据采集和处理，如弧压信号的采集、电弧和工件温度的采集等，以实现对焊接过程的监控和控制。随着焊接技术的发展，对焊接过程物理量的检测信号越来越多，以便能够实现焊接过程的控制。对焊接过程的物理量的实时性测量与控制的要求也越来越高。

6.5.1 电信号测量

硬件系统设计进行 A/D 转换，将电信号变为数字信号存储于计算机内，由软件进行分析处理、显示、记录等工作。

LEM 传感器可以测量任意波形的电流电压信号，具有绝缘好、精度高、线性度好、动态性能好、工作频带宽、测量范围大、抗干扰能力强等优点，在焊接电参数检测中广泛应用。实际测量时的接线如图 6.36 所示。

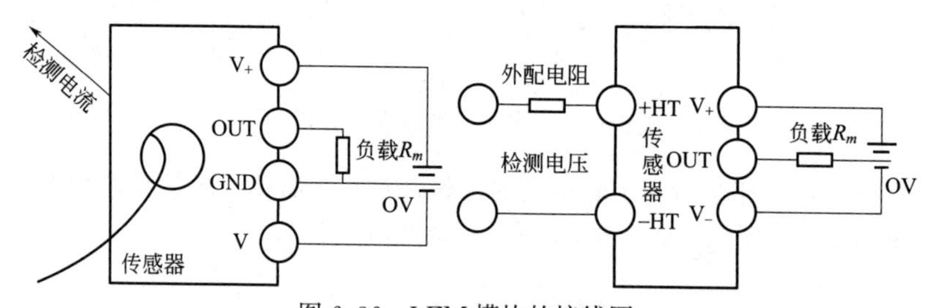

图 6.36　LEM 模块的接线图

图 6.37 是为上述焊接电流、电压实时采集系统开发的前面板及其实现流程图。

工作过程为：采集前通过定时设置一栏中设置采样率和采样数。点击“开始”按钮，开始采集数据，并在采样数据上显示电流、电压的波形图。按下“停止”按钮，采集结束。保存数据就是对测得的原始数据、信号处理后的数据进行储存，以便后续分析。

可见，利用图形语言的流程图式程序设计与大家较为熟悉的数据流和方程块图的概念是一致的。使用流程图方法可以实现内部的自我复制，可以随时改变虚拟仪器来满足自己的需要。与传

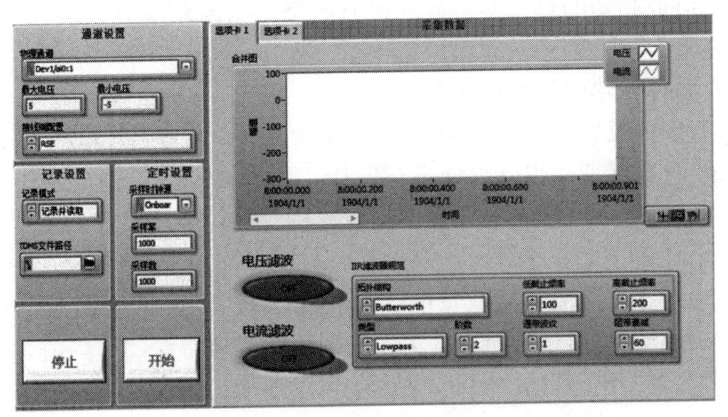

(a) 焊接电流、电压实时采集系统的操作前面板

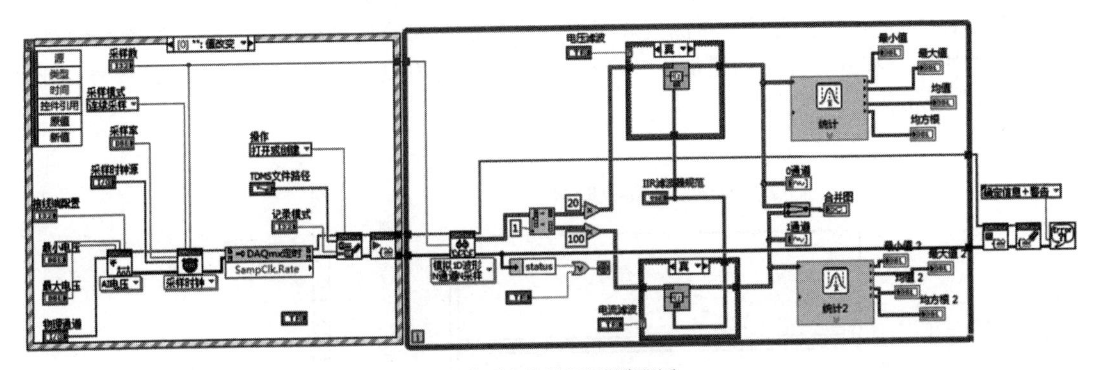

(b) 图形化语言的程序实现流程图

图 6.37　基于 LabVIEW 的焊接参数实时采集软件界面

统的编程方式相比，使用 LabVIEW 设计虚拟仪器，可以提高效率 4 倍以上。利用模块化和递归方式，用户可以在很短的时间内构建、设计和更新自己的虚拟仪器系统。

6.5.2 焊接热循环曲线测量

在接触式测温中，目前最常用是热电偶测温。测温时把热电偶的热结点焊在被测点上，热电偶的另一端接在测温仪上，焊接时由于热结点受热产生热电势，并把这个电势作为测温仪的输入信号，经放大后由测温仪自动记录下来，并利用内部固化的热电势温度换算表进行自动数据处理，即可直接输出测温点的温度变化数据表或热循环曲线。由于热电偶测温装置简单，易于操作

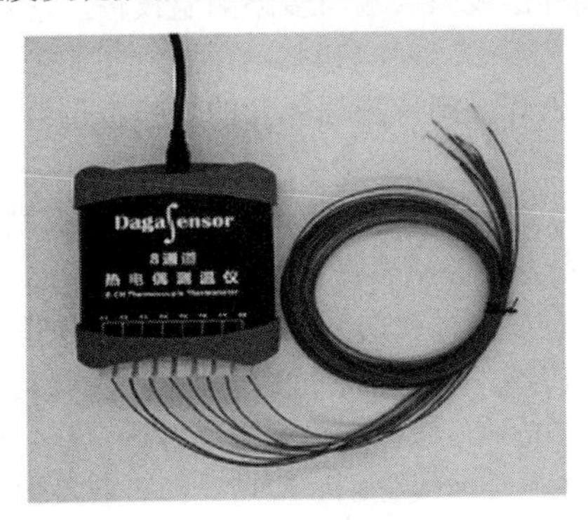

图 6.38　热电偶测温仪

及维护，测量时不必知道被测物的热力学参数及辐射形态，测温结果有较高的准确度和重复性，因而仍是目前焊接研究中最主要的测温方法。

埋弧焊测温试板背面打孔热电偶测温步骤：

以壁厚18.4mm的直缝埋弧焊管焊接热循环曲线测量为例，介绍背面打孔热电偶测温的步骤。

① 对壁厚18.4mm的直缝埋弧焊管焊缝进行取样，为了减少测量造成的误差，要尽可能多地取样，加工成金相试样，然后在金相显微镜下进行分析。利用金相尺寸测量软件测量焊接接头熔深 H，最后求得所测 H 的平均值为11.4mm。

② 从同一批壁厚18.4mm钢板上截取宽度350mm、长度600mm的钢板，并将该钢板加工成如图6.39和图6.40所示的测温试板。根据第1步测量的焊缝熔深的平均值，在测温试板背面设计出一组等间距等深度差的测温孔，使焊接热影响区的各个分区都有测温点。其中6号孔的孔底深度正好和统计出来的平均熔深11.4mm位置重合，5、4、3、2、1号孔的深度依此比前一个孔浅0.5mm，考虑到熔深存在一定的波动性，焊缝熔深统计数据中有部分熔深小于11.4mm（如10.7mm，11.2mm）。为了尽量测到焊缝熔合线和粗晶区的热循环曲线，减小熔深波动对热循环测量的影响，在6号孔后面增加了7号和8号孔，7号孔比6号孔加深0.5mm，8号孔比7号孔加深0.5mm。

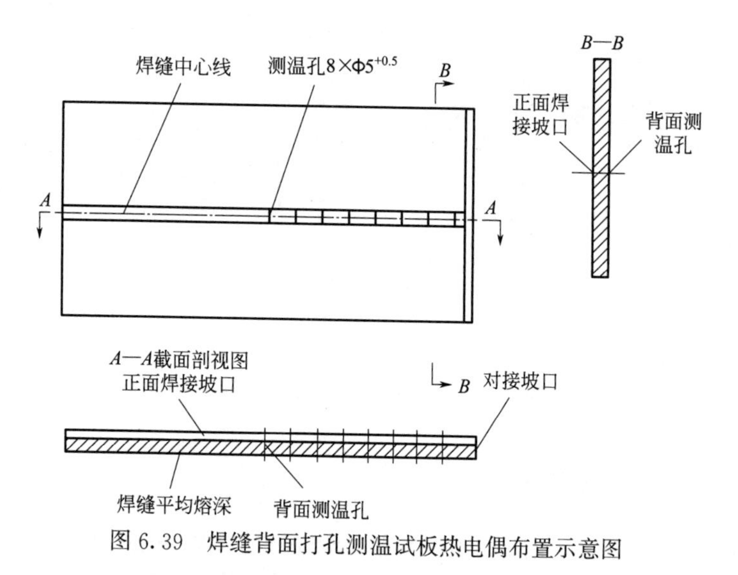

图6.39 焊缝背面打孔测温试板热电偶布置示意图

③ 用储能焊机把铂铑-铂热电偶结球后点焊到加工好的测温试板测温孔的底平面上；采用钎焊将热电偶与热电偶补偿线连接起来。

④ 将焊接好的多路热电偶补偿线另一端与多路测温仪输入端连接，构成一个多路热电偶测温系统。

⑤ 把焊好热电偶的测温试板焊接到待测温焊管的熄弧板位置，并确保测温试板的焊缝中心和钢管焊缝中心完全对正。

⑥ 用正常生产的焊接工艺规范进行焊管及测温试板的焊接，待焊缝温度降低到室温附近时，关闭测温仪停止测温并将整块测温试板从焊管上切下。

⑦ 多路测温仪自动记录整个焊接过程热循环数据，数据处理软件生成多路热循环曲线。

⑧ 从测温试板上取下热电偶丝，用锯床沿试板背面该组测温孔的中轴线进行切割，并将各测温孔截面加工成金相试样，在光学显微镜下对测温点进行观察，精确确定各个测温点在焊缝及热影响区所处的位置，与各点热循环曲线分别对应后，即可获得焊缝热影响区不同位置处的热循环曲线，如图6.41。

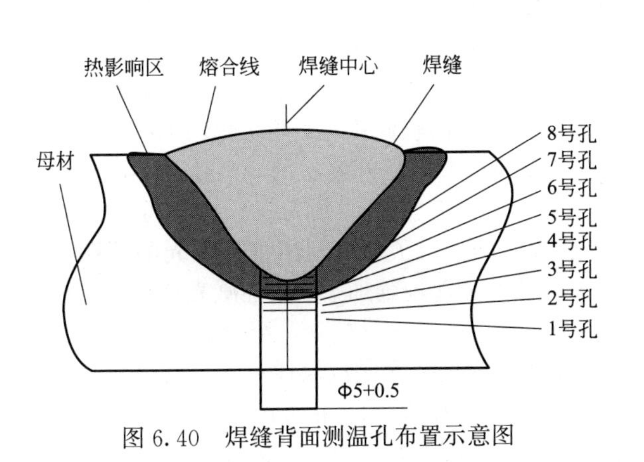

图 6.40　焊缝背面测温孔布置示意图

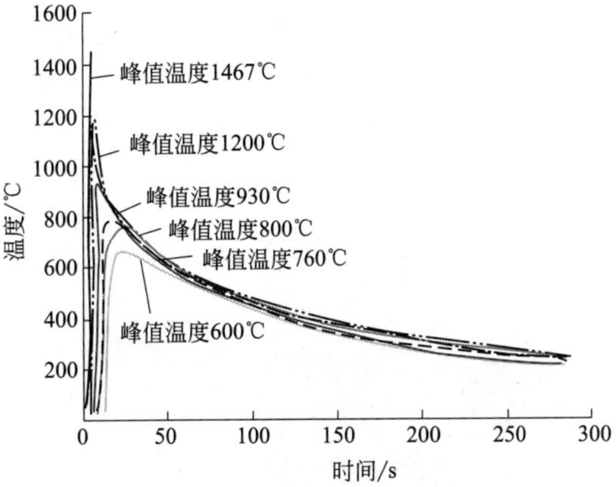

图 6.41　18.4mm 厚钢板多丝埋弧焊各测量温度点热循环曲线

6.5.3　视觉传感与定位

(1) 熔池视觉观察

以视觉采集定位为例，使用 USB 摄像头进行图像采集，像素 300 万，分辨率 2048×1536，最大帧速率为 12 帧/秒。镜头型号为 M7528-MP，焦距 75mm。摄像头（左、右）已配置为连续采集图像，获取脉冲 TIG 熔池图像时，摄像机和焊接工件的摆放关系如图 6.42 所示。

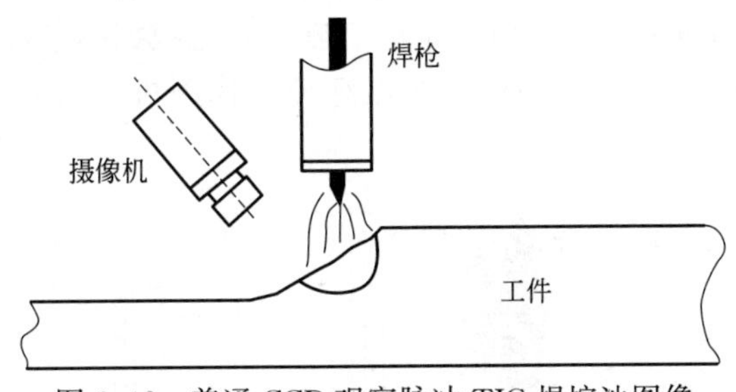

图 6.42　普通 CCD 观察脉冲 TIG 焊熔池图像

CCD 拍摄角度一般为 45°，放置在焊枪的前方指向熔池，摄像头与工件及焊枪的距离以不受电弧热的影响为选择依据。为了利用弧光照明又避免强弧光的干扰，通过电路控制，使摄像机时刻与焊接电流波形精确配合，保证较弱弧光的照明作用而又避开强弧光的干扰，其时间配合关系如图 6.43 所示。

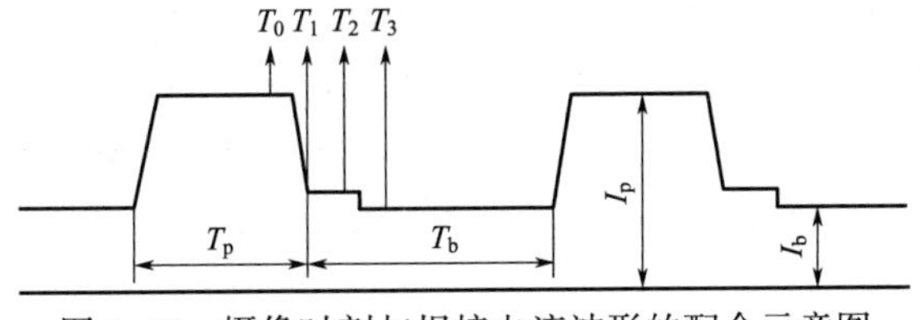

图 6.43　摄像时刻与焊接电流波形的配合示意图

在脉冲电流峰值期间（T_p），工件被熔化形成熔池，摄像机快门关闭，当脉冲电流转变为维

弧电流的 T_1 时刻，虽然弧光已经变弱，但由于热惯性作用，熔池金属温度仍很高，红外辐射仍较强，不利于获得清晰图像，此时的熔池体积由于热惯性作用还未“长”成最大，其图像不能表示真实的最大熔池，因此 T_1 并不是采集熔池图像的理想时刻。当再经过约 60～100ms，到达 T_2 时刻时，熔池的体积“长”到最大，熔池金属的温度稍有降低，辐射减弱，熔池边缘的液态金属刚开始凝固，熔池边缘的固、液金属界面更清晰，利用维弧期间较弱弧光的照明作用可以得到较清晰的熔池图像。T_2 时刻亦即维弧电流开始后的 60～100ms，是开始摄像的较理想时刻。取像时间（T_2～T_3）约为 80ms。其余的维弧电流时间为计算机图像处理时间。为了充分利用维弧弧光的照明作用，维弧电流取 30～60A。摄影镜头前辅加一个中性减光片与窄带滤光片组成的复合光学系统对维弧弧光进行处理，窄带滤光片的波长为 600～700nm，目的是阻止弧光的线光谱波段通过，只通过弧光的连续光谱波段的光，从而得到非常清晰的熔池正面原始图像，如图 6.44 所示。由于这个熔池原始图像是二维的，因此无法直接提供熔透信息。此图像送入计算机进行图像处理，以获得能反映焊缝熔透情况的正面熔池图像特征尺寸与形状参量，它们才可以被用来进行熔透的实时控制。

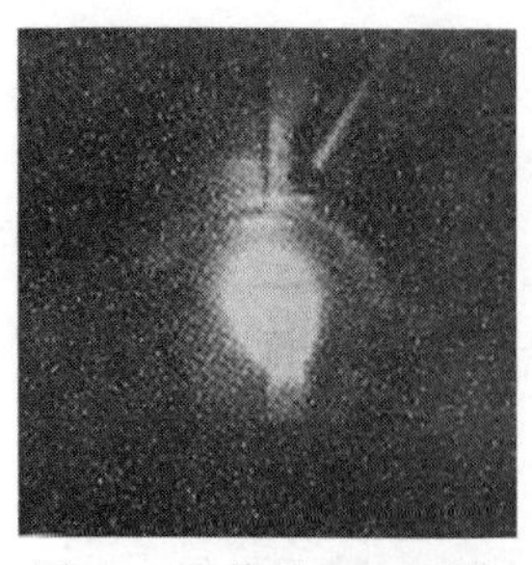

图 6.44 普通 CCD 采集 P-TIG 熔池正面原始图像

（2）焊接工程中的红外热成像

红外扫描仪是一种将热辐射分布情况转为人眼可见的温度场图像的检测装置，它通过检测物体向外辐射热量，经过整合、处理，将被测物体表面温度场分布情况以人眼能识别的彩色图像表示出来。红外温感系统的基本组成如图 6.45 所示，基本工作原理是：被检测物体向外辐射红外线，经过红外探测器镜头的扫描，将红外辐射能聚焦在单个或多个红外探测器上，将红外辐射能量转化为电信号，最后经过信号处理分析，热辐射分布情况以红外热像图的形式被显示出来，热像图里的每一点都对应一定的温度，且可根据颜色或灰度的深浅来判断温度的高低，相同颜色或灰度表示温度相同，通过红外热像图可以直观了解表面温度场的分布情况。

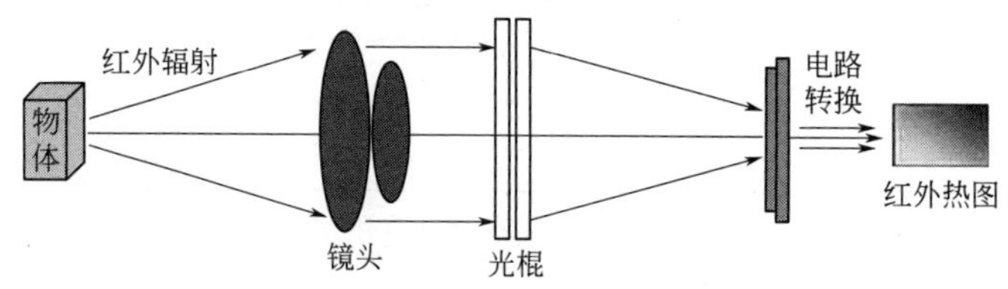

图 6.45 红外温感系统的基本组成

通过对影响焊接质量实际的焊接过程参数进行实时地测量，并根据前期对该焊缝的设定进行整体分析，并对焊缝进行评价，对误差进行计算，主要是对焊缝生成的过程进行监测，保证过程工艺的有效落实，从根源上最大限度地避免缺陷的产生，从而保证焊缝的质量。

为了保证测温仪可以获得最大的辐射能量，测温仪探头的最佳安放位置应在焊管焊接汇合点的正上方。伴随着焊接过程，焊缝的表面温度被实时连续地监测。取得焊缝近熔化区的红外热辐射图像，对整个焊接过程进行实时在线检测。通过不断改变焊接参数，研究不同参数下红外热成像图，分析产生原因，可以对焊接缺陷的产生、预防提供依据，进而对焊接质量进行评价。红外测温系统组成如图 6.46 所示。

采用德国 HKS 公司的焊接监测系统实时监测焊接过程，对焊接的信息及过程参数记录、统计、分析，实现完整的可追溯性报告工艺评定及优化工艺，先进的缺陷探测技术应用于焊缝温感扫描、质量探测、焊接过程的远程监测，其工作界面如图 6.47 所示。

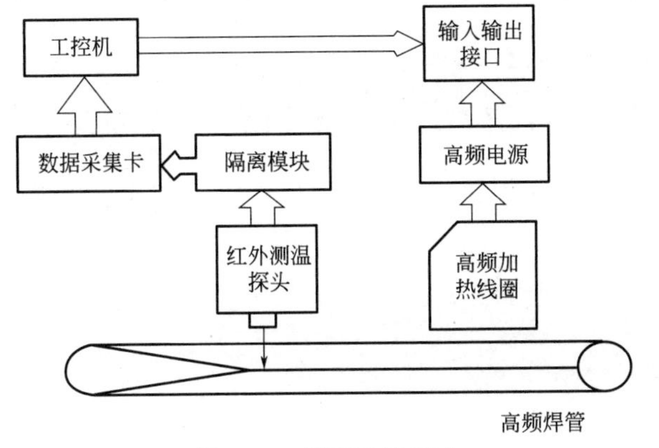

图 6.46　测温系统组成

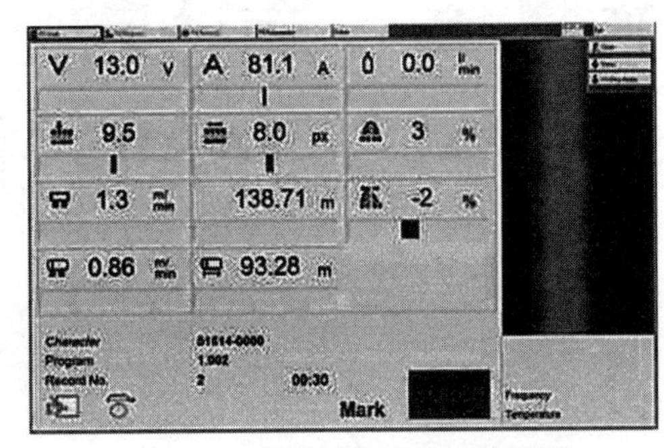

图 6.47　焊接监测系统工作界面

图 6.48(a) 所示为整个焊接过程所得熔池温度场分布，由图可见，焊缝区温度较高显示为亮白色，热影响区及母材温度低，灰度较大，颜色由亮白色过渡至黄色、红色，由红外热成像图可以判断，该焊缝不存在缺陷，焊缝成形比较美观。图 6.48(b) 为夹渣缺陷对应的热红外图像，当焊缝产生夹渣时，温度场将发生变化。这是由于夹渣的存在，阻碍了温度的扩散，导致该处温度略低于焊缝其他部分，并且随着夹渣体积的增大，温度降低越大，当夹渣较大时，甚至会引起熄弧现象。从图 6.48(c) 中可以看出试验开始阶段温度场分布颜色较深，随着弧长的增加，熔宽明显增加，图像上出现明显的“鼓肚”，而此时焊丝融化速度降低，过渡形式为大滴过渡，成形差。如图 6.48(d) 所示，当焊接速度降低时，红外热图像上颜色逐渐变浅，焊缝熔宽逐渐变大。当焊接速度较大，熔池温度不够时，焊缝成形不好。当高温停留时间增大时，热影响区宽度过宽，将破坏焊接接头性能。

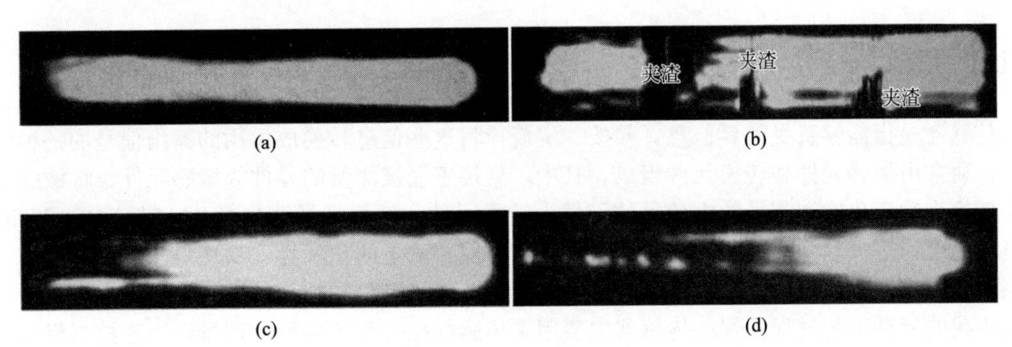

图 6.48　焊缝的红外热成像

红外热成像的质量可以由图像的位置、规则性、对称性等加以判别，通过对焊接参数的静态或动态特性值进行测定和对红外热图像颜色及边界的观察，可以对焊接的局部过程进行综合分析和评价。

第7章 焊接过程信息传感与应用

PPT

传感器是机器获取各种信息的桥梁，传感器的种类繁多，分类方法也很多，常见的分类方法有：内传感器或外传感器，接触式传感器或非接触式传感器。内传感器可以根据其自身坐标轴来确定机器人内部各部件的工作情况，例如：位移传感器、速度传感器、加速度传感器和力学传感器等。外传感器可以根据环境来确定机器人各部件的工作情况，例如：声觉传感器、温度传感器、视觉传感器等。

7.1 传感技术基础

7.1.1 概念与特性

传感器是指能够感受外界信息，并按一定规律将这些信息转换成可用的输出信号的一种检测装置，通常由敏感元件和转换元件组成，其中，直接感受被测量的元件为敏感元件，将敏感元件输出转换为适于传输和测量的电信号的元件为转换元件。例如半导体应变片、转速计、照相机、压电加速度计等都利用的传感器的原理。传感器将需要测量的化学量、物理量、生物量等输入传感器，转换成电信号输出，如电流、电压、电感等。焊接是会受到多种因素的制约，伴随着许多随机干扰的复杂工艺过程。焊接传感器主要用来传感焊接过程的多种物理量，用于控制焊接接头质量，满足产品的使用要求。

传感器一般由敏感元件、转换元件和转换电路三部分组成，如图 7.1 所示。敏感元件指传感器中能感受被测量的部分。感受被测量后，输出与被测量呈确定关系的某一物理量。转换元件是将传感器中敏感元件输出量转换为适于传输和测量的电信号的部分。转换电路将电量参数转换成便于测量的电压、电流、频率的电量信号。并非所有的传感器必须同时包括敏感元件和转换元件，有些传感器很简单，最简单的传感器仅由敏感元件组成，如用于焊缝跟踪的机械式传感器。

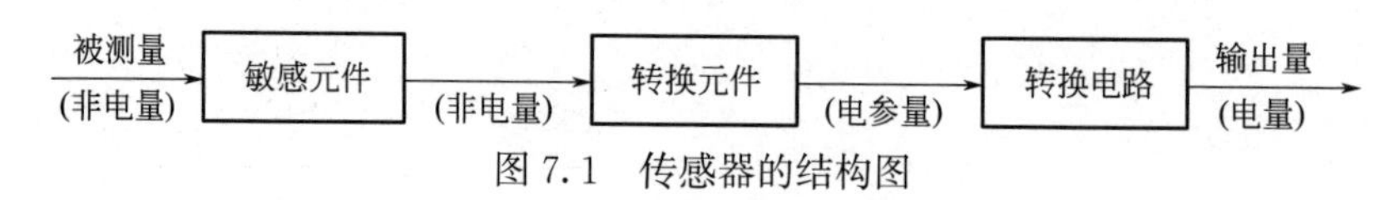

图 7.1　传感器的结构图

传感器的基本特性是输入与输出之间的关系，输入量的状态不同，传感器的输出状态也不同。若传感器所测量的参数是变化极为缓慢或随时间变化的稳态信号，则称其是传感器的静态特性，若所测量参数是随时间变化的动态信号，则称其为传感器的动态特性。

7.1.1.1 静态特性

在理想状态下，传感器输出和输入之间的关系为线性关系，传感器的静态特性呈线性特性是理想的状态，然而，由于迟滞、蠕变、摩擦、间隙等因素，以及外界条件如温度、湿度、压力、电场、磁场等的影响，使输出和输入之间总是具有不同程度的非线性。

(1) 线性度

传感器的线性度指传感器输出与输入之间数量关系的线性程度，也称非线性误差。理论拟合直线选区方法不同，线性度数值就不同。静态特性曲线可通过实际测试获得。在实际应用中，为了得到线性关系，一般引入各种非线性补偿环节。如果传感器非线性的次方数不高，输入量的变化较小，一般采用直线拟合来进行线性化。实际特性曲线与拟合曲线之间的偏差称为传感器的线性度，通常用相对误差 γ_L 表示，即

$$\gamma_L = \pm \frac{\Delta L_{max}}{y_{FS}} \tag{7.1}$$

式中，ΔL_{max} 为最大非线性绝对误差；y_{FS} 为满量程输出。

(2) 迟滞

传感器在正（输入量增大）、反（输入量减小）行程中输出-输入特性曲线不重合的程度称为迟滞，迟滞反映了传感器机械部分的缺陷，如轴承摩擦、间隙、紧固件松动、材料内摩擦和积尘等。

(3) 分辨力和阈值

分辨力指传感器能够检测出被测量的最小变化量，表征测量系统的分辨能力。分辨力不同于分辨率，分辨力采用绝对值来表示，是有单位的量，如 10ms、0.1mg 等。在传感器输入零点附近的分辨力称为阈值。

(4) 灵敏度

传感器的灵敏度指到达稳定工作状态时，输出变化量 Δy 与引起此变化的输入变化量 Δx 之比，表征为

$$k = \frac{\Delta y}{\Delta x} \tag{7.2}$$

从物理含义上看，灵敏度是广义上的增益。对于线性传感器，灵敏度 k 为一常数。以拟合直线作为其特性的传感器，可以认为其灵敏度为一常数，与输入量的大小无关。对于非线性传感器，灵敏度为变化量。

(5) 重复性

重复性指传感器的输入在同一条件下，按照同一方向变化时，在全量程内连续进行重复测试得到的各特性曲线的差异程度。正行程的最大重复性偏差为 ΔR_{max1}，反行程的最大重复性偏差为 ΔR_{max2}。重复性误差取这两个偏差中的较大者为 ΔR_{max}，再求得占满量程的百分比，用 γ_R 来表示

$$\gamma_R = \pm \frac{\Delta R_{max}}{y_{FS}} \times 100\% \tag{7.3}$$

重复性误差只能用试验方法确定，其值常用绝对误差表示。

7.1.1.2 动态特性

在实际测量中，许多被测信号是随时间变化的。有的传感器尽管其静态特性很好，但输出量不能够很好地跟随输入量变化，引起较大的误差。传感器的动态特性是指输出对随时间变化的输

入量的响应特性。一个动态特性好的传感器其输出将再现输入量的变化规律，具有短暂响应时间和宽频率响应特性。研究动态特性可以从时域和频域两个方面进行。一般采用输入信号为单位阶跃输入量和正弦输入量进行分析和动态标定。对于阶跃信号，其响应为阶跃响应或瞬态响应；对于正弦输入信号，其响应为频率响应或者稳态响应。

（1）传感器动态特性的数学描述

一般传感器可以认为是线性系统，虽然传感器的种类很多，但是一般可以简化为一阶或者二阶系统。在分析线性系统的动态特性时，通常用微分方程描述

$$a_n \frac{d^n y}{dt^n}+a_{n-1}\frac{d^{n-1}y}{dt^{n-1}}+\cdots+a_1\frac{dy}{dt}+a_0 y=b_m\frac{d^m x}{dt^m}+b_{m-1}\frac{d^{m-1}x}{dt^{m-1}}+\cdots+b_1\frac{dx}{dt}+b_0 x \tag{7.4}$$

式中，x 为输入；y 为输出；a_i、b_i（$i=0$，1…）为系统结构特性参数；$\frac{d^n y}{dt^n}$为输出量对时间 t 的 n 阶导数；$\frac{d^m x}{dt^m}$为输入量对时间 t 的 m 阶导数。

（2）传递函数

动态特性的传递函数在线性定常系统中是指初始条件为零时，系统的输出量的拉普拉斯变换与输入量的拉普拉斯变换之比。

根据式(7.4)，当其初始值为零时，进行拉普拉斯变换，可得系统的传递函数 $H(s)$ 的一般形式为

$$H(s)=\frac{y(s)}{x(s)}=\frac{b_m s^m+b_{m-1}s^{m-1}+\cdots+b_1 s_1+b_0}{a_n s^n+a_{n-1}s^{n-1}+\cdots+a_1 s_1+a_0} \tag{7.5}$$

其中，$y(s)$ 为传感器输出量的拉普拉斯变换；$x(s)$ 为传感器输入量的拉普拉斯变换。式中分母是特征多项式，决定系统的阶数，对于定常系统，当系统微分方程已知，只要把方程式中各阶导数用相应的 s 变量替换，即可求得传感器的传递函数。对于正弦输入，传感器的动态特性（即频率特性）可由式(7.5) 导出，即

$$H(j\omega)=\frac{b_m(j\omega)^m+b_{m-1}(j\omega)^{m-1}+\cdots+b_1(j\omega)+b_0}{a_n(j\omega)^n+a_{n-1}(j\omega)^{n-1}+\cdots+a_1(j\omega)+a_0} \tag{7.6}$$

7.1.2 传感器误差分析

传感器是一种检测装置，能感受到被测量的信息，并能将感受到的信息，按一定规律变换成为电信号或其他所需形式的信息输出，以满足信息的传输、处理、存储、显示、记录和控制等要求。

传感器的特点包括：微型化、数字化、智能化、多功能化、系统化、网络化。它是实现自动检测和自动控制的首要环节。传感器的存在和发展，让物体有了触觉、味觉和嗅觉等感官，让物体慢慢变得活了起来。通常根据其基本感知功能分为热敏元件、光敏元件、气敏元件、力敏元件、磁敏元件、湿敏元件、声敏元件、放射线敏感元件、色敏元件和味敏元件等十大类。

在实际测量过程中，由于测量设备不精良、测量方法（手段）不完善、测量程序不规范及测量环境因素的影响等，都会导致测量结果或多或少地偏离被测量的真值。测量结果与被测量真值之差就是测量误差。误差公理认为：测量误差的存在是不可避免的，即“一切测量都存在误差”。测量误差反映了测量质量的好坏。

（1）测量误差的表示方法

① 绝对误差。绝对误差就是测量值与真实值间的差值，可表示为

$$\Delta=x-L \tag{7.7}$$

其中，Δ 为绝对误差；x 为测量值；L 为真实值。

采用绝对误差表示测量误差时，不能很好地说明测量质量的好坏。如测量一个人的身高和测量珠穆朗玛峰的高度，如果二者的绝对误差都是 0.5m，很明显，后者的测量质量要高得多。

② 相对误差。定义为

$$\delta=\frac{\Delta}{L}\times100\% \tag{7.8}$$

其中，δ 为相对误差；Δ 为绝对误差；L 为真实值。

由于真实值 L 无法知道，实际处理时用测量值 x 代替真实值 L 进行计算。

③ 附加误差。附加误差是指当仪表的使用条件偏离标准条件时出现的误差。如温度附加误差、压力附加误差、频率附加误差、电源电压波动附加误差等。

(2) 误差的性质

为便于对测量数据进行处理，根据测量数据中误差的规律（即误差的来源或产生误差的原因）可将误差分为 3 种：系统误差、随机误差和粗大误差。

① 系统误差。由于测量系统本身的性能不完善、测量方法不完善、测量者对仪器的使用不当、环境条件的变化等原因，所引起的测量误差称为系统误差。

系统误差可以通过实验或分析的方法，查明其变化的规律和产生的原因，通过对测量值的修正，或采取一定的预防措施，就能够消除或减少它对测量结果的影响。系统误差的大小表明了测量结果的正确度。系统误差越小，则测量结果的准确度越高。

② 随机误差。对同一被测量进行多次重复测量时，绝对误差的绝对值和符号不可预知地随机变化，但就误差的总体而言，具有一定的统计规律性，这类误差称为随机误差。

在实际测量中，当系统误差已设法消除或减小到可以忽略的程度时，如果仍然存在测量数据不稳定的现象，则说明存在随机误差。随机误差是测量过程中许多独立的、微小的、偶然的因素引起的综合结果。引起随机误差的原因很多，也很难把握，一般无法控制。

③ 粗大误差。明显偏离测量结果的误差称为粗大误差（也称疏忽误差，或过失误差）。这是由于测量者疏忽大意或环境条件突然变化引起的。粗大误差必须避免，含有粗大误差的测量数据应从测量结果中剔除。

(3) 精度

反映测量结果与真值接近程度的量，称为精度。精度与误差的大小相对应，可用误差的大小来表示精度的高低，误差小则精度高，误差大则精度低。

精度可分为：

• 准确度：反映测量结果中系统误差的影响（大小）程度。即测量结果偏离真值的程度。

• 精密度：反映测量结果中随机误差的影响（大小）程度。即测量结果的分散程度。

• 精确度：反映测量结果中系统误差和随机误差综合的影响程度，其定量特征可用测量的不确定度（或极限误差）来表示。

对于具体的测量，精密度高的准确度不一定高，准确度高的精密度也不一定高，但精确度高，则精密度与准确度都高。因此，测量总是希望得到精确度高的结果。

如图 7.2 所示的打靶结果。子弹落在靶心（代表真值）周围有 3 种情况，图 7.2(a) 的系统

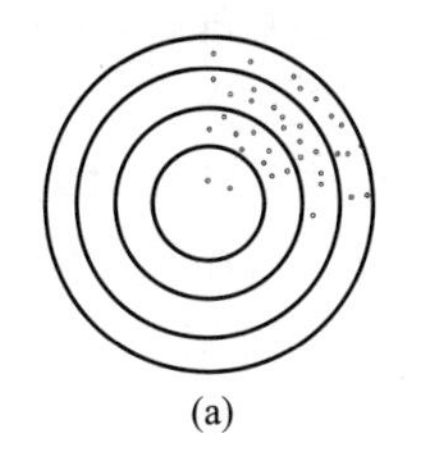

(a)

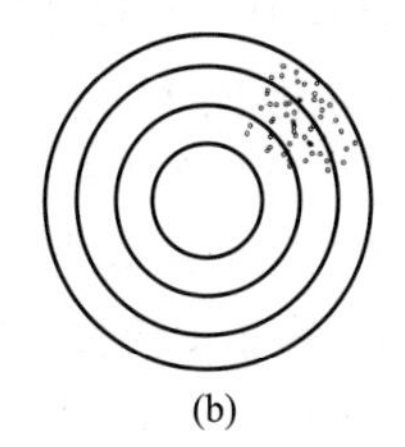

(b)

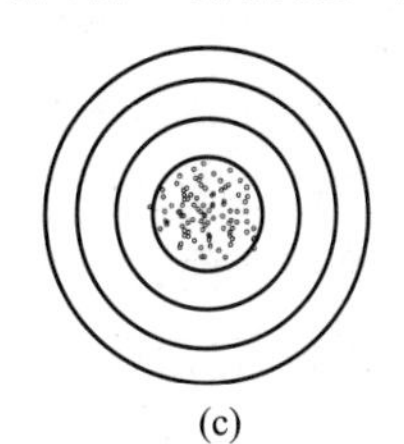

(c)

图 7.2　精度的划分及其意义

误差小而随机误差大，即准确度高而精密度低。图 7.2(b) 的系统误差大而随机误差小，即准确度低而精密度高。图 7.2(c) 的系统误差与随机误差都小，即精确度高。

7.2 焊接过程量测量传感

在焊接过程中，通过对焊接时的电弧电压、焊接电流、短路时间等电参数进行分析，可以研究焊接过程中与电参数直接相关的工艺参数，如过渡形式、飞溅大小、电弧稳定性等。

7.2.1 电信号测量

霍尔传感器检测磁场强度，并输出电压，电流可以产生磁场，所以霍尔传感器可间接地检测电流；一个电压，加于定阻抗的绕组（线圈），则其电流与电压成正比，磁场强度也就与电压成正比，所以霍尔传感器可以用来检测焊接过程中的电流及电压。

在用来测量电流的传感器中，霍尔电流传感器是一个不错的选择。霍尔电流传感器采用霍尔检测原理，该传感器的优点主要是测量精确度高、隔离程度高、线性度较大、安装与更换简单方便。

因为电弧焊的电流输出范围较广，比如一般 GMAW 的电流在 400A 以下，但是在某些高效的 GMAW 焊接方法中，电流则会超过 400A，所以应选择测量范围大一点的传感器。

同样地，选择电压传感器也要遵循上面选择的原则。随着电焊机的发展，焊接电压的波形已经出现了多种多样的形式，霍尔电压传感器可以直接测量直流电压、交流电压和各种波形叠加而成的电压。霍尔电压传感器用于测量电压时，需要在霍尔电压传感器的输入端串联限流电阻 R_1 使得输入电流达到其额定的电流值，再就是被测电压 U_1（即＋HT 与－HT 端子上）需要并联到原边绕组的接线头上，然后便可以得到与被测电压成比例的电流 I_2，图 7.3 为其接线图。

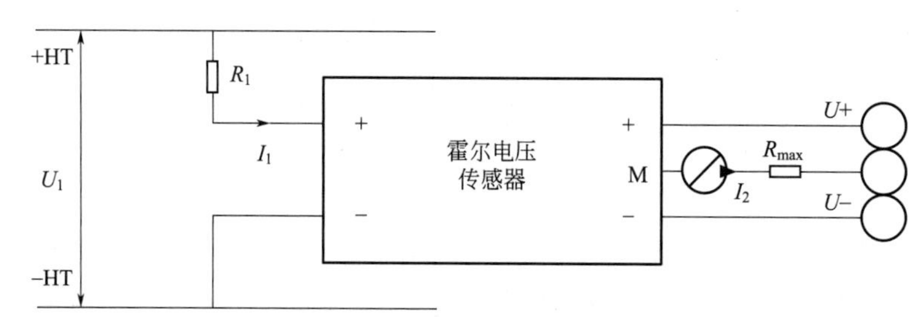

图 7.3 霍尔电压传感器接线图

相关电压采样电路如图 7.4。R_1 为限流电阻，两个二极管 D_1 和 D_2 起嵌位的作用，两个电容用于滤波。这样测量的信号就是滑动变阻器 R_2 以及电阻 R_3 上的电压。信号接到采集卡的模拟输入口，接地端接采集卡的模拟地。选用实验室常用电阻，R_1 的阻值是 10kΩ，R_3 的阻值为 200Ω，R_4 的电阻值为 265Ω，所以当变阻器 R_2 为 0Ω 时，那么根据 HV25-P 的技术参数以及以上采样电路的参数可以计算得出输入与输出的比例大小是 20∶1。

为了保证信号测量的准确性，需要对传感器的线性度进行检测。首先对霍尔电流传感器的线性度进行检测，考虑到量程的问题等，在保证准确接线的前提下，选用测量电流的钳形表来测量电流，所以用到的实验器材有：SLHB-500 霍尔电流传感器一个，＋15V 稳压电源盒一个，电阻箱一个，万用表一个，导线若干，钳形表一个，MIG 电焊机一台。

将电焊机两端接入电阻箱，并将霍尔电流传感器串联接入电路中，开启焊机，当电阻箱在不

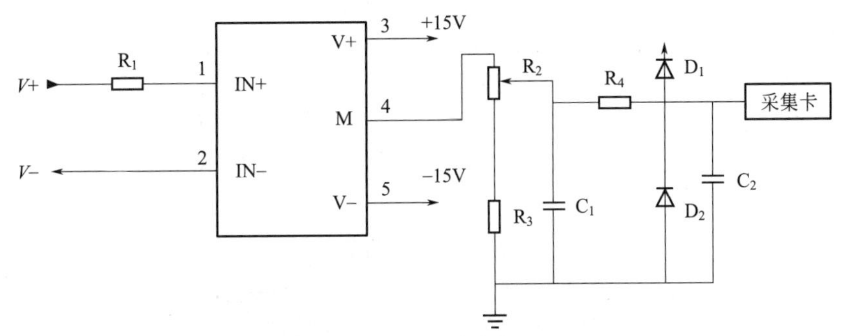

图 7.4　电压采样电路

同挡位时，电路中会产生不同大小的电流，此时用钳形表测量电路中的电流值，即为测量电流 I，同时用万用表测量电流传感器输出端电压 U，实验结果记录在表 7.1 中。

表 7.1　霍尔电流传感器实验结果

序号	测量电流 I/A	输出电压 U/V	I/U
1	17.8	0.177	100.6
2	28.4	0.284	100
3	31.6	0.315	100.3
4	33.7	0.337	100

经过对试验结果的分析，霍尔电流传感器的测量电流与输出电压之间的比例约为 100A/1V，是与霍尔电流传感器的技术参数完全符合的。

霍尔电压传感器的检测，实验步骤与霍尔电流传感器的检测类似，将搭建好的电压采样电路并联接入焊机两端，检查线路完好，更换变阻箱挡位，用万用表分别测量焊机两端的电压 U_1，和采样电路输出电压 U_2 进行对比，获得的相关数据记录在表 7.2 中。

表 7.2　霍尔电压传感器实验结果

序号	测量电压 U_1/V	输出电压 U_2/V	U_1/U_2
1	69.8	3.47	20.1
2	42.7	2.1	20.3
3	24.2	1.21	20
4	11.6	0.57	20.4

从表 7.2 中数据可以看出，该电压采样电路的输入电压与输出电压的比值约等于 20，和计算值相同。

经过检测，证明霍尔电流、电压传感器等方面均满足课题要求，可用于硬件系统搭建。为了美观整洁，避免线路凌乱，将霍尔电流传感器、霍尔电压传感器及其采样电路和数据采集卡集成在同一块绝缘胶木板上，实物如图 7.5 所示。

图 7.5　硬件部分实物图

7.2.2　温度测量

(1) 热电偶式温度传感器

热电偶式温度传感器是目前应用最广泛的温度传感器，基于热电效应原理，测量温度的范围宽，从－271～1800℃，性能稳定、准确可靠，信号可以远传和记录。如图 7.6 所示，在两种不同的导体或者半导体 A 和 B 组成的闭合回路中，如果两点的温度不同，则在回路中产生一个电动势，通常这种电动势为热电势，这种现象就是热电效应，热电偶就是基于热电效应进行工作的。两种不同导体组成的闭合回路称为热电偶，导体 A 或者 B 称为热电偶的热电极或热偶丝，热电偶的两个节点分别是测量端和工作端。热电偶的电势由接触电势和温差电组成。

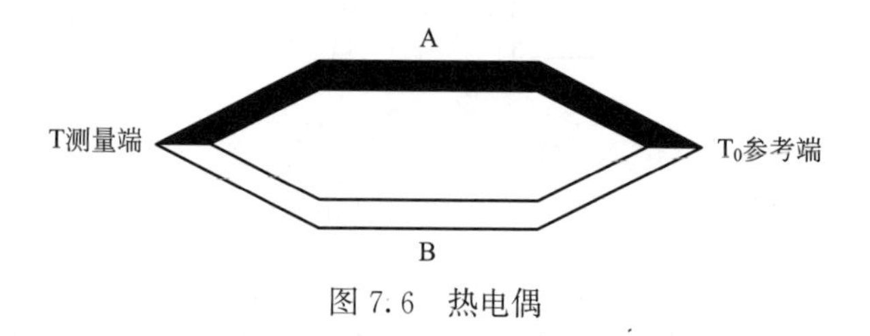

图 7.6　热电偶

(2) 红外传感测温

焊接温度不仅对焊接质量能够产生直接的影响，而且还能够在很大程度上影响劳动生产率。

红外测温是非接触式测温方式，测量速度快、范围宽、灵敏度高，不受被测温度场的干扰，是一种快速、有效、定性的检验结构状态的工具。系统红外温感相机的选用基于黑体辐射定律和维恩位移定律。焊接过程中，红外温感相机的位置如图 7.7 所示，红外测温的实物图如图 7.8 所示，图 7.9 为焊缝熔宽测量系统组成。

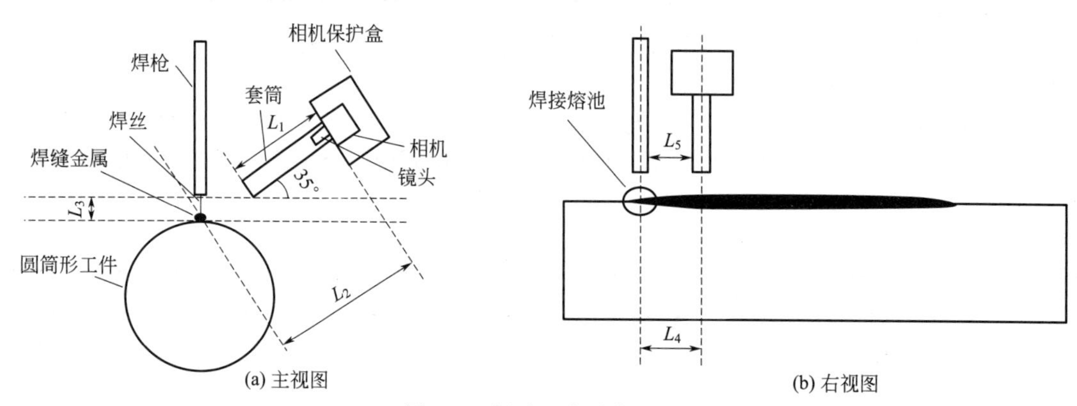

图 7.7　焊缝温度采集系统

图 7.8　红外测温实物图

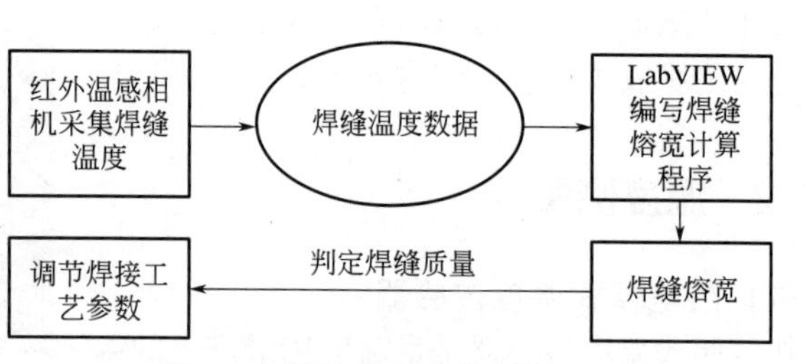

图 7.9　焊缝熔宽测量系统组成

如图 7.10 所示，x 轴和 y 轴分别表示红外温感图像中像素点的列和行。设定熔池后方 10mm 处焊缝边缘温度值为 M。在任一采集的温度图像帧中，选取某纵列 80 个像素值提取数值，在这 80 个数值中筛选出所有大于 M 的值；记录大于等于温度 M 的值所处行的位置 Y_n、Y_m（$Y_n > Y_m$），光标在第 x 帧所选取的某纵列上，则焊缝熔宽 $H_x = Y_n - Y_m$（H_x 为焊缝熔宽对应所占像素点的多少）。

焊缝熔宽对比分析见图 7.11。

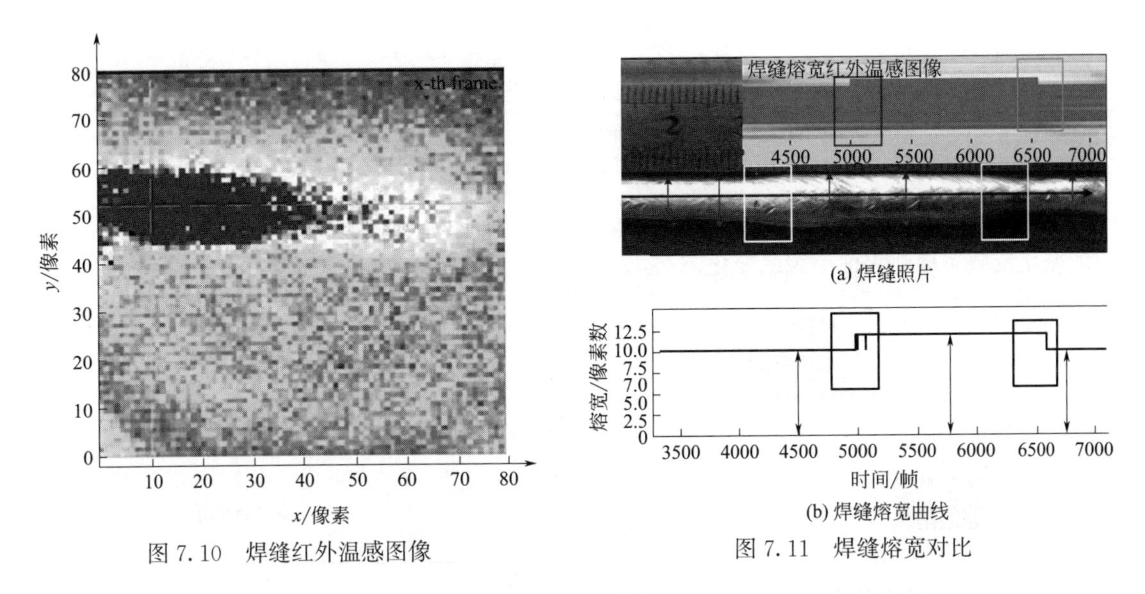

图 7.10 焊缝红外温感图像

图 7.11 焊缝熔宽对比

通过红外相机对焊缝温度传感，设计相应软硬件系统，开发了基于红外传感的焊缝熔宽测量系统。试验验证表明，该系统能够准确检测焊接过程中焊缝熔宽的变化，达到监测焊接质量的目的。

7.3 焊接过程视觉传感

在焊接过程中，焊接熔池和电弧都影响着焊缝质量的成形，通过摄像机来采集焊缝熔池和电弧长度，分析熔池和电弧进一步来实现焊接的高质量。按照光源不同，视觉传感器分为两种，分别为被动视觉传感器和主动视觉传感器，被动视觉传感器的光源为自然光，主动视觉传感器的光源来自人工投射的光（结构光）。

7.3.1 主动视觉传感

采用主动视觉方式工作的传感器比较利于克服弧光、电弧热、飞溅以及烟雾等干扰，但在跟踪高度变化较大的工件时容易出现数据失效的情况，主要分为两类：阴影效应和错过视场。

主动视觉传感器是通过向焊缝前端投射激光进行左右扫描或者投射结构光的形式来获取焊缝信息的，前者称为扫描式主动视觉传感器，后者称为结构光式主动视觉传感器。激光具有单色性好、方向性强、亮度高的特点，因此主动视觉传感器具有较好的抗干扰能力。图 7.12 为频闪视觉熔池图像传感。

如图 7.13 所示是一种新的主动视觉传感的方法，将由小功率激光器发射出的平行结构光条

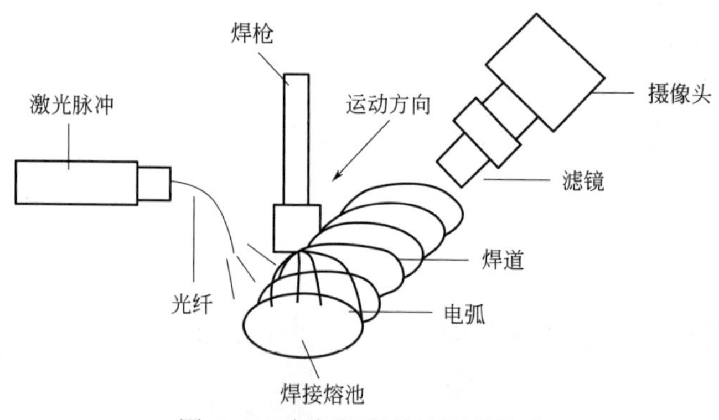

图 7.12 频闪视觉熔池图像传感

纹投射到熔池表面，经熔池镜面反射到一成像屏上，用摄像机观察成像屏上的激光反射条纹，条纹的变化反映了熔池表面形貌的变化。

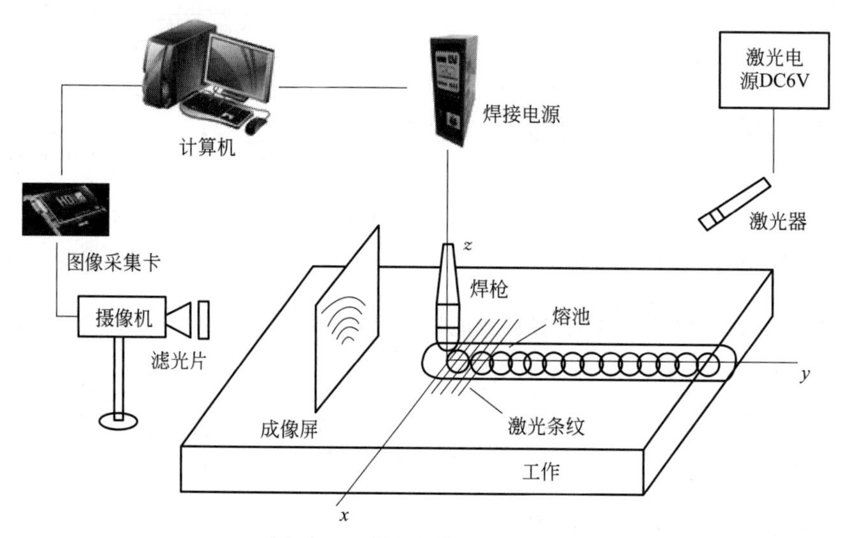

图 7.13 激光投射法系统组成

此方法在结构光法基础上，巧妙利用熔池表面镜面反射特性，将其光源投射模型改变为反射模型，使其成像于有一定透过率的成像屏之上。成像屏是附贴一张白纸的平板玻璃，既保证了成像屏有一定的透过率，同时白纸的漫反射表面改变了激光的传播方向，变镜面反射为漫反射，克服了传统结构光法在镜面反射物体恢复中取像方位不易确定的缺点。

该方法主要采用了两种措施来抑制弧光干扰。一方面，弧光强度随着距离的增加呈几何级数的衰减，而激光由于相干性、方向性好，其强度的衰减微弱，将成像屏置于一合理位置，可以有效抑制弧光。另一方面，借助了被动式视觉传感器中的滤光技术，采用滤光片减小弧光的干扰。

该方法巧妙地利用了液体受激产生振荡的物理现象，实现从熔池正面来检测熔池的熔透或熔深，从而达到控制它们的目的。

液态熔池在电弧热和力的作用下存在振荡现象，其振荡模式和振荡频率与熔池的几何尺寸，特别是熔池的体积紧密相关。因此，实时检测熔池振荡频率就可以获得与熔深和熔透相关的信息，采用适当的控制方法，可以实现熔透控制。

如图 7.14 所示，GTAW 双目视觉检测系统包括 GTAW 焊接系统、同步触发系统和双目视觉检测系统三部分。

(a) 传感系统配置

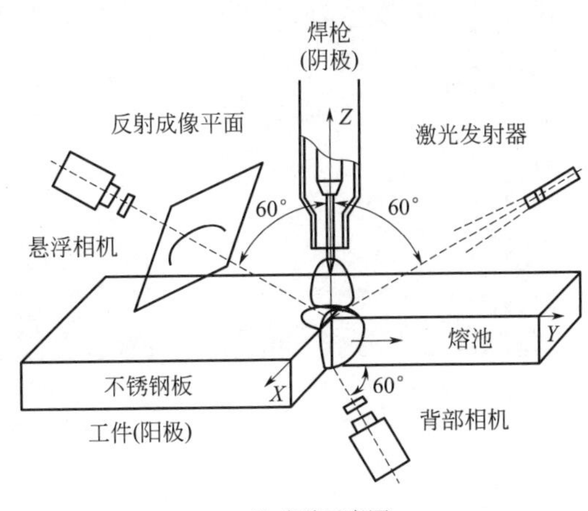

(b) 实验示意图

图 7.14　系统配置

图 7.15 比较了不同光照条件下背面焊道的图像。背面熔池的中心区域由于热辐射而发光，而图像的其余部分在没有辅助照明的情况下是暗淡的。图 7.16 为背面焊道的定向光辅助视觉传感系统过程。

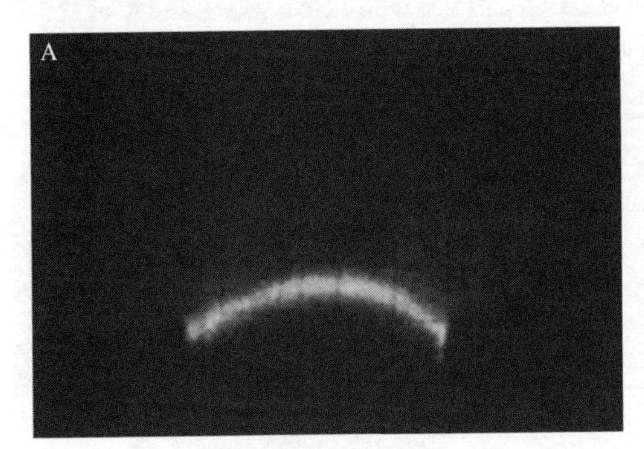

(a) 熔池的正面图像

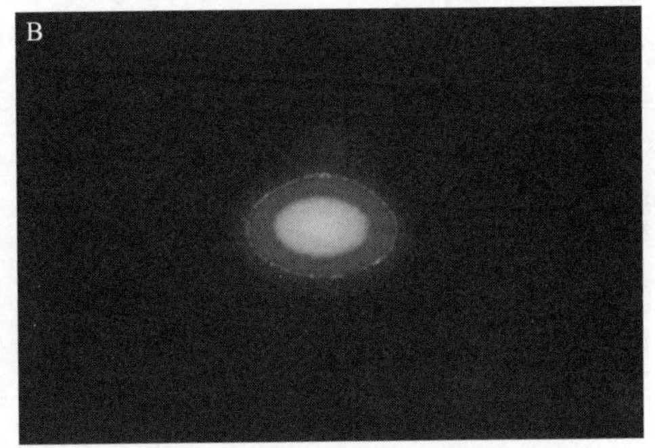

(b) 熔池的背面图像

图 7.15　显示视觉传感结构的图像

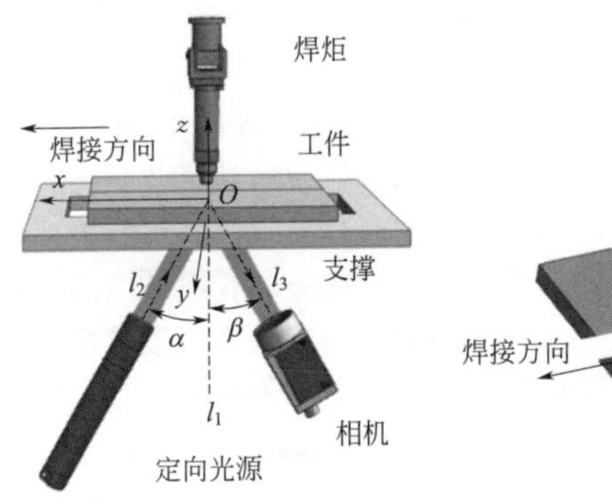

(a) 光源和摄像机之间的空间关系

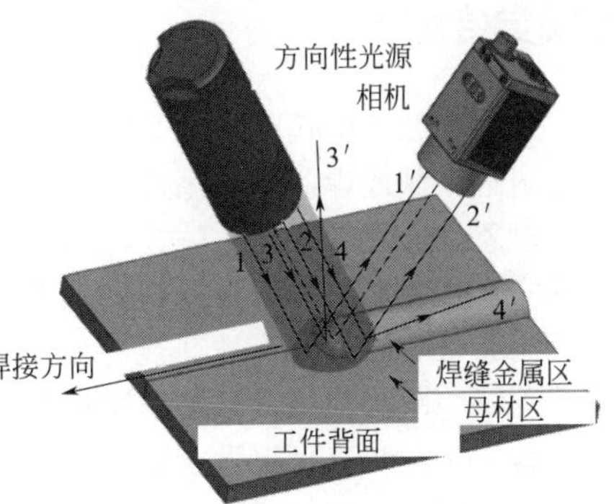

(b) 工件背面的光反射

图 7.16　背面焊道的定向光辅助视觉传感

图 7.17～图 7.19 为背面焊道图像及图像处理过程。

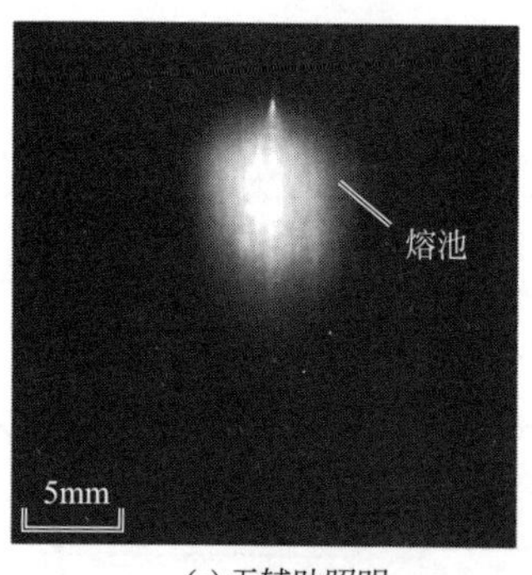

(a) 无辅助照明

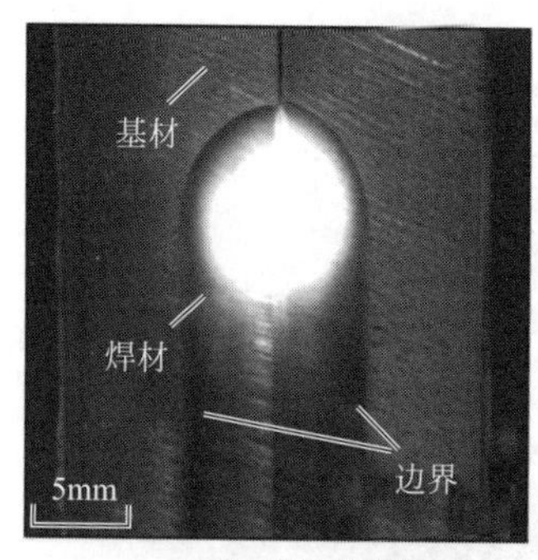

(b) 漫反射光照明

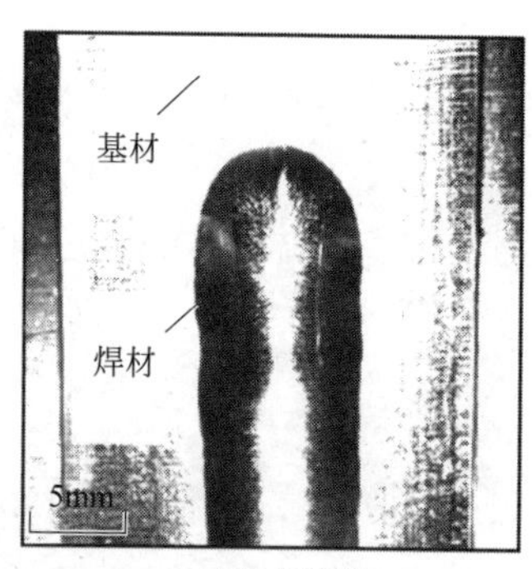

(c) 定向照明

图 7.17　不同光照条件下背面焊道的图像

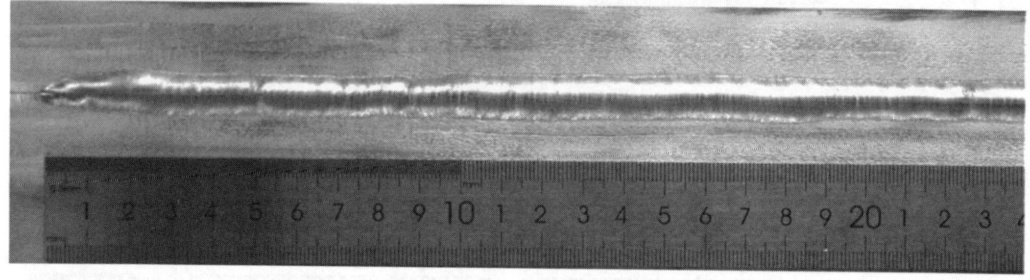

图 7.18　背面焊道图像

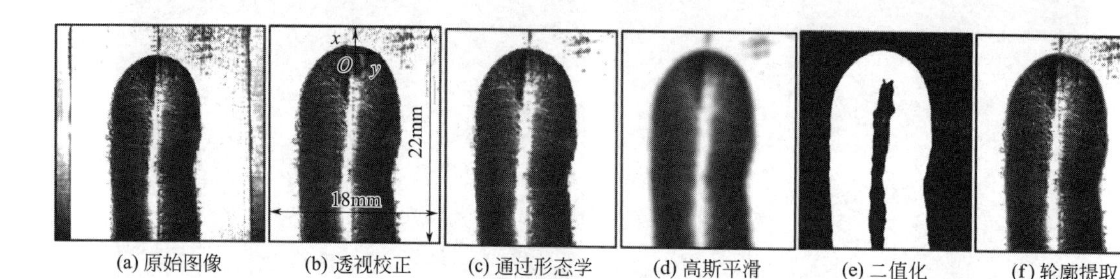

(a) 原始图像　(b) 透视校正　(c) 通过形态学操作去除噪声　(d) 高斯平滑　(e) 二值化　(f) 轮廓提取

图 7.19　用于提取背面胎圈轮廓的图像处理过程

7.3.2　被动视觉传感

被动视觉是指照明光源为电弧或普通光源的视觉系统，一般用 CCD 摄像机通过滤光片和减光片直接观察熔池附近区域或焊缝。采用这种方式，通常电弧本身就是监测位置，检测对象（焊缝中心线）与被控对象（焊炬）在同一位置，不存在检测对象与被控对象的位置差，即超前检测误差问题，更容易实现较为精确的跟踪控制。此外，这种方式能够获取熔池的大量信息，这对焊接质量的自适应控制非常有利。因为被动视觉和人的视觉更为相似，所以它最有希望解决紧密对接焊缝和薄板搭接焊缝的跟踪问题，且被动视觉传感器结构简单价格低。

如图 7.20 所示，GMAW 双目视觉检测系统包括 GMAW 焊接系统、同步触发系统和双目视觉检测系统三部分。焊接系统包括 GMAW 弧焊电源、GMAW 焊枪、供气系统、工件夹具及可移动焊接平台；同步触发系统负责控制两台 CCD 相机对熔池图像的同步采集及停止；双目视觉检测系统包括两台彩色 CCD 摄像机、滤光片及图像处理程序。

在焊接过程中保持相机和焊枪静止不动，利用夹具将工件和可移动焊接平台固定在一起，通过对可移动焊接平台设定走动速度从而控制焊接速度。世界坐标系的坐标原点位于焊丝延长线与

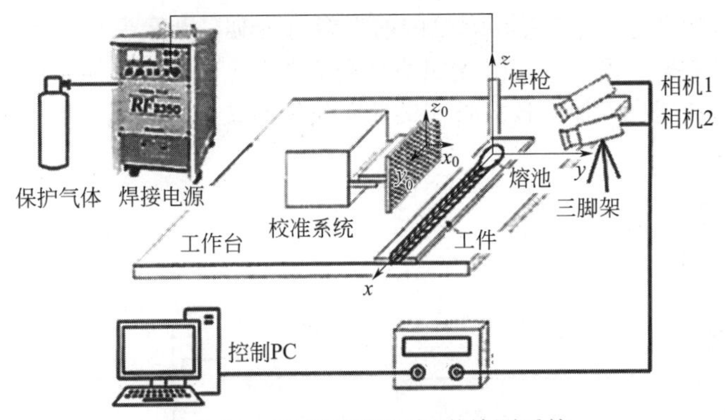

图 7.20　GMAW 双目视觉检测系统

工件的交点处，x 轴正方向平行于焊接方向与焊接方向相反，y 轴位于工件平面垂直于焊接方向指向相机，z 轴正方向垂直于工件平面指向焊丝。

由于采用被动视觉检测，无外加辅助光源，拍摄区域为电弧下方熔池，存在强烈弧光的干扰，成像条件差，因此，需要综合考虑相机的拍摄角度、物距、光圈和曝光时间之间的平衡统一。

拍摄角度：拍摄角度为相机主光轴与工件所在平面的夹角。增大拍摄角度，电弧下方熔池将被焊枪遮挡，拍摄区域与后期系统标定所涉及的靶纸区域都将减小；减小拍摄角度，熔池凹陷最深处被遮挡，弧光区域增大，导致未被弧光干扰的可观测熔池区域减小。为了尽量在减小强烈弧光的干扰的同时增大可观测熔池区域，通过实验发现，相机主光轴与工件所在平面的夹角为25°～30°时具有较好的效果。

物距：物距为相机镜头与被拍摄物体之间的距离。如果增大物距，景深虽然有所增大，但会使电弧分辨率降低，影响后续特征点提取和匹配。反之，在其他拍摄条件不变的情况下，物距越小，所拍摄熔池区域范围亦越小，且景深不能满足要求，当物距过小时，则不能聚焦。通过实验发现，物距为 200～300mm 时可拍摄出分辨率适合的电弧下方熔池图像。

光圈和曝光时间：光圈大小与机身上的数值成反比，数值越大，光圈越小，感光面采集到的光量减少，景深增大；数值越小，光圈越大，感光面采集到的光量增多，景深变小。如果光圈过大，弧光明亮区域增多，熔池区域被弧光淹没。为了从侧面拍摄出熔池宽度方向信息，需要较大景深，因此，需要调小光圈。GMAW 焊接过程中，电弧下方熔池表面形貌处于高速动态变化的过程，因此，为了使熔池清晰成像需采用较小的曝光时间。由双目立体视觉系统采集到的原始电弧下方熔池图像对如图 7.21 所示。

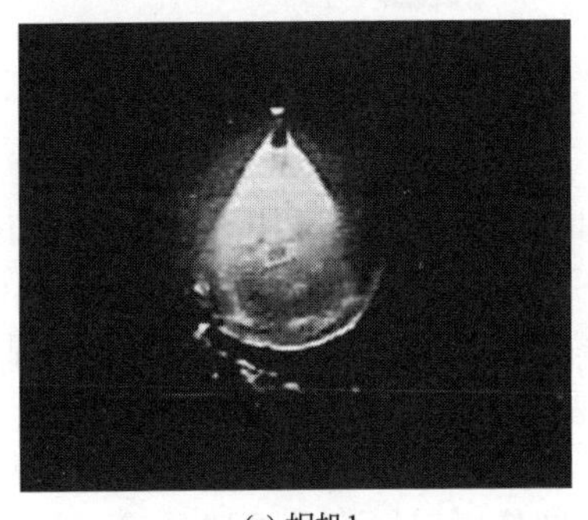

(a) 相机1

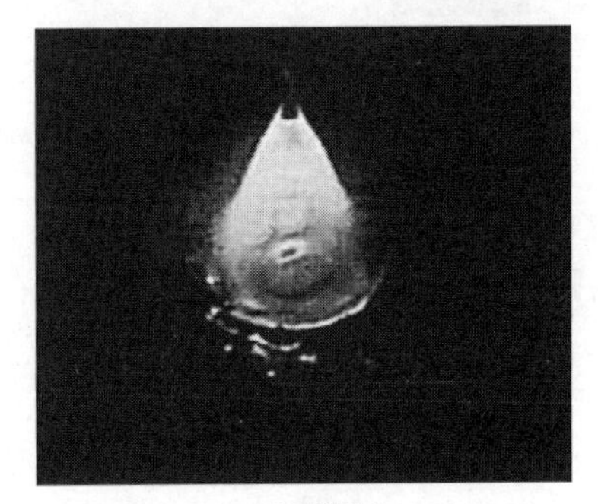

(b) 相机2

图 7.21　电弧下方熔池图像对（240V，33V，0.6m/min）

采用普通 CCD 摄像装置获取脉冲 TIG 熔池图像时，摄像机和焊接工件的摆放关系如图 7.22 所示。

CCD 拍摄角度一般为 45°，放置在焊枪的前方指向熔池，摄像头与工件及焊枪的距离以不受电弧热的影响为选择依据。为了利用弧光照明又避免强弧光的干扰，通过电路控制，使摄像机时刻与焊接电流波形精确配合，保证较弱弧光的照明作用而又避开强弧光的干扰，其时间配合关系如图 7.23 所示。

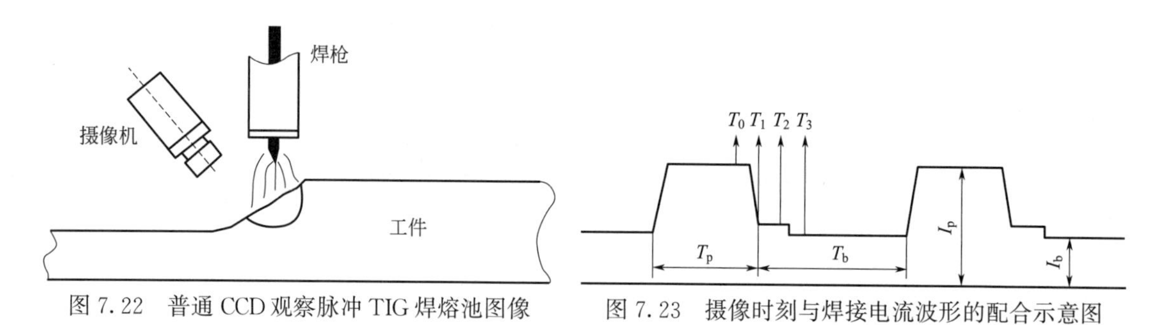

图 7.22　普通 CCD 观察脉冲 TIG 焊熔池图像　　图 7.23　摄像时刻与焊接电流波形的配合示意图

电弧弧长的测量实验装置图如图 7.24 所示。为 GTA-AM 实验系统原理图，主要由 Magic-Wave3000 Job G/F 电源、motoman 机器人-MA2010 机器人、GTAW 焊枪、KD4010 送丝器、被动视觉传感器和个人电脑组成。

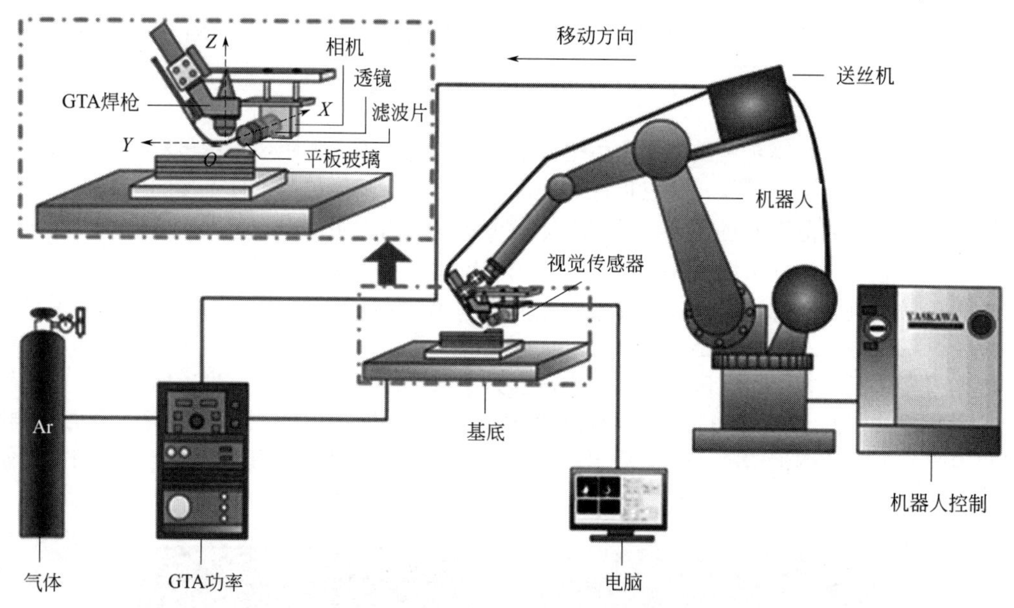

图 7.24　GTA-AM 实验系统原理图

通过放置在距电弧一定距离的视觉传感器，捕捉具有两种不同亮度的电弧图像。如图 7.25 (a) 所示，内弧中像素灰度值大部分为 255 左右，外弧中像素灰度值明显小于内弧的情况定义为弱弧。如图 7.25(b) 所示，定义整个圆弧区域像素灰度值等于 255 的情况为强圆弧。

从图 7.25(a) 中可以看出，内弧底可以从熔池头部和背景中区分出来。熔池头部处于液态且波动较大，因此不能选择其作为特征点来表示弧长。钨极尖端到内弧底的垂直距离可视为电弧长度。由于视觉传感器通过夹具连接到焊枪，电弧图像中钨极尖端位置是静止的，即图 7.25 中的 E 点。

下一步是提取弧底部的特征点。如图 7.25(a) 所示，电弧容易向熔池尾部摆动。如果将内弧底的最低点作为特征点，计算出的弧长会被拉长，导致检测结果不准确。因此，要求内弧底的

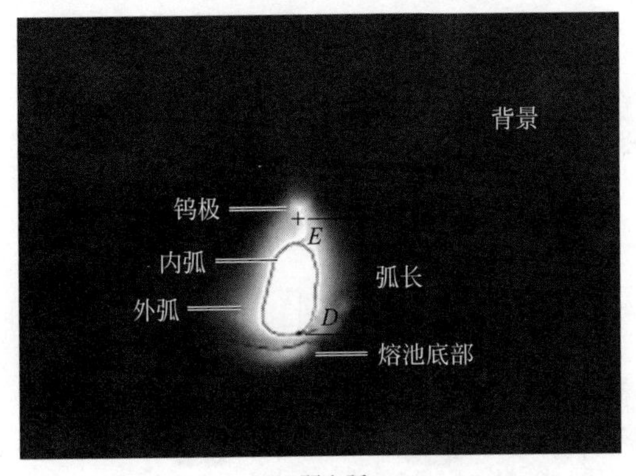

(a) 弱电弧

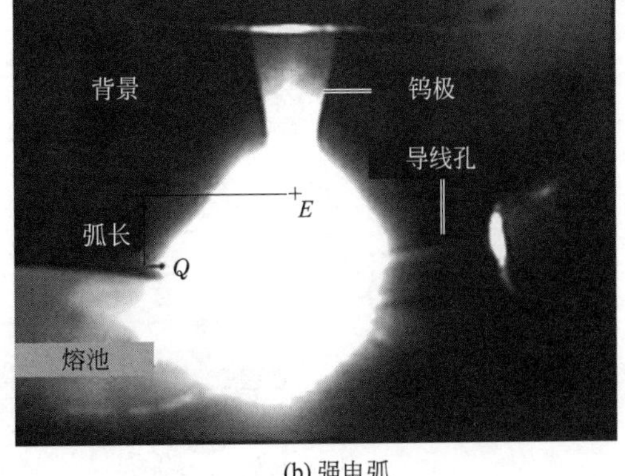

(b) 强电弧

图 7.25 不同亮度下的电弧图像

特征点在 E 点的同一列坐标中。提取弧长的图像处理步骤如下所示。

步骤 1：钨极尖端位置的确定。钨极尖的坐标可以用点 $E(x_e, y_e)$ 来描述，其 x_e 为列坐标，y_e 为行坐标。

步骤 2：图像处理窗口的选择。其原理是图像处理窗口应包括内弧底部、熔池头部和最小背景区域。

步骤 3：高斯滤波。采用二维高斯滤波器抑制噪声，平滑图像，与相同模板系数的平均滤波器相比，高斯滤波器的模板效率随着距离模板中心的距离越远而变小，因此，高斯滤波器能够保存图像特征，可以描述为

$$f(a,b)=\frac{1}{2\pi\sigma^2}\mathrm{e}^{\frac{a^2+b^2}{2\sigma^2}} \tag{7.9}$$

其中，σ 为高斯半径；a 为列坐标；b 为行坐标。

步骤 4：Sobel 边缘检测。Sobel 边缘检测具有对灰度渐变图像进行边缘检测的能力，可以写成

$$|G|=|G_x|+|G_y| \tag{7.10}$$

其中，G_x 和 G_y 分别表示列方向和行方向灰度值的梯度。

步骤 5：采用 Otsu 算法对步骤 4 中计算得到的边缘进行强化。在 Otsu 方法中，选择一个阈值作为分割准则。通过比较阈值与每个像素的灰度值，最终将图像分为两部分。当两部分之间的方差达到最大时，两部分之间的误分类区域就最小。

步骤 6：点提取。在图像处理窗口中，从上到下遍历提取弧底边缘灰度值为 255 的点。

步骤 7：曲线拟合。步骤 6 中的点通过最小二乘法的原理及逆行最小二乘法拟合，其中 o_i 和 d_i 分别是点的列坐标和行坐标，δ_i 是点（o_i，d_i）处拟合曲线的偏差，k 是点数。

步骤 8：弧长计算。在曲线 S_1 上确定与点 E 的柱坐标相同的点 $D(x_e, y_d)$，弧长可以确定为

$$l=c|y_d-y_e| \tag{7.11}$$

其中，c 为弧长与坐标之间的关系值。

图 7.26 所示为弱弧条件下的图像处理过程。

7.3.3 熔池振荡与熔透分析

针对目前熔透检测与控制方法实用性、便捷性和可靠性等较差的缺点，提出了一种基于光电转换的激光光电法，可以实现熔透信息的实时传感与检测。

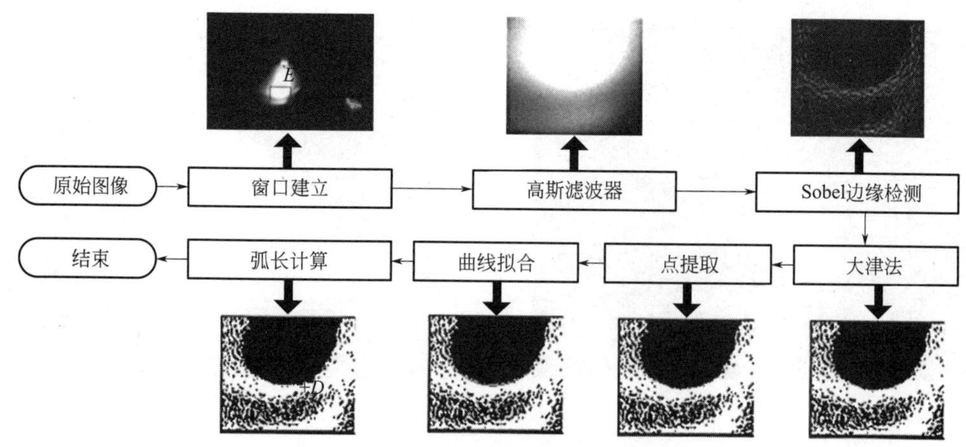

图 7.26 弱弧条件下的图像处理过程

如图 7.27 所示为激光光电法基本原理示意图，焊接过程中的熔池具有类似镜面反射特性，而熔池周边的母材反射特性为漫反射，利用该反射特性的差异，当以一定几何参数将激光条纹投射到熔池表面时，根据光学反射原理，可以在反射路径上安装信号采集器，用来接收激光反射条纹信号。

硬件系统如图 7.28 所示。该系统主要包括波长为 670mm 的 500mw 结构光激光器、中心波长为 670mm、半宽为 10mm 的窄带滤光片、硅光电池阵列、型号为 PCI-6221 的数据采集卡等。接下来将简单介绍该硬件系统的构成与功能。

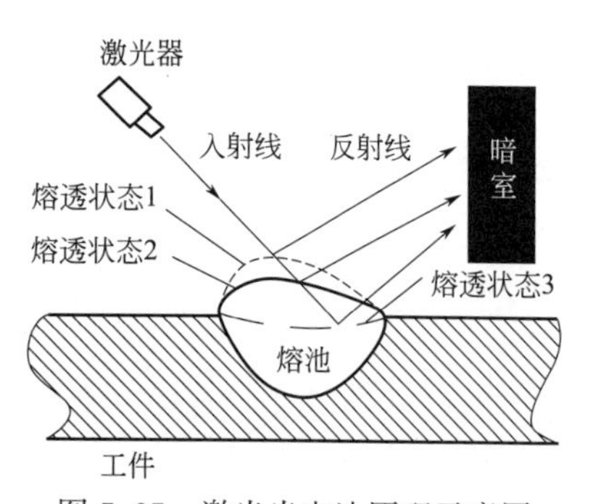

图 7.27 激光光电法原理示意图

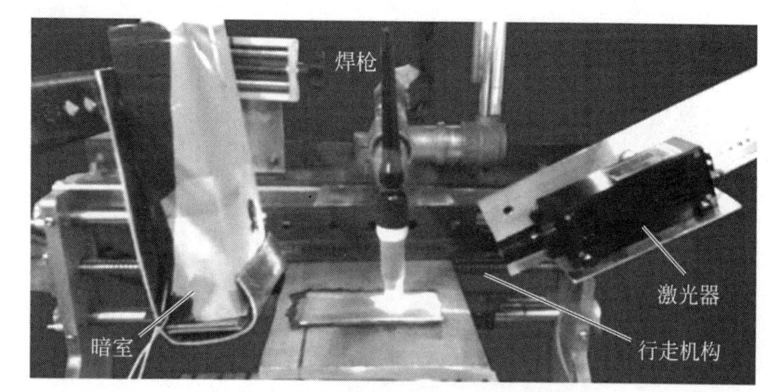

图 7.28 全熔透控制实验硬件系统

如图 7.29 所示，在未熔透时在电弧压力、熔池重力、表面张力及母材“硬壳”支撑力的共同作用下，熔池表面将发生变形，在该阶段熔池表面呈凸面，同时其曲率在熔透状态从未熔透发展至临界熔透的过程中逐渐增大；当达到临界熔透时，熔池背部的支撑力由硬壳支撑逐渐转变为薄膜支撑，与未熔透阶段相比，此时熔池的自由表面由一个迅速变为两个，在电弧压力、重力及表面张力的作用下熔池上表面和下表明均产生下塌量，同时熔池表面由凸面突变为凹面；在熔透状态从临界熔透发展为全熔透的过程中，熔池上表面保持为凹面状态，其曲率随下塌量增加而逐渐增大；最后，当工件向周围介质散失的热量和从电弧中吸收的热量相平衡时，熔池将不再长大，熔池上下自由表面将不再发生变形。

为了检测熔池自由表面形态的变化，将五线结构光以一定角度投射于熔池上，利用熔池表面的类镜面反射特性，使经熔池表面反射的激光条纹进入暗室，如图 7.30(a) 所示为不同熔透下光电采集系统示意图。该暗室由窄带滤光片、硅光电池板构成，其结构如图 7.30(b) 所示。

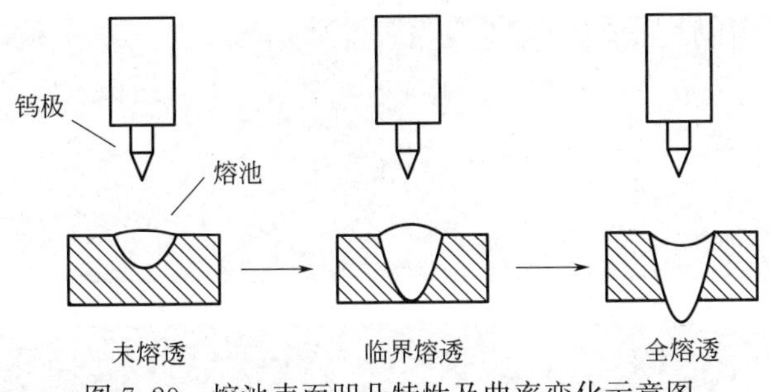

图 7.29　熔池表面凹凸特性及曲率变化示意图

当熔池表面凹凸特性及曲率发生改变时将引起激光反射条纹的形态变化，从而导致进入暗室的光信号大小发生变化，通过光电转换最终引起暗室输出电压信号发生改变。

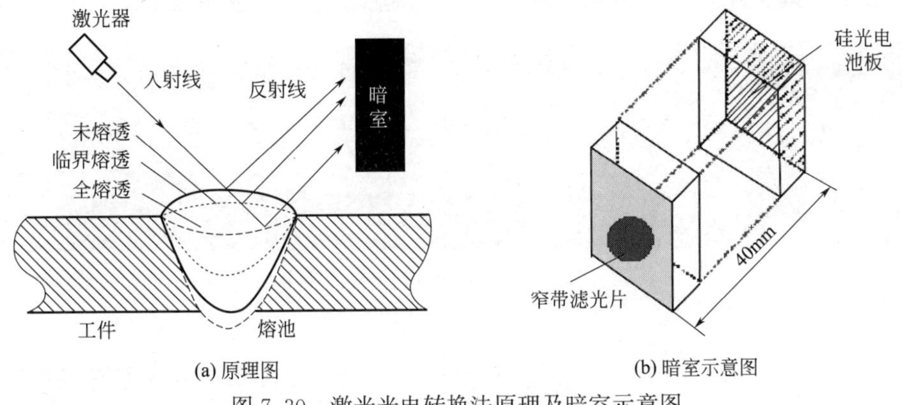

图 7.30　激光光电转换法原理及暗室示意图

在脉冲电流的作用下必将引起熔池的周期性振荡，从而引起激光条纹亮度积分值的同步变化，其振荡状态示意图如图 7.31 所示。

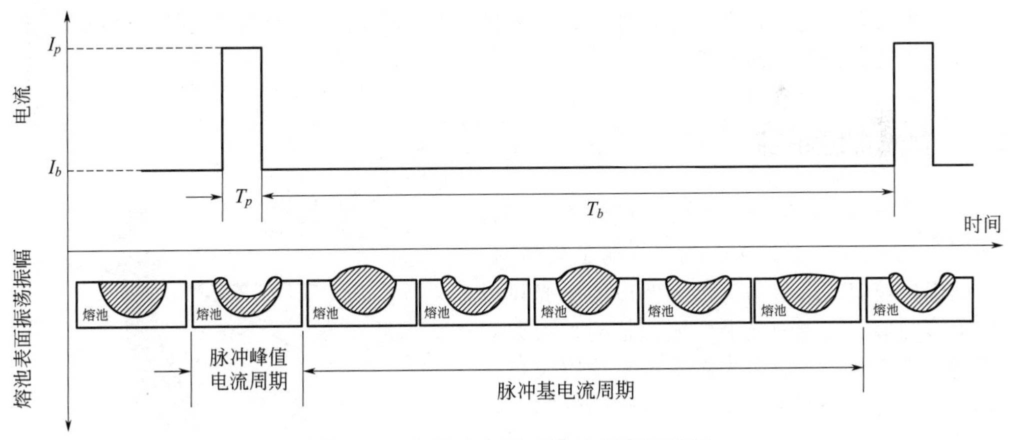

图 7.31　在脉冲电流下熔池振荡示意图

从熔池表面三维反射激光网格的成像图（图 7.32）可明显地看出其表面的变形情况。激光器发出的光束被不同时刻的熔池表面反射后，不同时刻下的激光网格线在熔池表面发生了不同程度的拉长拉宽。

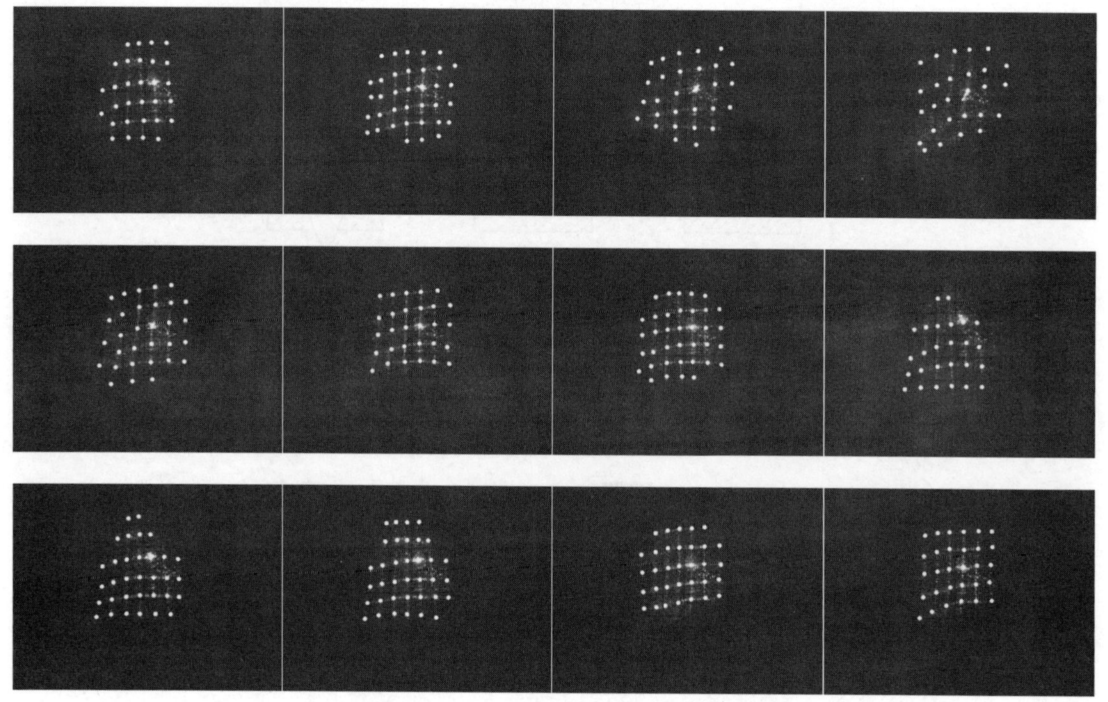

图 7.32　熔池表面三维的反射激光网格的成像图

7.4 焊缝跟踪

近年来，焊接自动化发展非常迅速，许多科研院所都高度重视焊接自动化的实现，焊接自动化技术的核心部分为焊缝识别的传感技术。目前，用于焊缝识别的传感技术非常多，但大致可以分为以下四大类，分别是超声波传感技术、激光传感技术、电弧传感技术、电磁传感焊缝跟踪等，下面将研究它们的工作原理。

7.4.1 激光焊缝跟踪

在激光传感器中，激光束通常被散射成一条直线。如图 7.33 所示，当激光的线在焊缝上传输时，它会根据焊接坡口的形状而变形。变形的激光可以反射焊接槽的形状。当激光沿焊缝扫描时，可以获得焊缝的三维轮廓。当对激光传感器系统以及传感器、焊炬和工件之间的相对位置进行精确标定时，就可以计算出焊炬的跟踪位置。

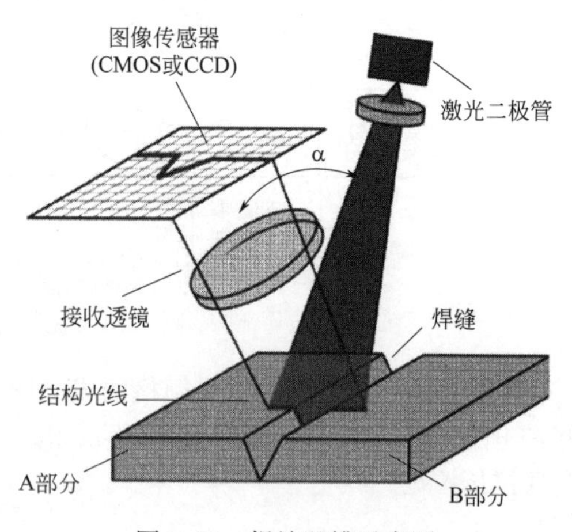

图 7.33　焊缝凹槽示意图

图 7.34 是激光焊缝跟踪系统的示意图，由以下部分组成：

① 伺服-机器人 MINI-I/60 激光视觉传感器；

② 基于嵌入式微控制器 LPC1700 的控制系统（下位机）；

③ 执行机构，包括三台伺服电机和二维校正机构；

④ 上位机为 PC 机；

⑤ 控制箱；

⑥ 前 5 部分之间组成的通信系统。

激光跟踪即采用激光视觉传感器超前焊枪进行检测，并通过预先标定好的激光视觉传感器和焊枪之前的位置关系计算出传感器测量点的位置坐标，在焊接过程中，将机器人的示教位置和传感器的检测位置进行比对，并计算出相应点的位置偏差，当滞后于激光线的焊枪抵达对应的检测位置时，将偏差补偿到当前的焊接轨迹上，实现修正焊接轨迹的目的，如图 7.35 所示。

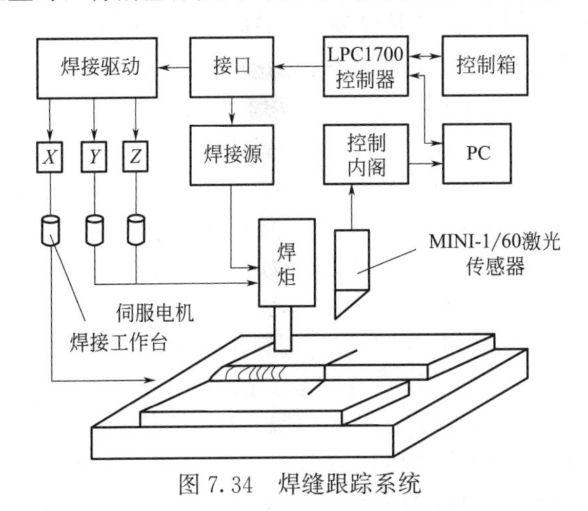

图 7.34　焊缝跟踪系统

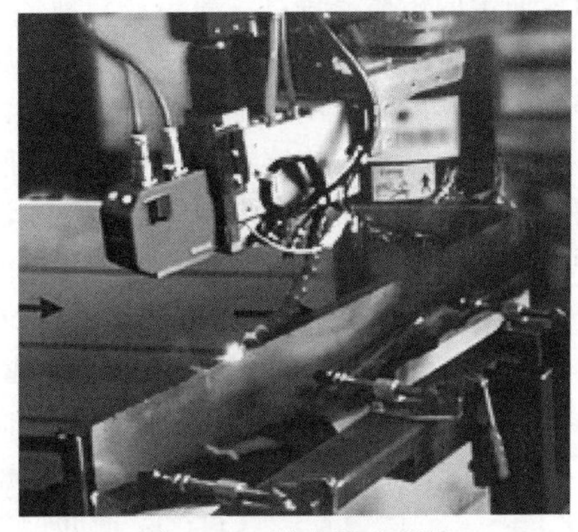

图 7.35　激光跟踪焊接

图 7.36(a) 为未使用滤波片的焊缝图像，选择窄带滤光片，使其与画线激光器的波长相匹配，过滤掉外界光源的干扰，获得质量较高的焊缝图像，如图 7.36(b) 所示。对于滤波降噪后的焊缝图像如图 7.36(c) 所示，视觉系统要实现对焊缝位置自动的追踪，必须要能够将激光线

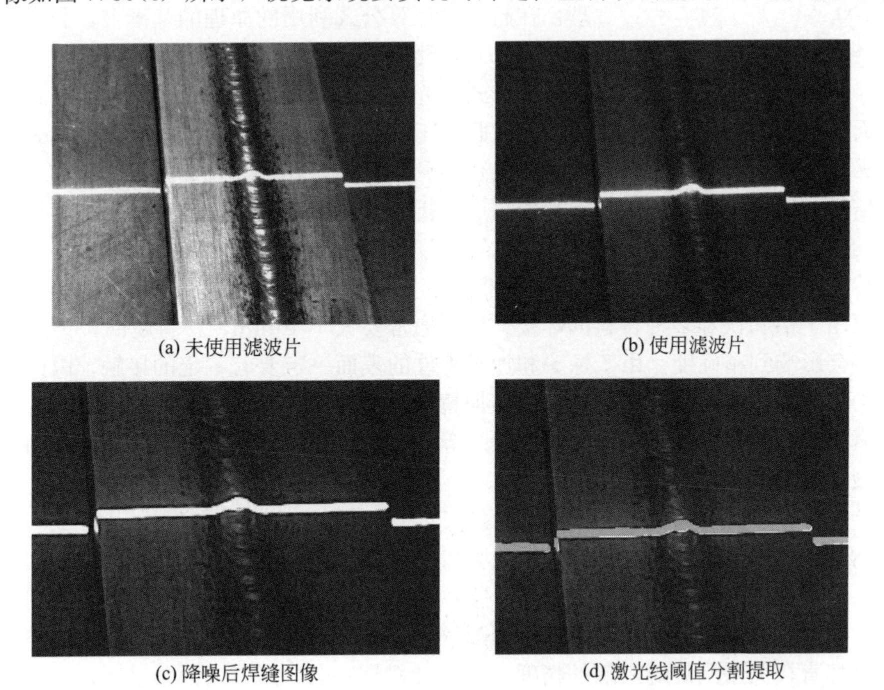

图 7.36　不同条件下的图片

区域从整幅图像中自动分割出来，再后续处理，因此，激光线的自动分割对于机器人实现焊缝自动追踪至关重要。观察图 7.36(c) 降燥后焊缝图像，激光线区域灰度值与其他区域灰度值有明显差异，因此可以使用灰度值阈值化分割的办法将激光线提取出来，阈值分割提取图如图 7.36(d) 所示。

7.4.2 超声波焊缝跟踪

超声波传感器是将超声波信号转换成其他能量信号（通常是电信号）的传感器。超声波是振动频率高于 20kHz 的机械波。它具有频率高、波长短、绕射现象小，特别是方向性好、能够成为射线而定向传播等特点。超声波对液体、固体的穿透本领很大，尤其是在阳光不透明的固体中。超声波碰到杂质或分界面会产生显著反射形成反射回波，碰到活动物体能产生多普勒效应。超声波传感器广泛应用在工业、国防、生物医学等方面。

超声波焊缝跟踪传感器是一种发展时间较短的传感器，具有不易受到电弧产生的强光、电磁场等干扰的优点。所以在焊缝的自动跟踪识别时有很好的应用潜力。超声波焊缝跟踪传感器的工作原理就是通过超声波传感器发射出超声波后，在空间中传播，超声波信号碰到物体表面时反射回来，信号被传感器收到后就可以检测出来。

如图 7.37 所示，超声波发射后，焊缝左右两侧将超声波反射，焊缝位置超声波被传感器感知，进而转变为电信号检测出焊缝所在位置。

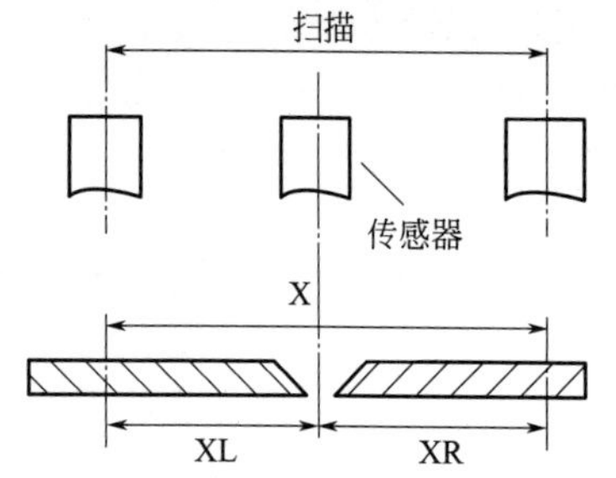

图 7.37　焊缝左右偏差检测原理图

根据式(7.12)：超声波从传感器发射到接收到信号所用的时间记为 T_0，可以推算出传感器与焊件间的水平距离为 L，因此实现焊炬与工件间的水平测算。

$$L=T_0\times C/2 \tag{7.12}$$

其中，C 为超声波在介质中的传播速度。

检测过程中焊缝的上下偏差，通常采取寻棱边法，它的原理：在超声波计算公式利用的原理的基础上，利用超声波折射原理，来对检测信号进行处理并作出判断。我们知道，超声波的传播方式与光的传播方式比较相近，也就是当超声波碰到加工工件表面时会产生折射，然而当超声波接收到工件的坡口表面信号时，因为坡口表面与超声波反射角的夹角不是 180°，那么折射波就很难反射到传感器，如果出现那种情况的话，传感器将收不到回波信号，通过以上原理，我们利用超声波折射的方法，就可以轻易地判断出是否检测到了焊缝坡口的边缘。

超声传感器的适用范围：

它可以用于铝和铁等多种材料的焊接。板厚通常要大于 16mm，材料越薄，传感器工作状态越不好，将会影响到精确度。由于探头和加工工件的表面一定要有一定的接触，因此要求工件的表面尽量磨得更平，那样测出来的结果会更加精确，减少外界条件带来的误差。再者因为它不易受外界因素，比如电弧光、电磁、灰尘和烟尘等影响，且含有熔深约束和焊缝追踪的性能，是一种较有发展前景的理想传感器。

7.4.3 旋转电弧焊缝跟踪

旋转电弧传感器的基本原理是通过检测焊接电流信号来判断焊枪与焊缝对中的情况，信号滤波效果的好坏直接关系到焊缝跟踪的精度。焊接过程是一个多因素的复杂过程，即使排除偶尔的引弧断弧过程，其焊接电流信号也是杂乱无章的，含有丰富的谐波以及噪声干扰和短路尖峰脉冲。虽然旋转电弧传感器具有抗弧光、耐高温、实时性强等特点，但是电流信号极易受到外界噪声的干扰，因此必须采取适当的滤波方法对焊接电流信号进行滤波处理。

根据使电弧运动的方式不同，电弧传感器主要分为两种，分别是机械式电弧传感器和磁控电弧传感器。根据电弧运动形式的不同，机械式电弧传感器主要分成摆动式电弧传感器和旋转电弧传感器，由于旋转运动的转速更容易控制，并且转速可以很高，可以提高采样的频率和焊缝信息分析的准确度，而摆动的频率不能太高，不利于高速焊接时准确跟踪焊缝，所以，现在机械式电弧传感器主要是旋转电弧传感器。旋转电弧传感器是通过空心轴电机带动焊丝旋转运动，进而带动电弧转动，而磁控电弧传感器是通过交变的磁场来控制电弧运动。

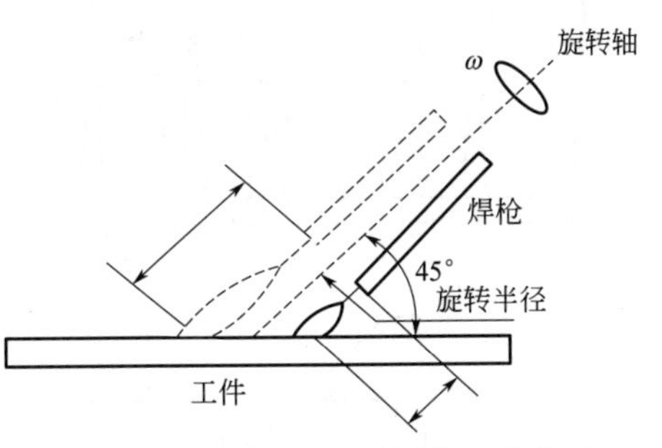

图 7.38　旋转电弧传感器的工作原理

如图 7.38 所示，通过空心轴电机和偏心轴承，使电弧的旋转半径为 r，旋转角速度为 ω。在一定范围内，弧长越长，采集到的焊接电流越小，焊接坡口将电弧长度的变化调制成焊接电流的变化，通过分析焊接电流的波形，可以识别出焊枪相对于焊缝的偏差信息。

图 7.39 为旋转电弧传感系统的硬件及软件，通过电机带动光码盘、焊丝转动，使电弧也以同样的频率转动。

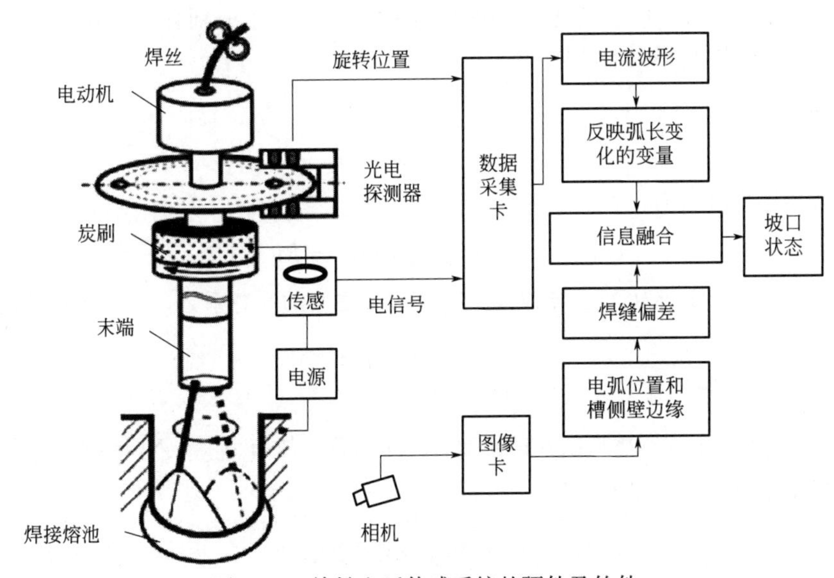

图 7.39　旋转电弧传感系统的硬件及软件

通过光电传感器，检测光码盘的转速以及位置，利用传感器检测出焊接过程的焊接电流，根据光码盘转动的位置及转速，分析采样到的焊接电流，可以识别出电弧长度的变化，从而得出焊枪相对于焊缝的位置，或者识别出坡口的信息。为了提高可靠性，这里同时采用了视觉传感器采集焊接过程的图像，通过融合电弧传感器和视觉传感器采集到的信息，得出焊接坡口的状态。

7.4.4　电磁传感焊缝跟踪

电磁传感器实质上是共用初级线圈的两个变压器，绕在中柱上的初级线圈通交流电压，两个

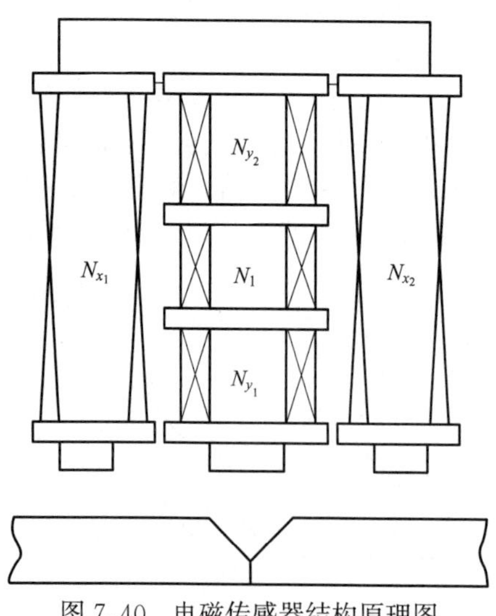

图 7.40　电磁传感器结构原理图

次级线圈为反极性串联，通过检测次级输出的差动信号可判断偏离方向。图 7.40 所示为电磁传感器结构设计图。其中 N_{x_1} 线圈和 N_{x_2} 线圈的圈数相等，用来识别水平位移偏差；N_{y_1} 和 N_{y_2} 用来识别高度方向的位移偏差，N_1 线圈为励磁线圈。当励磁线圈 N_1 上加以交流励磁电压时，在铁芯及工件构成的磁路中产生交变磁通 φ，在水平方向感应线圈 N_{x_1}、N_{x_2} 以及高度方向感应线圈 N_{y_1}、N_{x_2} 上分别有感应电动势。由磁场的边界条件可知，工件装配间隙将 φ 分为 φ_{x_1}、φ_{x_2}，当传感器相对工件移动时，φ_{x_1}、φ_{x_2} 呈差动变化。当水平偏差 $x=0$ 时，由于传感器本身对称，附加通过对接间隙的磁路后仍然对称，水平方向传感输出电压为 0；当水平偏差 $x\neq0$ 时，对接间隙将造成一侧磁路中的磁通增大，另一侧磁路中磁通变小，水平方向传感输出电压不为 0，且呈差动变化。根据检测到的传感输出电压的变化调整焊枪位置。电磁传感器是一种以磁场作为介质的非接触式传感器，结构简单，但是焊缝表面的平面度对其跟踪精度影响较大。

当励磁线圈 N_1 上加以交流励磁电压时，在铁芯及工件构成的磁路中产生交变磁通 φ，在水平方向感应线圈 N_{x_1}、N_{x_2} 以及高度方向感应线圈 N_{y_1}、N_{y_2} 上分别有感应电动势。水平方向感应线圈 N_{x_1}、N_{x_2} 分别有感应电动势

$$E_{x_1}=-J\omega M_{x_1}I_1 \tag{7.13}$$

$$E_{x_2}=-J\omega M_{x_2}I_2 \tag{7.14}$$

则水平传感输出电压为

$$U_{\text{SCX}}=E_{x_1}-E_{x_2}=J\omega(M_{x_2}-M_{x_1})I_1 \tag{7.15}$$

式中，M_{x_1}、M_{x_2} 分别为 N_{x_1} 与 N_1，N_{x_2} 与 N_2 之间的互感系数，由互感系数定义

$$M_{x_1}=N_{x_1}\varphi_{x_1}/I_1 \tag{7.16}$$

$$M_{x_2}=N_{x_2}\varphi_{x_2}/I_2 \tag{7.17}$$

式中，N_{x_1}、N_{x_2} 是水平感应线圈的匝数，由于对称，故有 $N_{x_1}=N_{x_2}=N_2$。

则传感器输出电压又可写为

$$U_{\text{SCX}}=\omega N_2(\varphi_{x_2}-\varphi_{x_1}) \tag{7.18}$$

当传感器相对工件移动时，φ_{x_1}、φ_{x_2} 呈差动变化。当水平偏差 $x=0$ 时，由于传感器本身对称，附加通过对接间隙的磁路后仍然对称，则 $E_{x_1}=E_{x_2}$，根据式(7.18) 可知此时水平方向传感输出电压 $U_{\text{SCX}}=0$；当水平偏差 $x\neq0$ 时，对接间隙将造成一侧磁路中的磁通增大，另一侧磁路中磁通变小，$E_{x_1}\neq E_{x_2}$，由式(7.18) 得到 $U_{\text{SCX}}\neq0$，且呈差动变化，即所谓差动变压器。

电磁传感器、调节器、执行机构三大部分组成了电磁传感器焊缝自动跟踪系统，并构成了一个闭环反馈系统，如图 7.41 所示。在焊接过程中，焊枪相对工件运动时，总会出现 x、y 两个方向的偏差，通过传感器 x、y 的位移量被转换成与之成比例的电压信号 $u(x)$、$u(y)$，输入调节器，根据 $u(x)$、$u(y)$ 的大小与极性控制电机转向与启停的信号，电机接收调节器的信号纠正 x、y 两个方向的偏差，保证焊枪与工件的相对位置在要求精度范围内。

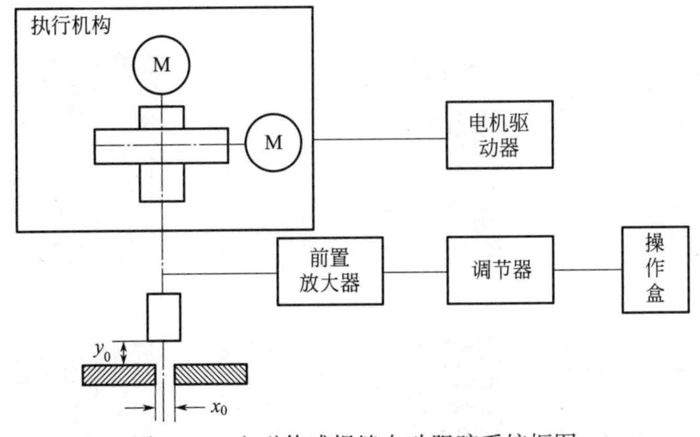

图 7.41　电磁传感焊缝自动跟踪系统框图

7.4.5　视觉传感焊缝跟踪

视觉传感的基本任务就是实现物体目标的几何尺寸的精确检测和精确定位，如用于轿车三维车身尺寸检测、机械手自动装配中的焊缝定位。视觉传感器具有信息量丰富、灵敏度和测量精度高、抗电磁场干扰能力强、与工件无接触的优点，适合于各种形式的坡口，能够同时实现焊缝跟踪和焊接质量控制。理论上来说，人眼可以观察到的范围都可以由视觉传感器检测，人眼观察不到的范围，如红外线等也可通过视觉的形式检测。

视觉传感检测系统通常由光源、镜头、摄像器件、图像存储单元、显示系统组成，如图 7.42 所示。视觉传感器的光路原理图及实物照片如图 7.43 所示。

光源
场景
镜头
镜头
镜头
摄像器件
摄像器件
摄像器件
图像存储体
计算机
控制器
监视器

图 7.42　视觉传感系统组成

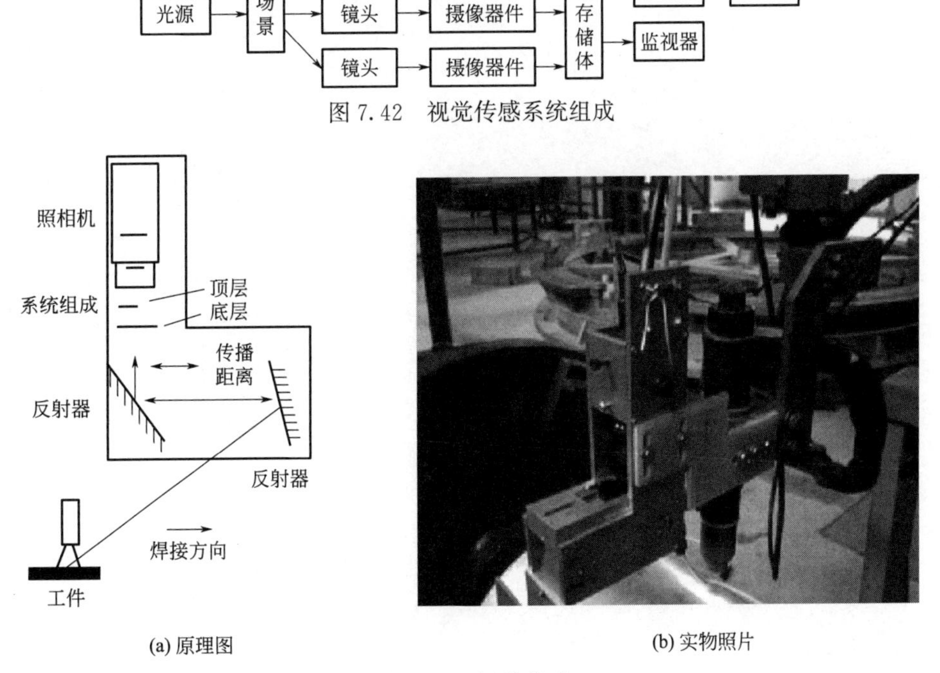

(a) 原理图　　(b) 实物照片

图 7.43　视觉传感

在不同电流条件下的焊接图片如图 7.44 所示。

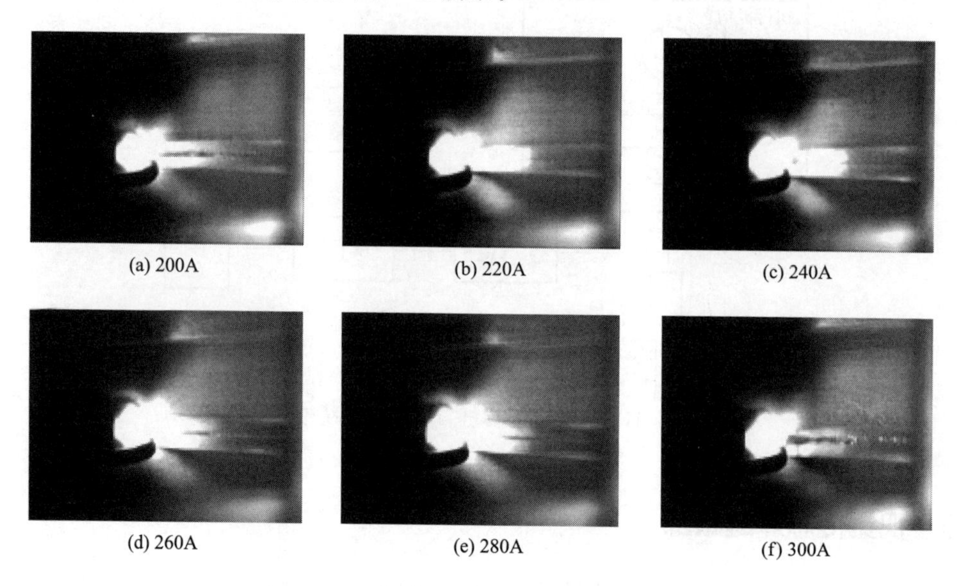

图 7.44　不同焊接电流条件下采集的图像

第8章 过程控制系统

PPT

凡是采用数字或模拟控制方式对生产过程的某一个或某些物理参数进行自动控制的系统统称为过程控制系统。过程控制系统是利用过程检测装置、变送器、控制仪表和执行器等对整个生产过程进行检测与控制，以达到所需控制目标。

8.1 过程控制系统设计原理

过程控制系统按控制器形式分为常规仪表过程控制系统和计算机过程控制系统。随着计算机技术、现代控制理论和智能控制理论的发展，针对工业过程的非线性、时变性、不确定性等特点，过程控制算法从最基本的比例积分微分（PID）控制发展到了先进控制策略（模糊控制、预测控制、自适应控制等）。

8.1.1 过程控制方法

（1）简单控制系统

简单控制系统（单回路控制系统）是由被控对象、检测变送器、控制器和执行机构（控制阀）构成的闭环控制系统，其系统框图如图8.1所示。

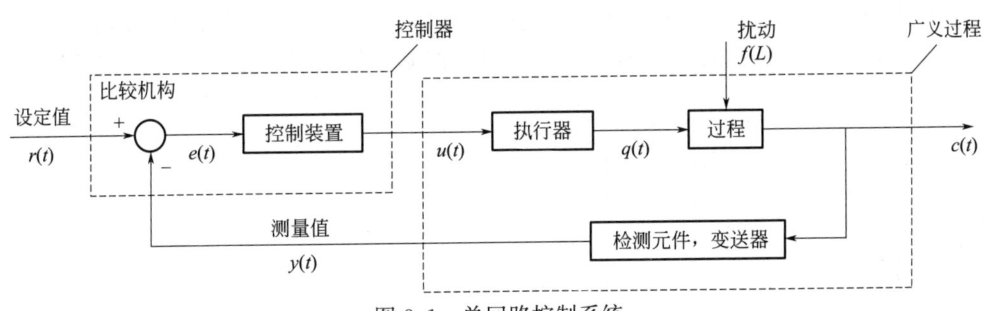

图8.1 单回路控制系统

（2）串级控制系统

所谓串级控制系统，就是采用两个控制器串联工作，主控制器的输出作为副控制器的设定值，由副控制器的输出去操纵控制阀，从而实现对主被控变量具有更好的控制效果，如图8.2所示。

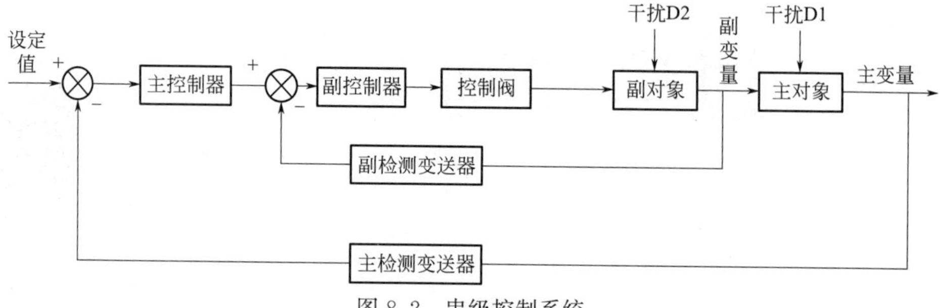

图 8.2　串级控制系统

该系统主要应用于：对象的滞后和时间常数很大、干扰作用强而频繁、负荷变化大、对控制质量要求较高的场合。

串级控制系统的主要特点为：①在系统结构上，它是由两个串接工作的控制器构成的双闭环控制系统；②系统的目的在于通过设置副变量来提高对主变量的控制质量；③由于副回路的存在，对进入副回路的干扰有超前控制的作用，因而减少了干扰对主变量的影响；④系统对负荷的改变有一定的自适应能力。

(3) 均匀控制系统

均匀控制系统（图 8.3）具有使操纵变量与被控变量缓慢地在一定范围内变化的特殊功能。在定值控制系统中，为了保持被控变量为恒值，操纵变量可以较大幅度变化，而在均匀控制系统中，操纵变量与被控变量常常是同样重要的，因此，控制的目的，是使两者在扰动作用下，都有一个缓慢而均匀的变化，其目的是使两个被控变量都比较平稳。

通常是兼顾液位和流量两个变量如图 8.3 所示控制系统，容器液位的平稳是保持物料平衡的需要，流出或进入物料流量的平稳是为了使负荷能接近恒定。有几类结构形式，最常见的是液位对流量串级的形式。取液位控制器为主控制器，其输出作为流量控制器的设定值。它与一般串级控制系统的区别在于液位控制器的参数整定要求，必须采用较大的比例度，不能有微分作用，也不能按 4∶1 的衰减振荡，较弱的积分作用（甚至不用），以使流量设定值平稳少变。

(4) 前馈控制系统

前馈控制是按照扰动量的变化进行控制的。其控制原理是，当系统出现干扰时，控制器就直接根据测量得到的干扰大小和方向求出相应的控制信号，以抵消或减小扰动对被控变量的影响。干扰发生后，在被控量还没有发生变化之前，控制器就产生了控制作用，使被控变量不发生偏差。按照这种理论构成的控制系统，称为前馈控制系统。图 8.4 为换热器前馈控制系统框图。

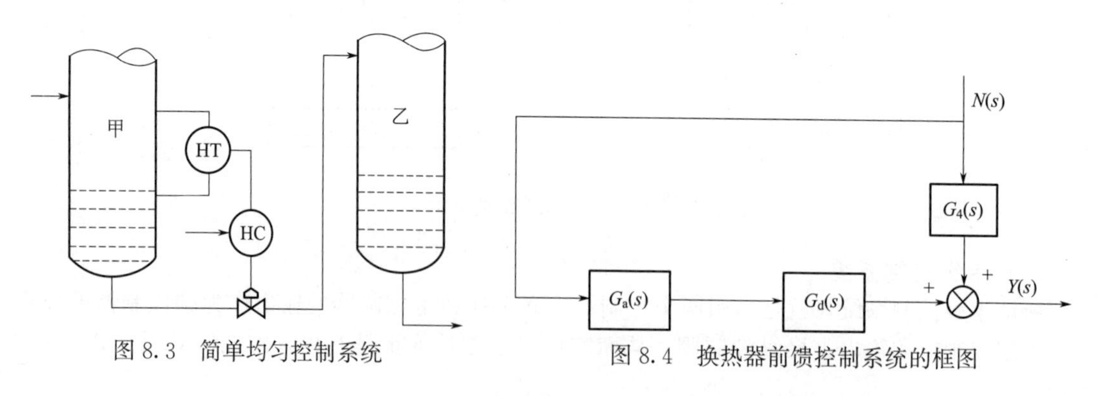

图 8.3　简单均匀控制系统

图 8.4　换热器前馈控制系统的框图

前馈及前馈控制的概念很早就已被人们认识，直至新型仪表和电子计算机的出现及广泛应用，才为前馈控制普遍应用创造了有利条件。前馈控制已在锅炉、精馏塔、换热器和化学反应器等设备上获得成功的应用。

8.1.2 过程控制系统设计术语

PID（piping and instrumentation diagram）即管道及仪表流程图，图例如图 8.5 所示。借助统一规定的图形符号和文字代号，用图示的方法把建立化工工艺装置所需的全部设备、仪表、管道、阀门及主要管件，按其各自功能以及工艺要求组合起来，以起到描述工艺装置的结构和功能的作用。PID 的设计是在 PFD 的基础上完成的。它是过程控制系统的工程设计中从工艺流程到工程施工设计的重要工序，是工厂安装设计的依据．用不同的字母来表示被测变量与仪表功能，如表 8.1 所示。

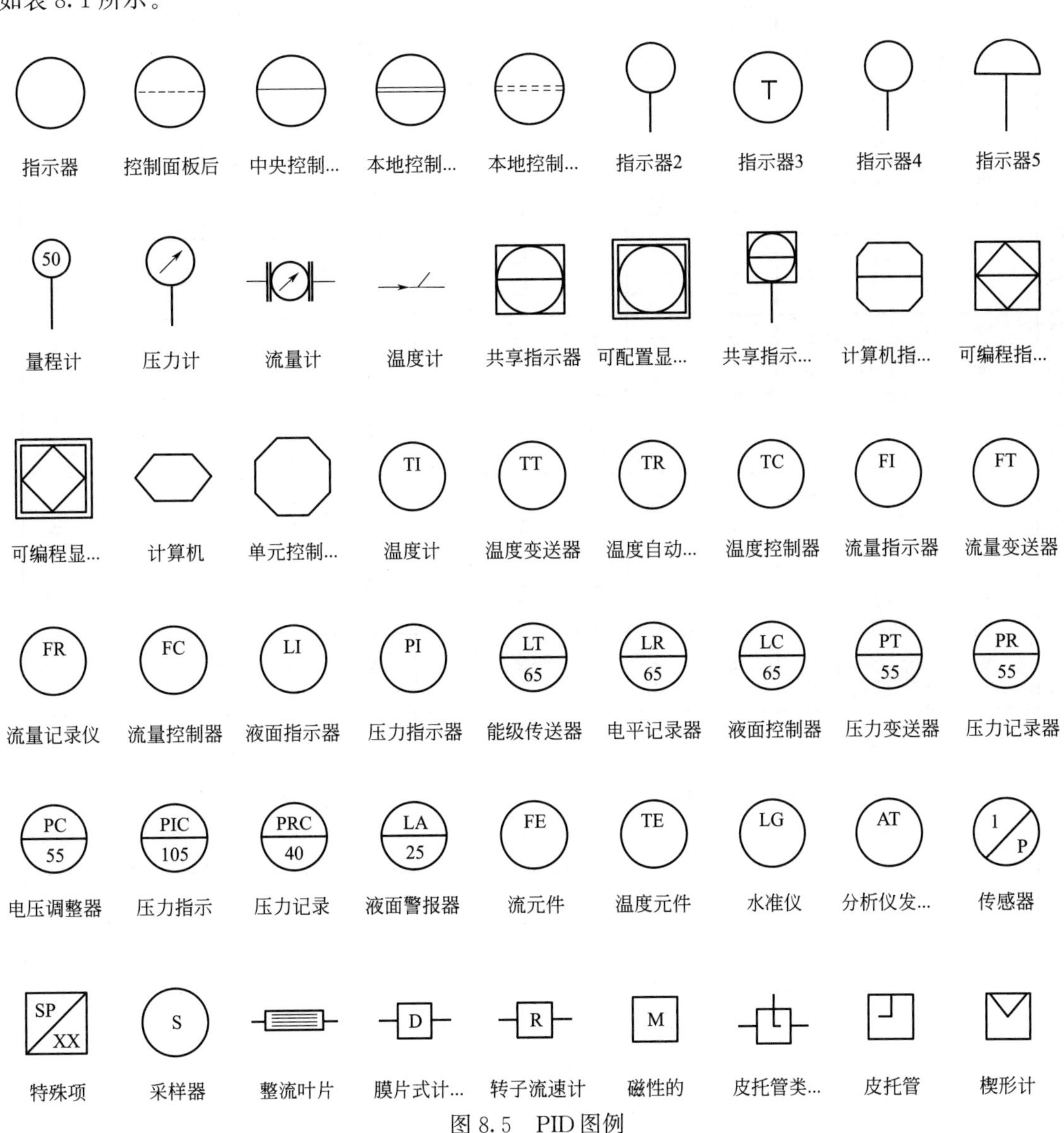

图 8.5　PID 图例

表 8.1　被测变量与仪表功能示例

第一位字母	被测变量或引发变量	控制器				读出仪器		开关和报警装置			变送器			电磁阀继动器计算机	检测元件	测试点	套管或探头	视镜观察	安全装置	最终执行元件
	分析	记录	指示	无指示	自力式控制阀	记录	指示	高	低	高低组合	记录	指示	无指示							
A	分析	ARC	AIC	AC		AR	AI	ASH	ASL	ASHL	ART	AIT	AT	AY	AE	AP	AW			AV
B	烧嘴、火焰	BRC	BIC	BC		BR	BI	BSH	BSL	BSHL	BRT	BIT	BT	BY	BE		BW	BG		BZ
C	电导率	CRC	CIC			CR	CI	CSH	CSL	CSHL		CIT	CT	CY	CE					CV
D	密度	DRC	DIC	DC		DR	DI	DSH	DSL	DSHL		DIT	DT	DY	DE					DV
E	电压(电动势)	ERC	EIC	EC	FCVFICV	ER	EI	ESH	ESL	ESHL	ERT	EIT	ET	EY	EE					EZ
F	流量	FRC	FIC	FC		FR	FI	FSH	FSL	FSHL	FRT	FIT	FT	FY	FE	FP		FG		FV
FQ	流量累计	FQRC	FQIC			FQR	FQI	FQSH	FQSL			FQIT	FQT	FQY	FQE					FQV
FF	流量比	FFRC	FFIC	FFC		FFR	FFI	FFSH	FFSL						FE					FFV
G	供选用																			
H	手动	HRC	HIC	HC						HS										HV
I	电流	IRC	IIC			IR	II	ISH	ISL	ISHL	IRT	IIT	IT	IY	IE					IZ
J	功率	JRC	JIC			JR	JI	JSH	JSL	JSHL	JRT	JIT	JT	JY	JE					JV

续表

第一位字母	被测变量或引发变量	控制器				读出仪器		开关和报警装置			变送器			电磁阀继动器计算机	检测元件	测试点	套管或探头	视镜观察	安全装置	最终执行元件
	分析	记录	指示	无指示	自力式控制阀	记录	指示	高	低	高低组合	记录	指示	无指示							
K	时间、时间程序	KRC	KIC	KC	KCV	KR	KI	KSH	KSL	KSHL	KRT	KIT	KT	KY	KE					KV
L	物位	LRC	LIC	LC	LCV	LR	LI	LSH	LSL	LSHL	LRY	LIT	LT	LY	LE		LW	LG		LV
M	水分或湿度	MRC	MIC			MR	MI	MSH	MSH	MSHL		MIT	MT		ME		MW			MV
N	供选用																			
O	供选用																			
P	压力、真空	PRC	PIC	PC	PCV	PR	PI	PSH	PSL	PSHL	PRT	PIT	PT	PY	PE	PP			PSVPSE	PV
PD	压力差	PDRC	PDIC	PDC	PDCV	PDR	PDI	PDSH	PDSL		PDRT	PDIT	PDT	PY	PE	PP				PDV
Q	数量	QRC	RIC			QR	QI	QSH	QSL	QSHL	QRT	QIT	QT	QY	QE					QZ
R	核辐射	RRC	RIC	RC		RR	RI	RSH	RSL	RSHL	RRT	RIT	RT	RY	RE		RW			RV
S	速度、频率	SRC	SIC	SC	SCV	SR	SI	SSH	SSL	SSHL	SRT	SIT	ST	SY	SE					SV
T	温度	TRC	TIC	TC	TCV	TR	TI	TSH	TSL	TSHL	TRT	TIT	TT	TY	TE	TP	TW		TSE	TV
TD	温度差	TDRC	TDIC	TDC	TDCV	TDR	TDI	TDSH	TDSL		TDRT	TDIT	TDT	TDY	TDE	TP	TW			TDV
U	多变量					UR	UI							UY						UV
V	振动、机械鉴视					VR	VI	VSH	VSL	VSHL	VRT	VIT	VT	VY	VE					VZ

续表

第一位字母	被测变量或引发变量	控制器				读出仪器		开关和报警装置			变送器			电磁阀继动器计算机	检测元件	测试点	套管或探头	视镜观察	安全装置	最终执行元件
	分析	记录	指示	无指示	自力式控制阀	记录	指示	高	低	高低组合	记录	指示	无指示							
W	重量、力	WRC	WIC	WC	WCV	WR	WI	WSH	WSL	WSHL	WRT	WIT	WT	WY	WE					WZ
WD	重力差、力差	WDRC	WDIC	WDC	WDCV	WDR	WDI	WDSH	WDSL		WDRT	WDIT	WDT	WDY	WDE					WDZ
X	未分类																			
Y	事件、状态		YIC	YC		YR	YI	YSH	YSL				YT	YY	YE					YZ
Z	位置、尺寸	ZRC	ZIC	ZC	ZCV	ZR	ZI	ZSH	ZSL	ZSHL	ZRT	ZIT	ZT	ZY	ZE					ZV
ZD	检尺、位置差	ZDRC	ZCIC	ZDC	ZDCV	ZDR	ZDI	ZDSH	ZDSL		ZDRT	ZDIT	ZDT	ZDY	ZDE					ZDV
其他		FIK	带流量指示自动-手动操作						PFI	压缩比指示					QQI	数量积算指示				
		FO	限流孔板						TJI	扫描指示					WKIC	失重率指示、控制				
		HMS	手动瞬动开关						TJIA	扫描指示、报警										
		KQI	时间或时间程序指示						TJR	扫面记录										
		LCT	液位控制、变速						TJRT	扫描记录、报警										
		LLH	渡位指示灯																	

以精馏塔塔釜温度与蒸汽流量串联控制系统流程图为例，如图 8.6 所示。

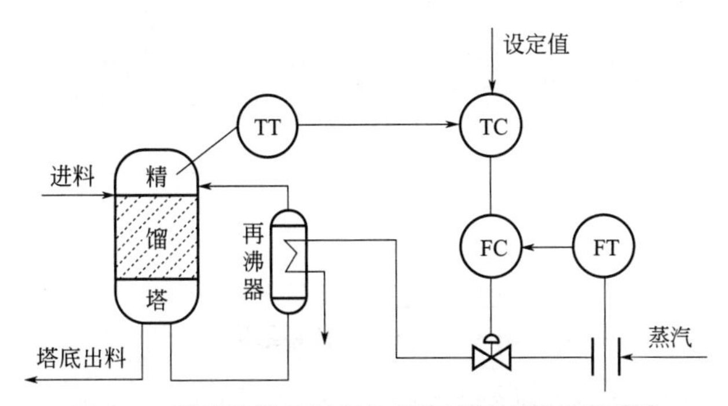

图 8.6　精馏塔塔釜温度与蒸汽流量串联控制系统

图 8.6 中 TT 为温度变送器，TC 为温度控制器，FC 为流量控制器，FT 为流量变送器。

8.2 集散控制系统概述

集散控制系统（DCS），是对生产过程进行监视、控制和管理的一种具有数字通信功能的新型控制系统。DCS 是计算机技术、信息处理技术、测量控制技术、网络技术等有机结合的产物。它具有积木式的开放结构，可以根据具体的应用过程对系统进行扩展。

DCS 既具有监视功能，又具有控制功能，各功能之间通过网络进行数据通信，实现信息共享。它的监视、管理功能集中实现，这就是所谓的信息集中管理。这有利于运行人员及时准确掌握全局和局部情况，进行综合监督、管理和调度。也可减少大量的控制室仪表，这种集中管理和调度的功能一般在通用操作站上进行。DCS 的控制功能又是分散的，每个基础控制单元只控制若干个回路，以避免局部的故障影响其他部分，即实现了危险分散，提高了过程控制的可靠性。

8.2.1 DCS 组成

8.2.1.1 体系结构

自从美国 Honeywell 公司于 1975 年推出世界上第一套集散控制系统 TDC2000 以来，经过四十多年的发展，在可靠性、开放性、操作维护性能和系统体系结构等各方面，DCS 都有了很大程度的发展。

一个典型的集散控制系统，一般由现场控制层、过程监控层和管理决策层三层组成，其体系结构如图 8.7 所示。DCS 的体系结构充分体现了控制功能分散、管理信息集中的优点。

现场控制层。现场控制层处于整个 DCS 的最底层，该层的主要功能是检测过程参数，对现场工艺过程进行具体的操作控制，并和过程监控层进行信息交换。现场控制层的主要设备是现场控制站，负责实现各种控制功能，并通过输入输出接口来连接各种现场设备，如传感器、执行器、变频器和驱动装置等。在该层面上，可靠性、实时性和数据交换的准确性，是对现场的工艺过程进行有效控制的基本要求。

过程监控层。过程监控层又称为车间监控层或单元层，介于现场控制层和管理决策层之间。过程监控层一般由服务器、工程师站、操作员站和各种通信接口组成，用来实现对现场控制层的各种信息进行处理和显示，对整个控制系统的控制算法监控界面进行组态，并负责和生产线上的

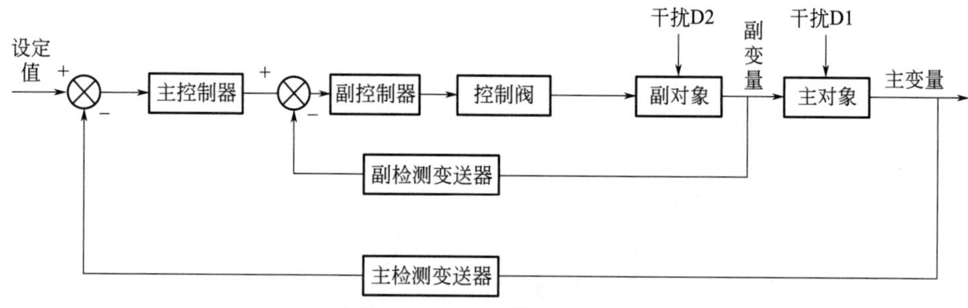

图 8.7　DCS的体系结构图

第三方设备进行数据通信，从而实现车间级设备的监控。此外，过程监控层还接收来自于管理决策层的指令，对过程进行控制。从通信需求来看，该层的通信网络要能够高速传输大量信息数据和少量控制数据，因此也具有较强的实时性要求。

管理决策层。管理决策层用于实现企业的上层管理，为企业提供生产、经营管理等各种数据，通过信息化的方式优化企业资源，提高企业的管理水平。从这方面的需求来看，该层网络要能够传输大数据量的信息，但对实时性要求较低。该层对全厂生产过程的各个方面进行调度和管理，如全厂人事档案管理、原材料消耗管理、销售管理等。

8.2.1.2　DCS的硬件组成

从DCS的体系结构可以看出，DCS的硬件构成主要包括以下几个部分：现场控制站、工程师站、操作员站和服务器等。

（1）现场控制站

现场控制站处于整个DCS的最底层，直接与生产过程中的各种传感器、执行器相连，具有过程工艺参数输入、控制、运算、通信和输出等诸多功能。现场控制站接收现场的各种信号，对信号进行滤波、补偿、非线性校正等处理并将报警值、测量值等各种信息通过网络传送给工程师站、操作员站和服务器等设备；同时，接收来自于操作员站等设备的控制指令，通过运算将最终的控制结果发送到现场执行机构。

不同厂家的DCS，其现场控制站的结构也有所不同，但大多数DCS的现场控制站主要由以下几部分组成：控制器、电源模块、输入输出模块、网络接口模块以及用于安装各模块的机架和机柜等。

（2）工程师站

工程师站是对整个DCS进行组态的设备，用来设计控制算法和开发人机监控界面。在工程师站上，可以对控制系统进行离线的配置和组态，对DCS本身的运行状态进行监视和维护，对控制系统各参数进行在线设定和修改。

工程师站一般采用商用计算机或工控机，也有的DCS，使用服务器充当工程师站的功能，如Honeywell公司的Experion PKS系统。一旦整个系统组态完毕，就不需要在工程师站进行任何操作，除非工艺要求进行重新组态，或对控制程序进行在线修改等。

（3）操作员站

操作员站是值班人员的中心操作台，功能类似于一台常用的微机。它能把分散的回路信息和有关生产过程的参数通过数据通道集中处理后，用一定的方式（如图、表、曲线等）在屏幕上显示出来，实现对生产过程的集中监视和控制。通过键盘和鼠标可以选择所希望了解的参数、图表等。操作人员也可直接对控制回路的工作状态进行切换，如进行手动和自动切换。操作员站可以单独使用，也可以多台组合起来形成一个操作中心，每台操作员站完成不同的内容。

操作员站是一个综合性的过程控制及信息管理计算机系统，由于需要长期连续工作，其可靠性的要求很高，通过总线或网络将各现场控制站送来的信息在屏幕上显示出来。操作人员通过操作员站来监视生产过程的重要工艺参数，并对相关设备进行控制，对主要工艺参数进行修改。操作员站的主要功能有：采集过程控制信息，建立数据库；对生产过程进行各种显示，如总貌、分系统、趋势、系统状态、模拟流程、历史数据、报警等；对各种信息制表或曲线打印及屏幕拷贝；控制方式切换；在线变量计算以及指导操作；进行能耗、成本核算、设备寿命等综合计算。

(4) 服务器

在DCS中，服务器是系统进行控制的关键设备。通常情况下，DCS的数据库安装在服务器上，各操作员站通过服务器获得现场工艺数据，同时来自于操作员站和工程师站的控制指令，也通过服务器发送到现场。

为提高DCS的可靠性，服务器一般采用冗余配置，即配置两台服务器，一台作为主服务器，另一台为备用服务器，两台服务器间始终处于信息同步状态。主服务器出现故障后，备用服务器在瞬间接替主服务器工作。

一般情况下，服务器也常作为工程师站来使用，进行控制策略的组态、监控画面的开发等。

8.2.1.3 DCS的软件组成

DCS的控制功能是在硬件基础上由软件来实现的。DCS的软件由现场控制站软件、工程师站软件、操作员站软件和通信管理软件等部分组成连同硬件一起，共同构成一个功能强大的控制系统。

(1) 现场控制站软件

现场控制站软件固化在现场控制器中，完成对现场的直接控制，能够实现逻辑控制、顺序控制、回路控制和混合控制等多种类型的控制功能，此外，还可以实现控制器冗余、I/O模块冗余、通信模块冗余等功能。现场控制站软件主要包括数据采集和输出模块、控制和运算功能模块等。

数据采集和输出模块对来自于现场传感器和变送器的信号进行处理，并将控制运算的结果输出到现场执行机构。数据采集和输出模块，可以对现场数据进行数字滤波处理，从而去除现场的各种干扰信号，得到较为真实的被测工艺参数值；还可以对这些参数值进行诸如线性变换、热电偶插值运算和量程变换等，从而为控制和运算功能模块提供所需的数据。

控制和运算功能模块是现场控制站软件的重要组成部分，在控制功能上支持连续控制、逻辑控制和顺序控制等。在连续控制功能方面，可以实现简单的PID控制和各种变形PID控制，大多数DCS还提供自适应控制、模糊控制等智能控制方式。在逻辑控制方面，不但可以实现与、或、非、异或等简单的逻辑功能，还可以实现定时器、计数器和移位操作等功能。在顺序控制方面，不同厂家的DCS使用不同的编程语言来实现复杂的顺序功能，如实现电动机等设备的顺序启停，实现批量控制、紧急停车和安全联锁保护等功能。

(2) 工程师站软件

DCS的工程师站软件用来对系统进行组态、维护和程序的在线修改，完成控制功能和监控画面的组态和设计。DCS的控制功能组态包括控制系统硬件组态，控制系统网络设计和参数设置，顺序控制逻辑控制和回路控制等控制程序的设计和开发，先进控制和优化控制策略的实现等。操作画面的设计包括各种监控画面的绘制，过程数据的历史归档，实时和历史数据的趋势曲线绘制，报警系统设置和报表系统的开发等。

各DCS厂商提供了不同的工程师站软件，来完成系统的组态过程。Honeywell公司的Experion PKS系统，采用Control Builder软件实现控制策略的组态，采用Display Builder来实现操作画面的设计和开发；ABB公司的Freelance 800F系统，则采用统一的Control Builder F软件，来实现控制策略的组态和监控界面的设计等。

(3) 操作员站软件

DCS操作员站软件运行在操作员站上，是操作和工艺人员了解现场工艺过程和设备状况的窗口，也是对工艺过程进行干预的主要途径。

操作员站软件一般提供以下功能：各种监控画面显示，如系统的总貌画面、工艺流程画面、控制画面和参数设置画面等；系统主要工艺参数的修改，操作和工艺人员可以根据现场状况，根据权限修改某些工艺参数的值，并可对控制回路的控制模式进行切换，如手动、自动和软手动切换等；系统报警的显示功能，并能够通过操作员站软件实现报警的确认；趋势显示和数据查询功能，可以根据工艺要求实现控制参数的实时曲线显示，也可以按照时间要求进行历史数据的查询和曲线显示等；报表的查询，可根据要求进行班报、日报、月报和年报的查询和显示功能；输出打印功能，可对系统的报警记录、报表和趋势曲线进行打印输出。

(4) 其他功能软件

除了现场控制站软件、工程师站软件和操作员站软件以外，大多数DCS还提供了很多可选软件，用户可以根据需要进行选购。这些可选软件一般包括：先进控制软件包，如模型预测控制；远程控制节点软件，可以实现基于Web的数据监控；通信用驱动程序软件，实现和第三方设备的数据通信等。这些软件从某种意义上来说，大大地扩展了DCS的基本控制功能。

8.2.2 DCS发展历程

从1975年第一套DCS诞生到现在，DCS经历了三个大的发展阶段，或者说经历了三代产品。从总的趋势看，DCS的发展体现在以下几个方面。

① 系统的功能从低层（现场控制层）逐步向高层（监督控制、生产调度管理）扩展；

② 系统的控制功能由单一的回路控制逐步发展到综合了逻辑控制、顺序控制、程序控制、批量控制及配方控制等的混合控制功能；

③ 构成系统的各个部分由DCS厂家专有的产品逐步改变为开放的市场采购的产品；

④ 开放的趋势使得DCS厂家越来越重视采用公开标准，这使得第三方产品更加容易集成到系统中来；

⑤ 开放性带来的系统趋同化迫使DCS厂家向高层的、与生产工艺结合紧密的高级控制功能发展，以求得与其他同类厂家的差异化；

⑥ 数字化的发展越来越向现场延伸，这使得现场控制功能和系统体系结构发生了重大变化，将发展成为更加智能化、更加分散化的新一代控制系统。图8.8为控制系统发展过程。

(1) 第一代DCS

第一代DCS是指从其诞生的1975～1980年间所出现的第一批系统，因为这是有史以来第一批DCS，因此控制界称这个时期为初创期或开创期。这个时期的代表是率先推出DCS的Honeywell公司的TDC-2000系统，同期的还有Yokogawa（即横河）公司的Yawpark系统、Foxboro公司的Spectrum系统、Bailey公司的Network90系统、Kent公司的P4000系统、Siemens公司的Teleperm M系统及东芝公司的TOSDIC系统等。

这个时期的系统比较注重控制功能的实现，因此系统的设计重点是现场控制站。各个公司的系统均采用了当时最先进的微处理器来构成现场控制站，因此系统的直接控制功能比较成熟，而系统的人机界面功能则相对较弱，在实际运行中，只用CRT操作站进行现场工况的监视，而且提供的信息也有一定的局限。

在描述第一代DCS时，一般都以Homeywell的TDC-2000为模型。第一代DCS由过程控制

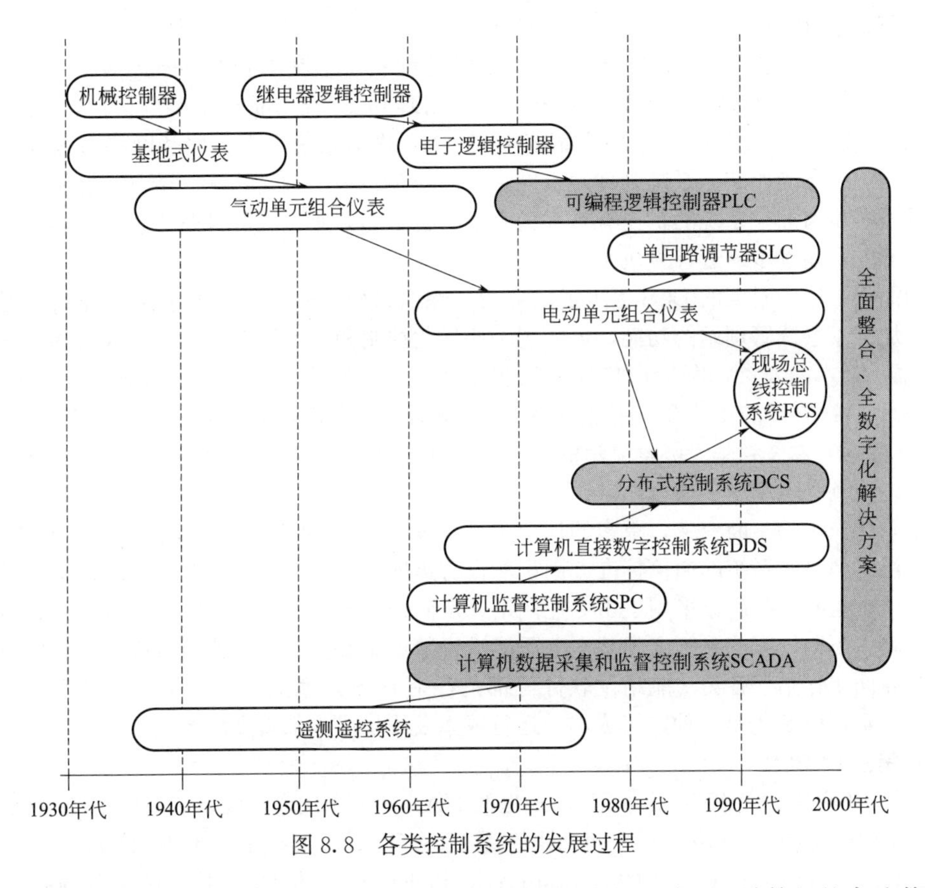

图 8.8　各类控制系统的发展过程

单元、数据采集单元、CRT 操作站、上位管理计算机及连接各个单元和计算机的高速数据通道这五个部分组成。这也奠定了 DCS 的基础体系结构。

第一代 DCS 在功能上更接近仪表控制系统，这是由于大部分推出第一代 DCS 的厂家都有仪器仪表生产和系统工程的背景。其特点是分散控制、集中监视，这个特点与仪表控制系统类似，所不同的，是控制的分散不是到每个回路，而是到现场控制站，一个现场控制站所控制的回路从几个到几十个不等。集中监视所采用的是 CRT 显示技术和控制键盘操作技术，而不是仪表面板和模拟盘。

在这个时期，各个厂家的系统均由专有产品构成，包括高速数据通道、现场控制站、人机界面工作站及各类功能性的工作站等。这与仪表控制时代的情况相同，所不同的，是 DCS 还没有像仪表那样形成了 4～20mA 的统一标准，因此各个厂家的系统在通信方面是自成体系的，当时还没有厂家采用局域网标准（实际上当时网络技术的发展也不成熟），而是各自开发自有技术的高速数据总线或称数据高速公路。因此各个厂家的系统并不能像仪表系统那样可以实现信号互通和产品互换。这种由独家技术、独家产品构成的系统形成了极高的价位，不仅系统的购买价格高，系统的维护运行成本也高。可以说 DCS 的这个时期是超利润时期，因此其应用范围也受到一定的限制，只在一些要求特别高的关键生产设备上得到了应用。应该说，DCS 在控制功能上比仪表控制系统前进了一大步。由于采用了数字控制技术。许多仪表控制系统所无法解决的复杂控制、多参数大滞后、整体协调优化等控制问题得到了解决。而 DCS 在系统的可靠性、灵活性等方面又大大优于直接数字控制系统 DDC。因此一经推出就显示出了强大的生命力，得到了迅速的发展。

（2）第二代 DCS

第二代 DCS 是在 1980～1985 年前后推出的各种系统。其中包括 Honeywell 公司的 TDC-3000、Fisher 公司的 PROVOX、Taylor 公司的 MOD300 及 Westinghouse 公司的 WDPF 等系统。

第二代 DCS 的最大特点是引入了局域网（LAN）作为系统骨干，按照网络节点的概念组织过程控制站、中央操作站、系统管理站及网关（Gate Way 用于兼容早期产品）。这使得系统的规模、容量进一步增加，系统的扩充有更大的余地，也更加方便。这个时期的系统开始摆脱仪表控制系统的影响，而逐步靠近计算机系统。

在功能上，这个时期的 DCS 逐步走向完善。除回路控制外，还增加了顺序控制、逻辑控制等功能，加强了系统管理站的功能，可实现一些优化控制和生产管理功能。在人机界面方面，随着 CRT 显示技术的发展，图形用户界面逐步丰富，显示密度大大提高，使操作人员可以通过 CRT 的显示得到更多的生产现场信息和系统控制信息。在操作方面，从过去单纯的键盘操作（命令操作界面）发展到基于屏幕显示的光标操作（图形操作界面），轨迹球、光笔等光标控制设备在系统中得到了越来越多的应用。

由于系统技术的不断成熟，更多的厂家参与竞争，DCS 的价格开始下降，这使得 DCS 的应用更加广泛。但是在系统的通信标准方面仍然没有进展。各个厂家虽然在系统的网络技术上下了很大的功夫，也有一些厂家采用了由专业网络开发商开发的硬件产品，但在网络协议方面，仍然是各自为政。不同厂家的系统之间基本上不能进行数据交换。系统的各个组成部分，如现场控制站、人机界面工作站、各类功能站及软件等都是各个 DCS 厂家的专有技术和专有产品。因此从用户的角度看，DCS 仍是一种购买成本、运行成本及维护成本都很高的系统。

（3）第三代 DCS

第三代 DCS 以 1987 年 Foxboro 公司推出的 I/A series 为代表，该系统采用了 ISO 标准 MAP（制造自动化规约）网络。这一时期的系统除 I/A series 外，还有 Honeywell 公司的 TDC3000UCN、Yokogawa 公司的 Centum-XL、Bailey 公司的 INFI-90、Westinghouse 公司的 WDPF I Leeds、Northrup 公司的 MAx1000 及日立公司的 HACS 系列等。

这个时期的 DCS 在功能上实现了进一步扩展。增加了上层网络，将生产的管理功能纳入系统中。这样，就形成了直接控制、监督控制和协调优化、上层管理三层功能结构，这实际上就是现代 DCS 的标准体系结构。这样的体系结构已经使 DCS 成为一个很典型的计算机网络系统。而实施直接控制功能的现场控制站，在其功能逐步成熟并标准化之后成为整个计算机网络系统中的一类功能节点。进入 20 世纪 90 年代以后，人们已经很难比较出各个厂家的 DCS 在直接控制功能方面的差异，而各种 DCS 的差异则主要体现在与不同行业应用密切相关的控制方法和高层管理功能方面。

在网络方面，各个厂家已普遍采用了标准的网络产品，如各种实时网络和以太网等。在 I/A series 推出之初，业界曾认为 MAP 网将成为 DCS 的标准网络而结束 DCS 没有通信标准的历史，但实际情况的发展并不如预期，由于数字信息的互通问题其复杂程度远远大于模拟信号的互通，MAP 绝不可能像 4～20mA 那样成为控制领域的统一标准。MAP 协议是 CM 公司投入上百亿美元开发的产品。其内容包括了从物理层到应用层的各个网络层次（其中物理层和数据链路层采用了 IEBE 802.4 令牌总线标准），其开发初期是针对如 CM 这样的大型制造业的。虽然在后期得到了一些厂家的支持，但毕竟难以涵盖所有行业。这类面向复杂问题的标准，只能在广泛的应用中逐步形成，而不可能人为地制定出来。因此到 20 世纪 90 年代后期，很多原来支持 MAP 的厂家逐渐放弃了这个内容虽然完整，但非常复杂的协议。而将目光转向了只有物理层和数据链路层的以太网和在以太网之上的 TCP/IP 协议。这样在高层，即应用层虽然还是各个厂家自己的标准，系统间还无法直接通信，但至少在网络的底层，系统间是可以互通的，高层的协议可以开发专门的转换软件实现互通。

除了功能上的扩充和网络通信的部分实现外，多数 DCS 厂家在组态方面实现了标准化，由 IEC 61131-3 所定义的五种组态语言为大多数 DCS 厂家所采纳，在这方面为用户提供了极大的便利。各个厂家对 IEC 61131-3 的支持程度不同，有的只支持一种，有的则支持五种，当然支持的程度越高，给用户带来的便利也越多。

在构成系统的产品方面，除现场控制站基本上还是各个 DCS 厂家的专有产品外，人机界面工作站、服务器和各种功能站的硬件和基础软件，如操作系统等，已没有哪个厂家在使用自己的专有产品了。这些产品已全部采用了市场采购的商品，这给系统的维护带来了相当大的好处，也使系统的成本大大降低。目前 DCS 已逐步成为一种大众产品，在越来越多的应用中取代了仪表控制系统而成为控制系统的主流。

从 20 世纪 90 年代开始，现场总线开始成为技术热点，实际上，现场总线的技术早在 20 世纪 70 年代末就出现了，但始终是作为一种低速的数字通信接口，用于传感器与系统间交换数据。从技术上，现场总线并没有超出局域网的范围，其优势在于它是一种低成本的传输方式，比较适合于数量庞大的传感器连接。现场总线大面积应用的障碍在于传感器的数字化，因为只有传感器数字化了，才有条件使用现场总线作为信号的传输介质。现场总线的真正意义在于这项技术再次引发了控制系统从仪表（模拟技术）发展到计算机（数字技术）的过程中，没有新的信号传输标准的问题，人们试图通过现场总线标准的形成来解决这个问题。只有这个问题得到了彻底的解决，才可以认为控制系统真正完成了从仪表到计算机的换代过程。

8.2.3 DCS 的局限性及发展趋势

早期的 DCS，无论是在控制方式，还是在信息集成方面，都具有一定的缺陷。虽然 DCS 具有管理信息集中和危险分散的特点，但其控制站往往同时承担几十个回路的控制任务，一旦出现故障，和这几十个回路相关的工艺过程将失去控制。因此，从严格意义上来说，DCS 还没有做到真正意义上的分散控制。此外，在信息集成方面，由于大多数 DCS 采用专用私有网络，导致各 DCS 之间，DCS 和厂级信息网络之间的信息集成变得异常困难，这对于实现管控一体化的信息系统是一个巨大的障碍。

为此各 DCS 厂商纷纷改进产品特性，增加系统功能。随着通信技术的发展，当前 DCS 主要向信息化、集成化和分散化等方向发展。

(1) 信息化

随着企业对信息需求的不断增加，各 DCS 在信息化方面都增加了很多功能。如设备管理和智能维修功能、能源管理功能、统计分析和质量管理功能等。这些功能都需要系统能够提供更多的现场设备信息，并能够根据一定规则对系统的各类信息进行处理。

(2) 集成化

系统集成是越来越受到重视的一项工作，尤其是与厂级管理信息系统（management information system，MIS）、制造执行系统（manufacturing executive system，MES）和企业资源计划（enterprise resource plan，ERP）系统的集成，这是企业实现综合自动化管理的基础。

(3) 分散化

通过集成现场总线技术，将控制功能进一步分散到现场设备中，从而进一步提高系统的可靠性。近年来，随着现场总线技术的成熟和在现场的成功应用，现场总线网络已经逐渐进入 DCS 中，从而导致 DCS 的体系结构发生很大变化。现场总线的引入，使得常规 1∶1 的模拟信号连接方式改变为 1∶n 的数字网络连接；同时在控制方式上，可以将一部分控制功能下放到现场的变送器或执行器上进行，从而实现更加彻底的分散控制。具有现场总线的集散控制系统，其典型的体系结构如图 8.9 所示。

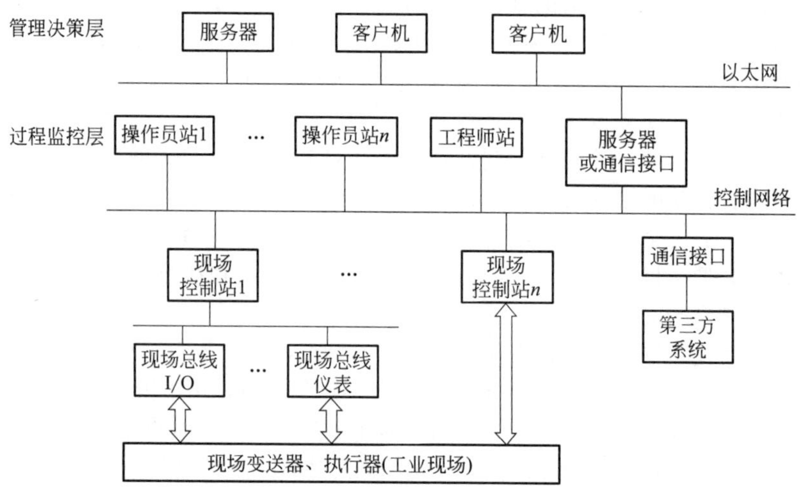

图 8.9　采用现场总线技术的 DCS 系统的体系结构图

8.3 DCS 硬件系统

典型的 DCS 的硬件系统的组成如图 8.10 所示。

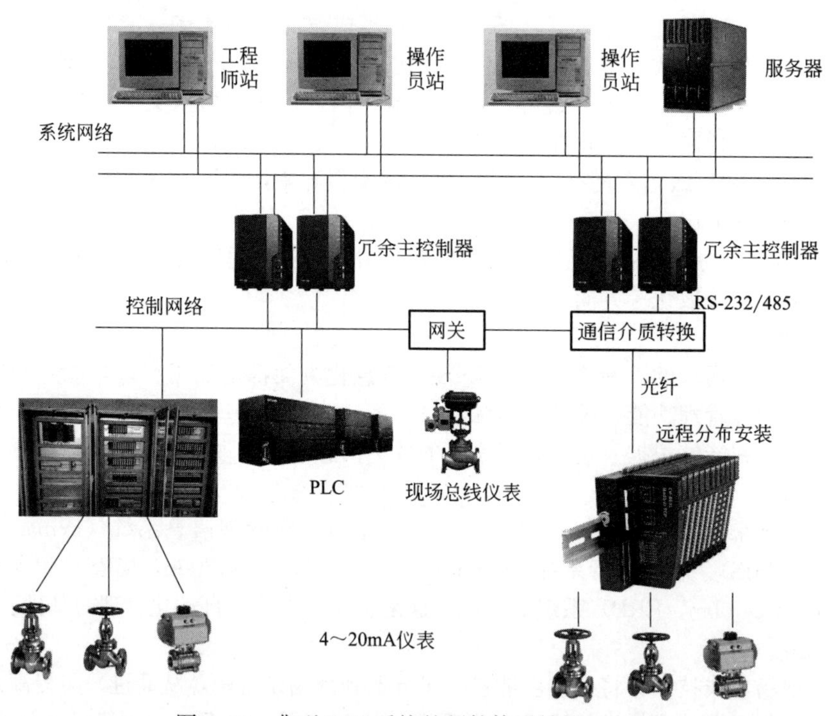

图 8.10　典型 DCS 系统的硬件体系结构示意图

工程师站（engineer station，ES）：主要给仪表工程师使用，作为系统设计和维护的主要工具。仪表工程师可在工程师站上进行系统配置、I/O 数据设定、报警和打印报表设计、操作画面设计和控制算法设计等工作。一般每套系统配置一台工程师站即可。工程师站可以通过网络连入系统，在线（on line）使用，如在线进行算法仿真调试，也可以不连入系统，离线（off line）运行。基本上在系统投运后，工程师站就可以不再连入系统甚至不上电。

操作员站（operator station，OS）：主要给运行操作工使用，作为系统投运后日常值班操作的人机接口（man machine interface，MMI）设备使用。在操作员站上，操作人员可以监视工厂的运行状况并进行少量必要的人工操作控制。每套系统按工艺流程的要求，可以配置多台操作员站，每台操作员站供一位操作员使用，监控不同的工艺过程，或者多人备份同时监控相同的工艺过程。有的操作员人机接口还配置大屏幕（占一面墙）显示。

系统服务器（system server）：一般每套DCS系统配置一台或一对冗余的系统服务器。系统服务器的用途可以有很多种，各个厂家的定义可能有差别。总的来说，系统服务器可以用作：①系统级的过程实时数据库，存储系统中需要长期保存的过程数据；②向企业MIS（management information system）提供单向的过程数据，此时为区别慢过程的MIS办公信息，将安装在服务器上的过程信息系统称为Real MIS，即实时管理信息系统，因为它提供的是实时的工艺过程数据；③作为DCS系统向别的系统提供通信接口服务并确保系统隔离和安全，如防火墙（fire wall）功能。

主控制器（main control unit，MCU）：主控制器是DCS中各个现场控制站的中央处理单元，是DCS的核心设备。在一套DCS应用系统中，根据危险分散的原则，按照工艺过程的相对独立性，每个典型的工艺段应配置一对冗余的主控制器，主控制器在设定的控制周期下，循环地执行以下任务：从I/O设备采集现场数据→执行控制逻辑运算→向I/O输出设备输出控制指令→与操作员站进行数据交换。

输入/输出设备（input/output，I/O）：用于采集现场信号或输出控制信号，主要包含模拟量输入设备（analog input，AI）、模拟量输出设备（analog output，AO）、开关量输入设备（digita input，DI）、开关量输出设备（digital output，DO）、脉冲量输入设备（pusle input，PI）及一些其他的混合信号类型输入/输出设备或特殊I/O设备。

控制网络及设备（control network，CNET）：控制网络用于将主控制器与I/O设备连接起来，其主要设备包括通信线缆（即通信介质）重复器、终端匹配器、通信介质转换器、通信协议转换器或其他特殊功能的网络设备。

系统网络及设备（system network，SNET）：系统网络用于将操作员站、工程师站及系统服务器等操作层设备和控制层的主控制器连接起来。组成系统网络的主要设备有网络接口卡、集线器（或交换机）、路由器和通信线缆等。

电源转换设备：主要为系统提供电源，主要设备包含AC/DC转换器、双路AC切换装置（仅在某些场合使用）和不间断电源（UPS）等。

机柜和操作台：机柜用于安装主控制器、I/O设备、网络设备及电源装置；操作台用于安装操作员站设备。

8.3.1 过程检测仪表

(1) 检测仪表的基本概念与组成

在自动化领域，我们经常接触到的有关检测仪表的概念主要包括传感器、变送器、一次仪表等。

① 传感器：是由敏感元件和响应线路所组成的物理系统，其内含的敏感元件直接与被测对象发生关联（往往与工艺介质直接接触），感受被测参数的变化，按照一定的规律转换并传送可用的输出电量或非电量信号。

② 变送器：是将传感器输出的物理测量信号或普通电信号，转换为标准电信号输出或以标

准通信协议方式输出的设备。标准信号是物理量的形式和数值范围都符合国际标准的信号，如直流 4～20mA、气压 20～100kPa，都是当前通用的标准信号。

a. 两线制变送器。所谓“两线制”变送器就是将给现场变送器供电的电源线与检测的输出信号线合并起来，一共只用两根导线的变送器。下面以图 8.11 所示简化的两线制压力变送器的示意图为例，说明两线制变送器的基本组成与工作原理。

图 8.11 中左侧为现场两线制压力变送器，右侧 250Ω 电阻将 4～20mA 电流转化为 1～5V 电压，进入调节器的模拟量输入通道进行 A/D 转换，具体电流大小决定于被测压力 P。图中，被测压力 P 经弹性波纹管转变为电位器 RP_1 的滑动触头位移，触头滑动范围对应压力 P 的量程，进而产生正比于压力 P 的输出电压 V_1，该电压经过运算放大器 A 和晶体管 VT 组成的电流负反馈电路，将 V_1 转变为晶体管的输出电流 I_2，它在 0～16mA 间跟随被测压力 P 按比例变化。此外，为给图中仪表内的检测与放大电路供电，用了一个 4mA 的恒流电路，它把内部耗电稳定在一个固定的数值上。图中稳压管 VD_2 除用来稳定内部的供电电压外，还调剂内部的供电电流。这样，上述两部分电流合计，流过该仪表的总电流在 4～20mA 之间变化，实现了电源线和信号线的合并。

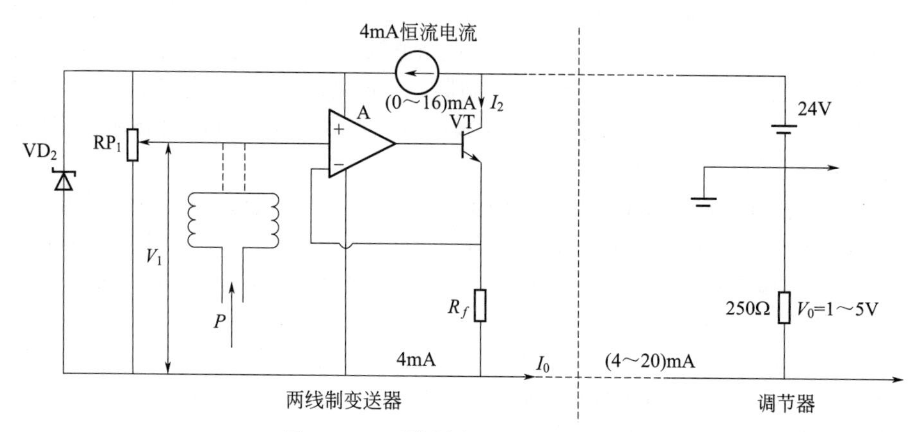

图 8.11　两线制变送器的基本组成

使用两线制变送器不仅节省电缆，布线方便，且大大有利于安全防爆，因为减少一根通往危险现场的导线，就减少了一个能窜进危险火花的门户。

b. 智能型变送器。智能型变送器是传感器和变送器是微处理器驱动，利用微处理器的强大运算和存储能力，实现对传感器的测量信号进行调理（如 A/D 转换、放大、滤波等）、数据显示、自动校正和自动补偿等功能的变送器。

智能型变送器具有以下优点：具有自动补偿能力，可通过软件对传感器的非线性、温漂、时漂等进行自动补偿；具有自我诊断能力，上电初始化过程中以及正常运行期间，可自动对传感器进行自检，以检查传感器各部分是否工作正常，提高设备管理能力；具有丰富的数据计算及处理功能，可根据内部程序自动处理数据，如进行统计处理、去除异常数值等；可以通过反馈回路对传感器的测量过程进行调节和控制，以使采集数据达到最佳；具有信息存储和记忆能力，可存储传感器的特征数据、组态信息和补偿特性等；具有数字通信功能，可将检测数据以数字信号的形式输出。

智能型变送器除了具有高精确度、大量程比和高稳定性外，一般还具有通用 HART 协议（或本公司自有协议）通信功能，如 ABB 的 Bailey FSK、YOKOGAVA 的 BRAIN 协议，甚至还带有符合现场总线国际标准的 FF 或 Profibus-PA 协议。智能式变送器一般可实现数字液晶式就地显示，还可用手持终端（或在控制系统操作站上）对其进行远程标定、组态，或远程维护等，操作使用十分方便。

有时也将传感器和变送电路统称为变送器。变送器输出信号发送给调节仪表、记录仪表或显示仪表，用于系统参数的调节、历史数据记录及显示等。

在传统仪表安装工程当中，为了区分一套系统中的仪表，习惯上将现场就地安装的测量仪表简称一次仪表，而将传感器后面（盘装）的计量显示仪表简称二次仪表。称为一次仪表的理由是这些测量元件一般都安装在生产第一线，直接与介质接触，取得第一次的测量信号；而计量显示仪表则多在控制室仪表盘上（或机架上）安装。

(2) 信号传输标准

① 模拟信号传输标准。来自不同生产厂家的各种现场检测仪表、执行器等要实现与中央控制室中的监控仪表互连，一定要建立一个为各方所接受的统一的信号传输标准。国际电工委员会(IEC)于1973年4月通过的信号传输国际标准规定过程控制系统现场模拟传输信号采用直流电流4～20mA，电压信号为直流1～5V。其中，直流电流4～20mA可用于3～5km的远距离信号传输，控制室内各仪表之间的连接（例如，仅用于电气控制柜内短距离传输），可采用直流1～5V电压形式。在气动仪表中还采用20～100kPa作为通用的标准气压传输信号。

现场变送器与控制室内控制、记录仪表的接线如图8.12所示。采用直流信号的优点是传输过程中易于和交流感应干扰相区别，且不存在相移问题，可不受传输线中电感、电容和负载性质的限制。采用电流进行远距离传输的优点也是明显的。因为此时变送器可看作是一个电流源，其内阻近似无限大，因此输出电流不受传输导线电阻以及负载（调节器记录仪等）电阻变化的影响，仅决定于被测变量的大小；此外，传输线路上负载电阻相对变送器内阻很小，属于低阻抗电路，因而负载电阻（例如，250Ω）两端的电压对外界扰动也不敏感，抗干扰能力很强，非常适合于信号的远距离传输。

需要指出的是，与一般用“零”电流或电压表示零信号的方式不同，这种以20mA表示信号的满度值，而以此满度值的20%即4mA表示零信号的安排，称为“活零点”。“活零点”的好处是有利于识别断电、断线等故障，且为实现仪表两线制提供了可能性。

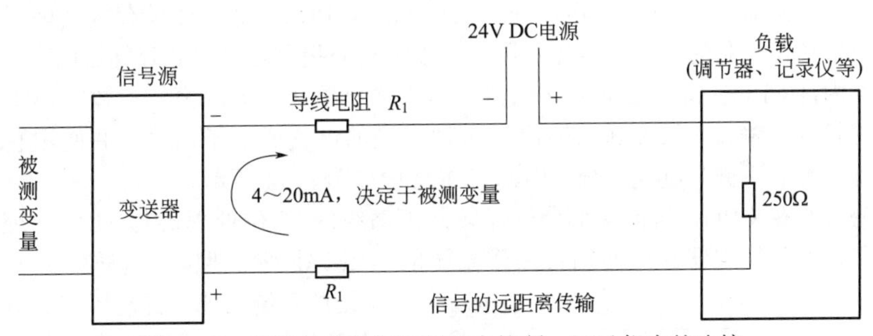

图8.12 现场变送器与控制室内控制、记录仪表的连接

② 数字信号传输标准。目前，自动化仪表通常采用PC借助RS-232串口对可编程数字调节器、PLC等进行编程操作及程序下载；而数字仪表与上位操作站或控制站之间的远距离实时数据传输则一般采用RS-485物理层传输标准，或者IEC 61158-2等现场总线物理层标准。其中，HART传输技术则同时兼容4～20mA与数字信号传输。

在过程控制领域，使用最为广泛的数字总线传输标准无疑当属IEC61158-2标准。用于过程控制的主要现场总线（如Profibus-PA，World FIP，FF H1等）的物理层都采用了符合IEC 61158-2标准的传输技术。该标准确保本质安全，并通过总线直接给现场总线设备供电，能满足石油、化工等广泛工业领域的要求。数据传输采用非直流传输的位同步、曼彻斯特编码技术，传输速率为31.25kbit/s。传输介质为屏蔽或非屏蔽的双绞线，允许使用线性、树形或星形网络。

最大的总线段长度取决于供电装置、导线类型和所连接的站点电流消耗。

8.3.2 控制器

对于控制器主要有两种实现形式。

（1）典型的主控制器

其组成框图如图 8.13 所示，从图中可以看出，MCU 主要由 CPU、系统网络接口、控制网络接口（CNET，如 Profibus-DP 接口）、主从冗余控制逻辑、掉电保持 SRAM 及电源电路组成。

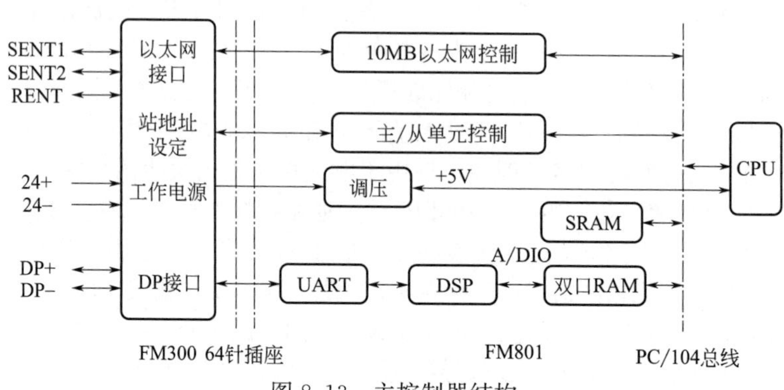

图 8.13 主控制器结构

其中 CPU 是控制运算的主芯片也是整个控制器的核心，系统网络接口主要是指主控制器与操作员站以及工程师站等操作层设备通信的网络接口。控制网络接口是主控制器与 I/O 进行数据交换的网络接口。主从冗余控制逻辑主要是指用于互为备份的两个主控制器之间的切换，避免控制意外。其中还包括电源与固态硬盘，内存等必要硬件。

（2）以 PLC 为主的控制/监督系统

可编程逻辑控制器（programmable logic controller，PLC）是一种具有微处理器的数字电子设备，是用于自动化控制的数字逻辑控制器，可以将控制指令随时加载存储器内存储与执行。可编程控制器由内部 CPU、指令及资料存储器、输入输出单元、电源模块、数字模拟等单元模块组成。PLC 可接收（输入）及发送（输出）多种类型的电气或电子信号，并使用它们来控制或监督几乎所有种类的机械与电气系统。PLC 基本结构如图 8.14 所示。

PLC 核心部分是 CPU，目前该部分已经转向更高级的 32 位处理器与 64 位处理器，随着应用的不断推广，某些处理器甚至使用带操作系统的 ARM 处理器架构。这样就扩展了原来 PLC 系统的系统功能，提高了运算处理能力，使得 PLC 也能完成复杂的浮点运算，增加了系统资源，丰富了接口协议的兼容，扩展了输入输出能力。

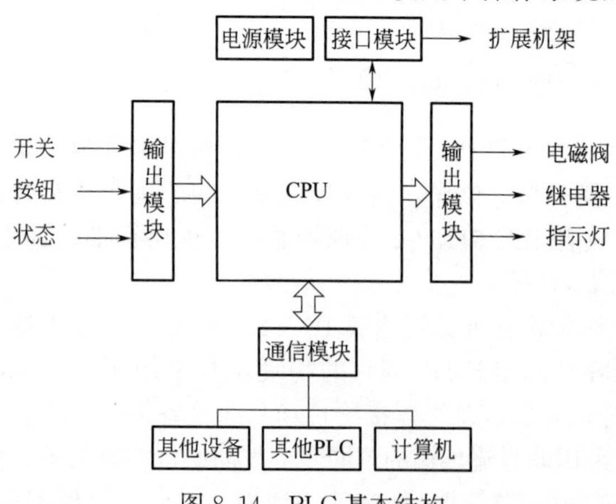

图 8.14 PLC 基本结构

采用多个 PLC 实现多控制器系统即分布式控制系统，该系统中每个控制对象都由一台 PLC 控制器来进行控制，各台 PLC 控制器之间可以通过信号传递进行内部联锁，或由上位机通过总线进行通信控制。现在 PLC 大多具有可扩展通信网络模块的功能，简单的 PLC 以 BUS 缆线或 RS-232 方式通信链接，较高端的 PLC 会采用 USB 或以太网方式做通信链接。它使PLC与PLC之间、PLC与个人电脑以及其他智能设备之间能够交换信息，形成一个统一的整体，实现分散集中控制。现在几乎所有的PLC新产品都有通信网络功能，它和电脑一样具有RS-232接口，通过双绞线、同轴电缆或光缆，可以在几公里甚至几十公里的范围内交换信息。当然，PLC之间的通信网络是各厂家专用的，PLC与电脑之间的通信，一些生产厂家采用工业标准总线，并向标准通信协议靠近，这将使不同机型的PLC之间、PLC与电脑之间可以方便地进行通信与网络。

PLC通信协议规格可分为RS-232、RS-422、RS-432、RS-485、IEEE 1394、IEEE-488（GPIB），其中RS-432最为少见。目前国际中最常用的通信协议为MODBUS-ASCII模式及MODBUS-RTU模式，此为Modicon公司所制定的通信协议。PROFIBUS则为西门子公司所制定的。日本三菱电机则推出CC-LINK通信协议。图8.15～图8.17为各种类型的控制器。

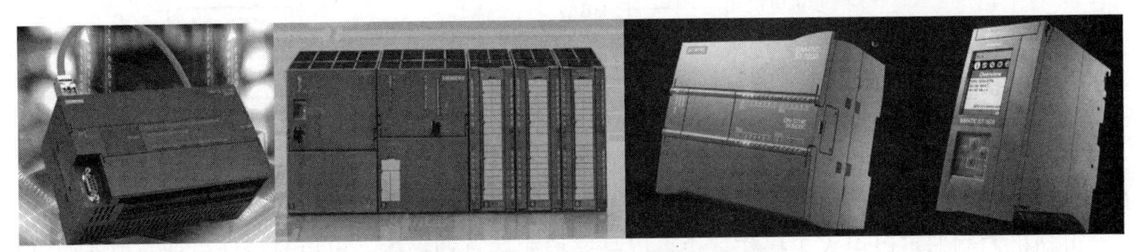

图8.15 西门子可编程逻辑控制器

（从左向右依次S7-200、S7-300、S7-1200、S7-1500）

图8.16 ABB AC500可编程逻辑控制器

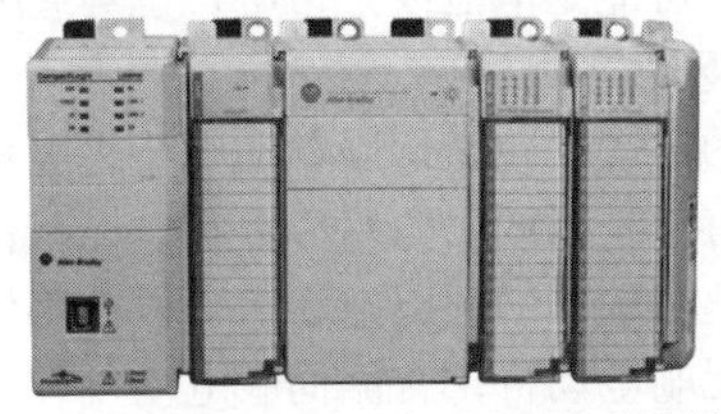

图8.17 AB compactlogix 5370可编程逻辑控制器

8.3.3 执行器

8.3.3.1 电机

（1）电机的分类

电机（electric machine），是机械能与电能之间转换装置的通称。转换是双向的，大部分应用的是电磁感应原理。由机械能转换成电能的电机，通常称作“发电机”；把电能转换成机械能的电机，被称作“电动机”。其余的还有其他的新型电机出现，比如超声波电机（应用压电效应），就不用电磁感应原理。然而，静止电机则指的是变压器，即将一种电压下的电能变为另一种电压下的电能。图8.18为电机分类。

（2）电机控制器

每个电动机都会有对应的控制器，控制器的特性及复杂度会随着电动机的需要而呈现不同的性能。

电动机控制器可以精确地控制电动机的速度及转矩，可能是机械控制位置的闭回路控制系统中的一部分。例如数控车床需要依事先设定的曲线精确地控制刀具的位置，而且要依负载及外界

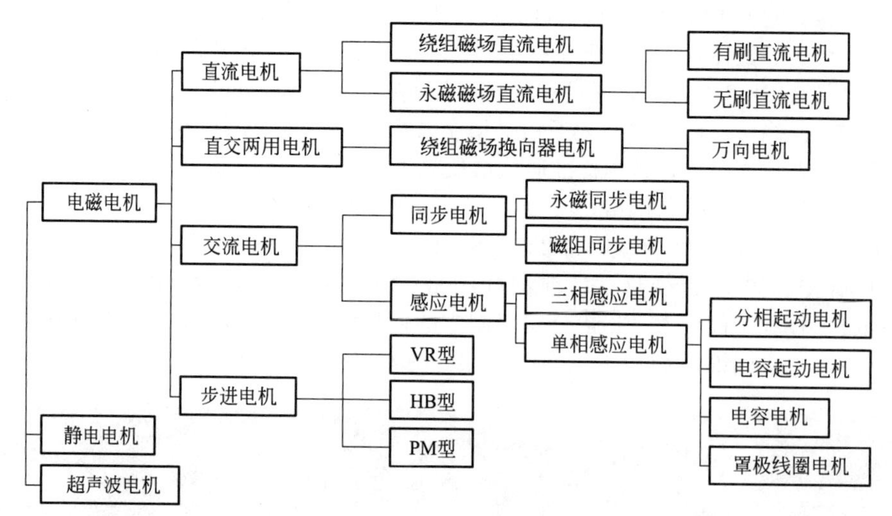

图 8.18　电机分类

力量来加以补偿，以维持刀具在既定的位置上。

电动机控制器可以由人工操作，也可以是遥控或是自动操作，可以只包括启动及停止电动机的功能，也可以包括其他较复杂的功能。电动机控制器可以用配合电动机的型式来分类，例如驱动永磁同步电动机、伺服电动机、串激或分激直流电动机，或是交流电动机。电动机控制器会连接到电源，可能是电池或是市电，也会有一些可以输入或输出（数位或类比）信号的电路。

(3) 驱动器

常见的驱动器包括伺服驱动与步进电机驱动，通常伺服控制器包括了许多的电动机控制，常见的特性有：精确的闭回路位置控制以及快速的加速时间。

精准速度控制的伺服电动机可以由其他种类的电动机制作而成，最常见的有：直流有刷电动机；直流无刷电动机；交流伺服电动机。

伺服电机驱动器会利用位置回授进行闭回路的控制，一般常用旋转编码器、解角器及霍尔效应传感器来直接测量转子的位置。

其他的回授方式像测量未励磁的线圈的反电动势来侦测转子位置，或是侦测当线圈电源突然关闭时产生的突波电压，这些称为无感测器的控制方式。伺服电动机可以用脉冲宽度调变（PWM）的方式进行控制，脉波维持的时间（约为 1～2ms 之间）即为电动机定位的时间，另一种控制方式则是用脉波及方向。

步进电动机是一种同步，不需电刷，高极数且多相的电动机，一般是用开环控制处理（但也有例外），也就是假设转子位置会跟随旋转磁场的位置，因此步进电动机精准定位会比用闭回路控制要简单。现在的步进电动机控制器驱动电动机的电压会比电动机额定电压大很多，且会用斩波的方式限制电流。常见的做法是有一个位置控制器送出位置及方向的脉波信号给另一个较高电压的电路，此电路负责换相及限制电流。

图 8.19　电机软启动器

(4) 软启动器

软启动器（soft starter）（图 8.19）是一种集电机软启动、软停车、多种保护功能于一体的新颖电机控制装置。它常用于大型电机的驱动与控制，它的主要构成是串接于电源与被控电机之间的三相反并联晶闸管及其电子控制电路。运用不同的方法，控制三相反并联晶闸管的导通角，使被控电机的输入电压按不同的要求而变化，就可实现不同的功能。软启动器和变频器是两种完全不同用途的产品。变频器是用于需要调速的地方，其输出不但改变电压而且同时改变频率；软启动器实际上是个调压器，用于电机启动时，输出只改变电压并没有改变频率。变频器具备所有软启动器功能，但它的价格比软启动器贵得多，结构也复杂得多。电动机软启动器是一种减压启动器，是继三角启动器、自耦减压启动器，磁控式软启动器之后，目前最先进、最流行的启动器。控制其内部晶闸管的导通角，使电机输入电压从零以预设函数关系逐渐上升，直至启动结束，赋予电机全电压，即为软启动，在软启动过程中，电机启动转矩逐渐增加，转速也逐渐增加。

(5) 变频器

变频器是交流电气传动系统的一种装置，是将恒定电压、恒定频率（constant voltage constant frequency，CVCF）的交流工频电源转换成变频变压（variable voltagevariable frequency，VVVF）即频率、电压都连续可调的适合交流电机调速的三相交流电源的电力电子变换装置。

随着交流电动机控制理论、电力电子技术、大规模集成电路和微型计算机技术的迅速发展，交流电动机变频调速技术已日趋完善。变频技术用于交流笼型异步电动机的调速，其性能已经胜过以往一般的交流调速方式。

变频器可以作为自动控制系统中的执行单元，也可以作为控制单元（自身带有 PID 控制器等)。作为执行单元时，变频器接收来自控制器的信号，根据控制信号改变输出电源的频率；作为控制单元时，变频器本身兼有控制器的功能。变频器单独完成控制调节作用，通过改变电动机电源的频率来调整电动机转速，进而达到改变能量或流量的目的。图 8.20 为交流（直流）电气传动系统。

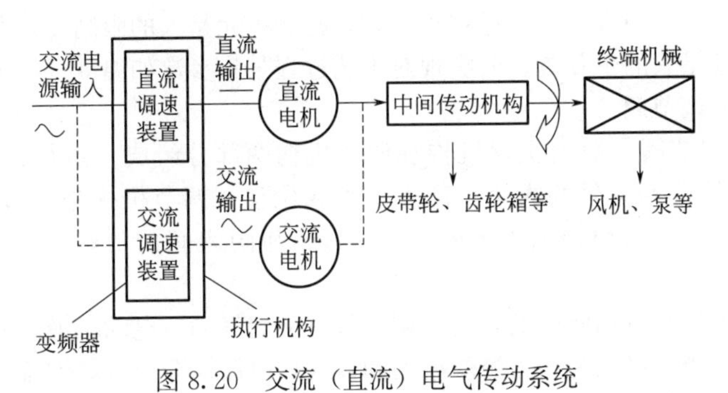

图 8.20　交流（直流）电气传动系统

变频调速与其他交流电机调速方式相比的优势主要体现在：①可平滑软启动，降低启动冲击电流，减少变压器占有量，确保电机安全；②在机械允许的情况下，可通过提高变频器的输出频率提高工作速度；③无级调速，调速精度大大提高；④电机正反向无需通过接触器切换；⑤非常方便接入通信网络，实现生产过程的网络化控制。

变频器作为系统的重要功率变换部件，因可提供可控的高性能变压变频的交流电源/稳压器而得到迅猛发展。变频器的性能价格比也越来越高，体积越来越小，同时，朝着小型轻量化、高性能化和多功能化以及无公害化方向进一步发展。

典型的交-直-交通用变频器的原理如图 8.21 所示。交流调速的控制核心是：只有保持电机磁通恒定才能保证电机出力，才能获得理想的调速效果。目前，变频控制方法主要有：基本 V/F 控制、矢量控制（vector control）和直接转矩控制（direct torque control）。

现在很多变频器有总线接口，如 Profibus、CAN 总线等，变频器作为网络的一个节点，与其他设备通信联网，系统总体费用可能更经济，控制精度更高，更智能化。这是因为现场总线技术是集计算机控制技术、通信技术、自动控制技术于一体的新技术。由于采用数字信号替代模拟信号，采用串行通信，因而可实现一对电线上传输多个信号参量（包括多个运行参数值、多个设备状态、故障信息等)，同时又可为多个设备提供电源。这就为简化系统结构，节约硬件设备、连

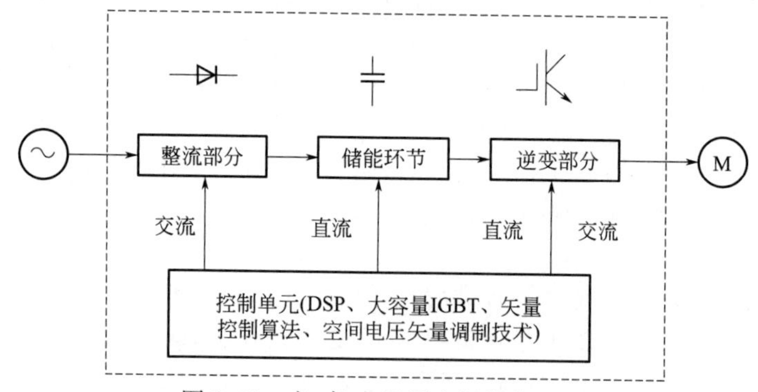

图 8.21　交-直-交通用变频器的原理

接电缆与各种安装、减少维护费用创造了条件。

8.3.3.2　调节阀

调节阀（actuator）处于过程控制回路的最终位置，因此又称最终控制部件（final control element），它是自动控制系统中的操作环节，其作用是接收控制器输出的控制信号，并转换成位移（直线位移或角位移）或速度，以改变流入或流出被控过程介质（物料或能量）的大小，将被控变量维持在所要求的数值上（或范围内），从而达到生产过程的自动化。

如果把自动调节系统与人工调节过程相比较，检测单元是人的眼睛，调节控制单元是人的大脑，那么执行单元就是人的手和脚。要实现对工艺过程某一参数如温度、压力、流量、液位等的调节控制，都离不开调节阀。

从结构上看，调节阀一般由执行机构和调节机构两部分组成。执行机构是调节阀的推动部分，它按照调节器所给信号的大小，产生推力或位移；调节机构是调节阀的调节部分，最常见的是调节阀，它受执行机构的操纵，改变阀芯与阀座间的流通面积，调节工艺介质的流量。

根据调节阀所配执行机构使用的动力，调节阀可分为气动、电动、液动三种，即以压缩空气为动力源的气动调节阀，以电为动力源的电动调节阀，以液体介质（如油等）压力为动力源的液动调节阀。一般来说，调节阀部分是通用的，既可以与气动执行机构匹配，也可以与电动执行机构或其他执行机构匹配。

近年来，随着变频调速技术的应用，一些控制系统已开始采用变频器和相应的电动机（泵）等设备组成调节阀，取代调节阀，通过采用变频调速技术，采用变频器改变有关运转设备的转速，降低能源消耗。

（1）电动调节阀

电动调节阀由执行机构和调节阀两部分组成，其中，调节阀部分与气动调节阀是通用的，不同的只是电动调节阀使用电动执行机构，即使用电动机等电的动力来驱动调节阀。

最简单的电动调节阀是电磁阀，它利用电磁铁的吸合和释放，对小口径阀门进行通断两种状态的控制。由于结构简单、价格低廉，常和两位式简易调节器组成简单的自动调节系统，在生产中有一定的应用。除电磁阀外，其他连续动作的电动调节阀一般都使用电动机作动力元件，将调节器来的信号转变为阀的开度。

连续动作的电动调节阀将来自控制器的 4～20mA 阀位指示信号转换为实际的阀门开度，其具有一般随动系统的基本结构，如图 8.22 所示。从调节器来的控制信号通过伺服放大器驱动伺服电机，经减速器带动调节阀，同时经位置反馈机构将阀杆行程反馈给伺服放大器，组成位置随动系统；依靠位置负反馈，保证输入信号准确地转换为阀杆的行程。此外，其间一般还配备有手动操作器，可进行手动操作和电动操作的切换；可在现场通过转动调节阀的手柄，就地进行手动操作。

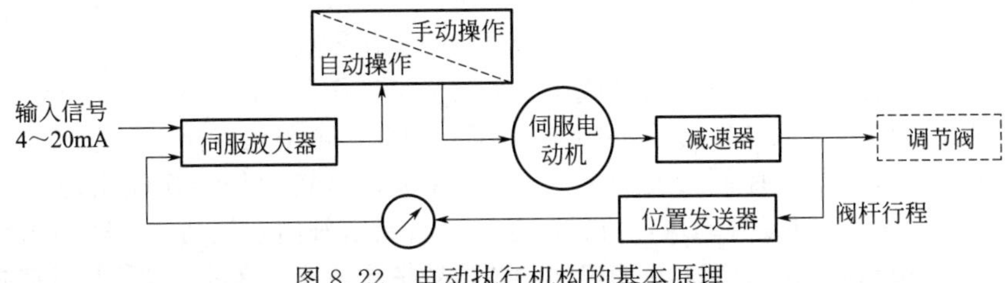

图 8.22 电动执行机构的基本原理

电动执行机构主要具有如下特点：

① 电动执行机构一般由阀位检测装置来检测阀位（推杆位移或阀轴转角），因此，电动执行机构与检测装置等组成位置反馈控制系统，其有良好的稳定性。

② 电动执行机构通常设置电动力矩制动装置，使电动执行机构具有快速制动功能，可有效克服采用机械制动造成机件磨损的缺点。

③ 结构复杂、价格昂贵，且不具有气动执行机构的本质安全性，当用于危险场所时，需考虑设置防爆、安全等措施。

④ 电动执行机构需与电动伺服放大器配套使用，采用智能伺服放大器时，也可组成智能电动控制阀。通常，电动伺服放大器输入信号是控制器输出的标准 4～20mA 电流信号或相应的电压信号，经放大后转换为电动机的正转、反转或停止信号。

⑤ 适用于无气源供应的场所、环境温度会使供气管线中气体所含的水分凝结的场所和需要大推力的应用场所。

近年来，电动执行机构也得到较大发展，主要是执行电动机的变化。由于计算机通信技术的发展，采用数字控制的电动执行机构也已问世，例如步进电动机的执行机构、数字式智能电动执行机构等。

(2) 气动调节阀

气动调节阀是指以压缩空气为动力的调节阀，一般由气动执行机构和调节阀组成。目前使用的气动执行机构主要有薄膜式和活塞式两大类。其中，气动活塞式执行机构依靠气缸内的活塞输出推力，而气缸允许压力较高，故可获得较大的推力，并容易制成长行程的执行机构。气动薄膜执行机构则使用弹性膜片将输入气压转换为推力，由于结构简单、价格低廉，使用更加广泛。

典型的力平衡式气动薄膜调节阀的结构如图 8.23 所示，它可以分为上、下两部分。上半部分是产生推力的执行机构；下半部分是调节阀。气动薄膜执行机构主要由弹性薄膜、推杆和平衡

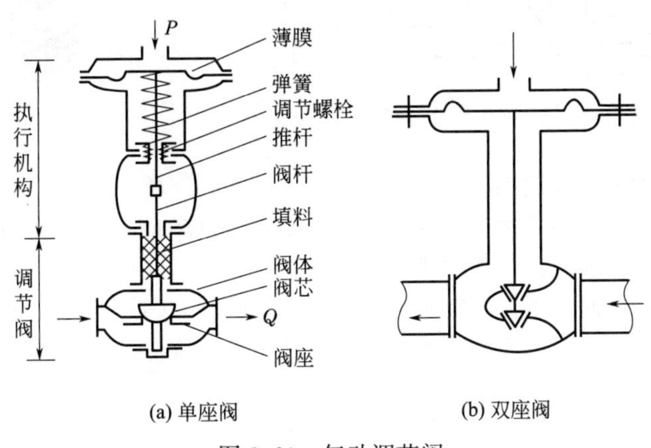

图 8.23 气动调节阀

弹簧等部分组成。当 20～100kPa 的标准气压信号 P 进入薄膜气室时，在膜片上产生向下的推力，并克服弹簧反力，使推杆产生位移，直到弹簧的反作用力与薄膜上的推力平衡为止。因此，这种执行机构的特性属于比例式。即平衡时推杆的位移与输入气压大小成比例。图中，调节螺栓可用来改变压缩弹簧的起始压力，从而调整执行机构的工作零点。

气动调节阀的阀杆位移是由薄膜上的气压推力与弹簧反作用力的平衡来确定的，因此阀杆摩擦力、被调介质压力变化等附加力会影响定位精度。为此，可采用（模拟）电/气阀门定位器，如图 8.24 所示，其作用是把控制器输出的 4～20mA 电信号按比例转换成驱动调节阀动作的 20～100kPa 的气动信号，推动气动执行机构动作，而且具有阀门定位功能，即利用负反馈原理来改善调节阀的定位精度和灵敏度，从而确保阀芯位置按调节仪表来的气动信号准确执行，从而实现阀芯的准确定位。具体工作原理是这样的，输入电流 I 通过绕于杠杆外的力线圈，它产生的磁场与永久磁铁相作用，使杠杆绕支点转动，改变喷嘴挡板机构的间隙，使其背压改变，此压力变化经气动功率放大器放大后，推动薄膜执行机构使阀杆移动。在阀杆移动时，通过连接杆及反馈凸轮，带动反馈弹簧，使弹簧的弹力与阀杆位移成比例变化，在反馈力矩等于电磁力矩时杠杆平衡。这时，阀杆的位移必定精确地由输入电流确定。

在传统形式的液压控制阀中，只能对液压进行定值控制，例如：比例调节阀在某个设定压力下作动，流量阀保持通过所设定的流量，方向阀对液流方向通/断的切换。因此这些控制阀组成的系统功能都受到一些限制，随着技术的进步，许多液压系统要求流量和压力能连续或按比例地随控制阀输入信号的改变而变化。

比例调节阀液压伺服系统虽能满足其要求，而且精度很高，但对于大部分的应用场合来说，他们并不要求系统有如此高的品质，而希望在保证一定控制性能的条件下，同时价格低廉、工作可靠、维护简单，所以比例控制阀（图 8.25）就是在这种背景下发展起来的。

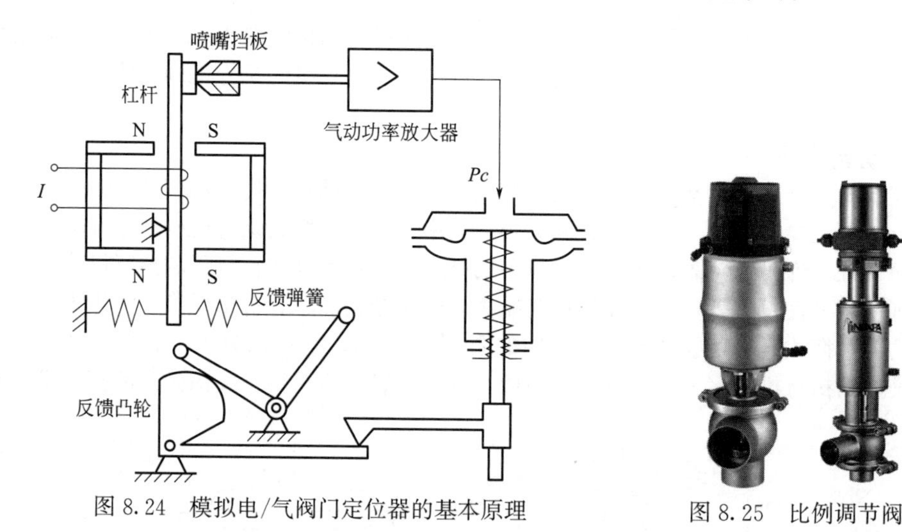

图 8.24　模拟电/气阀门定位器的基本原理　　图 8.25　比例调节阀

比例调节阀可分为压力控制阀、流量控制及方向控制阀三类。

压力控制比例调节阀：用比例电磁阀取代引导式溢流阀的手调装置便成为引导式比例溢流阀，其输出的液压压力由输入信号连续或按比例控制。

比例调节阀流量控制阀：用比例电磁阀取代节流阀或调速阀的手调装置而以输入信号控制节流阀或调速阀的节流口开度，可连续或按比例地控制其输出流量。故节流口的开度便可由输入信号的电压大小决定。

比例调节阀方向控制阀：比例电磁阀取代方向阀的一般电磁阀构成直动式比例方向阀，其滑轴不但可以换位，而且换位的行程可以连续或按比例地变化，因而连通油口间的通油面积也可以连续或按比例地变化，所以比例方向控制阀不但能控制执行元件的运动方向，还能控制其速度。

计算机技术的发展促使阀门定位器也朝着智能化的方向发展。智能阀门定位器不仅能很好地消除或减小以上问题，而且智能阀门定位器与普通阀门定位器在性能使用情况、性能价格比等方面进行比较，均具有明显的优势。智能阀门定位器的具体组成如图 8.26 所示。

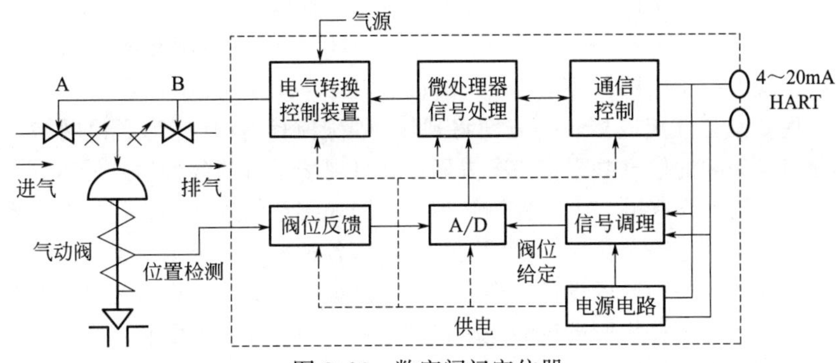

图 8.26　数字阀门定位器

智能阀门定位器以微处理器为核心，一般配备有液晶显示面板和操作按键（图 8.26 中略），可实现本地显示与维护操作；同时，也可借助通信控制电路，实现阀门定位器的远程组态、调试与诊断等功能。此外，阀门定位器一方面从输入信号线上提取电源，为系统中各个单元供电；另一方面，从模拟 4～20mA（或 HART、FF、Profibus PA 等现场总线信号）传输线上读取阀位输入（设定）信号，与反映实际阀门开度的阀位检测信号一起，分别通过 A/D 转换器变为数字信号，交给 CPU 计算偏差。如偏差超出定位精度，则 CPU 通过主控板的输出口，发出不同长度的控制脉冲（基于 PID 控制算法的 PWM 信号），控制电气转换装置，使相应的开/关“压电阀”动作，驱动阀杆上下移动减小阀门定位偏差，实现阀门的准确定位。阀位检测可以采用霍尔传感器、电位器式传感器或磁阻效应传感器等。

8.4　DCS 软件系统

8.4.1　现场总线与网络技术

现场总线控制系统既是一个开放通信网络，又是一种全分布控制系统。现场总线将智能设备连接到一条总线上，把作为网络节点的智能设备连接为微计算机网络，进一步建立了具有高度通信能力的自动化系统，可以实现基本控制、补偿计算、参数修改、报警、显示、监控、优化及管控一体化等的综合自动化功能。它是一种集智能传感器、仪表、控制器、计算机、数字通信、网络系统为主要内容的综合应用技术。

8.4.1.1　现场总线自动控制系统

由于现场总线领导了工业控制系统向分散化、网络化、智能化发展的方向，它一产生便成为全球工业自动化技术的新起点，受到全世界的自动化设备生产企业和用户的普遍关注。现场总线的出现使目前生产的自动化仪表、集散控制系统（DCS）、可编程控制器（PLC）、控制人机接口面板等产品在体系结构、技术功能等方面发生重大的变化，自动化设备的制造企业必须使自己的产品适应现场总线技术发展的需要。原有的模拟仪表将逐渐由智能化数字仪表取代，也有具备进行模拟信号传输和数字通信功能的混合型仪表。现场总线出现后，出现了可以检测、运算、控制的多功能变送控制器；出现了可以检测温度、压力、流量的多功能、多变量变送器；出现了带控制模块和具有故障自检信息的执行器，它们极大地改变了原有生产过程设备的优化控制和维护管理方法。

现场总线是一种具有多个网段、多种通信介质和多种通信速率的控制网络。它可与上层的企业内部网（Intranet）、因特网（Internet）相连，且大多位于生产控制和网络结构的底层，因而称之为现场总线。现场控制层网段主要有 Profibus 的 H1、H2、LonWorks 等，即为底层控制网络。它们与工厂现场设备直接连接，一方面将现场测量控制设备互连为通信网络，实现不同网段、不同现场通信设备间的信息共享；另一方面，又将现场运行的各种信息传送到远离现场的控制室，并进一步实现与操作终端、上层控制管理网络的连接和信息共享。在把一个现场设备的运行参数、状态以及故障信息等送往控制室的同时，又将各种控制、维护、组态命令，乃至现场设备的工作电源等送往各相关的现场设备，沟通了生产过程现场级控制设备之间及其与更高控制管理层之间的联系。由于现场总线所肩负的是测量控制的特殊任务，因而它具有自己的特点。它要求信息传输的实时性强、可靠性高，且多为短帧传送，传输速率一般在几千至 10Mbps 之间。

8.4.1.2 FF 现场总线协议的主要技术特点

正因为基金会现场总线是工厂底层网络和全分布自动化系统，围绕这两个方面形成了它的技术特色。其主要技术内容如下。

（1）基金会（FF）现场总线的通信技术

包括基金会现场总线的通信模型、通信协议、通信控制器芯片、通信网络与系统管理等内容。它涉及一系列与网络相关的硬软件，如通信栈软件，被称为圆卡的仪表内置通信接口卡，FF 总线与计算机的接口卡，各种网关、网桥、中继器等，它是现场总线的核心技术之一。

（2）标准化功能块

它提供一个通用结构，把实现控制系统所需的各种功能划分为功能模块，使其公共特征标准化，规定它们各自的输入、输出、算法、事件、参数与块控制图，并把它们组成为可在某个现场设备中执行的应用进程。便于实现不同制造商产品的混合组态与调用。功能块的通用结构是实现开放系统构架的基础，也是实现各种网络功能与自动化功能的基础。

（3）设备描述与设备描述语言

设备描述为控制系统理解来自现场设备的数据意义提供必需的信息，因而也可以看作控制系统或主机对某个设备的驱动程序，即设备描述是设备驱动的基础。设备描述语言是一种用于进行设备描述的标准编程语言。采用设备描述编译器，把 DDL 编写的设备描述的源程序转化为机器可读的输出文件。控制系统正是凭借这些机器可读的输出文件来理解各制造商附加 DD，写成 CDROM，提供给用户。

（4）通信控制器与智能仪表或工业控制计算机之间的接口技术

在现场总线的产品开发中，常采用 OM 集成方法构成新产品。已有多家供应商向市场提供 FF 集成通信控制芯片、通信软件等。把这些部件与其他供应商开发的或自行开发的完成测量控制功能的部件集成起来，组成现场智能设备的新产品。

（5）现场总线系统集成技术

包括通信系统与控制系统的集成。如网络通信系统组态、网络拓扑、配线、网络系统管理、控制系统组态、人机接口、系统管理维护等。这是一项集控制、通信计算机、网络等多方面的知识，集软硬件于一体的综合性技术。

(6) 现场总线系统测试技术

包括通信系统的一致性与互可操作性测试技术，总线监听分析技术，系统的功能、性能测试技术。一致性与互可操作性测试是为保证系统的开放性而采取的重要措施。一般要经授权过的第三方认证机构作专门测试，验证符合统一的技术规范后，将测试结果交基金会登记注册，授予FF标志。

基金会现场总线作为工厂的底层网络，相对一般广域网、局域网而言，它是低速网段，其传输速率的典型值为H131，25kbit/s，H21Mbit/s和2.5Mbit/s。

8.4.1.3 常见现场总线通信协议

(1) PROFIBUS

PROFIBUS是自动化技术中的现场总线通信标准，1989年首次由BMBF（德国教育和研究部门）推广，然后由西门子使用。它不应与工业以太网的Profinet标准相混淆。Profibus是作为IEC 61158的一部分公开发布的。PROFIBUS的历史可以追溯到1986年在德国开始的一个公开推广的协会计划，21家公司和机构为其设计了一个名为“现场总线”的总体项目计划。其目的是实施和推广使用基于现场设备接口基本要求的位-串行现场总线。为此，成员公司同意支持一个用于生产（即离散或工厂自动化）和过程自动化的共同技术概念。首先，指定了复杂的通信协议PROFIBUS FMS（现场总线消息规范），该协议是为要求严格的通信任务量身定做的。随后，在1993年，完成了更简单，也更快的协议PROFIBUS DP（分散式外围设备）的规范。PROFIBUS FMS用于PROFIBUS主站之间的（非决定性）数据通信。PROFIBUS DP是用于PROFIBUS主站和它们的远程I/O从站之间（确定性）通信的协议。

目前使用的PROFIBUS有两种变体：最常用的是PROFIBUS DP，而较少使用的是特定应用的PROFIBUS PA。PROFIBUS DP（分散式外围设备）用于在生产（工厂）自动化应用中通过集中式控制器操作传感器和执行器。PROFIBUS PA（过程自动化）用于在过程自动化应用中通过一个过程控制系统监控测量设备。这个变体被设计用于爆炸/危险区域。物理层（即电缆）符合IEC 61158-2标准，允许通过总线向现场仪器供电，同时限制电流，这样即使发生故障也不会产生爆炸性条件。连接到PA段的设备数量受此功能限制。PA的数据传输率为31.25kbit/s。然而，PA使用与DP相同的协议，并且可以使用耦合器设备连接到DP网络。速度更快的DP作为骨干网络，将过程信号传输到控制器。这意味着DP和PA可以紧密合作，特别是在混合应用中，过程和工厂自动化网络并肩运行。

图8.27为PROFIBUS通信协议。

(2) Modbus

Modbus是一种通信协议，用于通过串行线路（原始版本）或通过以太网在电子设备之间传输信息，通常用于过程和工厂自动化。虽然它是一个开放的协议，任何人都可以使用它，但“Modbus”是施耐德电气美国公司的注册商标。本文是对Modbus及其基本功能的介绍。

Modbus串行协议（原始版本）是一个主/从协议，例如，一个控制Modbus数据交易的主站与多个从站响应主站的请求，从从站读取或写入数据。Modbus TCP，也被称为Modbus TCP/IP，采用客户/服务器结构。这些网络结构如图8.28和图8.29所示。

Modbus是一个应用层协议，与数据传输介质无关。数据传输是基于主站/客户端向从站/服务器请求数据或向从站/服务器写入数据。数据交易由主站/客户端控制，在标准的Modbus中不存在数据的传输。数据以16位寄存器为基础，可以包含离散的开/关或16位整数值。一些实施方案使用两个或多个整数寄存器来表示浮动数据或长整数值。诊断数据可以由Modbus串行主站向从站请求，如果从站/服务器察觉到它们收到的请求有问题，可以向主站/客户端发送错误代码。Modbus数据交易只包含一个功能代码、寄存器地址和数据，由主站/客户端和从站/服务器

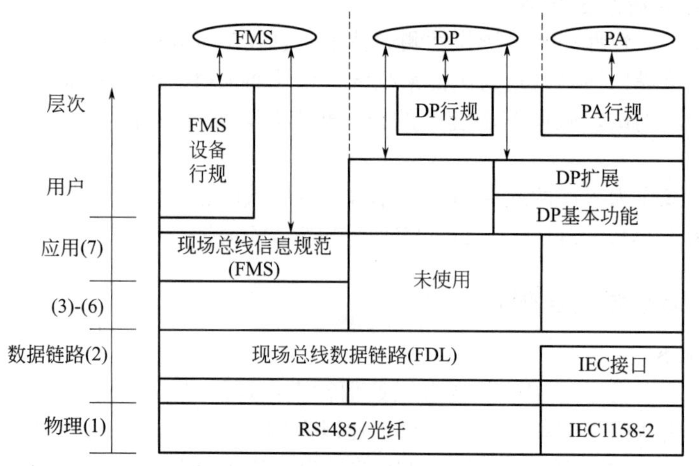

图 8.27　PROFIBUS 通信协议

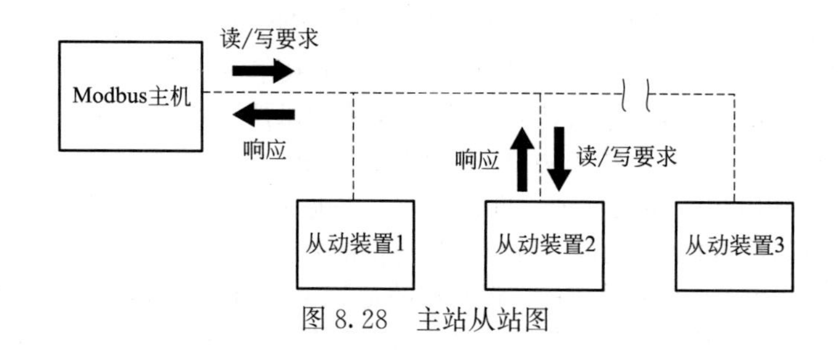

图 8.28　主站从站图

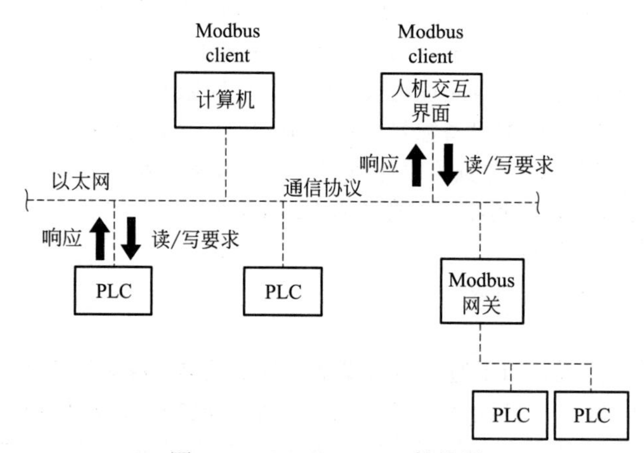

图 8.29　Modbus TCP 结构图

来理解这些数据。

(3) CAN 总线

控制器局域网（controller area network，CAN 或者 CAN bus）是一种功能丰富的车用总线标准。被设计用于在不需要主机（host）的情况下，允许网络上的单片机和仪器相互通信。它基于消息传递协议，设计之初在车辆上采用复用通信线缆，以降低铜线使用量，后来也被其他行业所使用。CAN 创建在基于信息导向传输协定的广播机制（broadcast communication mechanism）上。其根据信息的内容，利用信息标志符（message identifier，每个标志符在整个网络中独一无二）来定义内容和消息的优先顺序进行传递，而并非指派特定站点地址（station address）的方式。因此，CAN 拥有了良好的弹性调整能力，可以在现有网络中增加节点而不用在软、硬件上做出调整。除此之外，消息的传递不基于特殊种类的节点，增加了升级网络的便利性。图 8.30 为传统点对点网络结构和总线式结构对比。

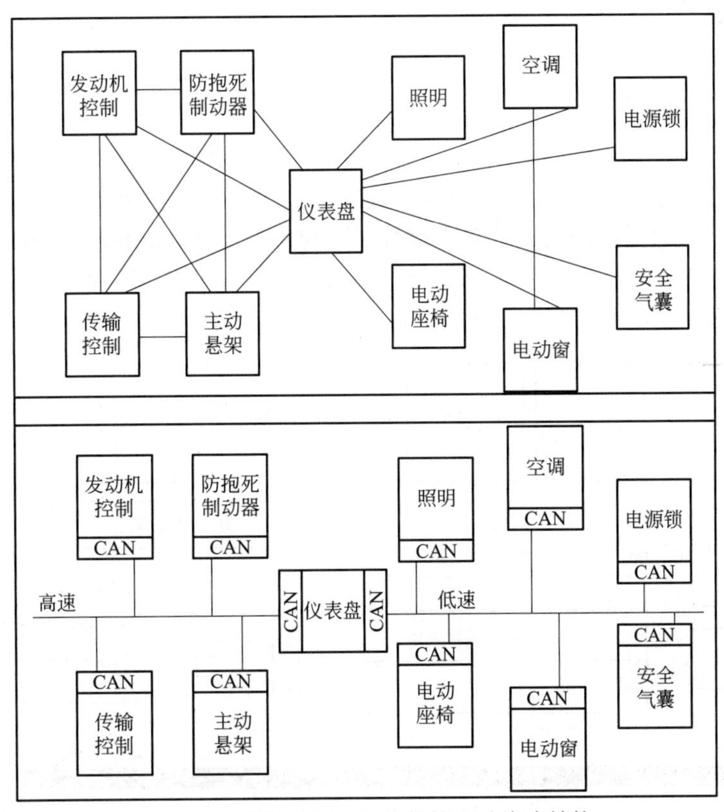

图 8.30　传统点对点网络结构和总线式结构

连接在 CAN 总线上的设备叫作节点设备（CAN node），CAN 网络的拓扑一般为线型。线束最常用的为非屏蔽双绞线（UTP），线上传输为对称的电平信号（差分）。图 8.31 所示为 CAN 总线网络示意图，节点主要包括 host、控制器和收发器三部分。host 常集成有 CAN 控制器（现在的 MCU 一般都会搭载 CAN 控制器，特别是车载的 MCU），CAN 控制器负责处理协议相关功

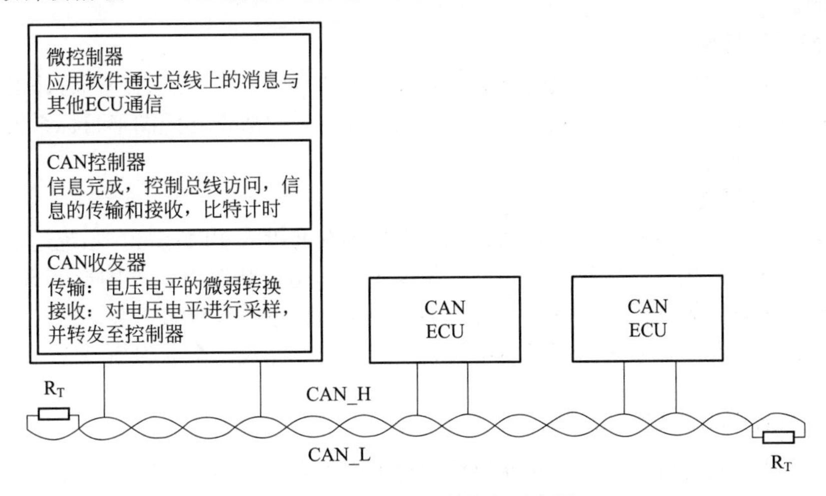

图 8.31　CAN 总线节点示意图

能，以减轻 host 的负担。CAN 收发器将控制器连接到传输媒介。通常控制器和总线收发器通过光耦或磁耦隔离，这样即使总线上过压，损坏收发器，控制器和 host 设备也可以得到保护。

8.4.2 组态软件

8.4.2.1 组态软件的结构

一般组态软件是一个具有实时多任务、接口开放、使用灵活、功能多样、运行可靠的系统。其中实时多任务是它最突出的特点。一个组态软件系统由若干个功能模块组成，块之间的通信以及模块与数据库之间的通信均通过共享内存数据库和 OLE DB（ob linking and embedding database）完成。实时数据库是 SCADA 系统的核心，实现机器内应用程序的实时数据交换，通过网络通信程序将实时数据扩展到整个网络，其结构如图 8.32 所示。

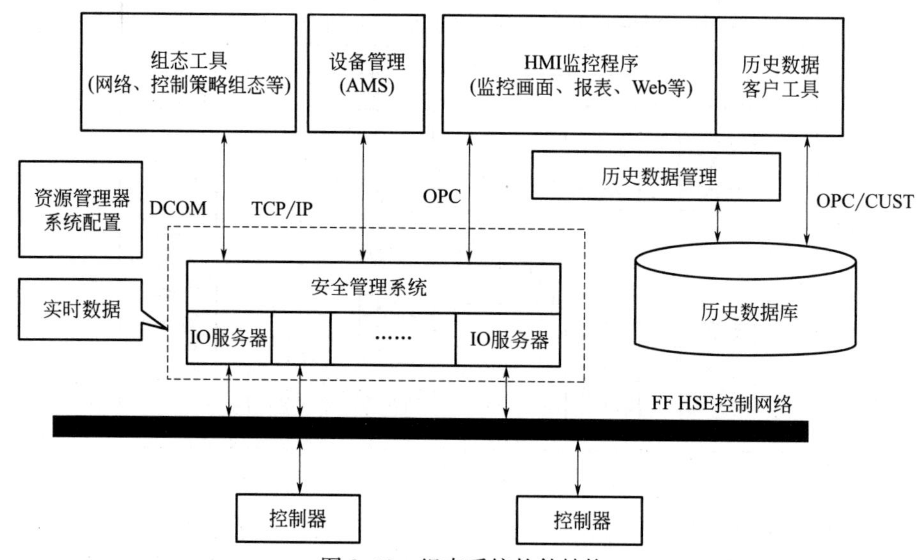

图 8.32 组态系统软件结构

以使用软件的工作阶段来划分，从总体上讲，组态软件是由系统开发环境和系统运行环境两大部分构成的。

(1) 系统开发环境

它是自动化工程设计师为实施其控制方案，在组态软件的支持下进行应用程序的系统生成工作所必需依赖的工作环境。通过建立一系列用户数据文件，生成最终的图形目标系统，提供系统运行环境供运行时使用。

(2) 系统运行环境

在系统运行环境下，目标应用程序被载入计算机内存并投入实时运行。系统运行环境根据工程画面上图元的动画连接实时更新图形画面，将现场工程运行状况以组态图形的方式显示出来。自动化工程设计师首先利用系统的开发环境，通过一定工作量的系统组态和调试，生成目标应用程序，并最终将目标程序在系统运行环境中投入实时运行，完成一个工程项目。

8.4.2.2 系统监控组态软件组成

组态软件因为其功能强大，每个功能模块相对来说具有一定的独立性，因此其组成形式是一个集成软件平台，由若干程序组件构成。通常的典型组件由以下几部分组成。

① 图形界面开发程序。它是自动化工程设计师为实施其控制方案，在图形编辑工具的支持下进行图形系统生成工作所依赖的开发环境。通过建立一系列工程画面文件生成图形目标应用系统。

② 图形界面运行程序。在系统运行环境下，图形目标应用系统被图形界面运行程序载入内存并投入实时运行。

③ 实时数据库功能模块。实时数据库模块主要完成实时数据库的建立、维护、访问以及历史数据生成等功能，它是整个系统的基础和核心。从某种意义上讲，实时数据库就是按一定方式组织的监控和管理点（变量）的集合。为自动化需要而进行的诸如规约转换、HMI 曲线、报警、数据浏览等功能都是基于实时数据库展开的。网络环境下的运行系统在每个节点上均有一个独立的，但是每个点又是可以在全网络环境下唯一标识的实时数据库的实例。网络管理程序实时地更新每个节点上的实时数据库，以保持实时数据库全网络的一致性。通过与前置通信服务器模块的通信，此模块获取数据信息现场检测设备接收到的实时数据，同时还将处理好的数据传送给通信服务器。

④ 网络通信模块。网络通信模块是组态软件的实时网络通信内核，担负网络系统计算机之间实时数据的传输任务，保证系统各节点实时数据的一致性。

⑤ 前置通信模块。前置通信模块完成与终端数据信息现场检测设备的通信任务。组态系统可以有多组前置通信服务器。每一组前置通信服务器可由互为备用的两套计算机组成，一般采用工业控制计算机。根据系统规模选择直接使用微机串口，使用“智能接口卡”，或使用“通信服务器”三种方式。

⑥ 历史数据库。历史数据库存储系统运行的历史数据信息。数据一般是由实时数据库模块以一定的采样周期将其数据信息向历史数据库转储而来的。因为实时数据库是在内存中而且数据随着时间在不断更新，所以只有通过历史数据库才有可能对系统在一段时间内的运行状态做出评估。历史数据库一般使用商用数据库，如 Microsoft SQL Sever、Oracle 等。

⑦ 数据报表模块。数据报表模块以图表的方式向用户提供系统运行的历史数据信息并提供报表的打印输出功能。实现报表模块的技术途径有自己开发报表软件或基于已有软件做二次开发。第一种方案程序功能容易控制，但实现有一定难度，开发时间相对较长，相反，二次开发则所需时间短，但程序功能控制比较困难。

8.4.2.3 组态软件的数据流

组态软件通过 I/O 驱动程序从现场 I/O 设备获得实时数据，对数据进行必要的加工后，一方面以图形方式直观地显示在计算机屏幕上；另一方面按照组态要求和操作人员的指令将控制数据送给 I/O 设备，对执行机构实施控制或调整控制参数。对已经组态历史趋势的变量存储历史数据，对历史数据检索请求给予响应。当发生报警时，及时将报警以声音和图像的方式通知给操作人员，并记录报警的历史信息以备检索。图 8.33 直观地表示出了组态软件的数据处理流程。

从图 8.33 中可以看出，实时数据库是组态软件的核心和引擎，历史数据的存储与检索、报警处理与存储、数据的运算处理、数据库冗余控制、I/O 数据连接都是由实时数据库系统完成的。图形界面系统、I/O 驱动程序等组件以实时数据库为核心，通过高效的内部协议，共享数据。

8.4.2.4 常见的组态软件

(1) FOXBORO——I/A Series

I/A Series 系统（图 8.34）的通信网络是建立在国际标准化组织（ISO）所定义的开发系统互联（OSI）标准基础上的，并广泛遵循 IEEE 的各种规范。

FOXBORO 公司 2004 年初正式对外发布其新一代产品 I/A SeriesV8.0 新产品秉承了 IA Se-

图形界面系统
报警通知
画面显示
第三方程序接口
实时数据库系统
控制器冗余控制
计算与控制
历史数据处理
实时数据库内核
报警检查与处理
I/O数据连接第三方程序接口
通信程序模块
I/O service
I/O数据驱动
I/O设备
现场设备

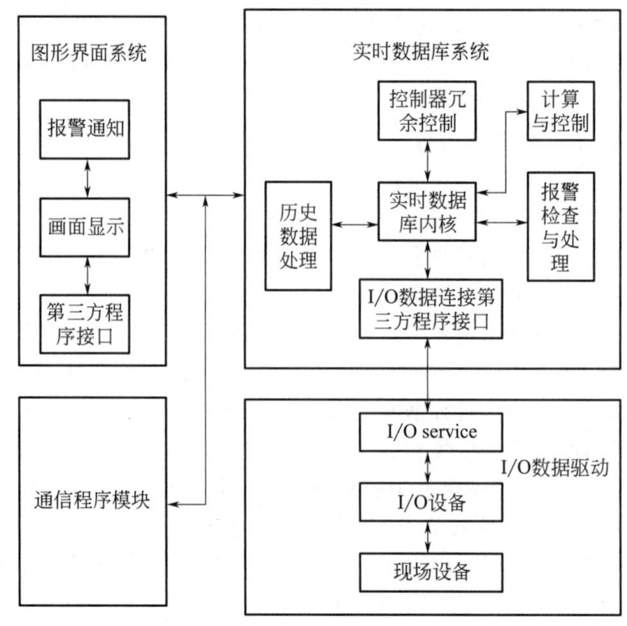

图 8.33　组态软件的数据处理流程

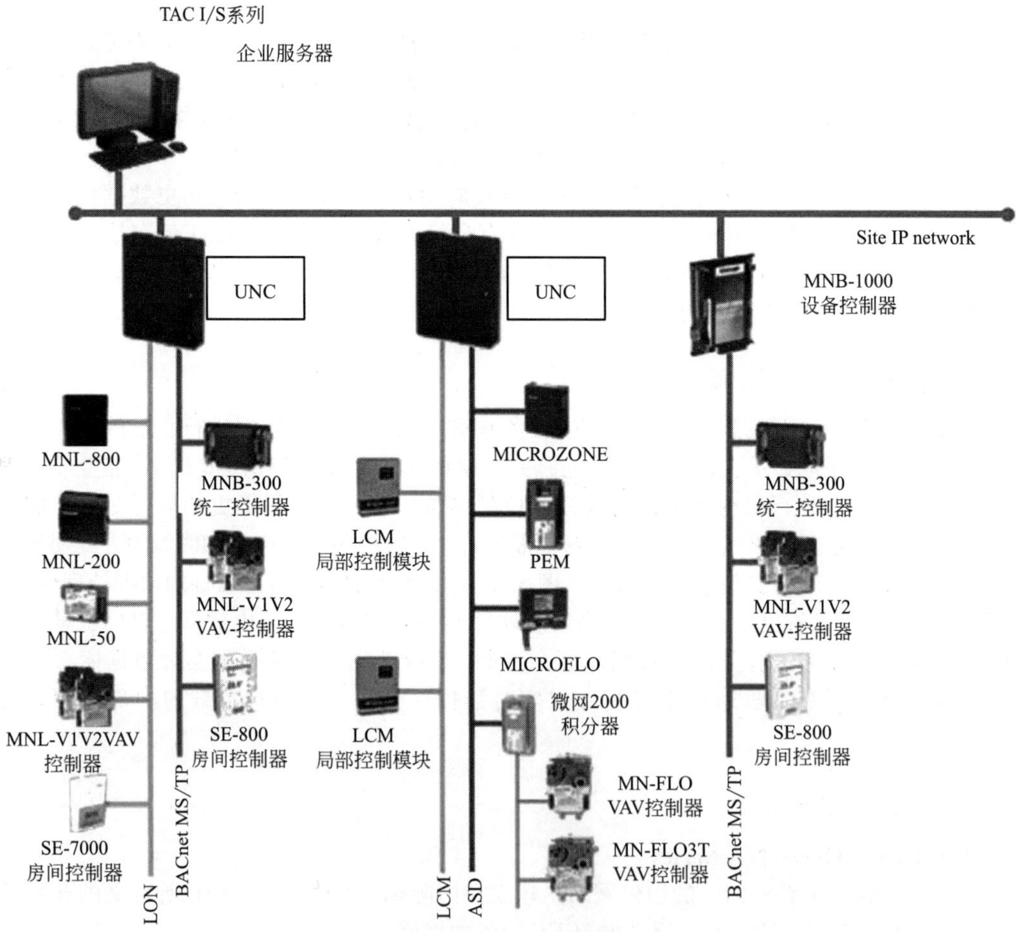

TAC I/S系列
企业服务器
Site IP network
UNC
UNC
MNB-1000
设备控制器
MNL-800
MNB-300
统一控制器
MNL-200
MNL-50
MNL-V1V2
VAV-控制器
MNL-V1V2VAV
控制器
SE-800
房间控制器
SE-7000
房间控制器
LON
BACnet MS/TP
LCM
局部控制模块
LCM
局部控制模块
MICROZONE
PEM
MICROFLO
微网2000
积分器
MN-FLO
VAV控制器
MN-FLO3T
VAV控制器
LCM
ASD
MNB-300
统一控制器
MNL-V1V2
VAV-控制器
SE-800
房间控制器
BACnet MS/TP

图 8.34　I/A Series 系统

ries 系统一贯的开放式结构，在支持原有产品的同时又推陈出新。

（2）NI——LabVIEW

美国国家仪器公司（NI）推出的图形化虚拟仪器（VI）开发运行环境 LabVIEW（图 8.35），不仅功能强大，而且由于基于通用 PC 及其他标准软硬件模块，因而能有效提高构建测控系统的柔性、降低开发应用成本及保护投资。作为当前测试和测量领域的工业标准，LabVIEW 虚仪器技术可通过 GPIB、VXI、PXI、PLC、串行设备和插卡式数据采集板等，配合通用 PO 机的标准软硬件资源，构建灵活、层次体系明晰、功能强大且人机界面友好的数据采集系统和便捷高效的控制系统。

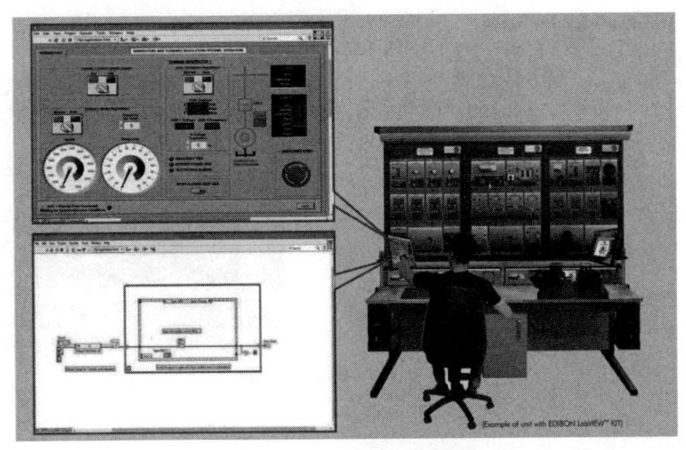

图 8.35　LabVIEW 系统

（3）Intellutian——iFIX

iFIX（图 8.36）是 Intellution Dynamics 自动化软件产品家族 HMI/SCADA 中最重要的组件，它是基于 Windows NT/2000 平台上的功能强大的自动化监视与控制的软件解决方案。iFIX 可以精确地监视、控制生产过程，并优化生产设备和企业资源管理。iFIX 是全球最领先的 HMI/SCADA 自动化监控组态软件，世界上许多最成功的制造商都依靠 iFIX 软件来全面监控和分布管理全厂范围的生产数据，在冶金、电力、石油化工、制药、生物技术、包装、食品饮料、石油天然气等各种工业中应用。

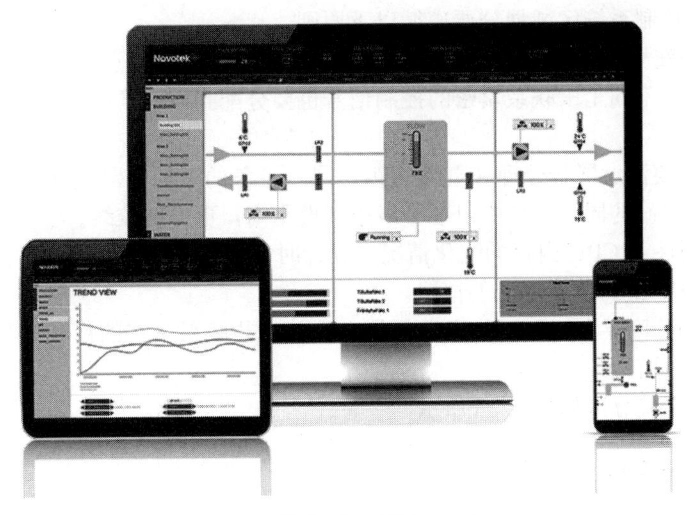

图 8.36　iFIX

(4) 亚控科技——组态王

组态王（Kingview）（图 8.37）工控软件是近年来很受欢迎的上层组态软件之一，其以价格低廉、使用简单、界面友好、服务好等优势在多个项目中获得成功应用，是在流行的 PC 机上建立工业控制对象人机接口的一种智能软件包，它以 Windows98、Windows2000、Windows NT4.0 中文操作系统作为其操作平台，充分利用了 Windows 图形功能完备、界面一致性好、易学易用的特点。它使采用 PC 机开发的系统工程比以往使用专用机开发的工业控制系统更具有通用性，大大减少了工业控制软件开发者的重复性工作量，并可运用 PC 机丰富的软件资源进行二次开发。

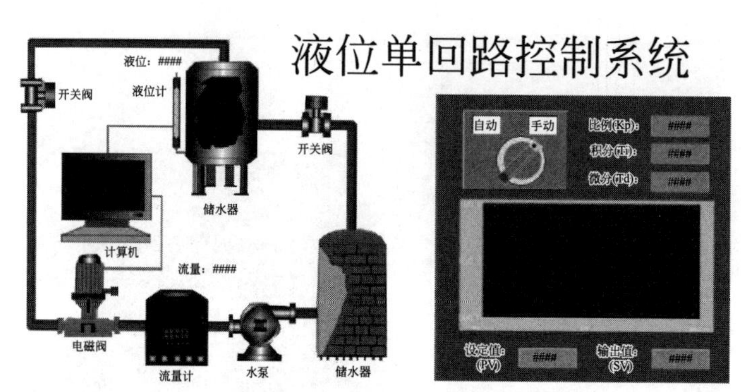

图 8.37　组态王界面

8.5 DCS 系统设计

8.5.1 铜钴回收检测控制系统

铜钴回收工艺流程复杂烦琐，科学、合理地划分控制区域既可以方便现场工作人员进行硬件安装和线路铺设，又可以节省软件设计和编写程序所需的时间，也为后期调试运行带来了极大的方便。

科学、合理的控制系统区域划分要遵循以下原则：

① 划分控制系统子站时要根据实际生产工艺流程，根据车间划分子站。同一工段的控制信号接入同一个子站，不同工段联系紧密的控制信号也要分配到同一子站中，尽可能地减少不同工段信号的相互影响。

② 铺设线路时要注意屏蔽处理和电缆间距，同一设备的不同信号或相邻很近的设备的信号要尽可能接入同一子站的同一模块中以减少线路铺设距离，也方便校线。

③ 编写程序时注意 CPU 内存的变化情况，设计时注意减少不必要的控制信号数目，以免遇到内存不足或者 CPU 运行速度降低的情况。

④ 上位界面的分区要和实际工艺流程保持一致，工艺联系紧密的设备要尽可能绘制在一幅界面中，方便操作员监控。

铜钴回收控制系统分区如图 8.38 所示。

8.5.1.1 容错控制系统

控制系统及其任何组件的故障都可能导致生产事故，在过程控制系统中使用容错组件，可以降低由于组件故障造成的停机风险。容错是指当系统中一个或者多个关键部分发生故障时，能自动检测故障并采取相应措施保持系统功能在可接受的范围内。

容错控制系统是指当系统在软、硬件上某一部分突然发生容错范围内的故障时，控制系统仍然能稳定地完成其基本功能，并具有较理想的动态特性。容错控制系统按设计分类，可分为：被动容错系统、主动容错系统。按实现方式分，可分为：硬件容错系统、功能容错系统、软件容错系统。

被动容错系统：通过设定固定的控制器，实现对已知故障的容错控制功能。主动容错控制系统：通过改变控制器的结构或参数实现对故障的容错控制功能。

硬件容错系统：硬件容错技术就是采用余度技术进行容错，主要是在硬件方面采用冗余技术，当系统的一个或多个关键部件失效时，通过检测隔离故障元件，采用预先设计好的完全相同的备用元件来替代它们维持系统的正常工作，保证系统性能不变，基本结构思想如图 8.39 所示。

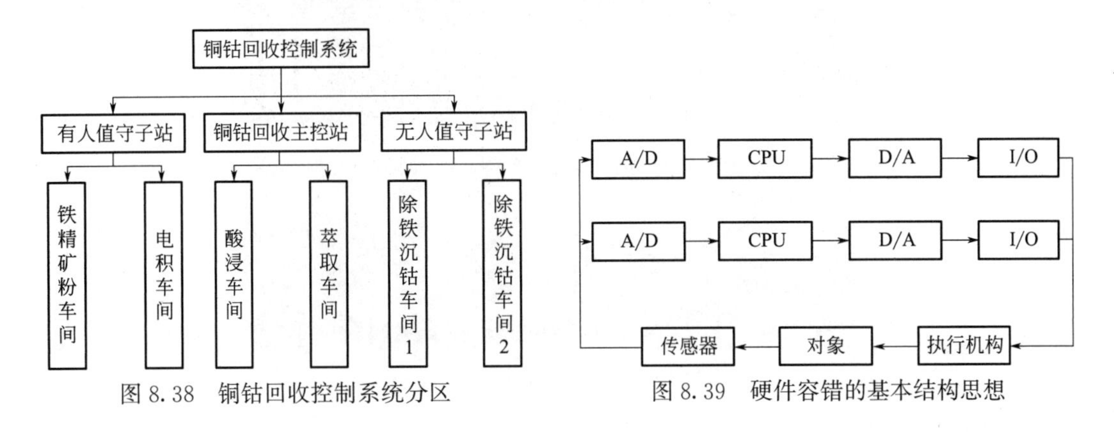

图 8.38　铜钴回收控制系统分区

图 8.39　硬件容错的基本结构思想

功能容错系统：功能容错系统是当系统部件失效时，用其他的完好的部件来承担起故障部件的任务，以维持系统的性能。

软件容错：软件容错是指屏蔽软件故障，恢复因出错而影响的程序进程。

PCS7 容错过程控制系统：

PCS7 是通过冗余设计来实现容错的目的。这意味着过程中涉及的所有组件在连续操作时都有一个备份，它也在同时参与控制任务，当故障发生或其中一个控制系统组件失效时，正常运行的备份组件就会接管连续控制任务。通常，容错系统最初需要较高的投资，随着运行时间的增长，因无故障而节省的费用很快就能回收投资。典型 PCS7 冗余容错过程控制系统如图 8.40 所示。

8.5.1.2　铜钴回收容错控制系统硬件设计

铜钴回收项目根据实际情况需要，在能满足系统使用功能的前提下，为简化系统，节省费用，整体架构采用单站式结构，硬件配置采用 SIEMENS PCS7 控制系统的标准容错配置。控制系统硬件设计主要分为三个部分，过程管理层设计、控制总线层设计和现场控制层设计。

(1) 过程管理层

根据工艺流程和现场厂房布局，设计控制系统为一个主站、两个子站（其中一个有人留守站，一个无人留守站）。过程管理层结构如图 8.41 所示，配有中控室（位于酸浸车间二楼）、子控制室、调度室和机修车间。其中，中控室和子控制室配有操作员，完成对生产工艺的监控操作，调度室主要完成各个工段车间的协调调度，机修车间主要完成对各个工段的监视，发现故障隐患并及时维修（调度室和机修车间不允许控制现场设备，只允许上位监视）。

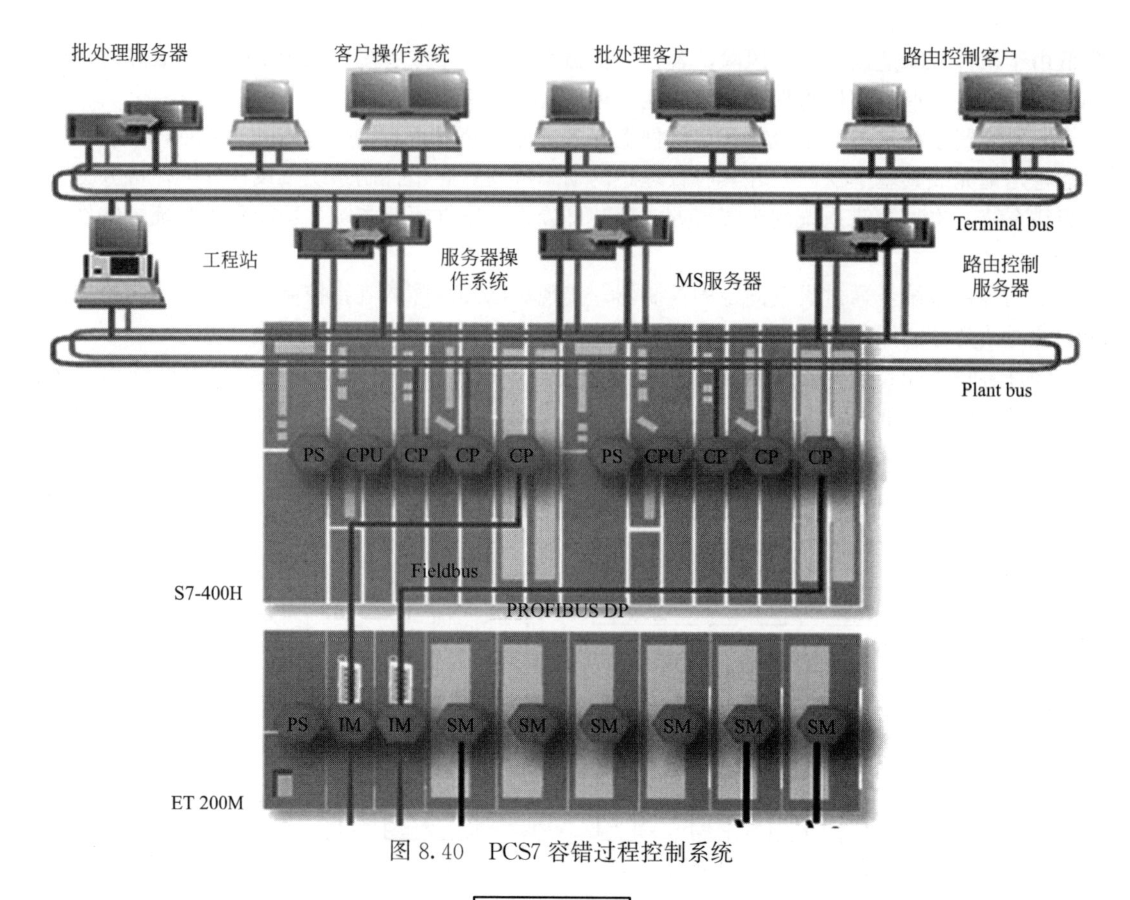

图 8.40 PCS7 容错过程控制系统

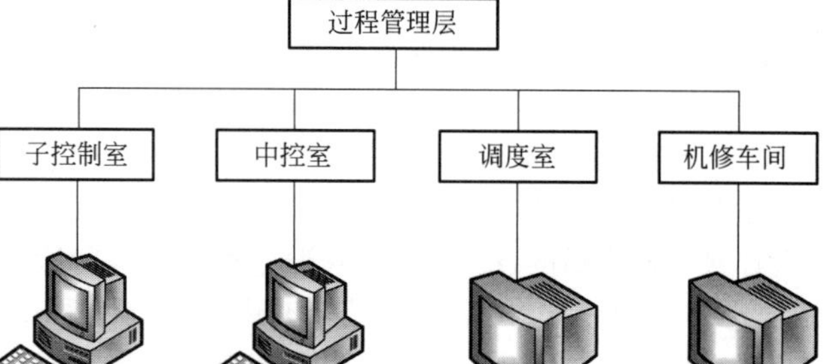

图 8.41 过程管理层结构

该层共配有 1 台 ES 站、6 台 OS 站，其中中控室配有 1 台 ES 站和 2 台 OS 站，子控制室 2 台 OS 站、机修车间 1 台 OS 站、调度室 1 台 OS 站。ES/OS 站的软件配置如表 8.2 所示。

表 8.2 ES/OS 站的软件配置

站名称	主要软件	数量
工程师站 ES	Windows XP 系统软件、 PCS7 V7.0 ES 工程师软件、 Office 2003 办公软件	1
操作员站 OS	Windows XP 系统软件、 PCS7 V7.0 Clint 客户端软件、 Office 2003 办公软件	6

(2) 控制总线层

控制总线层主要完成的功能是连接 AS 与 OS/ES，确保 AS 的数据能够快速、稳定地反馈到 OS/ES。本系统选用 SIEMENS S7400H 的 AS412-3-2H 冗余控制组件，该组件包括冗余机架 UR2-H、两个电源模块（PS407 10A）、两个容错的控制器（CPU412-3H）、同步光纤、4 个时钟同步子模块、两个工业以太网通信模块（CP443-1）、备用电源、程序存储卡等。冗余组件预装有冗余软件，在系统正常运行时，当其中一个容错控制器出现故障时，另一个能自动接管并继续所有工作，保证系统正常运行，AS412-3-2H 冗余控制组件如图 8.42 所示。

图 8.42　AS412-3-2H 冗余组件

控制总线层柜体硬件安装布局如图 8.43 所示，图中柜体正面上方区域安装 SIEMENS S7400H 系列的控制组件。PWR1、PWR2 位于 AS 下方，为冗余 24V 电源。X204-2A 和 X204-2B 为 SIEMENS 系列带光电转换功能的工业以太网交换机。QF 为空气开关，DK 为继电器，背面下方为安装端子。

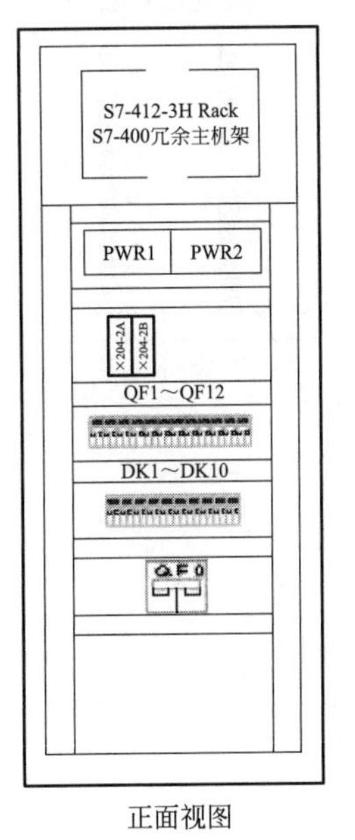

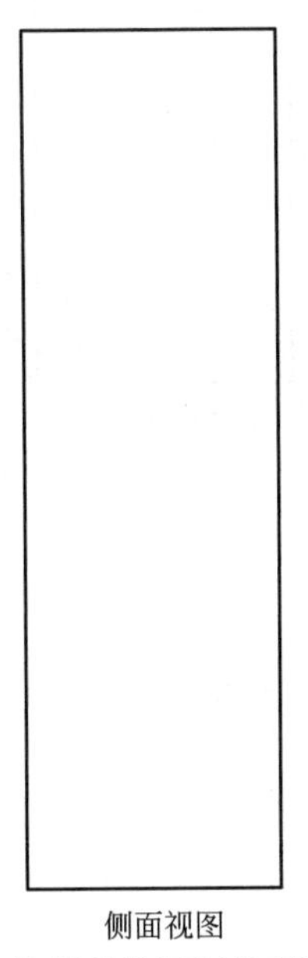

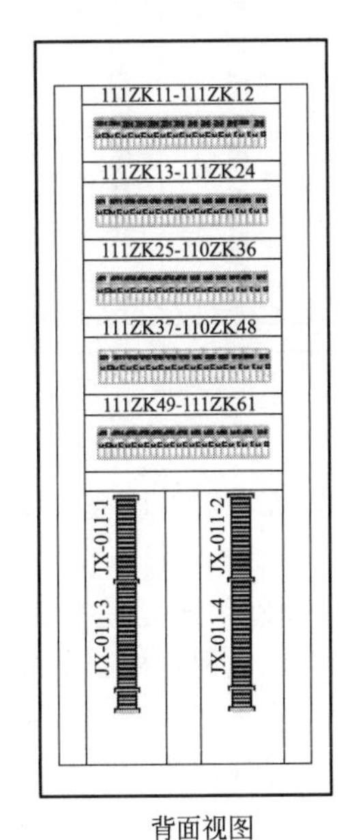

图 8.43　控制总线层柜体硬件安装布局

(3) 现场控制层

现场控制层的作用是建立 AS 与现场站或者设备的连接。使用扩展接口模块 ET200M 连接一个或多个扩展机架到中央冗余机架，本系统采用冗余接口模块 IM153-2，中央处理器通过 PROFIBUS-DP 连接到扩展机架的接口模块，每个扩展机架上安装两个 IM153-2 模块，通过硬件冗余的形式实现铜钴回收控制系统的容错控制。AS 通过现场控制层，实现对现场仪表数据的采集及现场设备的控制等功能。ET200M 的扩展 I/O 模块主要有：模拟量模块 AI331 8 * 13bit、AO332 8 * 12bit；数字量模块 DI 32 * DC24V、DO 32 * DC24V/0.5A，ET200M 安装及 I/O 模块扩展。如图 8.44 所示。

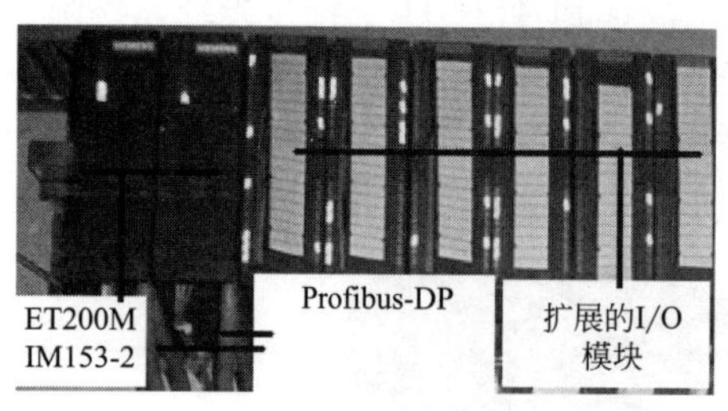

图 8.44　ET200M 及 I/O 模块扩展图

图 8.45 为酸浸车间 KG001 控制柜内 ET200M 和各信号模块及端子安装布局图。图中正面视图的顶部为 ET200M 和各信号模块，在计算了各模块所需电流的前提下，为保证控制系统稳定可靠，设计每个机架最多负载 8 个 I/O 模块。根据分布式 I/O 模块通道数目的不同，接线端子或 16 个为一组，或 32 个为一组，又或 64 个为一组。背面视图中，顶部同样为 ET200M 和各信号模块，中间为继电器（用于控制输出），下部同样安装端子排。

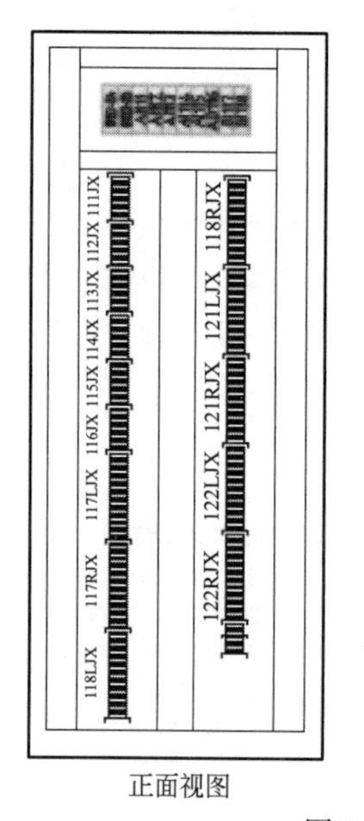

正面视图

侧面视图

背面视图

图 8.45　ET200M 及 I/O 模块柜内安装布局图

ET200M 扩展 I/O 模块安装接线图如图 8.46 所示。

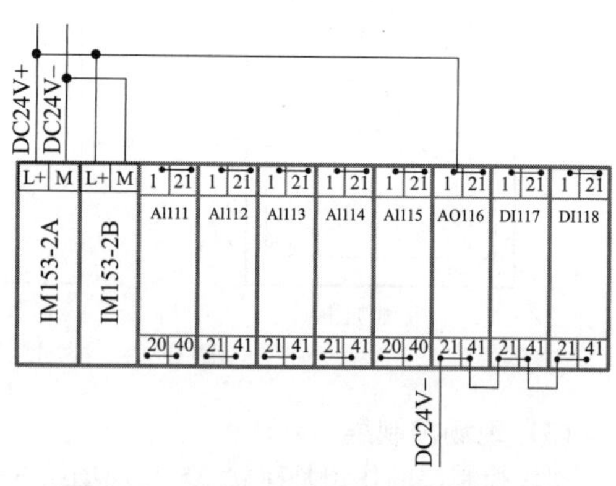

图 8.46　ET200M 扩展 I/O 模块接线图

PCS7 硬件组态是整个控制系统的基础，它直接管理了铜钴回收控制系统所有需要的硬件资源。项目建立图如图 8.47 所示。铜钴回收项目基本硬件组态如图 8.48 所示。

系统监控界面激活后的布局采用西门子 PCS7 的标准界面，界面中上部包含工段导航、当前用户登录名称、系统时间、打印按钮等，下部为各功能按钮，点击可以进入历史趋势系统、报警回路系统、账号管理系统等，如图 8.49

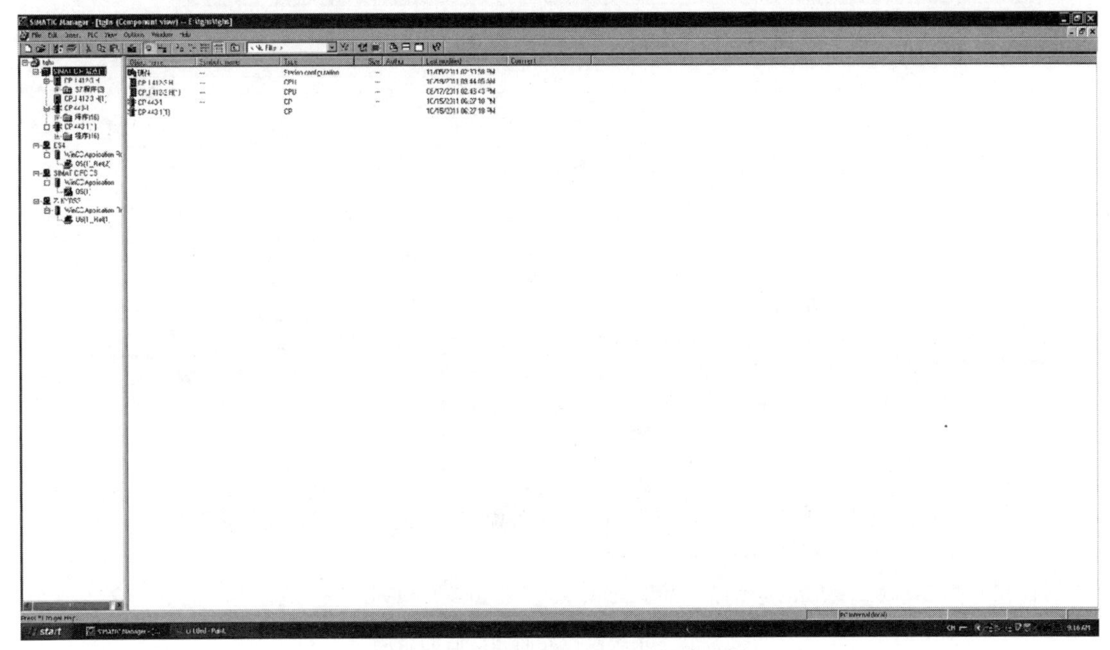

图 8.47　铜钴回收 PCS7 项目建立图

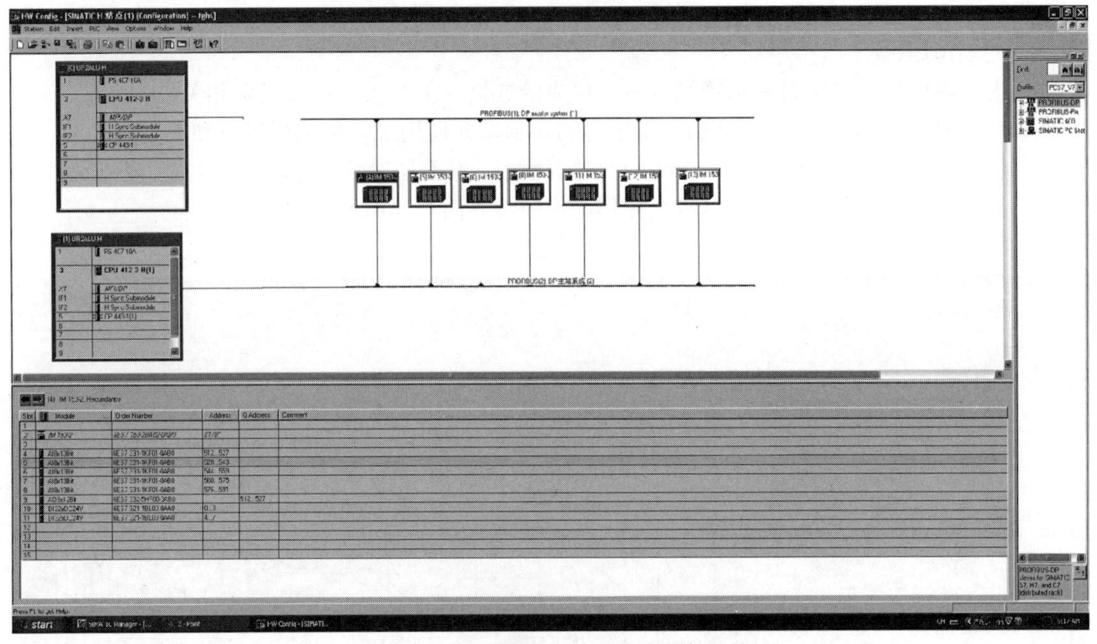

图 8.48　铜钴回收项目的基本硬件组态

所示。

I/O 变量连接完成后，保存并编译整个 OS 界面，PCS7 自动套用标准激活运行界面，并自动生成电机和阀门面板图标。根据 PCS7 界面绘制的基本原则和现场工艺人员要求，调整界面，使图形界面符合以下要求：

① 符合实际生产工艺流程；

② 能反映出生产工艺的主要参数（温度、压力、pH、流量及累计流量、电机和阀门的运行

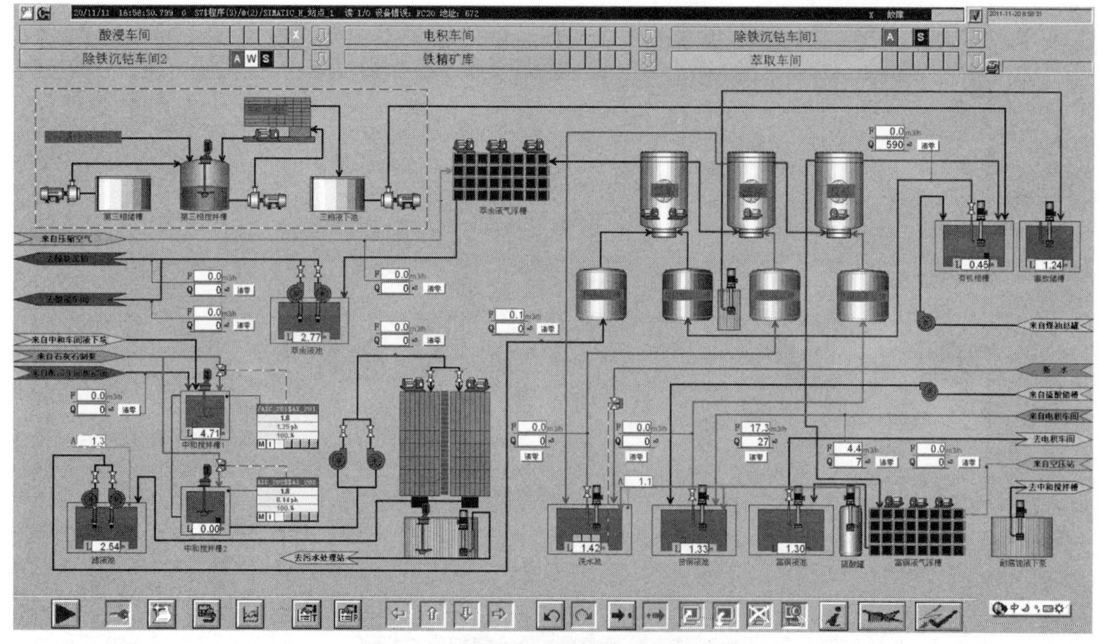

图 8.49 系统监控界面激活后的布局

状态指示等)；

③ 根据用户要求更改设备图标样式，使用图库调取的图标取代由编译 OS 自动生成的电机、阀门块、操作块图标；

④ 人机界面中可以实时显示现场设备、仪表的数据，工艺人员可以设定相关控制参数；

⑤ 现场要求液位、流量、pH 值、温度等的显示域要使用统一的边框颜色和大小；

⑥ 管线布局尽量符合现场实际，颜色要清晰、醒目、具有层次感并符合管线内实际流体属性；

⑦ 简化监控界面，方便操作员进行操作，使控制界面布局简洁、明了。

监控界面如图 8.50 所示。

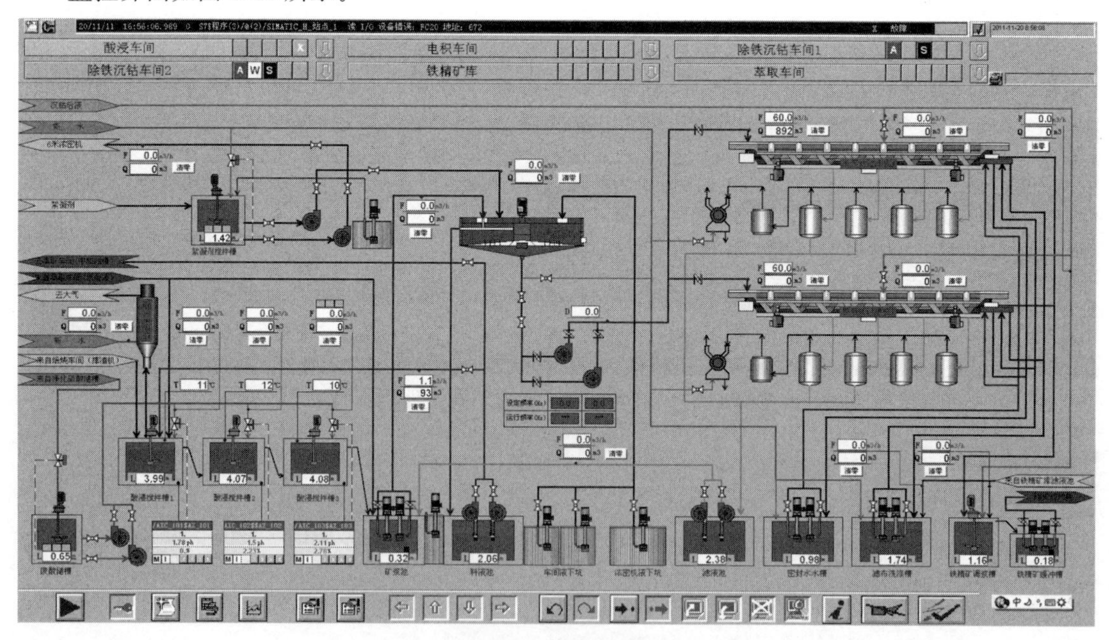

图 8.50 监控界面

报警系统是铜钴回收系统的重要组成部分，根据报警要醒目及时的原则，报警系统分为两个部分，报警条显示报警和报警组显示报警。如图 8.51 所示，最上面是报警条，工段导航后面有该工段下的报警显示，只有一个处于报警，后面就有相应的报警显示。红色 A 为高高或低低报警，黄色 W 为高或低报警，黑色 S 为设备故障报警或通信报警。

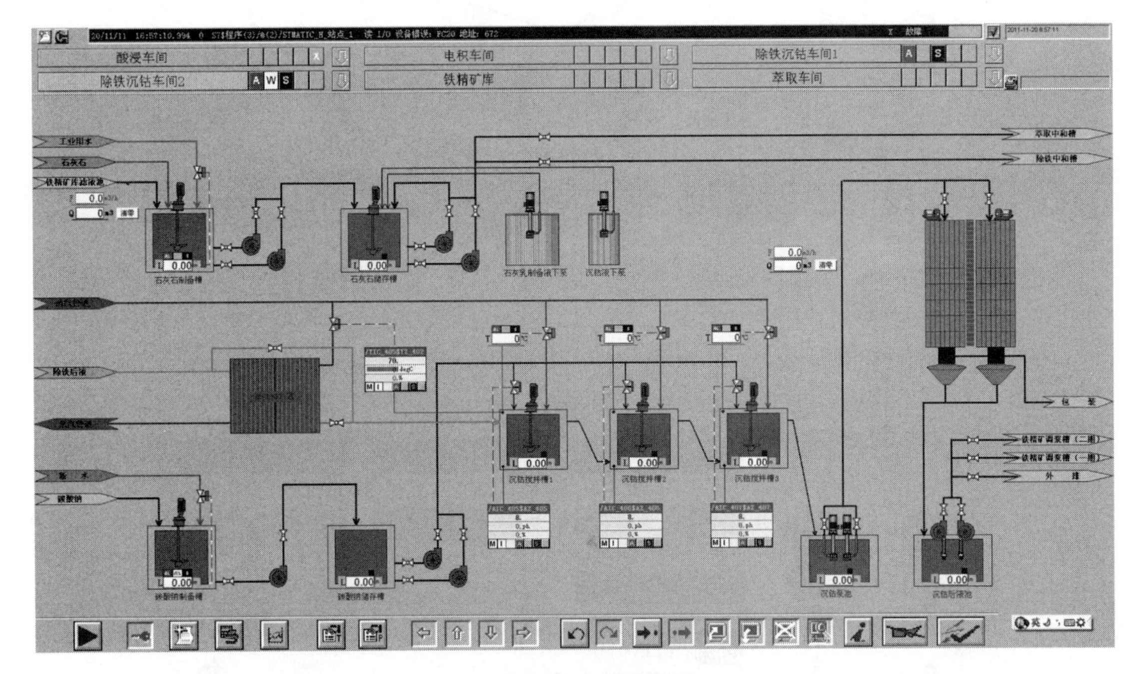

图 8.51 报警系统

图 8.52 为铜钴回收容错控制系统整体框图。

8.5.2 机器人焊接生产线监控系统

车身焊接生产线由六台意大利 COMAU-120 机器人组成，六台机器人分为三组，每组两台对称分布在工件传输线两侧。工件两侧各三台机器人完全对称（工件移动时首先经过的为第一组，最后经过的为第三组，中间的为第二组），一、二两组是固定不动的，第三组机器人可以沿工件运动方向移动。一、三两组四台机器人完全相同，第二组高度比一、三组高，一、二两组机器人为一个工位，第三组为一个工位，生产线上同一时刻只能有两个工件。工件的传输控制与定位及机器人焊接程序的触发由一台 SIEMENS 的 S5 系列的 PLC 负责，PLC 的型号是 S5-115 系列，CPU 为 944，该 PLC 共有 480 点开关量输入（24VDC），448 点开关量输出（24VDC0.5A）。机器人焊接生产线分布图如图 8.53 所示。

8.5.2.1 信号流分析

通过调研获悉，机器人焊接生产线上 PLC 和机器人的信号流关系为：机器人、传输线、点焊系统互相协调工作，完成各种车身的焊接任务。不同类型的车身焊接通过选择不同的焊接程序实现，生产线有一定的柔性。传输线由一台 PLC 控制，机器人和 PLC 之间通过信号线交换信息，而焊枪由机器人控制。从一台机器人看，其输入输出信号如图 8.54 所示，主控制器的输入输出信号如图 8.55。

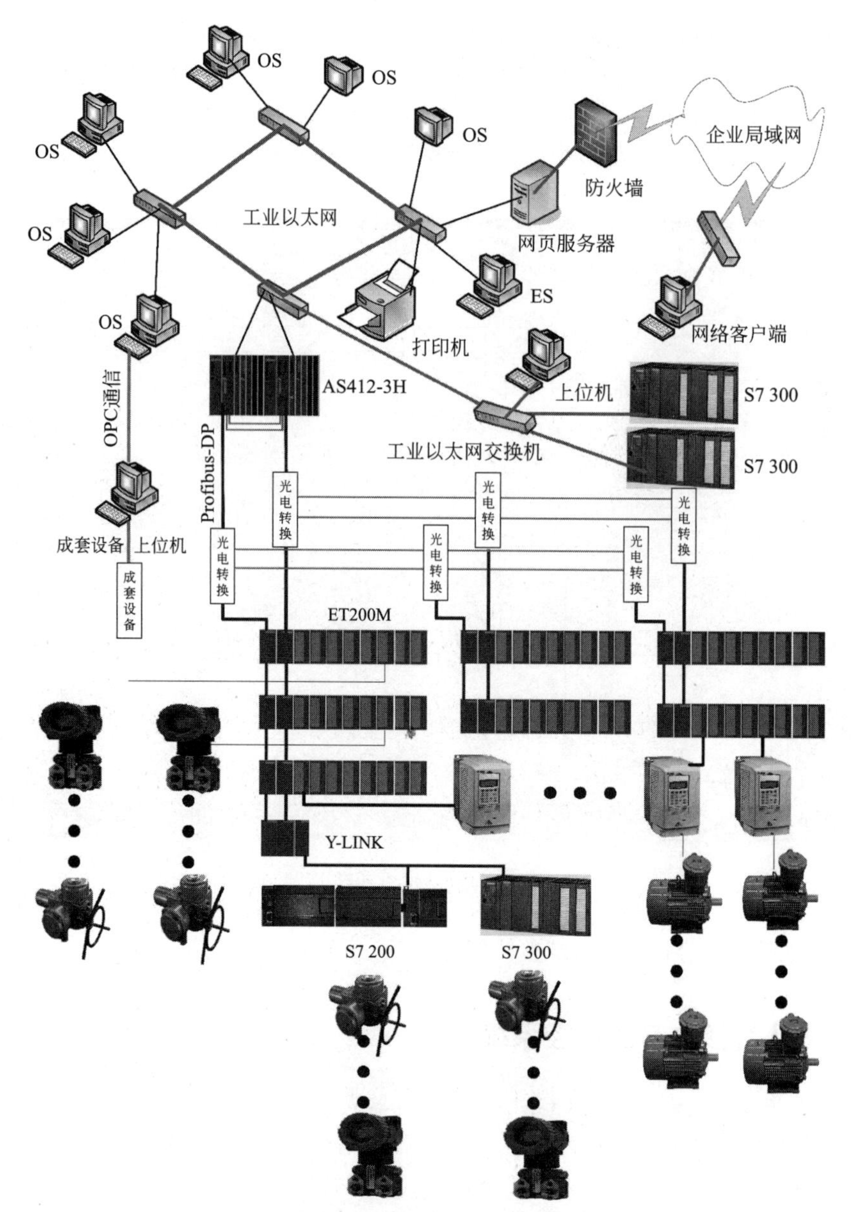

图 8.52　铜钴回收容错控制系统整体结构图

8.5.2.2　监控系统需求描述

（1）生产实际对监控的需求

生产线主要存在以下问题：

机器人焊接程序装载麻烦，必须在现场一台一台装入，程序管理复杂。机器人的状态信息虽然在机器人的人机界面有所反映，但由于机器人人机界面是基于 DOS 操作系统的字符方式，同时分散在现场，无法及时了解每台机器人的焊接进程和异常情况。生产线启动前的系统状态检查和送电操作完全依靠操作人员，一是增加了操作人员的工作量，影响生产线总体效率；二是容易引起由操作人员疏忽而造成的系统故障。由于系统复杂，任何一个环节出现故障都会影响系统的正常运行，由于没有可供维护人员参考的故障发生前后的原始记录，维护人员找到故障根源，排除故障比较困难。当多台焊枪同时焊接时，对电源的冲击太大，影响焊接质量，甚至干扰控制设

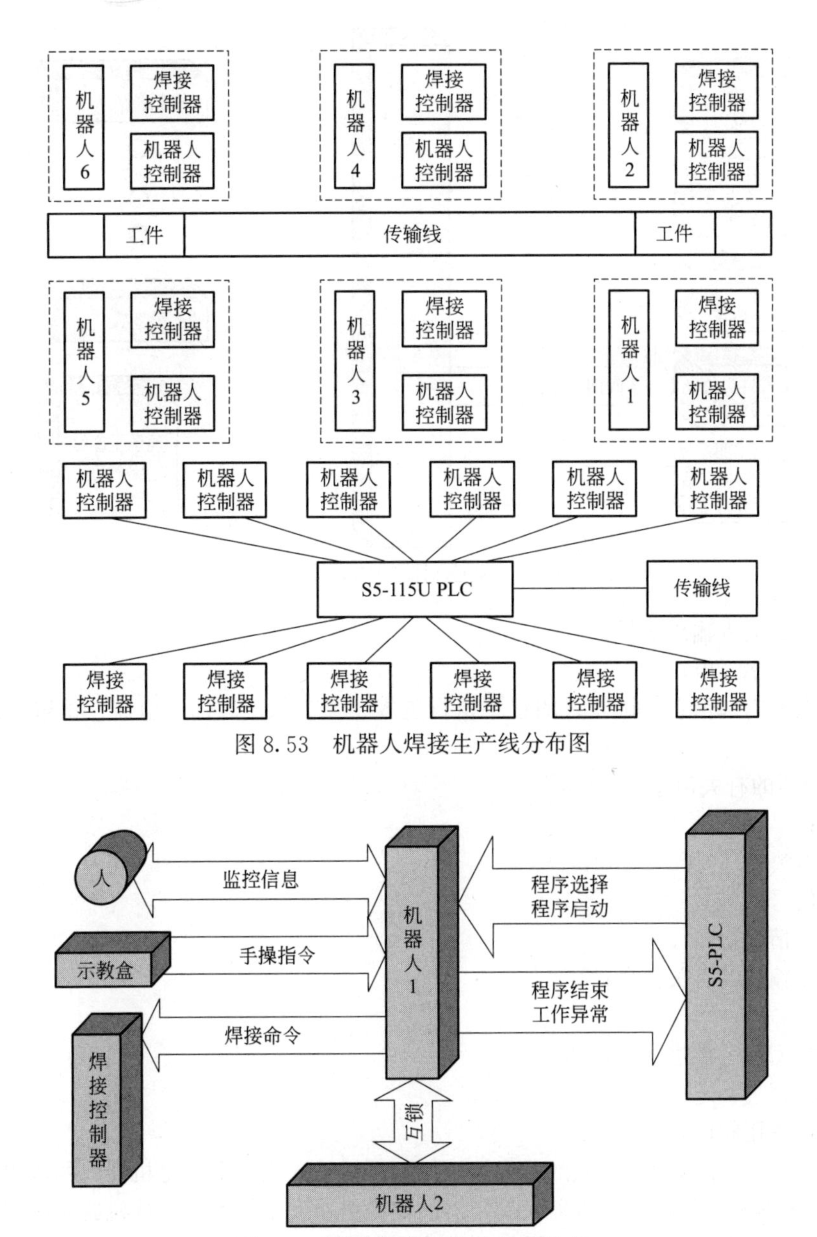

图 8.53　机器人焊接生产线分布图

图 8.54　焊接传输线输入输出信号

备的运行，希望能控制同一时间焊接的焊枪数量。生产线生产管理没有合适的工具和手段，不能为车间和厂级的生产考核和质量监督提供有效的数据支持。机器人焊接程序编程采用示教方式，由于任务分配、路径规划仅凭人的直觉，很难充分发挥机器人焊接的潜力，达不到最高的生产效率。同时示教本身也占用生产线时间，特别是在品种较多的情况下，影响制造的“敏捷性”。当生产线上的机器人或其他设备发生故障时，运行人员的干预往往不够及时。

(2) 监控系统的监测对象

通过对南汽依维柯车身厂机器人焊接生产线的分析及和有关技术人员的探讨可知，生产线中需要监测的对象有：机器人、焊接控制器、工件传输线以及气源、水源和电源。

机器人的信息包括：

① 机器人的工况（故障、未送电、就绪、作业）；

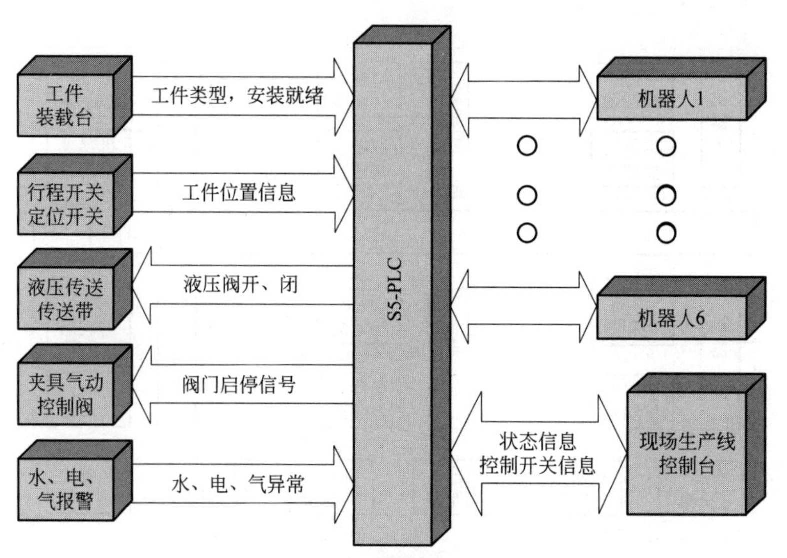

图 8.55　主控制器的输入输出信号

② 机器人的输入输出信号；

③ 机器人的水、电；

④ 机器人的内部信息（机器人的程序执行进度、关节状态、伺服电流、位置跟踪解码器反馈报警等）。

焊接控制器的有关信息：

① 工况；

② 焊接电流；

③ 输入信号；

④ 气、电情况；

⑤ 工件传输线的有关信息；

⑥ 工况；

⑦ 工件类型和工件进入传输线时间；

⑧ 各行程开关、定位开关的状态；

⑨ 传送带液压阀以及夹具状态。

上述信号有不少信号值是相同的，如焊接控制器的输入实际上就是机器人的输出，但是在故障状态下，两者是有区别的，如机器人控制器的输出模块发生故障时，从机器人内部获得的输出信号状态，与实际的输出可能完全不同，从故障分析的角度看监测的环节越多，越有利于故障定位，但测点太多，势必增加系统的复杂性和投资。所以不应该每个环节都设置测点，而是应当选择一些重要的、易出故障的环节加以监测。我们在实际需求分析中，以各个独立的机器人或控制面板等为分析对象，以对象为单位分析其内部需要监控的信号，因为六台 COMAU 机器人的输入输出信号基本相同，所有针对某一台具体研究清楚即可，这样可以大大减少工作量。整个监控系统中现场生产线的对称分布结构为我们对其监控信息的分析提供了很多方便。

8.5.2.3　监控系统的功能与结构

工业现场监控有两大类：一是以参数来反映系统状态和作为控制目标的参数监控，二是以对象外观、所处环境和相对位置变化作为监视对象和控制依据的工业视频监控。这两种监视方式适用的对象和范围不同，各有特长。参数监控能够反映监控对象物理和化学特性的变化，这些特性和其变化往往是人们不能直接通过感觉（主要是视觉）获知的，而参数监控系统却能够将这些特性通过转换以直观的方式表现出来。参数监控在过程控制中应用十分普遍。视频监控主要通过物体的图像反映物体几何形状和物体间相对位置的变化，通过电视监控，可以延伸人们的视觉，使人们的视觉范围向宏观和微观两极延伸。视频监控主要监视各种环境中活动的物体和无法预测的外来物体，如人、车辆等。具体到我们的焊接生产线，大部分监控目的能够通过参数监控得到满足，但是有一些监控要求仅通过参数监控是无法解决的，如在有远程操作要求的情况下，开机前一定要确定生产线工作区域内有无人员和障碍物，机器人的初始位置是否正确等，这是参数监控难以确定的。而仅用视频监测，需求分析中提出的大部分问题都无法解决。所以采用参数监控和视频监控相结合，发挥各自的优势，才能满足我们对生产线监控的要求。根据监控系统的监测对象分析，参数监控中 PLC 集中了大部分信号，可以通过 PLC 将这些信号的值传给监控计算机，将 S5-PLC 连接到监控计算机的方式采用 PROFIBUS。根据不同的信号获取和通信方式，监控系统的信号采集可以有三种方式，示意图如图 8.56 所示。

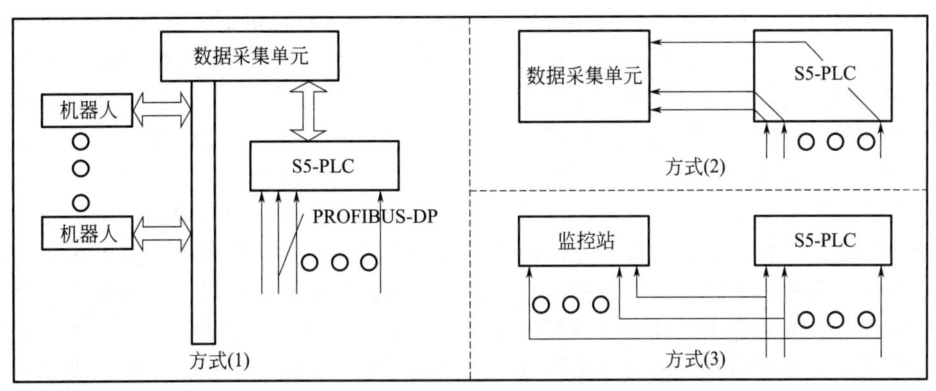

图 8.56　监控系统信号采集方式示意图

① 将 PLC 作为监控系统远程数据采集装置，监控计算机与 PLC 之间采用 PROFIBUS 通信。

② PLC 增加输出模块，修改程序将输入信号同时输出至输出端上，将所有信号引至控制室，由数据采集单元直接采集。

③ 直接将 PLC 的输入信号并接到控制室，由数据采集单元直接采集，或者利用行程开关（或信号转换继电器）的另外一副触点。

三种方式中，方式②比方式③对原系统影响小，但要增加输入输出模块（除非原先有多余）。②、③两种方式数据采集单元的数据采集采用的是计算机集中监控的采集方式，采集单元放在控制室。我们的监控任务采用计算机集中监控将比较复杂，现场和监控室之间将需要很多信号线，并且从监控室集中向机器人下载程序将很难实现，机器人的一些内部状态也无法采集到。方式①实现起来比较简单，PLC 除了要增加通信模块外，可能也要增加少量的输入模块，用于新增的监控信号（不多）。由于 PLC 本身是一个控制设备，其可靠性有一定保障，采用方式①在可靠性方面是有保障的。

为了增强系统的可靠性、灵活性和可扩展性，整个机器人焊接生产线监控系统采用客户机/服务器结构，并且引入了一项新的开放、高效的数据交换技术——OPC 服务器，使整个监控系统形成了“现场设备—OPC 服务器—OPC 客户端—数据库服务器—应用客户端软件”这样一个独特的、适用性强的系统结构，结构如图 8.57 所示。

如图 8.58 所示，监控系统主界面的中心是工件传输线，在其两侧分布的是生产现场的六台 COMAU 点焊机器人（机器人图标的编号与现场实际机器人编号对应），每台机器人旁边有六个标签用以分别表示机器人的六个最重要的系统信息，它们分别是伺服关闭、自动模式、程序模式、暂停、报警、启动，亮度颜色表示为机器人系统当前状态，灰度颜色示意机器人非该状

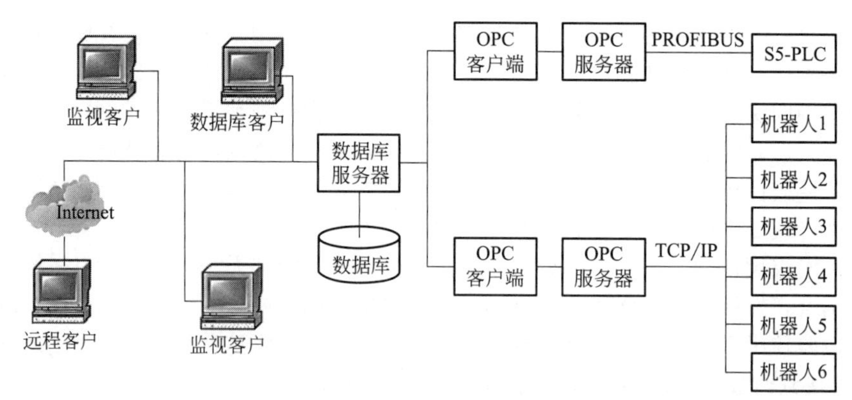

图 8.57　机器人焊接生产线监控系统的结构

态。从图中我们还可以看到在每台机器人的上方或者下方有每台机器人的实时报警信息列表，分别是冷却有缺陷信号、焊接有缺陷（检测）、可控硅温度过热、机器人报警输出四个报警状态（每个状态前面的圆圈为绿色表示正常，红色表示有报警输出），报警监控画面以倒排时间顺序的方式(即最新出现的报警信息显示为当前状态）列出所有生产过程出现的异常情况。在监视主画面右上角是系统退出按钮。图中最左边传输线两侧有两个编辑框用以表示实时的焊接车身左右夹具支架的状态。在主界面的左上角是进入查看夹具信息和传输线信息历史数据库的按钮和传输线报警信息，即传输线故障保护信号和安全排除信号。在主画面左下角是控制面板按钮和现场控制面板的报警信息，这些报警信息分别是：保险摘除信号、接插开关正常与否信号、辅助电源 24V 正常信号、电机正常信号、总急停信号、电气箱温度信号、整条传输线气压信号、液压站油位监测信号、辅助连接信号。同样用绿色的圆圈表示正常，红色表示现场有该信号的报警事件发生。

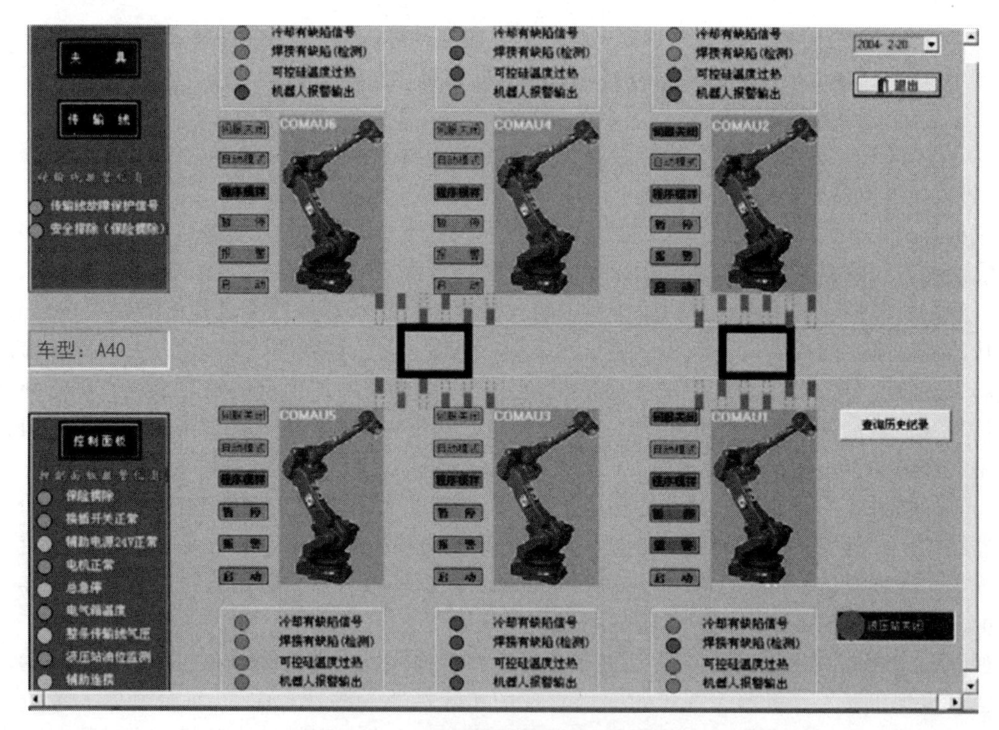

图 8.58　机器人焊接生产线监控主界面

第9章 焊接过程建模及控制仿真

建模仿真建立在对事物规律认识的基础上分析过程的原因、解决办法等。在传感中获得的焊接过程中的规律就是对事物过程的建模，当然也可以是通过对焊接过程的认识建立模型，通过这些模型可以仿真不同控制方案，研究控制器的控制效果等。控制，作为问题的解决途径，是在传感与建模仿真的基础上，最终解决所面临的问题，它需要硬件和软件的支持。传感、建模仿真、控制如果仅从某个方面研究，将不能很好地解决焊接过程中的问题。没有传感的支持，就没有控制的基础；没有建模的仿真，控制将没有指导。

9.1 旁路耦合电弧焊过程建模及仿真

旁路耦合电弧焊接，即基于旁路电弧的双电极 GMAW 方法（简称 DE-GMAW）。该方法从本质上有别于其他现有的多弧焊接方法，其基本原理是在焊丝与工件的电弧中间并入等离子体或 TIG 旁路电弧对流入母材的电流进行分流，该方法能够在高熔敷率下有效地控制母材热输入和电弧压力，并可以通过调节旁路电弧参数实现焊丝和母材之间热量的合理分配，有利于高效焊接过程。根据其旁路采用的焊接方法不同，可以分为非熔化极和熔化极旁路耦合电弧 MIG 焊，而非熔化极旁路耦合电弧 MIG 焊又根据其旁路数量的不同可以分为单旁路和双旁路耦合电弧 MIG 焊。

9.1.1 非熔化极旁路耦合电弧焊接过程的建模仿真

非熔化极旁路耦合电弧 GMAW 焊接工艺是新型焊接方法之一，其焊接效率较高。此方法主要将 TIG 焊枪与 MIG 焊枪组合，如图 9.1，其原理与双熔化极旁路耦合电弧 GMAW 焊基本一致，均通过旁路电流对流入母材的主弧进行分流，与此同时，耦合电弧的电弧压力较小，所以电弧对熔池的作用力可以减轻，减小熔穿的可能。因为旁路采用的是非熔化极气体保护焊接，所以此方法在开环焊接下的焊接过程中飞溅小、比较稳定且焊缝成形良好。

（1）模型建立和分析

针对旁路耦合电弧焊试验系统的特性，根据以下几个假设建立旁路耦合钨极氩弧焊（BC-GTAW）的数学模型：

① 不考虑焊接电源的自身的影响；

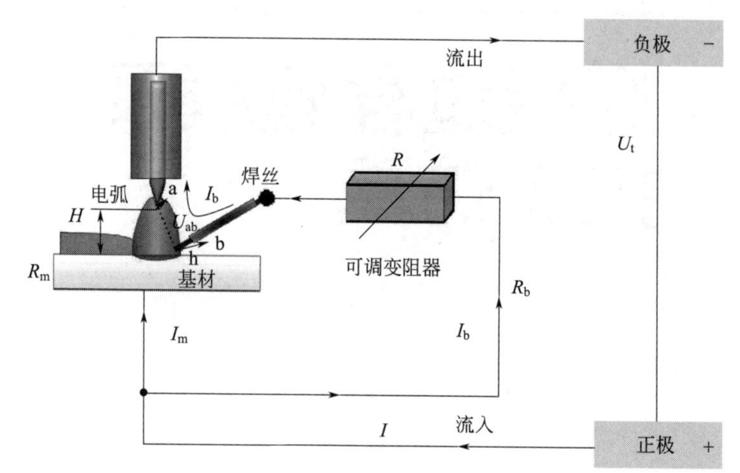

图 9.1　非熔化极旁路耦合电弧 GMAW 焊接原理图

② 在电弧中，形成良好的导电通道；

③ 对模型进行二维化处理；

④ 假设电流在焊接过程的电弧中电子流路径遵循能量最低原理。

在电弧熔化焊丝的过程中，基于 GTAW 电弧的稳定特性，对旁路耦合 TIG 电弧增材制造试验过程的电弧形状进行近似化处理，其近似结果是以钨极为顶点，钨极与母材表面距离 H 为高，电弧的夹角 φ 为顶角，如图 9.2(a) 所示的圆锥形，其纵向截面为等腰三角形，横截面为圆。h 是焊丝端部距基材的高度，L_{ex} 为流过旁路电流焊丝的长度。如图 9.2(b) 所示，建立平面直角坐标系，钨极正下方为坐标原点（O 点），坐标（x_1，0）为焊丝延长线与坐标轴的交点，其中焊丝与基材的夹角为 α，即送丝角度。电弧在基材投影圆的半径为 r。

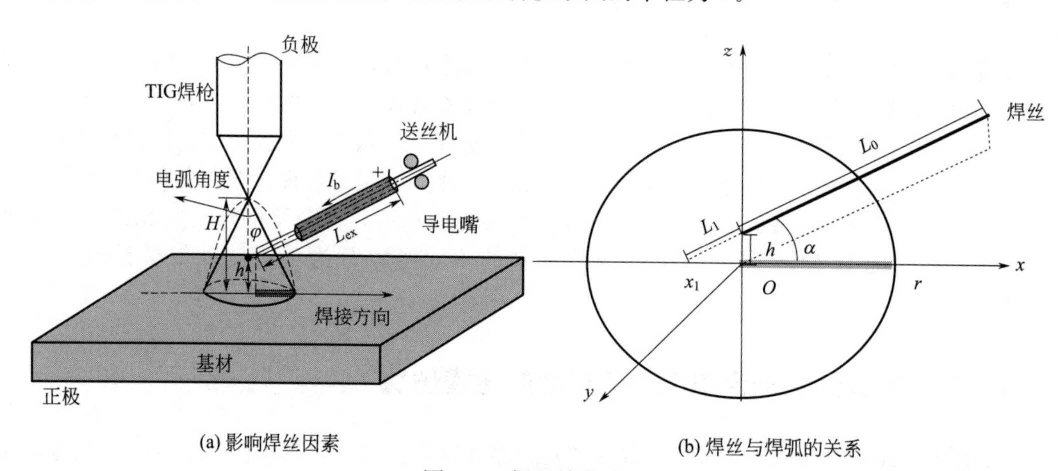

(a) 影响焊丝因素　　(b) 焊丝与焊弧的关系

图 9.2　焊丝熔化过程

电弧的形状及能量的大小直接和焊接电流相关，假设电弧的夹角和焊接电流呈线性相关。电弧与焊丝的几何关系如式(9.1)～式(9.5) 所示

$$\varphi = aI_t + b \tag{9.1}$$

$$r = H\tan(0.5\varphi) \tag{9.2}$$

$$h = -x_1\tan\alpha \tag{9.3}$$

$$L_1 = -x_1/\cos\alpha \tag{9.4}$$

$$L = L_0 + L_1 \tag{9.5}$$

其中，I_t 是焊接电流；a 和 b 是常数。L_1 是由焊丝位置变化引起焊丝干伸长的增加量。L 是焊丝干伸长最大值，L_0 为焊丝端部位于坐标原点的初始干伸长。在旁路耦合电弧增材制造过程中，主路回路是由基板、基板与钨极之间的空气组成的，而旁路回路是由焊丝与钨极之间的空气和可调变阻器构成，如图 9.1 的电流回路示意图所示，忽略通电导线的电阻。不同的电阻回路导致流过其的电流不同，流经主路回路的电流为 I_{base}，其关系如式(9.8) 所示。在旁路耦合 TIG 焊过程中，主路电阻与电弧高度呈线性关系。旁路电阻值由焊丝干伸长、焊丝的初始高度、可调电阻值、旁路电弧长度共同决定。主路与旁路回路形成并联电路，并遵循并联电路的分流原理。当熔滴呈滴状过渡时，熔滴与熔池存在一定的距离，旁路电阻较小，且 U_{ab} 的压降值较小；当熔滴是接触过渡时，熔滴与熔池接触，即 $h=0$，旁路电阻值较大，且 U_{ab} 的压降值较大。在并联电流回路中总电流不变时，熔滴的自由过渡模式流经母材的电流较小，则流经焊丝的电流较大；而接触过渡模式流经母材的电流较大，流经焊丝的电流较小。所以，旁路电流可以用来判断 TIG 电弧熔丝过程的熔滴过渡模式。

$$R_m=a_1H+b_1 \tag{9.6}$$

$$R_b=a_2L_{ex}-b_2h+R-f(L_{arc}) \tag{9.7}$$

$$I_{base}=\frac{R_b}{R_m+R_b}I_t \tag{9.8}$$

$$U_{ab}=I_bR_b-U_h \tag{9.9}$$

式中，R_m 是主路电阻；H 是电弧高度；R_b 为旁路电阻；h 为焊丝端部距基材的高度；R 为可调电阻值；$f(L_{arc})$ 为旁路电弧的高度；a_1、a_2、b_1、b_2 是常数。

焊丝的实际熔化过程取决于作用在焊丝上能量的分布。在数学模型中，作用于焊丝的能量分为三部分。其中一部分是电弧的热传导和热辐射，单位时间主路电弧的能量如式(9.10) 所示。另一部分是流经焊丝的欧姆热，其中，电弧对焊丝的热过程近似为电弧投影面积对焊丝投影的作用，主路电弧作用于焊丝的能量如式(9.12) 和式(9.13) 所示。除了以上两部分能量，为了更好地接近试验中电弧熔丝过程，修正了模型中能量的输入，增加了一部分能量 C。焊丝的熔化速度可由式(9.14) 来表达，焊丝的熔化效果受到多方面因素的影响，包括焊接电流、电弧高度、焊丝端部位置、焊丝干伸长、旁路电流、送丝角度。通过仿真试验可以更清晰地了解影响因素在焊丝熔化过程的动态变化情况，深入理解旁路耦合 TIG 焊增材制造熔丝的内在机理。

$$P=\eta U_t I_{base} \tag{9.10}$$

$$S_w=D[(r-x_1+2.2)-(L-L_{ex})\cos\alpha] \tag{9.11}$$

$$Q_1=\frac{P}{\pi r^2}S_w \tag{9.12}$$

$$Q_2=k_1I_b^2L_{ex} \tag{9.13}$$

$$v_m=K(Q_1+Q_2+C) \tag{9.14}$$

式中，P 是单位时间内主路电流由电能转化为热能的量；η 是能量转化系数；U_t 为电源电压；S_w 为焊丝在电弧中的投影面积，D 为焊丝直径；Q_1 为电弧对焊丝的热作用；Q_2 是流经焊丝电流的欧姆热；k_1 是常数；v_m 是焊丝熔化速度；K 为常数。

焊丝的送丝速度和熔化效率决定着焊丝的干伸长变化量，即熔化速率小于送丝速率时，焊丝的干伸长增长；送丝速度与熔化速率相等时，焊丝的干伸长保持不变；送丝速度小于熔化速率时，焊丝的干伸长减小。其焊丝干伸长变化率与送丝速度、熔化速率的关系如公式(9.15) 所示。

$$\frac{dL_{ex}}{dt}=v_s-v_m \tag{9.15}$$

（2）MATLAB/Simulink 仿真

基于上述模型利用 MATLAB/Simulink 进行仿真，其仿真程序结构图如图 9.3 所示。对模型边界条件进行设置，其中，当焊丝干伸长大于 50mm 时，主路电弧、旁路回路开始对焊丝熔化产生热作用；当焊丝干伸长大于 58mm 时，焊丝位于电弧中，系统的修正能量作用于焊丝；当焊丝干伸长大于所设定干伸长最大值 L 时，焊丝插入熔池，仿真系统停止。

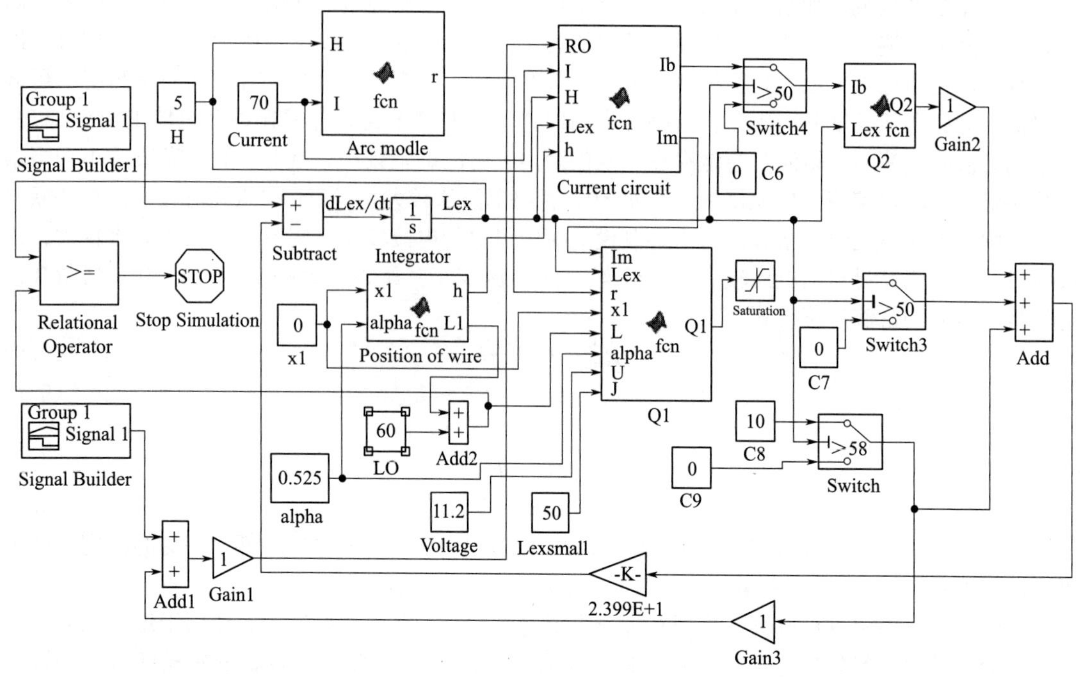

图 9.3　模型的仿真程序图

在数学模型中，对送丝速度逐渐递增进行仿真，其结果如图 9.4 所示。随着送丝速度的增

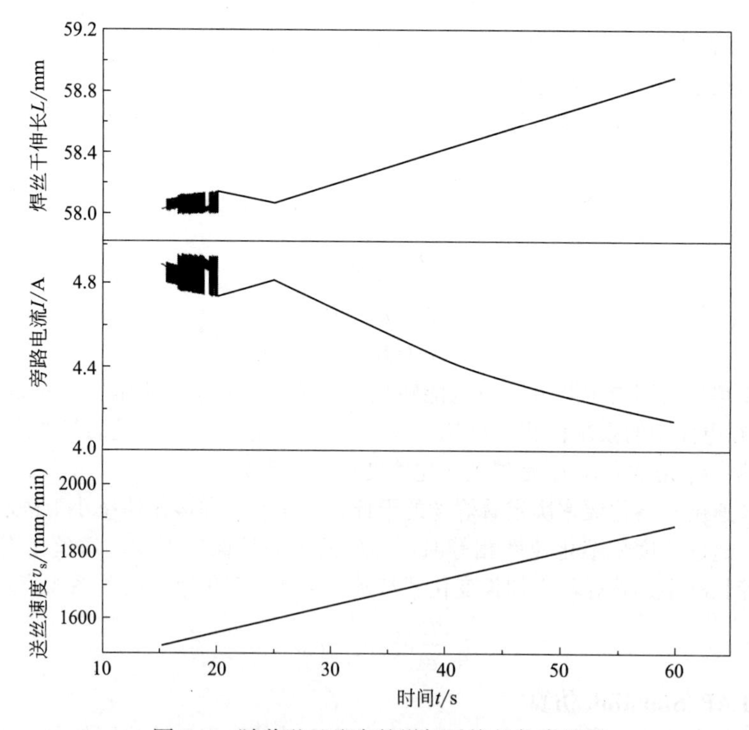

图 9.4　随着送丝速度的增加系统的仿真结果

加，旁路电流先增加后缓慢减小，与试验结果变化规律一致，表明所建立的模型与试验条件吻合。从图中可以看出，随着送丝速度的逐渐递增，焊丝干伸长开始在一定值的范围内，随后与送丝速度相对应逐渐变长。

针对模型的仿真系统特性，可以对其仿真过程进行增量式 PID 控制，程序图如图 9.5 所示。其中输入信号是旁路电流，输出信号为送丝速度，通过设置旁路电流的标定量，使仿真系统达到稳定状态。增量式 PID 的 k_p、k_i、k_d 参数值分别为 1、0.1、0.05，送丝速度的初始值为 1500mm/min，通过增量式 PID 调节送丝速度，使旁路电流接近旁路电流 4.2A 的标定值，实现仿真系统稳定性的控制。

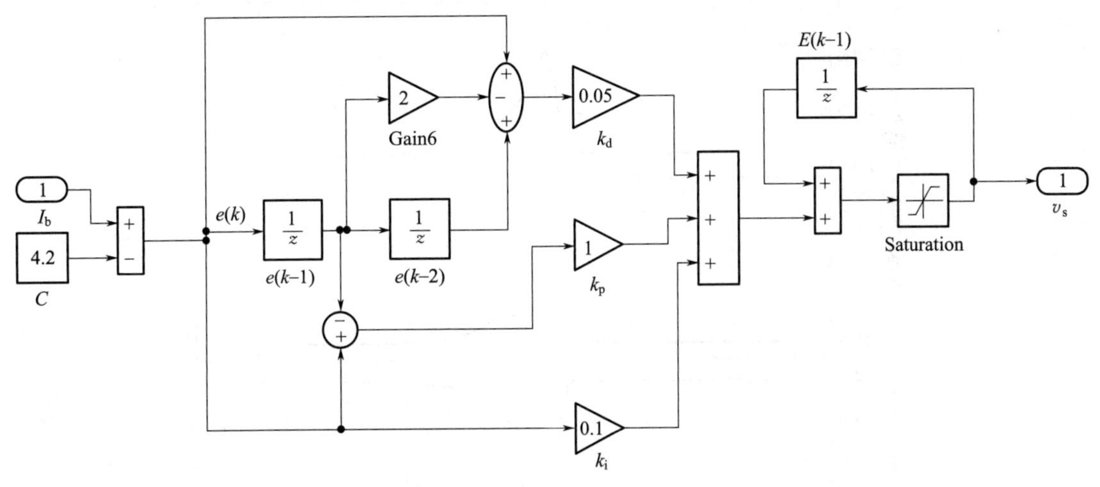

图 9.5　增量式 PID 仿真控制

通过增量式 PID 控制，数学模型的仿真结果如图 9.6 所示。从图中可以看到旁路电流开始下降的变化量较大，后期变得比较缓慢。焊丝的干伸长、送丝速度也有相似的变化规律。与没有进行增量式 PID 仿真控制的相比，使用增量式 PID 控制的仿真系统能实现自身的快速调节，使仿

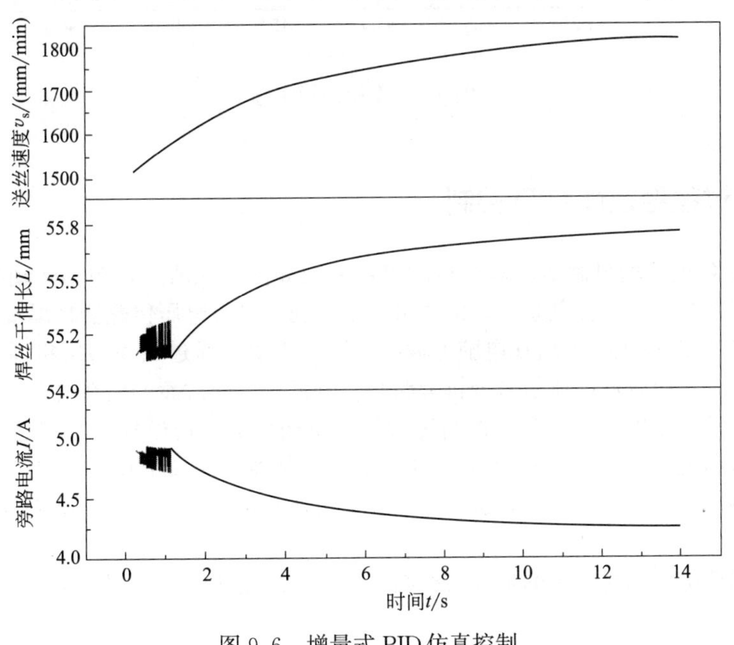

图 9.6　增量式 PID 仿真控制

真系统达到稳定状态。

在试验过程中，采集的电信号很容易被环境中的其他信号源干扰，针对这一问题，在仿真系统达到稳定后，在采集旁路电流信号中添加干扰源，检测仿真系统的稳定性。在仿真时间为 45s 时，加入 0.1s 幅值为 1 的干扰信号，如图 9.7 所示为加入干扰信号后系统的仿真结果。旁路电流波动的幅值在 0.4A 内，焊丝干伸长波动幅值在 1.2mm 范围内，送丝速度的变化量在 400mm/min 左右，增量式 PID 的调节时间约为 0.5s。通过增量式 PID 的调节系统可以恢复到干扰前的状态，表明仿真系统的稳定性较强。

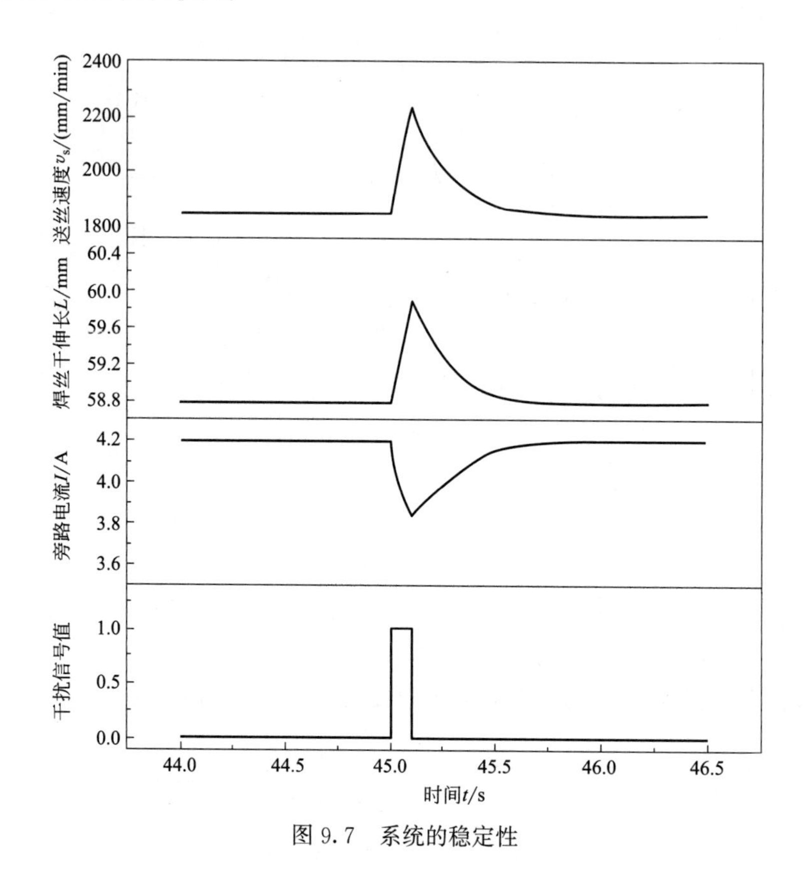

图 9.7　系统的稳定性

9.1.2　焊接过程稳定性 PID 控制

旁路耦合 TIG 电弧增材制造熔丝过程的控制系统如图 9.8 所示，包括运动控制系统、焊接系统、信号采集系统、送丝控制系统。信号采集系统利用电流电压传感器将焊接电流信号传输到数据采集卡 PCL-812PG 上，然后在电脑上输出电流电压值，通过高速摄影机同步采集焊接过程的熔滴过渡行为，对应电流电压信号分析旁路耦合电弧焊熔滴过渡的内在机理。运动控制系统是由步进电机、移动控制器、工作台、控制运动软件所构成的。送丝控制系统是通过 PCL-812PG 数据采集卡把旁路电流输入 xPC 控制器，利用 xPC 控制器算法调节输出信号，再通过隔离模块把模拟量输入可调节送丝速度的送丝机内。在开关闭合的状态下，实现变速送丝，以达到稳定焊接过程的目的。

利用旁路耦合电弧增材制造的负反馈控制系统，进行变速送丝增材制造，成形参数如表 9.1 所示。

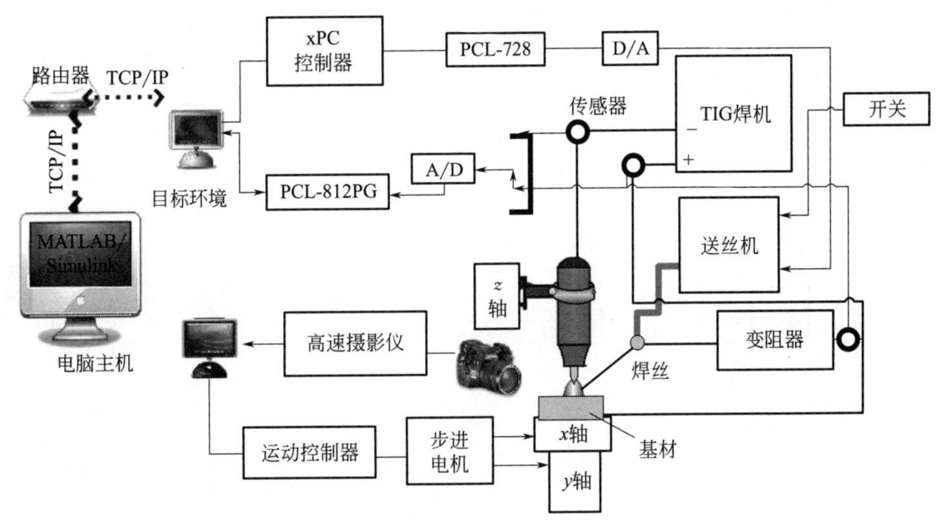

图 9.8　旁路耦合 TIG 焊过程控制示意图

表 9.1　成形过程参数

焊接总电流 I_t/A	电弧高度 H/mm	焊接速度 v_W/(mm/min)	保护气流量 Q/(L/min)	送丝角度 α/(°)	层间停留时间 t/s
70	5	60	10	30	30

图 9.9 是 xPC 负反馈控制系统的程序图。利用 PCL-812PG 数据采集卡读取电流电压的模拟量，通过标定的放大器输出实际的电压电流值，利用均值滤波器把采集到的电流电压进行滤波处理，采用的是单输入单输出的增量式 PID 控制算法，假设将旁路电流的目标设定为 3.8A，可通过 xPC 控制器调节送丝速度，使旁路电流趋于 3.8A，从而实现稳定的焊接过程。

为了判断 xPC 控制的效果，利用旁路耦合 TIG 电弧增材制造控制试验系统进行单道单层焊接。图 9.10 是单道单层增量式 PID 控制过程的熔滴过渡行为及信号变化情况。从图 9.10 (a) 中可得，焊丝刚开始熔化形成熔滴并过渡到熔池时，电流电压信号存在一个明显熔滴过渡周期的波动。然后，熔滴被维持了 5s 的接触过渡，这是因为刚开始焊接时，母材的能量较小，不利于焊缝铺展，熔化的焊丝在熔池聚集成球，使得熔滴与熔池的液态金属接触而形成接触过渡，引起旁路电流偏离目标值，即 $e(I_b)$ 更小，从而导致 xPC 控制器降低送丝速度，使送丝速度发生明显的陡降现象。约 5.7s 时熔滴开始处于自由过渡模式，xPC 控制器调节输出信号值使送丝机提高送丝速度。直到熔滴与熔池接触时，送丝速度的增量信号才停止。约 14s 后，焊丝的熔化过程处于相对稳定状态。通过实时调节熔丝速度来保证旁路电流趋近于目标设定值，以实现稳定的焊接结果。在高速摄影的图像上可以看到旁路耦合 TIG 电弧焊从 5.7～6.2s 是自由过渡，而 22.2～22.7s 是接触过渡，如图 9.10(b) 所示。

图 9.11 是利用旁路耦合电弧增材制造技术进行第 10 层成形过程的动态信号。从图中可知焊丝刚开始熔化过渡到熔池时，旁路电流变化明显，xPC 控制器为了趋于目标设定值，迅速给送丝机输出相应模拟信号来调节焊接过程的稳定性。与图 9.10 的第 1 层相比，第 10 层开始沉积时的送丝速度没有发生陡降现象，因为第 10 层的熔滴很容易向上一层沉积层铺展，从而焊丝端部不会与熔池接触，送丝速度会逐渐增加。由于沉积层表面粗糙度不同，为了稳定沉积过程，xPC 控制器会实时调节送丝速度。沉积过程的收弧处，焊缝很容易发生塌陷。xPC 控制器通过增大模拟输出信号来提高送丝速度来补偿焊缝收弧处的塌陷，表明增量式 PID 控制系统可以减小或避免焊缝的收弧处塌陷现象。

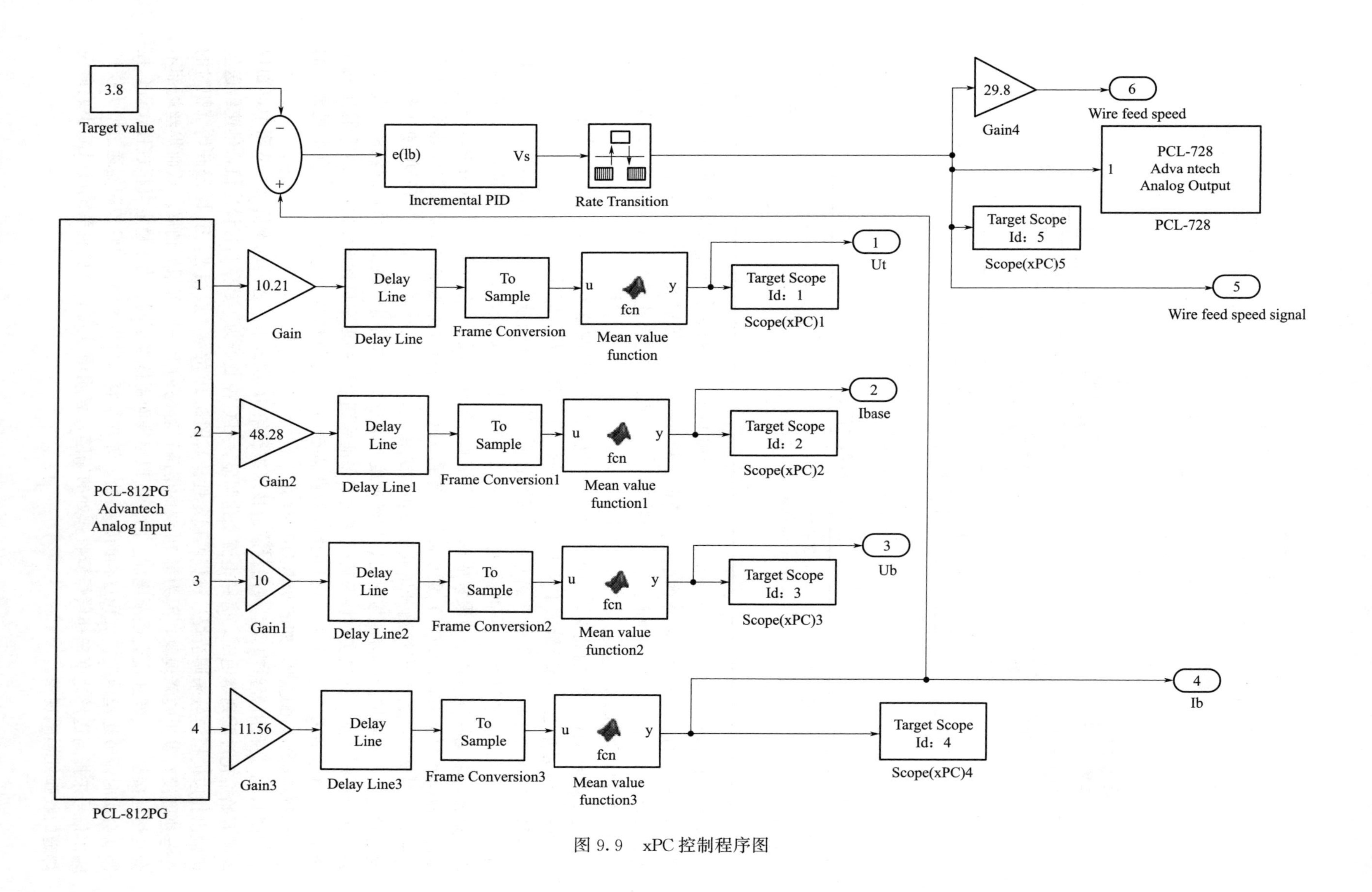

图 9.9 xPC 控制程序图

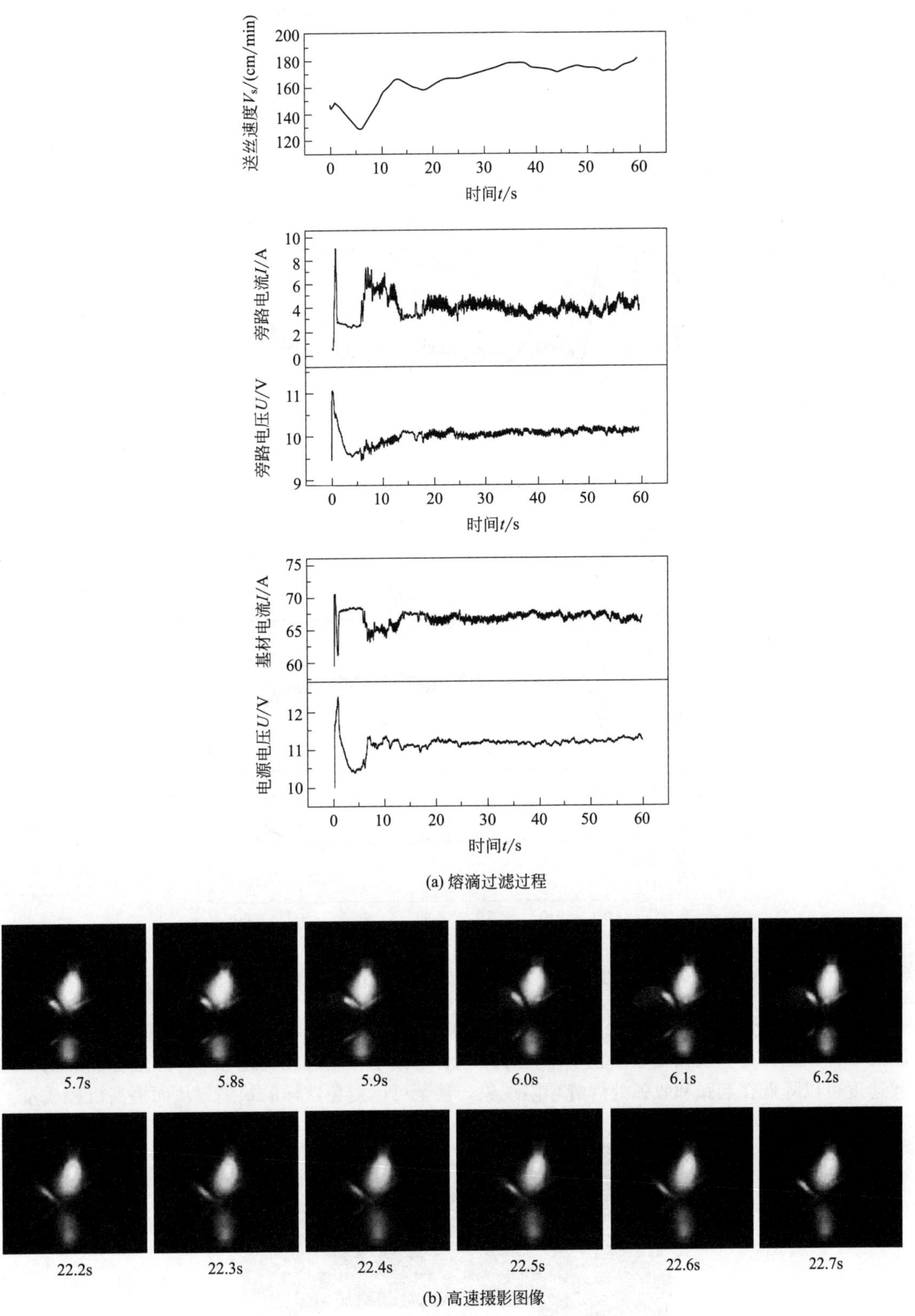

图 9.10　单道单层增量式 PID 控制过程

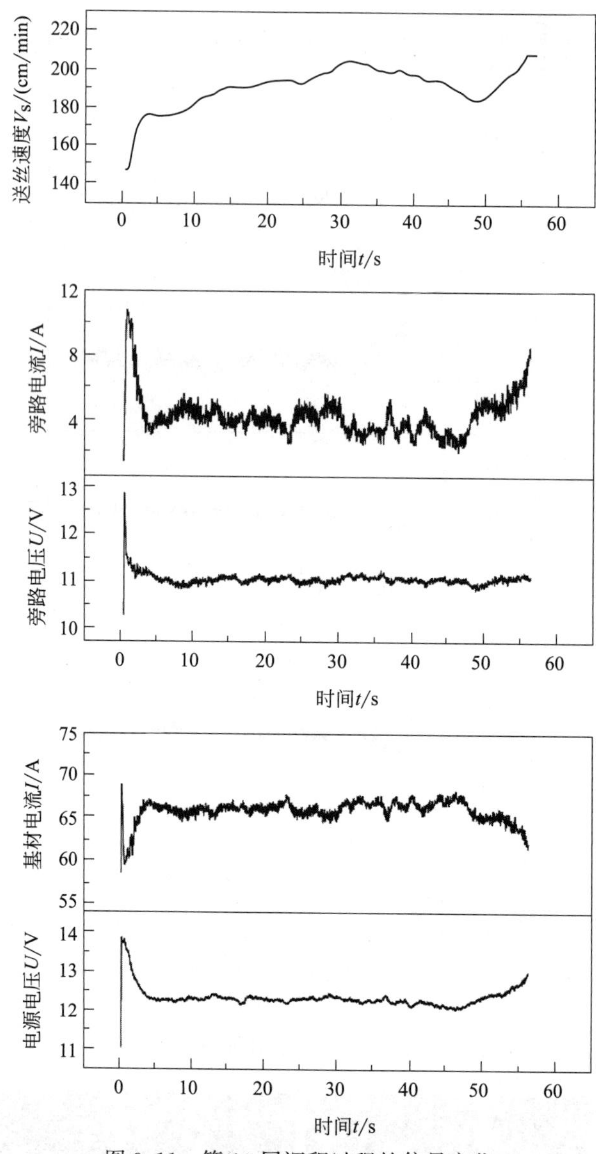

图 9.11　第 10 层沉积过程的信号变化

通过控制的旁路耦合 TIG 电弧增材制造的单道多层墙体如图 9.12 所示。通过 xPC 负反馈控制的墙体在起弧处和收弧处塌陷较小。在旁路耦合电弧增材制造控制过程中，通过控制器调节送丝速度可以降低在起弧和收弧处焊缝塌陷现象，甚至可以避免这样的缺陷，从而提高沉积质量。

图 9.12　负反馈控制的单道多层墙体

9.1.3 双熔化极旁路耦合电弧 GMAW 焊接过程的建模仿真

该模型将电弧模拟为焊接电流、电弧电压和电弧长度具有一定联系的模型，如图 9.13 所示。根据熔化极气体保护焊电弧的特征，电弧电压 v_{arc} 可以表示为式(9.16)。

$$v_{arc}=v+R_aI+E_al_a \tag{9.16}$$

式中，I 为焊接电流，A；v 为常数；E_a 为弧柱的电位梯度，V/m；R_a 为系数，Ω；l_a 为电弧长度，m。

焊接过程中焊丝干伸长上的电压降 v_{ls} 可表示为

$$v_{ls}=\rho l_s \tag{9.17}$$

式中，ρ 是密度；l_s 是干伸长。

则焊接电源的输出电压可表示为

$$U=v_{arc}+v_{ls} \tag{9.18}$$

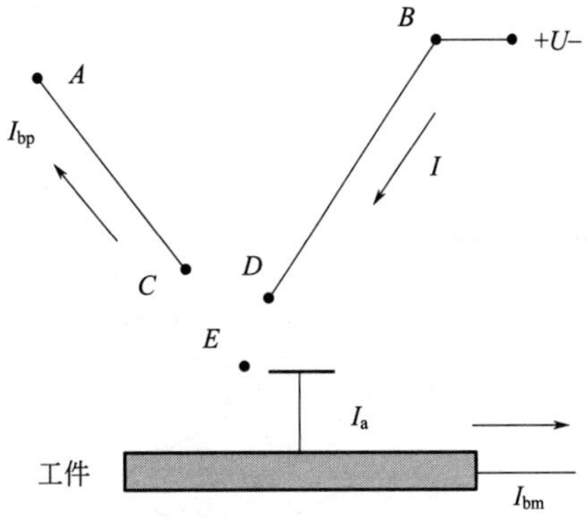

图 9.13 旁路耦合电弧 GMAW 焊接模型图

焊丝等速送进，其熔化速度为 v_m，熔化方程为

$$k_1I+k_2l_sI^2=v_m \tag{9.19}$$

旁路电弧焊接系统模型的建立基于以下几个假设：

① 假设使用的是理想恒压和恒流源，不考虑焊接电源本身的影响；

② 在弧柱区，假设已形成等离子区，形成良好的导电通道；

③ 建立的模型视为二维化处理；

④ 假设电流在电弧区域流经的路径遵循最低能量原理；

⑤ 假设工件与 D 点为等电势点。

在近似性基础上对模型进行简化。则点 A、B、C、D、E 分别用坐标（x_a，y_a）、（x_b，y_b）、（x_c，y_c）、（x_d，y_d）、（x，y）表示。AC 为 TIG 焊枪钨极长度，BD 为主焊枪初始干伸长。E 是假想的一点（即两路电流的等效路径汇合点），约束条件见式(9.20)。这样，建立方程组如下

$$\begin{aligned}&U-R_bI_{main}-U_c-(R_aI+E_al_{de})=U_E\\&R_aI_{bm}+E_al_e+U_k=U_E\\&R_aI_{bp}+E_al_{ce}+U_k+R_bl_{ac}=U_E\end{aligned} \tag{9.20}$$

式中，U 是电源电压；U_c 是阳极电压降；U_k 是阴极电压降；U_E 是 E 点电势；R_b 是系数；I_{main} 表示电弧电流；l_e 为电弧长度；l_{de}、l_{ce}、l_{ac} 为两点之间长度。

$$\min(l_{ce}+l_{de}+l_e) \tag{9.21}$$

根据假设④、⑤结合所建立的数学模型，对式(9.20) 进行求解。由于模型中所涉及 E 点坐标（x，y）及母材电流 I_{bm} 这 3 个未知数与约束条件，不便于方程组的求解，故提出基于图 9.14 数值计算流程来求解数学模型。

因为采用旁路熔化极进行焊接，所以仿真模型在非熔化旁路模型的基础上做了一定的修改，通过调整电弧模型模块里的一些参数，建立了熔化极旁路模型模块，其模型如图 9.15 所示。整个模型同样可以分为三大模块：①动态电弧负载模型；②初始参数设定；③包括主路和旁路焊丝的焊丝熔化模块（如图 9.16 所示）。

仿真时间设为 5s，主路电压设为 36V，主路送丝 $WFS_1=15m/min$，旁路 $WFS_2=7.2m/min$，$I_{bp}=160A$ 的情况下，图 9.17(a) 表示 3 路电流变化；图 9.17(b) 表示主路干伸长 l_{s1} 和旁路 l_{s2} 的变化。

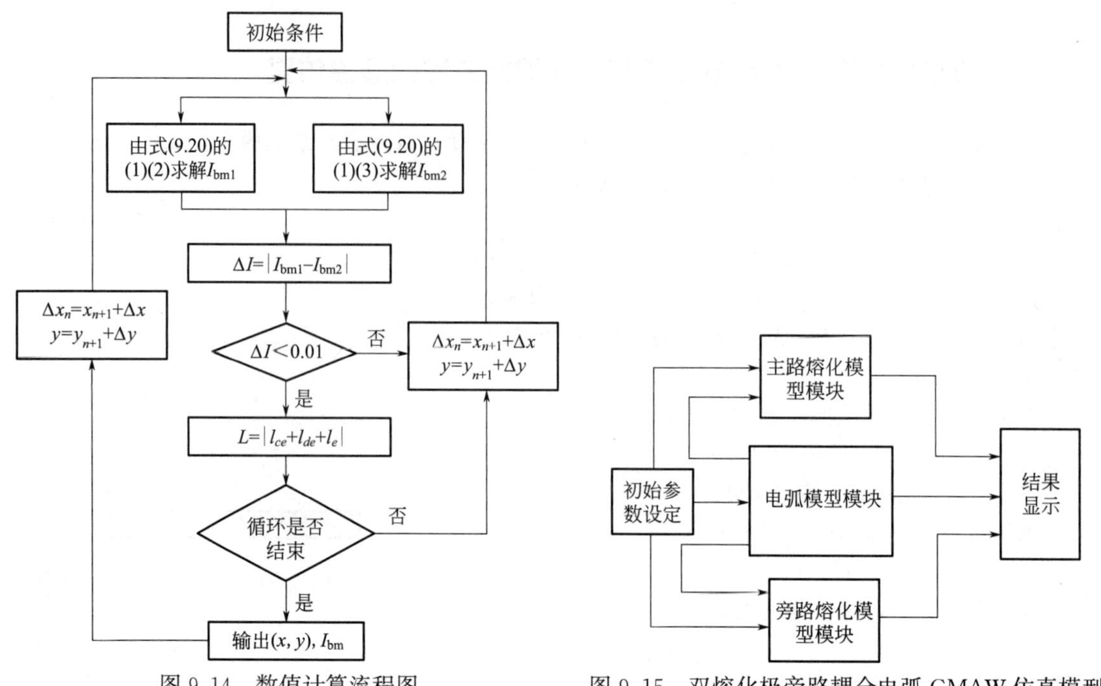

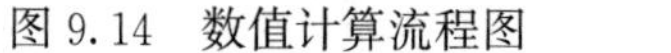

图 9.14　数值计算流程图

图 9.15　双熔化极旁路耦合电弧 GMAW 仿真模型

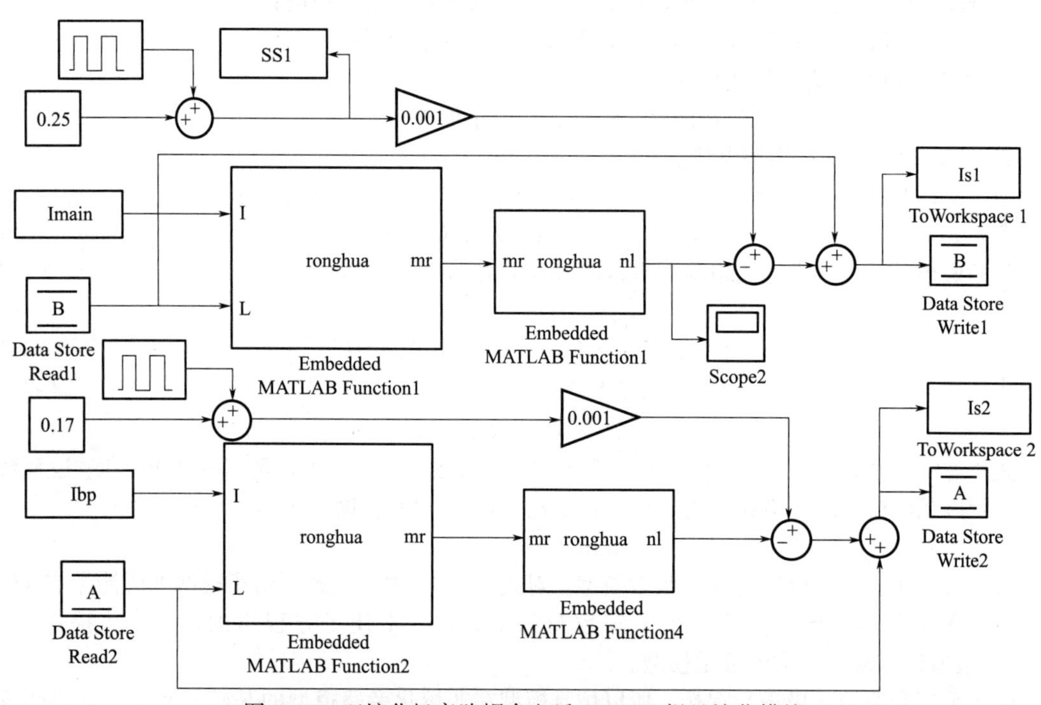

图 9.16　双熔化极旁路耦合电弧 GMAW 焊丝熔化模块

图 9.18 为两个焊枪间不同夹角时，焊接过程中的稳定时间波形图。图 9.18(a) 为主路焊枪保持 45°时，旁路 TIG 焊枪由 45°～110°的稳定时间波形；图 9.18(b) 为旁路 TIG 焊枪保持 45°时，主路 TIG 焊枪由 59°～100°的稳定时间波形；图 9.18(c) 为主路 TIG 焊枪保持 90°，旁路 TIG 焊枪由 0°～90°的稳定时间波形。从图 9.18(a)、9.18(b) 中可以看出：随着两焊枪间夹角 θ 的逐渐增大，焊接过程稳定时间也随之变长。

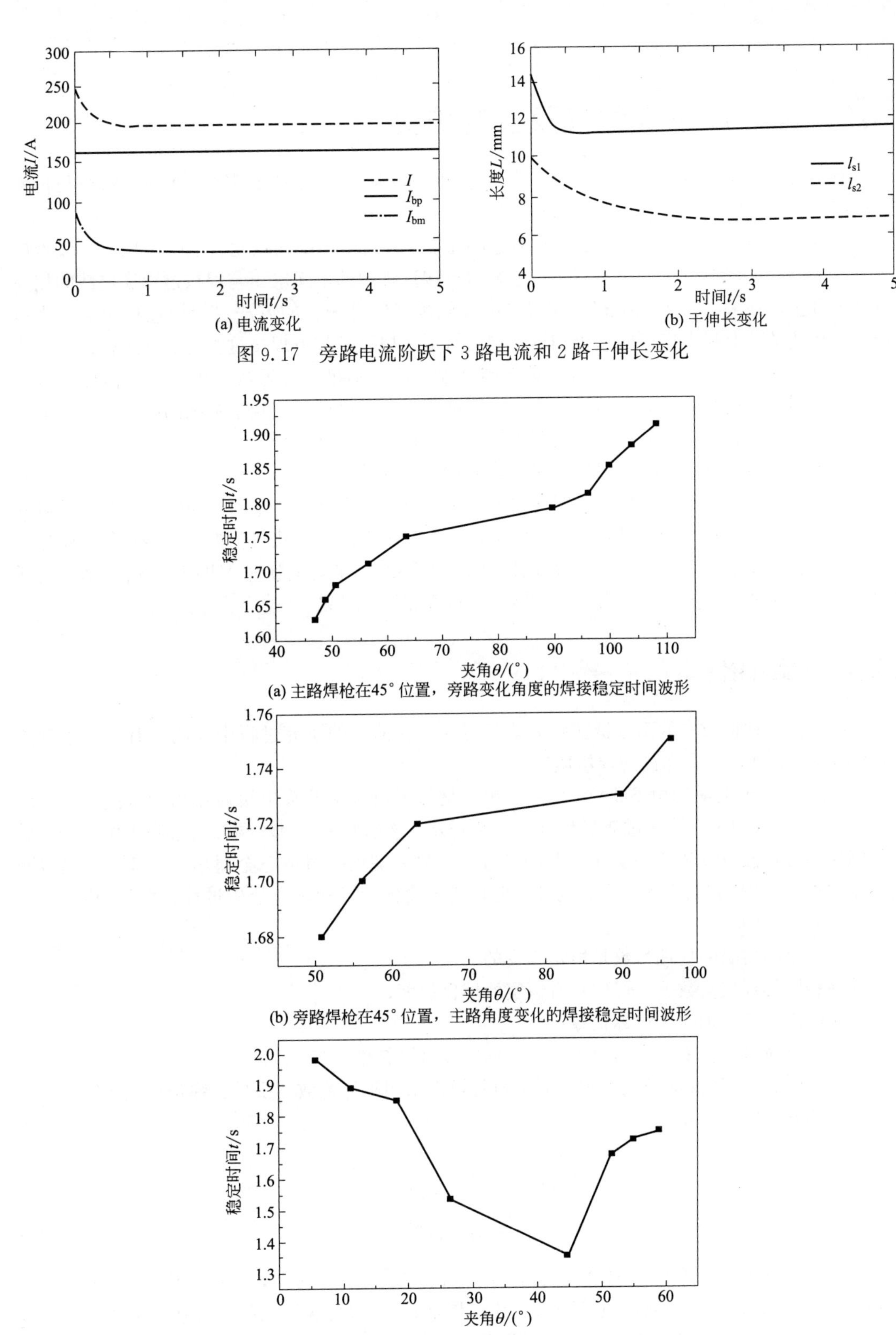

(a) 电流变化

(b) 干伸长变化

图 9.17 旁路电流阶跃下 3 路电流和 2 路干伸长变化

(a) 主路焊枪在45°位置，旁路变化角度的焊接稳定时间波形

(b) 旁路焊枪在45°位置，主路角度变化的焊接稳定时间波形

(c) 主路焊枪90°位置不变，旁路角度变化的焊接稳定时间波形

图 9.18 焊枪夹角 θ 角度变化的焊接稳定时间波形图

9.2 MIG 焊过程建模及控制仿真

针对铝合金焊接问题，特别是针对铝合金脉冲 MIG 焊存在的主要问题，在问题路线与技术路线的指导下，主要在以下几个方面进行了深入的研究：

① 针对铝合金脉冲 MIG 焊过程中的不稳定现象，对其过程中的视觉、电弧电压、电弧声信号等与焊接过程进行了对比分析。利用近似熵对焊接过程中的电弧电压与焊接过程稳定性的相关性进行了分析，并采用 U-I 二维相空间、二维近似熵多信息融合的方法对焊接过程稳定性进行了研究，在此基础上利用支持向量机和神经网络对不同焊接参数下焊接过程稳定性进行预测，取得了较好的结果。同时为克服已有信息对焊接过程表征的不足，对焊接过程中声音信号进行采集，研究不同熔滴过渡下电弧声信号特征，进而利用小波变换后不同频率范围的电弧声信号能量变化与焊接过程焊缝塌陷的相关性，实现焊接过程的传感与控制。

② 在已有铝合金脉冲 MIG 焊过程辨识的基础上，对铝合金脉冲 MIG 焊耦合关系的 MIMO 控制模型进行了分析，以干伸长与熔宽为输入，送丝速度与双脉冲占空因数为输出，利用经典的补偿解耦控制理论和神经网络对象逆模型解耦理论进行仿真研究，获得了神经网络对象逆模型非常好的解耦控制效果。在考虑熔滴过渡和脉冲电流的基础上建立了脉冲 MIG 焊丝熔化动态电弧数学解析模型并进行了仿真，获得了与实际焊接过程相近的结果。

9.2.1 模型介绍

MIG 作为一种低成本的高效低热输入焊接方法，在前期的研究过程中表明了有利于铝钢异种金属的焊接，并得到了优良的焊接质量。

"弹质模型"理论最初由 SHAW 等人提出，是为了模拟水龙头中缓慢流出的水滴，后来由 WatKinsA. D 等人用来对熔滴过渡过程进行模拟研究。该模型是将焊丝端部的熔滴比作一个"质量-弹簧"系统，假设弹簧的一端连接着固态焊丝，另一端连接着液态金属熔滴，液态金属熔滴受到的表面张力当作弹簧力来处理。与此同时，为了简化计算和研究分析过程，"弹质模型"的建立首先基于如下假设。

① 液态金属熔滴的物理参数是恒定不变的；

② 在相同的焊接参数下，焊丝具有恒定的熔化速度；

③ 系统以焊丝的轴线为对称轴线；

④ 液态金属熔滴在垂直于焊丝竖直方向的速度可以忽略。

基于以上假设，熔滴的长大过程和脱落过程可以采用阻尼系数、质量、弹簧系数均发生变化的"质量-弹簧"系统来表达

$$m\frac{\mathrm{d}^2x_e}{\mathrm{d}t^2}+kx_e+c\frac{\mathrm{d}x_e}{\mathrm{d}t}=F_0 \tag{9.22}$$

$$\frac{\mathrm{d}m}{\mathrm{d}t}=Q=\text{常数} \tag{9.23}$$

式中，x_e 为液态金属熔滴的弹性位移；m 为熔滴质量；t 为时间；c 为阻尼系数；k 为弹性系数；Q 为常量，即表示熔滴的质量随时间线性增加；F_0 为熔滴受到的外部作用力。其中，弹簧的弹性力：$F_e=kx_e$。液态金属熔滴受到的阻尼力为

$$F_b=c\frac{\mathrm{d}x_e}{\mathrm{d}t} \tag{9.24}$$

液态金属熔滴受力如图 9.19 所示，熔滴的质量随着时间线性增加，熔滴质心的位置在熔滴的振荡过程中随之发生变化。当熔滴的质量突然减小时，熔滴失稳收缩并发生脱离。焊丝端部剩余的熔滴仍然按照式(9.23) 进行振荡，液态金属熔滴的质量按照式(9.22) 继续增大。

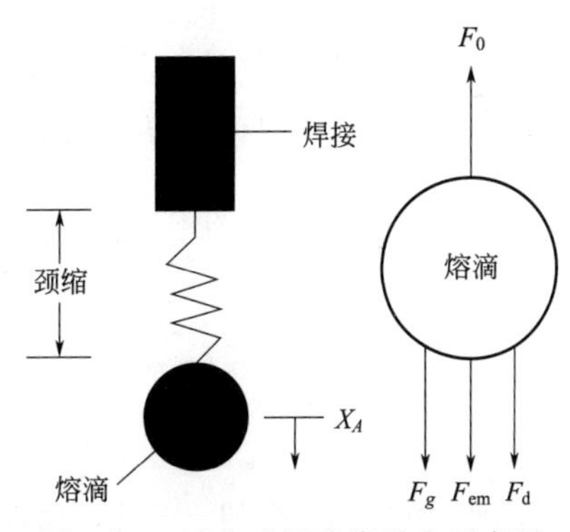

图 9.19 液态金属熔滴受力示意图

为了实现对铝合金 MIG 焊多变量系统的解耦控制，在已有单变量辨识模型的基础上分析 MIMO 控制对象，确定了以干伸长和熔宽为控制目标，送丝速度和占空比为调节量的双输入双输出的解耦控制方案，并进行了 PI 控制器的经典补偿解耦控制及智能神经网络逆解耦控制仿真分析，为实际控制提供指导。最后根据焊丝熔化理论及熔滴脱落模型建立了考虑熔滴过渡影响的铝合金脉冲 MIG 焊电弧系统的动态模型，通过该模型对焊接过程进行了分析，并进行了控制仿真研究。

(1) MIMO 焊接对象模型辨识

单纯地对铝合金脉冲 MIG 焊采用单变量控制不可能获得满意的效果，试验证明需要更多的参数来控制铝合金脉冲 MIG 焊动态焊接过程。为了获得满意的焊缝成形和焊缝质量，有必要建立铝合金脉冲 MIG 焊多参数控制模型，为实现铝合金脉冲 MIG 焊的多变量控制提供支持。由于各变量之间具有耦合关系，因此在实现多变量控制前，首要任务是研究各种脉冲 MIG 焊工艺参数对铝合金脉冲 MIG 焊过程的影响规律，建立铝合金脉冲 MIG 焊 MIMO 对象模型，为控制器的选择和设计提供理论依据。

由于焊丝干伸长的波动对熔滴过渡的稳定性具有显著影响，因此在以前的辨识研究的基础上尝试分析铝合金脉冲 MIG 焊熔池宽度与焊丝干伸长之间的耦合关系，根据自动控制理论建立了铝合金机器人脉冲 MIG 焊平板堆焊过程中焊丝干伸长随焊接规范参数变化的动态过程辨识模型，通过参数修正，得到了铝合金脉冲 MIG 焊 MIMO 对象模型，为实现铝合金 MIG 焊多变量控制系统仿真提供了试验依据。

根据各参数对熔池宽度和焊丝干伸长的影响规律，对各参数条件下的各传递函数的比例系数进行修正。同时为了控制的需要，统一各输入参数的变化范围和输入单位。

通过修正辨识模型，可得到铝合金 MIG 焊的 MIMO 对象模型矩阵，如式(9.25)。

$$\boldsymbol{G}(s)=\begin{bmatrix}\boldsymbol{G}_W(s)\\ \boldsymbol{G}_L(s)\end{bmatrix}=\begin{bmatrix}G_{W-I_b}G_{W-\delta}G_{W-V_{wire}}G_{W-V_{welding}}\\ G_{L-I_b}G_{L-\delta}G_{L-V_{wire}}G_{L-V_{welding}}\end{bmatrix}$$

$$=\begin{bmatrix}\dfrac{0.0170}{4.8241s+1}e^{-1.5705s} & \dfrac{0.1845}{5.0459s+1}e^{-1.1364s} & \dfrac{0.96}{1.1691s+1}e^{-0.4174s} & \dfrac{0.5160}{1.089s+1}e^{-1.3487s}\\ \dfrac{-0.1555}{0.3156s+1}e^{-0.2294s} & \dfrac{-0.24}{0.0242s+1}e^{-0.0253s} & \dfrac{0.9594}{0.2663s+1}e^{-0.4928s} & \dfrac{0.21375}{1.0214s+1}e^{-0.5979s}\end{bmatrix} \tag{9.25}$$

其中，$\boldsymbol{G}_W(s)$ 为由基值电流 I_b、焊接电流占空比 δ、送丝速度 V_{wire} 和焊接速度 $V_{welding}$ 对熔池宽度 W 的传递函数的行矩阵；$\boldsymbol{G}_L(s)$ 为由基值电流 I_b、焊接电流占空比 δ、送丝速度 V_{wire} 和焊接速度 $V_{welding}$ 对焊丝干伸长 L 的传递函数组成的行矩阵。

(2) 脉冲 MIG 焊耦合分析

铝合金脉冲 MIG 焊过程中受多个焊接参数的影响，并且这些参数之间具有一定的耦合关系。为实现对铝合金脉冲 MIG 焊接过程的熔宽与干伸长控制，首要工作是选定一组耦合较小，且能实现系统稳定的变量配对，来实现解耦控制。

在式(9.25) 的基础上有

$$\begin{bmatrix} y_W \\ y_L \end{bmatrix} = \begin{bmatrix} G_{W-I_b} G_{W-\delta} G_{W-V_{wire}} G_{W-V_{welding}} \\ G_{L-I_b} G_{L-\delta} G_{L-V_{wire}} G_{L-V_{welding}} \end{bmatrix} \begin{bmatrix} I_b \\ \delta \\ V_{wire} \\ V_{welding} \end{bmatrix}$$

$$= \begin{bmatrix} \frac{0.0170}{4.8241s+1} e^{-1.5705s} & \frac{0.1845}{5.0459s+1} e^{-1.1364s} & \frac{0.96}{1.1691s+1} e^{-0.4174s} & \frac{0.5160}{1.089s+1} e^{-1.3487s} \\ \frac{-0.1555}{0.3156s+1} e^{-0.2294s} & \frac{-0.24}{0.0242s+1} e^{-0.0253s} & \frac{0.9594}{0.2663s+1} e^{-0.4928s} & \frac{0.21375}{1.0214s+1} e^{-0.5979s} \end{bmatrix} \begin{bmatrix} I_b \\ \delta \\ V_{wire} \\ V_{welding} \end{bmatrix} \tag{9.26}$$

由于式(9.26）是超定系统，输入变量多于输出变量，需通过耦合分析，确定合适的系统方案。所有可能的 2×3 系统的方案（共 6 个）和其 RGA 如下：

① 方案 1（应用 δ 和 I_b 用于控制）

$$\begin{bmatrix} y_W \\ y_L \end{bmatrix} = \begin{bmatrix} \frac{0.1845}{5.0459s+1} e^{-1.1364s} & \frac{0.0170}{4.8241s+1} e^{-1.5705s} \\ \frac{-0.24}{0.0242s+1} e^{-0.0253s} & \frac{-0.1555}{0.3156s+1} e^{-0.2294s} \end{bmatrix} \begin{bmatrix} \delta \\ I_b \end{bmatrix} \tag{9.27}$$

$$\boldsymbol{\Lambda}_1 = \begin{bmatrix} 1.1658 & -0.1658 \\ -0.1658 & 1.1658 \end{bmatrix} \tag{9.28}$$

② 方案 2（应用 δ 和 $V_{welding}$ 用于控制）

$$\begin{bmatrix} y_W \\ y_L \end{bmatrix} = \begin{bmatrix} \frac{0.1845}{5.0459s+1} e^{-1.1364s} & \frac{0.5160}{1.089s+1} e^{-1.3487s} \\ \frac{-0.24}{0.0242s+1} e^{-0.0253s} & \frac{0.21375}{1.0214s+1} e^{-0.5979s} \end{bmatrix} \begin{bmatrix} \delta \\ V_{welding} \end{bmatrix} \tag{9.29}$$

$$\boldsymbol{\Lambda}_2 = \begin{bmatrix} -0.4672 & 1.4672 \\ 1.4672 & -0.4672 \end{bmatrix} \tag{9.30}$$

③ 方案 3（应用 δ 和 V_{wire} 用于控制）

$$\begin{bmatrix} y_W \\ y_L \end{bmatrix} = \begin{bmatrix} \frac{0.1845}{5.0459s+1} e^{-1.1364s} & \frac{0.96}{1.1691s+1} e^{-0.4174s} \\ \frac{-0.24}{0.0242s+1} e^{-0.0253s} & \frac{0.9594}{0.2663s+1} e^{-0.4928s} \end{bmatrix} \begin{bmatrix} \delta \\ V_{wire} \end{bmatrix} \tag{9.31}$$

$$\boldsymbol{\Lambda}_3 = \begin{bmatrix} 0.4345 & 0.5655 \\ 0.5655 & 0.4345 \end{bmatrix} \tag{9.32}$$

④ 方案 4（应用 I_b 和 V_{wire} 用于控制）

$$\begin{bmatrix} y_W \\ y_L \end{bmatrix} = \begin{bmatrix} \frac{0.0170}{4.8241s+1} e^{-1.5705s} & \frac{0.96}{1.1691s+1} e^{-0.4174s} \\ \frac{-0.1555}{0.3156s+1} e^{-0.2294s} & \frac{0.9594}{0.2663s+1} e^{-0.4928s} \end{bmatrix} \begin{bmatrix} I_b \\ V_{wire} \end{bmatrix} \tag{9.33}$$

$$\boldsymbol{\Lambda}_4 = \begin{bmatrix} 0.0985 & 0.0915 \\ 0.9015 & 0.0985 \end{bmatrix} \tag{9.34}$$

⑤ 方案 5（应用 I_b 和 $V_{welding}$ 用于控制）

$$\begin{bmatrix} y_W \\ y_L \end{bmatrix} = \begin{bmatrix} \frac{0.0170}{4.8241s+1} e^{-1.5705s} & \frac{0.5160}{1.089s+1} e^{-1.3487s} \\ \frac{-0.1555}{0.3156s+1} e^{-0.2294s} & \frac{0.21375}{1.0214s+1} e^{-0.5979s} \end{bmatrix} \begin{bmatrix} I_b \\ V_{welding} \end{bmatrix} \tag{9.35}$$

$$\boldsymbol{\Lambda}_5=\begin{bmatrix}-0.0474 & 1.0474\\ 1.0474 & -0.0474\end{bmatrix} \tag{9.36}$$

⑥ 方案 6（应用 $V_{welding}$ 和 V_{wire} 用于控制）

$$\begin{bmatrix}y_W\\ y_L\end{bmatrix}=\begin{bmatrix}\dfrac{0.5160}{1.089s+1}e^{-1.3487s} & \dfrac{0.96}{1.1691s+1}e^{-0.4174s}\\ \dfrac{0.21375}{1.0214s+1}e^{-0.5979s} & \dfrac{0.9594}{0.2663s+1}e^{-0.4928s}\end{bmatrix}\begin{bmatrix}V_{welding}\\ V_{wire}\end{bmatrix} \tag{9.37}$$

$$\boldsymbol{\Lambda}_6=\begin{bmatrix}0.7070 & 0.2930\\ 0.2930 & 0.7070\end{bmatrix} \tag{9.38}$$

通过对上面六个方案分析，得出各种参数单回路控制焊缝宽度的效果 $V_{welding}>V_{wire}>\delta>I_b$，各种参数单回路控制焊丝干伸长的效果 $I_b>V_{wire}>V_{welding}>\delta$。

考虑到实际焊接过程中，焊丝干伸长实际是焊丝进给与焊丝熔化相互作用的平衡，焊丝的进给量由送丝速度来控制，而焊丝的熔化量可由参数电流 I_b、占空比 δ、峰值电流等决定，影响因素较多。相比而言，采用送丝速度控制焊丝进给量，无其他参数影响，控制会更有效。对于熔宽，受热输入的影响，主要由基值电流、占空比、峰值电流决定，峰值电流大小对熔滴过渡影响大，基值电流主要作用为稳弧，不合适频繁改变。因此，选用变量占空比 δ 和送丝速度 V_{wire}，即方案 3 作为控制系统的控制量来分别控制熔池宽度和焊丝干伸长。

式(9.31）与式(9.32）分别为选定方案的传递函数矩阵和 RGA。式(9.39）为其稳态增益矩阵。

$$\boldsymbol{K}=\boldsymbol{G}(0)=\begin{bmatrix}0.1845 & 0.96\\ -0.24 & 0.9594\end{bmatrix} \tag{9.39}$$

系统的稳态增益矩阵的行列式为

$$|\boldsymbol{K}|=k_{11}k_{22}-k_{12}k_{21}=0.4074 \tag{9.40}$$

$\boldsymbol{K}$ 的对角线元素的乘积为

$$\prod_{i=1}^{2}k_{ii}=0.1845\times 0.9594=0.1770 \tag{9.41}$$

Niederlinski 指数为

$$\mathrm{NI}=\infty\frac{|\boldsymbol{K}|}{\prod_{i=1}^{2}k_{ii}}=2.3017 \tag{9.42}$$

耦合指标为

$$D=\frac{\lambda_{21}\lambda_{12}}{\lambda_{22}\lambda_{11}}=1.6939>1 \tag{9.43}$$

对这种配对的控制系统，采用带有积分的控制器可实现系统的稳定，但解耦效果不理想，若采取解耦设计，则可以消除或减弱各参数之间的耦合作用。

9.2.2 经典补偿解耦控制

解耦控制是解决多变量控制问题的有效手段，其中补偿解耦方法是在精确的模型的基础上，通过设计解耦补偿器来实现解耦控制，是当前工业生产中应用较为广泛的解耦控制方法。

(1) 前馈补偿解耦控制

双输入双输出前馈补偿解耦控制系统结构如图 9.20 所示。

由图 9.20 得双输出分别为（不考虑反馈闭环）

$$Y_1(S)=X_2(S)G_{c22}(S)[G_{F12}(S)G_{11}(S)+G_{12}(S)]+X_1(S)G_{c11}(S)G_{11}(S) \tag{9.44}$$

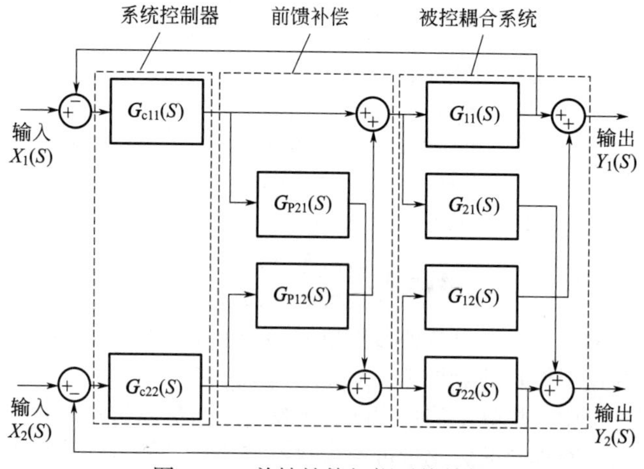

图 9.20 前馈补偿解耦系统结构

$$Y_2(S)=X_1(S)G_{c11}(S)[G_{F21}(S)G_{22}(S)+G_{21}(S)]+X_2(S)G_{c22}(S)G_{22}(S) \tag{9.45}$$

要实现系统解耦，即 $Y_1(S)$ 不受 $X_2(S)$ 作用的影响，$Y_2(S)$ 不受 $X_1(S)$ 作用的影响，得前馈补偿器为

$$G_{F12}(S)=-\frac{G_{12}(S)}{G_{11}(S)} \tag{9.46}$$

$$G_{F21}(S)=-\frac{G_{21}(S)}{G_{22}(S)} \tag{9.47}$$

由式(9.46)，式(9.47)，采用前馈补偿解耦控制，可得到前馈解耦控制器为

$$G_{P21}=\frac{0.666S+2.5}{0.242S+10} \tag{9.48}$$

$$G_{P12}=\frac{26.255S+0.52}{1.1631S+1} \tag{9.49}$$

系统中控制器采用 PI 控制器，在前馈补偿解耦系统中，PI 控制器的参数分别为 $K_{P1}=0.001$、$K_{I1}=0.013$、$K_{P2}=0.003$、$K_{I2}=0.007$。系统对周期为 100s 的脉冲信号响应见图 9.21(a)、图 9.21(b)。为更好地反映补偿器的解耦性能，采用非同步脉冲信号进行分析，见图 9.22(a) 和图 9.22(b)，其中响应对应的延迟时间为 15s。

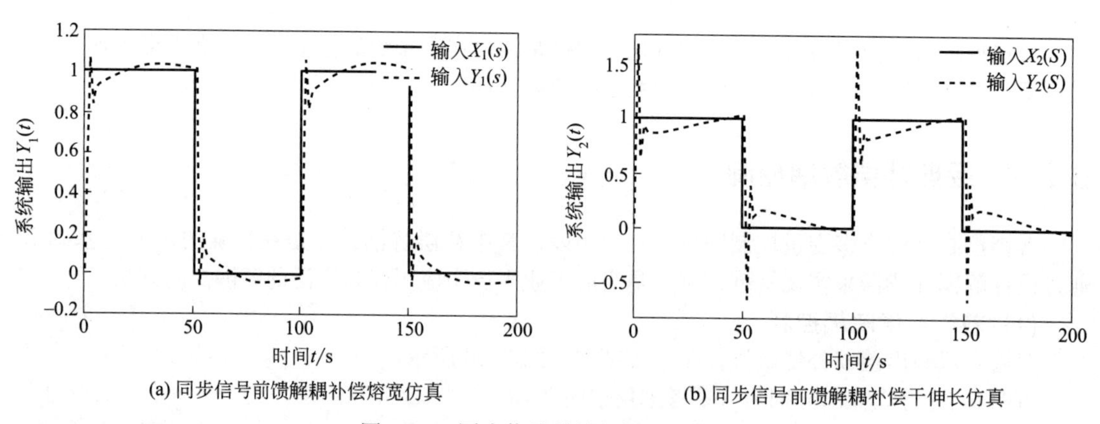

(a) 同步信号前馈解耦补偿熔宽仿真

(b) 同步信号前馈解耦补偿干伸长仿真

图 9.21 同步信号前馈解耦补偿仿真

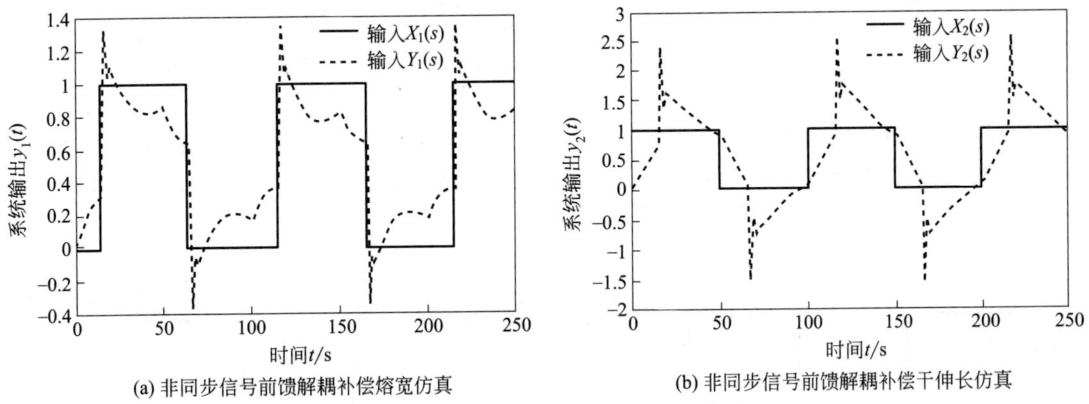

(a) 非同步信号前馈解耦补偿熔宽仿真　(b) 非同步信号前馈解耦补偿干伸长仿真

图 9.22　非同步信号前馈解耦补偿仿真

(2) 反馈补偿解耦控制

反馈补偿解耦控制方法的解耦器布置在反馈通道上。双输入双输出反馈补偿解耦控制系统结构如图 9.23 所示。

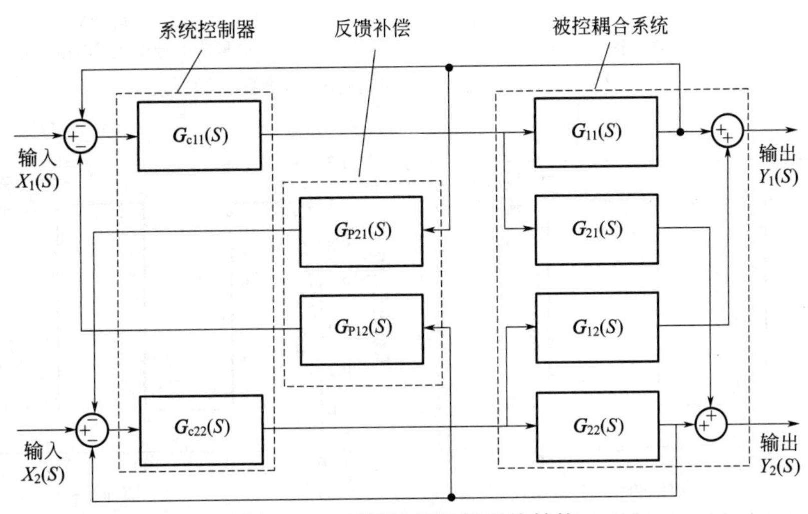

图 9.23　反馈补偿解耦系统结构

由图 9.23 得输出分别为

$$Y_1(S)=[X_1(S)-Y_1-Y_2(S)G_{P12}(S)]G_{c11}(S)G_{11}(S)+ [X_2(S)-Y_2(S)-Y_1(S)G_{P21}(S)]G_{c22}(S)G_{12}(S) \tag{9.50}$$

$$Y_2(S)=[X_2(S)-Y_2-Y_1(S)G_{P21}(S)]G_{c22}(S)G_{22}(S)+ [X_1(S)-Y_1(S)-Y_2(S)G_{P12}(S)]G_{c11}(S)G_{21}(S) \tag{9.51}$$

所以，系统解耦的目的是使式(9.50) 和式(9.51) 中括号内算式等于零。故完全解耦时反馈解耦调节器为

$$G_{P12}(S)=\frac{G_{12}(S)}{G_{c11}(S)[G_{11}(S)G_{22}(S)-G_{12}(S)G_{21}(S)]} \tag{9.52}$$

$$G_{P21}(S)=-\frac{G_{21}(S)}{G_{c22}(S)[G_{11}(S)G_{22}(S)-G_{12}(S)C_{21}(S)]} \tag{9.53}$$

采用反馈补偿解耦控制，由式(9.52)、式(9.53)，对其进行简化后，可得到反馈解耦控制器为

$$G_{P12}=S\frac{0.1S+4.2}{7S+3} \tag{9.54}$$

$$G_{P21}=-S\frac{1.17S+1}{0.1S+1} \tag{9.55}$$

控制器的参数分别为 $K_{P1}=0.05$、$K_{I1}=0.05$、$K_{P2}=0.12$、$K_{I2}=0.2$。周期为 100s 的同步脉冲信号的响应和周期为 100s 的非同步脉冲信号响应分别见图 9.24(a)、图 9.24(b) 和图 9.25(a)、图 9.25(b)，其信号延迟时间为 15s。

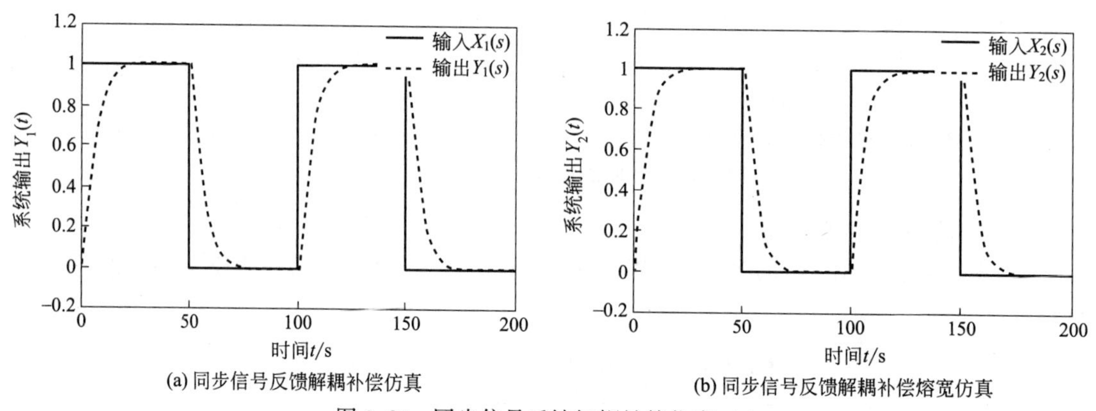

图 9.24　同步信号反馈解耦补偿仿真（1）

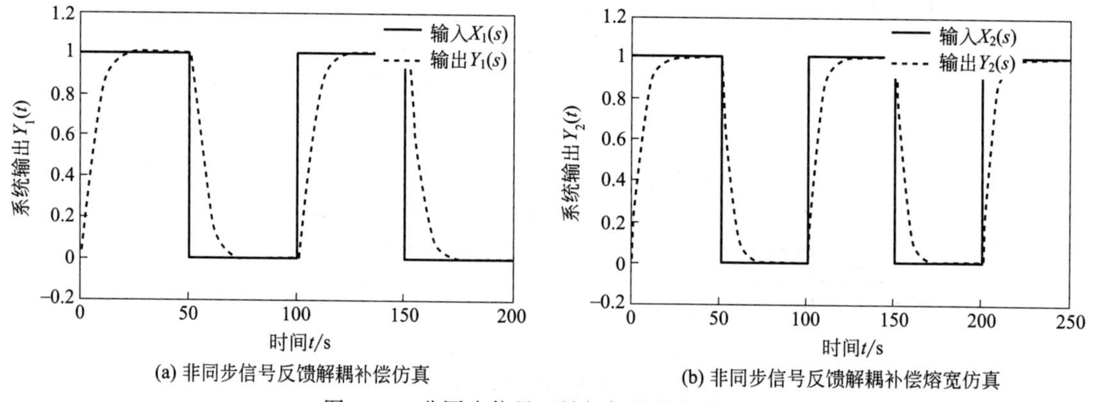

图 9.25　非同步信号反馈解耦补偿仿真（2）

9.2.3 脉冲 MIG 焊焊丝熔化动态电弧模型及仿真分析

对脉冲 MIG 焊建立了基于尖端不稳定熔滴过渡理论的焊丝熔化动态电弧模型，分析了干伸长、电弧电压、熔滴过渡尺寸及频率，并与实际焊接的电压波形进行了对比分析，在此基础上进行了干伸长的仿真控制。

(1) 脉冲 MIG 焊动态过程模型建立

脉冲 MIG 焊在燃弧时，电弧电压的变化主要与焊接电流和弧长有关，在此燃弧阶段电弧负载方程采用 Ayrton 方程

$$U_a=U_0+R_aI+(E_{al}+E_{ai}I)L_a \tag{9.56}$$

式中，U_a 为电弧电压；U_0 为阴极压降和阳极压降之和；R_a 为电弧等效电阻；E_{al}、E_{ai} 为弧长影响系数；L_a 为电弧长度。

焊丝的熔化由电弧热和焊丝电阻热组成，熔化方程有

$$M_R=M_{R,a}+M_{R,j}=c_1I+c_2L_sI^2 \tag{9.57}$$

式中，M_R 为体积熔化率；$M_{R,a}$ 为电弧热熔化率；$M_{R,j}$ 为电阻热熔化率；L_s 为干伸长长度；c_1 和 c_2 为熔化系数。对于熔化方程可以转化为长度熔化速率方程

$$v_m=k_1I+k_2L_sI^2 \tag{9.58}$$

式中，k_1、k_2 为长度熔化速率系数。

对于干伸长的改变有

$$\Delta L_s=(v_e-v_m)\Delta t \tag{9.59}$$

式中，ΔL_s 为干伸长变化量；v_e 为送丝速度；Δt 为单位时间。其中干伸长 L_s 为焊丝与导电嘴接触点的距离，L_c 为电弧长度。

$$L_c=L_s+L_a \tag{9.60}$$

对于脉冲 MIG 焊，熔滴过渡主要产生于峰值，峰值电流一般都比较大，熔滴过渡尖端不稳定模型（pinch instability theory，PIT）在大电流下比较准确，其理论认为当熔滴尺寸大于临界值时将脱落。

$$r_d>r_{dc} \tag{9.61}$$

式中，r_d 为熔滴尺寸；r_{dc} 为临界尺寸。其中有

$$r_d=\left(\frac{3m_d}{4\pi\rho_e}\right)^{\frac{1}{3}} \tag{9.62}$$

式中，ρ_e 为密度；m_d 为单位时间熔化质量，有

$$m_d=\int_{t_1}^{t_2}M_R\rho_e\mathrm{d}t \tag{9.63}$$

式中，t_1、t_2 分别为熔滴起始到脱落的时刻点。

$$r_{dc}=\frac{\pi(r_d+r_e)}{1.25\left(\frac{x_d+r_d}{r_d}\right)\left(1+\frac{\mu_0I^2}{2\pi^2\gamma(r_d+r_e)}\right)^{\frac{1}{2}}} \tag{9.64}$$

式中，r_e 为焊丝半径；μ_0 为空间磁导率；γ 为表面张力系数；x_d 为熔滴位移。对于式(9.64)中的 $(x_d+r_d)/r_d$ 可以认为是一常数 n。

(2) 动态仿真及分析

针对所建立的解析模型，采用 MATLAB 下的 Simulink 进行动态系统仿真，采用 Runge-Kutta 算法，时间步长为 0.00001s。表 9.2 为仿真中所涉及的参数。

图 9.26 为 Simulink 仿真系统，其主要有电弧电压负载模型、熔化方程模块、尖端不稳定理论模块以及干伸长更新模块等。其中为便于对比，输出电压为电弧电压加干伸长压降，干伸长长度包含熔滴。

表 9.2 仿真参数

符号	数值	单位
U_0	15.7	V
R_a	0.022	Ω
E_{al}	128	V/m
E_{ai}	1.2	V/(A·m)
k_1	$2.553e^{-4}$	m/(A·s)
k_2	$4.623e^{-5}$	$(A^2·s)$
v_e	0.12	m/s
L_c	30	mm
ρ_e	2700	kg/m^3

续表

符号	数值	单位
r_e	0.6	mm
μ_0	$1.256e^{-6}$	$kg\cdot m/(A^2\cdot s^2)$
γ	1.2	N/m^2
n	0.27	—

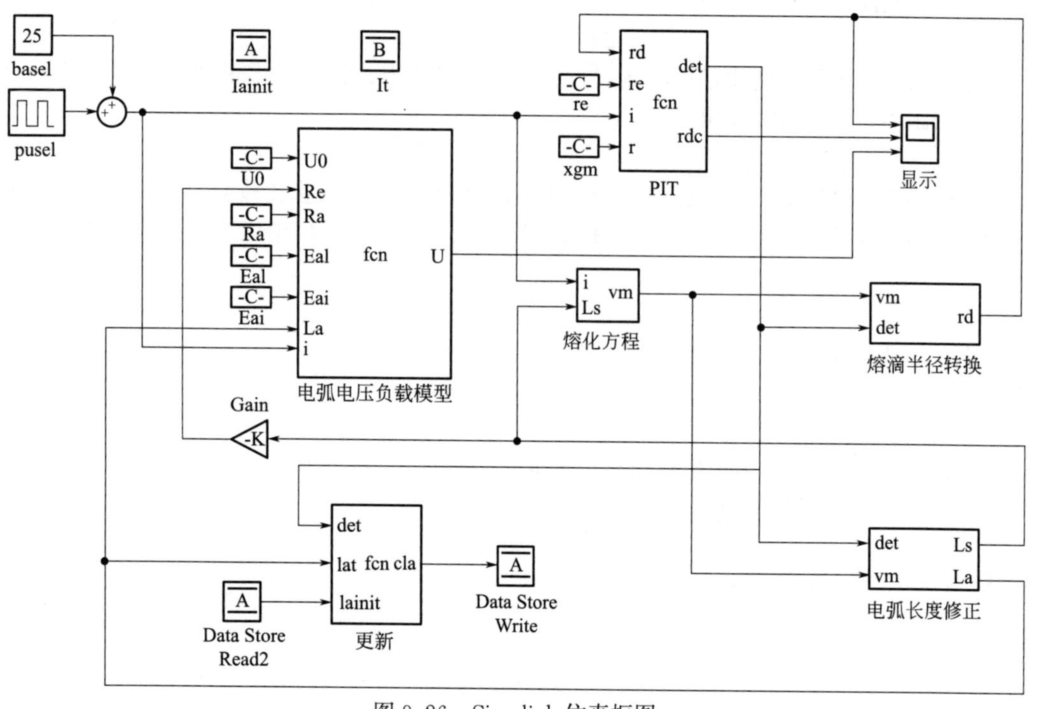

图 9.26　Simulink 仿真框图

为使仿真结果更准确，使用铝合金脉冲 MIG 焊过程中所采集的实际电流为输入电流，仿真时间长度为 5s，图 9.27 为所取 0.1s 时间段的相关信号变化情况。图 9.27(a) 为仿真输入的实际电流，图 9.27(b) 为仿真所得到的电压信号，图 9.27(c) 为仿真所得到的熔滴尺寸变化及脱落情况，图 9.27(d) 为仿真所得到的根据 PIT 所计算出来的脱落临界尺寸。

从图 9.27 中可发现，在基值电流下，由于电压值小，熔滴尺寸在一直长大且没有脱落；当电流在峰值的时候，电压也随之出现峰值，熔滴快速长大，但过渡尺寸变小，过渡频率增加，对于每个电流峰值，熔滴过渡数目不尽相同，尺寸也有微小差别。图 9.28 为实际焊接典型电压信

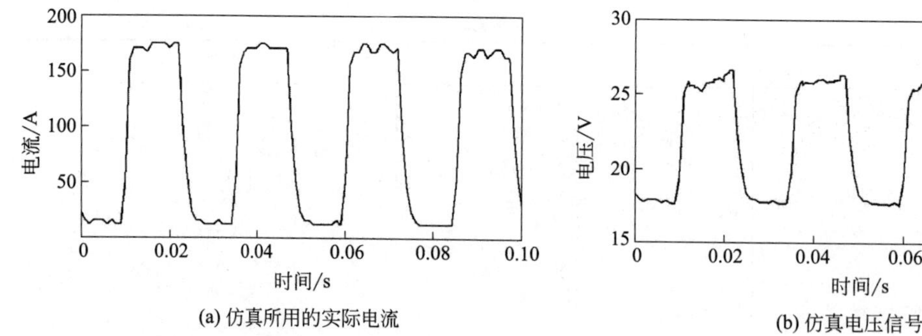

(a) 仿真所用的实际电流　　(b) 仿真电压信号

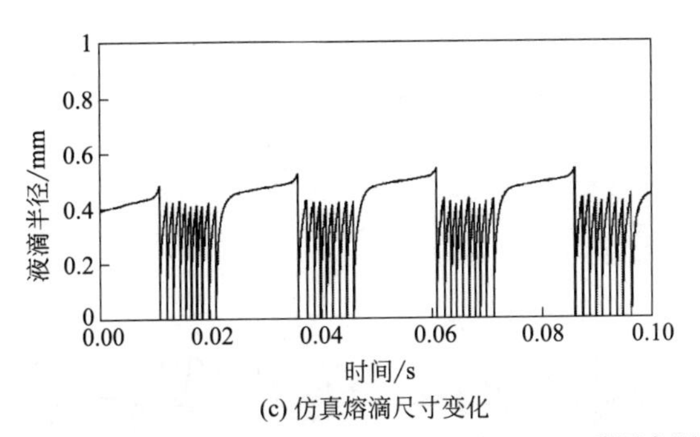

(c) 仿真熔滴尺寸变化

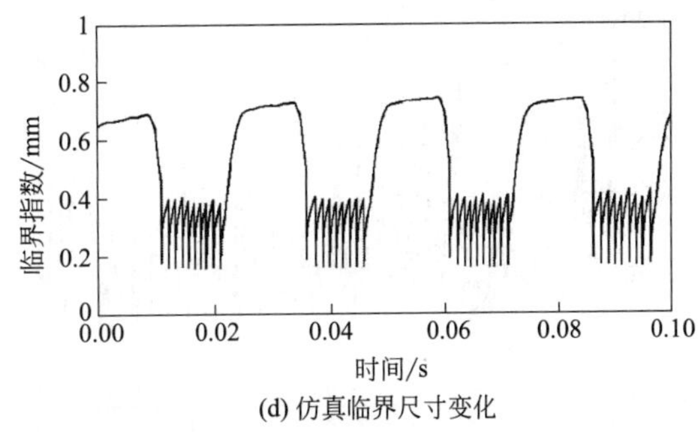

(d) 仿真临界尺寸变化

图 9.27　采用实际电流仿真相关信号

号，采集频率为 1kHz，对比图 9.27(b)，发现仿真结果和实际情况非常接近，特别是在峰值电流作用下电压峰值的细节情况，从更多的仿真数据分析得到，电弧电压峰值时的细节反映了熔滴过渡的变化情况。

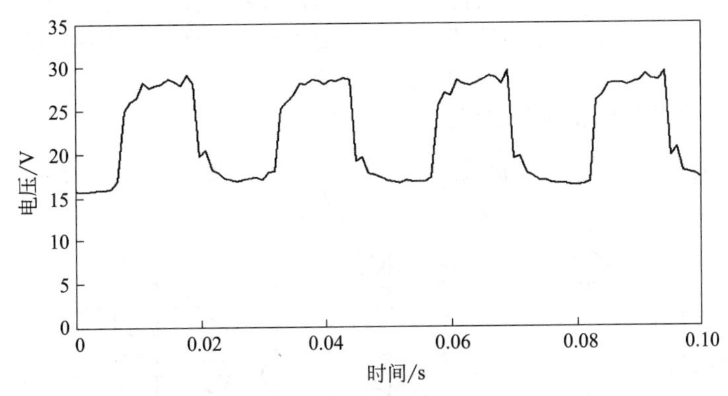

图 9.28　实际焊接典型电压信号

图 9.29(a) 为仿真干伸长变化，采集频率为 10kHz，图 9.29(b) 为所得仿真干伸长统计分布。图 9.30(a) 为实际焊接过程所测得的干伸长变化，通过每秒 25 帧视频信号采集，得到如图 9.30(b) 所示的统计分布。从图 9.29(b) 与图 9.30(b) 对比可得仿真结果与实际非常吻合，表明所建立的模型能描述实际铝合金脉冲 MIG 焊焊接过程，同时也表明铝合金脉冲 MIG 焊不稳定性为其本质，为随机熔滴过渡所产生，从大量实验观察及仿真分析表明，当送丝速度不匹配时表现得尤为突出。

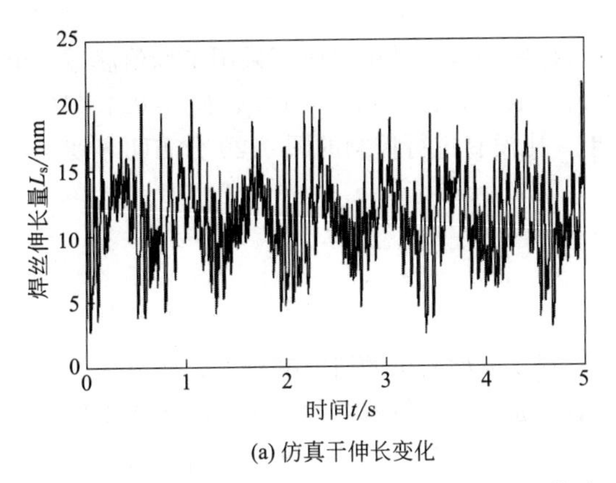

(a) 仿真干伸长变化

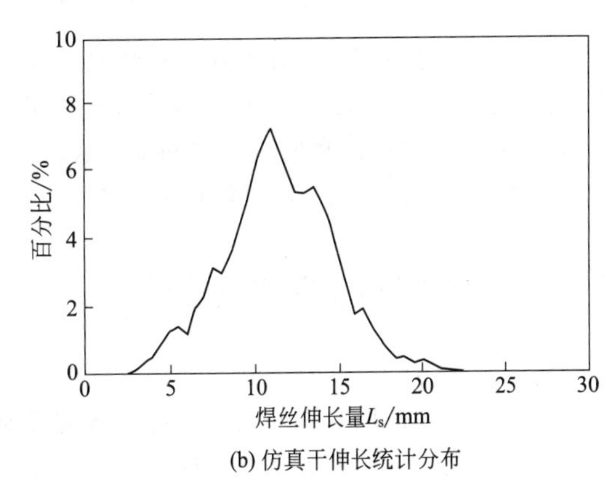

(b) 仿真干伸长统计分布

图 9.29　仿真干伸长变化及统计

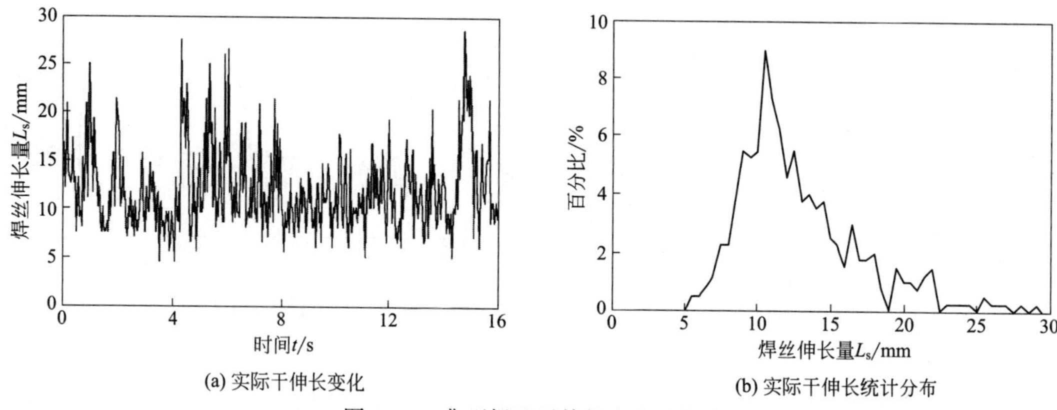

图 9.30　典型焊丝干伸长变化及统计

(3) 干伸长控制仿真

对所建模型进行分析表明，要想获得较稳定的焊接过程，就必须对干伸长进行控制。利用平均电弧电压能反映干伸长的情况作为反馈，采用改变送丝速度来进行干伸长控制是最简单有效的方法。为避免送丝速度剧烈变化，采用增量式 PID 来进行控制，式(9.65) 为数值增量式 PID 公式，图 9.31 为增量式 PID Simulink 实现。

$$\Delta U_k = u_k - u_{k-1} = K_p \left[e_k - e_{k-1} + \frac{T}{T_i} e_k + T_d \frac{e_k - 2e_{k-1} + e_{k-2}}{T} \right] \tag{9.65}$$

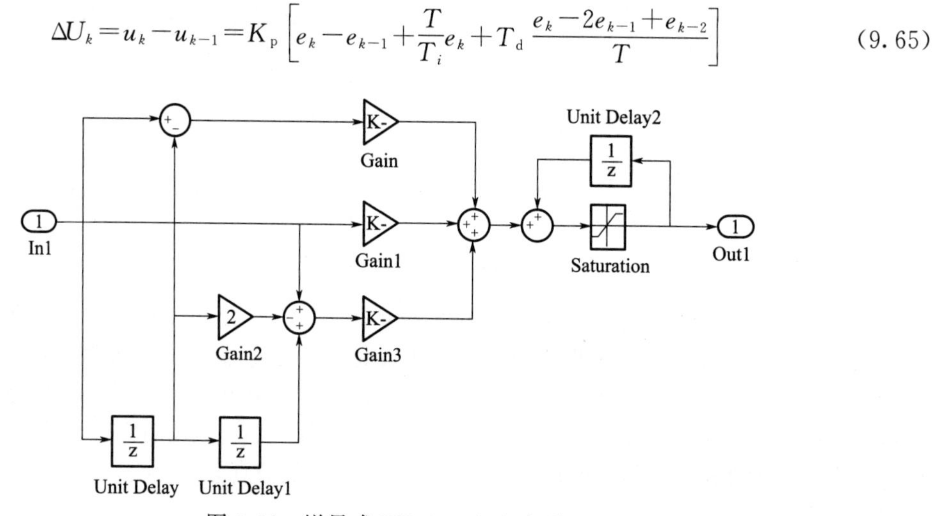

图 9.31　增量式 PID Simulink 实现

为更好地进行控制，在所建立的仿真系统中进行控制仿真，其中对电压采用了均值滤波，电压的设定值为 23V，增量式 PID 参数分别为 $K_p=0.5\times10^{-5}$，$K_i=0.1\times10^{-5}$，$K_d=0.1\times10^{-6}$，图 9.32 为进行控制仿真后所获得的干伸长统计结果，比没有进行控制的图 9.29 分布明显变窄和变陡，图 9.33 为仿真控制送丝速度变化。

9.2.4 脉冲 MIG 焊解耦控制

在多信息传感、试验控制平台、解析解耦仿真控制及模型分析的研究基础上，研究了对弧长的稳定控制，并提出双脉冲的方法进行熔宽控制，最后通过多变量解耦控制来同时控制干伸长及熔宽，并研究了不同方案下不同控制器的控制效果，实现了铝合金脉冲 MIG 焊过程的稳定焊接，获得了良好的焊接效果。

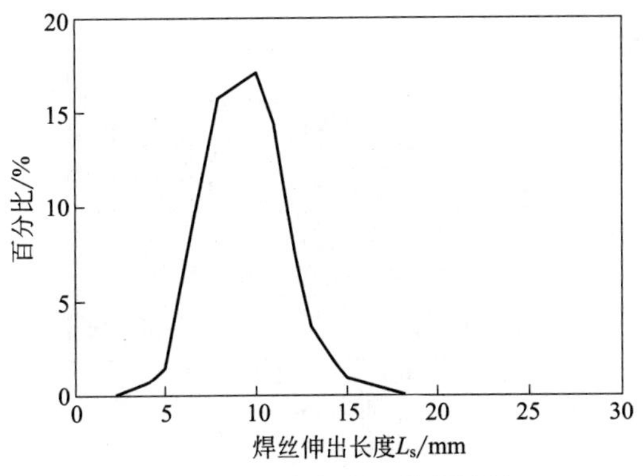

图 9.32　仿真控制干伸长统计

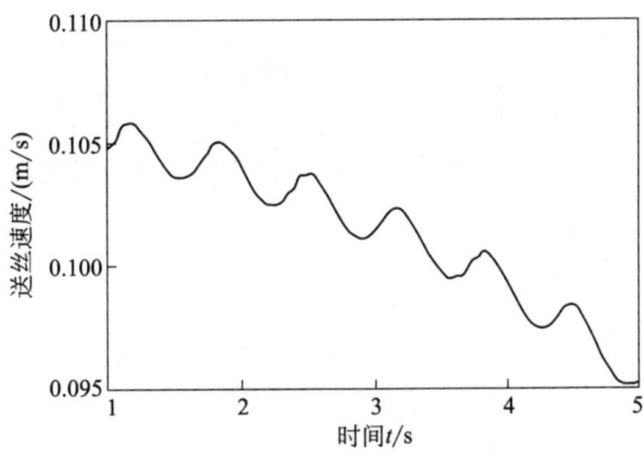

图 9.33　仿真控制送丝速度变化

(1) 基于电弧电压的焊丝干伸长控制

铝合金脉冲 MIG 焊的焊丝干伸长直接影响焊接过程的稳定性，且容易受到送丝速度、电流等细微变化的影响，故控制过程中保证干伸长的稳定具有重要意义。由于脉冲 GMAW 焊过程中，脉冲电流的变化使得弧长不断变化，严重时出现导电嘴的回烧或焊丝接触工件。下面对不同方案下的干伸长进行控制，并对焊接过程进行研究。

试验采用厚度为 6mm 的厚铝板试件，铝板牌号为 50581-H321；保护气体为纯氩气，气体流量为 25L/min；焊丝为牌号 5356 的铝镁焊丝，直径 1.2mm。而脉冲 MIG 焊的脉冲参数如表 9.3 所示。

表 9.3　脉冲 MIG 焊的试验参数

试验参数	参数值
脉冲占空比	50%
峰值电流	200A
基值电流	25A
脉冲频率	40Hz
平均电流	110A
焊接速度	15cm/min

在所建立的快速原型的控制系统平台上，在恒流源下电弧电压与干伸长的关系采用增量式 PID、模糊 PID 等控制方法，通过送丝速度来控制干伸长，并进一步研究采用干伸长视觉检测来进行干伸长控制。图 9.34 为典型的快速原型平台下的 Simulink 控制程序，图 9.35 为干伸长控制下的典型电流电压信号。

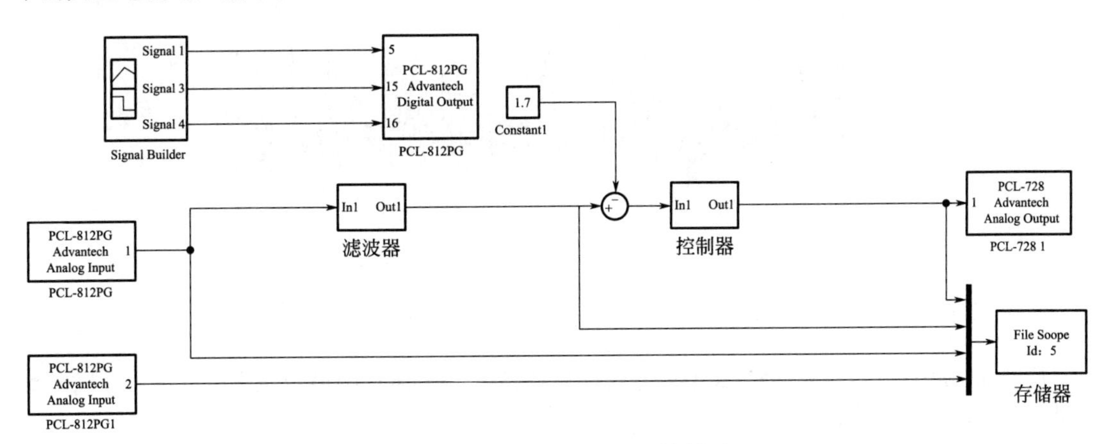

图 9.34　干伸长 Simulink 控制图

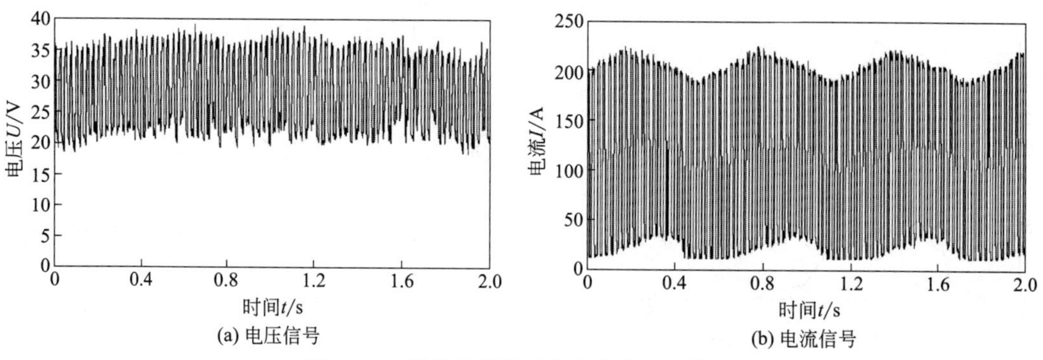

(a) 电压信号　(b) 电流信号

图 9.35　干伸长控制的典型电流电压信号

(2) 电弧电压增量式 PID 干伸长控制

对于恒流条件下的 MIG 过程中的干伸长与电弧电压可基本认为线性关系，采用电弧电压为反馈信号，通过增量式 PID 调节送丝速度的焊丝干伸长控制系统。图 9.36 为增量式 PID 控制下的送丝速度，图 9.37 为采用平台的视觉传感所获得的干伸长变化情况。图 9.38 为相同参数下控制与非控制干伸长的统计分布。

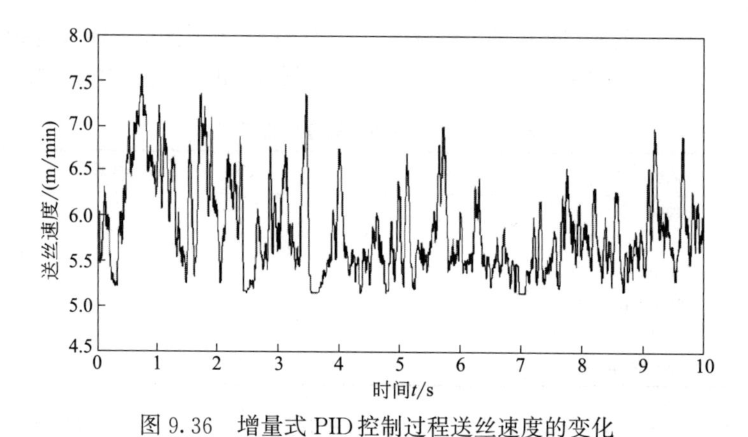

图 9.36　增量式 PID 控制过程送丝速度的变化

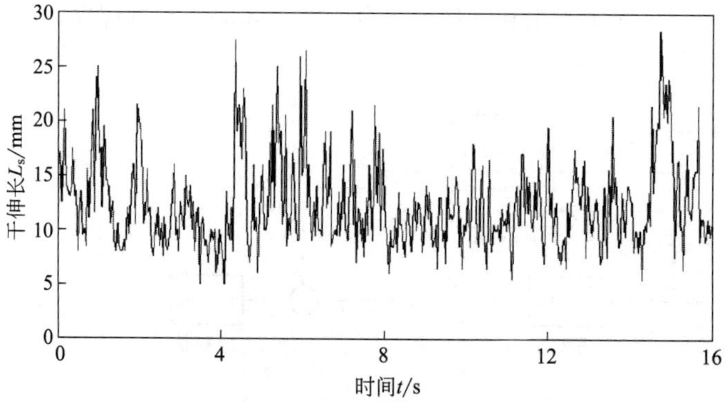

图 9.37　增量式 PID 控制过程干伸长变化

从图 9.38 中可以看到，通过调节送丝速度比非控下的干伸长的稳定性有明显改善，同时焊接过程稳定，焊缝成形良好。

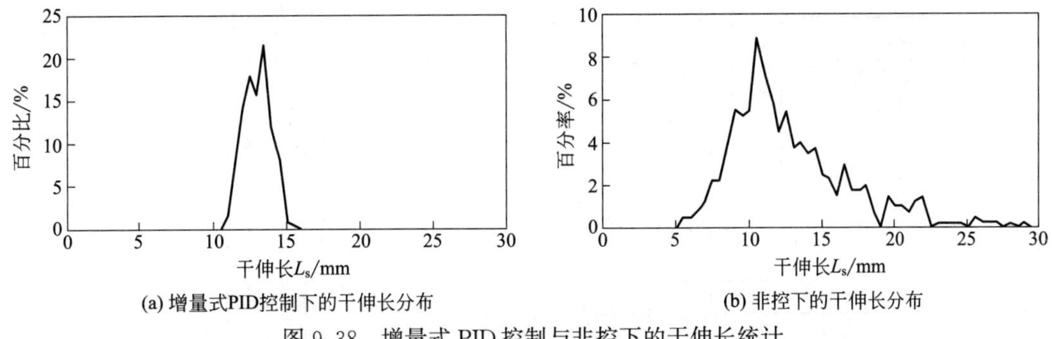

图 9.38 增量式 PID 控制与非控下的干伸长统计

9.2.5 基于双脉冲的铝合金 MIG 焊熔池宽度控制

双脉冲 MIG 焊是指焊接电流波形反复地从一组高能脉冲（平均电流大的脉冲）向一组低能脉冲（平均电流小的脉冲）交替变化，如图 9.39 所示，其中 T 为双脉冲的周期，T_a 为高能脉冲群在一个周期中所占的时间，T_b 为低能脉冲群在一个周期中所占的时间，高能脉冲群主要来进行焊丝的熔化和破解氧化膜，低能脉冲群主要来形成熔池及良好焊缝成形，其中定义 T_a/T 为双脉冲占空因数。

通过改变双脉冲占空因数即改变 T_b（在周期不变的前提下，相应改变 T_a），来控制每个周期的平均电流，从而控制母材的热输入，调节母材的热积累效应，以获得熔宽均匀、外形美观的焊缝。

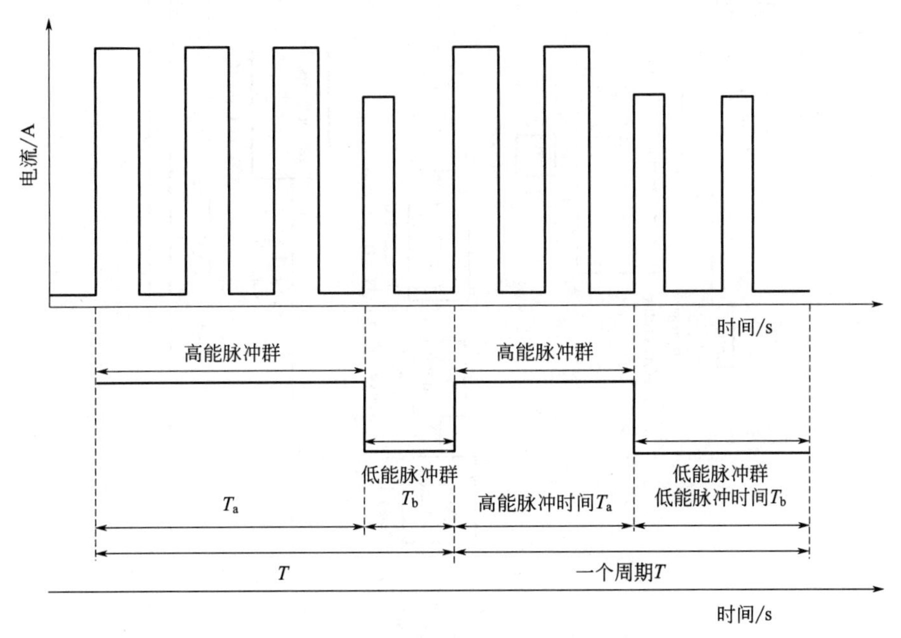

图 9.39 双脉冲 MIG 焊电流波形示意图

在快速原型的控制系统上，设计了如图 9.40 所示的双脉冲 MIG 焊熔宽控制的软件系统，其中包括信号采集模块、控制器、双脉冲产生模块、输出模块和存储模块。系统通过检测输入熔宽信号的大小来调节双脉冲占空因数，进而进行熔宽控制。

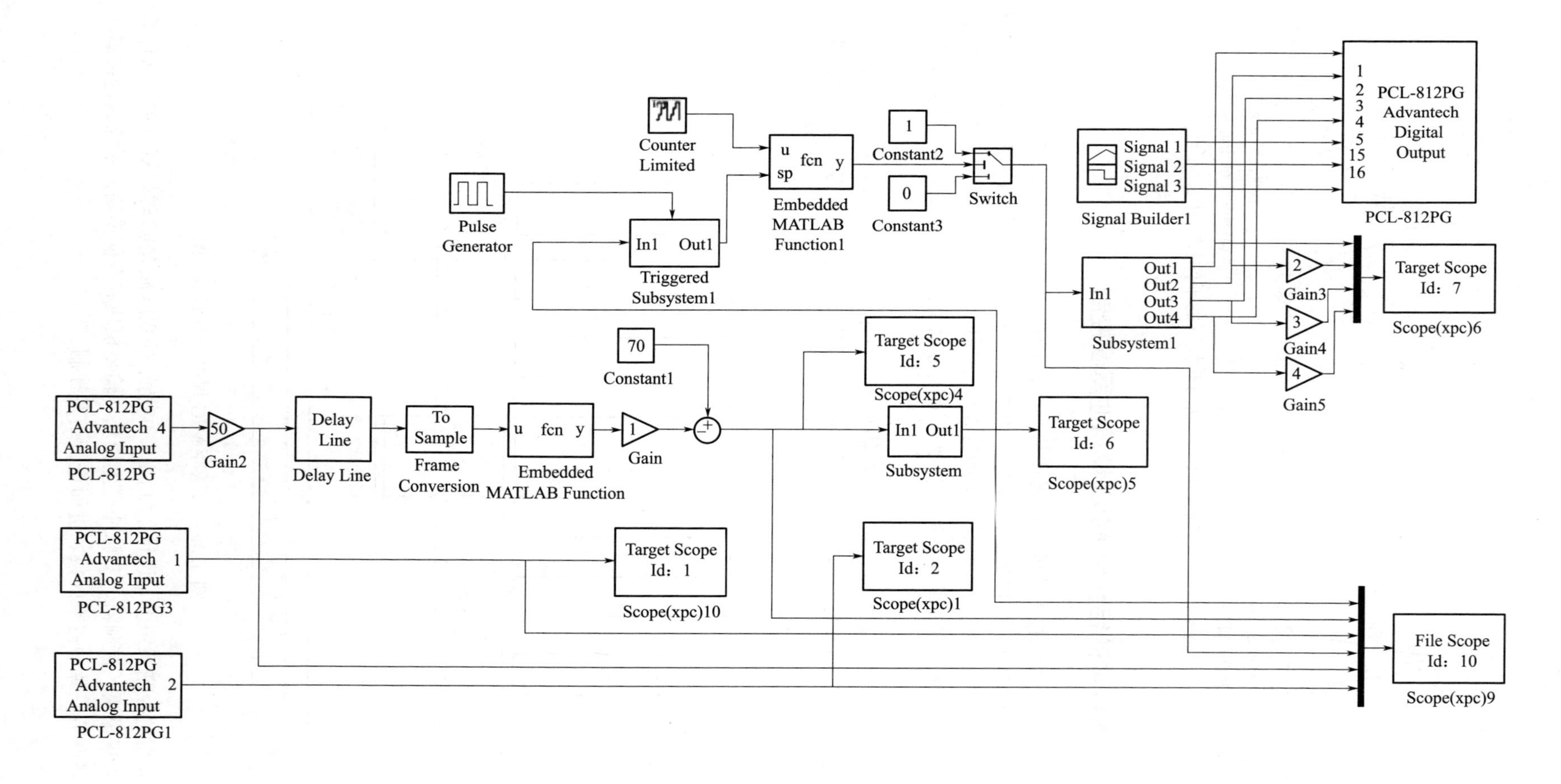

图 9.40 熔宽控制软件系统

控制器为增量式 PID，其中控制系统的基准时钟为 1ms，增量式 PID 参数分别为 $K_p=0.5\times10^{-5}$，$K_i=0.1\times10^{-5}$，$K_d=0.1\times10^{-6}$。控制试验中采用厚度为 4mm 的厚铝板试件，铝板牌号为 50581－H321；保护气体为纯氩气，气体流量为 25L/min；焊丝为牌号 5356 的铝镁焊丝，直径 1.2mm。在控制过程中，由于焊机的响应及其他硬件系统的限制，双脉冲 MIG 焊的频率为 2Hz，即周期为 500ms，为保证每个周期内包含高能脉冲和低能脉冲，双脉冲占空因数被限定在 25%～75%之间，表 9.4 为双脉冲工艺的具体参数。

表 9.4　可变双脉冲 MIG 焊的试验参数

试验参数	参数值	
	高能脉冲	低能脉冲
脉冲占空比	50%	10%
峰值电流	250A	200A
基值电流	40A	20A
脉冲频率	40Hz	40Hz

图 9.41 为典型采用双脉冲 MIG 焊熔宽控制所获得的焊缝形貌。图 9.42 为在 6mm 板上恒定规范的铝合金脉冲 MIG 焊的焊缝。

图 9.41　典型双脉冲熔宽控制的焊缝形貌

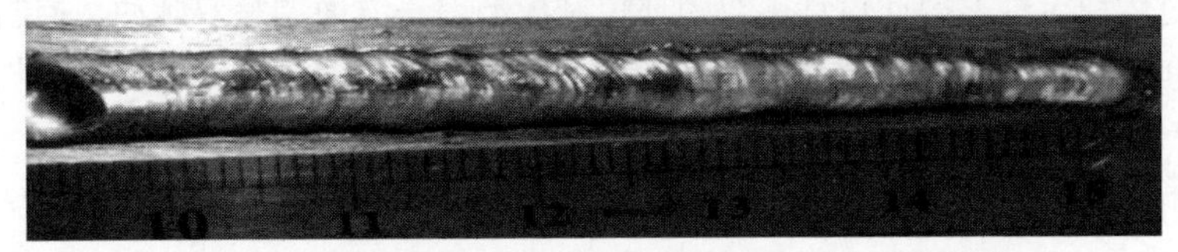

图 9.42　典型恒定规范铝合金脉冲 MIG 焊焊缝形貌

图 9.43 为图 9.41 焊缝所对应的焊接过程中的相关信号，图 9.43(a) 为整个焊缝熔宽通过 LabVIEW 视觉传感所检测到的变化情况，图 9.43(b) 为通过增量式 PID 所调节的双脉冲占空因数变化情况，图 9.43(c) 为典型的焊接电流信号，图 9.43(d) 为典型的焊接电压信号。

从图 9.43(a) 中可以看到，在稳定焊接后，所检测的熔宽基本不变，这与图 9.41 是相一致的。从图 9.43(b) 中可以看到，在焊接过程，双脉冲占空因数根据所检测的熔宽实时改变来调

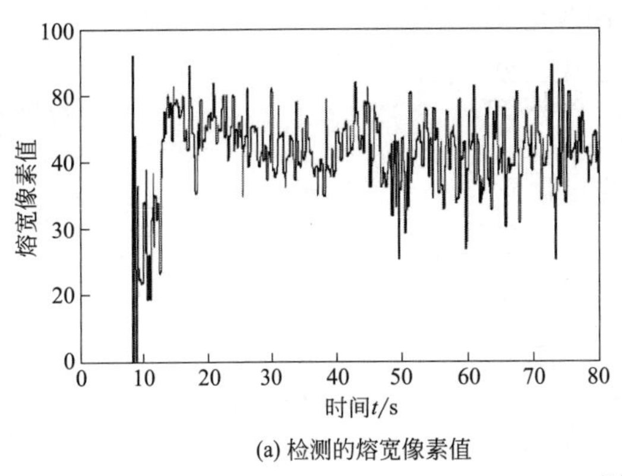

(a) 检测的熔宽像素值

(b) 双脉冲占空因数

图 9.43

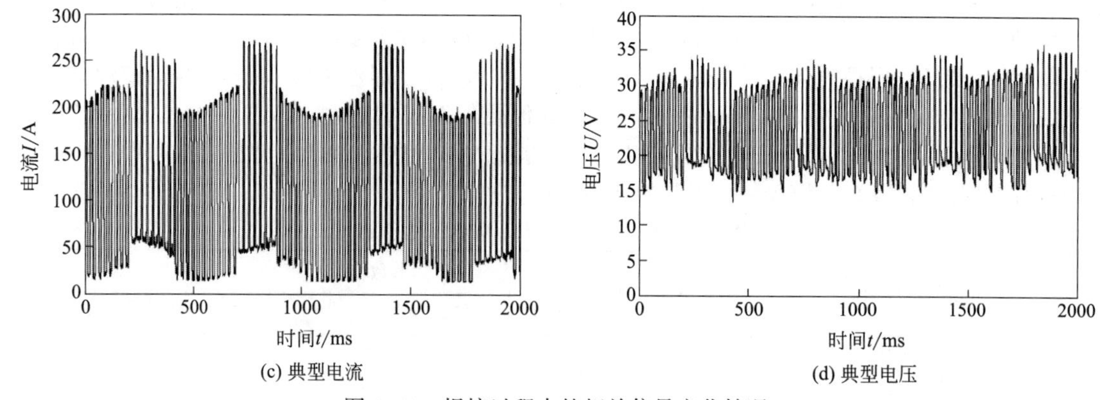

(c) 典型电流

(d) 典型电压

图 9.43　焊接过程中的相关信号变化情况

节焊接热输入，并在图 9.43(c) 中可明显地看到每一个双脉冲周期中高能脉冲的时间是不一样的。

9.3 脉冲 MIG 焊视觉反馈解耦控制系统

在对于干伸长的控制中可知，虽然通过干伸长控制在一定程度上解决了电弧稳定的问题，但不能解决热输入的问题，在采用双脉冲进行熔宽控制的过程中，热输入可以调节，但仍然不能根本上解决电弧稳定的问题。针对铝合金脉冲 MIG 焊控制，仅仅通过双脉冲的方法进行熔宽控制，很难保持焊接过程稳定性，因此设计了双闭环控制模型，一方面调整双脉冲，控制热输入来控制熔宽，另一方面通过电压反馈或者视觉反馈来调节干伸长，从而试图达到焊接过程的稳定控制。

9.3.1 基于视觉传感的脉冲 MIG 焊动态过程辨识

为了充分认识铝合金脉冲 MIG 焊动态过程中熔宽随各种焊接参数的动态变化特征，以便选择合理的控制算法，设计性能优良的熔宽控制器，试验通过脉冲 MIG 焊熔池宽度动态过程数学模型，采用系统辨识的方法求取其熔池特征及干伸长动态性能的数学描述，获得铝合金脉冲 MIG 焊熔池及干伸长动态过程中分别以基值电流、送丝速度、脉冲电流占空比和焊接速度作为输入，以熔池正面熔宽为输出的四个单输入单输出过程的传递函数模型和以干伸长为输出的四个单输入单输出过程的传递函数模型。

辨识所得的基值电流 I_b 对熔池宽度 W 的传递函数是

$$G_{W\text{-}I_b}(s)=\frac{W(s)}{I_b(s)}=\frac{1.7303}{4.8241s+1}e^{-\tau s} \tag{9.66}$$
$$\tau=1.5705$$

辨识所得的送丝速度 V_{wire} 对熔池宽度 W 的传递函数是

$$G_{W\text{-}V_{wire}}(s)=\frac{W(s)}{V_{wire}(s)}=\frac{1.5005}{1.1691s+1}e^{-\tau s} \tag{9.67}$$
$$\tau=0.4174$$

辨识所得的焊接电流占空比 δ 对熔池宽度 W 的传递函数是

$$G_{W\text{-}\delta}(s)=\frac{W(s)}{\delta(s)}=\frac{1.065}{5.0459s+1}e^{-\tau s} \tag{9.68}$$
$$\tau=1.1364$$

辨识所得的焊接速度 V_{welding} 对熔池宽度 W 的传递函数是

$$G_{W\text{-}V_{\text{welding}}}(s)=\frac{W(s)}{V_{\text{welding}}(s)}=\frac{-0.987}{1.089s+1}e^{-\tau s} \tag{9.69}$$

$$\tau=1.3487$$

对 MIG 焊干伸长 L 相对于脉冲基值电流 I_b 的阶跃响应过程进行了辨识。辨识所得传递函数是

$$G_{W\text{-}I_b}(s)=\frac{L(s)}{I_b(s)}=\frac{0.8583}{0.3156s+1}e^{-\tau s} \tag{9.70}$$

$$\tau=0.2294$$

对 MIG 焊干伸长 L 相对于送丝速度 V_{wire} 的阶跃响应过程进行了辨识。辨识所得传递函数是

$$G_{W\text{-}V_{\text{wire}}}(s)=\frac{L(s)}{V_{\text{wire}}(s)}=\frac{1.1298}{0.2663s+1}e^{-\tau s} \tag{9.71}$$

$$\tau=0.4928$$

对 MIG 焊干伸长 L 相对于占空比 δ 的阶跃响应过程进行了辨识。辨识所得传递函数是

$$G_{W\text{-}\delta}(s)=\frac{L(s)}{\delta(s)}=\frac{1.0954}{0.0242s+1}e^{-\tau s} \tag{9.72}$$

$$\tau=0.0253$$

对 MIG 焊干伸长 L 相对于焊接速度 V_{welding} 的阶跃响应过程进行了辨识。辨识所得传递函数是

$$G_{W\text{-}V_{\text{welding}}}(s)=\frac{L(s)}{V_{\text{welding}}(s)}=\frac{1.0814}{1.0214s+1}e^{-\tau s} \tag{9.73}$$

$$\tau=0.5979$$

9.3.2 视觉闭环控制

(1) 单视觉闭环控制

在快速原型系统上，设计了基于电压反馈的单视觉闭环控制软件系统如图 9.44。

控制熔宽和干伸长的控制器都为增量式 PID，其中控制系统的基准时钟为 1ms，控制熔宽的增量式 PID 参数分别为 $K_p=0.05$，$K_i=0.01$，$K_d=0.002$；控制干伸长的增量式 PID 参数分别为 $K_p=2.2\times10^{-4}$，$K_i=1.5\times10^{-4}$，$K_d=5\times10^{-5}$。控制试验中采用厚度为 4mm 厚的铝板试件。

在控制过程中，通过视频采集卡 PCI-1405 实时采集熔池图像，经过处理后，得到了熔宽的像素值，然后经由数据采集卡 PCI-6221 的输出通道，输入数据采集卡 PCL-812PG 的输入通道，从而进入软件控制系统来反馈熔宽信号；然后再通过控制器来调节可变双脉冲来进行熔宽控制。另一方面，根据电弧电压和干伸长的关系，以电弧电压为反馈信号，通过控制器来调整送丝速度，控制信号通过数据采集卡 PCL728 的输出通道输出到送丝机构。因此，形成了两个单独的闭环。表 9.5 为试验参数。

图 9.45 为焊缝所对应的焊接过程中的相关信号，图 9.45(a) 为整个焊缝熔宽通过 LabVIEW 视觉传感所检测到的变化情况，图 9.45(b) 为双脉冲占空因数变化，图 9.45(c) 为干伸长变化，图 9.45(d) 为控制器调节输出的送丝速度信号，图 9.45(e) 为典型的焊接电流信号，图 9.45(f) 为典型的焊接电压信号。

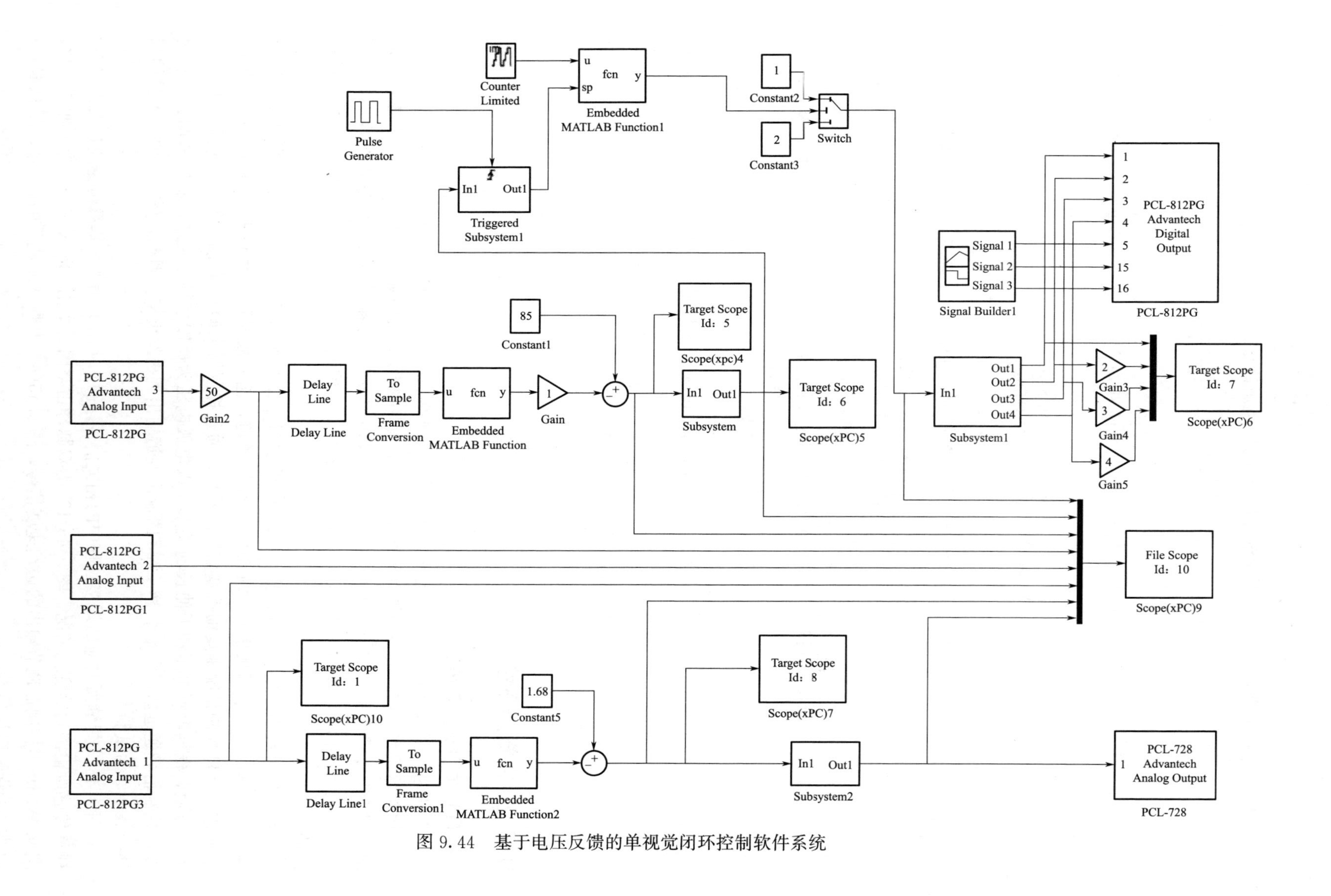

图 9.44 基于电压反馈的单视觉闭环控制软件系统

表 9.5 单视觉闭环控制的试验参数

试验参数	参数值	
	高能脉冲	低能脉冲
脉冲占空比	50%	10%
峰值电流	250A	200A
基值电流	40A	20A
脉冲频率	40Hz	40Hz
平均电流	110A	61A
焊接速度	15cm/min	

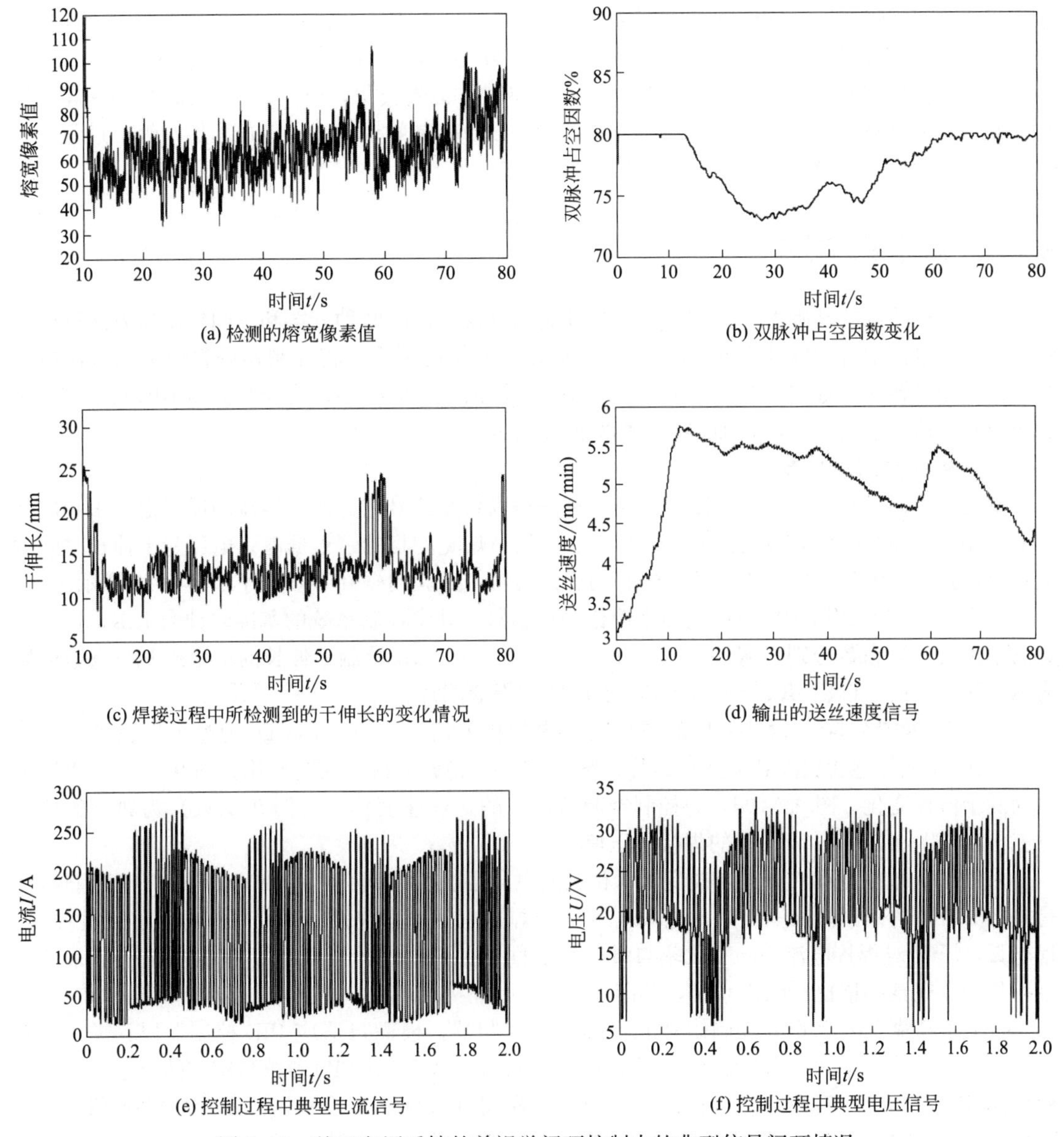

(a) 检测的熔宽像素值

(b) 双脉冲占空因数变化

(c) 焊接过程中所检测到的干伸长的变化情况

(d) 输出的送丝速度信号

(e) 控制过程中典型电流信号

(f) 控制过程中典型电压信号

图 9.45 基于电压反馈的单视觉闭环控制中的典型信号闭环情况

(2) 双视觉闭环控制

在单视觉闭环控制的基础上，考虑到电压反馈干伸长的误差，于是通过视觉直接检测干伸长的方法来控制干伸长的稳定，即视觉采集熔池图像，通过图像处理，得到熔宽和干伸长，然后分别作为反馈信号来相应地调节双脉冲和送丝速度，形成了两个相对独立的闭环控制。软件系统程序如图 9.46 所示。

熔宽和干伸长的控制器都为增量式 PID，其中控制系统的基准时钟为 1ms，控制熔宽的增量式 PID 参数分别为 $K_p=5\times10^{-5}$，$K_i=2\times10^{-5}$，$K_d=1\times10^{-5}$；控制干伸长的增量式 PID 参数分别为 $K_p=1\times10^{-5}$，$K_i=5\times10^{-6}$，$K_d=2\times10^{-6}$。

图 9.47 为典型双视觉闭环控制所获得的焊缝。

图 9.48 为图 9.47 焊缝所对应的焊接过程中的相关信号，图 9.48(a) 为焊缝熔宽通过 LabVIEW 视觉传感所检测到的变化情况，图 9.48(b) 为占空因数变化，图 9.48(c) 为控制过程中视觉传感所检测到的干伸长的变化情况，图 9.48(d) 为控制器调节输出的送丝速度信号，图 9.48(e) 为典型的焊接电流信号，图 9.48(f) 为典型的焊接电压信号。

采用双闭环控制对熔宽和干伸长进行了分别控制，实验表明，由于铝合金脉冲 MIG 焊的强耦合性，在不进行解耦的情况下，即使改变传感方法，控制效果仍然不是很理想，焊接过程中干伸长仍然不太稳定，导致熔宽控制的效果也不是很好。

9.3.3 视觉解耦控制

在双闭环控制的基础上，分别对单视觉控制和双视觉控制两种方案和不同控制器方法进行了解耦控制，根据铝合金脉冲 MIG 焊过程中熔宽和干伸长的关系，将控制器调整熔宽的输出的双脉冲信号经过转换，叠加到调节干伸长的送丝信号输出上；同样的，将控制器输出的调整干伸长的送丝速度信号经过转换，叠加到调节熔宽的输出上。

(1) 单视觉解耦控制

试验系统通过视觉采集熔池图像，经过算法提取熔宽信号作为调整熔宽的反馈值，来相应地调节可变双脉冲而改变焊接的热输入，从而达到调节熔宽的目的。根据电弧电压与干伸长之间的关系，首先选用电弧电压作为调节干伸长的反馈信号，试验的软件系统程序如图 9.49 所示。

选用增量式 PID 作为控制熔宽和干伸长的控制器，其中控制系统的基准时钟为 1ms，控制熔宽的增量式 PID 参数分别为 $K_p=0.05$，$K_i=1$，$K_d=0.002$；控制干伸长的增量式 PID 参数分别为 $K_p=0.5$，$K_i=0.5$，$K_d=0.00002$。图 9.50 为焊缝图片。

图 9.51 为图 9.50 焊缝所对应的焊接过程中的相关信号，图 9.51(a) 为整个焊缝熔宽通过 LabVIEW 视觉传感所检测到的变化情况，图 9.51(b) 为调节占空因数变化，图 9.51(c) 为视觉检测的干伸长变化，图 9.51(d) 为控制器调节输出的送丝速度信号，图 9.51(e) 为典型的焊接电流信号，图 9.51(d) 为典型的焊接电压信号。

采用数字脉冲焊机，当电流改变时，相应的电压也会发生变化。在 GMAW 中，电弧静特性是呈上升特性的。当弧长一定时，电弧电压 U 与焊接电流 I 呈线性关系。根据电弧静特性曲线，得电弧电压 U 对焊接电流 I 的变化率与弧长 L 之间的关系，设计了以 U/I 作为反馈信号来调整干伸长的单视觉解耦控制软件系统，如图 9.52 所示。

选用了模糊 PID 来作为控制熔宽和干伸长的控制器。模糊自适应 PID 控制器以误差 $e(k)$、变化率 $e_c(k)$ 作为输入，可以满足不同时刻的 $e(k)$ 和 $e_c(k)$ 对 PID 参数自整定的要求。利用模糊控制规则在线对 PID 参数进行修改，便构成了模糊自适应 PID 控制器。设计的模糊 PID 控制器如图 9.53。图 9.53(a) 通过模糊规则相应地调整 PID 的三个参数，图 9.53(b) 是将调整后的三个参数和原参数进行运算，得到新的 PID 三个参数。

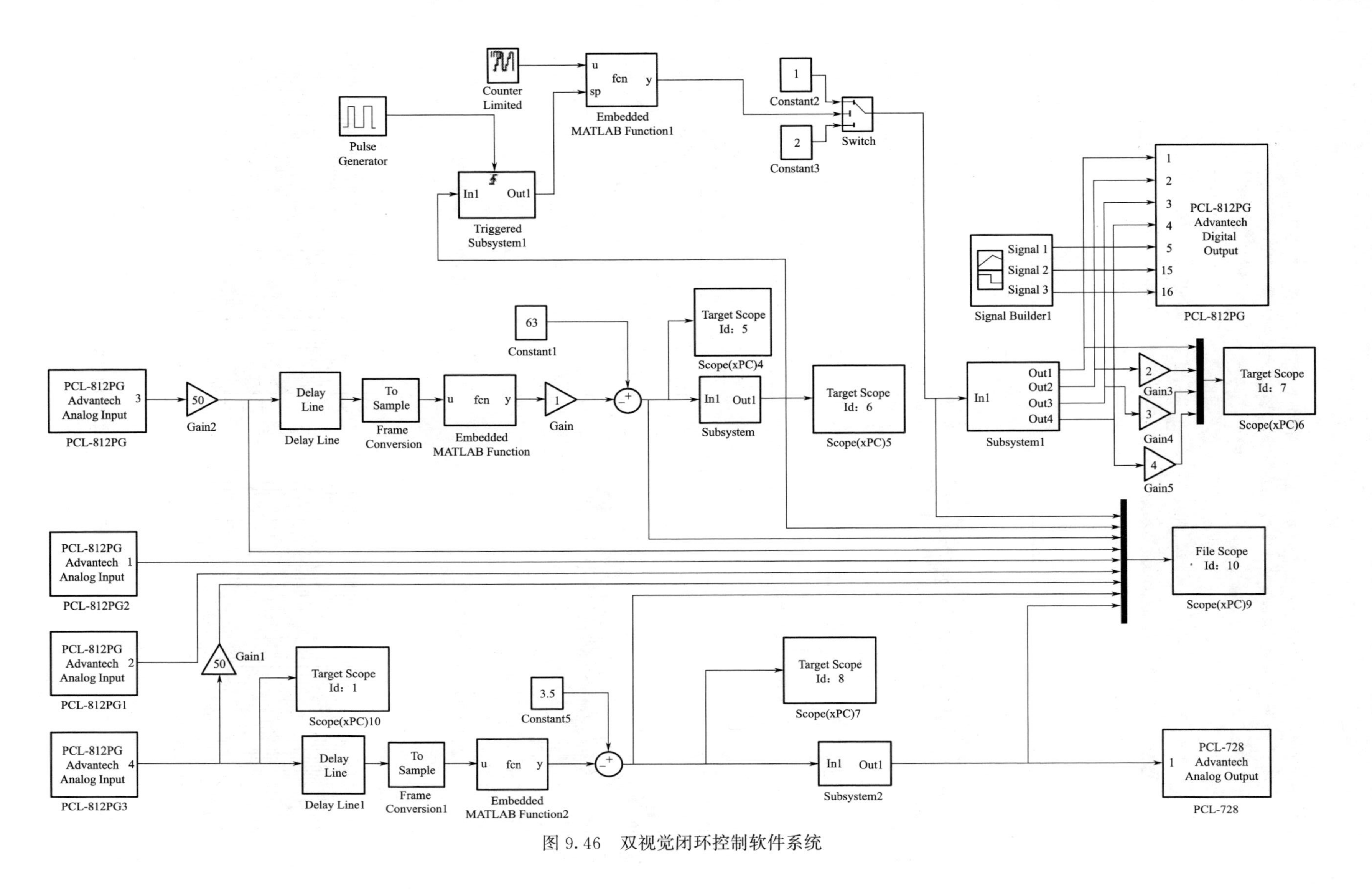

图 9.46　双视觉闭环控制软件系统

图 9.47　典型双视觉闭环控制焊缝

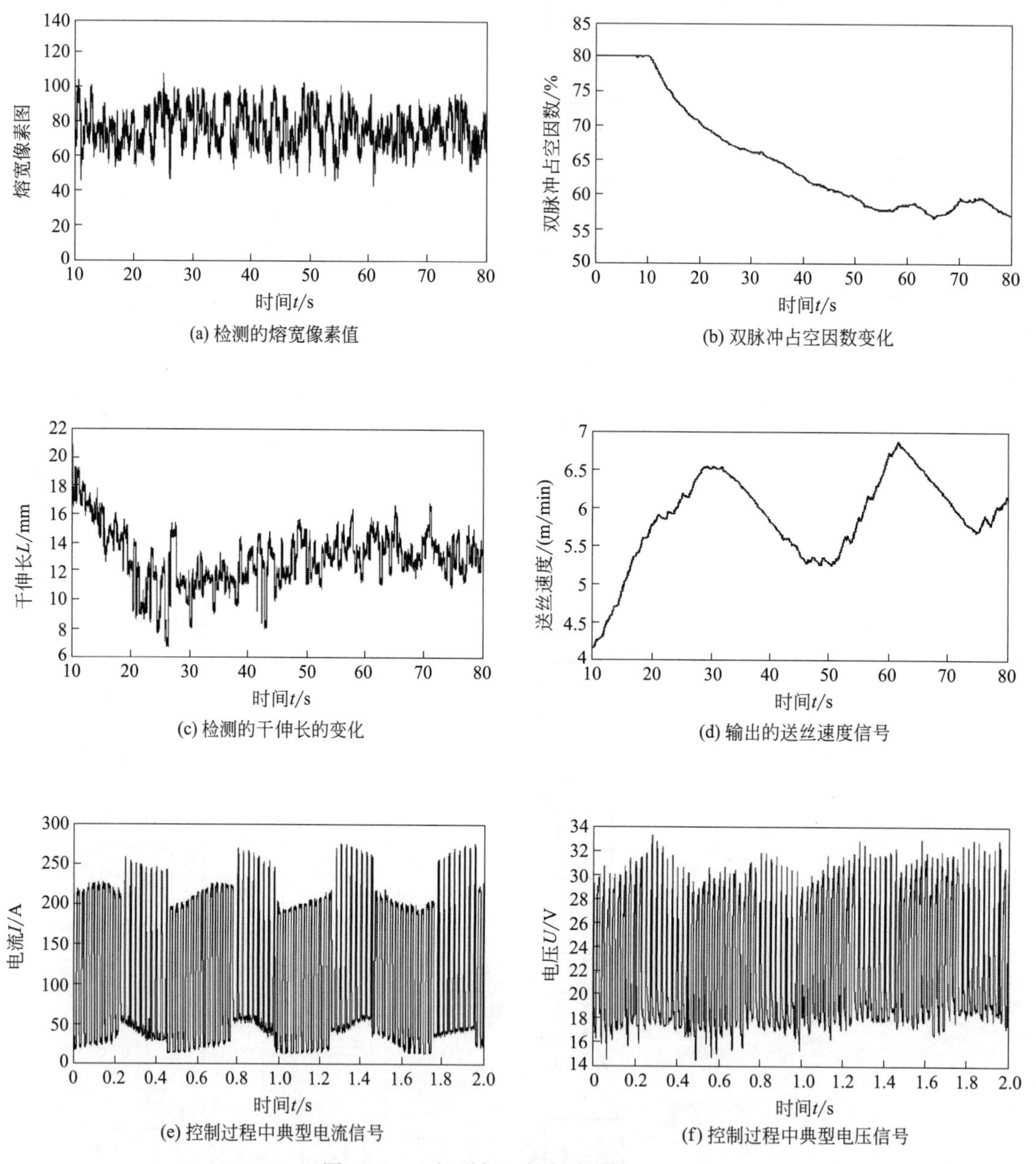

图 9.48　双视觉闭环控制中的典型信号

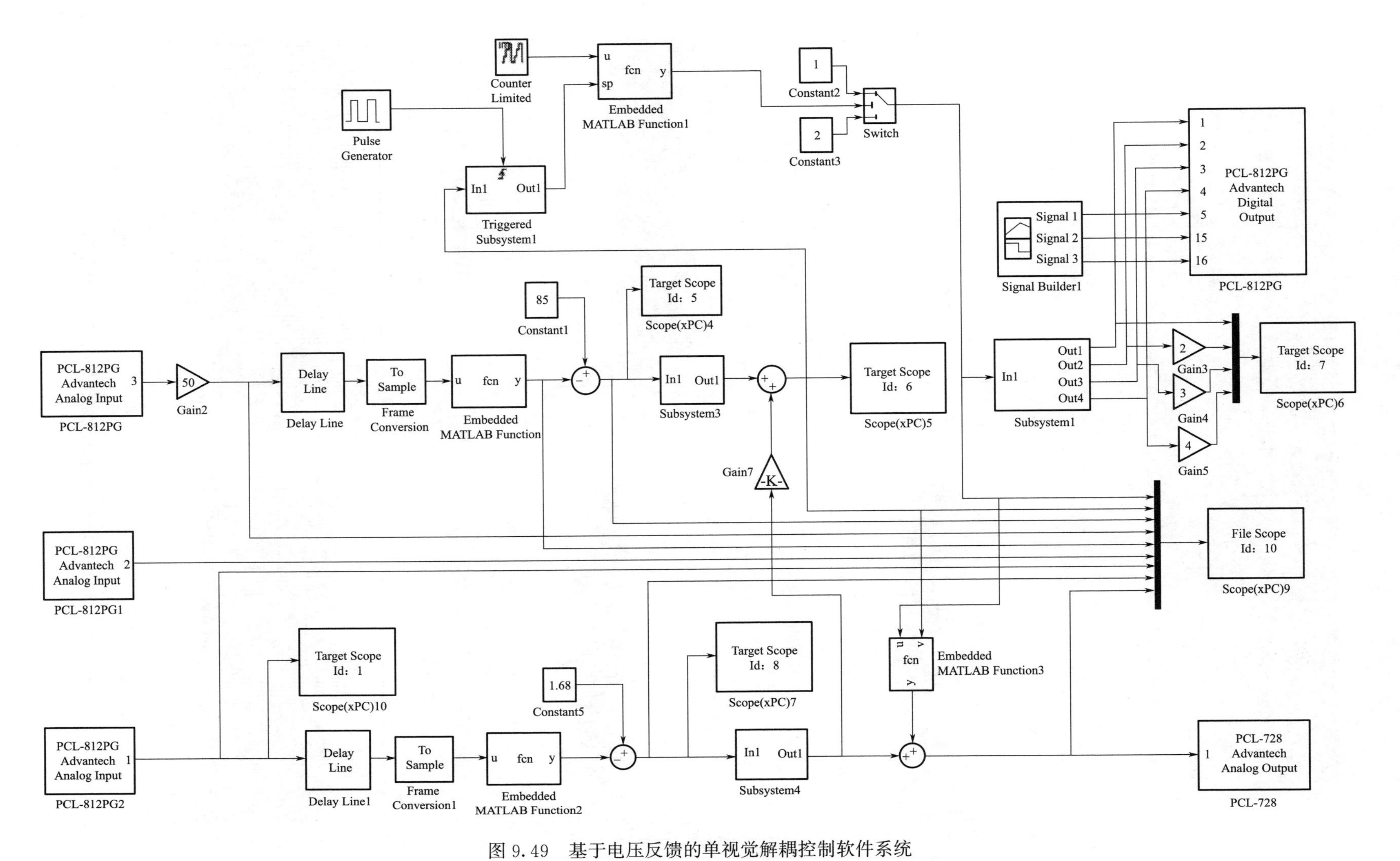

图 9.49 基于电压反馈的单视觉解耦控制软件系统

图 9.50　典型单视觉解耦控制焊缝

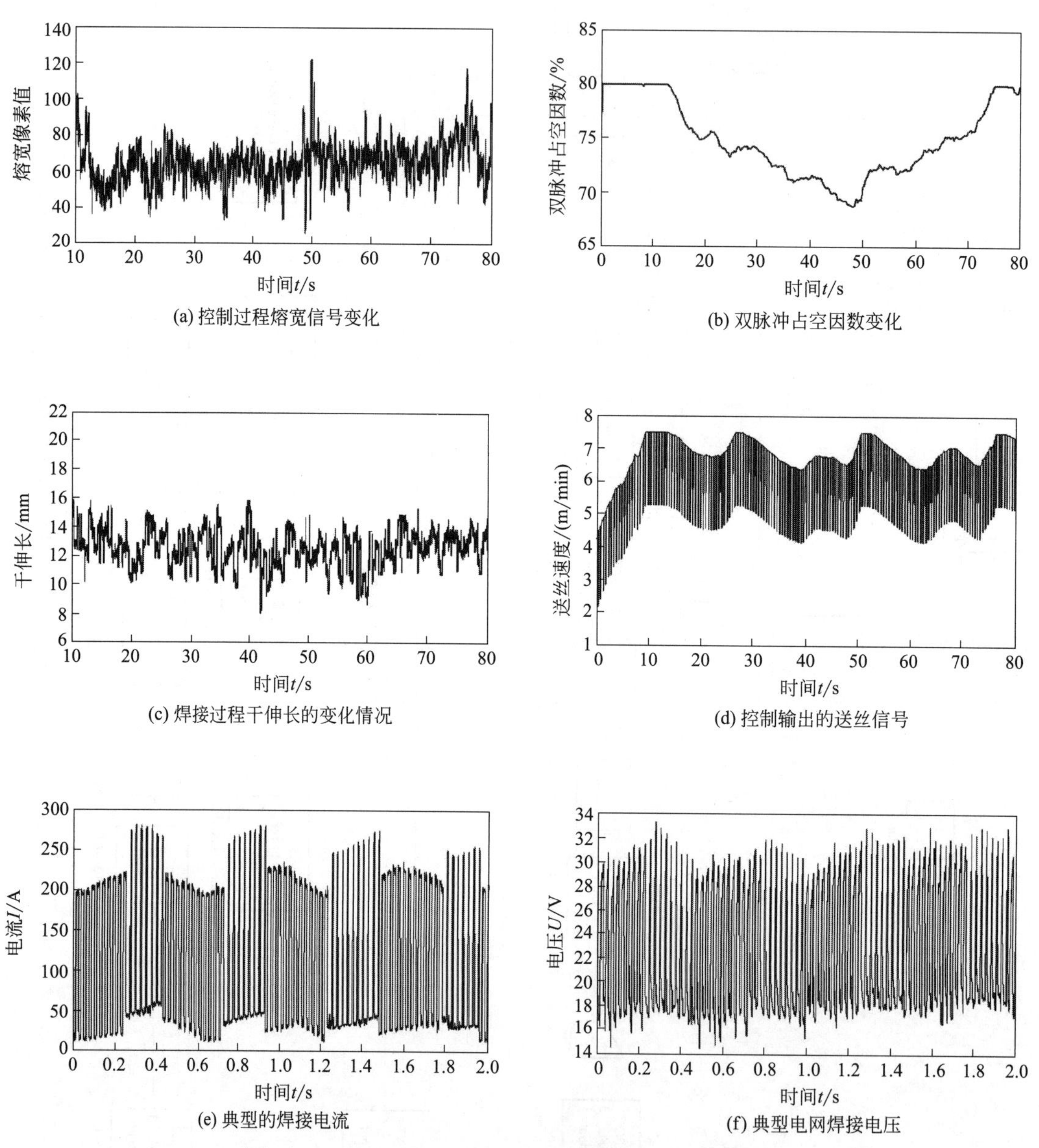

图 9.51　基于电压反馈的单视觉解耦控制中的典型信号

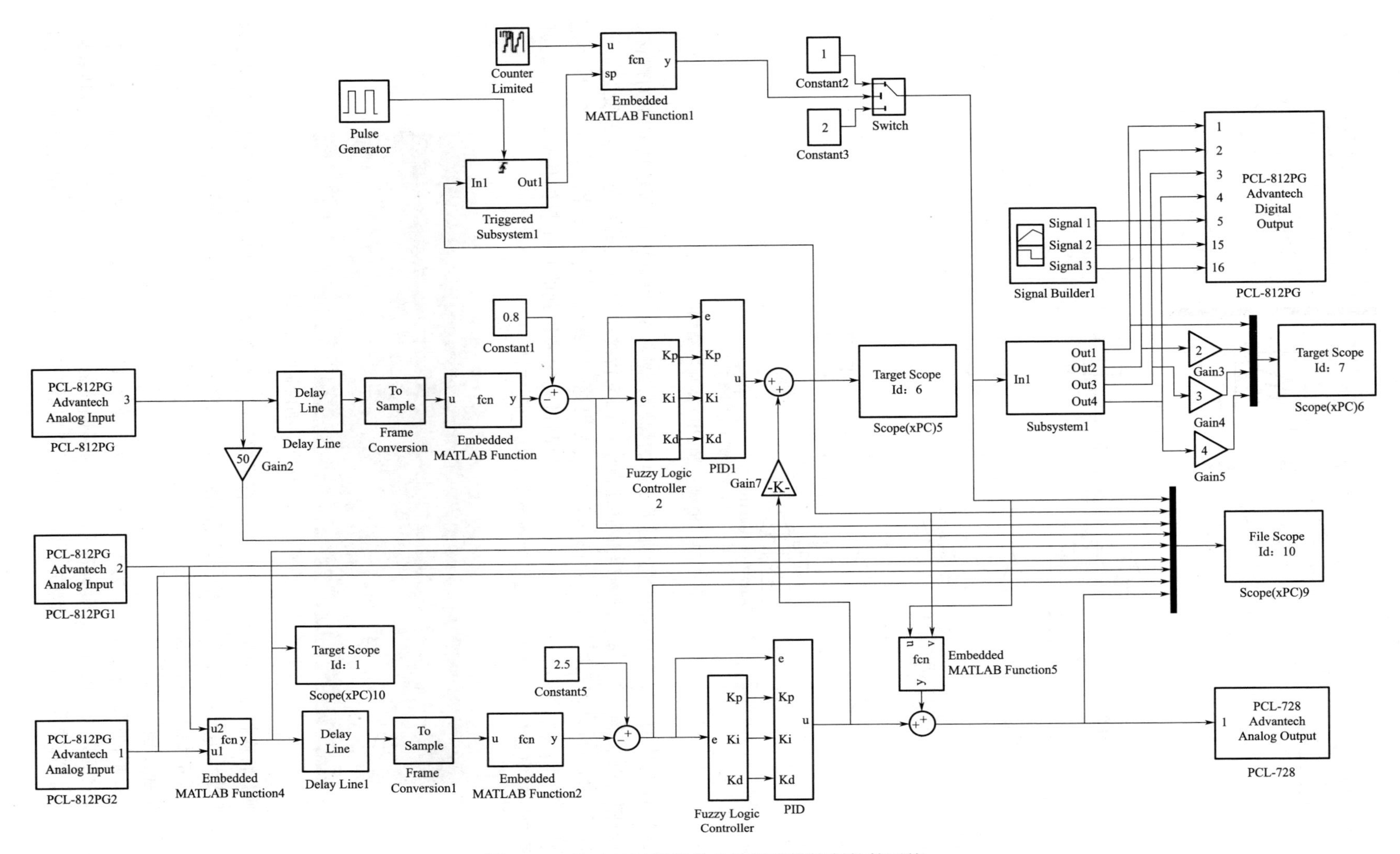

图 9.52 基于U/I反馈的单视觉解耦控制软件系统

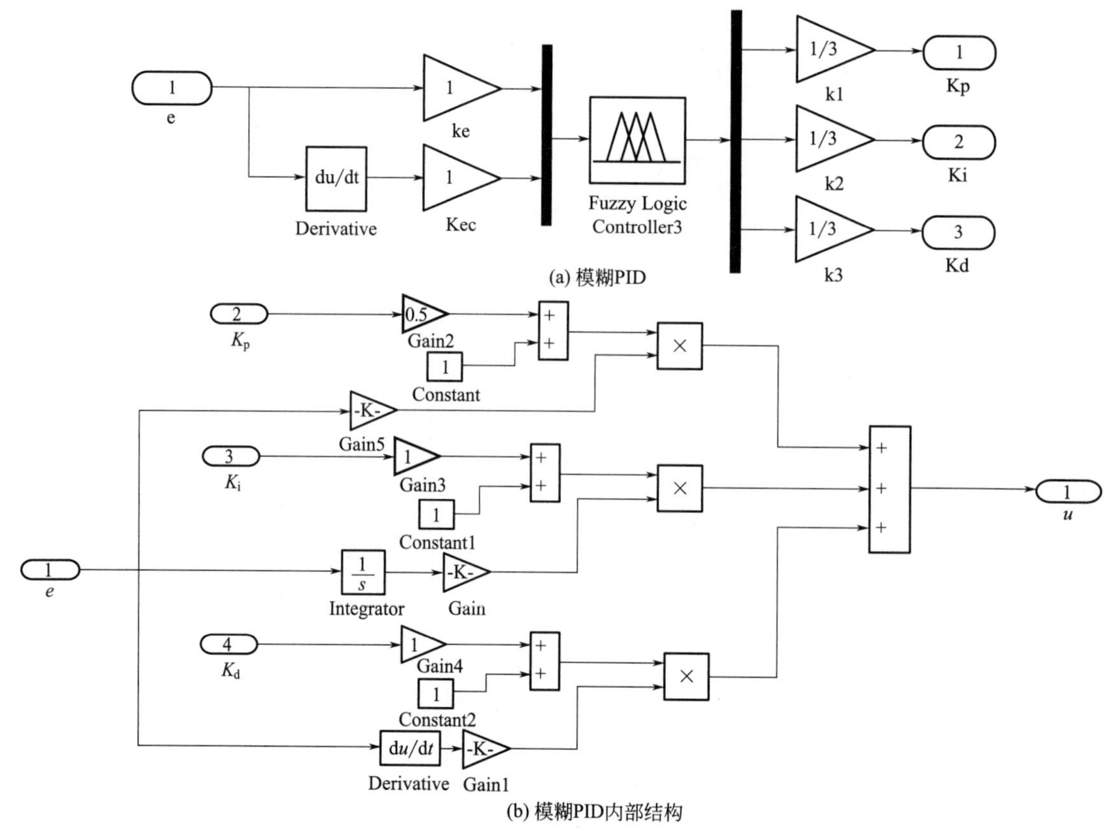

图 9.53　模糊控制 PID 控制器结构

图 9.54 为典型U/I单视觉解耦控制所获得的焊缝。图 9.55 为图 9.54 焊缝所对应的焊接过程中的相关信号，图 9.55(a) 为解耦控制过程中，视觉传感所检测到的熔宽信号的变化情况，图 9.55(b) 为双脉冲占空因数变化，图 9.55(c) 为视觉检测到的干伸长变化，图 9.55(d) 为控制器调节输出的送丝速度信号，图 9.55(e) 为控制过程中采集到的U/I反馈信号，图 9.55(f) 为典型的焊接电流信号，图 9.55(g) 为典型的焊接电压信号。

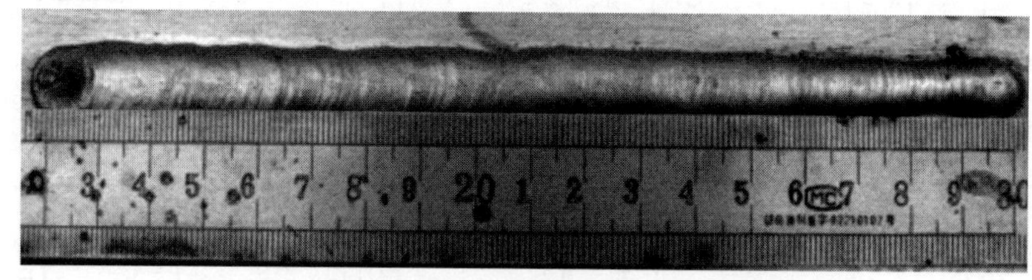

图 9.54　典型U/I单视觉解耦控制所获得的焊缝

在单视觉解耦控制中我们可以发现，进行了解耦后，随着可变双脉冲信号的变化，为了得到较稳定的干伸长信号，送丝速度信号变化很剧烈，这是因为，当高能脉冲转换为低能脉冲时，想要达到干伸长的稳定，送丝速度必然要急速减小，反之亦然。

(2) 双视觉解耦控制

在单视觉解耦控制的基础上，为了更直接地对干伸长进行反映，利用干伸长视觉传感，进一步采用双视觉的方法，进行铝合金脉冲 MIG 焊的解耦控制，并讨论了不同控制器下的控制效果。

首先选用 PID 控制器对铝合金脉冲 MIG 焊进行了解耦控制，将熔宽控制器输出的熔宽信号根据

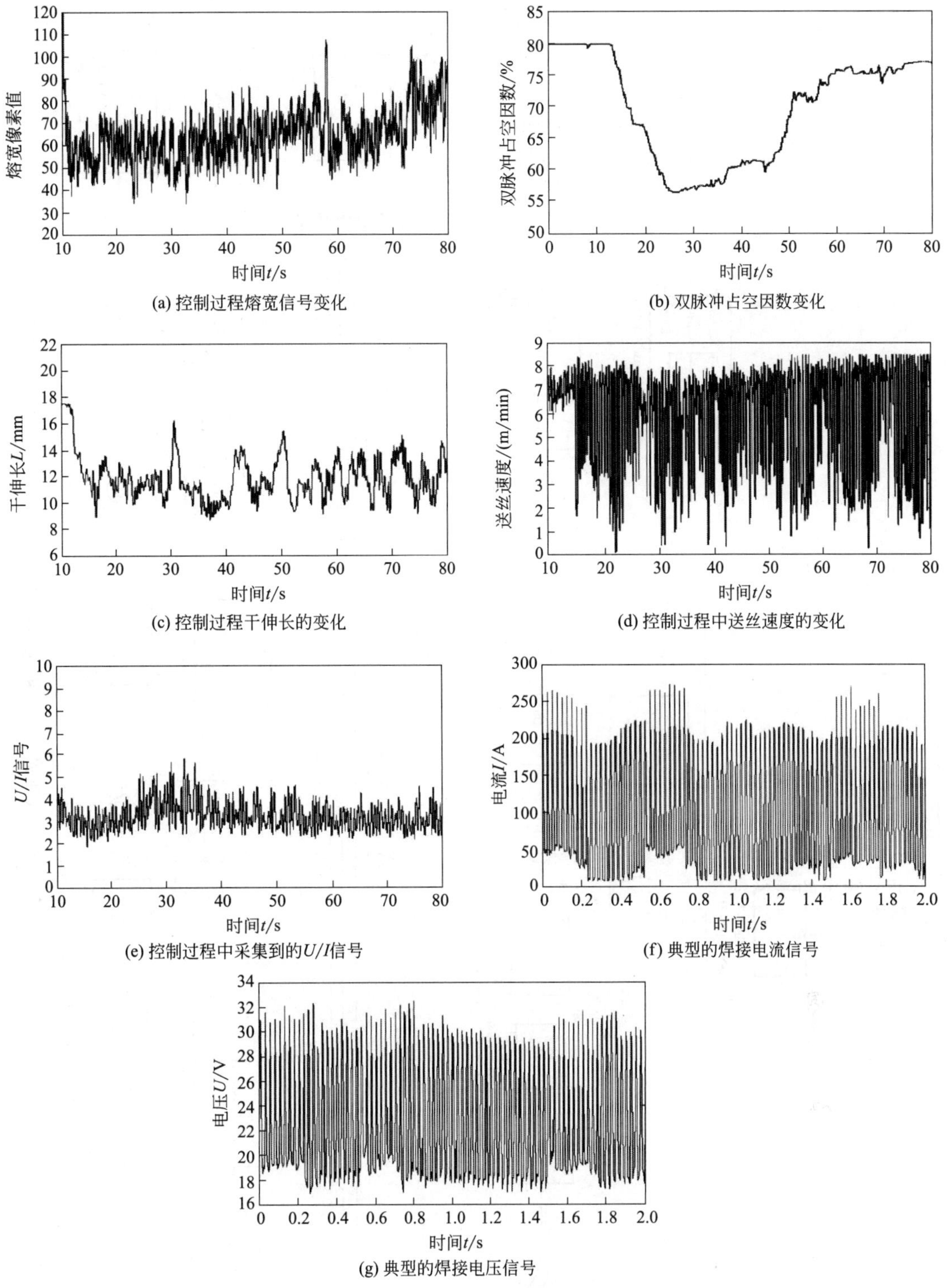

图 9.55 基于 U/I 反馈的单视觉解耦控制中的典型信号

熔宽和干伸长之间的关系经过转换，叠加到干伸长控制器的送丝速度信号输出上，得到了一个叠加的送丝速度信号；同样地，将干伸长控制器的送丝速度信号根据熔宽和干伸长之间的关系经过转换，叠加到熔宽控制器的输出上，得到一个叠加的信号来调整双脉冲。软件系统如图 9.56 所示。

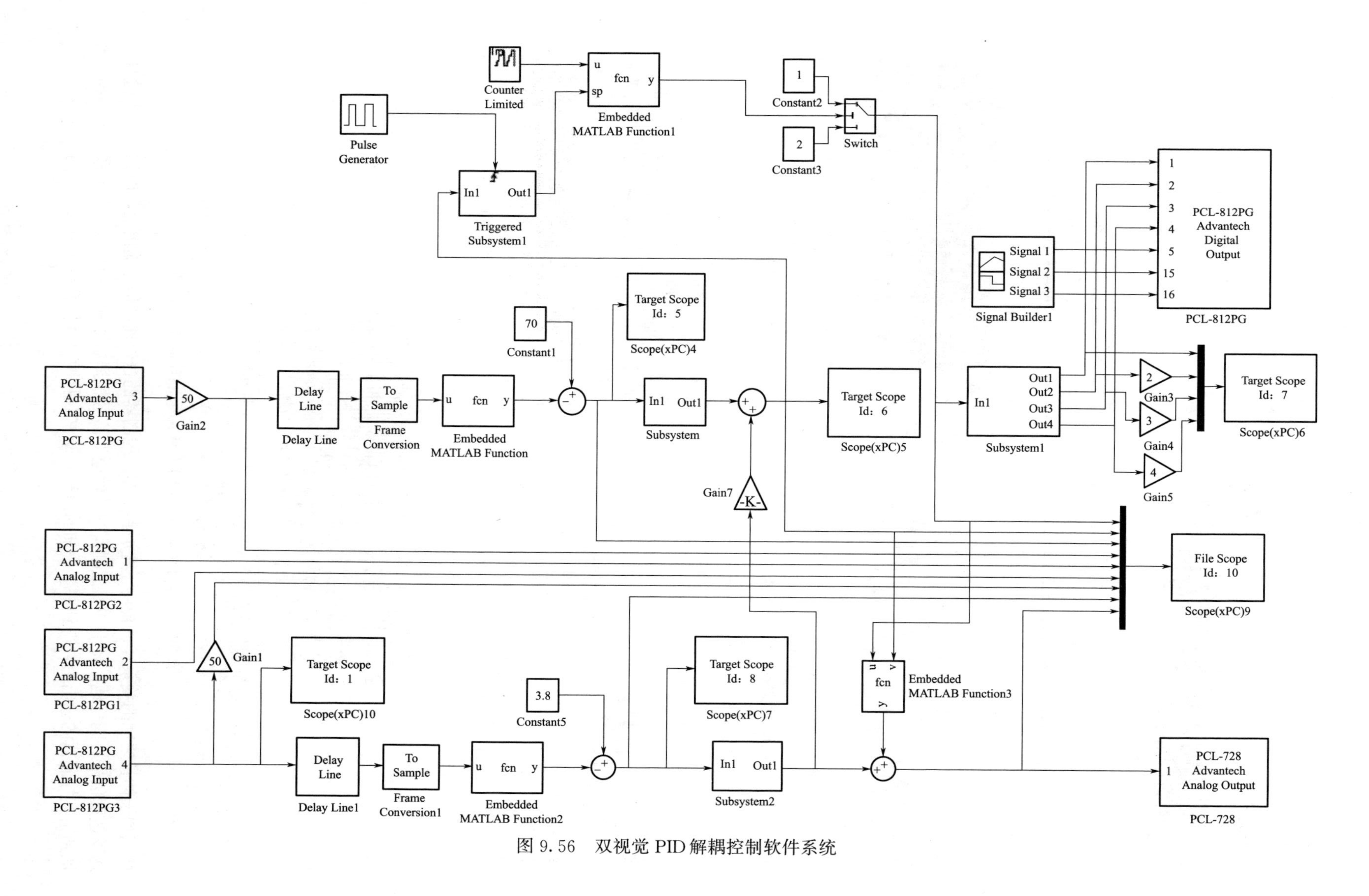

图 9.56　双视觉 PID 解耦控制软件系统

其中控制系统的基准时钟为1ms，控制熔宽的增量式PID参数为$K_p=0.001$，$K_i=0.0004$，$K_d=0.0005$；控制干伸长的增量式PID参数分别为$K_p=5\times10^{-5}$，$K_i=1\times10^{-5}$，$K_d=2\times10^{-4}$。控制试验中采用厚度为4mm的厚铝板试件，铝板牌号为50581-H321；保护气体为纯氩气，气体流量为25L/min；焊丝为牌号5356的铝镁焊丝，直径为1.2mm。

图9.57为典型双视觉PID解耦控制所获得的焊缝。图9.58为图9.57焊缝所对应的焊接过程中的相关信号，图9.58(a)为解耦控制过程中，视觉传感所检测到的熔宽信号的变化情况，图9.58(b)为占空因数变化，图9.58(c)为视觉检测的干伸长变化，图9.58(d)为控制器调节输出的送丝速度信号，图9.58(e)为典型的焊接电流信号，图9.58(f)为典型的焊接电压信号。

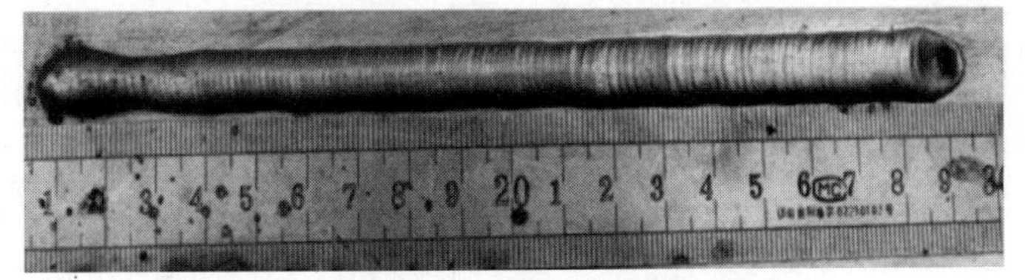

图9.57 典型双视觉PID解耦控制的焊缝

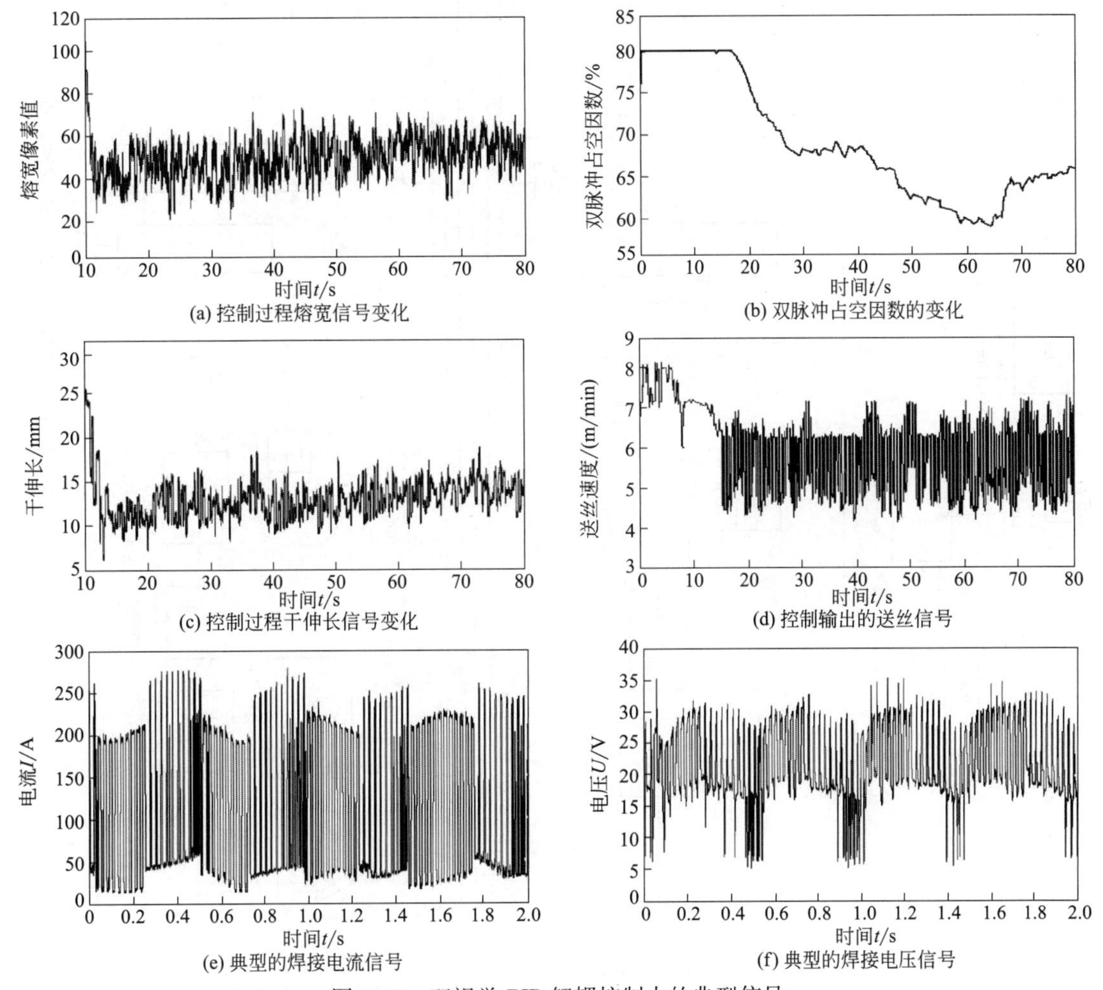

图9.58 双视觉PID解耦控制中的典型信号

针对PID控制器的不足，设计了模糊PID控制器，图9.59为软件系统。图9.60为模糊PID控制器。

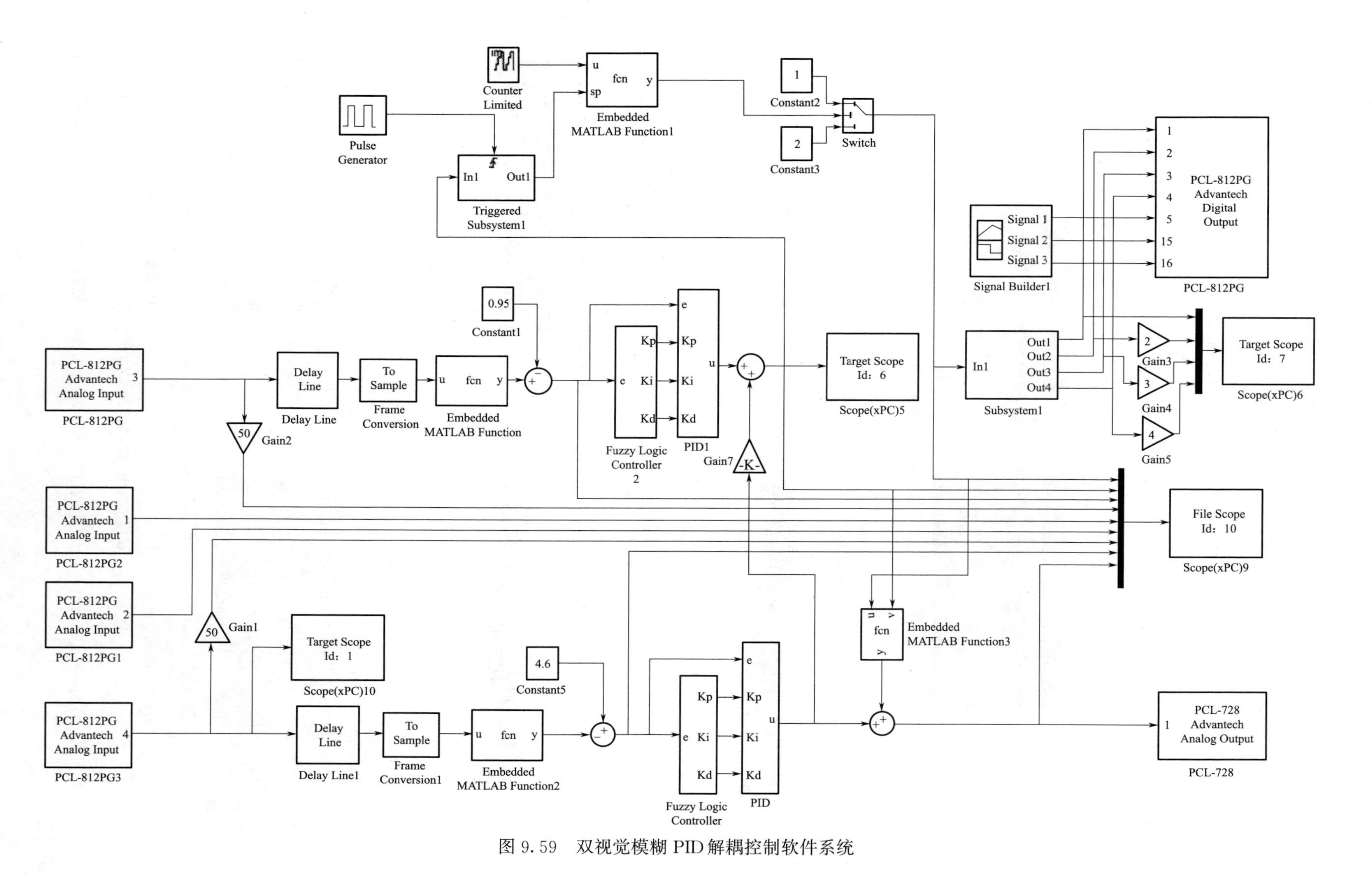

图 9.59　双视觉模糊 PID 解耦控制软件系统

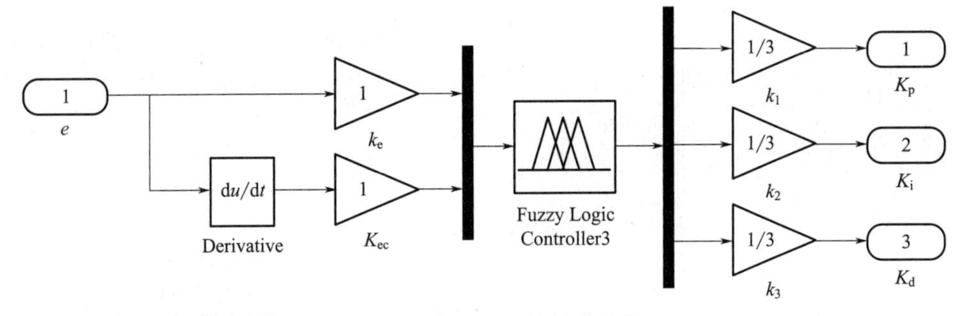

图 9.60 模糊 PID 控制器结构

其中控制系统的基准时钟为 5ms，图 9.61 为典型双视觉模糊 PID 解耦控制所获得的焊缝。

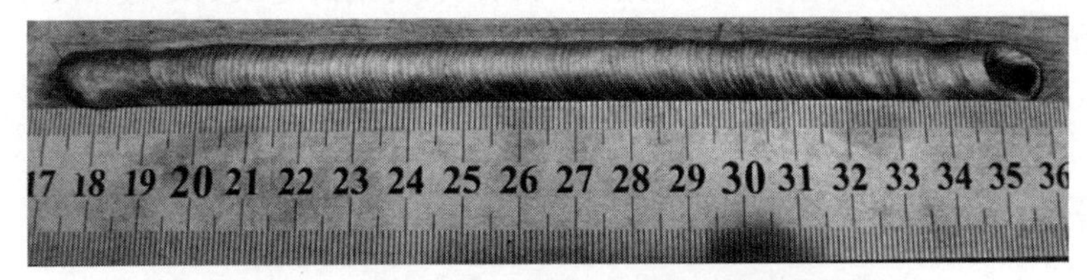

图 9.61 典型双视觉模糊 PID 解耦控制的焊缝

图 9.62 为图 9.61 焊缝所对应的焊接过程中的相关信号，图 9.62(a) 为解耦控制过程中，视觉传感所检测到的熔宽信号的变化情况，图 9.62(b) 为占空因数变化，图 9.62(c) 为干伸长变化情况，图 9.62(d) 为控制器调节输出的送丝速度信号，图 9.62(e) 为典型的焊接电流信号，图 9.62(f) 为典型的焊接电压信号。

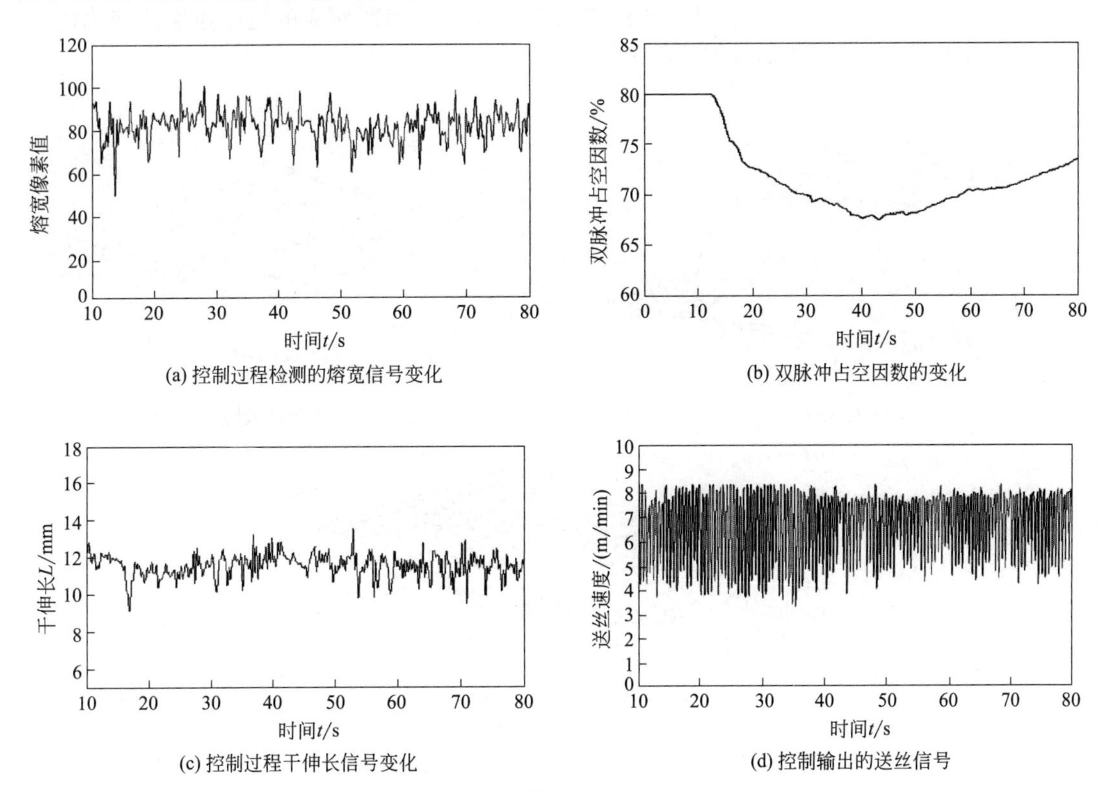

图 9.62

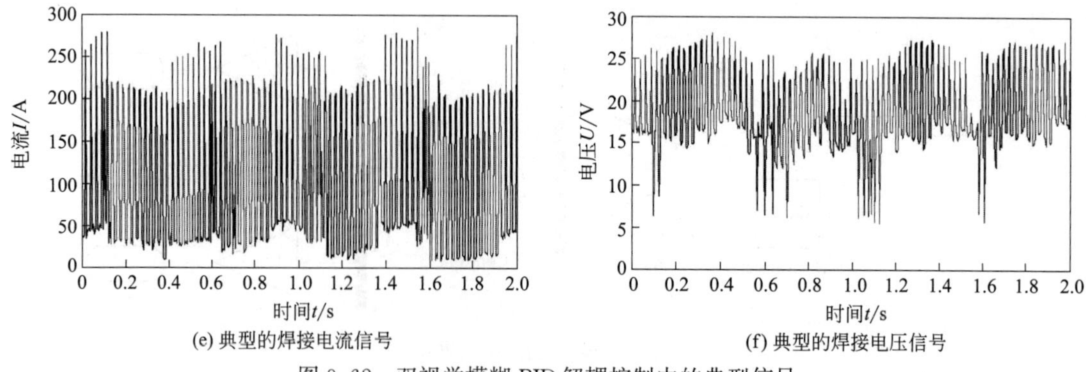

(e) 典型的焊接电流信号

(f) 典型的焊接电压信号

图 9.62 双视觉模糊 PID 解耦控制中的典型信号

由图 9.61 可知，双视觉模糊 PID 解耦控制可获得良好的焊缝及稳定的焊接过程，图 9.62 中的数据稳定变化，图 9.62(a) 中在没有滤波的情况下，所检测的熔宽波动很小，这和实际焊缝一致，图 9.62(c) 中干伸长波动也非常小，焊接过程非常稳定。

9.3.4 基于视觉的焊丝干伸长控制

为获得更加稳定的焊接过程，在所建立的试验控制平台下利用视觉传感获得干伸长长度，直接进行闭环反馈控制，通过信号传递把所获得的干伸长长度送到实时目标控制系统，通过送丝调节进行干伸长控制。

在模糊电压反馈的模糊 PID 干伸长控制的基础上，设计了利用视觉的干伸长控制，其中模糊 PID 控制的设计参数有 $e\in[-1\ 1]$，$e_c\in[-3\ 3]$，$\Delta K_p\in[-0.3\ 0.3]$，$\Delta K_i\in[-0.06\ 0.06]$，$\Delta K_d\in[-0.03\ 0.03]$，图 9.63 为对应的模糊规则，图 9.64 为所对应的送丝速度的变化情况，图 9.65 为基于视觉的模糊 PID 控制下的干伸长变化。

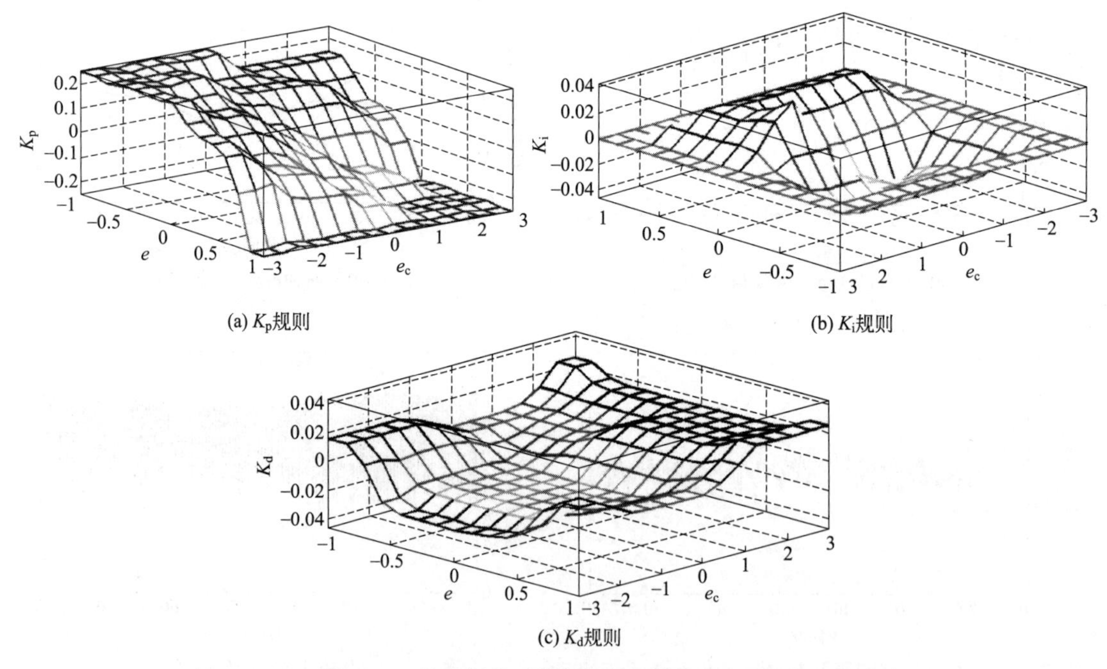

(a) K_p规则

(b) K_i规则

(c) K_d规则

图 9.63 基于视觉干伸长控制的模糊 PID 规则

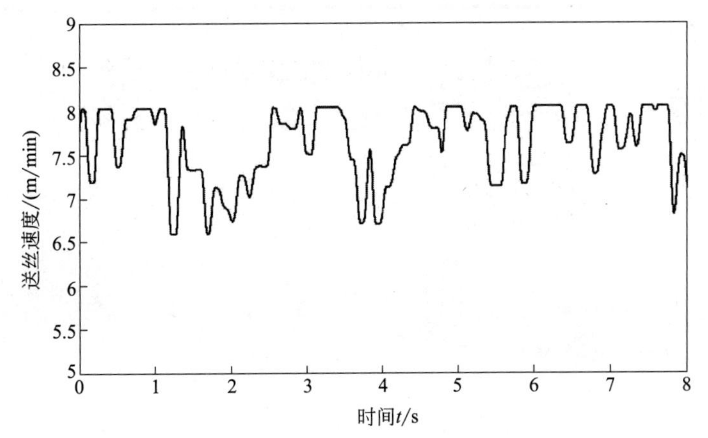

图 9.64　基于视觉的模糊 PID 干伸长控制的送丝速度

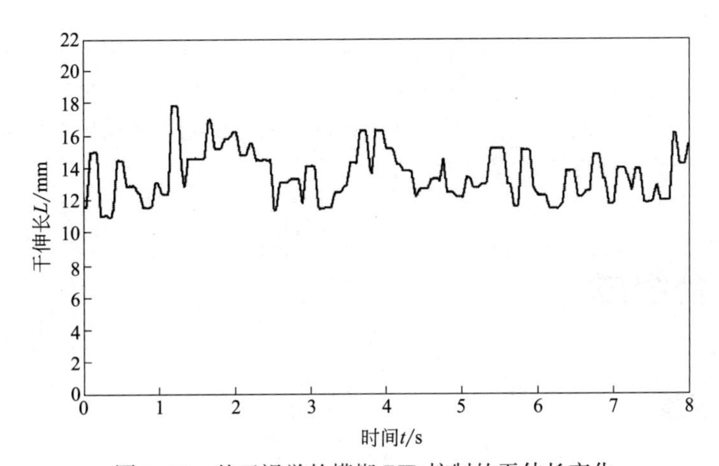

图 9.65　基于视觉的模糊 PID 控制的干伸长变化

第10章 焊接过程传感控制

现代焊接生产对焊接质量的要求越来越高，为保证焊接质量，采用先进和便利的开发平台及仪器设备对焊接过程进行监控就显得更为重要。该平台不仅要具有焊接过程信号实时监控，对于控制器的开发、控制方案的调整等具有柔性化，控制器的编程能直接从仿真分析中移植，程序开发简便等优点，且需要保证控制系统的实时性。

10.1 平台组成

10.1.1 虚拟仪器

（1）简介

最初设计 LabVIEW 的目的就是完成仪器的测量与控制方面的工作，LabVIEW 在虚拟仪器领域发展了许多年之后，在测控方面也获得了极好的评价以及大范围的应用。直到现在，市场上类似于数据采集卡之类的用于测量和控制方面的设备，大多具有自己的 LabVIEW 驱动程序，直接在软件内使用该驱动程序，大大减少了相应测控系统的开发过程，而且用户也不必担心没法找到适用于测控领域的 LabVIEW 工具包。LabVIEW 几乎含有测控方面要求的所有功能，在 LabVIEW 的这些工具包的基础上，用户编写程序开发系统就会变得简单。有些情况下，仅仅调用若干个上述工具包中的函数，就能够完成功能完整齐全的测试与测量程序。

因为 LabVIEW 含有各种各样的函数，其中可以进行数学运算的函数不在少数，所以 LabVIEW 非常适合进行模拟和仿真工作。比如在机电设备设计的领域，在上位机上用 LabVIEW 搭建相应的仿真模型，检验设计是否合理，找到问题所在，进而优化设计。

编写一个功能相似的大型工程应用软件系统，使用 LabVIEW 软件的程序编写员所需要的时间较少，一个 Java 程序员所需要的时间大概是 LabVIEW 程序员的 5 倍左右，所以为了缩短研发时间，应该首先考虑使用 LabVIEW 来进行系统软件编写。LabVIEW 应用平台与三种流行的计算机操作系统相互兼容，LabVIEW 中完成的代码无需修改即可在 Windows 和其他操作系统上运行，而且 LabVIEW 与 MATLAB、单片机等之间有很好的接口与兼容性。

（2）程序介绍

在 LabVIEW 中创建一个程序 VI（Virtual Instrument），每个 VI 都由前面板和程序框图两部分构成。如图 10.1 是一个新建的未命名 VI，可以看到一个白底的程序框图界面和一个格纹状的前面板界面。

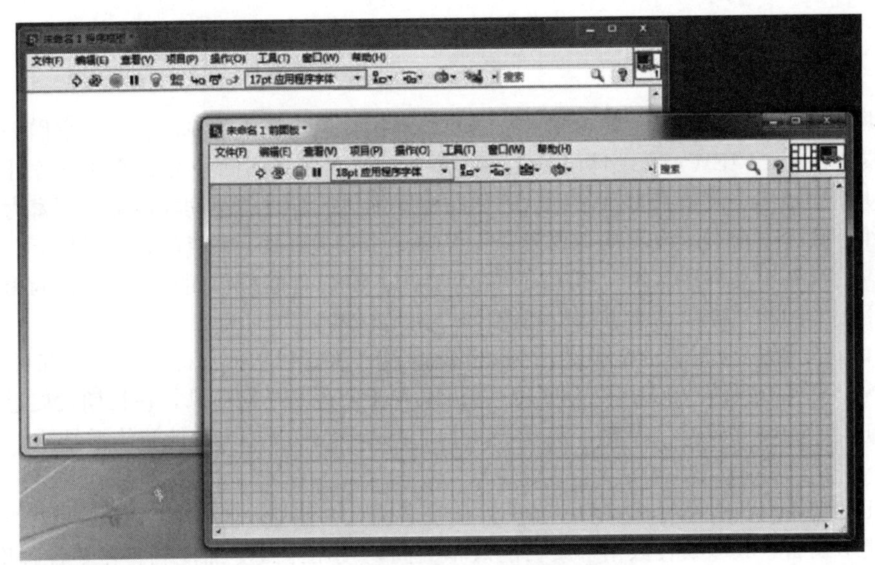

图 10.1　前面板窗口和程序框图窗口

用户通过放置空间来对 LabVIEW 的前面板进行编辑，控件的功能种类非常多，根据其控制方式可以分为输入控件和显示控件两种，在对电信号进行实时显示时常用波形图表这一显示控件，而在通道设置时则用到的是输入控件。对于输入控件，用户可以通过操纵鼠标或者键盘进行编辑，对于显示控件，可以用鼠标右击，在其属性面板中完成相关信息设置。

设计前面板就是从图 10.2 的控件选板中选择相应所需的控件并将其放置到前面板，再通过前面板中的应用工具，例如选择、取色器等对这些控件进行大小、颜色及位置的设置。

程序框图的编辑就是将图 10.3 所示函数选板上的数值、测量 I/O 和信号处理等多种函数放

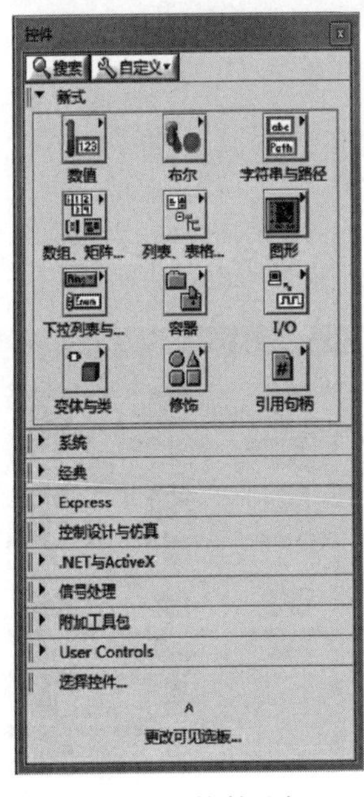

图 10.2　控件选板

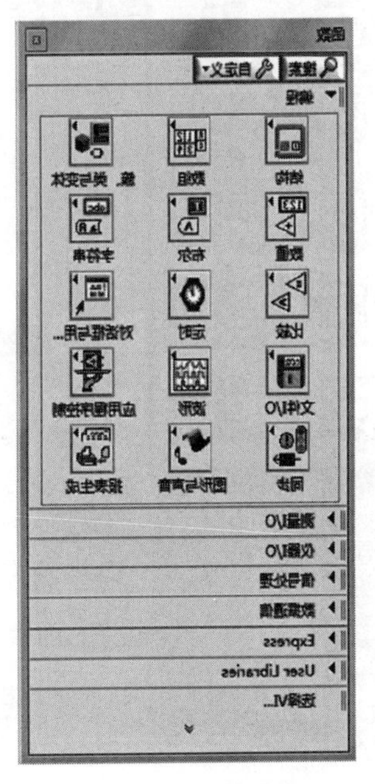

图 10.3　函数选板

置在程序框图中，根据其接线端口的数据类型和程序运行的逻辑顺序进行连线，然后再加入例如While 循环或条件结构等结构控制程序运行过程。

10.1.2 数据采集程序

在数据采集系统中，数据采集的驱动程序和编程接口也是必不可少的工具，它们提供了应用层开发工具（即 LabVIEW）和硬件设备之间的接口，进而保证不同种类的硬件设备可以被开发工具有效使用。每一个设备都有属于自己的驱动程序，每一个设备驱动大多都是厂家为了增加编程的灵活性、减少内存占用或者提高数据吞吐量而设计的。市面上大半的数据采集卡，制造商都提供了相应的设备驱动程序。用户在应用此类板卡时，在软件编程层面只需要直接调用驱动程序便可以使用板卡的相应控制功能进行设备操作，十分方便。

NI 公司开发了两套 NI-DAQ 驱动：Traditional NI-DAQ 和 NI-DAQmx。两者都可以与 LabVIEW 和 NI 公司的硬件产品无缝结合使用，前者是 NI 公司的早期产品，在长期发展过程中越来越难以和新生产的硬件兼容，因此，NI 公司重构了一个全新的 API 设计和体系结构，这就诞生了后者。

相比 Traditional NI-DAQ，NI-DAQmx 具备很多优点，比如，NI-DAQmx 可以更加轻松地增添新的采集卡设备，其多线程数据采集功能效率更高，使用方式更加便利。在某种程度上，NI-DAQmx 加强了数据采集卡的性能，增强了采集过程的可靠性。NI-DAQmx 中配置了工具助手，如 DAQ Assistant，用户可以图形化地选择所需要测量和控制的类型，保存配置以供使用，并自动生成代码，十分便捷。

NI-DAQmx 驱动程序安装包可随所购的 NI 公司硬件产品附赠，也可从 NI 公司官网“技术资源”下的“驱动与升级”里免费下载。在正确安装 DAQ 驱动后，便可以在 LabVIEW 的测量 I/O 子函数选板下找到驱动程序 VI 的入口，如图 10.4 所示。

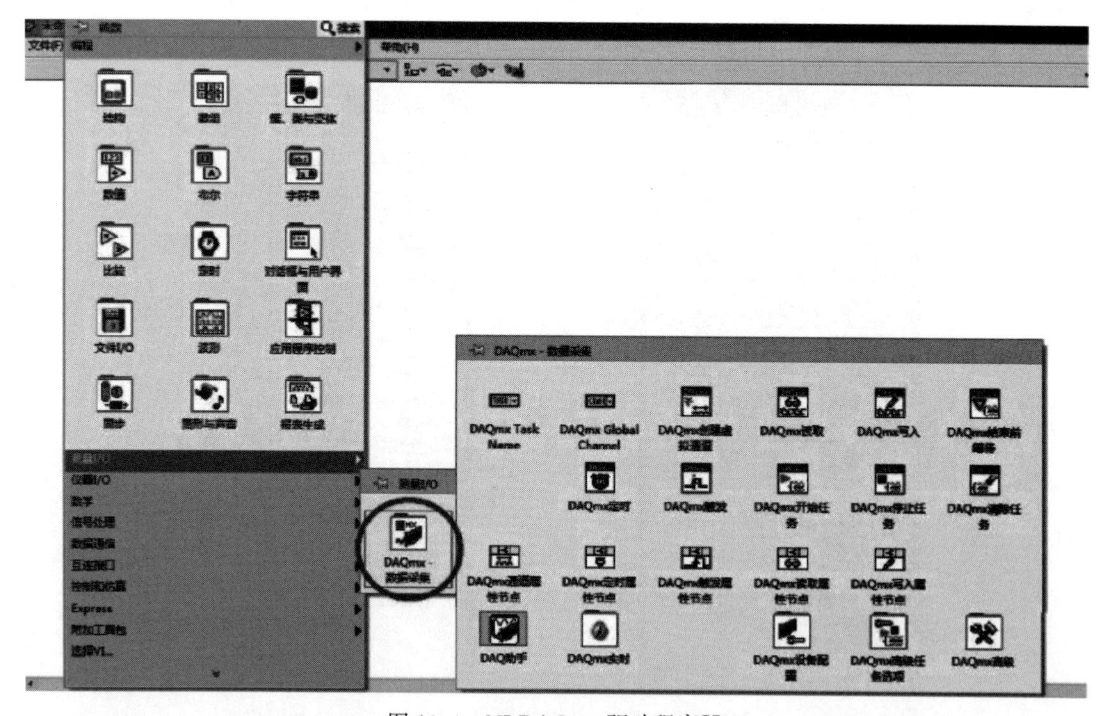

图 10.4　NI-DAQmx 驱动程序Ⅵ

10.2 LabVIEW视觉传感系统

10.2.1 基于COM技术的LabVIEW与MATLAB无缝链接

基于COM技术的LabVIEW与MATLAB无缝链接组件对象模型（component object model，COM）是微软生成软件组件的技术标准，是以组件作为发布单元的对象模型，各组件之间可以通过统一的方式进行交互。COM不仅提供了可以在组件之间进行交互的规范，而且提供了实现这种交互的环境，成了不同语言协作开发的一种标准。一个基于COM的软件系统可以包含多个组件，每个组件都被定义为一个具有独立功能的软件模块，它可以通过接口和其他组件来进行交互，但接口的定义和组件之间的互操作都必须遵守COM规范。COM技术是面向对象技术方面的重大发展，和以往的面向对象技术相比，COM技术具有以下优点：

① 封装性。面向对象技术中所说的封装性只是在语义上的封装，这种封装性只在源代码级有意义，一旦生成了可执行代码，这种封装性就不存在了。COM的封装性是指可执行代码级的封装，每个组件都可以是一个相对独立的可执行代码模块。

② 可重用。面向对象技术中的可重用性指源代码级的重用，而COM的可重用性则表现在COM组件的可重用上。只要符合COM标准，组件就可以被其他组件不加任何修改地使用。如果组件发生了变化，只要接口没有改变，其他组件就可以直接使用修改后的COM组件，而不需要任何修改和重新编译。

③ 位置透明性。位置透明性指组件之间的调用与组件的具体位置无关。两个组件可以处于同一台计算机上，也可以在不同的计算机上，甚至可以在Internet上，只要两个组件遵循COM规范，就可以实现组件之间的互操作。

④ 语言无关性。COM规范的定义不依赖特定的编程语言，便于系统的开发和扩展。因此，无论采用何种编程语言，只要它们能够生成符合COM规范的可执行代码即可。

LabVIEW与MATLAB集成有三种方案：

① 使用MATLAB Script节点，但采用MATLAB Script必须要安装MATLAB软件；

② 调用MATLAB ACTIVEX服务器；

③ 利用COM技术，将MATLAB开发的算法编译成组件，这些组件作为独立的COM对象直接被LabVIEW使用。

10.2.2 脉冲MIG焊实时控制系统实现

为实现铝合金脉冲MIG焊基于实时视觉的解耦控制，建立了如图10.5所示的控制系统，其主要为两部分，焊接过程中的视觉检测系统和快速原型的控制系统，视觉传感系统通过PCI6221采集卡把焊丝干伸长与熔宽数据传递到快速原型系统。

整个系统的硬件主要包括德国DELEX VIRIO MIG-400L型数字控制电焊机，焊接工作台由XY双轴工作台、步进电机、MC6212运动控制卡组成。两台工业控制计算机分别为视觉传感系统和快速原型系统。视觉传感系统包括松下CP-230型CCD摄像机以及中性减光片和窄带

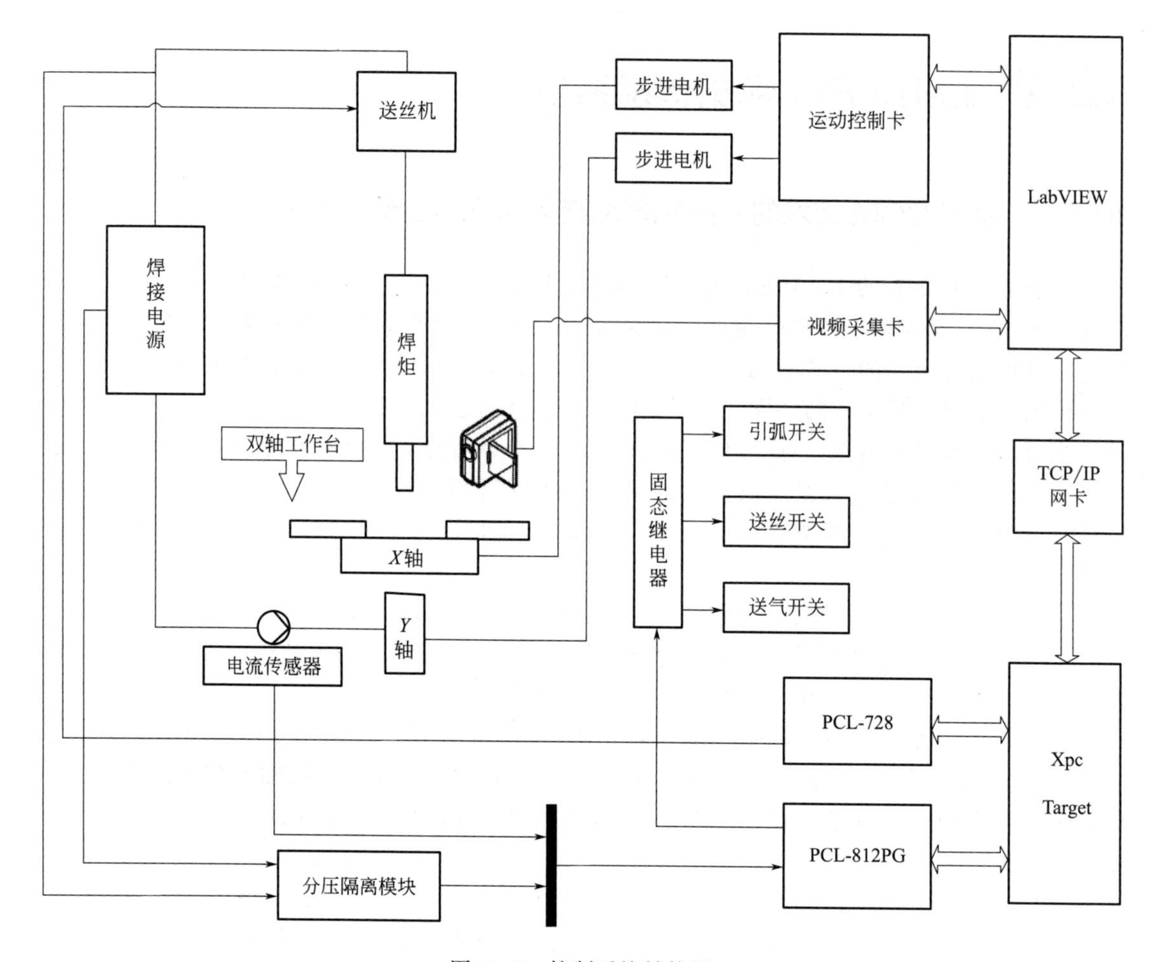

图 10.5　控制系统结构图

滤光片等光学组件的复合滤光镜头、变焦镜头、NI 公司的 PCI-1405 视频采集卡、NI 公司的 PCI6221 数据卡。快速原型系统计算机有研华 PCL-812PG 数据采集，研华 PCL-728 数据输出卡，PCLD-885 固态继电器，研华 ADAM-3014 标准电压隔离模块以及闭环电流传感器 CSM400FA/100mA 等。

基于 LabVIEW 的视觉传感程序见图 10.6，采用 COM 技术来实现铝合金脉冲 MIG 焊实时视觉处理，首先利用 MATLAB COM Builder 将图像处理算法 M 文件编译成后缀为 DLL 的 COM 组件，把生成的 COM 组件注册到操作系统环境中，然后利用 LabVIEW 调用 COM 组件，这样特定算法就集成到 LabVIEW 系统中，以二进制来执行。首先利用 LabVIEW 强大的数据采集功能采集铝合金脉冲 MIG 焊的视频信号，对每帧视频信号进行数组转化，由于 MATLAB 是基于矩阵来进行计算的，故对数组进行矩阵转化，把视频矩阵信号传递到 COM 组件进行计算并获取分析结果。

图 10.7 为典型的 Simulink 所开发的控制程序，由 MATLAB 编译 RTW 框架编译后通过网络直接下载到 xPC Target 目标实时机运行，同时根据试验需要，可以进行离线或半实物仿真。图 10.8 为整个快速原型系统运行时的情况。

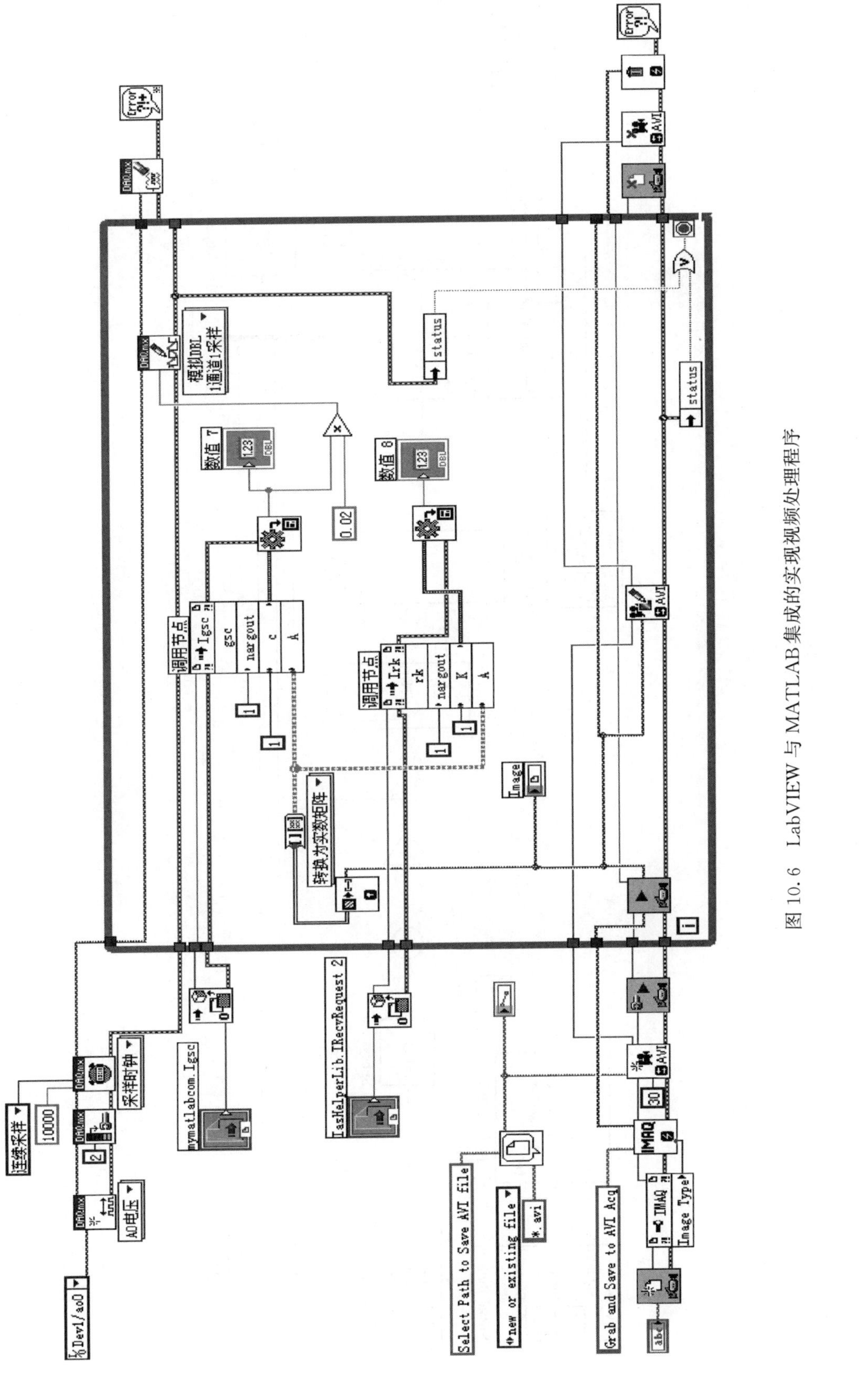

图 10.6　LabVIEW 与 MATLAB 集成的实现视频处理程序

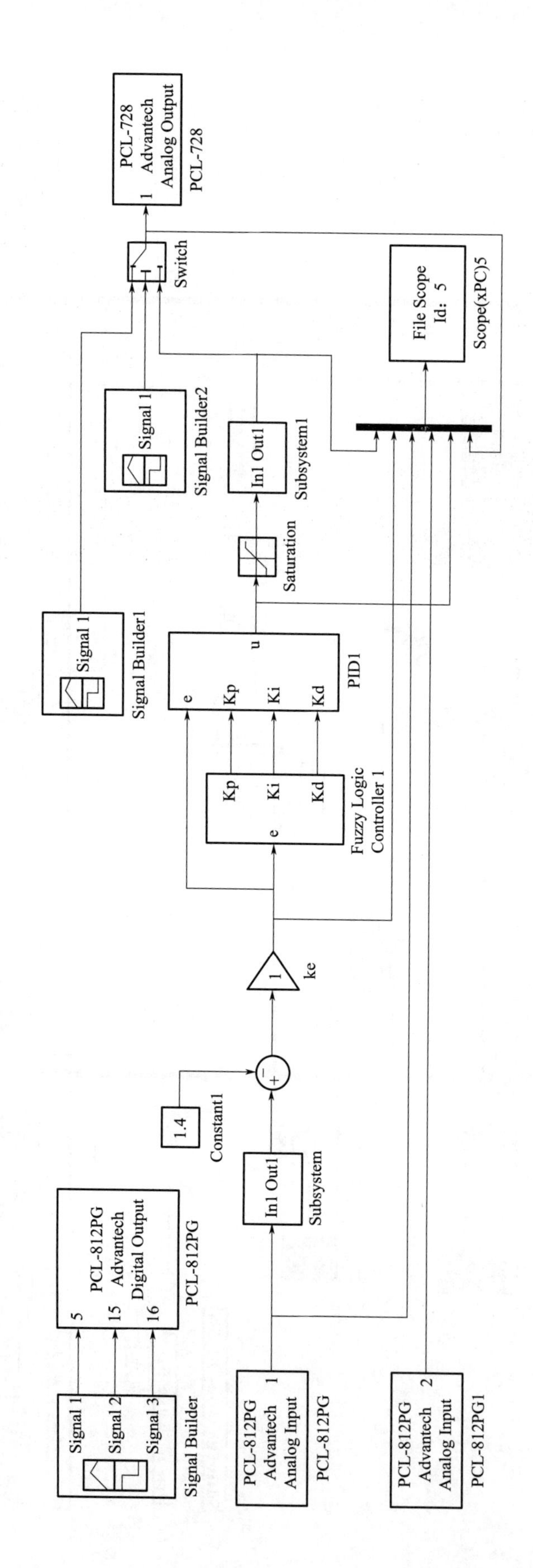

图 10.7 典型 Simulink 控制程序

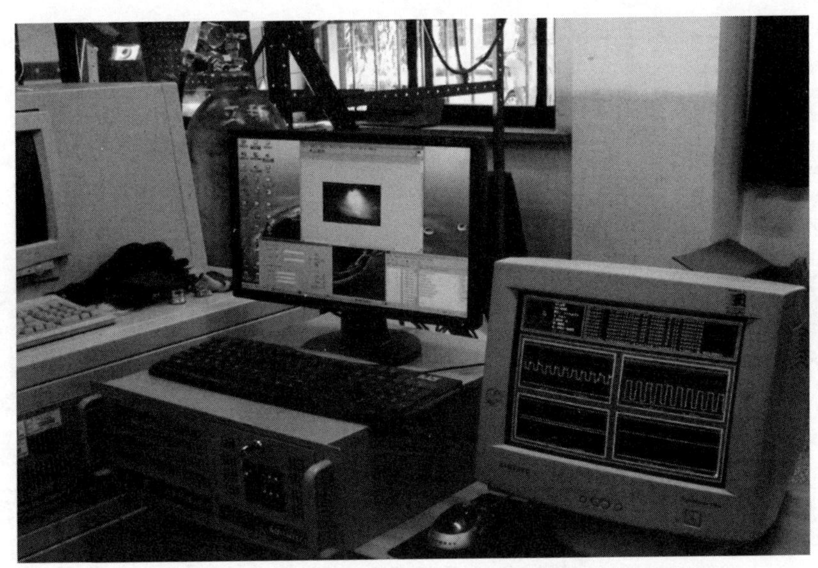

图 10.8 运行铝合金脉冲 MIG 焊快速原型技术控制系统

10.3 直流 MIG 焊参数

10.3.1 LabVIEW 平台搭建

10.3.1.1 测量模块

数据测量模块是整个弧焊测控系统的基础，按照系统的设计要求，测量模块需要完成弧焊过程中的焊接电流和电压的实时监测和数据保存，为后续分析提供所需数据。由于电压和电流信号在输入采集卡时均以电压信号的形式输入，因此在显示时应该相对注意，避免混淆。同时也应该注意采样率的设置，保证后续分析的准确度。

（1）测量模块前面板设计

根据测控系统要求，设计了如图 10.9 所示的参数测量模块的前面板。

测量模块前面板主要分为三大部分，左边是参数设置部分和逻辑开关按钮，右上是波形显示部分，右下是滤波设置部分。可以根据实验要求对测控系统的采样率、采样方式、每通道采样数以及采样物理通道等进行设定。

其中，通道设置部分主要完成对采集信号的通道设置与选择。首先是物理通道（指定创建的虚拟物理通道）选择，选用 I/O 名称控件来实现该功能。I/O 名称控件位于 I/O 和经典 I/O 控件选板上，I/O 名称控件可把所配置的数据采集通道名称、VISA 资源名称以及 IVI 逻辑名称传递至 I/O 虚拟仪器，进而和仪器设备或数据采集设备进行信号接收与发送。

因为需要对电流和电压两种信号进行显示，因此需要选择两个物理通道。指定物理通道范围有两种方式，第一种是在两个通道数字之间使用冒号，例如 Dev1/ai0:1，其中 Dev1 指的是设备名称，即采集卡名称；ai 指的是模拟输入通道，0 和 1 则是该模拟输入通道的名称。第二种是在两个物理通道名称之间使用冒号，例如 Dev1/0:Dev1/1。在这里，应用第一种方式进行设置。

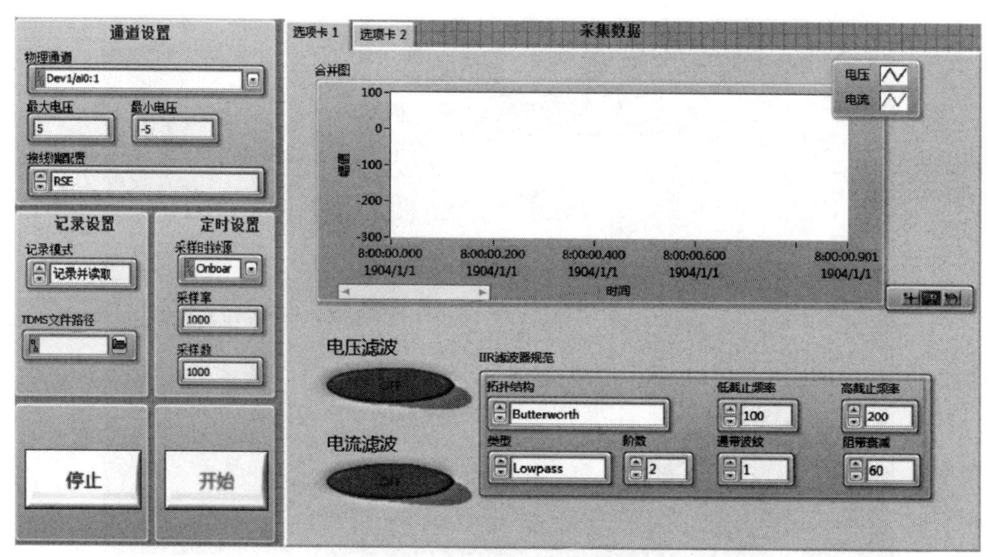

图 10.9　测量模块前面模板

最大电压和最小电压：主要是用于输入信号幅值的设置与选择。USB-6215 数据采集卡的模拟输入范围有四种，分别是 0.2V、1V、5V、10V，这里根据实验要求对最大值设定为＋5V，最小值设定为－5V。

接线端的配置：主要有差分、伪差分、单端、默认状态（指的是单端接法）。其中单端和差分这两种接法应用较多，这里选择单端接入。

定时设置部分：使用采样时钟源指定采样时钟的源接线端。

采样率的设置以及采样数的设置：这两者都是选用数值控件来完成相应的功能。

记录设置部分：由两部分构成，一是记录开关的选择设置；二是记录文件存储路径的选择设置。记录文件的时候不仅需要使记录开关处于开的状态，而且还要选择记录文件存储路径（即新建一个 TMDS 文件）。需要注意的是程序运行过程中若程序中断，重新运行程序的时候需要再建另一个 TMDS 文件。

波形显示部分：波形图表是可以显示一条曲线或者多条曲线的一种特殊的数值显示控件，通常情况下，波形图表被用于显示采集到的数据，且这个数据是经过一定数值的采样速率得到的。如波形图表可以用来显示电压与电流这两个信号，波形图表默认状态是显示一条曲线，所以需要对波形图表的属性进行设置。鼠标右击波形图表，选中属性，在属性选板上有一个外观设计，在外观设计中的曲线显示一栏选择显示 2 条曲线，同时选中分格显示，便可以在一个波形图表中同时显示两条曲线。刷新模式选择带状图表来显示波形。

前面板中选项卡中显示的是测量电压和电流的合并显示图，为了方便观察，建立了选项卡 2，可分别观看电流和电压波形及数值，如图 10.10。

（2）测量模块程序框图设计

在进行测量模块程序框图设计中，主要应用到的一些函数来自 NI 公司提供的 DAQ 模块，比如，DAQmx 创建通道、DAQmx 定时（采样时钟）、DAQmx 读取、DAQmx 停止任务和 DAQmx 清除任务等，这些函数支撑起了整个测量模块的大框架。

如图 10.11 所示，将上述 DAQ 函数依次添加到程序框图中，并创建所需常量或者输入控件。其中 DAQmx 定时 VI 是用来配置要生成的采样数，在连接该 VI 时需要对采样率和采样模式进行设定，本测量模块采用连续采样模式。后面连接的 DAQmx 开始任务 VI 顾名思义就是用来开始测量数据，DAQmx 读取则被用来读取用户指定任务或虚拟通道中的采样，在这里将自动设置为

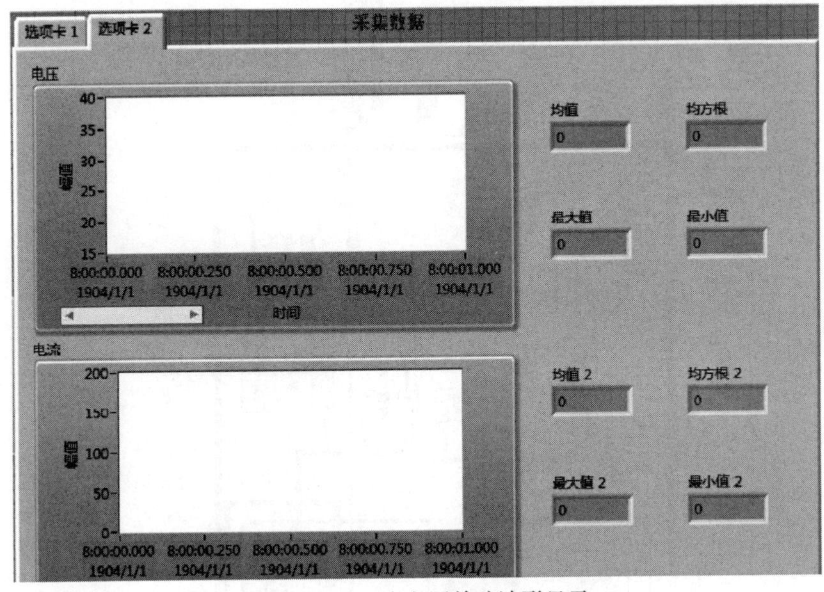

图 10.10　电流电压单独波形显示

模拟 1D 波形 N 通道 N 采样，通过“拆分一维数组”函数将两路测量信号，即电压和电流信号分别表示出来，根据之前传感系统计算出的比例数值电压 20 和电流 100，通过乘法运算还原出真实测量值，表现在波形图表中。

为了更加方便用户观察焊接过程，加入了数字 IIR 滤波器，利用条件结构来选择是否滤波，同理也加入了统计函数，可以在观察焊接参数波形的同时得到电压和电流的具体数值，例如平均值和均方根等。

将 DAQmx 开始任务 VI 后面的部分程序放入“While 循环”中，保证采样过程的程序连续运行。在循环之后放入 DAQmx 停止任务 VI 和 DAQmx 清除任务 VI，完成程序的收尾工作。

根据测量模块要求，需要将测量到的数据进行记录保存。有以下四种文件，都可以对文件进行记录和保存。表 10.1 为四种文件记录方法的性能特征比较。

表 10.1　四种储存格式性能比较

文件类型	XML 文件	二进制文件	ASCII 文件	TDMS 文件
读写速度	慢	快	慢	快
占磁盘空间	较大	小	大	小
可读性	较好	差	好	较好
内建属性信息	无	无	无	有

XML 文件虽然可读性好，但是它占据的存储空间太大，不予考虑。二进制文件优缺点同样非常明显，其优点是读写速度快，同时也存在数据可读性差的缺点。对于 ASCII 文件，具有较好的可读性，但其空间占用率大，且读写速度低下，容易造成所采集的数据失真，影响分析结果，因此这种存储方式通常情况下不会应用于实时的数据采集系统中。而 TDMS（Technical Data Management Streaming）文件属于一种高速流文件，相比于二进制文件、表格文件、文本文件，TMDS 文件的优点更加明显。它的存储速度快，存储内容紧凑。这里应用到的函数便为 DAQ 驱动中编写好的 VI——DAQmx 配置记录（TDMS）VI。

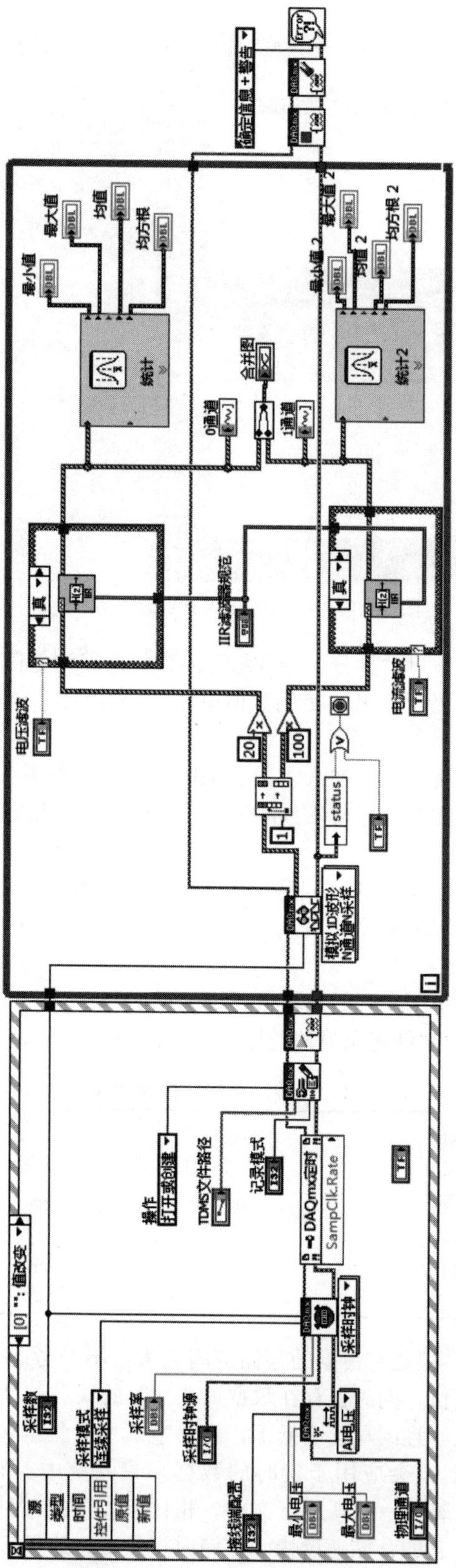

图 10.11　测量模块程序框图

10.3.1.2 分析模块

分析模块指的是焊接参数采集完成后进行后续分析操作用到的软件模块，它具有数据回放、波形显示、滤波、统计、*U-I* 分析、频率密度分析和相关性分析等功能，几乎满足了针对电压和电流信号的各种分析要求。为了方便进行系统性的分析，将上述分析功能集成写在同一个 VI 中，为了保证界面的美观性，在前面板中建立多个选项卡，分别对应不同的功能分析，如图 10.12 和图 10.13 分别为分析模块的前面板和程序框图。接下来，将仔细针对各种分析功能进行介绍。

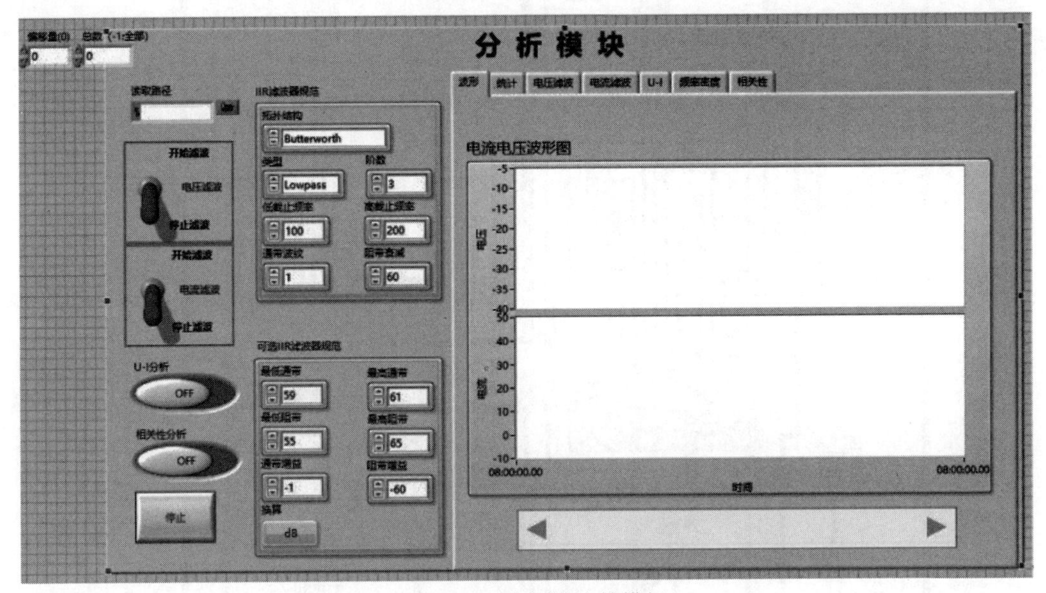

图 10.12　分析模块前模板

（1）数据回放

在上面测量模块的设计中，所采集到的数据被保存为 TDMS 文件格式。LabVIEW 中，关于 TDMS 的函数主要有以下三种："TDMS 打开"用来打开 .tdms 文件；"TMDS 读取"用来提取出 .tdms 文件内含的信息；"TMDS 关闭"顾名思义就是用来关闭 .tdms 文件。无论哪种状态，只要是对 TDMS 格式的文件进行回放，以上三种函数缺一不可。

在数据回放功能中，主要用到的便是以上三种函数，如图 10.14。首先在程序框图中添加"文件对话框"VI 并用鼠标右击，创建路径读取的输入控件，该 VI 位于函数选板上 Express VI 下的"输入 VI"中，它可以用来添加需要分析的数据文件；之后依次添加上述三种 TDMS 函数进行 .tdms 类型文件的提取；最后在 TDMS 读取函数后加入"拆分一维数组"函数来分离出电压信号和电流信号，加以乘法运算后输入波形显示控件中，便可以完整地回放之前所保存的数据了。

（2）滤波功能

在信号的测量和分析领域中，大多需要对采集到的信号进行滤波，目的在于滤掉杂波、毛刺等，获得精准的分析结果。之前进行系统硬件的搭建过程时，在采样相关的外围电路中，已经利用电容等器件进行了一部分的硬件滤波，而且，所应用的数据采集卡也具有隔离的功能，可以减少杂波、毛刺等的出现。但对于一个精确的测控系统来说，仅有硬件还远远不够，需要再加上软件滤波。

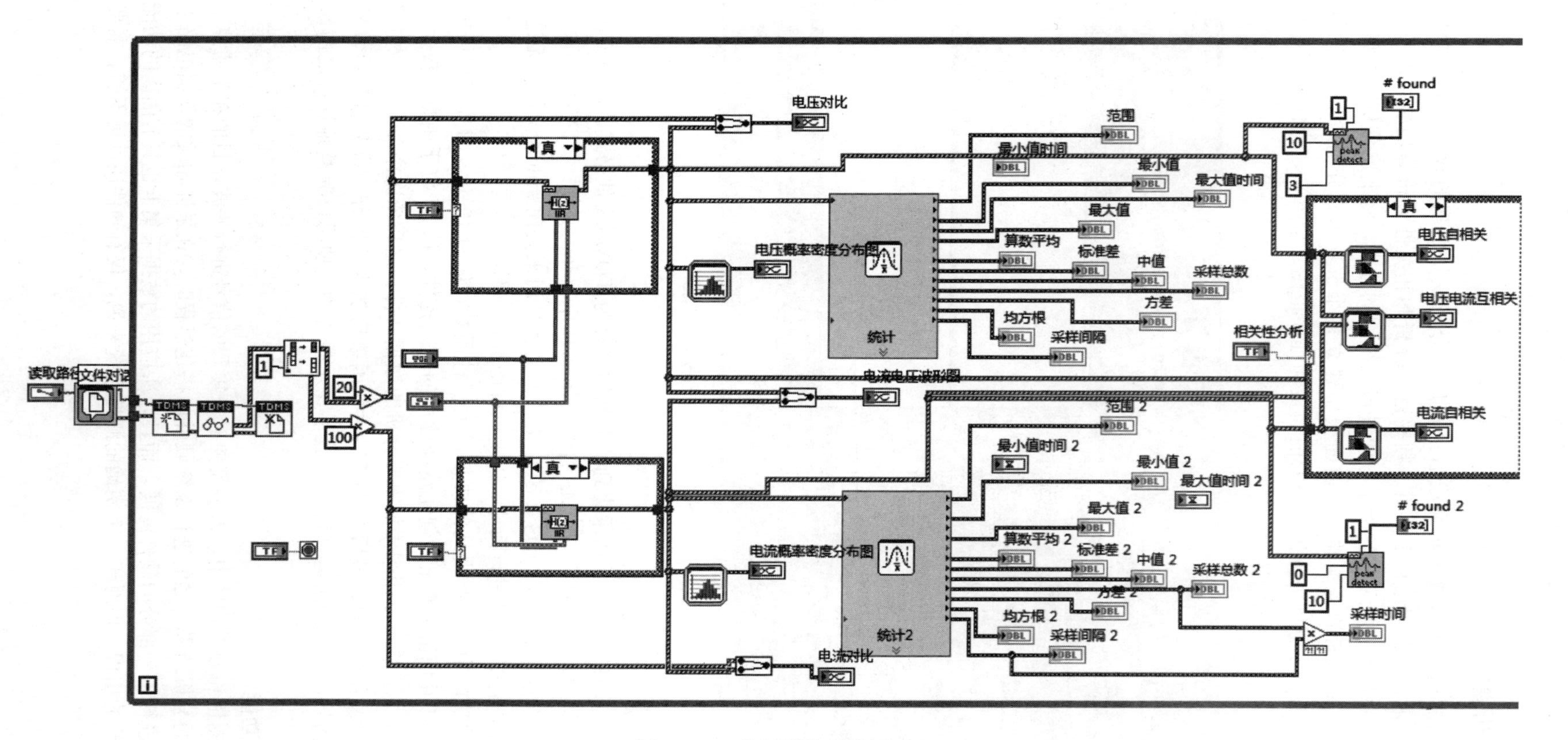

图 10.13　分析模块程序框图

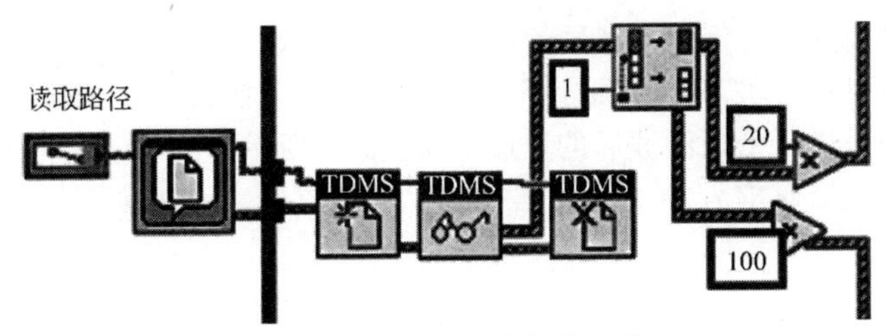

图 10.14　数据回放部分程序

常见的滤波方式非常多，在 LabVIEW 中提供的 FIR 数字滤波器和 IIR 数字滤波器均可以完成大多数方式的滤波，如高通滤波、低通滤波、带阻滤波和带通滤波等。应用“IIR 数字滤波器 VI”为例来完成电流、电压信号的滤波分析，图 10.15 为“IIR 数字滤波器 VI”的节点接线图，设置好 IIR 滤波器规范后，连线至信号输入端即可完成对单个或者多个波形的滤波。

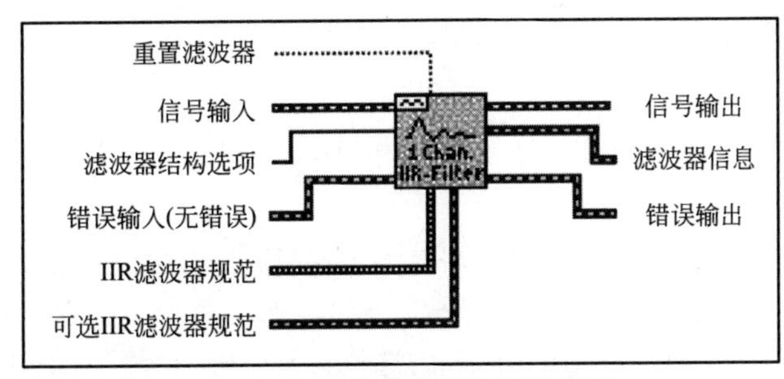

图 10.15　IIR 数字滤波器接线图

IIR 数字滤波器规范提供了 Butterworth、Chebyshev、Inverse Chebyshev、Elliptic、Bessel 等五种不同的滤波方式，我们可以根据实际参数类型，选择不同的滤波方式来进行滤波，获得更加理想和更加真实的波形。在程序框图中添加两个滤波器对电流和电压分别进行滤波，并对应添加两个条件结构和开关量来控制是否进行滤波。

图 10.16 是数字滤波程序框图。通过选择程序中的标签器可以更改通道波形数和滤波器个数，可以是对一个波形进行滤波，也可使用一个滤波器对多个波形进行相同的滤波。

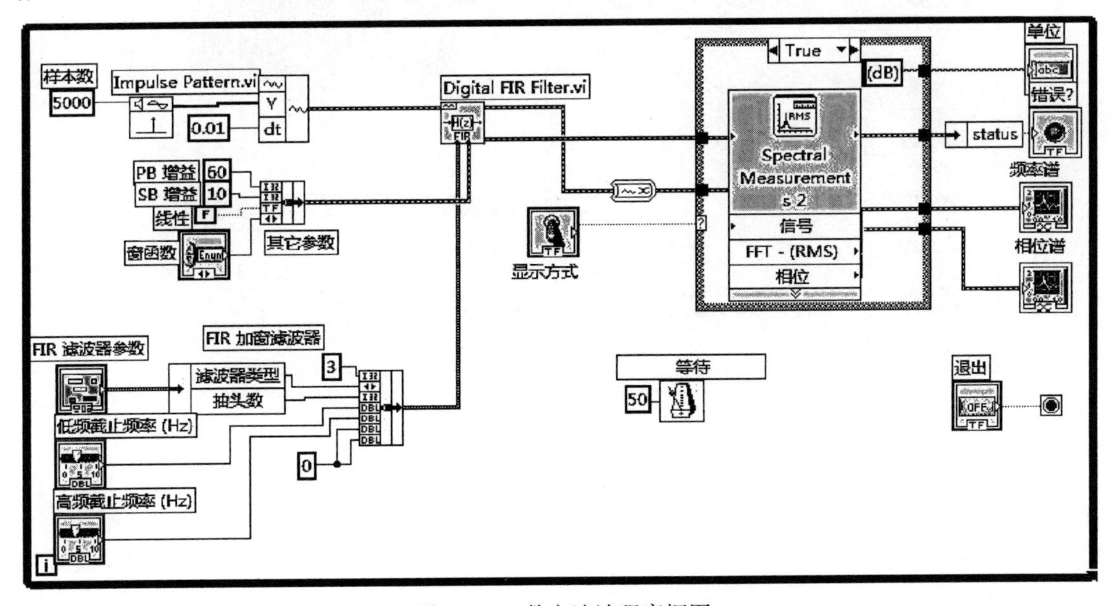

图 10.16　数字滤波程序框图

图 10.17 为滤波前后红外温度传感器的输出信号波形的对比。数据采集卡采集到的电压信号如浅色曲线所示，可见信号波形不规则，含有大量的尖峰毛刺，转化成温度会造成温度值的浮动。使用滤波器对信号进行低通滤波后的波形如深色曲线所示，波形较为平滑，转换成温度值较为稳定。因此，该滤波器对信号的平滑降噪有着很好的效果，可对多个传感器的输出信号进行调理。

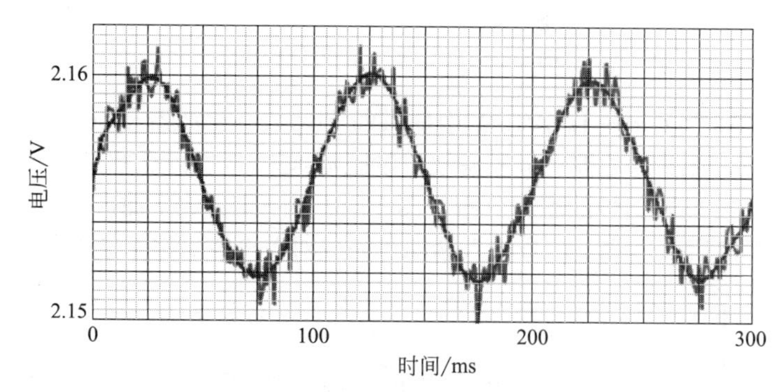

图 10.17　滤波前后信号波形对比

(3) 统计分析

在弧焊电流电压参数分析方面，统计分析是除了直观波形分析以外最不可缺少的一环。使用 LabVIEW 软件进行数据统计十分便捷，在函数面板的数学一栏中，选择概率与统计，找到“统计 VI”，放入程序框图中，会弹出如图 10.18 的选择菜单，选择所需的统计选项，如算术平均、均方根、最大值、最小值等，点击确定后，将各选项对应的结果输出连接至相应的显示控件中，在前面板的显示控件中呈现出统计分析的结果。

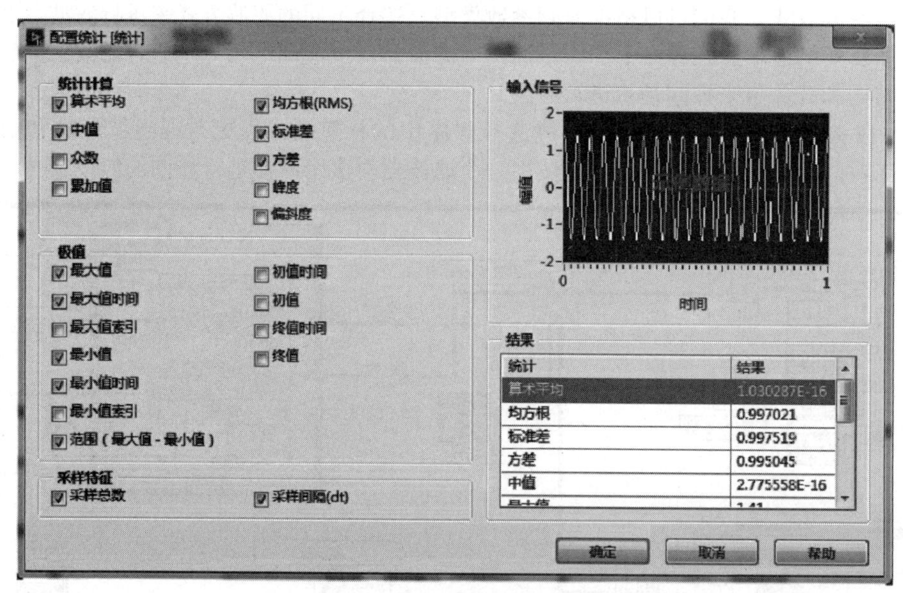

图 10.18　配置统计选项图

在焊接过程中，经常会出现断弧、熄弧等情况，同时也有短路过渡等熔滴过渡行为出现，因此在统计分析过程中，除了进行常见的均值、均方根、最大值、最小值等的分析外，还加入了短路过渡以及断弧次数分析，其程序框图见图 10.19 和图 10.20。这里主要应用了两个波谷监测功能函数，分别实现短路和断弧情况统计。一般情况下，电压降到 5～10V 或者更低时，就发生短路现象，考虑到采集系统硬件误差波动，将函数的域值设置为 10V，即监测电压小于 10V 的电压数，即可进行短路统计。同理，对电流数据使用波谷监测功能函数，将函数的域值设置为 0，可实现断弧情况统计。

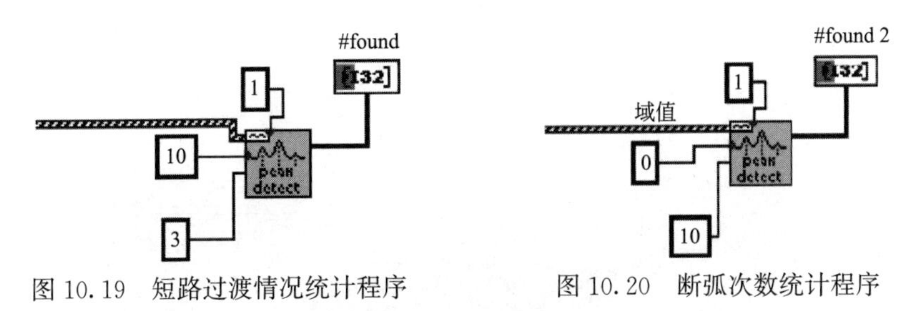

图 10.19　短路过渡情况统计程序　　　　图 10.20　断弧次数统计程序

统计过程中数据较多，为了保证界面整洁，在前面板的控件中，选择修饰工具，利用分隔线等来进行数据整理，如图 10.21 为分析模块中的统计分析面板。

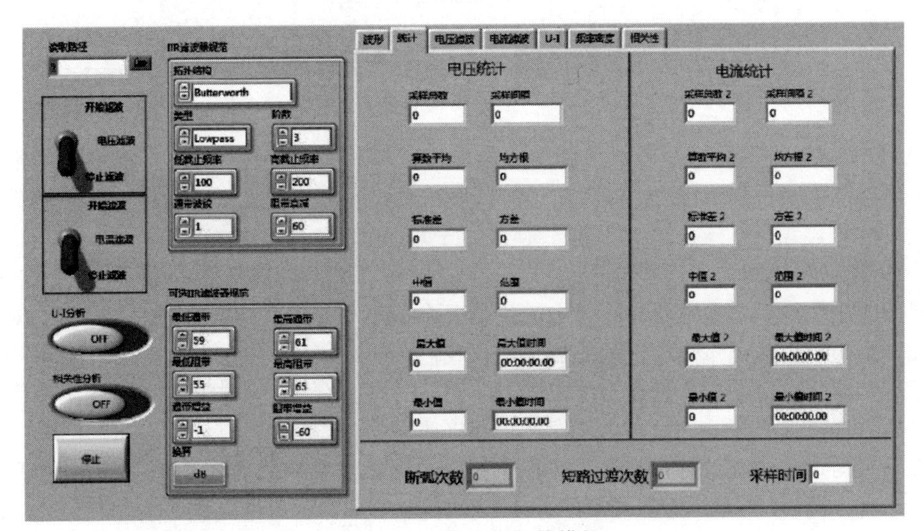

图 10.21　统计分析前模板

（4）*U-I* 分析

U-I 分析又可以被称为相图分析，焊接参数的 *U-I* 相图是指以焊接过程的瞬时电流作为横坐标，纵坐标为瞬时电压得到的二维图形。在直流焊接时，会得到如图 10.22 的相图，通常情况下，将相图分为 *AB*、*BC*、*CD*、*DA* 四段进行分析。

在熔滴的短路过渡阶段，电弧引燃后，焊丝端部熔化并形成熔滴，由于电流较小，因此熔滴长大较慢。随着焊丝的送进，熔滴生长到一定程度时便与熔池接触短路。此时，电弧瞬间熄灭，电弧电压急剧下降，而由于电路中存在电感，所以电流逐渐上升。随着电流的上升，熔滴在电磁力、重力以及表面张力的作用下液桥缩颈，逐渐变细，当电流上升到一定值时，液桥缩颈断开，熔滴过渡到熔池，电压恢复空载电压，电弧重新引燃，并重复上述过程。

实际上 *ABCD* 这个闭合图形就反映了上述的动态变化过程。如图 10.22 中，*AB* 线段可看作燃弧向短路的过渡阶段，*BC* 线段为熔滴短路阶段，*CD* 线段是短路向燃弧的过渡阶段，*DA* 线段则为燃弧阶段。可以通过观察这四个阶段线条的集中度来判断焊接过程是否稳定，各阶段的线条越是集中，就说明焊接的过程越是稳定。

此外，当断弧现象出现时，焊接电流趋向于 0，电压接近空载电压，因此可以通过判断 *U-I* 曲线中是否有与 *Y* 轴相交的点来判断是否有断弧现象的出现。

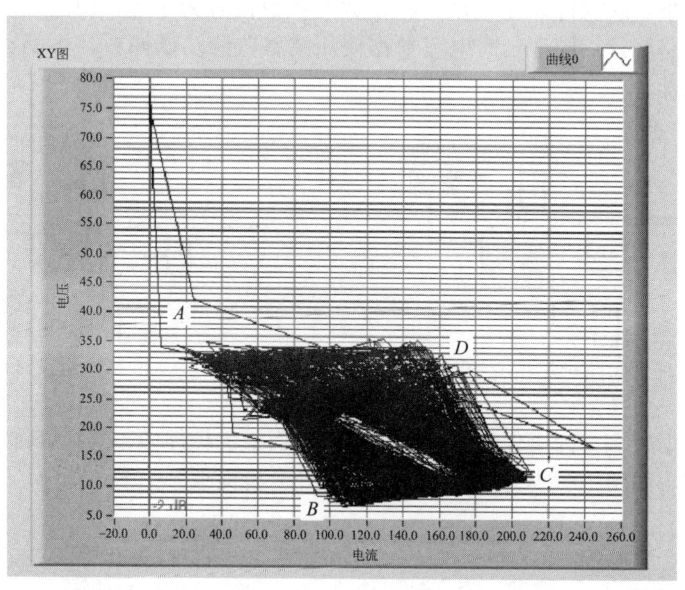

图 10.22 *U-I* 相图

LabVIEW 中提供了能够作为 *U-I* 相图显示的波形图控件。在 LabVIEW 前面板中的图形显示控件中选择“Express XY 图”，然后在程序框图中便会出现与之对应的“XY 图”的图标，接下来将电流信号连线至 *X* 输入，电压信号连线至 *Y* 输入即可完成。

(5) 概率密度分析

在焊接的过程中，电弧电压和焊接电流均是一个不断变化的、非稳态的动态过程，对于单个周期过程，则很难用其衡量焊接过程的稳定性，我们对所采集到的焊接参数进行统计处理，绘制出焊机电压和焊接电流的概率密度分布状态图，获得焊接参数在不同幅值时的概率密度分布情况，提取出与焊接性能相关的信息，从而进行焊接质量的分析。

软件编写与之前的统计分析类似。在程序框图的函数选板中，点击 Express，在信号分析中选择“创建直方图 VI”，该 VI 是用来将信号以统计直方图的形式将其概率密度显示出来，选择该 VI 后，将会出现如图 10.23 的选项框，在选项框中对直方图的量程等参数进行合理的设定，进而保证能够得到完整又准确的分析结果。

在前面板的控件选板，点击图形选项，选择波形图表放入前面板中的概率密度分析选项卡中，右击选择属性，可对波形图表的属性进行设置，因为概率密度需以百分比格式表示。将信号被拆分后得到的电压信号连接至直方图的信号输入端，将输出端连接至波形图表，便可得到电弧电压信号的概率密度分布图；同理可得到焊接电流信号的概率密度分布图。在波形图表的图例选项中设置合适的曲线、线条粗细程度、颜色等，就可以得到更加美观的概率密度分布图。如图 10.24 所示。

(6) 相关性分析

在相关性分析中，分别进行了电压的自相关分析、电流的自相关分析，电流和电压的互相关分析。如果焊接过程比较稳定，那么自相关的波形应该表现为周期性，而且衰减缓慢，波动十分的规则，如果在焊接过程中存在跳弧、重新引弧等现象，那么在波形上就会出现突然变化，破坏周期完整性。关于自相关函数非常重要的一个应用是检验信号中有无周期性成分存在。将电流和电压信号进行互相关分析，可以表明两个信号之间的依赖关系强弱，即相关程度。

该部分程序编写与概率密度分析部分类似，如图 10.25，主要应用了三个“卷积与相关 Express VI”，分别应用于电压自相关分析、电流自相关分析和电流电压互相关分析。利用“条件结

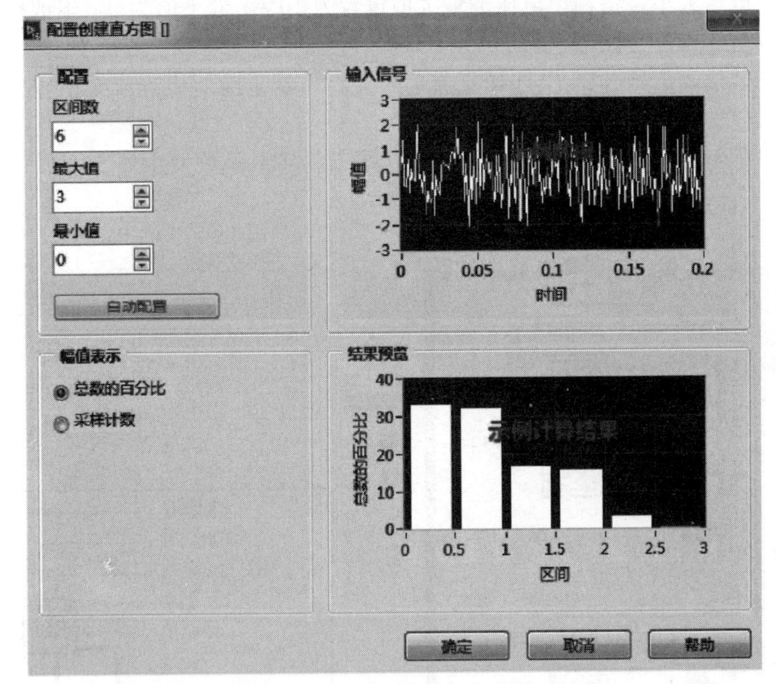

图 10.23　配置创建直方图选项

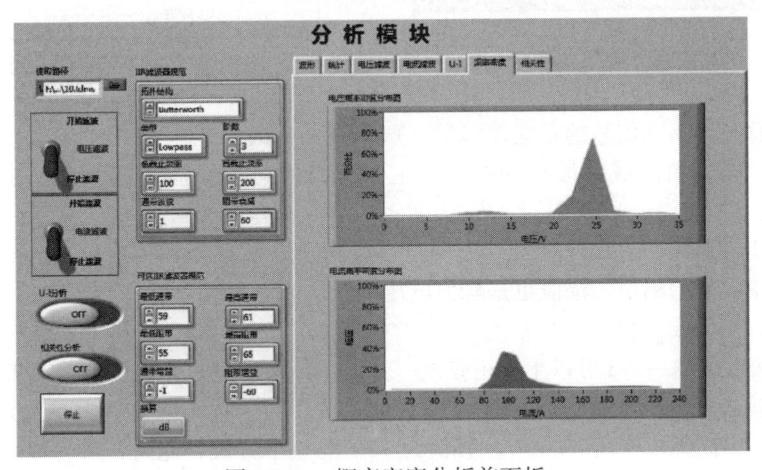

图 10.24　概率密度分析前面板

构”和“布尔开关”的组合来确定是否进行相关性分析。

10.3.1.3　控制模块

弧焊参数测控系统中通过在焊机的模拟接口接入利用 LabVIEW 软件生成的模拟波形信号，进而实现控制功能。针对不同焊接参数的要求，设计相应波形和参数的焊接电流控制焊接过程。

(1) 直流和脉冲波形控制

通过软件编写生成两类信号，一类是可供焊机接收的直流信号，另外一类是不同波形的脉冲信号，例如正弦波、方波、锯齿波和三角波等。

“DAQ 助手 VI”可对模拟电压输出进行创建，通过测量 I/O 下驱动函数 DAQ-mx，创建模拟输出——电压信号，再通过 USB-6215 数据采集卡的模拟输出通道，即 ao0，根据焊机模拟输入接口可接收的电压大小，将输出电压的最大值设置为10V，最小值为0，生成模式设置为连续采样，以此持续对焊机进行波形输入。

在程序框图“仿真信号VI”中选择直流信号类型，基于前面板直流幅值输入控件，可将程序框图中接线端连接至仿真直流信号。

基本函数发生器的接线图如图10.26所示，基于“基本函数发生器”函数可生成脉冲波形信号。

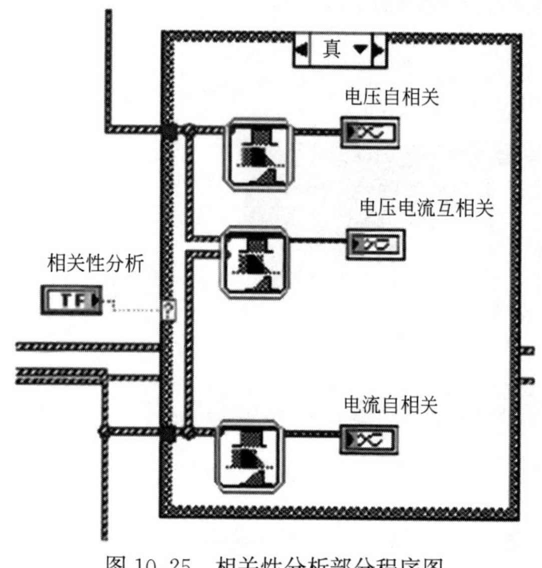

图10.25　相关性分析部分程序图

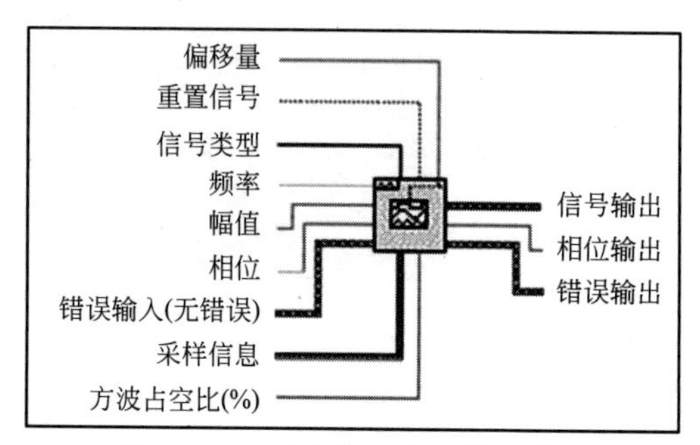

图10.26　基本函数发生器接线图

其中，偏移量：指定信号的直流偏移量，默认值为0.0；

信号类型：是指要生成的波形的类型，主要有四种0Sine Wave（默认）、1Triangle Wave、2Square Wave、3Sawtooth Wave；

频率：是指波形频率，默认值为10，单位赫兹（Hz）；

幅值：是指波形的幅值，幅值也是峰值电压，默认值为1.0；

信号输出：是生成的波形。

基本函数发生器这一VI可以生成正弦波、方波、锯齿波和三角波这四种波形，但是生成的波形并不能直接进行输出，例如利用该VI生成幅值为10V，直流偏移量为0的方波时，将会得到一个以X轴为对应轴，峰值为10V，谷值为10V的一个方波，此时，所生成方波的谷值小于0，不满足输出任务要求，也无法满足焊接条件，不能直接应用。

将参数中的幅值设为U，偏移量用Δ表示，利用U_p和U_b分别表示实验波形所需要的峰值和谷值，通过分析，可以得到以下公式

$$U\times 2+U_b=U_p \tag{10.1}$$

$$U\times(-1)+\Delta=U_b \tag{10.2}$$

推理可得到公式

$$\Delta=(U_b+U_p)/2 \tag{10.3}$$

$$U=(U_p-U_b)/2 \tag{10.4}$$

通过前面板四个数值输入控件，即输入峰值、谷值、频率和占空比，在程序框图中，将频率和占空比连接至对应接线，将谷值和峰值按照上述式(10.3)和式(10.4)进行运算后连接至幅值和偏移量接线端。在前面板中添加一个控件，依次插入0Sine Wave（默认）、1Triangle Wave、

2Square Wave、3Sawtooth Wave，编辑完成后在程序框图中将其对应的函数连线至基本函数发生器的信号类型接线口。

控制模块程序框图如图 10.27 所示，在程序框图中添加一个“条件结构”，建立真假两个分支，将波形生成部分放入真的分支中，直流生成部分程序放入假的分支中，在分支选择器的位置连接一个“垂直摇杆开关”，在前面板中将开关的文本改为直流输出和波形输出。

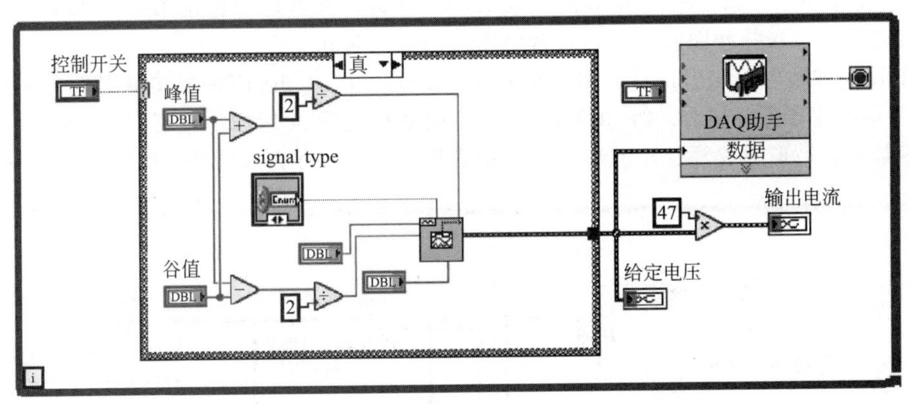

图 10.27　控制模块程序框图

在前面板中添加两个波形图表控件，分别命名为输出电流和给定电压。给定电压波形图表用来显示输入至焊机模拟输入接口的电压波形，输出电流波形图表用来显示实际焊接时焊机输出的电流波形。在给定电压和输出电流之间存在一个比例系数，该系数可由焊机控制电路计算得出。

将前面板中的各类控件排列整齐，利用修饰选板中的下凹盒等进行修饰，在工具选板中选择颜色对控件进行着色，编辑的最终前面板如图 10.28 所示。

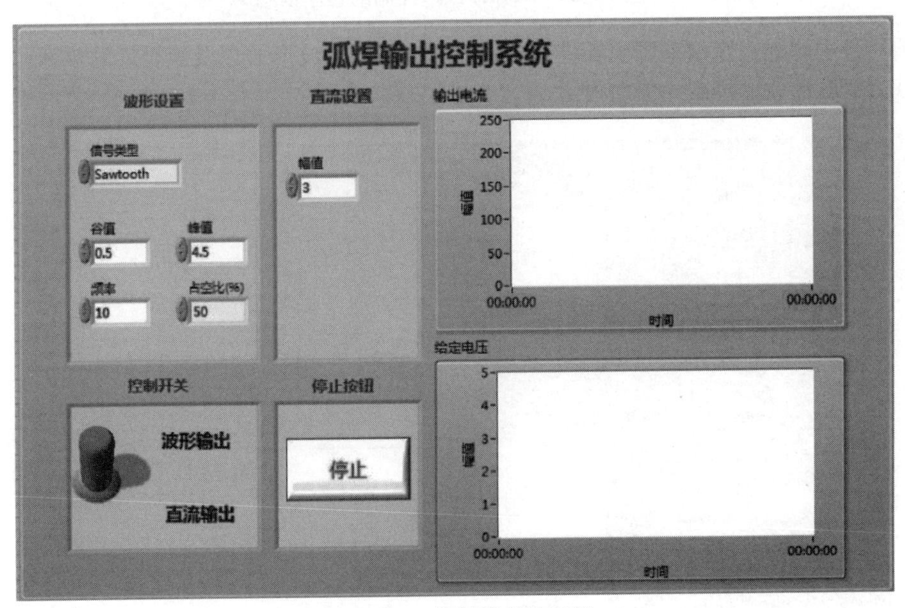

图 10.28　控制模板前面板

(2) 双脉冲波形控制

双脉冲波形控制是指给焊机输入一个双脉冲信号来控制焊机工作，软件部分程序编写与脉冲波形控制类似，利用DAQ助手创建模拟电压输出任务，并进行任务配置。因为实际中应用的方波居多，因此这里的软件编写直接使用“方波波形VI”，其连线端口情况与“基本函数发生器VI”相差无几，同理在前面板添加相关参数输入控件，对于谷值和峰值亦是经过相同的运算连接到幅值和偏移量接口。这里由于需要产生双脉冲，因此使用两个“方波波形VI”，分别生成方波A和方波B。针对两个方波，在前面板中分别建立包含采样信息的数据簇，其中Fs代表每秒采样率，默认值是1000；而#s代表的是波形的采样数，其默认值也是1000。那么，#s与Fs的比值代表在一个双脉冲周期中波形A或波形B出现的时间。

将波形A和波形B组合连接起来，便可以形成双脉冲。LabVIEW模拟波形选板中的“添加波形VI”可以完成这一组合。“添加波形VI”是用来在波形A后添加波形B，即波形A是波形的第一组数据，波形B是添加至波形A末尾的数据。图10.29为双脉冲波形控制的程序框图。

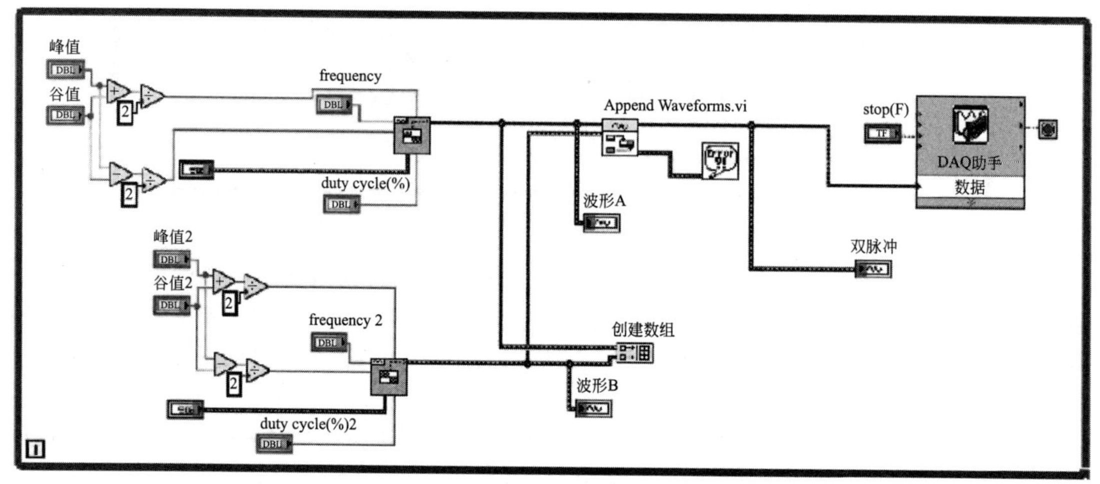

图10.29 双脉冲波形控制的程序框图

在前面板中添加三个波形图表控件，分别显示波形A、波形B以及组合后的双脉冲波形，如图10.30为双脉冲波形控制的前面板。

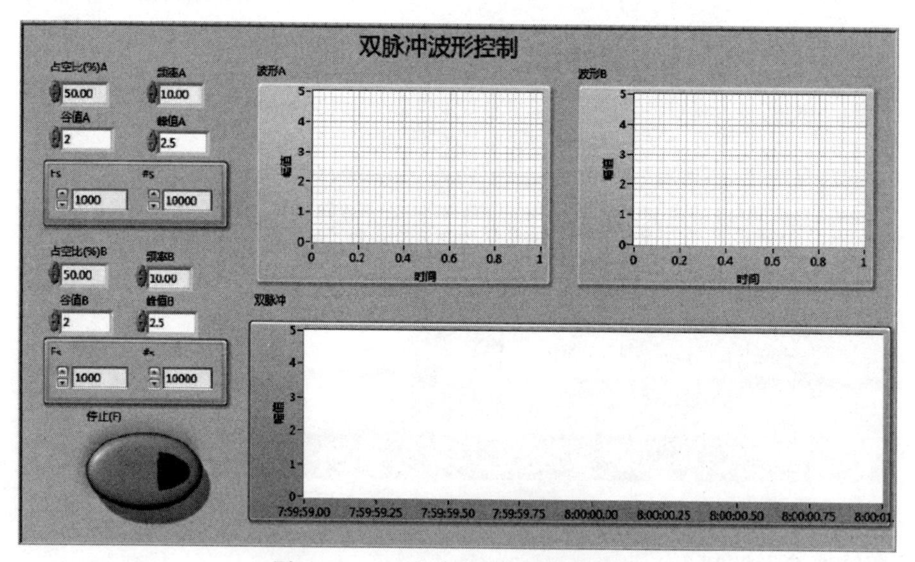

图10.30 双脉冲波形控制的前面板

10.3.2 双脉冲 MIG 测控实验

10.3.2.1 实验设备及参数

双脉冲焊接实质上是两种不同能量的脉冲交替出现的焊接过程。图 10.31 所示为双脉冲焊接电流波形，电流脉冲有两种：强脉冲群与弱脉冲群。这两种脉冲通过低频调制的方式交替出现，在每个调制的周期内，强弱脉冲出现的次数和持续的时间相同，每个周期内的强脉冲群和弱脉冲群完全相同。

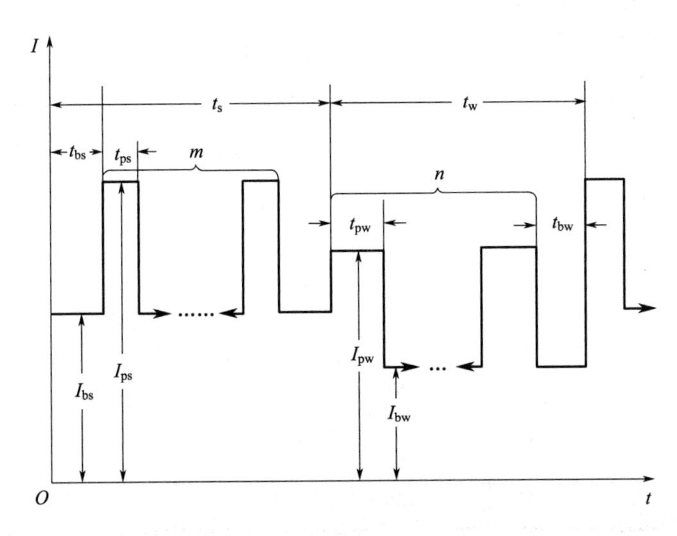

图 10.31 双脉冲焊接电流波形图

图 10.31 中：

t_s——脉冲周期内强脉冲群出现的时间；

m——强脉冲群中的脉冲个数；

t_{bs}——单个强脉冲基值持续的时间；

t_{ps}——单个强脉冲峰值持续的时间；

I_{bs}——强脉冲的电流基值；

I_{ps}——强脉冲的电流峰值；

t_w——脉冲周期内弱脉冲群出现的时间；

n——弱脉冲群中的脉冲个数；

t_{bw}——单个弱脉冲基值持续的时间；

t_{pw}——单个弱脉冲峰值持续的时间；

I_{bw}——弱脉冲的电流基值；

I_{pw}——弱脉冲的电流峰值。

由于双脉冲焊接相关控制参数较多，为了测试弧焊参数测控系统控制模块内的双脉冲波形控制功能，需要进行大量实验，实验过程中不断调整双脉冲参数，直到能够获得稳定的焊接过程为止。实验采用恒流焊接电源，气流量为 7L/min，焊丝直径为 1mm 的等速送丝。在大量的实验数据中，现选取一组焊接效果最好的双脉冲参数进行分析，相关设置参数如表 10.2，其中强弱脉冲的基值电压和峰值电压是指在控制程序前面板中设置的输出模拟电压值。

表 10.2　双脉冲参数

参数名称	参数值
强脉冲峰值	4.5V
强脉冲基值	0.5V
强脉冲占空比	50%
强脉冲频率	50Hz
强脉冲群出现时间	0.25s
弱脉冲峰值	2.5V
弱脉冲基值	0.5V
弱脉冲占空比	50%
弱脉冲频率	50Hz
弱脉冲群出现时间	0.25s
焊接速度	11.30cm/min
送丝速度	3.60m/min

10.3.2.2　分析过程

（1）电流、电压波形分析

双脉冲波形控制软件的前面板如图 10.32，其中谷值和峰值指的是送入焊机的模拟电压值，之后在焊机中得到双脉冲电流来控制焊机工作。将双脉冲检测过程中保存的 TDMS 文件取其中 10^4 个采样点进行分析，由于在参数检测模块中，设置的采样率为 1kS/s，因此，被分析的焊接时间为 10s。将波形图 X 轴标尺的最小值设置为 0，最大值设置为 10，即可看到 10s 内所有的电流和电压波形，如图 10.33 所示。

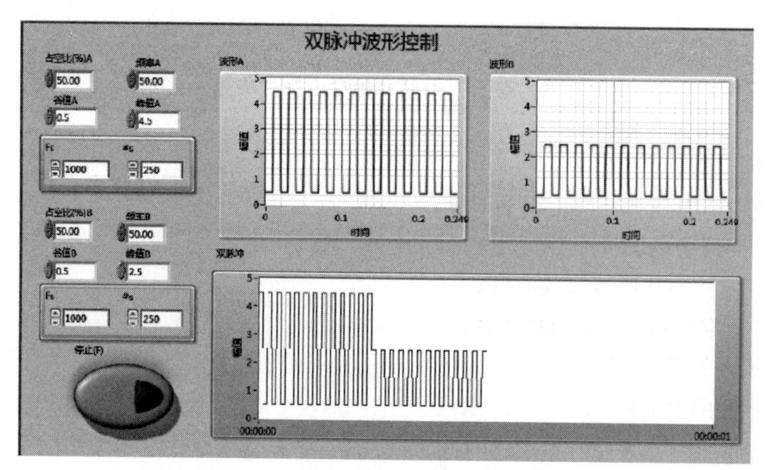

图 10.32　双脉冲波形控制前面板

从图 10.33 中可以清晰发现，双脉冲焊接过程中的焊接电流双脉冲特性明显，十分稳定，而产生的电弧电压则稳定性差一点。在进行双脉冲设置时，强脉冲群和弱脉冲群出现的时间均为 0.25s，即一个完整的双脉冲周期为 0.5s。将波形图表的属性中 X 轴标尺的最大值调整为 0.5s，最小值为 0，便可以看到一个完整的双脉冲周期，如图 10.34。

图 10.34 中焊接电流为十分标准的双脉冲波形，与软件控制程序部分设置的波形几乎毫无差别，强脉冲的值在 25～205A 左右，弱脉冲的值在 25～115A 左右，说明该系统可以输出双脉冲波形来控制焊接过程，焊接时波形与所设波形一致，并且能够达到稳定焊接。根据分段统计结果，强脉冲时电流有效值在 125A 左右，弱脉冲电流有效值在 84A 左右，但是对于电弧电压，不论是强脉冲和弱脉冲，有效值均在 25V 左右，这点从 0.5s 双脉冲电流电压波形图（图 10.34）

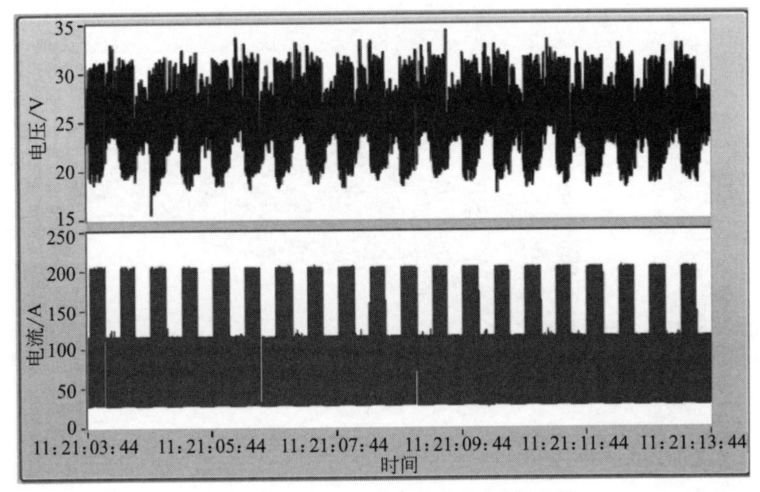

图 10.33　10s 双脉冲电流电压波形图

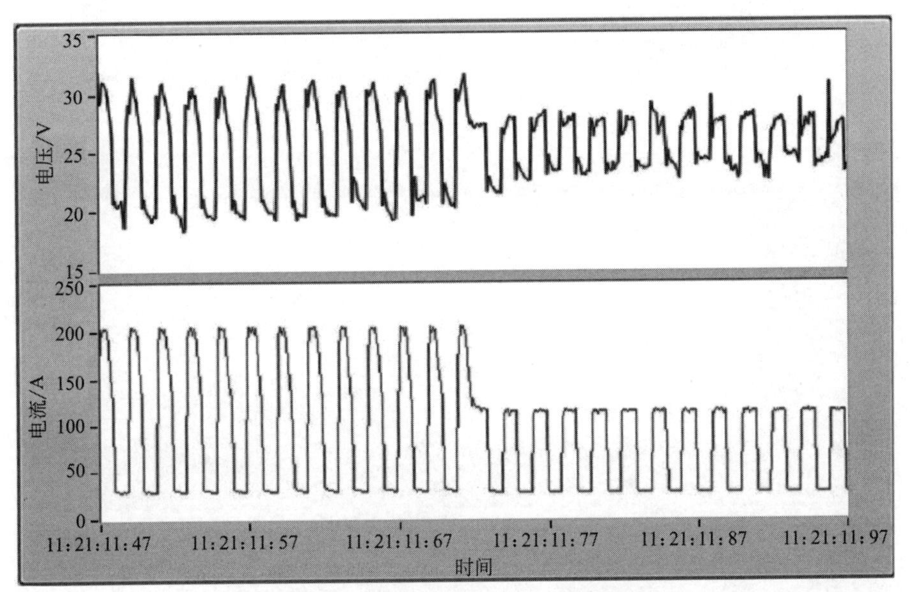

图 10.34　0.5s 双脉冲电流电压波形图

中也可以看到。图中电弧电压的波形具有十分明显的波动，这是由于焊接电源的恒流特性和其自身的反馈控制功能所造成的。由于其恒流特性，保证了控制波形和焊接电流的一致性，还有焊接时电流的稳定性，即波形十分稳定，双脉冲特征明显。其焊接电源自身的反馈控制功能在保证焊接电流稳定即焊接过程稳定的同时，导致了电压波形的波动。

(2) *U-I* 相图分析

将上述 10^4 个采样点得到的焊接参数进行 *U-I* 相图分析，得到的 *U-I* 图如图 10.35 所示。

所得 *U-I* 图中，线簇整齐，几乎无杂线出现，可以明显地将图分为两部分，上面部分代表弱脉冲电流，下面部分代表强脉冲电流，表明焊接电流的双脉冲特性明显，焊接过程十分稳定。

(3) 电流电压概率密度分析

图 10.36 为 10^4 个采样点对应参数的电流和电压概率密度分布图，图中所示电流概率密度分布曲线，可以明显看到三个尖峰，第一个尖峰代表强脉冲和弱脉冲的基值电流，峰值在 25A 左

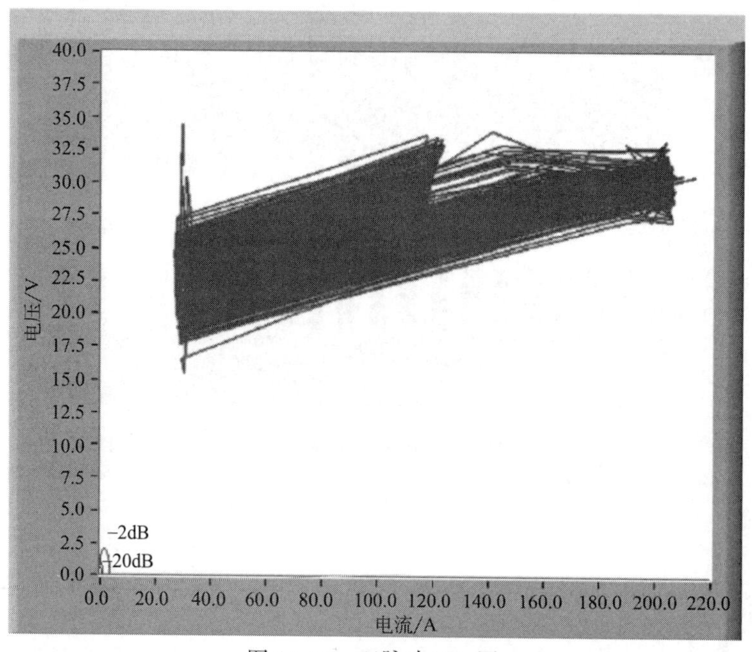

图 10.35　双脉冲 U-I 图

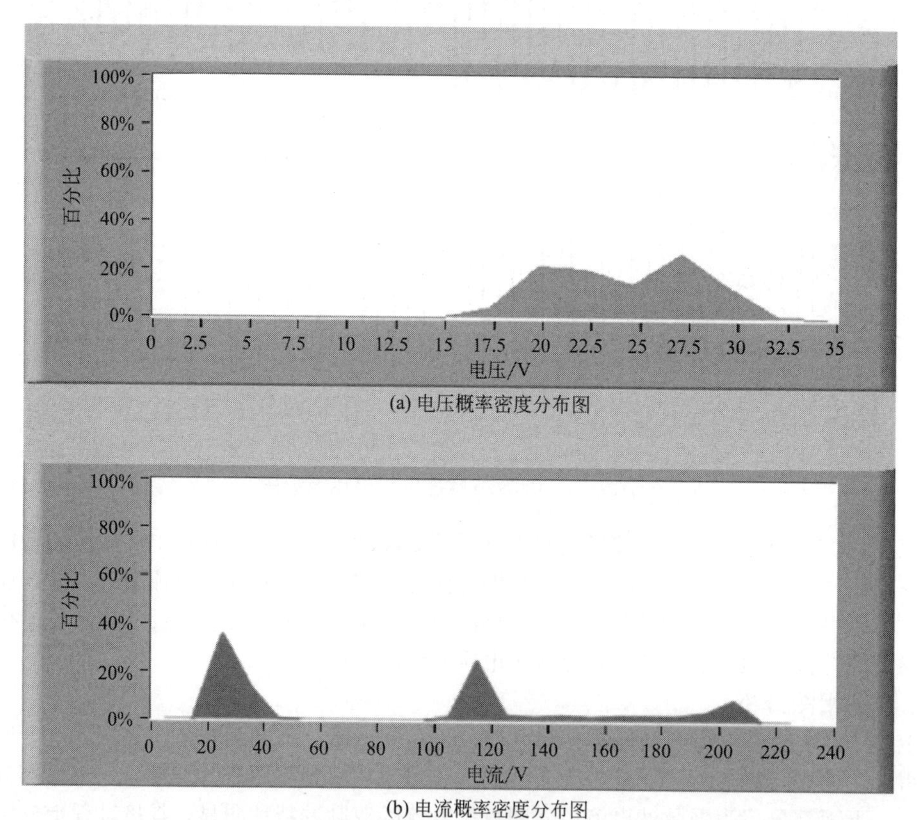

图 10.36　电流和电压概率密度分布图

右，所占比例几乎达到 40%左右；第二个尖峰代表弱脉冲的峰值电流，电流值在 115A 左右，所占比例也在 20%以上；第三个尖峰指的是强脉冲的峰值电流，电流值在 205A 左右，所占比例在

10%左右，而且有少许电流平均分布在第二和第三尖峰之间，这说明强脉冲电流在峰值时焊接过程有少许波动，导致所占电流比例小于弱脉冲峰值电流比例。总体来说，三组电流的尖峰明显，每个尖峰对称性分布，说明焊接过程十分稳定。

（4）相关性分析

图 10.37 为 10^4 个采样点对应参数的电流和电压概率密度分布图。

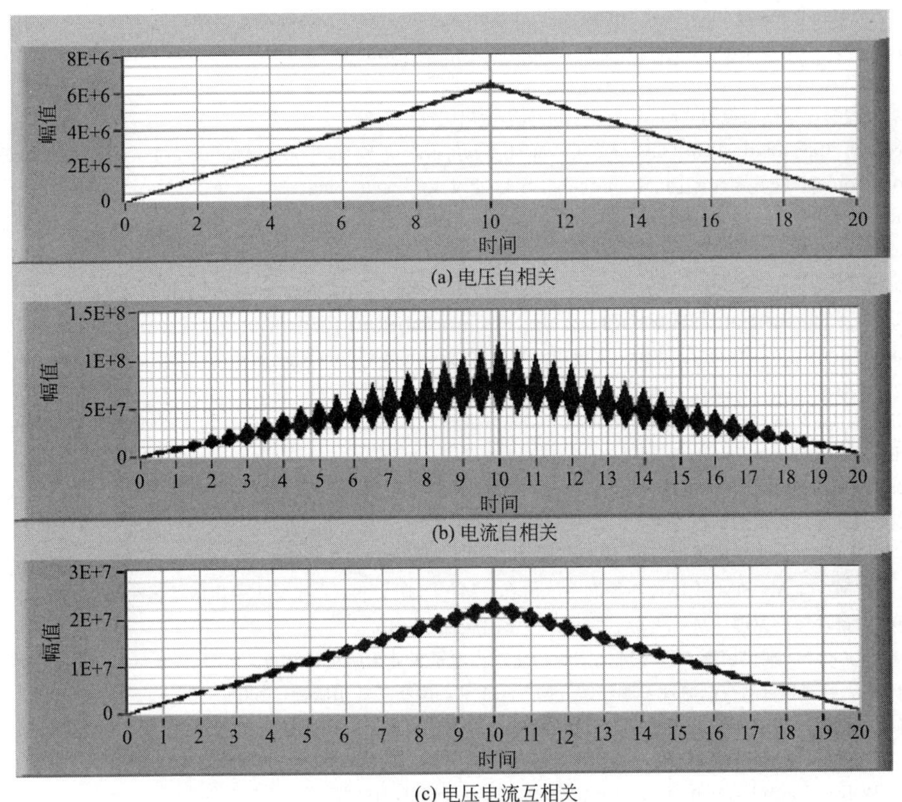

(c) 电压电流互相关

图 10.37　双脉冲相关性分析图

从图 10.37 可知，电压自相关分析曲线、电流自相关分析曲线以及电压电流互相关分析曲线均在 $t=10$ 时幅值达到最大，曲线两侧对称分布，且对称性极好，由此可以表明焊接过程稳定性非常好。其中电流的自相关分析曲线由一个个“菱形”组成，每一个“菱形”左右对称，这也间接表明了焊接电流的双脉冲特征明显，焊接的周期性良好。

参考文献

[1] Dorf R C，Bishop R H. 现代控制系统（英文版）[M]. 12 版. 北京：电子工业出版社，2015.

[2] Nilsson J W，Riedel S A. Electric Circuits（英文版）[M]. 北京：电子工业出版社，1996.

[3] Cochin I. Analysis and design of dynamic systems [M]. New York：HarperCollins Publishers，1980.

[4] Francis H. Automatic control engineering [M]. 3rd edition New York：McGraw-Hill Book Co，1978.

[5] Nof S Y. Handbook of Industrial Robotics. 2nd Edition. New York：Springer，1999.

[6] Kadiyala R R. A tool box for approximate linearization of nonlinear systems [J]. IEEE Control Syst，1993，13（2）：47-57.

[7] 刘涛. 过程辨识建模与控制 [M]. 北京：化学工业出版社，2021.

[8] Azevedo G，Cavalcanti M C，Oliveira K C，et al. Comparative Evaluation of Maximum Power Point Tracking Methods for Photovoltaic Systems [J]. Journal of Solar Energy Engineering，2009，131（3）：376-385.

[9] Hamrouni N，A Chérif. Modelling and control of a grid connected photovoltaic system [J]. Revue Des Énergies Renouvelables，2007.

[10] Sarachik P E. Principles of linear systems [M]. Cambridge：Cambridge University Press，1997.

[11] Yu C C. Autotuning of PID Controllers [M]. Springer London，2006.

[12] Wang Q G，Xin G，Yong Z. Direct identification of continuous time delay systems from step responses [J]. Journal of Process Control，2001，11（5）：531-542.

[13] Luyben W L. Process modeling，simulation，and control for chemical engineers [J]. McGraw-Hill chemical engineering series Show all parts in this series，1990.

[14] Seborg D E，Edgar T F，Mellichamp D A，et al. Process dynamics and control [M]. John Wiley & Sons，2016.

[15] 王树青. 工业过程控制工程 [M]. 北京：化学工业出版社，2003.

[16] 潘立登，潘仰东. 系统辨识与建模 [M]. 北京：工业装备与信息工程出版中心，2004.

[17] 王正林. MATLAB/SIMULINK 与控制系统仿真 [M]. 2 版. 北京：电子工业出版社，2008.

[18] 胡寿松. 自动控制原理 [M]. 6 版. 北京：科学出版社，2013.

[19] KatsuhikoOgata. 现代控制工程 [M]. 6 版. 北京：电子工业出版社，2011.

[20] 刘坤. MATLAB 自动控制原理习题精解 [M]. 北京：国防工业出版社，2004.

[21] 姜增如. MATLAB 在自动化工程中的应用 [M]. 北京：机械工业出版社，2018.

[22] 黄忠霖，黄京. 控制系统 MATLAB 计算及仿真 [M]. 北京：国防工业出版社，2009.

[23] Evans W R. Control-system dynamics [M]. McGraw-Hill，1954.

[24] Dorf R C，Kusiak A. Handbook of Design，Manufacturing and Automation [M]. New York：John Wiley & Sons，1994.

[25] 田卫华，王艳，李丽霞. 现代控制理论 [M]. 北京：人民邮电出版社，2012.

[26] 贾立，邵定国，沈天飞. 现代控制理论 [M]. 北京：电子工业出版社，2013.

[27] 李国勇，等. 现代控制理论习题集 [M]. 北京：清华大学出版社，2011.

[28] 孙炳达，梁慧冰. 现代控制理论基础 [M]. 3 版. 北京：机械工业出版社，2014.

[29] 刘豹，唐万生. 现代控制理论 [M]. 3 版. 北京：机械工业出版社，2011.

[30] 朱玉华，庄殿铮. 现代控制理论 [M]. 北京：机械工业出版社，2018.

[31] Zielińska S，Musio K，Dzier Ga K，et al. Investigations of GMAW plasma by optical emission spectroscopy [J]. Plasma Sources Science and Technology，2007，16（4）：832.

[32] Clmd S，Scotti A. The influence of double pulse on porosity formation in aluminum GMAW [J]. Journal of Materials Processing Technology，2006，171（3）：366-372.

[33] Chiou，Jengmaw. Improvement of the temperature resistance of aluminium-matrix composites using an acid phosphate binder [J]. Journal of Materials Science，1993，28（6）：1471-1487.

[34] Xiong J，Zhang G，Qiu Z，et al. Vision-sensing and bead width control of a single-bead multi-layer part：material and energy savings in GMAW-based rapid manufacturing [J]. Journal of Cleaner Production，2013，41（FEB.）：82-88.

[35] Moore K L，Naidu D S，Yender R，et al. Gas metal arc welding control：Part I：Modeling and analysis [J]. 1997，30（5）：3101-3111.

[36] Bera M K, Bandyopadhyay B, Paul A K. Integral Sliding Mode Control for GMAW Systems [J]. Ifac Proceedings Volumes, 2013, 46 (32): 337-342.
[37] 陶永华．新型PID控制及其应用．[M]．2版．北京：机械工业出版社，2002.
[38] 陈玉强，肖友洪，李桂权．神经网络及模糊控制在振动主动控制中的应用［M］．哈尔滨：黑龙江教育出版社．2007.
[39] 黄卫华．模糊控制系统及应用［M］．北京：电子工业出版社，2012.
[40] 俞建荣，张甲英．模糊控制在焊接中的应用现状及其发展前景［J］．中国机械工程，1996，7（5）：4.
[41] 叶建雄，张华，谢剑锋．神经网络在焊缝跟踪中的应用研究［J］．焊接技术，2006，35（2）：3.
[42] 朱明，石玗，黄健康，等．双丝旁路耦合电弧高效熔化极气体保护焊过程模拟及控制［J］．机械工程学报，2012，48（10）：5.
[43] 卢立晖．铝-钢异种金属脉冲旁路耦合电弧MIG熔钎焊方法及机理研究［D］．兰州：兰州理工大学，2012.
[44] 陈善本．焊接过程现代控制技术［M］．哈尔滨：哈尔滨工业大学出版社，2001.
[45] 范云霄，刘桦．测试技术与信号处理［M］．北京：中国计量出版社，2002.
[46] 周林，殷侠．数据采集与分析技术［M］．西安：西安电子科技大学出版社，2005.
[47] 马明建．数据采集与处理技术．［M］．2版．西安：西安交通大学出版社，2005.
[48] 张洪涛，万红，杨树斌．数字信号处理［M］．武汉：华中科技大学出版社，2007.
[49] 祝常虹．数据采集预处理技术［M］．北京：电子工业出版社，2008.
[50] 王文渊，信号与系统［M］．北京：清华大学出版社，2008.
[51] 樊丁，肖宏，何世权，等．基于LabVIEW的高频焊管红外测温系统设计［J］．兰州理工大学学报，2010，36（5）：4.
[52] 赵波，杨玮玮，张红，等．热电偶测温技术在埋弧焊温度场测量中的应用［J］．焊管，2012，35（12）：5.
[53] 张广军，李海超，许志武．焊接过程传感与控制［M］．哈尔滨：哈尔滨工业大学出版社，2013.
[54] 陈希章，曹宏岩，赵博．弧焊质量在线监测技术与方法［C］// 第二十次全国焊接学术会议论文集．2015.
[55] Li S, Yang X. The research of binocular vision ranging system based on LabVIEW [C] // International Conference on Materials Science. 2017.
[56] 宋琪，信号与系统：使用MATLAB分析与实现［M］．北京：清华大学出版社，2017.
[57] 张振海，信息获取技术［M］．北京：北京理工大学出版社，2020.
[58] 周文博，刘广瑞，田欣，郭珂甫．电弧传感器和超声波传感器信息融合在焊接中的应用［J］．机床与液压，2016，44（15）：19-22，59.
[59] 胡艳华，陈芙蓉，解瑞军，李海涛．焊缝区焊接热循环测试程序系统的设计［J］．焊接学报，2010，31（05）：93-96，118.
[60] 崔莉，鞠海玲，苗勇，等．无线传感器网络研究进展［J］．计算机研究与发展，2005，42（001）：163-174.
[61] 王俊峰，孟令启．现代传感器应用技术［M］．北京：机械工业出版社，2006.
[62] 松井邦彦，梁瑞林．传感器应用技巧141例［M］．北京：科学出版社，2006.
[63] 张岩．传感器应用技术［M］．福州：福建科学技术出版社，2006.
[64] 杨嘉佳．铝合金双丝PMIG焊熔池视觉特征规律及表面形态三维重构［D］．南京：南京理工大学，2017.
[65] 范鹏程．焊接自动化关键技术研究——焊缝识别与跟踪［D］．柳州：广西科技大学，2013.
[66] 马宏波．基于视觉传感的机器人铝合金脉冲TIG焊接过程MLD建模方法研究［D］．上海：上海交通大学，2011.
[67] 巩运迎，吴明亮，宗秀玲，郜鹏鹏．基于PCS7的铜钴回收冗余控制系统设计［J］．自动化与仪表，2012，27（09）：38-42.
[68] 常萍英．基于OPC的机器人焊接生产线监控系统的数据集成和软件开发［D］．南京：东南大学，2004.
[69] 王常力，罗安．分布式控制系统（DCS）设计与应用实例［M］．北京：电子工业出版社，2010.
[70] 李占英．分散控制系统（DCS）和现场总线控制系统（FCS）及其工程设计［M］．北京：电子工业出版社，2015.
[71] 武平丽．仪表选用及DCS组态［M］．北京：化学工业出版社，2019.
[72] 俞金寿，蒋慰孙．过程控制工程［M］．3版．北京：中国石化出版社，2007.
[73] Comer D E. 计算机网络与因特网［M］．范冰冰，张奇支，等译．北京：机械工业出版社，2009.
[74] 黄健康．铝合金脉冲MIG焊过程多信息分析及解耦控制［D］．兰州：兰州理工大学，2010.
[75] 沙德尚，廖晓钟．双脉冲MIG/MAG焊全数字控制策略［J］．北京理工大学学报，2009，29（07）：605-607，613.
[76] 华学明，李芳，陆志强，吴毅雄．GMAW-P频率特性复合弧长适应控制法［J］．焊接学报，2009，30（10）：53-

56，115-116.
［77］ 李春天，罗怡，杜长华，陈方．基于净干伸长的 CO_2 焊接过程动态模型与参数控制［J］．中国机械工程，2009，20（11）：1261-1264.
［78］ 李志勇，丁京滨，李桓，杨立军．基于电弧光谱的钢熔化极惰性气体保护焊质量判识［J］．机械工程学报，2009，45（04）：197-202.
［79］ 陈善本，陈波，马宏波，林涛．多传感器信息融合技术在焊接中的应用及展望［J］．电焊机，2009，39（01）：58-63.
［80］ 何建萍，吴毅雄，焦馥杰．GMAW 短路过渡液桥形状动态模型［J］．焊接学报，2008（07）：5-8，113.
［81］ 文元美，黄石生，薛家祥，解生冕．脉冲 MIG 焊不稳定过渡过程的观察与分析［J］．焊接学报，2008（04）：13-17，113-114.
［82］ 高忠林，胡绳荪，殷凤良，王睿．GMAW 系统电流与弧长的滑模变结构控制仿真［J］．焊接学报，2007（06）：53-56，115-116.
［83］ 栗卓新，张征，刘海云．GMAW 焊接熔滴过渡模型的研究进展［J］．中国机械工程，2007（12）：1501-1504.
［84］ 李梦瑶．基于 LabVIEW 的弧焊参数测控系统［D］．兰州：兰州理工大学，2019.
［85］ 任仲伟，徐梦妍，宋鹏飞，贺玉坤，刘娅菲．基于 LabVIEW 的点焊电流检测系统开发［J］．机械，2017，44（08）：47-49.
［86］ 张广军，李永哲．工业 4.0 语义下智能焊接技术发展综述［J］．航空制造技术，2016（11）：28-33.
［87］ 陈健，苏金花，张毅梅．《中国制造 2025》与先进焊接工艺及装备发展［J］．焊接，2016（03）：1-5，73.
［88］ 周济．智能制造——“中国制造 2025”的主攻方向［J］．中国机械工程，2015，26（17）：2273-2284.
［89］ 张曙．工业 4.0 和智能制造［J］．机械设计与制造工程，2014，43（08）：1-5.
［90］ 聂军，马国红，熊睿，张朝阳．基于 LabVIEW 的 DE-GMAW 焊接数据采集系统［J］．热加工工艺，2014，43（15）：177-179.
［91］ 刘小群．基于 Labview 的焊接电流控制系统的设计［J］．热加工工艺，2014，43（13）：153-155.
［92］ 盖登宇，李洪宇．基于虚拟仪器的焊接电信号测控系统研究进展［J］．电子测量技术，2013，36（07）：74-77.
［93］ 李玲，宋进，李培龙．基于 LabVIEW 的 TIG 焊机电源的控制［J］．电源技术，2011，35（08）：991-992.